KB083020

바람에도
흔들리는
땅

조선시대 지진과 재난 이야기

바람에도 흔들리는 땅 조선시대 지진과 재난 이야기

초판인쇄 2015년 10월 15일 **초판발행** 2015년 10월 20일

지은이 최범영 **펴낸이** 박성모 **펴낸곳** 소명출판 **출판등록** 제13-522호

주소 서울시 서초구 서초중앙로6길 15, 1층

전화 02-585-7840 **팩스** 02-585-7848

전자우편 somyong@korea.com **홈페이지** www.somyong.co.kr

값 28,000원   ⓒ 최범영, 2015

ISBN 979-11-5905-012-1 03450

바람에도 흔들리는 땅

조선시대 지진과 재난 이야기

被风也震动的大地 | 被風也震動的大地 | 風でも震える地球 |
The Earth quaking even in the wind |
La Terre tremblant même dans le vent

최범영

소명출판

큰 지진이 날 때면 지질학자로 살아온 내게 지진은 왜 나느냐, 언제 일어날지 미리 알 수 없느냐는 등 지인들의 질문이 쏟아진다. 배가 불러 찾은 산부인과 의사에게 산모가 다짜고짜 "언제 애가 나올까요? 아들일 까요? 딸일까요?" 하고 묻는 것과 다르지 않아 보인다. 급하니까, 궁금 하니까 묻는 상대의 진지함에 지진에 대해서 일말의 공부도 않았는데 그가 아무것도 모를 것이라 생각하고 번개처럼 순간 머릿속에 떠오르는 그럴듯한 거짓말을 그에게 한다면, 그리고 그로 그가 어떤 결정을 하게 된다면 결과는 끔찍할 것이다. 산부인과 의사가 산모에게 언제 임신했 는지 묻고 초음파 기기 등으로 아이의 심장이 잘 뛰는 양을 보고 무언가 말할 근거가 생겼을 때 "그럼, 다음다음 달이 출산예정이군요. 태아는 건 강합니다"라고 하듯 해야 옳을 것 같다. 권력의 바람 앞에서 가끔 어떤 거 짓말을 하도록 꼬드김을 받기도 한다. 단호하게 모른다고 말하는 것은 분명 용기 있는 행동임에 분명하나 전문가로서 매우 껄끄러운 게 또 사 실이다.

이 책은 지진이 무엇인가를 공부한 내 이야기이다. 한문이나 이두를 다른 어느 지질학자보다 조금 더 안다고 나를 안심시키고 『조선왕조실 록』, 『승정원일기』, 『해괴제등록』 등의 문헌에서 조선시대 지진, 화산활동, 해일 등에 관한 기록을 정리하는 것으로부터 시작하였다.

한문과 지질학에 익숙지 않은 독자들에게 내가 공부한 것을 설명하려다 보니 독자들을 이야기 속에서나마 내 연구실로 끌어들여 함께 공부하게 만드는 것이 좋겠다고 생각하였다. 지구조학을 공부한 내가 지진에 대해 모든 것을 이해하지 못하는 편에서 독자에게 가르치듯 말하는 형식도 옳지 않아 보였다. 고민하던 차에 소설의 형식을 빌려 다른 전문가들의 설명을 대화체로 소개하는 형식을 취하게 되었다. 굳이 말하자면 이 책은 자전 소설에 가깝다. 경우에 따라서는 지진 등의 재난을 몸소 겪은 이들의 이야기가 삽화처럼 삽입되기도 하고 전체 이야기를 이끌어가기 위해 가공의 스토리라인도 설정하였다. 재난은 누구에게나 닥칠 수 있는 상황이란 점에서 필자는 재난의 소개자 아닌 재난 속에 있는 사람이 되어 재난 속의 상황도 재연코자 하였다.

이 책의 전반부는 역사지진을 어찌 다루고 이해해야 하는지 저자가 헤매며 역사지진에 대해 배워가는 과정을 그렸다. 지진 관련 공식을 수정기도 하는 등 역사지진에 대해 막연했던 부분을 보다 명확하게 접근할 수 있게 하였다. 그리고 역사지진사건들과 백두산 분출이 어떤 관계가 있는지 내가 아는 지식을 동원하여 소개코자 하였다. 후반부는 조선시대 문헌에 기록된 재해 사건들에 대해 시간 순으로 정리한 지질 재해 리스트이다. 자연재해에는 가뭄, 기근, 풍수해뿐만 아니라 지진과 화산활동, 해일 등도 포함된다. 세세한 설명이 필요 없는 전문가 그룹의 독자들이 이 정리된 것을 보며 지질재해 요소를 새로운 각도에서 분석할 기회를 가질 수 있도록 하였다.

이해를 돕는다고 지나치게 개입하는 것도 독자에 대한 예의가 아닐 것 같다. 경우에 따라서는 독자들이 인터넷을 검색하며 공부하는 기회가 되는 것도 좋을 것으로 생각된다. 그리고 이 책이 조선시대 역사지진 관련하여 결정판이라기보다는 출발점이었으면 좋겠다. 허술한 구석이 아직도 많으니 말이다. 특이한 서술 방식에 대해 독자들께서 양해해시주리라 믿고 조선시대 지진과 화산활동에 대해 소개하는 이 책을 펴내기로 결정하였다. 재미있게 읽어줄 독자들께 미리 감사드린다.

이 책을 내기에 앞서 카이스트 이상경 교수, 한국지질자원연구원의 김양미 사서와 이승배 박사의 도움을 받았다. 마지막으로, 상업성이 없을 이 책을 흔쾌히 출판해 주신 소명출판 박성모 대표와 어려운 편집을 맡아주신 공홍 편집부장과 채현아 씨께 감사드린다.

옥천 이원면 화생당에서
최범영

차례

1부 조선시대 지진을 만나다 ———————————— 7

2부 지진기록은 무엇을 말하고자 했나 ———————— 95

3부 백두산에 오르다 ————————————————— 219

● 조선시대 지진 화산 해일 기록 ———————————— 327

● 지진사건별 진앙지진도 지진규모 최대지반가속도 —— 573

참고문헌 ——————————————————————— 587

제 1 부

조선시대
지진을
만나다

새로운 것을 만난다는 것은
새로운 나와 만나는 것
오래된 기록도 새로 만나면 새로운 것이 되는 것
하여, 묵은 기록 속에서 새로움을 싹 틔우다 보면
새로운 내가 거기에 늘 서 있었다.

완벽해 보이는 진리나 이론을 무턱대고 받아들이지 않고 맨땅에 헤딩하듯 처음부터 차근차근 파헤치고 솔질해 나가다 보면 또렷이 나타나는 또 다른 무언가가 늘 있었다. 이러한 과정을 깨우치는 것이야말로 불완전한 인간이 완전한 인간으로 가는 길이고 과학이라고 나는 생각한다. 이미 다 해놓았으니 당신은 더 이상 낄 필요 없다는 말이 충고보다는 폭력으로 느껴질 때, 휘황찬란한 지식으로 무장한 존재들이 눈을 부릅뜨고 있을 때 나는 자주 무기력증에 빠지곤 하였다. 허나 그에 당당히 맞서는 정신이야말로 온전한 에너지를 충전하는 길일 때도 있었다. 모르기에, 생각해본 적 없기에 내 앞에 놓여있는 선지식이나 이론들을 무턱대고 숭배하는 일은 종교에서도 가능할 것 같지 않다.

과학이란 새로운 현상에 대해 머릿속에 자리한 어휘들로 얼기설기 짜맞추는 것이 아니라 그를 표현할 새로운 용어를 출산하는 과정인 것 같다. 다시 말하면 어떤 현상을 내가 읽은 책과 논문의 틀에서 이해하고 말하려는 태도를 버려야 한다는 말이기도 하다. 내게 심어진 생각의 울타리 안에서 세상을 도마질하며 대충 뭐 그렇겠지 생각하는 순간 과학의 발견은 이미 포기한 것이고 생각이 지어주는 밥만 먹고 살게 될 것이기 때문이다. 나는 나 스스로에게 선지식과 편견을 벗어놓고 확대경을 들이대 관찰하고 분석하지 않은 채 정설인 양 주장하지 말아야 한다고 다독인다.

때는 2010년 초가을로 거슬러 올라간다. 알타이방언학을 다룬『말의 무늬』라는 졸저를 출간했을 즈음, 친구 하나가 이렇게 말했다.

"너, 한문 잘하지. 땅이름에 대해 신문에 연재도 했잖아? 땅이름도 잘 알지. 네 능력을 가지고 지질학을 위해 할 일은 없니? 물론 지질도폭 조사하고, 단층, 지구조, 활성단층 등을 연구했지만 말이야."

그의 말은 내 머리를 혼란스럽게 했다. 지질학자가 언어학에 관한 책을 냈다는 데 대한 그의 은근한 의사표현이기도 했고, 나야 자투리 시간을 활용하여 쓴 책이긴 하나 그의 눈엔 그리 보이지 않았던 모양이었다. 굳이 변명을 하자면 틈틈이 사전이나 고어사전을 들추며 현대지질학이 도입되기 이전 쓰이던 전통 지질용어를 모아 놓고 있었기에 내 머릿속에서는 그의 말이 끝나기가 무섭게『조선왕조실록』의 지진기록부터 한번 정리해보자는 생각이 들었다. 그 뒤 낮에는 직장일, 밤엔『조선왕조실록』공부로 보냈다. 조선시대 어떤 지진이 일어났는지를 독자들과 함께 찾아 나서거나 조선 때 재해에 대해 정부가 얼마만큼 노력을 들였는지에 대해 소개만 해도 좋겠구나 하는 생각이 들었다.

늘 있는 일이지만 지질학이라는 학문 분야도 미묘하게 전공이 나뉘어 있고 본인의 전공분야에 대해서만 연구하고 논문을 쓰도록 암묵적으로 설정되어 있다. 이제까지 적잖은 지진학자들이 역사지진 기록을 다루었고 더 이상 나올 게 없다는 인식을 갖고 있을 거라는 생각도 들었다. 그들이 손 놓아 묵정밭이 된 그 뒤땅은 필시 내 땅이라는 생각도 들었다. 활성단층에 대해서도 오랫동안 공부해온 터라 지진과 활성단층의 관계에 대한 연구가 적은 편이므로 점점 나는 내 자신을 『조선왕조실록』의 지진기록 분석에 착수하도록 독려하기 시작했다.

누군가도 연구했고 이론을 발표한 것에서 세부 사항은 공개도 되지 않고 알 길이 없는 경우가 파다하다. 1990년 나는 논문을 통해 앙젤리에 교수를 처음 만났다. 단층에 기록된 이동 방향에 대한 자료들을 모아 스트레스, 응력 상태를 복원해내는 그의 방법이었다. 그의 방법으로 한국의 여러 지역을 분석한 결과를 한 프랑스 학자가 논문으로 발표했다. 한반도 지역에는 모든 방향으로 인장력extension과 압축력compression이 작용했다는 그의 논문은 참으로 어처구니가 없었다.

그 뒤 내 수치모델을 설정하여 스트레스 방정식을 풀고 그를 바탕으로 컴퓨터 프로그램을 만드는 데 6개월이란 시간이 지나갔다. 결과가 어찌 될지도 모를 일에 쏟아 부은 여섯 달이었다. 모두 퇴근한 저녁 시간이면 결과를 인쇄하던 플로터는 연구실 천장의 먼지마저 털어낼 정도로 연구실과 복도를 소음으로 가득 차게 했다. 이튿날이면 몇몇 동료의 항의 아닌 항의가 있었다. 그때 내 나이 서른셋이었다.

한 단층작용 사건으로부터 세 주응력축 방향과 응력차비로 이루어진 스트레스 텐서를 구하는 프로그램을 만들어 냈다는 건 엄청난 일이었다. 나의 스트레스 텐서 계산 이론에 대해 나중에 지도교수가 된 이는 자신의 것과 나의 것이 다르다는 걸 알게 되었고 나중에 파리 6대학 박사학위 과정 학생으로 나를 받아주었다. 초창기 컴퓨터 프로그램들은 여러 가지 방식을 시도하였으나 그리드 추적 등의 방법들은 모두 폐기하

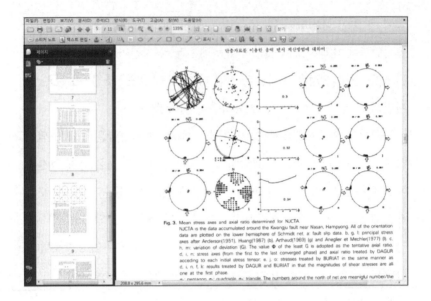

Fig. 3. Mean stress axes and axial ratio determined for NJCTA. NJCTA is the data accumulated around the Kwangju fault near Nasan, Hampyong. All of the orientation data are plotted on the lower hemisphere of Schmidt net. a: fault slip data. b, g, l: principal stress axes after Anderson(1951), Huang(1987) (b), Arthaud(1969) (g) and Anglier et Mechler(1977) (l). c, h, m: variation of deviation (G). The value Φ of the least G is adopted as the tentative axial ratio. d, i, n: stress axes (from the first to the last converged phase) and axial ratio treated by DAGUR acceding to each initial stress tensor. e, j, o: stresses treated by BURIAT in the same manner as d, i, n. f, k: results treated by DAGUR and BURIAT in that the magnitudes of shear stresses are all one at the first phase.
n: pentagon, m: quadrangle, o: triangle. The numbers around the north of net are meaningful number/the

고 오직 내 이론을 바탕으로 한 프로그램만을 썼다.

지질시대의 스트레스 상태를 복원해내는 일 또한 고난의 행군이었다. 한 노두에서 서너 시간 또는 하루 종일 작거나 큰 단층들을 재고 단층들 사이 어느 것이 먼저이고 나중인가를 체크하면서 일을 하게 되었다. 그 가운데 진주시 나동면 유수리 철교 밑 천변 노두는 이레 동안 나를 붙잡아 놓았다. 자료를 처리하는 데 2주가 걸렸다. 그리고 이 한 지점에서 복원한 단층작용 사건은 이후 한반도 동남부 지역의 지구조 사건의 순서를 정하는 데 큰 기여를 하게 되었다.

연구란 고통스런 과정이 없이 번갯불이 번쩍 하듯이 주어지는 것은 아닌 모양이다. 과학이란 자료수집data aquisition, 자료처리data processing 및 분석analysis, 결과의 해석interpretation, 기존의 연구결과와의 토론 등을 통해 정립되는 것이라고 보면 자료 수집 과정이 허술하면 연구는 멀게 된

바람에도 흔들리는 땅

다고 할 수 있다. 자료 수집을 소홀히 할 경우 아무리 근사한 이론으로 치장하더라도 금방 본색이 드러나게 되니 공들인 수제품이 두고두고 가치가 빛나는 것과 같은 이치일 것이다.

본디 나는 지형도를 들고 들과 산을 발로 디디며 지질분포, 지층들의 구성 양상 등을 조사하여 지질도를 그려내는 일도 한다. 공간의 수많은 점들에 각각 특성을 부여하는 작업을 매핑mapping이라고 한다. 공간상 점들을 특성이 같은 것끼리 같은 색을 입혀 이웃의 다른 무리와 경계선을 그으면서 지질분포, 단층 등을 추가하여 지질도를 그려내는 것이다.

또 다시 고통의 수레바퀴를 굴려야 하겠다는 생각은 이 고통의 굴길을 나서자마자 휘황찬란한 기쁨과 성취 그리고 무언가의 대가가 내 품에 안겨질 거라 생각게 하면서 고통이 아닌 즐거움이도록 내 신경회로를 바꾸어 놓고 있었다. 『말의 무늬』라는 졸저를 탈고했을 때 특히 그 독한 쓴맛과 뒤따라오던 단

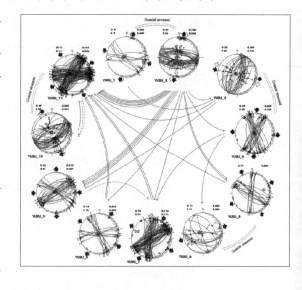

맛을 나는 지금도 생생히 느끼고 있다. 그동안 땅이름을 공부한 터라 좀 더 수월하게 지질도 그리듯 지진이 발생한 고장들을 지도에 표시하고 그 분포를 매핑하기 시작하였다.

처음으로 눈에 들어온 지진사건은『세종실록』12년 4월 18일자 기사였다. 경상도 영산, 함안을 비롯하여 쉰여덟 고장, 전라도 남원을 비롯하여 마흔세 고장, 모두 합쳐 101 고장에서 감지된 지진사건 기록이었다.

엄청난 지진사건임에 틀림없었다. 세종대왕을 바로 이런 장면에서 칭송하고 싶어졌다. 고장이름을 현재 땅이름 어디에 해당하는지 알아야 지도에 매핑이 가능할 터였다. 현재와 같은 땅이름은 모두 한글로 바꾸고 현재와 다른 땅이름은 한자로 그냥 두었다. 대개는 현재의 땅이름과 같으나 몇몇은 현재와 다른 지명이었다. 山陰(산음)은 산청, 榮川(영천)은 돔배기로 유명한 지금의 경북 영천이 아니라 경북 영주였다. 昆南(곤남)은 진주 부근의 곤양, 金山(김산)은 지금의 김천이었다.

『세종실록』48권, 세종 12년 4월 18일(丁亥) 6번째 기사

慶尙道 靈山 咸安 玄風 陜川 金海 宜寧 山陰 三嘉 機張 固城 蔚山 慶州 大丘 興海 長鬐 安東 延日 義城 寧海 盈德 榮川 淸河 義興 眞寶 泗川 奉化 靑松 咸陽 晋州 昆南 新寧 高靈 密陽 安陰 昌原 漆原 永川 淸道 金山 星州 仁同 開寧 梁山 珍城 鎭海 居昌 東萊 善山 彦陽 尙州 醴泉 知禮 慶山 河東 巨濟 河陽 軍威 昌寧 全羅道 南原 益山 南平 潭陽 寶城 同福 綾城 興德 高興 康津 順天 長城 靈巖 高敞 茂長 羅州 井邑 高山 泰仁 和順 樂安 珍原 茂朱 昌平 金溝 全州 任實 龍安 古阜 淳昌 求禮 谷城 玉果 龍潭 茂珍 光陽 雲峯 扶安 長水 咸悅 鎭安 礪山 海珍 等官 地震

경상도

영산 함안 현풍 합천 김해 의령 山陰 삼가 기장 고성 울산 경주 대구 흥해 장기

안동 연일 의성 영해 영덕 榮川 청하 의흥 진보 사천 봉화 청송 함양 진주 昆南 신녕 고령 밀양 안음 창원 칠원 영천 청도 金山 성주 인동 개령 양산 진성 진해 거창 동래 선산 언양 상주 예천 지례 경산 하동 거제 하양 군위 창녕

전라도

남원 익산 남평 담양 보성 동복 綾城 흥덕 고흥 강진 순천 장성 영암 고창 무장 나주 정읍 고산 태인 화순 낙안 진원 무주 창평 금구 전주 임실 용안 고부 순창 구례 곡성 옥과 용담 무진 광양 운봉 扶安 장수 함열 진안 여산 海珍 等官 地震

綾城(능성)은 전남 능주, 扶安은『세종실록』원본 이미지를 살피니 扶安(부안)의 잘못이며 한글번역에는 제대로 부안으로 되어 있었다.『조선왕조실록』의 원문을 활용할 때 조심스러운 부분이 있구나 하는 생각이 드는 대목이다. 海珍(해진)은 해남과 진도를 합쳐 부른 땅이름. 지진이 발생한 고장마다 색깔을 칠하니 그림이 드러났다. 지진을 느낀 지역, 곧 감진 지역이 빼곡히 드러났다.

지진이 발생한 지하 지점이 진원震源이고 진원을 수직으로 지표까지 끌어올린 지점이 진앙震央이다. 지진이 한 지점에 모인 에너지가 방출되며 발생하는 것이라고 한다면 일단은 진앙으로부터 동심원의 파형을 이루며 전파될 것이라는 가설이 의미가 있어 보였다. 같은 지진사건을 감지한 지점들을 원 안에 들어가도록 맞추는 작업이 의미가 있다는 선험적인 전제를 만들어 주었다.

이 단순한 전제는 이를테면 여러 집채들이 무너지고 다리가 끊기고 산이 무너지고 하는 등의 특별한 추가 사항이 없는 한 선입견을 제거하는 데 좋을 것으로 생각되었다. 이번의 지진 기록은 단순히 지진이 감지된

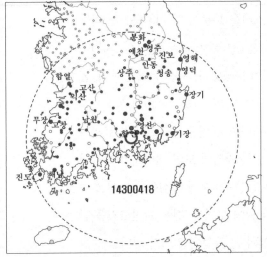

지역만이 기록되어 있었다. 따라서 분포를 최대한 원에 가깝게 맞추는 작업이 필요하였다. 이러한 근거를 가지고 지진이 감지된 지역, 곧, 감진 지역을 원으로 맞춘 결과는 왼쪽 그림과 같이 되었다. 진앙은 경남 함안 부근에 놓였다.

『세종실록』 지진 기록에서 처음 나타나는 고장이 영산과 함안이다. 경주나 상주가 아닌 영산과 함안이 처음 고장으로 거명이 되었을까? 아마도 감진 정도가 다른 지역에 비해 보다 컸음을 암시해놓은 기술이 아닐까 하는 생각이 났다. 『조선왕조실록』 지진사건 기술 방법을 조금은 알 듯도 하였다. 헌데 이렇게 큰 지진이 경상도와 전라도에 일어났다면 충청도 몇 고장에서도 지진이 전파되지 않았을까 하는 생각이 들었다. 다만 충청도 감사가 지진을 보고 하지 않았으니 공식적으로 충청도에선 지진이 감지되지 않았다고 볼 수밖에 없는 노릇이었다.

남해안 지역 모두에 지진이 났는데 제주도나 대마도에도 지진 감지가

안 되었을까? 일단은 제주도에
서 지진 보고가 없어 지진이 전
파되지 않았다고 볼 수밖에 없
었다. 대마도는 지진이 전파되
었을 수도, 아닐 수도 있었으며
어떤 정보도 없었다. 감진 지역
을 최대한 반영하여 새로 설정
한 감진 원의 중심은 거제도와
대마도 사이에 놓였다.

　역사 지진기록으로부터 진앙
을 구하는 일은 이미 불확실성
이 포함된 작업이라는 걸 처음부터 뼈저리게 느껴야 했다. 함안과 쓰시마
섬 사이에 진짜 진앙이 존재했었을 거라는 사실 밖에 내 손에 쥐어지질
않았다. 생각 밖으로 역사 지진 자료를 처리하는 작업이 녹록지 않음을
처음부터 느껴야만 했다.

　한국지질광물연구원 지진센터의 전지순 박사는 지진학으로 웁살라
대학에서 박사학위를 하였다. 내가 연구원의 지체구조 관련 과제를 맡
을 때부터 인연이 되어 지진관련 분야를 부탁하곤 하였다. 물론 그 이전
내가 1996년 박사학위 논문을 쓸 때 현생 지구조 응력에 대한 지식은
전적으로 전지순 박사의 논문에 의존했다. 이런 저런 인연으로 지진의
기초지식을 귀동냥한 터이고 활성단층 논문을 쓸 때면 지진 발생 솔루
션 자료를 추가하여 그려 넣곤 하였다. 그 뒤 전 박사의 논문은 내 논문
의 주요 참고문헌이 되었다. 특히 그가 소개한 쓰보이공식은 나를 매료

시켰다. 지진이 감지된 면적만 알면 지진의 규모를 구할 수 있다는 것이었다.

쓰보이공식Tsuboi's formula : $M = 1.49 \times \log_{10} (\text{felt area}) - 2.55$

　쓰보이 츄지坪井忠二 박사는 일본인 지진학자이다. 1951년과 1954년에 발표한 그의 논문은 현재까지도 회자되는 역작이다. 쓰보이공식은 감진 면적에 로그를 취하여 1.49를 곱한 뒤 2.55를 빼면 지진규모에 해당하는 값을 구할 수 있게 해주었다.

　앞서 거제도와 쓰시마 사이에 진앙을 설정한 경우에 진앙에서 감진 최대 지역까지의 거리(원의 반지름)가 약 250㎞ 가량 되기 때문에 면적은 3.14×250×250(㎢)이 되며 이 매력적인 공식을 활용하기 위해 면적에 로그를 취하니 5.30, 1.49를 곱하고 2.55를 빼니 금방 내가 알고 싶은 지진규모가 5.3 정도임을 계산해주었다. 함안 부근에 진앙이 설정된 경우 반지름이 230㎞ 가량 되니 지진규모는 5.2로 추산되었다.

R(㎞)	3.14×R×R	$\log_{10}$	×1.49	규모
1960	12068732	7.08	10.55	8
903	2561681	6.41	9.55	7
419	551541	5.74	8.55	6
193	117021	5.07	7.55	5
89	24885	4.40	6.55	4
41	5281	3.72	5.55	3
19	1134	3.05	4.55	2
9	254	2.41	3.58	1

나는 처음으로 만세를 부르고 싶었다. 내가 취한 방식이 옳든 그르든 이렇게 대단한 지진자료를 내게 선뵈준『조선왕조실록』기록에 경의를 표했고 위대한 세종대왕을 직접 뵌 듯 감격에 잠시 눈을 감았다. 쓰보이 공식에 의해 감진 원의 반지름(R)과 규모 사이 관계는 앞의 표와 같았다.

지친 나를 다독여 또 다른 나의 열정을 북돋우는 일은 계속되었다. 퇴근하고 집에 오면 마치 지진귀신은 기다렸다는 듯이 나를 책상에 붙잡아 놓고 오줌 눌 생각도, 담배 피울 생각도 내 머릿속에서 모두 지워버리고 새벽 세 시까지 나를 책상 앞 의자에 내 다리를 묶어 놓고 지켜보고 있는 듯했다. 그 사이 지진사건들에 대해 그림을 그려 지진기록을 날짜별로 정리하였다. 백두산 등 화산활동에 대한 기록이며 지진과 밀접한 해일 기록 등도 함께 정리를 했다. 그렇게 셋 이레, 3주가 지나자 산소통 같던 내 몸에서 기운이란 기운은 모두 쪽 빠져나갔다. 다른 무언가 집중하여 야 할 일에 쓸 에너지가 더 이상 없어졌다. 나는 아무것도 할 수 없었다. 연말 보고서도 간신히 썼다.

이듬해 2011년 3월 11일, 일본 동북지방에 대지진이 일어나 쓰나미로 해변 지역이 큰 피해를 입고 후쿠시마 원전에 엄청난 사고가 생기면서 우리나라의 지진해일에 대한 관심이 증폭되기 시작했다. 이즈음『연합뉴스』의 김진식 기자가 내게 전화를 했다. 조선시대 지진해일에 의한 피해는 없느냐고 묻기에 미리 정리해 두었던 자료를 소개하였다. 현종 9년(1668년) 6월 23일 기사와 숙종 7년(1681년) 5월 11일 기사의 지진기록은 쓰나미가 발생한 것으로 보인다는 조심스런 의견을 소개했다. 김 기자는 3월 15일자로 관련 신문기사를 송출했다. 신문기사로는 처음으로『조선왕조실록』에 기록된 지진과 지진해일이 소개된 것이라 할 수 있었다.

그 뒤 쓰나미를 연구하는 학자의 인터뷰기사가 있었다. 지진학자들의 의례상 뽑는 유려한 인터뷰가 신문과 텔레비전 뉴스를 장식하곤 하였다. 동일본대지진이 잊혀가듯이 나도 서부경기육괴의 고생대 지층 연구와 지질도폭 조사에 몰두해야 했고 내게서 지진은 잊혀가고 있었다.

＝

2014년 초, 한 학생이 양산단층에 내한 논문 별쇄를 얻으러 왔다. 수많은 지질학자들이 포항 지역을 고생물의 관점, 활성단층의 관점으로 연구해왔다. 그러나 양산단층에 대해 이렇다 할 성과를 내진 못하고 있었다. 늘 말하듯이 쓰나미처럼 학자들이 몰려왔다 몰려나간 뒤땅은 내 것이었고 본진이 거둔 수확보다 이삭 줍는 내게 더 많은 것들이 보였다.

연구 결과, 양산단층은 영덕 대게로 유명한 강구 바로 남쪽 장사지역에서 끝난다는 사실을 확인하였다. 양산단층 동쪽에 남북으로 새로운 단층이 발달하였으며 이를 장사단층이라 이름 지었다. 본디 양산단층과 장사단층 사이에 아홉 개의 연결단층이 발달하여 그 동쪽에 신신생기 Neogene 포항분지가 형성되었으며 연결단층이 갈라져 블록으로 침강함에 따라 여러 개의 퇴적시스템이 만들어지고 이로부터 포항분지가 형성되었다는 논지였다. 2006년『지오사이언스』저널에 출간되고 이듬해 한국과학기술총연합회 지질분야 우수논문상을 받는 계기가 되었다.

논문 피디에프를 펼쳐 학생에게 보여주며 논문을 읽어도 몇 가지 놓칠 수 있는 것들을 설명해 주었다. 연결단층 사이 블록이 침강하며 역암들이 발달한 지역들에 퇴적 시스템이 발달하는 것이라든지 도음산 선상 델타fan delta와 고주산 선상델타뿐만 아니라 연구되지 않은 다른 여러 개

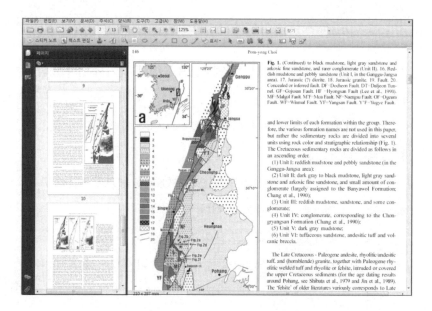

의 퇴적 시스템 등등 시시콜콜한 것까지 그의 공부에 도움이 될 만한 것을 소개했다. 논문 피디에프 파일을 덮으며 잊고 있던 지진 관련 파일이 눈에 스쳤다. 학생에게 별쇄와 피디에프 파일을 건네주고는 헤어져 잠시 옛 생각을 하며 그간 묻어두었던 『조선왕조실록』의 지진기록을 정리한 파일을 펼쳤다. 마치 과제물 제출 기한이 지났는데도 내지 않은 학생처럼 무언가가 가슴에서 미어져 올라왔다. 내게 무언가 하도록 주어진 일을 않았다는 것에 대해 회한이 솟구쳤다. 2010년, 마치 무술의 고수가 무공을 연마하다 잘못되어 주화입마에 걸려 폐인이 된 듯한 상황도 되살아났다. 이태 동안 안압 때문에 고생했는데 이제 안압도 조절이 되니 걱정이 없다는 생각도 들었다. 드문드문 관련 지진사건을 그림을 다시 정리하기 시작했다. 특히 지진을 감지하여 보고한 고장이 많은 기록에 관심이 먼저 갔다. 매핑 습관에 익숙하여 그 방식을 택하여 자료를 정리하였다.

어느 날 저녁 류지열 박사가 내 연구실에 들렀다. 내가 무언가 열심히 하는 걸 보고 한마디 하였다.

"성님, 이게 뭔교? 지진자료 아이라예? 에? 인자 지질 연구는 않고 이 길로 빠질라카는교?"

갑자기 아랫골에서 정수리로 뻗치는 이상한 기운을 느꼈지만 아무 일 없는 깃처럼 징색을 하고 내가 밀했다.

"잘 봐라. 이기 나중에 백두산 분출을 설명할 기본이 될 기다."

나는 그의 경상 방언을 흉내내어 그가 무심코 던진 말에 화를 내지 않고 답변하였다. 그가 말했다.

"와, 성님 혼자 그림 다 기리고 했는교?"

뽐내듯 내가 말했다.

"그래."

내 주변에 있는 동료조차 설득할 수 없는 일을 한다면 오랫동안 한 분야를 공부한 내 자신, 자괴심이 들 것 같기도 하였다. 몇 가지 큰 지진사건을 보여주며 내가 말했다.

"지금 생각하는 것보다 큰 지진이 많았다 아이가."

"규모 5.0 넘는 지진도 많았네예. 이 지진은 규모가 6.0이네예. 그람 우에 되는교?"

"다 정리되면 제대로 보여줄게."

"성님 컨디션 조절 잘 하이소. 잘못하다 몸 상합니다."

"걱정이야. 그래서 컨디션 조절하며 살살 일하고 있어."

내 건강이 걱정이 되었던지 그가 말했다.

"일 잘 하고 몸 상하면 우데 쓰는교? 일찍 들어가시는 게 안 난교?"

그는 수고하라는 말을 하고 자리를 떴다.

1616년 9월 18일 서울지진

그간 地震(지진)이란 키워드를 『조선왕조실록』에서 검색하여 정리하였으나 갑자기 나타난 地大震(지대진)이란 단어는 나를 당황케 하였다. 그 가운데 광해군 8년, 1616년 9월 18일 『조선왕조실록』의 기사는 다음과 같았다.

光海 8년(1616년 丙辰) 9월 18일(丙戌)(『광해군일기』 중초본)

○丙辰 九月 十八日 丙戌 地大震.

9월 열여드레 병술일, 땅이 크게 흔들리다

光海 8年(1616 丙辰年) 9月 18日(丙戌)(『광해군일기』 정초본)

○丙戌 / 地大震.

병술일 / 땅이 크게 흔들리다

『조선왕조실록』의 모든 자료를 모았다는 자부심에 헛김이 빠졌다. 地震 대신에 '地 震', 두 글자 사이를 띄고 검색하기 시작했다. 중종 13년 5월 15일 기사에 '酉時 地大震 凡三度'라는 구절도 있었다. 酉時(유시)는 오후 여섯 시에서 일곱 시 사이이다. 地大震(지대진)은 '땅이 크게 흔들렸다'라는 문구이지 '지진이 크게 일어났다'는 문구(大地震=대지진)는 아니라는 사실이었다. 지진의 횟수를 세는 단위는 度(도)였다. 다시 살피니 『조선왕조실록』에서 '地震'은 '지진이 나다'라는 문장이 아니라 '땅이 흔들리다'라는 문장임이 분명했다. 키워드 地震에 地大震뿐만 아니라 地微震(지미진)도 있었다. '땅이 약간 흔들리다.' 지진은 달리 地動(지동)이라고도 하였다. '땅이 움직이다.' 이러한 까닭에 지진이라는 말보다 '땅의 흔들림'이란 말이 조선 때 사람들의 언어의식에 보다 가깝다고 생각되었다. 새로운 자료들을 정리하며 연도별 날짜별로 곳곳에 기워 넣었다.

1616년 9월 18일 서울지진은 다른 고장에서 보고된 것이 없이 다만 서울 땅이 크게 흔들렸다는 현지인의 기록뿐이었다. 서울 땅이 크게 흔들렸다면 이웃한 경기 지역이나 황해도 지역에도 지진이 감지되었어야 할 텐데 관련 기록이 없었다. 어쩔 수 없이 이 지진사건은 서울지진 또는 미지의 지진사건으로 놓을 수밖에 없었다.

『광해군일기』에는 두 가지 버전이 있다. 태백산본을 중초본, 정족산성본을 정초본이라 한다고 하였다. 손으로 베껴 쓴 초고본과 이를 두 번 고쳐 붓으로 베껴 쓴 것을 중초본, 원고를 마지막 손질해서 완성된 필사본을 정초본이라고 한다고 하였다. 위 지진사건은 9월 18일 병술일에 났음에도 아무런 까닭 없이 丙辰(병진)이 들어가 있었는데 정초본에서는 丙辰이란 글자와 숫자 날짜를 빼서 보통의 『조선왕조실록』 문체로 정리되고 있음을 볼 수 있었다. 『조선왕조실록』은 대개 목판본 등으로 인쇄를 하나 중초본과 정초본은 필사본에 해당되었다.

『현종실록』의 경우 개수본이라고 있는데 여러 번 고쳐 차례를 알 수 없는 경우를 이르는 것이라고 인터넷은 설명해 주었다.

연산군 9년, 1503년 음력 8월 23일 지진기록은 땅이 흔들린 고장, 지진 감진 지역이 모두 적혀있었다. 세 땅이름이 현재와 달랐다. 尼山(니산)은 지금의 충남 공주시 노성면, 金山(김산)은 경북 김천시, 陰竹(음죽)은 규장각한국학연구원의 고지도를 검색해보니 용인시 가남읍에 해당되었다.

京師(경사=서울) 及

충청도

충주 제천 정산 진천 청안 아산 괴산 결성 태안 **尼山** 회인 면천 임천 직산 보령 보은 공주 연산 진잠 회덕 문의 천안 홍주 예산 덕산 음성 남포 신창 청주 연기 평택 서산 청풍 당진 옥천 해미 전의 목천 청산

경상도 **金山** 개령 인동 용궁 예천

경기

광주 과천 양근 지평 여주 이천 양지 용인 **陰竹** 금천 안산 남양 수원 진위 양성 안성 양천 인천 부평 김포 통진 강화 파주 양주 포천 영평

전라도 익산 용안 함열 땅이 흔들리다.

감진 지역을 색깔로 표시한 뒤 대략 모두를 포괄하는 원을 그리니 두 고장 빼고 다 들어갔다. 원 안에 드는 고장 가운데 강원도 지역도 있으나 지진 감지 보고가 없었다. 강원도에서는 일부 지역에서 지진이 감지가 되었으면서도 보고를 하지 않은 것인지는 알 길이 없었다.

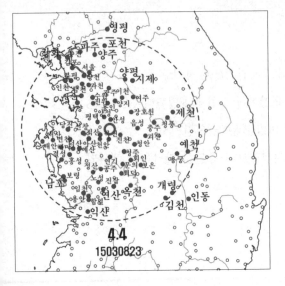

지진이 일어난 날 승정원에서는 임금께 啓(계)를 올려 "오늘 지진이 났으니 마땅히 마음을 가다듬고 반성해야 합니다" 하였다. 啓(계)는 구의(관청) 또는 벼슬아치가 임금께 올리는 말이나 글을 이른다고 하였다. 임금께서 승정원에 재변에 대해 메시지를 보냈다.

"일식이나 월식, 지진은 모두 재변이로다. 옛사람들이 반드시 일식은 적고 월식은 적지 않은 것은 무슨 까닭이뇨? 월식 또한 지진과 같은 재변이 아닌고?"

승정원에서 계를 올렸다.

"해라는 것은 양의 정기이며 임금의 상징입니다. 그러므로 해가 먹히면 예로부터 특별히 적어두어 계율로 삼았나이다. 달이란 것은 음의 정기로, 양에게 어그러져 먹히는 일이 늘 있기 때문에 적어두지 않았나이다. 지진에 대해 말하자면 이와는 다르니 땅의 섭리는 늘 고요하여 마땅히 움직이는 것이 아닌데 일어난 움직임이니 이는 음기가 성해서 일어나는 것이며 큰 재변이옵나이다."

『연산군일기』에 보이는 아주 상세한 이 지진기록은 진앙과 지진규모를 구하는 데 손색이 없었다. 감진 원을 둘러 구한 중심인 진앙은 성거산, 감진 원의 반지름과 면적으로부터 구한 지진규모는 4.4로 추산되었다.

　명종 10년, 서기 1555년 음력 2월 11일 『조선왕조실록』의 기사는 나를 화들짝 놀라게 했다. 땅이 흔들리는 방향을 기록하고 있었다. 현대에도 이러한 지진 전파에 대한 기록은 없다. 지질 재해에 대해 아주 자세한 관찰 결과를 기록하고 있는 것이었다.

　　○ 경상도 상주 성주 개령 선산 현풍 하양에서 땅이 흔들리다. 대구에서는 서북간에서 동쪽으로 땅이 흔들렸는데 여러 집채들이 부르르 움직이다 잠시 뒤 멈추다. 경산 창녕 山陰 고령 청도에서는 서에서 동북쪽으로 땅이 흔들렸는데 벼락 치는 소리가 났으며 여러 집채들도 흔들리다가 잠시 뒤 멈추다. 인동에서는 북에서 남으로 땅이 흔들려 여러 집채들이 부르르 움직이다.

山陰(산음)은 지금의 산청이다. 지진이 난 고장을 일단 매핑을 하였다. 그 결과 진앙은 성주로 추정되며 규모는 3.5 정도로 산출되었다. 하나의 지진사건 중에 성주 남쪽에서는 서에서 북동 방향으로, 성주 북쪽인 인동에서는 북에서 남으로, 대구에서는 서북에서 동으로 땅이 흔들렸던 것이다. 현재 이러한 정보가 어떤 의미를 갖는지 해석하기는 쉽지

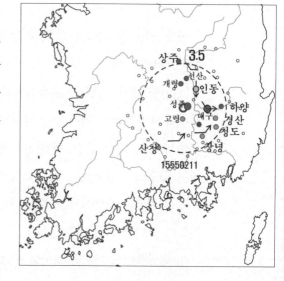

않았다.

지진사건 중에 어떤 방향으로 땅이 흔들렸는지에 대한 기술은 명종이 전 연산군 때로 거슬러 올라간다.

1502년 4월 6일 영변지진

연산군 8년, 1502년 음력 4월 6일 기사를 보면 땅이 어떤 방향으로 흔들렸는지 처음으로 기록에 등장한다.

> ○平安道 寧邊, 泰川, 雲山, 价川 地震, 有聲如雷, 自北而南.
> 평안도 영변, 태천, 운산, 개천에서 천둥치는 소리를 내며 북에서 남으로 땅이 흔들리다.

이날, 임금께서 신하들의 아침 인사를 받고 경연에 들었다. 그 말미에 이극균이 말했다.

"평안도 개천, 영변 등의 읍성에서 지진이 났나이다. 요즈음 가뭄이 심하여 보리와 밀이 패지 않아 백성들이 심히 어려움을 겪고 있나이다."

앞서 영변, 태천, 운산, 개천이라 하였는데 이극균의 말에서는 개천과 영변 등으로 지칭되었다. 유세침이 아뢰었다.

"지진이라는 재변이 어찌 작은 재난이어 소홀히 하겠습니까? 청컨대 하늘의 타이름에 귀 기울이소서."

이에 임금께서 아무런 대꾸도 않았다고 『조선왕조실록』은 적고 있었

바람에도 흔들리는 땅

다. 1502년 영변지진은 감진 지역으로부터 구한 지진규모가 2.6이며 진앙은 영변 북쪽으로 추정된다. 이 기사에서도 네 고장 가운데 첫 고장이 진앙인 영변이라는 사실이 『조선왕조실록』에서 지진 재해를 기술하는 필법이라는 생각을 놓칠 수가 없었다. 연산군

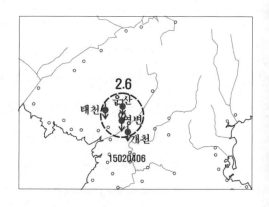

재위 기간 지진 재해가 매우 세련된 양상으로 기술되고 있음이 놀라웠다. 담당 사관의 역량일까? 폭군이라 이름 지어진 연산군 시대에 그래도 살아있던 기록 문화일까? 지진 따위의 재난이 닥치면 옳다구나 임금을 겁박하는 저런 무리가 있다는 것이 본디 착한 군주를 폭군으로 만든 것일까? 많은 생각을 하게 하였다.

≡

세종 14년, 1432년 5월 5일, 거제지진이 나고 이태 지난 즈음 세종임금은 경연에 나갔다. 세종임금께서 말했다.

"지진은 천재지변 가운데 큰 것이다. 그러므로 경전마다 지진을 적었으며 번개와 벼락의 재변은 적지 않았노라. 번개와 벼락은 늘 있는 일이므로 춘추에서도 이백의 사당에 지진이 났다는 것만 적었도다. 이는 번개와 벼락이 늘 있는 일임을 안 까닭이니라. 우리나라 지진은 시도 때도 없이 일어나니 경상도가 몹시 많도다. 지난 기유년에 경상도를 비롯하여 잇달아 충청, 강원, 경기 삼도에서 땅이 흔들렸도다. 그날 나는 책을 찾아보며 지진이 난 걸 알지 못했는데 서운관으로부터 듣고 알게 되었도다. 우리나라에서는 지진으로 집이 무너지는 것은 없으나 지진이 하

삼도에 몹시 많이 나니 오랑캐의 변란이 없을까 의심이 되노라."

이에 권채가 대답하였다.

"번개와 벼락은 천변 가운데 작은 것이고 지진은 재변 가운데 큰 것이옵나이다. 그러므로 반드시 아무 일은 득이 된 즉 아무 일이 나타나고, 아무 일은 실패한 즉 아무 허물이 나타난다는 것은 억지로 끌어다 붙인 논리이옵나이다."

이에 임금께서 말했다.

"경의 말이 그럴 듯하도다. 천지재이는 혹은 가까이 혹은 멀리 10여 년 동안도 일어나니 반드시 일어나지 않으리라 말을 할 수 없도다. 한나라와 당나라 때 여러 선비들이 모두 천재지이설에 빠져 억지로 끌어다 붙인 논리를 나는 채택하지 않겠노라."

연산군이 세종임금처럼 당당한 주장과 논리를 갖고 있었더라면 천재지이설의 논리로 수도 없이 신하들로부터 겁박을 당하지 않았을 것 같았다. 분명 폭군이라는 오명을 쓸 정도로 어긋나지 않았을 터이고 겁박하는 신하들에게 휘둘리지도 않았을 것 같았다. 초창기 성군의 기질이 보였던 그가 어긋나게 된 원인에 모후(폐비 윤 씨)에 대한 문제도 있을 것이다. 군주를 주무르려고 하던 사대부의 책임도 있을 거라고 한다면 망발일까? 짜증나는 지진보고를 그는 하지 못하도록 명을 내렸다. 중종반정으로 정권이 바뀔 때까지 지진사건은 『조선왕조실록』에서 자취를 감추었다.

『조선왕조실록』에 지진이 난 날로 적힌 날짜를 신중하게 봐야 한다는
사실은 곳곳에서 발견되었다. 다음은 효종 6년, 1655년 음력 4월 24일
『조선왕조실록』의 기사.

'충청도에서 지진이 났나이다' 하고 감사가 보고하다. 예조에서 임금께 '향,
축문, 폐백을 보내 지진이 일어난 가운데 고장에서 解怪祭(해괴제)를 지내야
하옵나이다' 하니 임금께서 그리하라 하시다. 이때 태안군에 있는 안흥에 진鎭
을 쌓으며 군사를 모아 노역을 시키고 있었는데 도내에서 소요가 일고 백성들
의 원망이 하늘을 찌르다. 사람들이 모두 저러기 때문에 지진이 일어났다고
수군거리다.

이 기사만으로 앞뒤 지진사건의 정황을 알 길이 없다. 해괴제를 지냈
다고 하는데 일단 접어두기로 하자.『승정원일기』를 살피니 정확한 날
짜 기록이 보였다. 충청감사가 올린 書目(서목)에는 '공주 등지에서 3월
24일 땅이 흔들림'이라고 4월 24일자『승정원일기』에 적혀있으니『조
선왕조실록』에서 4월 24일 충청도에서 지진이 났다는 기록은 실제로는
3월 24일 지진사건에 해당되는 것이었다.

5월 6일자『승정원일기』의 전라감사가 보낸 서목에는 "임피에서 3월
24일에 땅이 흔들림"이라고 하였으니 결국 지진이 일어난 곳은 충청도
안흥, 공주뿐만 아니라 전라도 임피도 같은 날 지진이 난 것이었다.『조
선왕조실록』만을 보면 4월 24일 났을 것 같던 지진이 실제로 3월 24일

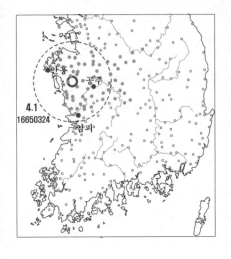

에 난 지진사건이며 지역도 충청도뿐만 아니라 전라도 임피에서도 같은 지진을 느꼈다.

충청도에 지진이 났다는 말은 충청도 전 지역에 났다는 말일까 궁금한 마음이 솟았다. 조선시대 충청도 영역은 현재의 충청도 영역에서 평택을 더하고 금산을 빼야 한다. 충청도와 임피 지역을 색칠하고 공주, 안흥, 임피를 포함시켜 원을 그리려니 충청도 전 지역에 포함되지는 않는 것 같았다. 전 지역을 포함시키려면 경기도나 전라도가 포함되기 때문에 난감한 일이 벌어졌다. 결국 안흥, 공주, 임피가 포함되는 원을 그리니 진앙은 충남 홍성에 놓이고 지진규모는 4.1 정도로 추산되었다.

1978년 10월 7일 오후 6시 19분 52초에 충청남도 홍성군 홍성읍에서 규모 5.0의 지진이 일어났다. 1655년 3월 24일 홍성지진의 진앙과 비슷한 곳에 위치하며 실제로는 같은 진앙에서 일어났을 가능성이 있다는 생각이 들었다. 1978년 홍성지진은 1655년 음력 3월 24일, 양력으로 4월 30일 지진보다 약 300년 뒤에 일어났다.

≡

『조선왕조실록』에 기록된 지진이 난 날짜가 『승정원일기』와 비교해보니 확연히 다른 사실은 마치 뒤통수를 한 대 얻어맞은 기분이었다. 이제까지 한 작업이 와르르 무너지며 추운 겨울날 한기가 온몸을 타고 주르르 내리는 것 같이 온몸이 얼어붙는 기분이었다. 『조선왕조실록』이 어찌 쓰였는가에 대해 가까운 지인에게 물어보기로 했다. 고전문화원에서

바람에도 흔들리는 땅

오래 일하다 최근에 한 의대 병리학교실로 자리를 옮긴 기호진 선생에게 전화를 걸었다.

"그간 안녕하셨는지요?"

차분하고 정중한 기호진 선생이 말했다.

"최 선생님, 안녕하셨지요? 어쩐 일이신지요?"

내가 말했다.

"요즘 조선시대에 일어난 지진을 공부하고 있습니다. 『조선왕조실록』에서 어떤 지진이 어느 날 일어났다고 했는데『승정원일기』를 보니 도통 날짜가 맞지 않는 경우가 있구먼요. 무슨 일인지 좀 일러주세요."

기호진 선생이 말했다.

"『조선왕조실록』은 사초와 시정기를 바탕으로 편찬했습니다. 시정기는『승정원일기』와 각 관청에서 보낸 보고문서 내용을 월말이 되면 연월일순으로 짜놓은 것입니다, 선생님. 예문직제학과 직관이 사관을 겸임하여 춘추관에 앉아 모든 관청이 보고하는 문서를 관장하며 날짜별로 만들어 놓은 것이지요, 선생님. 당나라 때 시작됐다고도 하고, 송나라 때 고사를 바탕으로 시정기라 부르라 세종임금께서 명하신 것이라고도 합니다, 선생님."

시정기時政記는 아마도 다이어리와 같은 것인 듯했다. 내가 물었다.

"그러니까 다이어리를 만들어 나중에 보고된 사안이라도 마치 어느 날 보고한 것처럼 정리가 됐다는 말씀인가요?"

그가 말했다.

"예, 맞습니다, 선생님."

내가 물었다.

"『조선왕조실록』과『승정원일기』를 비교하니 날짜가 다른 경우가 있는데 그건 어찌 봐야 합니까?"

그가 말했다.

"시정기를 만들 때 아주 늦는 건 넣지 못하는 경우도 있고 어떤 것은 첫 보고가 올라온 날을 시정기에 잡기도 한 경우도 있었던 것 같습니다, 선생님."

내가 말했다.

"아, 이제 좀 알 것도 같네요. 모르는 게 생기면 또 여쭙겠습니다."

고맙다는 인사를 하고 전화를 내려놓았다. 일목요연하게 정리된 1430년 4월 18일 거제지진과 1503년 8월 23일 성거산지진은 잘 정리된 시정기를『조선왕조실록』편찬에 활용하였다는 말로 들렸다. 그러니까 세종 때나 연산군 때에는 시정기가 잘 작성되었다는 말이고 효종 때 지진인 1655년 3월 24일 홍성지진은 시정기가 잘 짜인 것이 아니라는 말이 되었다. 같은 날 지진이 일어난 고장을 일목요연하게 정리가 잘 된 것이 시정기 덕분이라는 말이고 지진이 일어나자마자 그날 지방 관청에서 쪼르르 서울로 달려가 보고를 한 게 아니라는 걸 알게 되었다.

지진사건 기록에서『조선왕조실록』의 날짜를 오롯이 믿을 수 있는 게 아니라는 사실이 드러난 셈이었다.『조선왕조실록』도 방대한 기록이지만 적어도 지진 기록에 있어서는『승정원일기』가 보다 자세하고 지방 관리들이 보낸 지진이 난 날짜를 명시하고 있다는 점에서 꼭 참조하고『조선왕조실록』기록과 비교해가며 읽어야 할 필요성이 느껴졌다. 이로부터『승정원일기』에 나타난 지진기록을 검색하여 정리하기 시작했다. 그리고 이미 만들어 놓은 지진기록 표, '지진 시정기'에 이들을 끼워넣어 다시

『조선왕조실록』
仁祖 18년(1640년 庚辰) 5월 4일
○甲申 / 全羅道 礪山郡 地震.

庚辰五月初四日
地震解怪祭
■全羅監司元斗杓書狀內節該該道內礪山郡良
中本月十二日二十二日再度地震之變事係異
常事據曹∨啓目粘連∨啓下是白有亦礪山郡
地震解怪祭∨香祝幣令該司急急下送精備奠
物擇定祭官隨時卜日設行事本道監司處行移
何如崇德五年五月初四日同副承旨臣金堉次
知∨
啓依允

★ 1640년 庚辰 5月 初4日
地震 解怪祭
■全羅監司 元斗杓 書狀內節 該 道內 礪山郡
에서 本月 12口, 22口 再度 地震之變 事係異
常事. 據曹 啓目粘連 啓下이습이신여 礪山
郡 地震 解怪祭 香祝幣 令該司 急急下送, 精
備奠物, 擇定祭官, 隨時 卜日 設行事, 本道監
司處行移 엇드ᄒ닛고? 崇德 五年 5月 初4
日 同副承旨 臣 金堉 ᄆ음아리. 啓依允.

정리하였다. 같은 지진사건은 위아래로 배치하여 '='를 더하고, 같은 때
일어난 다른 고장의 감진 기록은 '+'표시를 하며 위아래로 배열하였다.
새로운 발견의 결과는 나를 밤늦게까지 붙잡아 놓곤 하였다. 지진기록은
『조선왕조실록』과 『승정원일기』뿐만 아니라 다른 문헌도 있을 법했다.
고전문화원 데이터베이스와 규장각한국학연구원 홈페이지에 들러 주요
키워드를 검색했다. 고도서 왕실자료에 『해괴제등록』이란 책의 내용들
이 검색되었다. 위의 네모 안은 『해괴제등록』의 지진관련 첫 기사이다.
『해괴제등록』을 보자마자 눈에 띈 것은 특이한 띄어쓰기였다. 『조선

왕조실록』에서 임금과 관련되는 단어 앞에 항상 띄어쓰기를 했는데 啓(계)라는 글자와 香(향)이라는 글자 앞에도 한 칸 띄어져 있었다. 내 눈에 낯익은 표기들이 있었다. 바로 이두였다. 이두사전에도 보이지 않는 표기도 있는 것 같았다. 네모 칸 오른쪽 위는 원문, 아래는 이두를 한글로 바꾸고 띄어쓰기를 한 것이다.

礪山郡良中은 조선 때 이두로 '礪山郡아희'로 읽어야 하나 지진기록표에는 당시의 언어를 반영하여 '礪山郡에셔'로 고쳤다. 啓下是白有亦는 이두사전을 보면 '啓下이습이신여'로 읽어야 하는 것 같았다. 次知는 15세기 형태로는 'ᄀᆞᄉᆞᆷ아리'이나 『해괴제등록』이 쓰인 인조～숙종 연간의 언어를 반영하여 'ᄀᆞ음아리'로 적었다. 사전에 등재된 단어로 '가말다'는 처리한다는 말이고 거슬러 올라가면 'ᄀᆞ음알다' < 'ᄀᆞᄉᆞᆷ알다'이다.

『조선왕조실록』은 조선왕조 전 시대를 포괄하고『승정원일기』와 『해괴제등록』은 아쉽지만 각각 인조～순종 시기와 인조～숙종 시기의 지진사건만을 제공하였다. 후반부에서 지진기록 표를 만들 때『조선왕조실록』기사는 임금의 묘호를 한자로, 승정원기록은 한글로 적어 반복적으로 적어야 하는 것을 피했으며『해괴제등록』의 기사는 ★을 앞에 두고 해당 서기 연도를 추가 하여 나타냈으며 기술의 편의를 꾀하였다.

肅宗 30년(1704년) 10월 3일(『조선왕조실록』)

○庚午 / 定山 地震, 道臣以聞.

숙종 30년 10월 16일(『승정원일기』)

○忠淸監司 書目 : 定山縣段 初三日 未時量 地震, 俱係變異, 雹災如此, 民事可慮事.

1714년 1월 22일 이천지진

　1714년 음력 1월 30일자(양력 3월 7일) 『조선왕조실록』의 기사에 "강화·개성, 평안도 평양 등 20읍, 경기 수원·안성, 황해도 해주 등지에서 땅이 흔들리다. 이후 8도에서 보고가 있다"는 기록이 있었다. 이와 관련된 『승정원일기』의 기록은 여덟 개의 기사가 해당되었다.

　① 숙종 40년(1714년) 1월 22일
　　○申時 북동에서 남서 방향으로 땅이 흔들리다.
　② 숙종 40년(1714년) 1월 29일
　　○평안감사 書目 : 평양等 20邑 지역, 이달 스무이틀 未時 申時쯤 잇달아 땅이 흔들림. 서북방에서 시작하여 남동으로 움직이다 멈춤. 변이연유事
　③ 숙종 40년(1714년) 1월 29일
　　○개성유수 書目 : 이달 스무이틀 申時쯤 땅 흔들림. 사계변이事
　④ 숙종 40년(1714년) 1월 29일
　　○경기감사 書目 : 수원 等 구의에서 이달 스무이틀 지진 관련된 일
　⑤ 숙종 40년(1714년) 2월 1일
　　○황해감사 書目 : 해주等 다섯邑에서, 2월 스무이틀 땅 흔들림. 사계변이事 (朝報)
　⑥ 숙종 40년(1714년) 2월 2일
　　○강원감사 書目 : 김화에서 정월 스무이틀 亥時쯤, 두 번 땅 흔들림. 사람을 요동케 함. 사계변이事
　⑦ 숙종 40년(1714년) 2월 17일

○강원감사 書目 : 회양等 3邑, 정월 스무이틀 申時 지진

⑧ 숙종 40년(1714년) 2월 17일

○함경감사 書目 : 함흥等 9邑에서, 정월 스무이틀 申時쯤 지진, 사계변이事

『조선왕조실록』을 살펴면 이웃인 강화나 개성에서 지진이 일어났으나 서울에서는 지진이 일어나지 않았다. 허나 『승정원일기』를 보면 위의 지진사건은 1월 30일이 아닌 1월 22일에 있어났으며 서울에서도 같은 날 지진이 일어났다. 『조선왕조실록』에는 서울에서 이와 다른 날에 지진이 일어난 것처럼 기록되어 있었다. 지진이 일어난 시간은 未時(미시) 또는 申時(신시)로도 적혀있었다. 미시는 오후 한 시부터 세 시 사이, 신시는 오후 세 시부터 다섯 시 사이이다.

또 눈여겨 볼 사항은 서울을 포함하여 다른 지방은 대개 신시에 지진

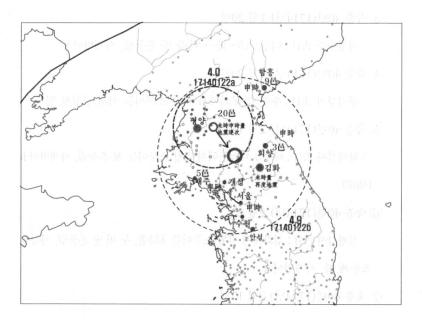

이 일어났는데 평양 일대와 김화에서는 미시 또는 미시~신시쯤에 지진
이 두 번 일어났다는 보고이었다. 결국 위의 지진사건은 두 번의 지진이
일어난 것을 기록한 것이며 하나는 미시에 하나는 신시에 일어난 것임
이 분명하였다. 미시에 지진이 일어난 평양 일대 20읍과 김화를 포함시
키고 함경도와 황해도 지역을 될 수 있는 대로 범하지 않는 범위에서 미
시에 난 지진의 진앙은 대략 평안도 강동이고, 신시에 난 지진의 진앙은
강원도 이천에 놓인다는 사실을 인정해야만 했다.

≡

지진센터에는 두 전 박사가 있는데 하나는 전지순 박사, 하나는 전정
진 박사이다. 전정진 박사는 역사지진을 오랫동안 공부해왔다. 이 지진
사건에 대해 지진센터의 전정진 박사에게 전화로 문의하였다.

"전 박사님, 큰 지진에 앞서 일어나는 지진도 있습니까?"

그가 대답했다.

"예, 큰 지진을 본진이라고 하며 영어로 메인쇼크라고 합니다. 메인쇼
크에 앞서 일어나는 지진을 전진, 프리쇼크라고 하고, 메인쇼크 뒤에 오
는 지진들을 여진, 애프터쇼크라고 합니다."

새로운 지식을 얻은 기쁨에 나는 이렇게 말했다.

"고맙습니다. 궁금한 것이 있으면 또 여쭙겠습니다."

1494년 운산지진과 1495년 한산지진

지진이 감지된 지역을 바탕으로 지진규모를 구하다 보면 지진규모가

2.0 이하인 경우도 있었다. 『조선왕조실록』을 살피면 1494년 음력 12월 27일에 충청도 면천, 서산, 당진에서, 이듬해 충청도 한산, 서천, 홍산, 부여, 비인에서 지진이 났다. 이 두 지진사건의 규모는 쓰보이공식으로 구하면 각각 1.7과 1.9였다.

> 연산 즉위년(1494년) 12월 27일
> ○충청도 면천, 서산, 당진 땅 흔들리다

> 연산 1년(1495년) 1월 19일
> ○충청도 한산, 서천, 홍산, 부여, 비인 땅 흔들리다

이러한 미소지진에서 지진이 일어나는 것을 감지할 수 있는지 궁금하여 지진센터의 전지순 박사에게 전화를 걸어 문의하였다. 전 박사는 이렇게 말했다.

"규모 2.0 이하의 지진을 인간이 감지하기는 사실 어렵다고 봐야 하겠지요. 아마도 그보다 큰 규모일 겁니다."

내 입에서 아이쿠 하는 감탄사가 튀어나왔다. 기계적으로 면적을 구해 지진규모를 구하는 데 문제가 있다는 생각이 퍼뜩 들었다. 내가 말했다.

"쓰보이공식은 얼마만큼 적용이 가능합니까?"

그가 대답했다.

"『조선왕조실록』에서 지진 감지 기록은 요즘의 계기지진과 달리 약간 감지되는 정도는 아마

보고가 안 되었을 수도 있을걸요."

내가 힘없이 말했다.

"아, 그렇군요."

『조선왕조실록』에 적힌 고장을 점으로 인식하지 말고 면적으로 인식해야 한다는 숙제를 내준 것만 같았다. 쓰보이공식 말고 다른 방법도 있을 것만 같았다. 갈 길이 멀었구나 하는 생각이 어렴풋이 들었다.

1522년 3월 26일 태안지진

중종 17년 1522년 3월 26일자 『조선왕조실록』의 기사를 보면 "충청도 태안에서 지진이 나서 천둥치는 소리가 들리고 여러 집채들이 모두 움직이다. 해미, 면천, 서산, 당진, 덕산 또한 약하게 흔들리다"라고 하였다.

中宗 17년(1522년) 3월 26일(『조선왕조실록』)

○忠淸道 泰安郡 地震, 有聲如雷, 屋宇皆動. 海美, 沔川, 瑞山, 唐津, 德山 亦微震.

『조선왕조실록』에서 땅이 미약하게 흔들렸다(地微震)는 기록이 있는 것을 보면 땅의 흔들림에 조선 때 사람들이 현대인보다 더 예민했거나 흔들림을 감지하는 데 현대보다 장애물, 이를테면 소음이나 기계진동 등이 적어 방해를 덜 받았을 수도 있었을 것이다. 지진의 진도가 큰 태안 또는 일대에 진앙이 있었을 것이고 약간 흔들린 나머지 지역은 지진이

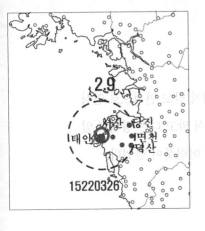

감지된 외곽 지역일 터이다. 1522년 3월 26일 태안지진은 지진진도를 地震 : 地微震의 관계로 기록된 좋은 예라 할 수 있을 것 같았다.

지진의 정도를 나타내기 위해 조선시대 기록에 동원되는 단어에 屋宇(옥우)가 있다. 사전을 찾아보면 '여러 집채들, 집채들'이란 설명이 있고 보면 복수의 집합명사임이 분명하였다. 집채들이 흔들리는 정도에 대한 기술도 여러 가지이다. 자주 쓰이는 掀動(흔동)은 사전에 ① 함부로 마구 흔듦, ② 흔천동지掀天動地라 되어있었다. '흔천동지하다'란 말도 있는데 큰 소리로 천지를 뒤흔드는 것을 이른다고 한다. 掀(흔)은 번쩍 들다, 치켜든다는 뜻을 가진 한자다. 둘째로 搖動(요동)은 흔들리어 움직이는 것을 이르며 요동친다는 말은 심하게 흔들리거나 움직이는 것 또는 바람이나 불길, 눈보라 따위의 자연 현상이 몹시 세차게 일어나는 것을 이른다. 셋째로 振動(진동)은 떨며 움직이는 것이다. 바이두백과에선 vibration이라는 영어로 대응시키고 있었다. 넷째로 微動(미동)은 약간 움직임이라 할 수 있으며 바이두백과에선 microseism(작은 지진)이란 용어로 설명하고 있었다. 더하여 動搖(동요)는 물체 따위가 흔들리고 움직이는 것을 이른다고 사전은 설명하고 있었다. 흔동과 요동, 진동과 요동이 합쳐진 기술도 보인다. 掀搖(흔요)와 振搖(진요)가 그것인데 '흔동 > 요동 > 진동'이란 그림을 그릴 때 각각의 중간 정도를 가리키는 것인지는 알 길이 없었다.

황진하 박사는 나와 군산도폭으로부터 부안도폭, 목포도폭, 안면도도폭 등을 함께 조사하는 동료로, 프랑스의 피에르와 마리퀴리 대학에서 같은 앙젤리에 교수 밑에서 공부한 사형이다. 군산도폭을 조사하며 고생물학자인 전지영 박사와 함께 식물화석 조사를 하던 중 도로 확장 공사 중인 곳에서 공룡발자국 화석을 함께 발견하였다. 즉시 문화재청에 신고하였고 그 뒤 발굴과정에서 익룡 발자국이 발견됨에 따라 그 가치가 더욱 높아져 이 공룡발자국 부지는 국가문화재, 천연기념물로 지정되기에 이르렀다.

나는 사형과 늘 지진에 대해 공부하며 얻은 지식을 함께 나누었다. 그러던 어느 날 그가 나에게 어려운 입을 떼었다.

"최 박사, 나는 예전 건물이 지금 생각하는 것과 아주 달랐을 거라고 생각해. 고고학자들 좀 알지? 고건축하는 분들을 찾아가 한 번 문의해 보는 게 좋겠어. 내 생각이야."

내 심중을 생각했던지 매우 조심스럽게 그는 말했다. 내가 말했다.

"그런 거는 전혀 생각해보지 않았네요. 기회 되는 대로 전문가들께 여쭈어 봐야겠네요."

지진 변형에 자주 언급되는 집채는 건물이라는 일반 명사일 가능성과 대다수 일반 건물 양식이었던 나무 기둥과 골조에 초가나 기와를 얹은 건물을 가리킬 가능성이 있을 것이었다. 달리 앞으로 보는 바와 같이 대궐집의 흔들림, 봉화대(연대), 담벼락의 무너짐, 기와가 떨어져 내림, 바윗돌이 깨지고 구름, 땅의 갈라짐이나 꺼짐, 지하수 용출 등의 현상이 조선시대 문헌에 기록되고 있었다.

중종 13년, 1518년 음력 5월 15일, 『조선왕조실록』 기사는 다음과 같다.

○(서울에서) 유시에 무릇 땅이 크게 세 번씩이나 흔들렸다. 그 소리는 격렬하여 마치 싱난 천둥소리 같았다. 사람과 동물이 놀라 뒷걸음질치고 담장과 집이 무너지고 쓰러졌다. 성가퀴가 낮은 곳으로 무너져 내렸다. 서울에 사는 사람이라면 누구나 놀라 얼굴이 하얘졌고 어찌 할 바를 몰라 바깥에서 밤을 새며 집에 들어갈 생각을 하지 않았다. 나이 든 사람들이 너도나도 말하기를 예전에 이런 일이 한 번도 없었다고 하였다. 8도가 모두 이와 같았다.

같은 날 저녁, 임금께서 "요즈음 지진은 실로 막대한 재변인지라 내 찾아가 만나 상의코자 하니 대신들은 부름에 등대하렷다" 하는 메시지를 승정원에 전했다. 이에 승정원의 수장이 예관들을 더불어 불렀다. 중종 임금께서 말씀하셨다.

"오늘의 재변은 매우 놀랍고 두렵도다. 과인이 사람을 부리는 데 잘못은 없었는지 늘 두렵도다. 친정親政을 맡자 곧 큰 변이 일어났으니 오늘의 친정은 보통 때 친정과 달랐음에도 재변이 이와 같으니 매우 놀랍고 두렵도다."

임금께서 말을 마치자마자 殿宇(전우)가 또 흔들렸다. 임금께서 앉아 있는 용상이 마치 사람들이 밀고 당길 때처럼 흔들렸다. 세 번씩이나 땅이 흔들린 뒤 멈추었다. 홍문관 저작 이충건이 말했다.

"요즘 재변이 끊임없이 일어
나고 있나이다. 지진은 전에도
있었지만 오늘처럼 심한 것은
처음이옵나이다."

해미읍성

대사헌 고형산과 대사간 공
서린 등이 입시하자 임금께서
말했다.

"오늘 지진은 너무 대단하여 놀란 나머지 여러 대신을 불렀거니와 잘
못된 것이 무엇인지 듣기 위하여 그대들을 부른 것이로다."

고형산이 아뢰었다.

"오늘과 같은 지진은 나이 많은 노인들도 머리털 나고 처음 겪는 일이
라고 하옵나이다. 깔려 죽지나 않을까 두려워하고 있나이다. 음이 성하
고 양이 쇠하면 이런 재변이 생기는 것이니 임금께서는 군자를 가까이
하고 소인배를 멀리하심이 가한 줄 아뢰오."

5월 17일 『조선왕조실록』 기사를 살피면 충청관찰사 이세응이 해미현
감 조세건을 대궐로 보내 지진상황에 대해 보고토록 하였다. 임금께서 말
씀하셨다.

"감사가 수령을 보내어 아뢰게 한 것은 그 변이가 심하기 때문일 것이
로다. 과인이 몸소 묻고자 하니 留門(유문)토록 하렷다."

유문은 조선 때 특별한 사정으로 밤중에 궁궐 문이나 성문을 닫지 못
하게 하는 행위를 이른다고 하였다. 임금께서 유세건 현감을 불러 직접
지진 상황에 대해 물으니 조세건 현감이 아뢰었다.

"5월 15일 유시에 소리가 천둥치는 것 같이 동으로부터 일기 시작하

더니 사람들이 스스로 서지도 못하였고 여러 곳의 성가퀴가 서로 잇달아 무너져 떨어지매 소와 말 모두가 놀라 자빠지고 샘물은 끓는 것 같이 하며 산위 돌 또한 무너져 내렸나이다. 감사가 막대한 변고이므로 신에게 영을 내려 직접 보고토록 하였나이다."

임금께서 물었다.

"그래, 곡식은 상하지 않았느뇨?"

현간이 말했다.

"상하지 않았나이다."

임금께서 물었다.

"백성은 상하지 않았느뇨?"

해미 현감이 말했다.

"상하지 아니하였나이다."

이날 밤 2鼓(고)에 서울에 지진이 또 났으며 소리는 약한 천둥소리와 같았다. 황해도에서도 집채들이 모두 흔들렸다. 6월 초8일까지 지진이 잇달아 일어났다. 이날 임금께서 종묘의 난간과 담장이 무너지고 신어(神馭=신위)가 놀랐으므로 고사제를 지내야 한다고 생각하는데 신하들의 생각은 어떠냐고 의정부에 메시지를 보냈다고 『조선왕조실록』은 적고 있었다. 명나라 『무종실록』을 보니 같은 날 요동에서도 지진이 났다고 기록하고 있었다. 이 지진의 진앙은 분명 서울일 듯하였다. 요동을 포함하는 원을

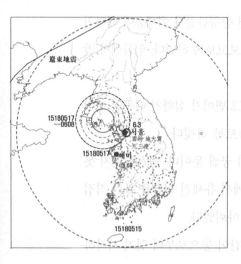

최소한으로 그리면 규모가 6.3 이상인 지진이었다. 천만의 인구가 살고 있는 현재의 수도 서울, 500년 전의 한양에서.

이렇게 큰 지진사건이 서울에 있다는 사실이 놀라워 옆방의 황진하 박사를 방으로 모셔와 의견을 여쭈었다. 황 박사가 말했다.

"내 생각인데 요동은 뺐으면 좋겠어. 같은 날 사건이라고 해도 같은 진앙에서 가능한지 알 수 없잖아."

같은 날 일어난 지진에 대해 모두를 섭렵한 감진 범위를 설정해야 한다는 점에서 황 박사의 의견을 들어 예외를 둘 경우 이제까지 한 작업은 기초부터 흔들흔들 지진이 날판이었다. 내가 말했다.

"일단 돌을 쪼아 모양을 갖추어 놓고 군더더기는 나중에 쪼아내도 늦지 않겠지요?"

그가 말했다.

"보다 신중을 기해야 할 거요."

그의 말은 하나도 틀린 것이 없었다. 차분히 살펴보니 첫째로 서울이라는 곳에 너무 집착했다는 것이다. 둘째로 서울과 황해도 지역에서 며칠 동안 일어난 여진을 전혀 고려하지 않았다는 것이고, 셋째로 해미의 피해와

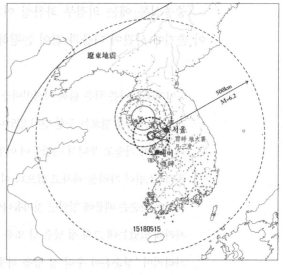

서울의 피해 상황을 비교할 때 거의 비슷한 정도일 수 있다는 점이었다. 차분히 이러한 점들을 고려하여 새로운 진앙을 설정하기에 이르렀다.

지진의 진앙은 서울과 해미에서 거리가 거의 비슷하고 황해도와 서울

에 동시에 난 지진의 진앙과 멀지 않은 곳일 터이었다. 대략 소연평도 남쪽, 덕적도 부근에 새로 진앙을 설정하였고 규모는 6.2로 조정되었다. 1518년 5월 15일 무인년지진이 나고 서울과 황해도에 작고 큰 여진이 발생했다. 음력 5월 20일과 21일 서울에서, 5월 30일에는 경기도에서, 6월 3일 다시 서울에서 지진이 감지되었으며 모두 무인대지진의 여진이라고 할 수 있었다.

이 시신사건에서는 殿宇(전우)라는 말이 나온다. 殿宇는 殿堂(전당)이라고도 한다. 전당은 높고 크게 지은 화려한 집, 신령이나 부처를 모셔 놓은 집을 이른다. 殿宇는 종묘를 이를까? 임금께서 말을 마치자마자 일어난 상황을 기록한 것이기에 대궐집을 이르는 것으로 보인다.

『중종실록』에는 의정부 좌찬성 이계맹의 졸기가 등재되어 있었다. 이 졸기에 사관이 다음과 같이 논평하였다.

이계맹은 나쁜 악은 밝혀 시시비비를 따지니 군자였다. 겉으로는 질탕스럽게 노나 세상을 깔보는 듯한 면이 있었다. 무인년 여름 서울에 지진이 나 담장과 집채가 기울고 무너져 사람들이 어쩔 줄 몰라 하고 있는데 대간이 차자를 올려 '소인이 자리를 꿰차고 있으니 이것이 참으로 비상사태나이다. 오늘의 재변은 장순손 때문에 일어난 것이옵나이다'라고 하였다. 이때 이계맹이 찬성 자리에 있었는데 그의 집 낮은 담 또한 지진으로 무너졌다. 손님이 오면 담을 가리키며 '장순손이 우리 집 담을 허물었네' 하였다.

『중종실록』 1542년 8월 19일 기사에는 다음과 같이 무인년 지진에 대한 윤은보의 말이 수록되어 있었다.

지진에 대해 얘기할 때 무인지진戊寅地震을 보기로 드는 것은 상하上下가 미흡한 점을 서로 수성修省하여 재변이 그치게 하려 함임에도 아랫사람들이 크게 떠드는 것은 윗사람들을 믿지 못하기 때문이옵나이다.

1643년 6월 9일 울산지진

다음으로 지진변형으로 파괴된 것에 연대와 성가퀴가 있다. 연대烟臺는 봉수대 또는 봉화대라고도 한다. 성가퀴는 성첩城堞 또는 성타城垛라고도 하며 영어로 battlement. 성 위에 낮게 쌓은 담으로 군사들이 몸을 숨기고 적을 살피거나 활이나 포를 쏘는 곳이다. 인조 21년, 1643년 음력 6월 9일에 서울을 비롯하여 경상도와 전라도에서 지진이 일어났다고 『조선왕조실록』은 기록하고 있다.

○辛未 / 서울에서 땅이 흔들리다. 경상도 대구, 안동, 김해, 영덕 등에서 땅이 흔들려 연대와 성가퀴가 대다수 무너지다. 울산부에서는 땅이 꺼지고 물이 솟아나다. 전라도에서도 땅이 흔들리다. 화순현 사는 부자는 벼락을 맞아 죽었고 영광군 사는 형제는 말 타고 들에 나갔다가 말과 한거번에 벼락을 맞아 죽다.

연대를 사전에서 찾아보니 자세한 설명이 있었다. 세종임금 때 외적의 침입을 막기 위해 변경에 설치한 봉수라고 소개하였다. 봉수대는 네모로 쌓아 올렸으며, 높이가 서른 자, 밑변이 스무 자이며 그 둘레에 3 자 길이의 뾰족한 나무 말뚝을 여러 겹 둘러쳤다. 대 위에 임시 가옥을 짓고 무기

진주 망진산 봉수대

와 생활 용구를 마련하여 살았으며 봉화하니^{烽火干} 다섯, 화포군 두 명, 망군 두 명, 감고 한 명이 열흘씩 근무를 했다고 하였다. 현재 남아있는 봉수대는 네모가 아니라 원통형으로 쌓았다. 위에 봉홧불을 올릴 수 있는 빈 원통형 구조물과 아궁이로 구성되어 있으며 돌로 정교하게 쌓아 올렸다. 서울 남산의 봉수대는 잘 구운 오지벽돌로 쌓았다. 경상도 지역의 봉수대는 요즘 남아있는 봉수대를 살필 때 아마도 돌로 쌓은 연대일 것으로 보인다.

『승정원일기』를 살피면 관련 기사가 네 꼭지나 된다. 음력 6월 21일 경상 좌병사와 경상감사, 전라감사의 장계와 6월 25일 전라감사의 장계가 그것이다. 6월 21일자 기사에 적힌 전라감사의 장계는 내하일기를 인용하고 있으며 지진에 관련된 사항이 아니라 벼락 피해에 대한 기사도 있었다. 경상도를 경상좌도, 우도로 표현하는 경상감사의 장계는 다음과 같았다.

좌도인 안동에서 동해를 거쳐 영덕까지 이하, 다시 김천에 이르는 지역에 이달 초아흐레 신시와 초열흘 진시에 두 번 땅이 흔들렸으며 성가퀴가 대다수 무너졌나이다. 특히 울산에서 같은 날 같은 시간에 한가지로 땅이 흔들렸나이다. 울산府에서 동쪽으로 13리 밖에 조석수가 드나드는 곳이 있는데 물이 끓어오를 듯 높이 솟아올랐으며 마치 바다가운데 큰 파도 같은 것이 뭍에서 一二步 나갔다가 다시 들어왔나이다. 마른 논 여섯 군데가 갈라지고 물이 샘처럼 솟아

났으며 시간이 지나자 그 구멍이 다시 다물어졌는데 물이 솟아난 곳에서는 흰모래가 한두 말 정도 쌓여있었나이다.

큰 파도 같은 것이 뭍에서 나갔다가 다시 들어오는 현상은 정도의 차이는 있으나 쓰나미, 지진해일일 수도 있었다. 원문엔 분명 一二步라 하였으나 쓰나미라고 한다면 十二步는 되어야 하지 않았을까 생각도 들었다.

같은 날 경상 좌병사 황집의 장계에는 초아흐렛날 신시에 땅이 흔들려 닭과 개가 놀라고 사람들이 바로 앉아있을 수가 없었으며 산천이 끓어오르고 담벼락이 무너졌다고 하였다. 6월 25일 전라감사의 장계는 여산 등지에서 초아흐렛날 지진이 나 모든 집채들이 흔들렸다는 보고였다. 지방 관리들의 장계를 종합하면 지진에 의한 파괴현상이 가장 심한 곳이 울산이었다. 아울러 이틀날 안동, 동해, 영덕, 김천 등에서 일어난 여진을 고려하여 진앙을 잡아야 할 것으로 생각됐다. 울산에서 서울까지의 거리가 약 330킬로미터 쯤 되니 1643년 6월 9일, 양력으로 7월 24일 발생한 지진의 규모는 최소한 5.7 이상이었다.

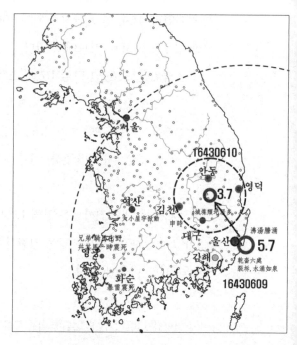

인터넷에서 '1643 Earthquake'를 검색해보니 미국 국립

지구물리 자료 센터, National Geophysical Data Center, NGDC에서 1643년 양력 7월 25일 울산지진으로 다루고 있었다. 7월 25일은 7월 24일의 잘못이다. 진앙은 같은 곳에 설정하였으나 지진규모를 6.5로 제시하였다. 이러한 상황을 사형께 여쭈었다.

"1643년 울산지진의 최소 규모를 5.7로 저는 보았는데 NGDC에서 6.5라고 인터넷사이트에 올려놓았네요. 어떻게 봐야하죠?"

긱정스럽게 황 박사가 말했다.

"그렇게 큰 지진이 울산에서 났다면 고리나 월성 원전은?"

멀뚱히 바라보고 있자 사형은 아무 말도 하지 않았다. 울산 지역에서 지진에 의한 파괴현상이 심하게 나타난 점을 살필 때 큰 규모의 지진임에는 틀림없는데 가옥의 피해나 희생자가 발생하지 않은 것이 천만다행한 일이었다. 1643년 울산지진 외에 1649년 지진사건을 규모 6.5로 제시한 경우도 NGDC 자료에 보였다.

효종 즉위년, 1649년 11월 16일『조선왕조실록』기사는 다음과 같다.

○辛酉 / 전남도 부안, 함열, 옥구, 무장, 만경, 고부 等 여섯 邑에 해일이 나고, 여산, 함열에서 땅이 흔들리다.

NGDC에서 이 지진사건은 양력 12월 9일에 일어난 지진이고 규모가 6.5라고 추산하고 있었다. 같은 지진사건에 대해 같은 해 11월 9일『승정원일기』는 다음과 같다.

전남감사 書目 : 부안, 고부 等 여섯 구의에서 10월 초사흘 해일이 났는데 근고

近古에 없던 일이다. 여산, 함열 等 구의에서 9월 29일 지진. 變異非常事.

『조선왕조실록』 기사와 달리 부안 일대의 해일은 9월 29일(양력 11월 3일) 여산과 함열 일대에서 지진이 난 지 사흘 뒤인 10월 3일(양력 11월 6일)에 일어났다. 그러므로 지진과 해일이 같은 원인으로 발생된 것으로 보기 힘들므로 NGDC의 분석결과(규모 6.5)는 오류임이 분명하였다. 같은 달, 중국 安徽省 鳳陽에서 여러 차례 地震이 일어났다. 평양은 명나라를 세운 주원장의 고향. 평양지진과 여산, 함열 지진과의 관계는 명확치 않으나 뒤에 소개할 탄청지진으로 생긴 철산 지역의 쓰나미를 생각건대 중국 평양鳳陽지진과 전라도 해안의 대단위 해일은 상관이 있을 수도 있다. 그럼에도 1643년 울산지진에 대한 NGDC의 분석 결과는 반박하기 쉽지 않다.

1643년 4월 23일, 25일 『조선왕조실록』 및 『승정원일기』 기사

인명피해가 기록된 지진사건은 인조 21년, 1643년 음력 4월 23일자 『인조실록』 경상감사 보고에 들어있었다.

경상도 진주에서 땅이 흔들려 나무들이 꺾이고 넘어지다. 합천군에서는 땅이 흔들려 바위가 무너져 두 사람이 깔려죽다. 오랫동안 말랐던 샘에서 흙탕물이 솟아나고 구의(관청) 문 앞의 길에 땅이 갈라져 열 길 남짓 푹 꺼지다.

『승정원일기』는 음력 4월 25일자 기사로 기록되어 있었다.

　경상감사 書目 : 진주, 합천 등에서 지진이 났을 때 소나무 오륙십 가지가
꺾이고 넘어짐. 합천 땅에서는 악산이 흔들려 바위가 떨어져 사람이 깔려죽었
으며 말랐던 샘에 물이 가득차고 한길이 갈라짐.

　書目(서목)은 상부에 올리는 보고서에서 요점만 따로 써서 첨부한 것
이었다. 논문으로 치면 국문초록이나 영문 abstract 또는 키워드에 해
당되는 듯하다. 위의『승정원일기』는 보고서의 요약문인 서목만 기재하
였고『조선왕조실록』은 본보고서의 내용을 요약하여 실으므로 해서 같
은 내용임에도 약간 다른 문체가 엿보인다. 4월 26일자『해괴제등록』에
는 다음과 같이 적혀있었다.

　★1643년 癸未 4月 26日 : 해괴제 전의 계하대로 시행
　─경상감사 장계 안에 "도내 진주, 합천 두 고을 지진의 재변이라 한층 더
　놀랍고 괴이할 정도이고 실로 전에 없던 재변입니다"하니
　─예조에 따라 계목과 붙임문서를 계하하셨기에 이번 이 장계는 진주 등 구
　의의 지진이되 해괴제에 쓸 향, 축문, 폐백을 앞의 예에 따라 본도에서 장계를
　한 것입니다. 좌우도의 중앙에서 설행하라 하심은 이미 계하하여 행이 하셨나
　이다. 전처럼 계에 있는 대로 시행하도록 행이하시면 어떻겠습니까?
　─숭덕 8년 4월 26일 동부승지 신 윤항이 처리
　─임금께서 계대로 윤허하시다

진주와 합천에서 일어난 지진은 규모가 비교적 큰 것임에 분명하다. 그럼에도 다른 지역의 4월 23일자 지진보고는 없었다. 이를 어찌 이해해야 할까 살펴보니 『해괴제등록』에서도 진주, 합천 지진으로만 인식하고 있음이 분명하였다. 다만 지진이 난 날짜가 기록되어 있지 않은 것이 미심쩍었다.

1643년 4월 13일 동래지진

『인조실록』의 4월 23일자 기사에 다음과 같은 내용이 있었다. 임금께서 대신과 비국(비변사) 당상을 인견하였다. 임금께서 말씀하셨다.

"요즘 지진이 아주 심하도다. 과인은 극히 걱정스럽고 두렵도다."

심열이 아뢰었다.

"13일, 서울에 지진이 났나이다. 가까이 외방의 장계를 보건대 각도에서 같은 날 모두 땅이 흔들렸나이다. 영남이 아주 심하였나이다. 신이 어떤 일이 잘못되어 하늘의 경고가 예까지 이르렀는지 모르겠나이다. 청컨대 해당 관청에 해괴제를 지내라 명을 내리소서."

임금께서 말씀하셨다.

"이는 실속 없이 하는 겉치레일진대 해괴제를 지내 무슨 소용이 있겠느뇨? 예로부터 지진의 재변이 있으면 병란과 내외우환이 있었으니 과인이 생각건대 장수감을 얻는 것이 차라리 급선무이리라."

위 대화문에서 文具(문구)가 문방구가 아닌 실속 없이 하는 겉치레를 이르는 표현도 재미있다. 관련된 지진기록은 『승정원일기』에 자세히 기록되어 있었다. 경상감사와 경기감사의 장계 내용은 다음과 같았다.

인조 21년(1643년) 4월 16일

○경상감사 장계 : 이달 열 사흘날 午時, 대구府에 지진이 크게 일어남

인조 21년(1643년) 4월 19일

○경기감사 장계 : 이천, 죽산 等 구의, 이달 열 사흘날 午時, 지진이 서쪽에서 일어나 동쪽으로 향했으며 집의 용마루가 모두 우는 소리가 나고 사람이 몸을 가눌 수 없는 변이 비상

경상감사의 서목과 충청감사의 장계는 다음과 같았는데 경상감사의 서목은 앞서 보낸 장계에 대한 상세한 설명으로 보인다.『승정원일기』에는 4월 16일 경상감사 장계, 4월 19일 경기감사 장계, 4월 20일 경상감사 서목, 4월 22일 충청감사 장계 등이 기록되어 있는데 비록 4월 13일에 지진이 있어났으나 당연한 일이지만 그 보고는 며칠 뒤 이루어지고 있음을 볼 수 있었다. 피해가 컸던 지역은 경상도 일대, 특히 동래와 그 주변이었다. 이러한 상황에 경상감사는 경기감사보다 먼저 일단 중앙정부에 보고를 올린 것이었다.

인조 21년(1643년) 4월 20일

○경상감사 서목 : 이달 열 사흘날 지진 관련 변이. 산골짜기, 바닷가 할 것 없이 모두 똑같음. 처음에 동래로부터 크게 흔들렸고 바닷가가 특히 심하였음. 오래된 담벼락이 엎어지고 무너짐. 청도, 밀양 사이에서는 바윗돌이 무너져 떨어짐. 초계 땅에서는 이 지진이 일어날 때 마른 내에서 흙탕물이 나옴. 변괴 비상 등등이라 함

인조 21년(1643년) 4월 22일

○충청감사 장계 : 이달 열 사흘날 午
時에 땅이 흔들려 집채들이며 담벼락
이 모두 움직이고 요동침. 변이비상.

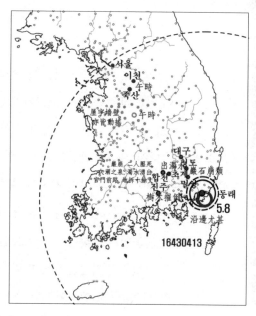

지진이 난 곳들을 표시하고 지진 피
해가 가장 심한 지역인 동래를 진앙으
로 설정하여 보니 동래(부산)에서 서
울까지 직선거리가 350여 킬로미터,
이로부터 구한 지진규모는 5.8이다.
1643년 6월 9일 울산지진의 규모가
5.7임을 생각한다면 비슷한 규모의 지
진이 부산지역에 나고 두 달 뒤 울산에서 또 비슷한 규모로 지진이 난
것이었다.

4월 13일 지진사건에 대해서는 계미년 4월 20일자 『해괴제등록』에
도 자세히 기록되어 있으며 이는 인조 21년(1643년) 4월 20일자 『승정
원일기』의 경상감사 서목과 같으나 다음과 같은 구절이 더해져 있었다.

이번 이 장계에 "좌도, 우도 모두 지진이 똑같이 심하여 극히 놀랍고 괴이합
니다" 하오니
해괴제에 쓸 향과 축문, 폐백을 관련 부서에 영을 내려 마련하여 내려 보내라
하사옵고 두 곳 각 중앙에 단을 베풀고 때 맞춰 택일하여 설행하되 제물과 제관
이 본도에 영하여 거행토록 행이하심이 어떠하옵나이까?
숭덕 8년 4월 20일, 우승지 신 김육 처리.

임금께서 계대로 윤허하시다.

더하여 『해괴제등록』에는 동래에서 지진이 두어 번 일어났다는 구절이 있는데 본진, 메인쇼크가 있은 뒤 여진, 애프터쇼크가 몇 번 더 일어났음을 일러주는 기록이라고 할 수 있었다.

다시 진주와 합천의 4월 23일 지진을 생각건대 아무리 보아도 4월 23일이 아닌 4월 13일 지진일 가능성이 매우 높아 보였다. 일단 두 고정은 4월 13일 동래지진 감진 지역 안에 들고 이웃한 초계나 밀양과 멀지 않기 때문이기도 하다. 경상좌도인 대구, 청도, 영덕, 동래, 밀양과 경상우도인 진주의 지진은 함께 다뤄져야 마땅하나 경상좌도와 우도의 보고가 시간차를 두고 이루어졌을 가능성이 있고 같은 날임에도 불구하고 다른 문건으로의 보고했기 때문에 생긴 문제이며 아마도 다른 지진사건으로 조선 정부 문서에 기록된 것일 수 있다는 생각에 이른다.

＝

동래지진도 두 달 뒤 일어난 울산지진과 마찬가지로 규모 6.0에 가까운 지진사건이었다. 모친상을 당해 장사를 치르고 인사차 최진섭 박사가 연구실에 들렀다. 원자력발전소 건설 관련하여 예비안정성평가 보고서를 작성하기 위해 부지조사 등에 대한 많은 경험이 있는 학자이다. 내가 말했다.

"어머님은 잘 모셨어요. 잘 오셨어요. 궁금한 게 있었는데 5분만 주시겠어요?"

그가 자리에 앉자 말을 이었다.

"지진규모 6.0에 가까운 지진이 1643년 동래와 울산에서 일어났는데 가까이에 있는 고리나 월성 원자력발전소에 문제가 되는 건 아닌가요?"

그가 말했다.

"그런 게 어디 있어요?"

내가 분석결과와 NGDC가 제시한 것을 보여주니 그가 말했다.

"70년대 PSAR 작성 당시 아마 쌍계사지진을 기준으로 최대지진규모를 산정하여 G 값을 결정했을 걸, 아마?"

PSAR은 원자력발전소 건설을 위한 예비 안정성평가 보고서를 그리 이른다. G 값이 높아질수록 원자로 리액터의 두께는 늘고, 건설비용은 많이 들어가게 된다. 내가 말했다.

"쌍계사지진이면 규모가 어느 정도죠?"

그가 말했다.

"일제 때 난 지진인데 규모 5.1인가 얼마였지 아마?"

나중에 관련 기록을 찾아보니 지리산 쌍계사지진은 1936년 7월 4일 일어났으며 규모 5.1의 지진 맞았다. 내가 말했다.

"만약에 두 지진의 규모가 맞다면 원전설계에 대해 많은 고민을 더 해야겠군요."

그가 말했다.

"역사지진을 관련 팀이 분석했겠지, 뭐. 그리고 그에 대비했겠지, 뭐."

내가 말했다.

"그렇겠지요? 어머님 모시느라 고생하셨는데 좀 쉬십시오."

그가 일어나자 문밖까지 배웅했다.

☰

그때 생각난 한국전력기술연구원의 장진중 박사에게 전화를 걸었다.

"장 박사, 전화 통화 괜찮아요?"

그가 말했다.

"참 오랜만. 무슨 일?"

키워드만 주어 섬기는 그의 말에 내가 물었다.

"1643년 지진을 인터넷에서 검색하면 울산지진에 대한 NGDC의 분석 결과가 나오는데 규모 6.5라고 했대. 원전에 전혀 문제없는 거야?"

아무런 문제도 아닌 걸 묻는다는 투로 그가 웃으며 말했다.

"전혀 걱정 없어. 요즘은 0.3g, 지진규모 7.0까지 커버할 수 있거든."

그의 말에 묘한 뉘앙스가 풍겼다. '요즘은'이라는 말부터 그러했다. 내가 말했다.

"괜한 걱정을 했군. 그래. 고맙고. 언제 소주 한 잔 합시다."

전화를 끊고 잠시 연구실 천정을 바라보며 앉아 있었다. 분명 정리되어야 할 문제가 있음에도 그냥 덮고 가야 하는가 하는 생각이 맴돌았다.

1679년 3월 26일 용안지진

지진이 날 때 대개 천둥치는 것과 같은 소리가 났다는 기록이 많다. 그 천둥소리도 노한 천둥소리怒雷, 약한 천둥소리微雷, 은은히 들리는 천둥소리隱雷도 있고 수식어 없이 그냥 천둥소리(雷 또는 雷霆)로 묘사한 곳도 있었다. 그런가 하면 김천지진에서는 만대의 수레가 달리는 것 같았다는 『조선왕조실록』 기사도 보인다.

顯宗 卽位년(1659년) 12월 26일

○壬子 / 金山郡 地震, 有聲從西來, 若萬車奔輪, 屋宇動搖, 山上群雉皆鳴. 慶尙
監司 洪處厚 馳啓以聞.

임자일 / "金山군에서 땅이 흔들렸사온데 서쪽으로부터 다가오는 소리가 났
나이다. 마치 만대의 수레가 달리는 것 같았고 집채들이 움직이고 흔들렸나이
다. 산위 꿩 떼가 울어댔나이다" 하고 경상감사 홍처후가 치계로 알려오다.

번쩍하고 우르릉 쾅하는 천둥소리는 그래도 연상이 되지만 10,000대
의 수레가 달리는 소리는 어떠할까? 뜬금없이 50여 명의 이원 풍물단이
연주하는 사물놀이나 풍물소리를 생각해보았다. 귀가 쟁쟁 울리고 귀가
먹먹해져 가끔 박자를 놓친 적이 있었다. 그럴 때면 여지없이 옆에서 같
이 북을 치는 임지나 여사가 내 옆구리를 쿡쿡 찌르는 상황이 머릿속에
떠올랐다.

숙종 5년, 1679년 4월 9일 『승정원일기』에는 전라감사와 충청감사의
지진보고가 기록되어 있었다. 尼山(니산)은 지금의 공주시 노성면이다.

숙종 5년(1679년) 4월 9일
○전라감사 서목 : 함열 지역에서 3월 26일 巳時에 땅 흔들림
숙종 5년(1679년) 4월 12일
○충청감사 서목 : 임천, 은진, 尼山 등 세 고을에서 3월 26일 땅 흔들림

간결한 서목들인데 『조선왕조실록』에는 관련 기사가 보이지 않는다.
『해괴제등록』에는 『승정원일기』 기사보다 더 자세한 이야기가 들어있

었다. 전라감사와 충청감사의 서장이 마치 그대로 게재가 되어있는 듯하다.

★1679년 기미 4월 11일(『해괴제등록』)

전라 지진

──전라감사 유명현의 서장에 "용안 현감 송도홍 첩정에 '3월 26일 巳時쯤 땅이 흔들러 남쪽에서 일어나 다시 북으로 일어났는데 몹시 빨랐으며 경각이 지나자 멈추었고 그 소리가 수레소리처럼 격렬하여 살림집들이 모두 흔들렸다'고 합니다. 익산 군수 곽세건과 여산 군수 심추의 첩정에 '3월 26일 巳時쯤 땅이 흔들려 동북에서 일어나 서남으로 향했고 오래 지속되다가 멈추었고, 사람과 집을 흔들어대었으며 소리가 마치 수레바퀴 굴러가는 것 같았다'고 한 까닭에 보고들을 모조리 첩정하여 두고 이제 이 세 고을의 지진 사계변이대로 서장에 용안, 익산, 여산 등 세 고을에 3월 26일 지진이 났다고 이제 막 치계하려 하는데 함열 현감 이진도도 첩정을 올려 '3월 26일 巳時쯤 땅이 움직이되 남쪽에서 북쪽으로 향하였고 경각이 지나자 멈추었으며 소리는 작은 천둥소리 같았다'고 치보하는 바 함열현의 지진과 용안 등의 지진이 같은 줄로 알아 치계 하옵나이다" 하오니

──예조 규정에 따라 계목과 붙임문서를 계하하시었고 앞의 용안 등 네 고을의 지진 재변은 극히 놀랍고 두렵사오니 해괴제에 쓸 향, 축문, 폐백을 해당 관서에 영을 내려 예에 따라 마련, 빨리 보내도록 해주옵소서. 중앙에 단을 설치하여 때 맞춰 택일하여 설행하도록 회이하심이 어떠하오니까?

──강희 18년 4월 11일 우부승지 신 박정설 처리

──임금께서 계대로 윤허하시다

『해괴제등록』결재문서를 보니 당시로 돌아가 보고를 받는 중앙 관리가 된 기분이 저절로 나기도 한다. 전라감사의 서장이 포함된『해괴제등록』의 기록에는 전라도 함열뿐만 아니라 용안, 익산, 여산 등도 보인다. 현에서 도에 보고된 문서, 이를 취합하여 도감사가 중앙정부에 보고하고 해당 사안을 중앙 관리가 처리하여 임금의

전결이 떨어져 시행에 들어가는 과정 모두가 들어가 있었다. 전라감사의 보고서에는 지진이 날 때 소리를 수레소리에 비겨 표현하고 있는 구절이 눈에 띈다. 해당표현에 轟殷(굉은)은 '수레소리처럼 격렬하다' 또는 '시끄럽다'는 말이고, 車轉之響(차전지향)은 수레 굴러가는 소리일 터이다.

『승정원일기』에 보인 충청도 임천, 은진, 노성 등은 함열과 인접한 지역으로 두 보고 모두 한 지진사건을 보고한 것임에 틀림없다. 지진이 감지된 고장을 색칠하고 원을 둘러 구한 이 지진의 진앙은 지진소리가 수레소리처럼 요란했던 용안으로 귀결되며 규모는 2.5정도로 추산되었다.

지진 해괴제

『조선왕조실록』에서 해괴제에 대한 기록은『태종실록』에 처음으로 보인다. 전라도에 지진이 일어나자 서운관이 해괴제를 지내도록 임금께 청하였다. 그러자 태종임금께서 말씀하셨다.

"옛사람이 한 말에 천재지괴를 만나면 마땅히 수인사부터 해야 하느니 반드시 제를 지낼 필요는 없도다."

○丙辰朔 / 全羅道 地震. 書雲觀請行解怪祭, 上曰:"古人有言曰:'遇天災地怪, 當修人事.'不必行祭."

한마니로 잘라버렸다. 천재지괴는 하늘에서 내리는 재앙과 땅에서 일어나는 괴이함, 변괴를 이르는 말인 모양이었다. 그러니까 땅에서 일어나는 변괴를 풀도록 제를 지내는 것이 해괴제인 셈이었다.

『조선왕조실록』에서 해괴제를 처음으로 설행한 기사는 『세종실록』에 보였다. '경상도 김천 등 쉰 네 고을에서 땅이 흔들려 해괴제를 설행하다'라는 기사가 바로 그것이다.

단종 즉위년, 1452년 5월 23일 『조선왕조실록』 기사에는 처음으로 해괴제를 지낼 때 쓰라고 향과 축문을 내렸다고 기록되어 있었다.

端宗 卽位년(1452년) 5월 23일

○乙卯 / 地震于全羅道 茂朱, 錦山, 忠淸道 懷德, 連山, 尼山, 文義, 鎭岑, 恩津, 降香祝, 行解怪祭.

을묘일 / 전라도 무주, 금산, 충청도 회덕, 연산, 노성 등에서 땅이 흔들려 향과 축문을 내리어 해괴제를 지내다.

『조선왕조실록』의 기사만을 보면 중앙정부가 지방정부에 지진해괴제를 위해서는 향과 축문을 내리고, 기우제 때에는 향香과 축문祝뿐만 아니라 폐백幣도 보냈다. 祝을 축문으로 보는 데에는 정미년 3월 17일자 『해괴제등록』에는 의흥과 신녕 등지에서 지진이 나 같은 달 11일에 병조서리가 향과 축문을 잽싸게 내려 보냈는데 축문에서 新寧(신녕)을 新靈(신령)으로 썼으니 이로 제를 지낼 수 없으므로 고쳐 써서 다시 보내달라는 구절이 있었다. 사전을 찾아보면 祝(축)이 祝文(축문)의 준말이라 하니 맞는 모양이다.

★1667년 丁未 3月 17日

解怪祭 祝文誤書推考

—경상감사 이태연 書狀內 : '의흥, 신녕 등 고을 땅이 흔들린 곳에 해괴제 향과 祝문을 이달 열하루 병조 서리 신만적이 받들어 내려왔거늘 신이 받잡고 나누어 각 고을에 보낸 뒤 열어 보니 신녕현 축문에서 新寧의 寧자가 靈자로 써 있는 바, 막중한 축문을 이로 감히 칼로 잘라내고 다시 쓸 수가 없으므로 향과 폐백은 대구 객사에 남겨두고 同 축문은 대구 교생 배지도가 받들어 다시 올려 보내오니 예조에게 명하여 급히 다시 써서 보내주시압'이라 하오니

—예조에서 啓目과 粘連을 내려 이 장계를 본 즉 지진 해괴제 축문中 新寧의 寧이 靈으로 써 보냈다 하였는바, 막중한 祝文답게 틀린 걸 살피지 않은 것은 참으로 혼란스러우며 香室은 마땅히 忠義衛 일이니 攸司를 推考하고 同축문을 속히 고쳐 써 내려 보냄이 어떠하올지 아룁니다.

—康熙 6년 3월 17일 同 부승지 臣 심재 처리.

—임금께서 啓대로 윤허하시다.

『해괴제등록』을 살피면 해괴제를 지낼 때 향과 축문, 폐백(香祝幣)이

등장한다. 요즘 폐백은 시가의 어르신들께 신부가 인사를 올리는 예를 말하며 술을 대접하기 위해 폐백대추, 폐백산적, 폐백닭 등을 진설한다. 사전을 찾아보면 달리 폐백은 임금에게 바치거나 제사 때 신에게 바치는 물건을 이른다고 한다. 폐백에 무엇이 쓰였는지는 잘 알 수 없으나 제주 납읍리 마을祭에서는 폐백幣帛으로 명주와 백지를 쓴다. 명주는 7자, 백지는 1권(20장)이 쓰인다고 한다. 중국 고대시대 명주가 돈 대신 쓰여 명주 / 비단을 幣(폐)라고 했다고 한다. 帛(백) 또한 비단을 이른다. 해괴제에서는 '납읍리 마을祭'에서처럼 명주와 흰 종이를 썼을 것 같으나 정확히는 알지 못하겠다.

몽골 사람들은 귀한 손님이 오면 명주 보자기를 손에 받치고 손님을 맞는다고 한다. 그들이 받치고 있는 명주가 바로 폐백인지도 모르겠다.

1553년 2월 8일 성주지진

지진은 천재와 지변의 범주뿐만 아니라 물괴物怪의 범주로도 이해되기도 하였다. 명종 8년, 1553년 음력 2월 8일, 전라도 순천 등 10여 읍에 땅이 흔들렸다. 2월 23일 삼공이 임금께 아뢰었다.

"이달 초파일, 서울에서 땅이 흔들리고 경상도와 청홍도 또한 그렇다고 하며 성주가 몹시 심했다고 하옵나이다. 달이 세성을 가리고 점점 기근이 들 상이나이다. 지난겨울이 매우 추웠고 봄도 매우 추우니 보리와 밀이 얼어 죽었나이다."

천재지변의 징조가 이러하니 헛된 비용을 줄여 대비할 것을 간하였

바람에도 흔들리는 땅

다. 임금께서 대답하였다.

"지진이 경상도에 매우 심하였다는 말을 듣고 밤새 걱정하였도다. 어찌 대신들의 잘못이겠는가? 봄 기후가 겨울 같아 밀과 보리를 장차 먹지 못하면 백성은 무엇으로 생활을 하겠는고?"

2월 24일 사헌부에서 죄율을 번복하지 말 것을 간하면서 이번 지진에 대해 설명하고 있었다.

"근년 들어 재변이 잇달아 일어나고 달이 세성을 가리며 서울에 땅이 흔들리자 청홍도, 경상도에서도 같은 날, 땅이 흔들렸다 하옵나이다. 성주의 지진은 근래 듣지도 보지도 못한 것이라 하옵나이다."

『명종실록』1553년 3월 24일자 기사에는 경상도 관찰사 정응두와 전라도 관찰사 조광원의 장계가 기록되어 있었다.

"2월 초파일, 도내 50여 읍에서 땅이 흔들려 혹은 집채와 담벼락이 무너지고 혹은 산성이 무너져 내렸나이다. 지진이 난 뒤 큰 바람이 불어 연기도 안개도 아닌 것이 공중에 흩어져 있어서 산과 들이 분간이 안 가고 대낮에도 컴컴하였나이다. 괴이한 물질이 공중으로부터 날려 파 씨 같기도 하고 맨드라미 씨 같은 것이 네모나고 메밀처럼 속은 희고 겉은 검었나이다. 3월 초엿새가 되니 멈추었나이다."

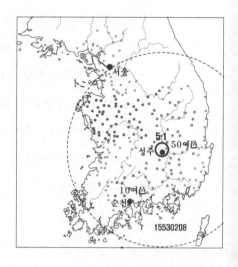

"2월 초파일 순천 등 십여 곳에서 땅이 흔들렸나이다."

이날 지진이 발생한 고장을 색칠하고 성주를 진앙으로 한 영역을 그리면 대략 5.1

의 지진규모가 산출되었다. 헌데 규모 5.1에서 산성이 무너지고 집채와 담장이 무너질 수 있는가 하는 생각이 뜬금없이 들었다.

명종 임금께서 승정원에 메시지를 보냈다.

"근래 잦은 재변이 일어나는데 어찌 이러한 일이 일어나는지 알 길이 없도다. 경상도에서 가져온 파 씨앗 같은 것은 영을 내려 대궐 안 농포農圃에 심도록 하여라."

이에 사관이 사신을 생각을 『조선왕조실록』에 적어 놓았다. 사관은 늘 자신을 사신으로 적었다.

천재, 지변, 물괴物怪가 어느 때고 나타나겠으나 남쪽 두 도의 예순 남은 고을에서 땅이 흔들림은 놀랍고 그 재변이 아주 심하다. 절박한 사태가 아침 아니면 저녁에 닥칠 터인데 조정 대신들은 천하태평이니 식자만이 걱정을 하고 있구나.

사관의 평에서 재변을 천재와 지변, 물괴로 파악하고 있었다. 사전에 천재는 '풍수해, 지진, 가뭄 따위와 같이 자연의 변화로 일어나는 재앙'이라 하였으며 지변은 땅에서 생기는 자연의 큰 변동. 지각의 운동, 화산의 분화, 지진 따위를 이른다고 한다. 物怪(물괴)에 대해 『조선왕조실록』을 살피니 『성종실록』 홍문관 부제학 성세명 차자에 어느 고장에 세 발 달린 암탉이 있는데 이러한 물괴에 몹시 놀라움을 금치 못하겠다는 말이 있었다. 파 씨처럼 생긴 것이 떨어진 사태 또한 물괴임에 분명하였다. 『조선왕조실록』의 특성상 사관의 생각을 적을 수 있었으니 사관은 세태에 대해 세평을 끼어놓았던 것이었다. 임금께서 승정원에 메시지를 보냈다.

"근자의 오랜 가뭄에 비가 올 조짐이 없으니 스무이레까지 기다려 가뭄이 절박하면 종묘에 별제를 설행하고 전례를 상고하여 계를 올리라."

스무이레는 세속에서 비 오는 날로 사람들이 생각한다고 『조선왕조실록』은 적고 있었다. '스무이레'는 비라는 상징을 걸어놓은 백성들의 배수진일 터였다.

사관이 자기 생각을 들어놓은 예는 『조선왕조실록』 곳곳에서 발견된다. 명종 9년, 1554년 11월 1일, 곤방, 남서쪽에서 간방, 북동쪽으로 서울 땅이 약하게 흔들렸다는 기사가 있었다. 사신이 이에 대해 평을 하였다.

동짓달에 서울에 지진이 나다니 큰 재변이다. 땅의 도는 마땅히 고요함이다. 서울은 사방의 근본이다. 동짓달은 얼어붙는 철임에도 이러한 재변이 있으니 이는 음이 왕성하고 양이 약해진 탓이다.

그러면서 군자를 양에, 소인을 음에 비유하며 소인들이 득세를 하니 음이 성해진 일이며 중국에서는 중국을 양으로, 오랑캐를 음으로 놓아 음이 성해지면 오랑캐들의 침입이 잦아지는 상황이라고 소개하고 있었다.

같은 날 저잣거리에 들꿩이 날아들었다. 이에 대해서도 사관은 놓치지 않고 한마디 거들었다.

서울 땅이 흔들리고, 들꿩 떼가 저잣거리와 성안 주택으로 날아들어 꿩을 잡은 사람들이 많았다. 한 달쯤 되어도 멈추지 않으니 이 무슨 해괴한 변고란 말인가?

사관들의 말에서 엿볼 수 있듯이 조선왕조에서는 지진을 음이 성한 것으로 보기 때문에 지진을 변란의 시초로 이해할 가능성이 높았다.

≡

2014년 3월 초, 원장은 3월에 생일을 맞는 연구원들을 초청하여 잔치를 열어주었다. 호적에 음력으로 생일이 올라 있으니 나도 초대 대상이었다. 나는 원장에게 줄 선물로 시집 한 권을 준비했다. 케이크에 불이 붙여졌고 모두 훅 끄는 장년과 생일 축가가 이어졌다. 그리고 원장에게 시집 한 권을 주소봉투에 넣어 주었다. 그러자 원장은 생일을 맞은 사람들을 위해 책 선물을 준비했다며 원장실로 들어갔다. 그때 한 사람이 말했다.

"최 박사는 연구소에서 뽑으면 안 되는 사람이었어."

원장 옆에 앉았던 보직자의 말이 듣기가 민망하여 내가 한마디 보탰다.

"매년 SCI 논문 한 편씩 출간해 본 적 있습니까? 그래 보지 않았으면 지금 하신 말을 거두시지요."

둘의 대화로 생일축하 분위기는 싸늘해졌다. 서로 말을 함부로 하고 있는 것이었다. 두 번째 시집을 출간하고 한 권 줬더니 그가 말했다.

"이 사람, 연구는 않고 맨날 시만 썼구면."

사람들의 말은 매우 달랐다.

"바쁘게 연구를 하면서 언제 시를 이리 썼어요. 축하해요."

그리고 나중에 봉투에 시집 값이라며 주는 이도 있었다. 그는 자신의 전공과 관련하여 논문을 국문 논문 포함하여 한 편도 쓴 적이 없다고 사람들이 수군거렸다. 화가 치솟아 무엇인가가 속삭였다.

'그래, 지진학자들이 못하는 것, 네가 밝혀봐라.'

이제 지진귀신 대신 지진화병에 밤늦게까지 열을 내기 시작했다.

2009년 비슷한 사건이 있었다. 익산 미륵사지 탑을 해체하는 과정에서 사리봉안기가 발견되었으며 뜻밖에도 무왕의 왕비는 선화공주가 아니라 사택적덕의 따님으로 밝혀졌다. 이 해 서동축제에 여러 시문학회 회원들이 초청 받았고 서동과 선화공주에 대한 시를 발표해주길 주문 받았다. 내 생각에 선화공주부터 살리는 것이 급선무라 생각하여 서동요라는 향가를 패러디하여 궁남지가라는 향가를 냈다. 축제날, 분명 걸려 있어야 하는 내 시는 보이지 않았다. 기분이 몹시 상해서 집으로 돌아가다 시문학회 회장에게 전화로 물었다.

"궁남지가는 왜 없습니까?"

그가 말했다.

"뺐습니다."

내가 물었다.

"왜요?"

그가 아무 일도 아니란 듯 대답했다.

"그런 향가를 석학이나 하는 것인데 어디서 베꼈을지도 모를 그런 작품을 어찌 내놓습니까?"

다시 그가 근엄하게 앉아있는 행사장으로 갔다. 그리고 따졌다.

"무어라고요? 여러 사람 있는데서 다시 한 번 더 말해 보시오."

그가 화를 내며 말했다.

"그래서 어쩌라고? 남우세 시키지 말고 그냥 꺼지셔."

행사 진행자가 왔다. 알만한 시인이었다. 더 이상 있어서는 안 될 것 같아 자리를 떴다. 이듬해 『말의 무늬』라는 졸저를 낼 때 향가는 본디 넣을 생각이 없었으나 향가를 적은 향찰은 문자소이며 누구나 읽을 수 있었던 글일 뿐 아이큐 2,400이어야 해독되는 것이 아니란 논지로 향가 한 편당 해독을 한 페이지씩 실었다. 그 뒤 몇몇 언어학회의 학술발표대회에서 향가는 문자소 관점에서 해독되어야 한다는 내 논문을 발표할 수 있도록 시간을 할애해 주었다. 토론자로 나선 황선엽 교수는 전문가보다 더 전문가라는 토론문을 낭독하기도 하였다. 나중에 내 향가 해독에 대해 소개되었고 해당 시문학회장의 반응은 이러했다.

"부랄 달고 사내답게 하시오. 나는 석학들의 해독만 따르겠소."

나는 그의 말이 무슨 뜻인지 지금도 이해 못한다. 그 뒤 그 시문학회 모임은 유야무야되었다. 봉사의 기간인지 권력을 휘둘러야 하는 기간인지 분간 못하는 사람들이 세상에 적잖은 것 같다. 완장만 채워주면 그에 걸맞게 행동할 수 있는 사람들이 많다고 하는 게 맞는 말일 것 같았다. 내게 연구소에서 뽑으면 안 된다고 태연스레 당연한 듯 입을 떼던 이처럼 듣도 보도 못한 인사가 뜬금없이 시문학회 회장이 되면서 벌어진 웃지 못 할 해프닝이었다.

지진만 나면 텔레비전 화면에 나타나 마치 모든 것을 알고 모든 것을 해결할 것처럼 말하는 것을 보면서 역겨움은 극에 달했고 향가 사건 때처럼 나에게서 경조증이 분출케 하였다. 눈이 뒤집혀 그간 꾸무럭거리던 조선 때 지진자료 분석에 불이 붙기 시작했다.

『조선왕조실록』의 기술순서는 생각건대 보고된 날짜를 기준으로 하는 것 같았으며 『조선왕조실록』에 등재된 날짜와 『승정원일기』에 등재된 날짜가 하루 차이나는 경우도 있었다. 다음은 광주지진에 대한 각 고장의 보고이다. 9월 4일, 9월 5일 기사와 9월 11일 추가 기사로 경상감사의 보고가 등재되어있었다.

> 顯宗 11년(1670년) 9월 4일
>
> ○戊午 / 경상도 대구 等 27읍 땅이 흔들리다.
>
> 현종 11년(1670년) 9월 5일
>
> ○경상감사 書目 : 대구 等 구의 스물일곱 고을에서 8월 21일 酉末戌初 땅이 흔들리다. 집채 모두 들썩이고 담장이 무너져 내리다. 변이비상事.
>
> 현종 11년(1670년) 9월 11일
>
> ○경상감사 書目 : 도내 농사가 몹시 심하게 재해를 입은 것 등 해당 관서에서 定奪토록 내릴 事. 又書目 : 거제 等 구의에서 지난 달 스무하루 지진事.

定奪(정탈)은 신하가 올린 몇 가지의 논의나 계책 가운데 임금께서 가부를 따져 한 가지만을 택하는 것을 말하나 여기선 해당 관서가 결정토록 하고 있다. 다음으로 『승정원일기』에 충청감사의 서목이 실려 있었다.

> 현종 11년(1670년) 9월 9일
>
> ○충청감사 書目 : 충주 等 구의에서 지난달 스무하루 지진事. 又書目 : 문의

에서 대사헌 송준길 상소를 올려보내는 事. 又書目 : 올해 농사의 비참함은 옛날에 없던 일로 재해를 줄이고 부역을 덜어줄 것 等의 항목의 事.

다음은 9월 17일과 18일의 전라감사의 보고 내용으로『조선왕조실록』과『승정원일기』에 서술체가 약간 달리 쓰여 있었다.

顯宗 11년(1670년) 9월 17일(『소선왕조실록』)

○辛未 / 전라도 고산 等 서른 고을에서 땅이 흔들리다. 광주, 강진, 운봉, 순창 네 곳에서 몹시 심하였다. 館宇가 들썩들썩 까부르는 것이 금방 뒤집어질 것 같았으며 담벼락이 무너져 내리고 기와가 떨어져 내리다. 牛馬가 바로 설 수 없었으며 길거리에서 다리를 세우고 서있을 수가 없었다. 푸르락누르락 놀랍고 두려우며 넘어지지 않은 것이 없었다. 예전에 듣도 보도 못한 일이라고 道臣이 알려오다.

현종 11년(1670년) 9월 18일(『승정원일기』)

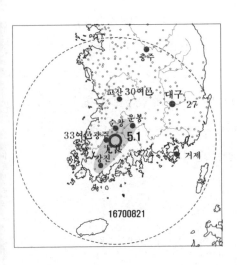

○전라감사 書目 : 光州 等 서른세 고을에서 지난 8월 스무하루 땅이 흔들리다. 전에 비해 특히 심하고 實非尋常 연유事. 又書目 : 장흥에서 지난달 스무아흐레 큰 바람이 불다. 奴 사일 等 열두 명이 바다 일 나가 익사하다.

『조선왕조실록』과『승정원일기』 사이 하루가 차이나는 이유는 무얼까 명확히 알지 못한다. 그렇다고 지진사건이 일어난

바람에도 흔들리는 땅

날의 기사로『조선왕조실록』에 등재되지 않은 상황은 더더욱 알지 못한
다. 이 지진사건이 감지된 지역 가운데 지진 변형이 가장 심한 곳은 광
주, 강진, 운봉, 순창이었다. 이들 분포지의 중앙은 광주이고 심한 곳으
로 첫째로 거명된 고장이었다. 이 네 고장의 분포를 아우를 타원을 그리
고 그 중심점을 진앙으로 삼았다. 그리고 감진 원으로 두르니 대략 5.1
의 규모가 산출되었다.

지진 변형이 심한 지역이 원이 아닌 타원 또는 선형으로 분포한다는
사실은 매우 특이하며 지질학적인 고려를 통해 문제가 이해되어야 할
것으로도 생각되었다.

이 지진사건이 일어나던 즈음 경상도 지역에서 농사에 큰 피해를 입
은 내용이 포함되며 여드레 뒤에 큰 바람이 불어 바다에 나가 일하던 사
람들이 여러 명 익사하는 사고가 기록되고 있었다. 음력으로 8월 말이
니 대략 9월 말이나 10월 초로 큰 바람은 태풍일 수도 있었다.

1673년 1월 3일 단천지진

『조선왕조실록』과『승정원일기』에 뵈지 않고『해괴제등록』에만 기
록된 지진사건도 있었다. 이 지진사건은 함경도 일대에서 감지되었다.

★1673년 癸丑 3月 28日
지진 해괴제 설행하지 말라
—함경감사 남구만 서장에 "도내 함흥, 홍원, 북청, 정평, 영흥, 利城(이원),

단천 등 일곱 고을에서 정월 초사흘날 땅이 흔들렸다는 사연을 신이 함흥府에 있을 때 이미 치계 하였사온데 그때 각 고을의 보고가 도달하지 않고 있었다가 한꺼번에 도착한 까닭에 먼저 보고한 일곱 고을을 먼저 치계 했나이다. 그 뒤 신이 북쪽을 차례로 돌 때 각 고을에서 보고하였사온데 남도는 안변, 덕원, 문천, 갑산, 삼수, 북도는 명천, 경성 등 여덟 고을에서 모두 땅이 흔들렸다 알려왔나이다. 그 나머지 고원, 길주, 부령, 회령, 온성, 경원, 경흥 등 일곱 고을에서는 보고가 없었나이다. 같은 날 지진이 하루 안에도 여러 번 일어났으므로 온 도에 모두 똑같이 일어났을진대 그 앞뒤 / 남북 고을에서 모두 흔들리고 중간 고을에서 홀로 흔들리지 않았다고 하는 바 결코 사리에 맞지 않고 반드시 해당 고을 관리가 게을러 그를 살피지 않았다고 한다면 참으로 놀라울 따름입니다. 본도로부터 추문하고 있거니와 막 도착한 홍원 현감 허려 첩정內에 **이달 스무 사흗날** 巳時 땅이 흔들렸는데 그리 크지 않다는 사연의 첩정이 있었나이다. 지진 재변이 달을 넘겨 계속 일어남은 몹시 놀랍고 괴이한 일이오니 같은 23일에 홍원 한 곳만 땅이 흔들렸는지 대엿새 기다려도 다른 고을에서 보고 없으니 치계 하옵나이다"라고 하였나이다.

함경도 일대에 일어난 지진으로 보고가 허술하다는 이유로 중앙정부는 지진 해괴제를 설행할 필요 없다고 결정을 내린 모양이다. 그러한 문맥에서『조선왕조실록』이나 『승정원일기』에서조차 등재되지 못한 지진사건으로 남게 된 것

같다. 함경도 지역의 지진은 기록으로 남은 게 그리 많지 않다. 『해괴제등록』에 실린 1673년 음력 1월 3일 지진기록은 보는 바와 같이 허술한 보고로 증발할 뻔한 귀한 기록이라 할 수 있다. 이 지진이 감지된 고장을 색칠하고 원을 에두르면 단천 남쪽에 규모 5.0 정도의 지진이 있다는 사실을 직면하게 된다. 1월 3일 이후에도 여러 번 여진이 발생한 모양이고 3월 23일 홍원의 미소지진 또한 여진이라 할 것이다. 단천지진이 일어나고 넉 달 뒤인 음력 4월 28일, 백두산이 분출하여 명천 일대는 화산재로 뒤덮였다. 단천지진은 백두산 분출의 전조였던 것이다.

함경감사를 대신해서 지진 재판을 한다면 고원현감과 길주현감은 벌을 받아 마땅하고, 부령, 경흥, 경원, 온성 관리가 징벌을 받아야 할 구체적인 증거는 발견되지 않는다. 지방 관리의 헷갈리는 보고 때문에 중앙 정부에서 『조선왕조실록』에 남길 기사로 다루지 않았던 예로 남을 것이다.

1484년 1월 8일과 1502년 7월 18일 서해지진

『조선왕조실록』의 지진기록에는 두루뭉수리로 표현한 것들이 있었다. 큰 규모가 예상되는 다음의 두 기록은 같은 진앙의 지진임에 틀림없을 것이었다.

成宗 15년(1484년) 1월 8일(丙申)
○도성 및 충청도, 전라도 땅이 흔들리다.
燕山 8년(1502년) 7월 18일(戊子)

○서울 및 전라도, 충청도 땅이 흔들리다. 또 경상, 전라, 충청 3도에 큰비가 내렸으며 경상도가 매우 심하다.

제주도 또한 전라도에 포함되므로 이를 반영해야 할 것이었다. 중국의 기록을 살펴보니 같은 두 날 지진기록은 없었다. 서울과 충청도, 전라도 지역을 아우르는 원을 둘러보았다.

서울과 충청도 사이 경기 지역에서도 분명 지진이 났을 터이나 기록이 없었다. 원안에 드는 일부 황해도 지역에도 지진의 기록이 또한 없었다. 조선왕조 중앙정부가 있는 서울의 지진 기록은 아무리 미약한 것이라도 기록이 된 반면 다른 지역에선 대충 보고거리가 아닌 것으로 치부하는 모습이 보였다. 원을 둘러 설정한 진앙은 분명 서해 지역에 놓이며 규모는 5.7쯤으로 추산되었다.

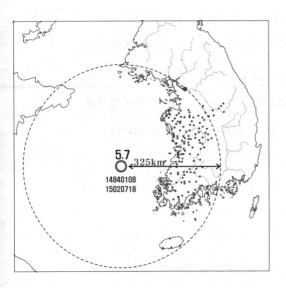

1526년 9월 22일 월악산지진

지진이 일어난 고장 모두를 기록하는 기록정신이 있는가 하면 경우에 따라서는 두루뭉수리하게 기록한 경우도 간간히 보인다. 앞선 황해지진의 경우처럼 분석결과가 막연할 수밖에 없어지는 건 당연하다 할 것이다.

중종 21년, 1526년 9월 22일자 『조선왕조실록』 기사에는 서울에 지진이 났다는 것과 경기, 충청, 강원, 경상도의 일부 고을에 지진이 났다는 두 쪽지가 지진 관련 기사이었다.

中宗 21년(1526년) 9월 22일

○京畿 廣州 等 七邑, 忠淸道 陰城 等 十邑, 江原道 平海 等 八邑, 慶尙道 安東 等 二十九邑 地震, 有聲如雷, 屋宇搖動.

경기 광주 등 일곱 고을, 충청도 음성 등 열 고을, 강원도 평해 등 여덟 고을, 경상도 안동 등 29고을에서 땅이 흔들리다. 소리가 천둥치는 것 같고 집채가 모두 부르르 움직이다.

서울에서 광주, 음성, 안동, 평해를 이으면 대략 직선을 이룬다. 대략 원을 에둘러 놓은 뒤 경기도 광주 일대 일곱 곳, 안동 일대 29곳을 표시하니 얼추 원에 맞는다. 이에 강원도 평해를 포함 여덟 곳과 음성 등 열 고을을 표시하니 감진 지역의 규모가 대략 윤곽이 잡혔다.

진앙은 월악산에 놓이고 지진규모는 4.6 정도였다.

이와 비슷한 기록은 더 있었다. 같은 『중종실록』의 기사이다.

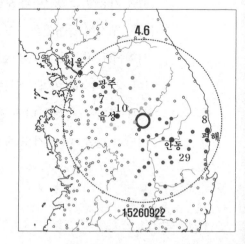

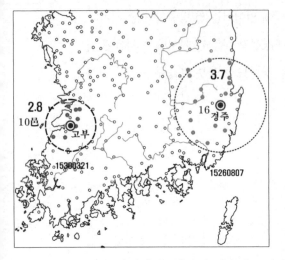

中宗 21년(1526년) 8월 7일

○경상도 경주 등 16고을에 땅이 흔들
려 집채들이 모두 부르르 떨다.

中宗 25년(1530년) 3월 21일

○전라도 고부 등 여남은 고을에 땅이
천둥치듯 흔들려 집채 모두 움직이다
가 잠시 뒤 멈추다.

진앙은 분명 경주나 고부일 것
이라 설정할 수 없다면 이웃한 고을을 설정하는 것도 불가능할 것이다.
일단 등재된 땅이름을 중심으로 16고을, 10고을을 세어 규모를 구하는
수밖에 없었다.

앞서 땅이름 하나하나 모두를 힘들다 않고『조선왕조실록』에 적어 넣
은 사관들에게 다시 한 번 경의를 표하게 된다. 지진사건을 일상사로 생
각했을 가능성도 있거니와 보다 큰 지진사건에 비해 그리 걱정할 게 아
니라는 생각이 들어있을 수도 있겠다.

사형에게 이러한 경우를 보여주었다. 사형이 말했다.

"이 정도의 기록이라도 있는 게 다행 아닐까? 조상들이 너무 좋은 데
이터를 남겨주신 것을 너무 당연히 여기는 게 문제일 것 같아."

지당한 말씀. 내 생각도 똑같으니 말이다.

비교적 큰 지진이 일어난 진앙에 홍성이 있었다. 국가기록원의 홍성 지진에 대한 기사 첫머리는 다음과 같다.

1978년 10월 7일에 발생한 홍성지진은 오후 6시 21분부터 약 3분 9초간 진도 5.0의 지진이 충남 서북부지방에서 발생하여 홍성군 홍성읍 일대에 큰 피해를 주었다. 이날 5,600여 가구의 홍성읍엔 4~5초 동안 계속된 지진으로 오관리 1구에서 흙벽돌집이 무너진 것을 비롯, 주택의 50%인, 2,840여 동이 균열이 생겼다. 또한 사적 231호 홍주 성곽이 무너지고 홍성군청 등 12개 공공 기관의 유리창 500여 장이 파손되었으며 상품, 장독, 연탄 등이 부서져 추산피 해액은 300백만 원에 이르렀다.

그 다음으로 정부의 조치 내용이 들어가 있었다.

정부에서는 피해가 발생한 직후 10월 7일 오후 7시 각종 매스컴을 통하여 기옥을 점검하고 가스가 새는지 여부를 확인토록 계도하고 재해대책 본부를 설치, 기능별로 반을 편성하여 피해조사와 긴급복구에 임하도록 조치하였으며, 홍성국민학교와 홍성중학교의 6개 교실에 대하여는 학생출입을 통제하였다.

지진이 발생하고 정부에서 확인한 피해 내용은 다음과 같았다.

피해 내용을 살펴보면, 인명 피해로는 부상 2명과 홍성군청을 중심으로 건물파손 100여 채, 건물 균열 1,000여 채와 성곽붕괴, 일시정전, 전화불통이 있었고, 지면균열 현상이 관찰되었다고 한다.

그 다음 구절은 "이러한 홍성지진의 피해로 인하여 우리나라의 지진 안정성 문제를 크게 사회적으로 부각시키게 되었다"고 적고 있었다. 위의 기록으로는 1978년 홍성지진으로 어느 지방까지 지진이 감지되었는지 알 수가 없다. 위키 백과를 보면 보다 사세한 상황을 알 수 있었다.

홍성군청을 중심으로 반경 500m 내의 지역에 심한 피해가 집중되었다. 지진 발생 당시에 쾅하는 굉음과 함께 홍성읍내에 진동이 느껴졌다는 제보가 전해지기도 하였다. 지진 결과 부상 2명의 인명피해와 막대한 재산피해가 발생하였다. 118동의 건물이 파손되고 1,100여 동 이상의 건물에 균열이 발생하였으며, 홍성군청 등 12개 공공기관의 유리창 500여 장이 파손되었다. 그리고 문화재로 지정된 사적 231호 홍성 성곽 60m가 무너지고, 가재도구와 담장 등 부속 구조물 파손이 670여 건이 신고 되었다. 또한, 일시적인 정전과 전화 불통 현상이 있었고, 지면에는 폭 약 1cm, 길이 약 5~10cm의 균열도 발견되었다. 당시 총 피해액은 약 2억 원, 복구 소요 비용으로는 약 4억 원으로 보도되었다. 반면에 서울, 대전, 광주에는 일부 민감한 사람만이 약간의 진동을 느낄 수 있는 정도로 지진의 여파가 약하였다.

1978년 홍성지진이 감지된 지역에 서울, 대전, 광주 등이 포함되며 민감한 사람만이 약간의 진동을 느낄 수 있을 정도였다고 소개하고 있었다. 감진 및 파괴에 따라 지진의 강도를 설명하는 것이 진도이다. 지진규모와 진도 사이에는 상관관계가 있으며 기상청 홈페이지에 소개된 기상백과의 수정 메르칼리 진도계급을 요약하면 표와 같았다.

규모	진도 / 설명	평균최대 지반가속도
1.0~2.9	Ⅰ / 특별히 좋은 상태에서 극소수의 사람을 제외하고는 전혀 느낄 수 없음	−
3.0~3.9	Ⅱ / 소수의 사람들, 특히 건물의 위층에 있는 소수의 사람들에 의해서만 느낌	−
	Ⅲ / 실내에서 현저하게 느끼며 정지하고 있는 차는 약간 흔들림, 많은 사람들은 지진이라고 인식 못함	−
4.0~4.9	Ⅳ / 낮에는 실내에 서있는 많은 사람들이 느낄 수 있으나, 옥외에서는 거의 느낄 수 없으며 밤에는 일부 사람들이 잠을 깸, 정지하고 있는 자동차가 뚜렷하게 움직임	0.015~0.02g
	Ⅴ / 거의 모든 사람들이 지진동을 느끼며, 약간의 그릇과 창문 등이 깨지고 어떤 곳에서는 회반죽에 금이 감	0.03~0.04g
5.0~5.9	Ⅵ / 모든 사람들이 느끼며, 무거운 가구가 움직이고 벽의 석회가 떨어지기도 하며, 피해 입은 굴뚝도 있음	0.06~0.07g
	Ⅶ / 모든 사람들이 밖으로 뛰이 나오며, 설계 및 긴축이 질 된 긴물에서는 피해가 무시할 수 있는 정도이지만, 보통 건축물에서는 약간의 피해가 발생	0.10~0.15g
6.0~6.9	Ⅷ / 제대로 설계된 구조물에는 약간의 피해가 있고, 일반 건축물에서는 부분적인 붕괴와 더불어 상당한 피해를 일으키며, 부실 건축물에서는 아주 심하게 피해를 줌	0.25~0.30g
	Ⅸ / 제대로 설계된 구조물에도 상당한 피해를 주고, 잘 설계된 구조물의 골조가 기울어짐	0.50~0.55g
> 7.0	Ⅹ / 잘 지어진 목조 구조물이 부서지기도 하며, 대부분의 석조 건물과 그 구조물이 기초와 함께 무너지고, 지표면이 심하게 갈라짐	> 0.60g
	ⅩⅠ / 파괴되어 석조 구조물은 남아 있는 게 거의 없음	
	ⅩⅡ / 전면적인 피해가 발생함	

(1g=980cm / sec²)

홍성을 진앙으로 하여 광주가 포함되는 감진 원의 반지름으로부터 구한 홍성지진의 추정 규모는 4.8이나 계기로 측정된 규모는 5.0로 근사치를 보여주고 있었다. 국가기록원의 기사에서 1978년 홍성일대의 진도를 Ⅴ라고 소개하고 있었다. 건물파괴, 성곽붕괴, 유리창 파손, 굴뚝이 무너지는 등의 파괴 상황은 메르칼리 진도 개념을 고려할 때 진도 Ⅴ라고 할 수 없으며 표에서 보는 바와 같이 진도 Ⅵ~Ⅶ의 상황이 홍성지

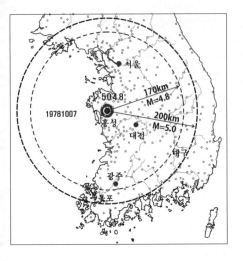

진의 피해상황에 근접한다고 할 수 있었다. 진도를 V라 한 것은 지진규모 5.0과 혼동한 것으로 생각되며 당시 지진규모와 지진 진도에 대해 명확한 이해가 적었던 것으로도 보인다.

위키 백과의 설명에 따르면 홍성지진의 여진은 이듬해까지 지속되었다.

이후 1978년 10월 10일, 11월 24일, 1979년 1월 1일, 2월 8일(2차례), 2월 24일, 3월 12일 등 총 7차례의 여진이 발생하였는데, 모두 사람이 느낄 수 있는 유감 지진이었다.

기상청 홈페이지에선 1978년 홍성지진과 여진에 대해 자료를 제공하고 있었다. 10월 10일, 11월 24일의 지진자료는 보이지 않았다. 1978년 나는 대학교 1학년생이었고 서울에서 있었다. 늘 데모로 최루탄 연기가 늘 뿌옇던 시절 지진이 난 상황을 느끼진 못하였다. 1979년 초 서울에서 지진을 처음 느껴 본 것 같다. 지구물리학 강의 시간이었고 창문이 흔들리자 정봉일 교수는 지진이라고 하였다. 1979년 3월 12일 지진이었던 것 같다.

날짜 시간	규모	위도	경도	비고
1978.10.07 18:19	5.0	36.6N	126.7E	충남 홍성읍
1979.01.01 0:11	2.9	36.6N	126.7E	충청남도 홍성읍

1979.02.08 8:52	4.0	36.6N	126.7E	충청남도 홍성읍
1979.02.24 19:00	2.9	36.6N	126.7E	충청남도 홍성읍
1979.03.12 11:09	3.8	36.6N	126.7E	충청남도 홍성읍

홍성을 진앙으로 한 지진은 앞서 소개한 1665년 3월 24일뿐만 아니라 임진왜란 중이던 1594년에도 일어났다. 『조선왕조실록』 기사를 살펴보자.

선조 27년, 1594년 음력 6월 3일, 서울에서 인시(새벽 3시~5시)에 북에서 남으로 땅이 흔들렸다. 집채들이 모두 움직였으며 오래 지속하다가 그쳤다고 『조선왕조실록』은 적고 있다. 이날 동부승지 이수광이 계를 올렸다.

"지난 밤 땅이 흔들렸사온데 새벽에 다시 흔들렸나이다. 관상감은 다만 한 번 일어났다고 문서로 계를 올렸으니 담당관원을 추고하소서."

임금께서 메시지를 전하였다.

"계대로 하렷다."

선조임금께서 편전에 들어 비변사, 사헌부와 사간원(兩司), 홍문관 관리들을 불러놓으니 많은 대신들이 입시하였다. 이에 임금께서 말씀했다.

"서울에 지진이 났소이다. 재변이 아주 큰데 이 어찌하면 좋겠소이까? 과인은 더 이상 자리에 앉아있으면 안되는데 구차히 앉아있기에 하늘의 노여움이 예까지 이르렀소이다. 과인이 반드시 물러나야 하늘의 뜻과 인심이 가라앉을 것 같소이다. 경들은 마땅히 빨리 다루어 주시오."

영부사 심수경이 아뢰었다.

"지진은 열흘 사이에도 또 일어나니 마땅히 공구수성恐懼修省하면 그뿐인데 어찌 이런 말씀을 주시나이까? 중국 사람이 이런 말을 들으면 뭐라 하겠나이까? 세자를 책봉한 다음에야 할 수 있는 처사이옵나이다."

『조선왕조실록』의 6월 3일 기사에 "충청도에서 서에서 동으로 땅이 흔들리다. 소리가 천둥소리 같았으며 땅위의 것은 요동치지 않는 것이 없었으며 처음에는 하늘이 무너질까 걱정이다가 마침내는 땅이 꺼지는 것 같았다. 흔들림의 정도가 아주 깊고 웅장하였다"고 적고 있었다. 이 기사는 6월 7일 충청감사 보고를 6월 3일자 『조선왕조실록』 기사에 넣은 것이었다. 선조 27년, 1594년 음력 6월 7일, 충청도 감사가 치계馳啓하였다.

"이달 초사흘 인시에 홍주에서 땅이 흔들렸나이다. 서에서 동으로 소리가 천둥치듯 했고 집채들이 흔들렸으며 창문이 저절로 덜컹 열렸나이다. 동문 쪽 성의 세 칸이 무너져 버렸나이다."

이레 뒤 6월 14일에 전라병사 이시언이 치계하였다.

"이달 유월 초사흗날 인시, 전주에 지진이 났나이다. 남에서 북으로 소리가 큰 천둥소리 같이 났으며 집채들이 모두 움직였나이다. 김제, 고부, 여산, 익산, 금구, 만경, 함열 등의 구의에서도 마찬가지였나이다."

이날 경상도 고령과 초계에서도 땅이 흔들렸다고 『조선왕조실록』은 적고 있었다. 쓰보이공식으로 구한 지진규모가 5.0정도이니 규모 5.0인 1978년 홍성지진과는 홍주성이 무너진 점에서 똑같은 상황이라 할 수 있었다.

뜬금없이 1594년이면 임진왜란 기간인데 어찌 임금께서 서울에 있는가 하고 의문이 생겼다. 1592년 4월 왜군이 쳐들어오자 선조는 의주로 몽진을 하였다. 그 사이 의병이 일어나고 이순신 장군과 권율 장군이 이끄는 관군이 잘 싸워 왜군은 1593년 4월 서울에서 퇴각하였고 같은 해 시월 선조임금은 서울로 돌아올 수 있었다. 그러한 사정이니 홍성에서 110킬로미터 떨어진 대궐에서 선조임금께서 홍성 지진을 직접 겪을 수 있었다.

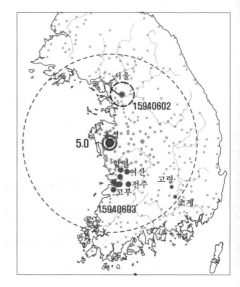

전쟁 중임에도 불구하고 지방 관리들은 지진 상황에 대해 현 단위의 보고를 바탕으로 중앙 정부에 계를 올렸던 것이었다. 지진 재해에 대해서는 전쟁 중이라고 예외가 아니었으며 시스템이 작동되고 있었음을 보여주는 사례라 할 것이다. 임진왜란 중인 1594년 홍성지진과 1978년 홍성지진을 비교하다 보니 국가의 재난 시스템이란 무엇인가에 대해 곱씹어 보게 하였다. 물론 전쟁 중이라 전국의 보고가 모두 포함되지는 못했지만 그럼에도 충청, 전라, 경상 등 하삼도 일부 지역의 보고 체계가 있었음만은 분명하였다. 1978년 홍성 지진을 『조선왕조실록』 기사체로 쓰면 다음과 같다.

民國 21年(1978년) 10月 7日

○壬寅 / 忠淸道 洪城呈 以 九月 六日 酉時 地震, 聲如雷, 勢如戰亂, 碑位裂頹. 墜物而有傷之者二人, 一百屋宇破. 洪城邑城崩頹. 五官里有路 十尺地裂. 五尺煙埃崩. 洪城邑 一里內 尤甚. 京師, 大田, 光州 地微動. 或者曰 地震規模 5.0等 史臣曰 4.8等.

☰☰

큰 지진이었음에도 조선시대 기록만큼 광범위한 내용이 포함되지 않고 있음은 무얼 말하는 걸까? 옆방에 있는 사형이 연구실을 들렸기에 내가 한문으로 바꾼 것을 보여주며 말했다.

"황 부장님, 1978년 홍성지진에 대한 사실을 실록체 문장으로 바꿔보았습니다. 피해가 많은 진앙에 대한 설명은 자세한데 지진이 감지된 지역에 대한 정보는 많지 않네요."

그가 말했다.

"일본 사람들이 기록을 참 질하고 한국 사람들은 도통 기록을 않는다는 건 사실 거짓말이야. 내가 들은 얘기로는 말이오, 일제가 『조선왕조실록』을 보고 놀라 뒤로 자빠졌다는 거야. 이렇게 세세히 기록을 남기는 민족이 있다는 것에 놀랐다는 거지. 그래서 기록을 많이 남기자는 운동을 벌였다는 얘기를 어디서 들은 것 같아. 사실 기록 문화가 예전만 못한 게 사실이지. 지질 재해를 조선시대만큼도 기록하지 못하고 있다는 건 후손으로서 부끄러워해야 할 거요."

내가 말했다.

"무슨 사건만 터지면 일본을 보라. 일본은 얼마나 잘하냐 하면서 한국 민족을 비하하는 부류들이 있었는데 현재 우리가 해야 하고 이미 했어야 하는 걸 민족성 탓으로 돌리는 것이 잘못 됐다는 말이기도 하겠네요."

사형이 말했다.

"난 그렇다고 봐. 생각 밖으로 탄탄한 재난 시스템이 작동된 조선왕조에 대해 인식하며 지금의 우리는 많이 반성해야 할 거요."

지사와 같은 면모를 가진 사형을 나는 늘 존경하고 무슨 일이든 상의하곤 한다. 더불어 내가 그로부터 많은 걸 배우게 되었다.

『조선왕조실록』에는 일본 지진도 여러 번 기록되어 있었다. 그 가운데 1703년 일어난 일본의 원록元祿지진도 포함된다. 일본의 원록元祿지진이 일어난 날은『숙종실록』숙종 31년, 1705년 2월 18일 기사에 11월 21일 지진사건 기록되어 있으며 양력으로 환산하면 12월 30일이었다.

> 日本 對馬島主 義眞이 죽고 그의 아들 義方이 작위를 이어받다. 조정에서는 역관 두 사람을 보내 위로하였다. 甲申년 11월 (역관이) 들어갔다가 이때에 이르러 비로소 돌아와 아뢰었다. "癸未년 11월 21일 丑時에 日本 東海道 15州, 武藏, 甲斐, 相謨, 安房, 上總, 下總 等 6주에 한꺼번에 땅이 흔들려 그 가운데 에도江戶 武藏州 關白이 사는 곳과 相謨州 田原 땅이 몹시 심하여 땅이 한 자 남짓 갈라지고 깊이는 알 길이 없었으며 깔려죽거나 묻혀 죽은 이가 셀 수 없었다 하나이다. 집채들이 넘어져 무너지고 불이 났사온데 집안에 두었던 화약에 불이 붙어 멀고 가까운 곳이 모두 폭발했다 하나이다. 남녀노소는 각각 스스로 달아나 길을 다투며 서로 죽였다 하나이다. 에도江戶로부터 집계된 바로는 묻히고 타 죽은 이들이 많게는 27만 3천여 명이라고 하나이다.

위키 백과를 보면 이 지진으로 10만 8천여 명이 희생되었고 지진규모는 8.0이라고 하였다. 원록元祿지진의 진앙은 사가미만으로 도쿄에서 남서로 40㎞ 떨어진 곳이었다. 상모相謨는 相模로도 적으며 사가미현이었다.

≡

매일 오후 세시 반이면 지질지구조연구실과 행성과학연구실의 티타임이 본관 3층 세미나실에서 열린다. 전임 실장이 보직을 맡던 당시 내가 그의 호를 皐月이라 지어주며 그 방을 초월산방이라 불렀다. 맛있는 커피와 음식을 나누며 온갖 종류의 이야기를 하며 실원들의 친목을 다지기도 하였다. 오후 세시 반이 되어 초월산방에 가니 2년 동안 연구원에서 교환연구원으로 연구했던 타나카 교수가 오랜만에 방문했다. 타나카 교수는 일본 과자를 들고 왔다. 차 한 잔 하고 담소가 무르익을 즈음, 내가 칠판에 한자로 相模라 쓰며 말했다.

"이 한사는 내 친구인 보직자의 이름이기도 한데 일본어로는 사가미라고 하더군요."

그리고 타나카 교수가 알아들을 수 있도록 영어로 말했다.

"1703년 사가미만에서 규모 8.0의 지진이 나 10여 만이 희생된 기록이 『조선왕조실록』에 있습니다."

그러자 그는 칠판에 도쿄 일대의 해안선을 그렸다. 그 위에 내가 진앙

元禄地震の震度分布[1]

As6022014 - 宇佐美龍夫『最新版 日本被害地震総

CC 表示-継承 3.0

의 위치를 ✕로 표시했다. 그가 감동한 듯이 말했다.

"일본에서 지진은 일상화되어 버렸지만 희생자가 저리 컸다는 건 애석한 일입니다. 『조선왕조실록』에 그러한 기록이 있었다니 대단합니다."

그는 그가 일본으로 돌아가기 전에 내가 초대한 식당의 음식이며 옛 추억들을 조용히 말하며 오랜만의 해후를 즐겁게 했다.

고종황제 어진

高宗 43年, 光武 10年, 1906년 양력 4월 24일 『조선왕조
실록』 기사는 다음과 같다.

24일 황제께서 말씀하셨다. "듣건대 미국 상항桑港에서 땅
이 크게 흔들려 지축이 움직이고 언덕이 꺼지고 갈라져 사람
목숨이 먼지모래가 된 이들이 셀 수 없다하더라. 짐의 마음에
측은하고 경각에 벌어진 참상이 마치 눈앞에 벌어진 것 같도다. 우리 국민으로
그 고장에 사는 사람들도 집이 무너지고 매몰된 아픔을 겪었다고 하는도다.
마치 내가 다친 듯 애처로우나 바다 멀리에서 죽음을 당하였으니 몹시 가련하
다. 위로하고 구휼할 것과 본국에 사는 부인들을 구제할 방도를 정부에 명을
내려 상의하여 조처토록 하렸다."

상항은 샌프란시스코이다. 대한제국 때 양력을 사용했다. 실제 지진
이 발생한 날은 4월 18일이었다. 엿새 뒤 대한제국 정부에서 샌프란시
스코지진에 대해 알고 있다는 사실이 크게 놀라웠다. 지진이란 무엇인
가를 소개하는 인터넷사이트에는 다음과 같은 내용이 있었다.

지진이란 무엇인가?
'단단한 땅위에서'라는 표현은 안정된 것을 기술할 때 자주 쓰이곤 한다. 사람
들이 발로 밟고 있는 고체의 땅이란 매우 안정된 것처럼 보인다. 그러나 가끔은
그렇지 않다. "땅바닥이 이리 홱 저리 홱 위로 들썩 아래로 푹 움직이면서 우리

해리 필딩 리드

밑에서 땅이 트위스트 추는 것 같았다"고 1906년 샌프란시스코대지진을 겪은 경험을 누군가 그리 소개하였다.

평소 지진학에 관심을 갖고 있던 지구물리학자 해리 필딩 리드Harry Fielding Reid는 1906년 샌프란시스코지진이 나자 지진에 대해 새로운 관심을 갖게 되었고 캘리포니아 해안 지역에 대해 50여 년간의 미국 지질조사소, USGS의 관찰 기록을 보게 되었다. 분석결과를 바탕으로 샌프란시스코지진이 탄성변형elastic strain의 결과라고 추정하였다. 지진에 따른 변형이 산안드레아스단층을 따라 증가하는 양상이고 최대로 에너지가 축적된 단층을 따라 변형이 일어나려면 거대 지진이 일어나야 한다는 결론에 이르렀다. 리드 이전의 유럽 과학자들도 지진이 일어나면 단층과 지진 둘 사이에 명확한 관계가 있다고 보았다. 그는 그의 새로운 이론을 elastic rebound라 했다. 한국어로 탄성 되튐 또는 탄성 반발에 해당될 것이며 리드의 이론은 21세기 현대 지구조학 연구에서도 원용되고 있었다. 리드는 지진학뿐만 아니라 빙하학graciology 분야에도 큰 자취를 남겼다.

지진이란 무엇일까?

지구조학자인 나 스스로에게 물어 본다. 지판地板, plate 사이 경계에서 큰 지진이 일어나는 점은 모두 알고 있다. 태평양 지역의 지판들이 주변의 대륙지각 아래로 섭입하는 지점들이 지진대이고, 불의 고리ring of fire라고 불리는 환태평양 지진대이다. 섭입한 지판이 지각 또는 연약권, 중간권에 이르는 사이에도 지진을 일으킨다. 그러나 그러한 지역에만 지진이 나는 건 아니다. 대륙 지각 안에서도 단층이 확인되지 않는 심부에서도 일어나는 지진은 단층-지진 관계로 설명하기 쉽지 않다. 이를 설명하기 위해 보다 많은 공부가 있어야 할 것이다.

샌프란시스코 지진의 규모는 8.2, 희생자는 700~2,000명에 이르렀다고 한다. 그 희생자 가운데 한국인도 있었다는 이야기이다. 지진은 한반도만의 문제는 아닐지 모른다. 어느 나라 사람이든 세계 도처에서 살고 있는 현대이기 때문이다. 대한제국의 고종황제는 미국에서 난 지진 피해자로 한국인이 있었음을 알았고 그에 대한 적절한 조처를 취하고 있었다.

≡

점심때가 되자 홍승발 박사와 이승진 박사가 점심밥 먹으러 가자고 왔다. 점심 식사 시간이 끝나기를 기다려 발길은 나를 도서관으로 끌고 가고 있었다. 나만의 세계라기보다는 내가 설정한 공간과 연구방식에서 탈피하여 지진학자들의 저서와 논문을 보는 일이 시급하다고 생각되었다. 지진센터를 지나 새로 생긴 건물이 도서관 라운지. 1층의 카페는 아직 열지 않아 문이 굳게 닫혀있었다. 아니 아직 주인을 만나지 못한 모양이었다. 그리고 계단을 따라 이층으로 가니 긴 복도 끝에 출입문이 있었다.

유리문을 열고 들어갔다. 수십 년 동안 묵묵히 한 자리를 지키는 사람에 연구원만 있는 게 아니었다. 김양진 씨가 그런 사람일 터였다. 가볍게 목례를 하고 지진 관련 서적들이 있는 서가를 찾아갔다. 묵은 책 냄새가 났다. 예전엔 참으로 많이 들락거렸던 서가들이 갑자기 낯설었다. 필요한 논문은 인터넷으로 보는 세상이다 보니 도서관과 멀어지는 건 당연하다는 생각이 들었다. 그걸 시류라고 하며 도서관을 없애야 한다는 광인이 나타나지 않길 바랄 뿐이다.

사람들의 눈에 띄지 않고 팔리지도 않았으나 어느 서가에 꽂혀 있었다가 제대로 된 정보를 꼭 필요한 사람에게 준다면 품값도 못 벌었을지도 모를 저자의 공은 있지 않을까 하는 생각이 들었다.

조그마한 책 하나를 꺼냈다. 일본 지구물리학자 오이케 카즈오尾池 和夫 선생의 책이었다. 표지를 들추니 메기를 그리고 사인을 해서 그분이 기증했다는 걸 알 수 있었다. 나중에 안 사실이지만 그는 교토대학교 총장도 지낸 분이었고 한국지질광물연구원과도 국제협력 연구를 했던 분이었다. 그리고 지진학개론이며 지진이란 무엇인가 등 한국어와 영어, 일어 등으로 된 책을 꺼내 김양진 씨 앞에 내려놓았다. 체크하길 기다리며 내가 말했다.

"한 달 장기 대출해도 되죠?"

그녀가 말했다.

"그럼요. 그러세요."

늘 그 자리에 있을 그녀에게 목례를 하고 책들을 챙겼다. 방에 와 큰 종이 가방에 넣어 두었다. 금요일 퇴근 시간이 되자 종이 가방과, 서류 가방, 노트북을 들고 차에 실었다. 그리고 옥천에 있는 집으로 가 주말을 이들 책을 보며 보낼 생각을 하며 밀리는 도로로 차를 몰았다. 금요일은 늘 그렇듯이 이리 혼잡을 겪어야 했다. 뜬금없이 유성나들목으로 해서 대전 남부 순환도로로 갈 생각이 이제야 나는 걸까 몰랐다. 지진은 도대체 무얼까? 내게 무엇이라고 민낯을 보여줄까? 괜스레 어려운 용어들을 써가며 내 머리를 쥐어뜯다 책을 덮게 만드는 건 아닐까? 여러 상념들이 내가 가고 있는 고속도로를 따라 나와 함께 달리고 있었다.

제 2 부

지진기록은
무엇을
말하고자
했나

역사란 무엇인가?

현재와 과거의 끊임없는 대화다.

Eduard Hallet Carr

역사란 무엇이뇨?

인류사회의 我(아)와 非我(비아)의 투쟁이 시간부터 발전하며

공간부터 확대하는 심적 활동의 상태의 기록이니.

단재 신채호

역사란 무엇인가? 대학교 때 읽은 책에서 역사란 현재와 과거의 끊임 없는 대화라고 말한 역사학자가 있었다. 과거의 지진기록은 현재의 지진에 대한 예보이며 지금의 지진은 예전에 났던 진앙에서 지진이 일어날 수 있음을 말하는 것일 수도 있을 것이었다. '역사란 무엇이뇨?'라는 물음에 단재 선생은 '我와 非我의 투쟁의 기록'이라고 하였다. 600년간의 기록과 싸우는 일은 참으로 지난한 일임에 틀림없었다. 내가 직장에서 해야 할 일과 지진귀신이 내게 부여한 일이 더더욱 그러하였다. 해가 바뀌고 설날이 가까워 오자 한 친구가 내게 전화를 했다. 삼재에서 해방되었으니 빌빌거리지 말고 활기차게 살아보자는 전화였다. 전통문화예술학교 진 교수의 말이 갑자기 내게 묘한 힘을, 축 늘어진 어깨에 에너지를 불어넣어주기 시작했다. 그간 내게 닥쳤던 일들이 바로 삼재라는 기간에 일어났구나 하는 생각이 들었다.

돌이켜 보면 경상분지나 포항분지에서 지구조 관련하여 공부할 때는 참으로 열정이 치솟았다. 어느 때부터인가 남중국－북중국 충돌대가 한반도 어느 지역으로 연장되느냐의 문제는 한국 지질학계 초미의 관심사였다. 많은 연구자들이 임진강대 연구에 모두 투입될 즈음, 나는 혼자 경기육괴 서부를 공부하겠다고 나섰다. 조직에서 혼자 깃발을 드는 건 늘 그렇듯이 위험 부담이 있었다. 집단에 반기를 드는 깃발은 부러뜨리려 덤빌 조직의 구성원들의 위세에 늘 노출되어야 하는 일이었다.

새해가 되었다. 내 머릿속에 틀어 앉은 지진귀신이 '너 아니면 조상들이 날마다 적어놓은 지진기록을 해결할 사람이 없다'고 귀에 대고 속삭였다. 환청이 들렸다. 강한 악과 동거를 하다보면 먹잇감도 강한 악이 되는 건지도 모른다. 아무런 뾰족한 대가도 보장되지 않는 일임에도 내 열정을 쏟아 부을 일이 있다는 것 자체가 나를 참으로 행복하게 했다. 끝에 이르기 전에 절대 모습을 보여주지 않는 진리가 나를 시시포스의 바위를 끊임없이 높은 곳으로 굴려 올리게 하였다.

2014년에 당진 지역에서 발견된 활성 단층에 대해 올해 2월 논문을 출간하면서 공저자인 교원대 경진복 교수와 자주 접촉이 있었다. 어렵사리 전화를 걸어 내가 말을 꺼냈다.

"경 교수님, 『조선왕조실록』의 역사 지진 기록을 정리하고 있습니다. 『승정원일기』와 『해괴제등록』의 지진기록도요."

말이 떨어지기 무섭게 그는 말했다.

"그거, 내가 다 해봤는데. 굳이 또 할 필요 있겠어요? 내가 그걸 하느라 16년이 걸렸거든요."

그가 겪은 힘든 연구과정이 느껴졌다. 내가 말했다.

"모두 정리한 편이라 돌이킬 수는 없을 것 같아요. 국내 저널에 출간된 역사 지진관련 논문도 거의 다 읽었습니다."

나의 말을 허투로 듣고 있던 그가 말했다.

"기상청에서 낸 용역보고서가 단행본으로 나와 있을 테니 참고하세요."

오랫동안 분석해온 지진기록에 대해 그의 애정과 그 쌓아놓은 탑을 넘보는 나에 대한 묘한 감정을 느낄 수 있었다. 그 뒤 기상청에서 근무했던 아는 분에게 전화를 했다. 이미 전화번호가 바뀐 모양이었다. 과학재단에 근무하는 이 서기관에게 전화하여 그의 전화번호를 물었다. 전화했다.

"저는 한국지질광물연구원에 근무하는 최범진이라고 하는데요, 혹시 기억하십니까?

그가 더듬거리며 말했다.

"잘 기억이 나지 않는데요."

말꼬리를 흐리는 그에게 그가 기억할 수 있도록 기억의 시치미를 붙이며 내가 말했다.

"태국에서 한 번 뵌 적이 있습니다. CCOP 사무총장님과 함께 뵌 적이 있습니다. 그때 공주가 고향이라 하셨고요, 족보를 따지니 제게 할아버지뻘 되신다고 하셨습니다."

그가 말했다.

"아, 기억납니다. 어찌 지내십니까?"

내가 말했다.

"지금도 기상청에서 근무하시는지요?"

그가 말했다.

"기상청을 떠난 지 오래고요, 지금은 대전에 있습니다."

내가 말했다.

"아, 그러세요. 다름이 아니라 기상청에서 낸 보고서를 구할 수 없어

도움을 청했습니다."

그는 선선히 그러마 했다. 기상청 지진화산과에서 그 책을 발간했다는 걸 확인해 담당과장을 소개해주었다. 그리고 담당 과장에게 전화를 걸어 정중히 자초지종을 말하니 책 한 권을 보내주겠다고 친절하게 답변했다. 안면도 지질조사를 다녀오니 워킹테이블에 앉아 책이 나를 기다리고 있었다.

『한반노 역사시신 기록』

괄호 안에 '2년~1904년'이라는 부제가 들어가 있었다. 기상청 지진화산과 임용진 과장의 친절한 선물은 감동이었다. 전화를 걸어 책 잘 받았다고 여직원을 통해 감사의 말을 전했다. 책에는 음력으로 된 지진발생 날짜를 양력으로 환산하여 날짜별로 지진 발생 기록과 지도에 발생 지점과 진앙이 그림으로 함께 실려 있었다. 참으로 고마운 책이었다. 조선 초 기록부터 하나하나 대조해 나갔다. 경우에 따라서는 내가 정리한 리스트에 빠진 것도 발견이 되었다. 원문을 찾아 다시 기워 넣는 작업을 하였다.

늘 그렇듯이 앞서 깃발을 들고 가는 선봉대가 화살을 먼저 맞는 것은 정해진 순리이다. 카드놀이로 치면 상대에게 자신의 패를 미리 보여준 셈이니 더욱 그렇다. 그 저서에는 『해괴제등록』의 지진기록이 없었다. 하여 경 교수에게 전화를 했다.

"경 교수님, 하나 여쭤 보겠습니다. 『조선왕조실록』보다 자세한 것이 『승정원일기』이고 『승정원일기』보다 더 상세한 것이 『해괴제등록』인데 이는 왜 참고 않으셨나요?"

그가 말했다.

"그런 문헌이 있나요? 개인 문집까지 싹 다 뒤졌는데."

내가 말했다.

"인조 때부터 숙종 때까지만 나오는 게 아쉽지만 매우 상세합니다."

경 교수가 말 머리를 돌리며 말했다.

"최근에 두 권짜리로 나온 보고서도 있던데."

내가 물었다.

"어디서 나온 건가요?"

그가 말했다.

"한수원인가? 어디서 나온 게 있던데."

한수원 산하 한국전력기술연구원의 장진중 박사에게 전화를 걸어 자초지종을 설명하자 그가 말했다.

"예전에 한 적이 있는데 방사능안전관리총원의 노 박사에게 연락을 한 번 해보는 게 나을 것 같은데."

부리나케 방사능안전관리총원의 노 박사 전화번호를 문자로 일러 달래 전화를 했다. 내 말을 조용히 듣더니 노 박사가 말했다.

"몇 년 전 한국지질광물연구원에서 낸 보고서 말하는 것 같은데요?"

내 입에서 신음소리가 터졌다.

"그래요? 활성단층 보고서 말이지요?"

그가 말했다.

"맞습니다. 아마 지진센터의 전정진 박사가 아마 맡아했지요?"

내가 고맙다는 인사를 하고 전화를 내려놓으면서 나도 모르게 허탈한 콧김이 죽 내리깔렸다. 고맙다는 인사를 하고 전화를 내려놓았다.

'내 주변에서 일어나는 일조차 모르고 있었다니. 나와 함께 일한 연구

원들의 보고서조차 읽지 않았다니.'

회한이 들어 책장을 뒤지니 중간보고서 하나가 눈에 띄었다. 뒤적여보니 내가 맡아 쓴 외동읍 일대 활성단층 보고서가 있고 죽 넘기니 전정진 박사가 맡아 쓴 지진실험 내용이 있었다. 지진규모에 따른 성가퀴, 연대煙臺, 가옥의 파괴시험 결과가 들어있었다. 전정진 박사에게 전화를 걸었다.

"활성단층 보고서 있으시면 며칠만 빌려주실 수 있겠습니까?"

그가 말했다.

"며칠만 보시고 돌려주셔야 해요."

방대한 보고서, 나도 그 과제에 참여했으니 어딘가 있어야 할 보고서는 눈에 뵈지 않았다. 그 사이 누군가 『해괴제등록』이 한국어로 번역되어있다고 말해주었다. 여러 사람들에게 수소문했다. 그리하여 찾아낸 곳이 국립문화재연구소였고 연락이 닿은 이는 임형진 선생이었다. 그는 선뜻 보내주마 했고 며칠 뒤 국역 『해괴제등록』이 도착했다. 국역 『해괴제등록』을 일독하니 매끄러운 번역에 감동되었다. 지진센터의 전정진 박사도 볼 기회를 주었다. 열심히 역작들을 비교 대조해가면서 조선시대 지진사건들을 해석하는 데 문제가 없는지 검토하였다. 역사지진학자의 분석과 내 분석이 다른 몇 지진사건이 눈에 들어왔다. 그 가운데 1681년 신유대지진이 있었다.

숙종 7년, 1681년, 신유년에 일어난 대지진과 이에 수반된 여진을 신유대지진으로 부르기로 한다. 지진은 음력 4월 26일, 5월 2일, 5월 5일, 5월 11일 잇달아 일어났다. 『조선왕조실록』과 『승정원일기』에는 지진 사건들이 함께 기록되어 있어 헷갈리기 쉬우며 역사지진학자들 또한 마찬가지였다. 우선 4월 26일 지진에 대해 정리해보기로 하였다. 첫째, 서울은 다음과 같았다.

① 肅宗 7年(1681年 辛酉) 4月 26日(己酉)(『조선왕조실록』)
　○己酉일, 북동에서 남서방향으로 땅이 흔들리다. 집채가 흔들리고 창과 바람벽이 크게 울리어 흔들리다. 길 가던 사람 가운데 말이 놀라는 바람에 떨어져 죽은 이도 있었다.

　『해괴제등록』과 『승정원일기』에 관련 기사가 보였다. 서울에서는 해괴제를 설행하라는 규정이 없었으므로 거행하지 말라는 임금의 명이 내려졌다.

② ★1681년 辛酉 4月 26日 : 京中 지진(『해괴제등록』)
　─이달 4월 26일 북동에서 남서방향으로 서울 땅이 흔들렸다. 서울에서 해괴제를 설행한 규례가 전에 없었으므로 이번에도 거행하지 말라 하시다.
③ 숙종 7년 4월 28일(『승정원일기』)
　○우부승지 이무 啓 : "어제 지진 재변은 매우 심하여 놀랍고 두렵나이다.

집채가 흔들리고 사람들이 기운을 잃을 정도로 전에 없던 재변이옵나이다. 전부터 재변을 만났을 때에는 사람들의 말을 들어야 한다는 규정이 있으므로 이제 아래에 하교하여 성 밖의 선비나 현인이 있는 곳을 찾아가 없앨 방책을 찾음이 어떠하겠나이까?" 하니 임금께서 그리 하라 하시다(朝報).

국역 『해괴제등록』에서 '(서울에서) 해괴제를 설행한 규례는 없지만 실행하라'고 번역이 되어있으나 원분은 이와 달리 '설행한 규례가 없으니 이번에도 거행하지 말라'는 말이 옳은 번역이라 생각되었다. 강원도의 지진 상황은 다음과 같았다.

숙종 7년(1681년) 5월 11일(『승정원일기』)
○강원감사 서목 : 4월 26일 申時쯤 땅이 흔들림. 한참 있다가 멈춤. 식경이 지나자 다시 한 번 하더니 멈춤(또 5월 초이틀 寅時에 땅이 흔들림. 매우 심했음. 申時와 亥時에 또 흔들림. 하루 동안 세 번이나 일어남. 담벼락이 무너지고 집기와가 날려 떨어짐. 두 지진은 변이비상事).
숙종 7년(1681년) 5월 25일(『승정원일기』)
○강원감사 서목 : (5월 초이틀, 도내 한가지로 땅이 흔들린 뒤, 강릉, 양양, 삼척은 열하루, 열이틀 사이 잇달아 지진.) 지난 4월 지진 때 양양, 삼척 등 고을에서 바다너울이 세게 부딪혀(진탕震蕩) 바윗돌이 무너져 떨어지고 해변이 줄어들고 조수가 물러나가는 형상이 있었음. 변이비상事.

食頃(식경)은 한 끼의 음식을 먹을 만한 시간, 진탕震蕩은 세게 부딪혀 충격을 준다는 뜻. 강원도에서는 여진이 있었다. 조수가 물러나가는 형상, 若潮退之狀(약조퇴지상)은 지진해일(쓰나미)로 추정된다. 황해도에서 땅이 꺼지는 현상도 보고되었다.

> 숙종 7년(1681년) 5월 12일(『승정원일기』)
> ○ 황해감사 서목: 평산 일대, 지난 4월 스무엿새 땅이 흔들릴 때 본현 안성 방 백성의 밭 가운데가 땅이 꺼짐

다음은 충청도 상황이다.

> ① 肅宗 7년(1681년) 5월 9일(『조선왕조실록』)
> ○ 공홍도(충청도) 모든 곳에서 땅이 흔들리다.
> ② 숙종 7년(1681년) 5월 9일(『승정원일기』)
> ○ 공청감사 서목: 지난 4월 26일 온 도내 땅이 흔들림. 집채가 울리며 흔들림. 창과 문이 모두 울림. 사람들이 두려워 뒷걸음질 침. 초목이 흔들림

그밖에 단순감지가 기록된 곳은 경기도 광주 외 서른네 곳, 전라도 영암 외 24곳, 평안도 평양 등 세 곳, 함경도는 안변과 덕원 등이다. 경상도에서는 막연하게 지진이 났다는 사실만 보고하였다.

이러한 지진 자료로부터 진앙을 구하는 일은 그리 녹록지만은 않았다.

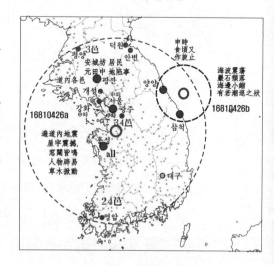

일단 지진이 감지된 지역에 원을 둘러보니 진앙은 평택, 규모는 5.4정도 이었다. 그러나 이 추정진앙일대에서 지진강도가 세거나 지진 변형이 전혀 보고가 되지 않았다는 약점을 극복하는 문제가 남아있어 다른 모색이 필요하다 할 수 있었다.

단순 감지지역과 지진의 진도가 보다 큰 지역을 나누는 작업이 필요하다. 지진변형이 심한 양양, 삼척의 진도는 Ⅷ~Ⅸ, 평산은 Ⅶ~Ⅵ, 서

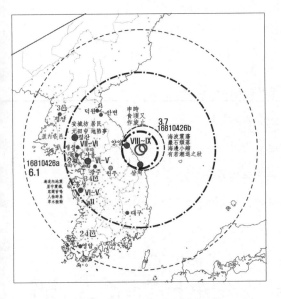

울과 홍성 일대는 Ⅵ~Ⅴ의 신노로 설정된다. 진도에 따라 개략 분류하면 진앙은 강릉 동쪽과 단순 지진감지 지역을 나누고 변형이 심한 지역을 대상으로 진앙을 구하는 작업을 실시하였다.

그 결과 진앙은 대략 양양과 삼척의 중간인 강릉쯤으로 설정되었다. 여진 추정진앙과 보다 가까워졌다. 이를 중심점으로 전라도 영암 등이 포함되도록 원을 둘렀으

며 이로부터 구한 지진규모는 6.1이었다.

5월 2일 지진사건은 또 다른 큰 지진이었다. 5월 2일 지진은 서울에서 감지된 기록이『조선왕조실록』에 제 날짜인 5월 2일자로 등재되어 있었다. 그 뒤 5월 9일자『조선왕조실록』기사에는 충청도에서 두루 지진이 났다는 기록이 있었다.『조선왕조실록』과『승정원일기』에는 다음과 같이 기록되어 있었다.

바람에도 흔들리는 땅

肅宗 7년(1681년) 5월 9일(『조선왕조실록』)

○ 공홍도(충청도) 도의 전체가 땅이 흔들리다.

숙종 7년(1681년) 5월 9일(『승정원일기』)

○ 공청감사 서목 : 5월 초이틀, 홍성 등 열여섯 고을에 또한 땅이 흔들림.
26일과 한가지로 움직이고 부르르 떨림. 재변에 관련된 일.

5월 2일과 4월 26일에 홍성을 비롯하여 16개 고장에서 지진이 감지
되었다는 보고였으며 『조선왕조실록』에는 마치 5월 9일 지진이 난 것
처럼 기록되어 있으나 실제는 5월 2일에 난 지진을 보고하는 내용이었
다. 『조선왕조실록』 기사의 날짜에 약간의 차이가 있음이 느껴졌다. 이
러한 정황은 『숙종실록』의 기사에 등재된 날짜가 사건발생 날짜가 아니
라는 것이 명확해졌다. 『숙종실록』에는 다음과 같은 기사도 있었다.

肅宗 7年(1681년 辛酉) 5月 3日(乙卯)

○ 경기 광주 등에서 땅이 흔들리다.

肅宗 7년(1681년) 5월 4일

○ 강화에 땅이 흔들리다.

앞서 『조선왕조실록』의 기록 방식이라고 한다면 위의 경기 광주와 강
화의 지진 감지보고는 5월 2일에 난 지진과 관련될 것으로 추정되며 보
고 날짜에 『조선왕조실록』에 등재된 결과로밖에 생각이 들지 않으나 보
다 면밀한 주의가 필요하다 하겠다.

『승정원일기』에는 5월 2일의 지진사건에 대해 상술하고 있었으며 날

짜가 명기된 기록을 모으면 다음과 같이 황해도, 평안도, 경상도, 강원도 등에서도 지진이 났다.

① 숙종 7년(1681년) 5월 11일(『승정원일기』)

○ 황해감사 서목 : 5월 초이틀 지진 관련 일

○ 평안감사 서목 : 도내 평양 등 세 고을은 지난 달 스무엿새, 삼등현은 이 달 초이틀 모두 지진이 있었음

○ 강원감사 서목 : (4월 26일 申時쯤 땅이 흔들림. 한참 있다가 멈춤. 식경이 지나자 다시 한 번 하더니 멈춤.) 또 5월 초이틀 寅時에 땅이 흔들림. 매우 심했음. 申時와 亥時에 또 흔들림. 하루 동안 세 번이나 일어남. 담벼락이 무너지고 집기와가 날려 떨어짐. 두 지진은 변이비상事.

② 숙종 7년(1681년) 5월 12일(『승정원일기』)

○ 경상감사 서목 : 지난 4월 스무엿새, 이달 초이틀 거듭 지진. 재변비상事

③ 숙종 7년(1681년) 5월 19일(『승정원일기』)

○ 전라감사 서목 : 광주 등 19 구의, 이달 초이틀 지진事

④ 숙종 7년(1681년) 5월 25일(『승정원일기』)

○ 강원감사 서목 : 5월 초이틀, 도내 한가지로 땅이 흔들린 뒤, 강릉, 양양, 삼척은 열하루, 열이틀 사이 잇달아 지진. (지난 4월 지진 때 양양, 삼척 등 고을에서 바다너울이 세게 부딪혀(진탕震薄) 바윗돌이 무너져 내리고 해변이 줄어들고 조수가 후퇴하는 양상이 있었음.) 변이비상事.

지진 기사 가운데 본문에 날짜가 명기되지 않은 경우 어느 지진사건에 해당하는지 면밀한 검토가 필요하다 할 수 있었다. 앞서 5월 3일, 5

월 4일자『조선왕조실록』기사에서 경기도 광주와 강화의 지진이 5월 2일 지진과 연관이 될 가능성이 보이듯이 지진이 난 날짜에 대해 좀 더 숙고가 필요한 기록 가운데『숙종실록』7년 5월 11일 기사가 있었다.

肅宗 7년(1681년 辛酉) 5월 11일(癸亥)(『조선왕조실록』)

○ 강원도에 지진이 났다. 소리가 우레가 같았고 담벼락이 무너졌으며, 기와가 날려 떨어졌다. 양양에서는 바닷물이 세게 부딪혔으며(진탕震蕩) 마치 소리가 물이 끓는 것 같았다. 설악산의 신흥사 및 계조굴의 큰 바위가 모두 무너졌다. 삼척부 서쪽 두타산의 층 바위는 예로부터 돌이 움직인다고 하였는데, 모두 붕괴되었다. 그리고 府의 동쪽 능파대 물 속 10여 길 되는 돌이 가운데가 부러지고 바닷물이 조수가 밀려나가는 형상과 같았는데, 평일 물이 찼던 곳이 1백여 보 혹은 5, 60보 땅이 드러났다. 평창, 정선에도 산악이 크게 흔들려서 암석이 추락하는 재변이 있었다. 이후 강릉, 양양, 삼척, 울진, 평해, 정선 등 고을에 거의 10여 차례나 땅이 흔들렸으며 이때 전국 8도 모두에 지진이 났다.

위에서 강릉, 양양, 삼척, 울진, 평해, 정선 등의 고을에서 거의 10여 차례 지진이 있었다고 한 기록은『승정원일기』에서 5월 11일과 12일 강릉, 양양, 삼척 세 곳만을 확정하여 지진이 났다고 하는 다음 기사와 달랐다.

숙종 7년(1681년) 5월 25일(『승정원일기』)

○ 강원감사 서목: 강릉, 양양, 삼척은 열하루 열이틀 사이 잇달아 지진

이를테면『승정원일기』에서 지진이 난 곳을 다 들었어도『조선왕조실록』에서는 여러 곳을 다 들 수 없어 어디 어디 等(등)으로 쓰는 것이 보통이다. 허나『승정원일기』5월 25일 기사에는 세 곳만 들고 있고 5월 11일자『조선왕조실록』기사는 이보다 더 많은 지역에서 지진이 일어났다고 하였으며 보다 자세하게 설명이 되어 있었다. 뒤에 말하겠지만 5월 11일 지진은 전국에서 감지된 지진이 아니므로『조선왕조실록』의 5월 11일사 기사는 전국석으로 감지된 5월 2일 또는 4월 26일 지진에 대한 기록임이 분명하다고 할 것이다.

4월 26일 지진사건에서는 이미 양양과 삼척 지역이라고 못 박고 있어 위의 5월 11일자『조선왕조실록』기사는 5월 2일 지진일 가능성이 높다 하겠다. 5월 2일 지진은 4월 26일 지진사건만큼이나 전국에서 고루 지진이 감지되었다. 5월 2일 지진사건이 감지된 지역으로는 북쪽으로 삼등현이 있었다.『해괴제등록』에는 평양에서도 감지가 되었다고 하였다. 역사지진기록에 대한 비교 검토를 통해 5월 11일 지진 자료를 살펴보면 5월 2일 지진만큼 많지 않으며 5월 5일 지진과 함께 기록되었다.

『조선왕조실록』5월 11일 기사를 어느 때의 지진사건으로 보든 '평일 물이 찼던 곳이 1백 여보 혹은 오륙십 보 드러났다'는 것은 인도양 쓰나미 때 모두가 직접 보게 된 쓰나미 현상임이 분명하다.

『승정원일기』에는 경기감사와 강원감사의 서목도 다음과 같이 실려 있다.

숙종 7년(1681년) 5월 15일(『승정원일기』)

○경기감사 書目 : 마전, 연천, 적성 等 구의에서 이달 초닷새 지진난 일과

광주 일대에서 같은 달 열하루 지진난 일.

숙종 7년(1681년) 5월 25일(『승정원일기』)

○ 강원감사 書目 : (5월 초이틀, 도내 한가지로 지진이 난 뒤) 강릉, 양양, 삼척은 열하루와 열이틀 사이 잇달아 지진난 일.

일단 5월 2일 지진사건이 감진지역을 지도에 매핑하고 진앙을 양양과 삼척의 중간 강릉으로 잡아 감진 원을 둘러보니 그 반지름으로 구한 지진규모는 6.0 정도로 추산되었다.

『해괴제등록』에 따르면 경상도 흥해 등에서도 5월 11일 지진이 났다.

★1681년 5月 25日 : 지진이 겹치다(『해괴제등록』)

—공청도 공주 等 열여섯 고을에서 이달 초이틀에 지진. 경상도 흥해 등 열하루에 지진事.

—예조의 규정에 따라 한 回啓에 앞서의 공청도 청안 등과 경상도 흥해에 또 땅이 흔들렸다 하였으나

—앞의 본도 장계에서 지진 해괴제 향과 축문, 폐백을 이미 벌써 마련하여 하송하였으니 지금 잇달아 설행키 어렵다고 回移하심이 어떠하오니까?

—강희 20년 5월 20일 승지 臣

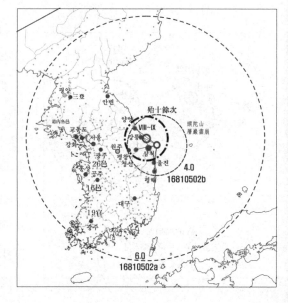

처리

─임금께서 계대로 윤허하시다

청안 등지도 같은 날 났을 가능성이 있으나 문맥상 명확치는 않다. 5
월 5일 지진에 대해서는 경기도 광주 등 35고을에서 지진이 났다는 승
정원기록이 있었다.

숙종 7년(1681년) 5월 7일

○경기감사 書目 : 광주 等 35고을, 이달 초닷새 지진事

5월 12일에도 여진이 일어났으며 여러 곳에서 지진이 났음을 다음의
『해괴제등록』 기록을 통해 알 수 있었다.

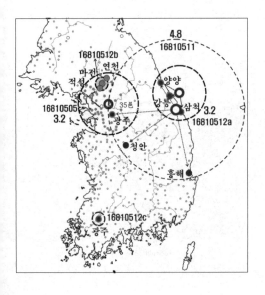

★1681년 辛酉 5月 19日

경기等 지진으로 거듭 설행

─경기 마전 等邑, 전라도 광주 等邑 이달 열
이틀, 열이레 지진事. 예조에 따라 回啓에
'앞의 경기 마전 等邑 및 전라도 광주 等邑에
또 地震이 났나이다' 하였으되 本道 狀啓에
'지진 해괴제 향과 축문을 이미 마련하여 하
송하였지만 지금 잇달아 이리 설행하기 어
렵다' 하고 回移하심이 어떠하오니까?

─강희 25년 5월 19일 동부승지 臣 정시성

처리

—임금께서 계대로 윤허하시다

이로써 5월 5일, 5월 11일, 5월 12일 지진사건들은 그림에서 보는 바
와 같다. 각각 지진규모 3.2, 4.8, 3.2에 해당되었다.

6월 19일 및 6월 21일 『해괴제등록』 기록을 보면 다른 날에도 소소
한 지진이 계속 일어났음을 알 수 있었다.

★1681년 6월 19일 : 지진

—강원감사 장계 : 도내

양양은 5월 24일 새벽, 25일 황혼, 26일 未時, 6월 초하루 未時 지진 났으며

강릉은 5월 26일 未時, 29일 未時, 6월 초하루 未時,

울진은 5월 26일 午時, 6월 초하루 巳時

정선은 5월 26일 未時, 27일 未時, 28일 未時, 29일 卯時, 6월 초하루 午時,

평해는 6월 초하루 午時, 초이틀 丑時 지진 緣由事.

+

★1681년 6월 21일 : 지진

—경상감사 장계 : 영주郡은 지난 28일 巳時, 이달 초하루 巳時, 초닷새 寅時
또 지진.

예안縣은 이달 초하루 午時, 初5日 寅時 지진.

진보는 이달 초하루 巳時 지진.

봉화縣은 이달 초하루 申時 또 지진 緣由事.

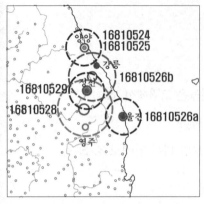

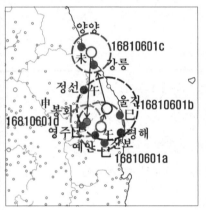

날짜에 따라 또 시간에 따라 같은 지진사건으로 묶으면 다음과 같이 여러 지진의 발생 상황을 기록한 것임을 알 수 있었다. 특히 6월 1일에는 巳時(사시)로부터 午時(오시), 未時(미시), 申時(신시)까지 두 시간마다 강원도와 경북 지역에서 지진이 났다.

이와 같이 정밀한 자료는 『해괴제등록』에만 보이고 『조선왕조실록』과 『승정원일기』에서는 찾아지지 않는다. 6월 1일 지진 상황에 대해 사형에게 보여주었다. 그가 말했다.

"이조 때 저렇게 정확하게 시간을 잴 수 있었을까? 하나의 지진사건으로 보는 게 옳지 않을까?"

대단한 발견을 했다는 기쁨으로 차있던 내 머릿속이 하얘졌다. 억울하다는 표정으로 내가 말했다.

"조선시대 시간 측정과 시보가 잘 됐기 때문이 아닐까요?"

그러자 사형이 고개를 저으며 말했다.

"최 박사, 조심해서 다루어야 할 거요."

막막해졌다. 옆방은 본부장실이다. 점심시간이 지나고 회의 참석차 온 지진센터장의 그 큰 목소리가 복도를 울리며 지나갔다. 회의가 끝나 그의 큰 목소리가 밖으로 나오길 기다렸다. 지나가는 그를 잡고 내가 말했다.

바람에도 흔들리는 땅

"지헌진 센터장, 5분만 주슈."

같은 동갑내기인 그에게 오랜만에 존댓말을 썼다. 늘 농담이나 나누던 내가 정색하며 하는 청을 뿌리치지 못하고 내 연구실로 왔다.

"그래 뭐?"

그의 고향 방언으로 쭈뼛거리며 내가 말했다.

"요즘 조선시대 지진자료를 정리하고 있는데 내가 도통 모르는 게 있어 물어 볼라 안 카나?"

그에게 1681년 지진사건들을 정리한 그림들을 죽 보여주면서 『해괴제등록』 기록의 시간문제에 대해 물었다. 그가 단호하게 말했다.

"여진이 이렇게 일난다. 그니깐 아무 이상할 게 없어."

내가 말했다.

"맞나? 이렇게 일나나? 해석에 문제없다 이 말이제? 고맙데이."

당연한 걸 묻고 있는 내가 머쓱해졌다. '뻘쯤'해졌다. 내가 물었다.

"본진이 있고 여진은 얼마까지 지속되나?"

그가 말했다.

"애프터쇼크는 서너 달 뒤까지 일나는 경우도 많다."

바쁜데 어서 가보라는 내 인사를 받고 그가 자리를 떴다. 그리고 부근에서 일어난 이후의 다른 지진사건들에 대해서도 저절로 관심을 갖게되었다. 『해괴제등록』을 살피니 6월 4일, 5일, 17일에 다음과 같이 이일대에서 여진이 계속된 모양이었다.

★1681년 6월 21일 : 地震

─공홍감사 狀啓 : 영춘縣 이달 초닷새 丑時 또 지진 緣由事.

★1681년 辛酉 7月 初7日 : 地震

━강원감사 狀啓 : 울진은 지난 초나흘, 닷새, 평해는 초나흘과 열이레, 평창 等邑은 열이레, 양양도 열이레 지진事.

1681년 6월 17일 문경지진

신유대지진의 여진은 언제까지 일어났을까 하는 궁금증은 나를 계속 몰아댔다. 여진을 포함하여 끝나고 새로운 지진사건은 언제 일어날지 분석에 골몰하였다. 6월 17일과 18일에 일어난 지진의 분석에 들어갔다.

肅宗 7년(1681년) 6월 22일(『조선왕조실록』)

○癸卯일 / 경기 관찰사가 '수원과 陰竹(가남)에 이달 열이레, 열여드레 지진이 났나이다' 하고 계를 올리다.

★1681년 6月 22日 : 지진(『해괴제등록』)

━경기감사 장계 : 수원, 음죽 等邑 이달 17일, 18일 땅이 흔들리고 집채들이 흔들려 부르르 떨었나이다. 緣由事.

★1681년 6月 22日 : 지진(『해괴제등록』)

━공청감사 장계 : 제천, 청산, 문의, 연기, 忠原(충주), 영춘 等邑은 이달 열이레 亥時에 지진. 홍주, 결성 等邑은 이달 열여드레 子時 지진. 괴산은 이달 열아흐레 子時 지진. 집채가 흔들리고 소와 말이 모두 놀람. 事係變異事.

★1681년 辛酉 7月 初4日 : 지진에 대해 回啓하지 말라(『해괴제등록』)

━경상감사 장계 : 상주, 함창, 용궁, 예천, 풍기, 榮川(영주), 진보, 청송,

의성, 의흥 等邑 이달 열이레 亥時에 지진이 일어났으며 봉화는 열이레 子時 또한 지진事.

★1681년 辛酉 7月 初7日 : 지진(『해괴제등록』)

━강원감사 장계 : 울진은 지난달 초나흘, 닷새, 평해는 초나흘, 열이레, 평창 等邑은 열이레, 양양은 열이레 지진事.

경기도 지역에도 지진이 감지되었음에도 서울에서는 지진 보고가 없었다. 당연히 이에 대한 정부의 해명이 필요한 대목이다. 역시나 승정원에서 보고를 않은 것을 꾸짖어야 한다고 다음과 같이 임금께 계를 올렸다.

肅宗 7년(1681년) 6월 19일(『조선왕조실록』)

○庚子일 / 승정원에서 啓를 올리기를 : "열여드레 새벽, 두 번 지진이 났는데 관상감에서 보고서를 올리지 않았으니 마땅히 해당 관원은 攸司에 청하여 推治해야 하옵나이다" 하니 임금께서 윤허하시다.

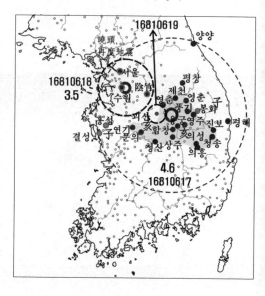

결국 위의 문헌자료들은 6월 17일과 18일 지진사건에 대한 정보를 제공한다고 할 수 있었다. 6월 17일 지진사건에 있어서 홍성, 결성, 봉화에서는 子時, 나머지 지역에서는 亥時라 하였다. 그리고 6월 18일 지진사건은 수원과 가남, 그리고 서울에서 일어났으며 서울에서 새벽에 두 번 지진이 일어났다는 『조선왕조실록』의 기사는 6월 17일 亥時의 지진사건을 이르는 것으로 해석된다. 이에 따라 위의 두 지진사건이 일어난 고장을 색칠하여 매핑하고 원을 두르면 17일 사건은 진앙이 문경에 오고 규모는 4.6, 18일 사건의 진앙은 수원에 놓인다.

위 두 진앙은 삼척과 멀어 신유대지진의 여진으로 보기 힘들며 별개의 새로운 지신사건들이라고 할 수 있을 것으로 생각되었다.

═

춘계 지질과학기술 공동학술발표대회가 4월 22일부터 광주의 김대중 컨벤션센터에서 열린다는 알림장이 전자 우편을 통해 전달되었다. 이번 학회의 특성은 자원 문제에 대해 폭넓은 논문발표를 요구하고 있었으며 지진 관련하여 지구물리 분야 세션이 개설되었다. 논문 초록을 미리 내야 했다. 논문의 주제를 '1681년 신유년 지진과 여진'으로 잡고 초록을 작성하여 투고하였다. 파워포인트 자료를 만들어 논문발표를 준비했다.

내 발표는 23일의 지구물리 세션에 배당되었다. 지구조학 전공자가 역사지진에 대해 발표한다는 걸 안 이들이 다수 자리를 메웠다. 설명키 어려운 역사기록들을 차근차근 설명하고 여러 지진사건에 대해 추정진앙과 추정규모 등에 대해 소개하였다. 10분

발표시간이 금방 갔다. 좌장이 땡하고 종을 울렸다. 마지막으로 1681년 신유대지진의 본진과 여진을 발표 스크린에 비추었다. 환하게 모든 진앙들이 모인 그림에 청중들의 한숨이 새어 나오는 걸 느낄 수 있었다.

좌장이 마이크를 잡았다. 질문이나 코멘트하실 분들은 손을 들으라 했다. 역사지진을 오래 연구한 한국지질광물연구원의 전정진 박사가 마이크를 잡았다.

"어려운 역사지진 자료를 연구하셨다는 데에 대해 우선 경의를 표합니다. 5월 11일『조선왕조실록』기록이 5월 2일이라고 단정적으로 볼 수 있는지 하는 것이 제 첫째 질문이구요, 지진파괴 양상들에 대해 이미 진도가 나와 있고 이로부터 구한 MMI진도로부터 규모를 환산해 주는

5월 11일 기사: 지진사건 발생 날짜

지진 날짜	11일자 기사	25일자 기사
4월 26일 6월 12일	11승a 숙종 7년(1681년) 5월 11일[승정원일기] 이江原監司 書目: [a] 四月 二十六日 申時量 地震, 良久乃止, 而食頃, 又作徹止.	25승c 숙종 7년(1681년) 5월 25일 [승정원일기] 이江原監司 書目: [c] 而出四月 地震時, 襄陽, 三陟 等邑 海波震蕩, 巖石頹落, 海邊小艇, 有若瓢出之狀, 係是變異非常事.
5월 2일 6월 17일	11승b 숙종 7년(1681년) 5월 11일[승정원일기] 이江原監司 書目: [b]又於五月 初二日 寅時 地震, 尤有甚焉. 申時亥時, 又作, 一日之內, 至於三度, 墻壁頹圮, 屋瓦飛落 前後地震, 變異非常事.	25승a 숙종 7년(1681년) 5월 25일 [승정원일기] 이江原監司 書目: [a] 五月 初二日, 道內 一帶地震之後
?	11일 肅宗 7년(1681년 辛酉) 5월 11일(癸亥)[실록] ○癸亥/江原道地震, 聲如雷, 墻壁頹圮, 屋瓦飄落, 襄陽 海水震蕩, 聲如沸, 雪岳山神興寺 及 繼祖窟巨巖, 俱崩刺, 三陟府西 頭陀山 層巖, 自古稱以動石者盡崩, 府東 凌波臺水中十餘丈石中折, 海水若潮退之狀, 平日水滿處, 露出百餘步或五六十步. 平昌, 旌善亦有山岳掀動, 巖石墜落之變. [是後, 江陵, 襄陽, 三陟, 蔚珍, 平海, 旌善 等邑 地動, 殆十餘次. 是時, 八道皆地震.]	
5월 11일 6월 26일		25승b 숙종 7년(1681년) 5월 25일 [승정원일기] 이江原監司 書目: [b] 江陵, 襄陽, 三陟, 則十一日 二日 間, 連有地震, 25해 ★1681년 5월 25일[해괴제등록] 江監 地震 ■江原道 江陵 等邑 初3日, 11日, 12日 地震事. 據書 回啓內 因此江原監司 俞榘 狀啓 則 江陵 等邑 또한 地震이다 함수來시더 前因本祝 狀啓: 地震 解怪等 以中央設壇 設行之意, 香祝繼已下送, 今不可權禮 設行以此意 回移 함더함넛고 康熙 二十年 五月 25日 右副承旨 臣 宋昌 ㄱ올아리. 啓依允.

공식이 있거든요. 이를 써보시는 게 어떨는지요? 아무튼 잘 봤습니다."

미리 준비해 두었던 파워포인트 화면 하나를 띄웠다. 그리고 더듬거리며 내가 대답했다.

"『승정원일기』와 『조선왕조실록』 기록은 쌍으로 움직입니다. 5월 11일자 『승정원일기』 기사와 『조선왕조실록』 기사가 있는데 『승정원일기』에 강원감사의 書目이 실려 있고 5월 2일 지진에 대해 간략하게 설명하고 있습니다. 서목은 지방관리가 올린 장계의 요약문이지 않습니까? 『승정원일기』의 '墻壁頹圮, 屋瓦飛落'이 5월 11일자 『조선왕조실록』 기사에 '墻壁頹圮, 屋瓦飄落'으로 적힌 것이라 할 수 있기 때문에 『조선왕조실록』의 5월 11일자 기사를 5월 2일 지진사건 기록으로 보게 되었습니다. 4월 26일 지진사건에서도 해일이 일어났는데 5월 2일 지진사건에서도 충분히 쓰나미가 일어날 수 있었을 것으로 생각되었습니다. 말씀하신 변환공식은 차후 제게 가르침을 부탁드립니다."

그가 또 질문을 했다.

"저도 연구하신 지진에 대해 지진규모를 제시했는데 혹시 비교해 보신 적 있으십니까?"

나는 미리 준비한 여분의 파워포인트 화면을 띄우며 답변에 나섰다.

"표를 하나 미리 준비했습니다. 표에서 보시는 바와 같이 규모에 있어 유사한 값이 산출되었습니다. 다만 5월 11일 『조선왕조실록』 기사를 저는 5월 2일 기사로 본 차이가 있습니다."

1681년 신유년 지진의 규모

지진	음력	4월 26일	5월 2일	5월 11일
	양력	6월 12일	6월 17일	6월 26일
전정진		Mw=5.596	Mw=5.77	Mw=6.176
이 논문		6.1	6.0	4.8
지진해일 여부		O	O	X

또 여러 사람이 손을 들었다. 좌장이 한 사람을 지정했다. 행사 진행 요원이 재빨리 마이크를 가져다주었다. 그가 말했다.

"안녕하십니까? 해양연구원의 김굉진이라고 합니다. 우선 그간 각고의 노력을 하신 것에 경의를 표합니다."

나는 갑자기 긴장이 되었다. 저렇게 정중한 말로 시작하여 분명 센 공격이 들어올 거라는 게 머릿속 신경을 쫙 스치고 지나쳤기 때문이다. 그가 말을 이었다.

"해변에서 조수가 1백여 보 혹은 5, 60보 후퇴했다고 한다면 쓰나미임에 분명한데 이러한 정도의 쓰나미를 만들 수 있는 지진은 규모 7.5 이상은 되어야 하지 않나 생각하는데 규모가 6.1이라면 너무 작게 산정된 것 아닌가요?"

이 질문은 나와 같은 연구원에 근무하는 전정진 박사와 나를 긴장시키기에 충분했다. 갑자기 내 코에서 한숨이 나도 몰래 새어 나왔다. 잠시 떨리는 손을 입에 대고 있다가 내가 말했다.

"1681년 음력 5월 2일에 지금처럼 지진 측정 장치가 있었다면 정확히 규모가 산정이 되었겠지요. 현재로선 단순한 경험식밖에 적용할 수 없어 이러한 결과가 나온 것입니다만 차후 더 여러 경우를 고려하여 새로이 규모를 산정토록 하겠습니다. 감사합니다."

감사하다는 말을 덧붙여 그의 두 번째 질문을 피하려고 하였다. 그때 원로 교수 한 분이 손을 들더니 좌장의 동의 없이 입을 뗐다.

"쓰보이공식을 적용하는 것도 좋지만 이조시대 기록은 일단은 감진 기록이기 때문에 진도 감쇠공식을 적용하여 진도가 III 이상이 되는지 한 번 검토해봐야 할 부분이 있어요. 그런 검토를 해 본 적이 있나요?"

나중에 보니 감쇠공식減衰公式은 감쇄공식減殺公式, attenuation formula를 이른다. 그 또한 조선시대를 이조시대라 말했다. 내가 공손히 말했다.

"아직 그러한 데까지 손을 대지 못했습니다. 앞으로 더 검토해보도록 하겠습니다. 선생님."

그가 말했다.

"엄청난 자료를 혼자 해냈다는 건 대단한데 참으로 어려운 게 역사지진 자료 분석이라는 걸 염두에 두기 바랍니다."

나를 해방시켜 주는 것 같아 안도의 숨을 내쉬는 사이 좌장이 말했다.

"시간 관계상 질문은 여기서 마치겠습니다. 나중에 종합 토론 때 다시 시간을 갖도록 하겠습니다."

이어진 박수소리를 깨고 한 사람이 마이크를 잡고 질문을 하였다.

"한국지질광물연구원의 최진섭입니다. 신유대지진의 본진이 지진규모를 작게 잡아도 6.1이라는 얘기 아닙니까? 삼척 옆에 울진원자력발전소가 있는데 설계상 별 문제가 없을까요? 제가 그때 원자력사업에 참여했걸랑요. 기억에 규모가 5.1인 쌍계사지진을 차폐지진으로 설정했을 겁니다. 0.2g 맞지요?"

좌장이 짧게 답변을 하라고 했다. 내가 말했다.

"혹시 한국전력기술연구원의 장진중 박사 오셨습니까? 안 오신 모양이군요. 용서 바랍니다. 제가 그 부분에 대해서는 준비한 답변이 없습니다."

내가 꾸뻑 인사를 하였다. 이상 마치겠다는 좌장의 말이 떨어지자 끝나길 기다렸다는 듯이 다시 쏟아진 박수소리를 한 어깨에 짊어지고 연단에서 내려왔다. 사형이 말했다.

"고생했어."

그 말을 가방에 넣고 일단 밖으로 나왔다. 진땀을 닦으며 누구에게라도 위로를 받고 싶은 시간. 엄청 대단한 일을 했다고 했던 자부심도 어느새 김대중 컨벤션센터 앞뜰에 떨어진 꽃잎들과 함께 나뒹굴고 있었다. 쑥스러운 마음에 그냥 대전으로 갈까 하는 생각이 났다. 나를 다독이고 다시 발표장을 헤맸다. 해외자원 조사 및 정책에 대한 토론은 최근에 불거진 지난 정부의 실정과 맞물려 성토 분위기와 옹호분위기로 나뉘어 열기를 더하였다. 아, 지진은 여기서 나고 있었구나 하는 생각이 들었다. 발표 준비하느라, 신경이 쓰여서 전날 제대로 잠을 못 잔 티가 와락 났다. 눈꺼풀이 자꾸 쳐졌다. 긴장이 풀린 모양이었다. 열심히 발표하는 발표자와 눈이 마주칠까 두려워 다시 밖으로 나왔다. 하긴 나도 2005년부터 2008년까지 중국 내몽골과 산서성의 석탄 조사를 하고 2010년에는 서몽골 석탄 조사를 한 터라 할 말은 많았으나 나는 한 다리 끼어 침을 튀길 기분이 아니었다.

참말로 호되게 신고식을 치른 느낌, 난생 처음이었다. 내가 오래 해오던 분야 아닌 곳엔 이미 수십 년간 잔뼈가 굵은 전문가들이 이미 포진하여 멋모르고 뛰어든 망아지를 둘러싸고 언제 포를 쏠까 해시계를 들여다보며 심지에 불방망이를 착 들이대려 하고 있는 그런 상황이었다. 이럴 때 나를 다독이는 일이 늘 필요하였다.

'뭐? 그래 어째서? 역사서의 기록 읽는 건 내가 한참 나았잖아. 한 지진사건에 대해 나만큼 많은 여진을 생각해 본 사람도 없었잖아.'

다음날 일찍 사무실로 돌아와 자리에 앉았다. 나를 받아주는 아주 편안한 의자, 앉아있으면 글이 줄줄 써지는 편안한 의자. 누구는 그 낡은 의자 당장 버리라 하겠지만 내겐 내 선배의 선배로부터 애용되어온 이

의자가 마법의 의자로만 여겨졌다. 사형이 내 연구실에 와서 내 어깨에 손을 얹고 한마디 했다.

"최 박사, 자꾸 쪼이다 보믄 근사한 조각품이 나오는 거라구 나한티 했잖여? 이번 되게 많이 쪼였으니 이를 바탕으로 고치면 명품 조각이 나올 겨."

어줍게 충청도 말을 흉내 내어 나를 위로하려는 사형이 고마워 고개를 돌려 미소를 지으며 말 대신 끄덕 대답을 했다.

그리고 다음날 4월 25일 네팔에서 지진이 일어났다. 히말라야 산맥 중허리에 있는 진앙은 간다키 고르카, 규모는 7.8. 그날부터 여진도 일어나면서 수많은 사람들이 죽거나 다치고 건물과 시설들이 파괴된 장면이 뉴스 첫머리를 계속 차지했다.

≡

학회가 끝나고 내게 주어진 숙제는 많았다. 첫째는 감쇄공식에 대한 문제였다. 이기화 교수가 논문에서 제시한 진도 감쇄공식은 다음과 같았다.

이기화(1998), Lee(1984) : 진도 감쇄공식

$I = I_0 + 0.191 - 0.834 \ln \Delta - 0.0068\Delta$

I: 진도; I_0: 최대 진도

Δ: 진원거리

진앙거리는 진앙으로부터의 거리이며 진원거리는 진앙거리와 진원의 심도로부터 구할 수 있었다. 진원 심도를 한반도의 경우 10km로 놓았다.

　바람에도 흔들리는 땅

이기화 교수에 의하면 진도 Ⅲ까지만 감지가 되므로 감진 원이 설정되는 곳을 진도 Ⅲ으로 놓으면 된다는 논지였다. 결국 I = 3인 경우의 진도가 최대 진도(I_0)이며 이를 구할 수 있게 해주는 공식이었다. 최대진도(진앙지 진도)를 구하기 위해 위의 공식은 다음과 같이 새로 쓸 수 있었다.

$$I_0 = 3 - 0.191 + 0.834 \, \ln \Delta + 0.0068\Delta$$

둘째, 전정진 박사가 제시한 문제였다. 지진규모와 진앙지 진도(최대 진도) 사이에는 여러 경험식이 제안되었다.

$$M = 0.58 \, I_0 + 1.75 \ \text{(Lee and Lee, 2003)}$$
$$M = 0.56 \, I_0 + 1.73 \ \text{(기상청)}$$
$$M = \tfrac{2}{3} \, I_0 + 1 \ \text{(Gutenberg and Richter, 1956)}$$

그간 감진 원의 반지름을 구해 놓은 터라 엑셀로 위의 경험식들을 적용할 수 있었고 신유대지진에 적용 결과는 다음과 같았다.

날짜	진앙	반지름 km	Δ km	I_0	M Tsuboi	M Lee	M 기상청	M G&R
16810426a	강릉	440	440.1	10.9	6.1	8.1	7.8	8.3
16810426b	강릉E	69	70.2	6.8	3.7	5.7	5.6	5.6
16810502a	강릉	410	410.1	10.6	6.0	7.9	7.7	8.1
16810502b	삼척E	88	88.6	7.2	4.0	5.9	5.7	5.8
16810511	삼척E	160.57	160.88	8.1	4.8	6.5	6.3	6.4

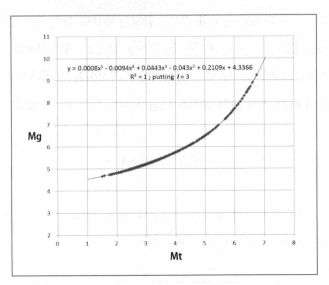

$$y = 0.0008x^5 - 0.0094x^4 + 0.0443x^3 - 0.043x^2 + 0.2109x + 4.3366$$
$$R^2 = 1 \; ; \; putting \; I = 3$$

감진 원 경계 진도를 Ⅲ으로 설정한 경우

눈에 띄는 문제는 진앙지 진도가 턱없이 높다는 것이다. 기상청 보고서에서 신유대지진의 진앙지 진도는 Ⅷ로 제시되었다. 이는 감진 원 반지름의 단순 적용의 문제로 생각되며 앞서 우리가 해온 작업의 방식에 대한 근본적인 이해가 요구된다 하겠다. 다음 그림은 감진 원 경계의 진도를 Ⅲ으로 설정할 경우 쓰보이공식으로 구한 규모, Mt와 감쇄공식 / 경험식에 따른 규모, Mg를 비교한 것이다. 그림의 절편을 고려하면 감진이 된 경우 최소 규모는 약 4.3 이상이어야 한다. 그러므로 감진 원 경계의 진도를 Ⅲ으로 보는 것이 합당한가에 근본적인 문제가 제기된다.

이에 따라 감진 원 경계의 진도를 0으로 놓으면 감지될 수 있는 지진 규모는 2.6 이상이므로 보다 합리적이라 할 수 있다. 이러한 결과가 가능했던 것은 추측건대 우리가 해온 작업에서 감진 원을 약간 여유 있게 잡은 결과일 수도 있다.

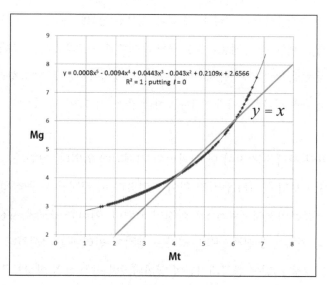

감진 원 경계 진도를 0으로 설정한 경우

　감쇄공식에서 진앙지 진도를 구할 때 감진 원 경계를 Ⅲ으로 놓아야 할지 아니면 0으로 놓아야 할지 검증이 필요하게 되었다. 따라서 넓은 영역에서 감지된 지진에 대한 연구 결과를 비교할 필요가 생겼다. 연구가 잘 이루어진 탄청지진에 대해 알아보기로 하겠다.

탄청郯城대지진

『현종실록』 9년 6월 23일 기사는 다음과 같았다.

　顯宗 9년(1668년) 6월 23일

　○**평안도** 철산 바다 조수가 크게 넘치고 땅이 흔들리고 집기와가 모두 기울

다. 사람들이 놀라 자빠지기도 하다. 평양부, **황해도** 해주 안악 연안 재령, 장련, 배천, 봉산, **경상도** 창원, 웅천, **충청도** 홍산, **전라도** 김제, 강진, 등지 같은 날, 땅이 흔들리다. 禮曹에서 啓를 올려 중앙에 단을 설치하고 향과 폐백을 내려 해괴제를 지내야 한다고 하니 임금께서 그리하라 하시다.

나머지 지역은 지진이 난 상황만이 기재되어 있었다. 창원과 웅천을 제외하고 보니 근사하게 감진 원이 그려졌다. 추정진앙은 중국 칭다오, 규모는 쓰보이공식으로 6.5로 산정이 되었다. 이러한 규모의 지진이라면 중국 기록에 분명히 나타나리라는 생각에 인터넷을 검색하니 1668년 양력 7월 25일에 탄청대지진이 일어나 5만 명 이상의 희생자를 냈다고 위키 백과는 소개하고 있었다. 1668년 양력 7월 25일이면 음력으로 6월 17일이다. 헌데 『조선왕조실록』에는 음력 6월 23일 지진사건의 설명이었고 보면 무언가 오차가 발생한 게 분명하였다.

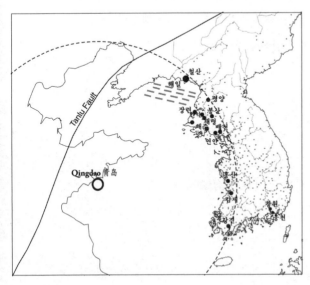

『승정원일기』 기사를 다시 살피니 위의 지진사건은 6월 23일 아닌 6월 17일에 발생한 것이었다. 나는 쾌재를 불렀다.

현종 9년(1668년) 6월 23일
○평안감사 書目 : 의주 馳報에 따르면 장마가 끊이지 않음. (…중략…) 또 書目 : 평양, 철

바람에도 흔들리는 땅

산等 구의에서 이달 열이레 지진事.

현종 9년(1668년) 6월 26일

○황해감사 書目 : 해주等 일곱 고을, 이달 열이레 지진事

현종 9년(1668년) 7월 3일

○경상감사 書目 : 도내 가뭄과 관련된 事. 또 書目에 창원等 구의에서 유월
열이레 지진事.

청나라 역사책인 청사고 문헌을 검색하니 다음과 같은 구절이 보였다.

청사고 災異 / 志 5

○강희 7년(1668년) 6월 17일, 上海, 海鹽 지진. 창문과 회랑이 모두 울었
다; 湖州, 紹興 지진으로 사람과 가축이 깔려죽다. 이튿날 또 지진이 나다;
桐鄕, 嵊縣 지진으로 집기와가 모두 떨어지다.

인터넷에는 79 거대 지진사건을 소개하면 이 지진사건을 소개하고
있었다. 『客捨偶聞』에는 다음과 같이 기록되어 있었다고 했다.

6월 17일 戌時 지진. 督撫入告한 곳은 北直, 山東, 浙江, 江蘇, 河南 등 다섯省이
며 소문이 들린 곳은 山西, 陝西, 江西, 福建, 湖廣 등 여러 省에서 동시에 지진이
나다. 서울 이하 모든 곳이 그러했으며 먼데서는 알려오지 못했으니 그것이
사서에 없는 까닭이다(宣統2年『客捨偶聞』, 4쪽).

『탄청현지郯城縣志』에 탄청대지진이 또한 소개되었다.

강희 7年 6월 17일 戌時 땅이 흔들리다. (…중략…) 성루, 성가퀴, 구의, 백성
들 집, 촌락, 절 등이 한꺼번에 모두 무너져 평지처럼 되었다. 희생된 사내,
계집, 자녀는 모두 8천 700쯤 된다. 査上冊에만도 1천 5백쯤 된다. 그때 땅이
갈라져 샘이 솟고 위로 두어 장 길이로 뿜다. 두루 땅에 물이 흐르고 웅덩이가
모두 찼다. 얼마쯤 지나 소멸하였다. (…중략…) 습묻에서 지진으로 무너진
집이 수십만 칸, (…중략…) 그때 주검은 들판에 즐비하여 관에 모신 뒤 장사지
낼 수 없는 경우가 태반이었다. 일을 당한 촌락 지역에서는 피비린내가 사방에
퍼졌으며 글로 형용키 어렵다(康熙『郯城縣志』卷9).

　　『조선왕조실록』1668년 6월 23일 기사는 음력 6월 17일에 일어난
탄청대지진의 여파를 적은 것으로『조선왕조실록』의 기록으로부터 추

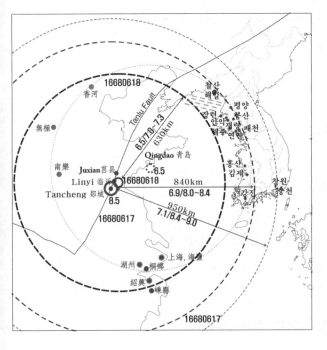

정한 추정진앙은 칭다오
아닌 탄청으로 수정되어
야 했다. 창원과 웅천을
포함시키지 않고 그린 감
진 원의 반지름은 840㎞,
포함시킨 원의 반지름은
950㎞이었다. 두 경우 쓰
보이공식에 의해 구한 규
모는 각각 6.9와 7.1이다.
각각의 경우 감쇄공식으
로 구한 진앙 진도(I_o)는
다음과 같다. 감진 원 경

계의 진도를 0으로 놓느냐 3으로 놓느냐에 따라 지진규모는 매우 크게 달라지고 있다.

I	반지름	Δ	I_0	M Tsuboi	M Lee	M 기상청	M G&R
0	840	840.06	11.2	6.9	8.2	8.0	8.4
3			14.2		10.0	9.7	10.4
0	950	950.05	12.0	7.1	8.7	8.4	9.0
3			15.0		10.5	10.1	11.0

감진 원 경계 반지름을 840㎞와 950㎞로 설정한 두 경우 모두 감진 경계의 진도에 따라 큰 차이를 보이고 있다. 중국학자들이 규모를 8.5로 추산하고 있음을 살필 때 감진 원 경계 진도를 0으로 설정한 경우와 같은 결과를 얻은 셈이다. 의문은 해소되었으며 적어도 그간 설정해온 감진 원 반지름으로부터 진앙 진도를 구하는 공식은 다음과 같이 단순해 졌다.

$$I_0 = -0.191 + 0.834 \, \textbf{\textit{ln}} \, \Delta + 0.0068\Delta$$

탄청대지진의 여진은 중국기록을 살피면 지속하여 일어났던 것으로 보인다. 6월 18일에도 지진이 일어났으며 베이징 향허香河, 스자좡 무극 無極, 허난 성 남락南濼을 비롯하여 상해 일대에서 지진이 감지되었다. 이들로부터 구한 진앙 또한 탄청에서 멀지 않은 린이Linyi, 臨沂로 지진규모는 7.0 안팎으로 예상되었다. 중국을 남중국과 북중국으로 나누는 주요 단층에 탄루단층, Tanlu Fault가 있다. 본디 탄청-루장단층郯城-廬江斷層,

Tancheng-Lujiang Fault이며 Xu Jiawei徐家偉교수가 1987년 제창하였다. 이 단층이름은 탄청대지진에서 비롯된 듯하다.

『현종실록』을 살피면 1668년 음력 10월 13일 기사에 사은사로 갔던 이들로부터 탄청대지진을 현지에서 직접 본 목격담이 소개되고 있었다. 임금께서 뜸을 받은 뒤 대신과 비국備局 여러 신하를 불렀다. 그때 사은 사로 가던 길에 사은사가 산동, 무원撫院, 강남 세 성省에서 난 지진 관련 문서와 희거구 몽골부락에서 반란을 꾀하는 사정을 보내왔다. 임금께서 신하들에게 보여주며 말했다.

"郯城(담성) 한 州(주)에서 지진이 나 깔려죽은 사람만도 천여 명이 된 다 하오."

그러자 모두 말했다.

"여러 곳에서 희생자가 수천인이라니 그런 변괴는 역사에 없던 바입 니다. 이는 모두 반란과 멸망의 징조로 몽골인이 또 반란을 일으키면 청 나라는 반드시 버텨내지 못할 것입니다."

이때 우리나라에도 재변이 겹치고 기근과 역병이 돌아 죽는 사람이 잇달아 실로 보전키 어려운 형세임에도 이를 걱정하지 않고 저 나라의 재변을 듣고도 모두가 희희낙락하며 몽골이 일단 반란을 일으키면 우리 부터 화를 입는 줄 모르니 마치 장막 위에 집을 짓는 제비와 무에 다르겠 는가 하고 사관은 적고 있었다. 10월 27일 『조선왕조실록』 기사에서는 임금께서 탄청대지진에 대한 문서를 수집해서 보낸 역관 조동립과 만상 군관 유상기에게 가자를 더하여 주었다고 하였다.

1679년 음력 7월 9일에 하북河北성 삼하三河, 평곡平谷(40.0°N, 117.0°E) 에서 규모 8.0의 지진이 났다. 희생자가 4만 여 명이었다고 한다. 이와 관련된 기사가 『조선왕조실록』에 기록되어 있었다. 『숙종실록』 5년 11월 29일 기사로 다섯 달 뒤이었다. 사은사 낭원군 이간과 부사 오두인과 서장관 이화진이 연경에서 돌아오니, 임금께서 인견하고 노고를 치하하였다. 지진재해에 대해 물으니, 낭원군 이간이 대답하였다.

"통주, 계주 등은 완전한 집이 하나도 없나이다. 특히 통주는 물화가 모이고 사람들이 매우 많은 곳인데도 지금은 성가퀴나 성문이 온전한 곳 하나도 없고 좌우의 줄행랑회랑回廊도 모두 무너져, 허물어진 성벽은 보기에도 참담하였나이다. 북경은 통주에 비해 조금 성하기는 하나 성문과 성가퀴 및 성 안팎의 인가가 많이 붕괴되었고, 궁전의 대문 한 곳과 황극전의 층루, 봉선전도 무너졌으며, 옥하관 담장과 여러 아문도 무너진 데가 많았나이다. 개수의 공사가 워낙 크다 보니, 이로부터 인심이 흉흉하여져서 진정시킬 수 없을 정도이었나이다. 사람이 깔려 죽은 자는 3만여 명인데, 이는 한낮에 교역을 하고 있던 즈음 갑자기 무너졌기 때문에 죽은 사람이 이처럼 많았다고 하나이다. 신들이 돌아올 적에 역관들이 우두머리에게 말하기를 '이것은 예전에 없었던 변고로서 황제께서도 크게 놀라셨으니, 조선에서 위문의 사절이 올 것이다'고 하였나이다."

임금께서 대신들에게 물어 이 일을 처리하라고 하셨다.

≡

헌데 큰 문제가 생겼다. 모든 그림에 쓰보이공식으로 산출한 지진규모를 적어 놓았는데 모두 고쳐야 한다는 것이었다. 기상청 경험식으로 구한 3.0~8.5 지진규모에 해당하는 감진 원의 반지름과 이에 해당되는 쓰보이공식, Lee and Lee(2003), 기상청, Gutenberg and Richter (1959) 등의 경험식으로 구한 규모는 다음과 같았다.

반지름 km	면적 km²	Δ km	I_o	M Tsuboi	M Lee	M 기상청	M G&R
960	2895289	960.05	12.1	7.1	8.7	8.5	9.0
840	2216706	840.06	11.1	6.9	8.2	8.0	8.4
740	1720335	740.07	10.3	6.7	7.8	7.5	7.9
520	849486	520.10	8.6	6.3	6.7	6.5	6.7
420	554176	420.12	7.7	6.0	6.2	6.0	6.1
320	321699	320.16	6.8	5.7	5.7	5.5	5.5
220	152053	220.23	5.8	5.2	5.1	5.0	4.9
140	61575	140.36	4.9	4.6	4.6	4.5	4.3
85	22698	85.59	4.1	3.9	4.1	4.0	3.7
14	616	17.20	2.3	1.6	3.1	3.0	2.5

진앙 진도, 최대진도로부터 지진규모를 구하는 경험식 가운데 기상청의 경험식으로 구한 지진규모가 다른 두 경험식으로 구한 것에 비해 규모가 큰 경우에는 작고 보통 이하에서는 두 수치 사이에 대개 놓였다.

지진규모 5인 경우 에너지는 4인 경우의 31배, 6인 경우는 5인 경우의 31배, 하나 낮은 지진규모보다 늘 31배 에너지가 많다. 앞서 소개한 1494년 운산지진과 1459년 홍산지진의 지진규모는 모두 3.1으로 추산되었다.

새로 조정된 지진규모에서는 감지가 가능한 것은 말할 것도 없을 것이다. 이로써 두 결과를 '/'를 두어 나타내기로 하였다. '/' 앞에는 쓰보이공식으로 낸 규모, '/' 뒤에는 기상청 경험식으로 낸 규모. 운산지진과 홍산지진의 규모는 각각 1.7 / 3.1, 1.9 / 3.1로 표기한다.

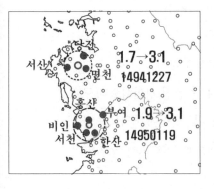

三

아침에 차 한 잔 마시고 있는데 사형이 와서 주말을 어찌 보냈는지 나와 이야기꽃을 피웠다. 지진규모를 내는 게 쉽지 않아 온갖 방법을 다 쓰다가 무언가 틀잡아 가고 있다고 소개했다. 주말 고생이 많았다고 사형은 말했다. 이어서 화제를 바꾸려 그가 말했다.

"참, 지질시대별 돌도 다 설치됐다대. 가볼까?"

새로 들어선 건물 남쪽 탄동천과 인접한 곳에 고원생대로부터 신생대까지 각종 암석을 바닥에 깔아 한국의 지질을 일목요연하게 보여주고자 연구소 차원에서 기획된 것이었다. 내가 말했다.

"전지영 박사 작품이겠지요? 셋이 한 번 가볼까요?"

전지영 박사와 함께 셋이서 승강기를 타고 3층에서 1층으로 내려가 연구소 중앙 현관문을 열고 건물 밖으로 나왔다. 저 멀리 동쪽, 운동장이었던 곳에는 지질박물관이, 너른 잔디밭에는 지진센터가 들어섰다. 그리고 그 사이에 준공을 앞둔 미래연구동과 그 서쪽으로 도서관 라운지가 보였다. 연구원 정문 길을 따라 내려갔다. 그리고 새로이 단장이 된 곳엔 훈민정음체의 나들길이란 글씨가 큼지막한 돌에 새겨져 우릴 맞고 있었다. 선캄브리아기 시대로부터 고생대, 중생대, 신생대의 암석이 다이아몬드 톱에 닿아 매끈한 몸매를 자랑하고 있었다. 사형이 말했다.

"전 박사, 수고가 많았어."

전 박사가 말했다.

"지질박물관장 이용진 박사와 그 식구들이 고생했지, 내가 뭐 한 거 있나? 헌데 식물화석 그림도 좀 넣지 동물화석만 넣을 건 또 뭐야."

겸손한 그의 말에 약간의 아쉬움을 함께 나누며 완성된 나들길을 따라 데크로 연결된 카페에 갔다. 전날 열었다는 카페였다. 문을 열고 들어서자마자 누군가 내게 소리쳤다.

"박사님~."

나를 부를 때 '박사님~' 하고 끝을 길게 말하는 박수정 씨였다. 내가 말했다.

"어찌?"

말을 잇지 못하고 서있자 그녀가 웃으며 말했다.

"박사님도 보고 싶고 카페 운영할 사람을 찾는다기에 제가 맡았어요."

이런 인연이 있을까? 낭돌한 그녀는 마흔둘의 나이에 옥천 이원면의 산골 우리 집에도 온 적이 있었다. 마을사람들과 정겹게 사는 잔잔한 이야기를 인터북에 소개했더니 찾아왔다. 우리 동네 같으면 홀로 사시는 어르신과 자신의 어머니를 맺어 드리고 자신도 이제는 시집을 갈 수 있으리라 생각하고 찾아온 그녀였다. 내가 말했다.

"이렇게 사람 놀래키는 게 워딨슈? 전화래두 한 번 주지."

그녀가 말했다.

"박사님 놀래주려고 그랬어요. 잘했죠?"

의기양양하게 말하는 그녀를 두 사람에게 소개했다.

"여기는 박수정 씨고요, 여기 두 분은 황 박사님, 전 박사님이십니다."

전 박사가 박수정 씨에게 손을 내밀었다.

"반가워요. 자주 보겠네요."

박수정 씨가 말했다.

"박사님~, 오시면 커피 맛있게 타 드릴게요. 자주 오셔요~."

목청 큰 그녀의 말은 끝이 길었다. 마치 타이르듯 하는 그녀의 말을 들다보면 내가 마치 어린이라도 된 기분이 들곤 하였다. 이제 키 크고 늘씬하고 예쁜 그녀를 매일 볼 수 있다니 꿈만 같았다. 흐뭇한 웃음을 짓고 있는 사이 전 박사가 말했다.

"최 박사 떼고 혼자서 와도 되죠?"

그 야릇한 말에 그녀가 말했다.

"그럼요. 당연하죠. 헌데 박사님들 모두 좋은 분들 같아요. 될 수 있으면 함께 오세요. 네~?"

말꼬리가 길어졌다. 마치 매상을 올리려면 많은 사람들이 오는 게 낫다는 투와 마치 타이르듯 어머니 같은 말투가 튀어나왔다. 맛있는 커피가 나왔다고 동그란 판이 눈에 불을 켜며 부르르 떨었다. 커피를 받아 테이블로 옮기고 나는 내 커피를 들고 가 3분의 1은 덜고 찬물을 채워 달랬다. 박수정 씨에게 말을 보탰다.

"이렇게 마시는 걸 음양탕이라고 해요. 위의 찬물이 아래 따신 물과 섞이면서 10초 동안 기막힌 맛이 나걸랑요."

침이 몇 방울 그녀에게 튀는 게 보였다. 내가 너무 열을 냈던 모양이었다. 그녀가 말했다.

"다음부터는 아예 처음부터 그리 만들어 드릴 게요~."

내 취향에 맞춰줄 사람이 주변에 생겼다는 건 참으로 기쁜 일이었다. 마시던 커피를 다 비울 수 없어 들고 밖으로 나왔다. 탄동천을 해자로 두고 있는 한국지질광물연구원이다. 둑을 따라 산책로가 나 있고 이미 벚꽃은 진지 오래지만 즐비한 벚나무들이 산책로를 따라 사람들을 늘 끌어들이고 있었다.

≡

오후 류지열 박사가 연구실에 왔기에 진도 감쇄공식에서 감진 원 경계의 진도를 0으로 놓으니 잘 맞는다고 했더니 그가 말했다.

"공식을 어찌 바꿉니까? 믿을 수가 없다 아인교."

수긍할 수 없다고 팔짝 그가 뛰었다. 그리고 그가 말했다.

"경진복 교수의 2007년 오대산지진 논문에서 제시한 지점별 진도에 대한 검토해 봤습니까? 그리 쉬운 일이 아닐 겁니다."

어이가 없어 내가 말했다.

"그럼, 누가 맞는지 1만 원 내기 할래?"

그가 연구실을 나가고 경진복 교수의 논문을 보니 설문을 통해 지역별 지진변형 양상을 분석한 논문으로, 또 봐도 역작임에 틀림없었다. 오대산지진은 계기로 나타난 지진파로부터 구한 지진규모가 4.8이었다. 논문에서 언급된 지점들을 색을 입히고 매핑에 들어갔다. 진도별 영역은 분명 원을 이루진 않으나 크게 보아 동심원을 이룬다고 할 수 있었다. 원으로 피팅fitting해오던 방식을 견지하기 위해 지점별 진도에 따라 다른 색깔을 입히고 진앙으로부터 동심원을 그려 넣어 갔다. 앞선 논문들에서 진도 III 이상만 감지가 가능하다고 했었는데 오대산지진에서는 전남 목포에서 진도 II의 지진동도 감지되었다. 진도별 감진 원에 따라 감쇠

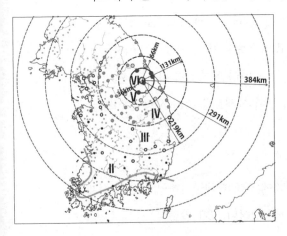

공식으로부터 진앙지 진도와 규모를 추산해보기로 했다. 진도에 따라 VI인 곳의 감진 원 반지름은 36km, V까지 66km, IV까지 131km, III까지 219km이었다. 진도 II가 감지된 지역인 부산과 부안지역까지는 291km, 더 나아가 목포까지는 384km이었다.

이러한 수치를 바탕으로 감쇄공식에서 감진 원 진도를 얼마로 산정해야하는지 실험을 실시하였다. 그리고 이로부터 진앙지 진도를 추적하는 실험을 실시하였다. 이기화 교수가 제시한 감쇄공식은 다음과 같았다.

Lee(1984) : $I_o = I - 0.191 + 0.834\ \textbf{ln}\ \varDelta + 0.0068\varDelta$

이를 바탕으로 각 감진 원 경계에서 어떠한 값을 넣을 때 진앙 진도, I_o와 규모 4.8을 산출할 수 있는지 다음과 같이 엑셀에서 실험을 하였다.

진도	반지름 km	$\varDelta$ km	I	I_o	M Tsuboi	M Lee	M 기상청	M G&R
	384	384.13	−2	5.4		4.9	4.7	4.6
II	291	291.17	−1	5.5	5.5	5.0	4.8	4.7
III	219	219.23	0	5.8	5.2	5.1	5.0	4.9
IV	131	131.38	1	5.8	4.5	5.1	5.0	4.8
V	66	66.75	2	5.8		5.1	5.0	4.8
VI	36	37.36	3	6.1		5.3	5.1	5.1

그 결과 진도 III일 때 변수 I가 0, IV일 때 1, V일 때 2, VI일 때 3을 넣어야 지진규모가 4.8에 가깝게 된다는 사실이 확인되었다. III보다 낮은 II영역에서 최대 영역에서는 −2, 중간 영역은 −1을 넣어야 했다. 결국 이기화 교수가 제안한 감쇄공식은 다음과 같이 수정되어야 한다는 사실을 알게 되었다.

Modified Attenuation Formula :

$I_o = I - 3.191 + 0.834\ \textbf{ln}\ \varDelta + 0.0068\varDelta$

새로운 공식을 세우고 류 박사에게 전화를 했다.

"내 좀 보자. 실험을 해 봤거든."

그가 와서 실험결과를 죽 보여주며 설명하자 갸웃거리던 표정이 바뀌며 그가 말했다.

"그렇네예. 오늘 제가 저녁 사겠습니다."

지진 진도 감쇄 공식 때문에 맛있는 저녁 식사를 하게 되었다. 이러한 사정을 점검받기 위해 지신센터의 전정진 박사를 찾아갔다. 그도 수긍하지 않는 눈치였으나 그동안 역사지진 기록을 처리한 결과를 함께 보여주자 이렇게 말했다.

"자료가 우선이지요. 공식이야 언제든 바뀔 수 있는 거 아닌가요? 감쇄공식은 한반도 지역을 중심으로 만든 것이기 때문에 중국이나 일본 지역에는 맞지 않을 수도 있을 겁니다. 최 박사님의 감쇄공식은 미국 동부지역의 감쇄공식과 유사합니다."

그는 이기화 교수 논문에 있는 감쇄공식을 보여주었다. 그 논문에서 허투로 넘겨보았던 미국 동부지역의 감쇄공식은 다음과 같았다.

Attenuation Formula in Eastern Province of US :

$$I_o = I - 3.278 + 0.989\ ln\ \Delta + 0.0029\Delta$$

결국 감진 원 경계의 진도가 III이라는 지진학자들의 주장을 재확인하는 셈이 되었다. 늘 열린 마음으로 연구하는 전 박사에게 위로받고 연구실로 돌아왔다. 다시금 계산에 문제가 없는지 몇 번이고 검산을 하였다. 지진 진도가 추정되는 지진사건이 있었다. 무인대지진이다. 서울과 해미에서 특히 지진변형이 심했으며 진도는 『한반도 역사지진 기록』에 따르면 서울지역에서 Ⅷ~Ⅸ 정도에 해당되는 것으로 보았다. 서울과 해미의 진도를 Ⅷ과 Ⅸ일 경우에 대해 새로운 감쇄공식으로 각각의 진앙지 진도(최대진도)를 구할 수 있었다. 해미와 서울로부터 같은 거리에 있는 것으로 설정된 덕적도 부근의 진앙으로부터 서울과 해미까지는 대략 85㎞이므로 두 경우의 진앙지 진도와 지진규모(M)는 다음과 같이 산정되었다.

M Tsuboi	I	Δ	0.834 $\ln \Delta$	I_o	M Lee	M 기상청	M G&R
6.2	Ⅷ	85.59	3.711	9.1	7.0	6.8	7.1
	Ⅸ	85.59	3.711	10.1	7.6	7.4	7.7

결과를 볼 때 무인대지진의 규모는 6.8~7.7의 지진사건이었음이 분명하다. 요동지역을 포함하는 감진 원의 반지름이 500㎞일 때 규모가 6.2~6.6. 중국에 다녀온 성절사가 1518년 연말에 보고한 바와 같이 이 지진사건의 감진지역은 요동과 북경을 포함하여 보다 넓었을 것으로 생각된다.

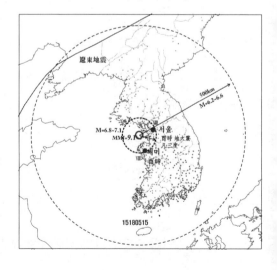

≡

신유대지진으로 다시 돌아가서 진도 개념으로부터 지진규모를 다시 산정해보기로 했다. 1681년 4월 26일 지진사건에 대해 엑셀에서 실험을 하여 다른 감진 원 반지름에도 진앙지

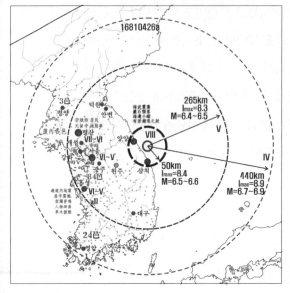

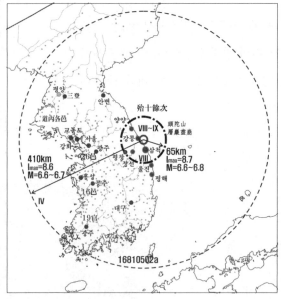

진도와 지진규모가 유사해지는 감진 원 경계 진도를 설정하였다. 양양과 삼척이 포함된 감진 원 경계는 진도 Ⅷ, 평산, 서울, 홍성이 포함된 감진 원 경계는 진도를 Ⅴ, 외곽 감진 원 경계의 진도를 Ⅳ라 할 때 비슷한 진앙지 진도와 지진규모가 산출되었다. 이를 종합하면 4월 26일 지진사건의 규모는 6.4~6.9로 추산된다.

5월 2일 지진사건에서 양양, 강릉, 평창, 정선, 삼척이 포함된 지역의 진도는 Ⅷ~Ⅸ라 할 수 있다. 이들 지역을 포함하는 감진 원 경계 진도를 Ⅷ, 전체를 아우르는 감진 원 경계 진도를 Ⅳ라 할 때 진앙지 진도와 지진규모는 서로 가까워졌다. 그 결과, 5월 2일 지진의 규모는 6.6~6.8로, 4월 26일 지진의 규모와 거의 같은 값이 도출되었다.

이 두 지진을 심발지진이라 가정했을 때 진원심도를 550km라고 놓으

바람에도 흔들리는 땅

면 4월 26일 및 5월 2일 지진의 규모는 다음에서 보는 바와 같이 각각 7.9~8.4, 8.0~8.5에 이른다. NGDC는 신유대지진의 규모를 7.5로 보았다.

날짜	진앙	반지름 km	Δ km	I_o	M Tsuboi	M Lee	M 기상청	M G&R
16810426a	강릉E	440	440.1	7.9	6.1	6.3	6.1	6.3
	IV	440	440.1	8.9		6.9	6.7	6.9
	V	265	265.2	8.3		6.5	6.4	6.5
	VIII	50	51.0	8.4		6.6	6.5	6.6
deep	IV		705.0	11.1	6.7	8.2	7.9	8.4
16810426b	강릉E	69	70.2	3.8	3.7	4.0	3.9	3.6
16810502a	강릉	410	410.1	7.6	6.0	6.2	6.0	6.1
	VIII	65	65.8	8.7		6.8	6.6	6.8
	IV	410	410.1	8.6		6.7	6.6	6.7
deep	IV		720.0	11.2	6.7	8.2	8.0	8.5
16810502b	삼척E	88	88.6	4.2	4.0	4.2	4.1	3.8

1810년 1월 16일 부령지진

순조 10년, 1810년 음력 1월 27일자 『조선왕조실록』은 함경감사 조윤대가 올린 장계를 싣고 있었다.

이달 열엿새 미시에, 명천, 경성, 회령 등지에서 지진이 나 집채들이 흔들리고 성가퀴가 무너져 내렸으며 산기슭에서는 사태가 나고 사람과 가축이 깔려 죽기도 하였나이다. 같은 날 부령부에서도 땅이 흔들려 무너진 집이 서른여덟이고, 사람과 가축이 또한 깔려죽었나이다. 열엿새로부터 스무아흐레까지 흔들리지 않는 날이 없었으며 어느 밤낮 사이에는 여덟 번 내지 아홉 번, 또는 대여섯 번 지진이 일어났으며 간간히 땅이 갈라지기도 하고 우물과 샘이 막히기도 하였나이다. 부령에서 열나흘까지 잇달아 지진이 나 멈추지 않는다는 것은 이미 의심스럽고 땅이 갈라지고 꺼졌다는 말도 매우 의심스럽고 알 길이 없는 고로 상세히 치보하나이다.

담당 부사가 다시 치보하였다.

본부 청암사는 바닷가에 자리하고 있는데 그 가운데 수남리와 수북리가 바다와 매우 가까워졌으며 문과 담장 밖에 바로 한바다가 놓이게 되었나이다. 그러므로 두루 입은 이 재난은 우물에 모래가 덮여 막힌 곳이 열한 군데, 땅이 갈라져 꺼진 곳이 세 곳인데 그 둘레와 깊이는 두어 발 쯤 됩니다. 바닷가 산 위에 큰 바위가 있었는데 굴러 떨어져 두 동강 나 반쪽이 바다 속으로 들어갔나이다. 올해 정월 열이틀까지 지진이 안 난 날이 없으며 백성들 모두 놀라고 두려워 안주하지 못하고 있으며 지진이 하루 이틀 사이에 멈출 것 같지 않아 바닷가에서 일어난 변고는 마치 해뢰海雷가 일어난 것처럼 생각들 하고 있나이다. (…중략…)

바닷물이 얼려 할 때 큰 파도가 일어 생긴 큰 힘으로 평지를 진동시켰으니 이것이 해뢰海雷나 해동海動이어도 괴상할 것이 없겠나이까만, 지진이라고 싸잡아 말한 것은 아마 잘못 본 것 같나이다. 하다가 지진이었다면 무슨 연유로 바닷가에만 일어나고 한 달 가까이 지났는데 그치지 않겠습니까?

같은 날 『승정원일기』 기사에도 함경감사 조윤대의 장계가 실려 있었다.

부령 등 고을에 땅이 흔들려 민가들이 무너지고 사람들이 깔려 죽었나이다.

이에 임금께서 한치응에게 메시지를 보냈다.

해뢰 지진은 모두 비상의 재변이고 참으로 놀랍고 두렵다. 희생자들을 도와
주되 각별히 신경을 써 불쌍히 여겨 도울 것이며 살아생전의 환포는 모두 탕감
해주고 무너진 백성들 집 또한 각별히 신경을 쓸 것이며 신역, 환역, 잡역은
이번 가을까지 감해주렷다. 각 도의 감사에게 영을 내리고 수령들에게 분부하
여 이재민을 불러 위로하고 안정케 하여 어느 누구라도 이로 인해 놀라 동요하
는 일이 없도록 하라.

음력 2월 2일 『조선왕조실록』과 『승정원일기』 기사는 예조에서 임금
께 해괴제를 설행하도록 향과 축문, 폐백을 해당 관서에서 마련하여 하
송하고 네 고을의 중앙에서 단을 만든 뒤 좋은 날을 택하여 해괴제를 설
행토록 상언을 올리니 임금께서 윤허하였다고 하였다. 『승정원일기』의
문체는 『해괴제등록』의 것과 매우 유사하였다. 부령을 진앙으로 설정하
여 지진 감지가 된 지역을 바탕으로 산출한 지진규모는 4.4 / 4.1~4.3
이상일 것으로 나타났다.

진도 IV의 설명에서 옥외에서는 거의 느낄 수 없으며 실내에서 현저
하게 느낄 수 있다는 구절이 보이는데 지진 감지 기록에서 빠지지 않는
집채가 들썩거렸다는 표현과 일맥상통한다. 사람들이 모두 지진동을 느
끼는 정도이면 진도 V~VI 이상이다.

부령의 집채들이 서른여덟 채씩이나 무너지고 사람과 짐승이 압사당

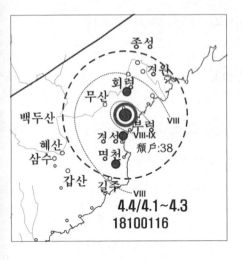

하는 상황은 진도 Ⅷ 이상 Ⅹ 가까이 되며 규모로 6.0 이상이다. 결국 함경도의 경우 지진 감지가 크게 느껴진 지역만이 지방 관리들이 보고하였다고도 할 수 있었다. 규모 4.4 아닌 규모 6.0 이상의 감진범위는 평안도 동부와 강원도 북부가 포함되어야 한다. 그림에도 실제는 이와 다르다. 그러한 연유는 무엇일까? 진앙에서 진원까지의 깊이를 고려하지 않은 까닭일까?

『한반도 역사지진 기록』이라는 단행본에서 제시한 진도규모는 부령지역이 진도 Ⅷ~Ⅸ, 나머지 지역은 진도 Ⅷ일 것으로 보았다. 최대 진도를 Ⅸ라 할 때 부령지진의 규모는 6.0~6.9 가량 되었다.

부령지진에 대한 지진기록은 다른 것에 비해 부실한 것으로 생각된다. 이러한 상황은 지진보고가 덜 되었거나 지진 피해 또는 지진 변형이 심한 지역만이 중앙정부에 보고되었을 가능성이 있었다.

진도 영역을 고려하여 부령지진 사건의 규모를 산정해볼 수 있었다. 진원심도를 10㎞로 놓고 진앙에서의 거리와 진앙 진도가 같아지는 양상에 대해 실험을 해보니 진앙거리 120㎞까지 Ⅶ, 50㎞까지 Ⅷ, 15㎞까지를 Ⅸ로 놓으니 진앙 진도가 비슷해졌다. 실험결과는 다음과 같다.

진원심도 depth	I	반지름 km	Δ km	$0.834 \ln \Delta$	I_o	M Lee	M 기상청	M G&R
천발 shallow		120	120.6	3.997	4.6	4.4	4.3	4.1
	Ⅶ	120	120.6	3.997	8.6	6.8	6.6	6.8

	VIII	50	51.0	3.279	8.4	6.6	6.5	6.6
	IX	15	18.0	2.412	8.3	6.6	6.4	6.6
심발 deep	VII	607	607.0	5.345	13.3	9.5	9.2	9.9
	VIII	582	582.0	5.310	14.1	9.9	9.6	10.4
	IX	580	580.2	5.307	15.1	10.5	10.2	11.0

부령지진의 지진규모는 6.4~6.8로 추산되었다. 달리 두만강 하구로 부터 남북 방향으로 심발지진이 발생하고 있다. 해수면 아래 560~590 ㎞ 심도에서 규모 6.0 이상의 지진이 수도 없이 발생하는 지역이다. 진원심도를 1990년 5월 11일 일어난 규모 6.5의 지진의 진원심도와 같이 부령지진의 진원 심도를 580㎞로 잡으면 진원 거리는 607㎞, 지진규모는 쓰보이공식에 대입하면 6.5, 감쇄공식과 진도-규모 경험식으로는 지진규모가 6.4~6.8로 비슷한 값이 되었다. 진앙거리 50㎞까지를 VIII로 놓았을 때 진원에서의 진도는 14.1, 지진규모는 9.6~10.4로 산출되며 진도에 따라 진앙지의 진도 및 규모가 매우 차이가 났다. 부령지진이 심발지진인지 아닌지는 현재로써는 확정하기 힘들다.

감진 범위를 원으로 에둘러 찾는 진앙 구하는 기법은 옳으나 심발지진인지 아닌지는 지진규모를 구하는 데 크나큰 복병인 셈이었다. 더불어 지진진도와 규모의 매칭 또한 깊이 생각지 못한 요소이기도 하였다.

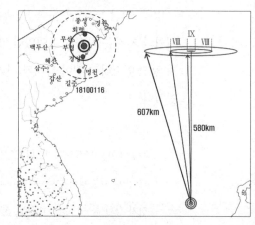

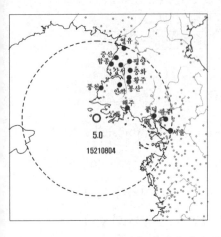

백령도 진앙

중종 16년 1521년 음력 8월 4일『조선왕조
실록』기사는 다음과 같이 서울, 경기, 평안도
남부와 황해도 지역에서 해당 지진사건이 감
지되었다.

中宗 16년(1521년) 8월 4일

○서울 및 경기 파주, 풍덕, **평안도** 평양, 중화, 강서, 증산, 함종, 영유, **황해도**
황주, 해주, 안악, 봉산, 풍천 땅이 흔들리다.

지진이 감지된 감진 지역과 아닌 지역 사이 경계를 원으로 나누었다.
진앙은 소청도 부근에 놓이고 지진규모는 5.0 / 4.8로 산출되었다.

이 지진사건의 진앙과 규모를 분석하는 작업은 문제점을 포함하고 있음
에도 하나의 분석결과로 제안할 수 있는 것일 뿐일 수도 있었다.

명종 10년 1555년 음력 12월 8일『조선왕조실록』기사 또한 비슷한
지역의 지진을 기술하고 있었다. 홍성과 감지된 고장 이름을 명확히 밝히
지 않고 있으나 지진이 감지된 지역과 그렇지 않은 지역을 원으로 나눌 수
있었다.

明宗 10년(1555년) 12월 8일(戊戌)

○밤에 서울에서 동쪽에서 서쪽으로 땅이 흔들리다. 수성이 동쪽에 보이다.

경기 강화 등 세 고을, **개성부**, **황해도** 해주 등 일곱 고을, **淸洪道**(충청도) 洪州

바람에도 흔들리는 땅

(홍성) 등 두 고을, **평안도** 성천 등 두 고을
땅이 흔들리다.

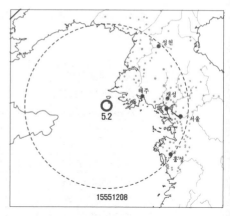

이 지진의 진앙은 대청도 서쪽으로, 지진
규모는 5.2 / 5.0으로 추산되었다. 위의 두
지진사건은 백령도 일대에 진앙이 놓인다.

20세기 들어 시작된 계기지진 자료는 백
령도 일대에 여러 번의 지진이 발생되었음
을 보여주고 있다.

중국 섬서성 화현華縣에서 1555년 음력
12월 12일 규모 8.0~8.3의 지진이 일어
났다. 이 지진으로 80여만 명이 희생되었
다. 이 가정대지진(화현대지진)은 백령도지
진이 있어난 지 나흘 만에 발생하였다. 지
각에 응집된 응력이 비슷한 시기에 방출
된 점에서 백령도지진과 가정대지진은 서
로 관련될 수 있을 것 같았다. 2013년 양
력 5월 18일 지진은 1555년 지진사건과
비슷한 진앙에서 발생하였다. 이는 1555
년 지진사건에 대해 구한 지진 진앙이 의
미가 있음을 보여주고 있었다. 2013년 양

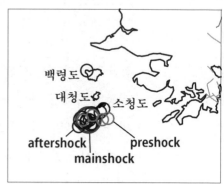

력 5월 18일 지진의 규모는 4.9였으며 이 지진사건에 앞서 4번의 전진,
프리쇼크와 13번의 여진이 일어났다. 본진과 전진, 여진의 진앙은 소청

도 일대에 분포하며 특이한 방향성 등은 확인되지 않았다.

지진 발생 일시	규모	위도	경도	위치
2013.05.14 20:17	2.8	37.70N	124.79E	인천 백령도 남남동쪽 30km 해역
2013.05.15 08:34	2.7	37.71N	124.68E	인천 백령도 남쪽 27km 해역
2013.05.15 08:48	2.8	37.69N	124.74E	인천 백령도 남쪽 30km 해역
2013.05.18 03:00	3.5	37.68N	124.60E	인천 백령도 남남동쪽 31km 해역
2013.05.18 07:02	**4.9**	**37.68N**	**124.63E**	**인천 백령도 남쪽 31km 해역**
2013.05.18 07:24	2.2	37.69N	124.65E	인천 백령도 남쪽 29km 해역
2013.05.18 07:26	3.3	37.67N	124.66E	인천 백령도 남쪽 31km 해역
2013.05.18 07:54	2.5	37.69N	124.65E	인천 백령도 남쪽 29km 해역
2013.05.18 09:13	2.4	37.67N	124.62E	인천 백령도 남쪽 32km 해역
2013.05.18 09:32	2.5	37.64N	124.57E	인천 백령도 남남서쪽 36km 해역
2013.05.18 11:45	3.9	37.67N	124.61E	인천 백령도 남쪽 32km 해역
2013.05.18 14:09	2.6	37.71N	124.68E	인천 백령도 남쪽 27km 해역
2013.05.18 16:18	2.1	37.69N	124.61E	인천 백령도 남남서쪽 30km해역
2013.05.19 05:27	2.3	37.73N	124.74E	인천 백령도 남남동쪽 25km 해역
2013.05.21 16:17	3.7	37.66N	124.71E	인천 백령도 남쪽 33km 해역
2013.06.10 14:01	2.1	37.71N	124.70E	인천 백령도 남쪽 27km 해역
2013.10.26 06:47	2.7	37.96N	124.61E	인천 백령도 서쪽 6km 해역
2013.11.10 16:28	2.0	37.66N	124.67E	인천 백령도 남쪽 33km 해역

☰☰

점심 식사 뒤 식당 서쪽 문을 나서 내려와 국제지질과학교육원을 지나 탄동천 따라 난 길을 따라 산책을 하였다. 카페가 가까워졌다. 지헌진 박사가 카페로 가는 게 보였다. 그를 따라 카페로 들어갔다. 그가 커피를 주문하고 있었다. 내가 말했다.

"지 센터장, 아메리카노 시켰나? 내가 내쿠마. 수정 씨 아메리카노 두 잔 주세요."

그 사이 내가 박수정 씨를 소개하며 말했다.

"여기는 박수정 씨. 수정 씨, 여기는 지 박사인데 저와 동갑입니다."

그가 말했다.

"니는 온군데 여자가?"

값을 지불하며 내가 말했다.

"커피 마시러 왔다 아이가?"

원판을 들고 낯익은 사람들과 낯선 사람들로 찬 곳에서 빈자리를 찾아 앉았다. 내가 입을 뗐다.

"2013년 5월 18일 백령도지진이 주향이동단층과 관련하여 일어났을 거라고 했는데 무슨 말인지 설명해줄 수 있나?"

직설적인 그가 대답을 했다.

"홍태진 교수 논문 안 있나? 장산반도 일대에 정단층형 포컬 메커니즘 솔루션이 모이는 것이 산동반도 지역에 있는 남중국과 북중국 충돌대가 장산반도로 오기 때문이라고 해석한 논문 말이다."

내가 말했다.

"내도 그 논문 읽었다."

그가 말했다.

"그의 주장이 맞으려면 백령도일대에서는 주향이동단층형 포컬 메커니즘이 나오면 안 되는 거 아이가?"

그는 말을 멈추었다. 그 여백에 '그러니 그의 주장이 틀린 거 아이가?' 하고 말하는 환청이 들리는 듯 했다. 그 사이 원판이 낯을 붉히며 부르르 떨고 있었다. 커피를 받아다 그에게 건네며 내가 말했다.

"서부경기육괴 공부를 하면서 몇 개의 활성단층을 발견했다 아이가? 하나는 논문으로 발표했는데 셋 모두 정단층이다. 그의 주장이 맞으려면 당진 지역에 정단층도 나오면 안 되는 거 맞겠지?"

그가 말했다.

"니 전공 아이가?"

밀려드는 손님들을 보고 들고 나가자고 눈짓을 하며 내가 말했다.

"자 고마 일어나자."

마시던 커피를 들고 나는 연구실로 돌아왔다.

≡

영국지질학자 앤더슨Anderson은 1942년 자연 상태의 응력은 세 유형으로 발달한다고 제시했다. 응력장은 서로 수직한 세 축으로 구성되며 최대 주응력축(σ_1 축), 중간 주응력축(σ_2 축), 최소 주응력축(σ_3 축)으로 불린다. 다음 그림에서 보는 바와 같이 수직 응력이 σ_1이면 정단층(a), σ_2이면 주향이동단층(b), σ_3이면 역단층(c)이 발달한다.

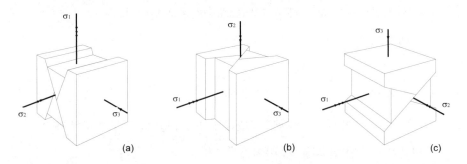

(a)   (b)   (c)

지진파가 처음 도달할 때의 양상을 초기 진동이라 하며 위키 백과에 따르면 지진 감지 지점에서 지진파가 꺾여 올라가는지(up) 꺾여내려 가는지(down)에 따라 방향성을 투영망에 매핑할 수 있다.

두 영역을 수직한 두 노드 면으로 나누어 당기는 힘(인장력)이 작용하는 구역, 미는 힘(압축력)이 작용하는 구역으로 나눌 수 있고 각각을 검은색

과 흰색으로 표시한다. 이를 진원
기구 솔루션, 단층면 해, 간단히 진
원기구로 부른다. 검은색 영역의
중심을 T축, 흰색 영역의 중심을 P
축이라 불렀다.

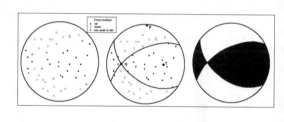

전지순, 전정진 박사의 논문에 따르면 한반도 지역의 진원기구는 울
릉도 북쪽과 울진 동쪽에서 일어난 지진사건의 경우 당기는 힘 구역이
투영망의 원 중심에 놓이는, 다시 말하면 최소 주응력축이 수직인 진원
기구(역단층형)를 보여주며 장산반도 일대에서는 미는 힘 구역이 원 중
심에 놓이는, 다시 말하면 최대 주응력축이 수직인 양상(정단층형), 그 밖
의 지역에서는 최대 주응력축과 최소 주응력축이 원 둘레 가까이 놓이
는 주향이동단층형 응력장을 보여준다. 2013년 5월 18일 백령도지진
이 주향이동단층 형의 진원기구를 보여줬다는 것은 기존에 이 지역에서
정단층형 진원기구를 보여주는 지진이 자주 일
어난 것과 다른 양상이라는 말이었다.

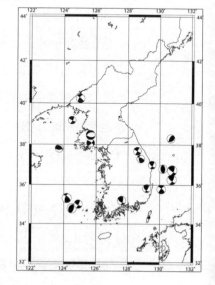

오후 되어 정미경, 경진복, 두 저자의 한반도
남서부 지역에서 7년 동안 일어난 지진에 대해
소개하는 논문을 읽었다. 흥미로운 것은 진원
기구가 보여주는 대로 주향이동형 응력에 가깝
게 형성되고 있다는 것이다. 다시 말하면 압축
방향과 인장 방향이 거의 수평인 것이 많다는
분석이다. 아울러 P축의 방향의 분포는 동북동

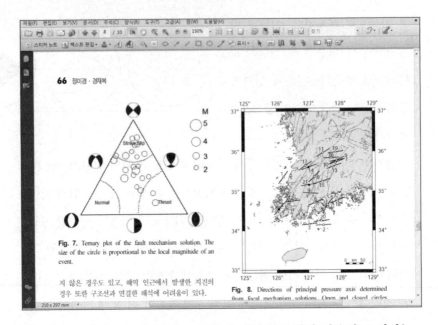

66 정미경 · 경재복

Fig. 7. Ternary plot of the fault mechanism solution. The size of the circle is proportional to the local magnitude of an event.

지 않은 경우도 있고, 해역 인근에서 발생한 지진의 경우 또한 구조선과 연결한 해석에 어려움이 있다.

Fig. 8. Directions of principal pressure axis determined from focal mechanism solutions. Open and closed circles

―서남서 내지 동―서 방향으로 현재 지구조 응력이 작용하고 있다는 것을 소개하고 있다. 이는 내 전공인 단층구조분석 연구 결과와 일치하는 것이다.

경진복 교수의 폭넓은 연구와 업적은 참으로 놀라울 따름이었고 나는 내가 감히 넘볼 수 없는 업적들에 감복하였다. 어쩌면 경 교수의 업적을 이미 알고 있는 류지열 박사가 천둥벌거숭이 같은 내게 경 교수의 논문을 검토해보라고 했다고 내가 결코 노여워하거나 시기심을 배알로부터 꺼낼 일은 결코 아님을 알게 되었다.

=

저녁 시간 눈이 침침해질 즈음 손 전화가 요란하게 울렸다. 이름을 보니 한국고고발굴연구소의 신광진 박사였다. 내가 말했다.

"신 박사 오랜만이네요. 결혼하신다구요?"

바람에도 흔들리는 땅

그가 말했다.

"예. 선생님. 바쁘신 분이라 그냥 목소리 듣고 싶어 전화했습니다."

내가 말했다.

"전에 대평리 보고서는 잘 마무리 됐죠?"

그가 말했다.

"그럼요. 그때 참 열심히 재신 것으로 논문은 어찌 되셨어요? 그때 열정적인 선생님 모습 선합니다."

한 번은 사형과 함께 현장에 가기도 했다. 대평리 발굴 현장은 조선시대 문화층이 약 10여 미터쯤 된다고 했다. 여러 고고발굴현장을 찾아다녔던 때 대평리 현장이야말로 내게 큰 선물을 주었다. 어떤 문화층 이하 층들에 장력 틈이 발달하고 있었는데 그 방향성은 일률적이었다. 벌어진 틈이 일종의 water pipe가 아닐까 하는 생각이 들었으나 분명 판상으로 발달하였다. 모래와 뻘 등으로 구성된 퇴적층에 파이프 상으로 지하수가 흐를 때 가는 입자는 물과 함께 흘러 지하수가 지난 곳은 굵은 입자만 남는데 이 모양이 파이프 같아 water pipe라고 한다. 장력 틈 시작과 끝부분에 못을 박고 사진을 찍은 뒤 야장에 그리고 주향과 경사를 쟀다.

내가 말했다.

"큰 변수가 없으면 웬만하면 결혼식에 참석할게요. 나도 신 박사에게 진 빚도 있고요."

그가 말했다.

"빚이라니요. 그때 참 좋았습니다. 키 크신 박사님도 잘 계시지요? 안부 전해 주세요."

내가 말했다.

"황 박사님요? 요즘 저와 일하고 계십니다. 안부 전해드릴게요."

반가운 인사를 받고 기분이 들떠 몇 년 전 사진을 들춰 보았다. 그리고 그 현장사진에 잰 장력 틈tension gash 자료를 투영망에 얹은 그림도 함께 얹어 보았다. 장력 틈이 발달하던 지층들 아래로 분청사기가 발견되었다. 그러므로 조선시대 후기에 쌓인 퇴적층에 생긴 장력 틈이었다.

장력 틈으로부터 추정되는 최대 주응력축은 북북동—남남서 방향으로 현재 동북동—서남서 방향이므로 40° 정도 차이가 났다. 최근에 심부 시추하여 나타난 응력장에도 이와 같은 방향이 발달하기도 하므로 꼭 조선후기의 응력장으로 단언키보다는 조선후기 대평리 지점에서의 응력장이라는 게 옳았다. 장력 틈의 기하 특성을 분석한 결과 퇴적 후 서북서 방향으로 6° 기운 것으로 추정되었다.

경기만 진앙

『중종실록』 1523년 음력 2월 4일 기사는 다음과 같았다.

中宗 18년(1523년) 2월 4일

○**경기** 땅이 흔들리다. **황해도** 안악, 신천, 옹진, 송화, 강령, 장련, 우봉, 장연에서 땅이 흔들려 집채들이 부르르 움직이다.

경기도 전체와 황해도 서부지역이 포함된 고장들을 지도에 매핑하면 그림과 같다. 감진 원을 설정하여 구한 중심은 연안이 진앙일 것임을 제시하고 있으며 지진규모는 4.5 / 4.3로 구해졌다.

경기만 일대에서 일어난 지진 가운데 앞서 소개한 바 있는 1518년 5월 15일 지진은 서울과 해미에서 지진 파괴현상이 심했고 요동에서도 감지된 규모 6.2 / 6.8~7.1의 지진이었다. 중종 20년 1525년 음력 5월 7일 기사는 경기도 남양과 해주 남서부에서 지진이 일어났다는 기사이다. 황해도와 남양 사이에서도 지진이 일어났을 가능성이 있으나 기록이 없었다.

이틀 앞선 5월 5일 강화에서 지진이 일어났다고 하였는데 5월 7일 기사에 나오는 지진과 같은 지진일 가능성이 있었다.

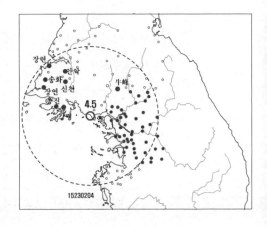

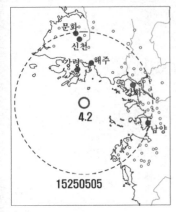

中宗 20년(1525년) 5월 5일

○경기 강화부에 땅이 흔들리다.

中宗 20년(1525년) 5월 7일

○경기 남양, 황해도 문화, 해주, 강령, 신천에서 땅이 흔들리다.

지진이 감지된 지역을 매핑하고 감진 원을 에둘러 찾은 1525년 5월 5일 지진의 진앙은 연평도 남쪽에 놓였으며 규모는 4.2 / 4.2로 추산되었다. 1556년 음력 4월 4일 연평도에서 규모 4.4 / 4.3의 지진이 발생했다. 이 지진사건 또한 황해도 남서부와 서울, 교동도, 부평에서 지진이 감지되었다.

1706년 11월 30일 지진 또한 진앙이 경기만 일대일 것으로 추정되었다. 『조선왕조실록』과 『승정원일기』의 기사는 다음과 같았다.

肅宗 32년(1706년 丙戌) 11월 30일(갑신)

○(서울에서) 밤에 땅이 흔들리다. 여러 도에서 난 지진으로 장문이 줄 잇다.

숙종 32년 12월 8일

○강화유수 書目 : 본府 경내에서 지난달 그믐, 밤에 땅이 겹으로 흔들림.

숙종 32년(1706년) 12월 9일

○경기감사 書目 : 교동 等 구의에서 지난달 그믐에 땅이 흔들림. 事係變異事.

숙종 32년(1706년) 12월 8일(임진)

○승정원에서 啓를 올렸다. "지난달 그믐날 3更쯤 천둥치는 소리가 나고 방과 집이 움직이고 부르르 떨다 잠시 뒤 멈추었나이다. 많은 사람들이 알고 있는 것을 신이 집에 있을 때도 그리 느꼈나이다. 이튿날 바깥소문을 들은 바도 모두 똑같았나이다. 그리고 강화유수 민진원의 장계를 본 즉 더욱 그것이 의심할 바 없었나이다. 어제 관상감 관원을 문초한 즉 알고 있지 못했으며 오직 어디서 지진이 났다는 것만 알고 있었는데 궐에서 지척의 땅에 어찌 다르고 같음이 있겠나이까? 그날 입직한 候官이 느껴 살피지 못하였으니 서울에 크나큰 변고가 있었음에도 임금께 알리지 못했으니 직무를 제대로 수행치 못한 게 너무 심하나이다. 징계하지 않을 수 없는 것이 本監의 담당관이 유사에 명하여 추고함이 어떠하오니까?"하니

○임금께서 메시지를 보냈다. "그리 하라."

이 지진사건은 서울을 비롯하여 전국에서 감지된 지진이며 『승정원일기』에는 강화와 교동도 일대의 지진 감지 보고만이 등재되어 있었다. 전국에서 감지된 지진이라고 한다면 일단 감진 원의 반지름이 330㎞ 이상이라 할 수 있으며 쓰보이공식으로 구한 지진규모는 5.7가량 되었다.

교동도와 강화에서의 지진 피해 상황은 그리 크지 않고 강화에서 두 번 지진이 일어났다는 것뿐이었다. 같은 날 중국에서 지진 감지 기록은 없었다.

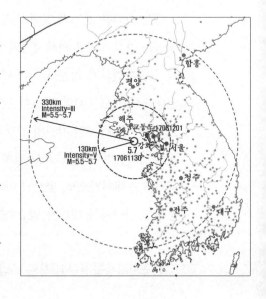

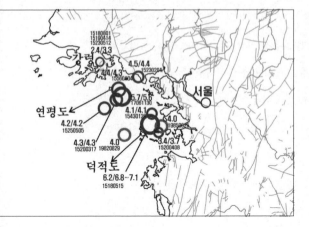

이러한 상황을 잘 설명하고 지진이 전국에서 감지될 수 있는 상황은 육상 아닌, 이를테면 1518년 무인대지진처럼 경기만에서 지진이 발생한 경우라 할 수 있었다. 8도의 관청이 있는 고장을 포함시키고 중국 지역에 감진 원이 들지 않는 방안이 옳아 보였다. 여러 실험을 통해 서울, 강화가 포함된 감진 원 경계 진도를 Ⅴ, 대구, 함흥이 포함된 감진 원 경계를 진도 Ⅲ으로 놓으면 감쇄공식으로 구한 진앙지 진도는 각각 6.8과 6.9, 두 경우 모두 규모는 5.5~5.7로 같은 결과가 도출되었다. 쓰보이공식으로 구한 규모와 가까워졌다.

　다음 그림은 경기만 일대 지진진앙을 종합한 것이다. 경기만 일대에 놓이는 지진 진앙은 역사지진의 경우 다수가 발달하는데 계기지진 자료에서는 확인되지 않는다. 대신에 연평도보다 남쪽인 덕적도와 영흥도 일대에서 규모 4.0의 지진이 발생하였다. 특히 무인대지진의 진앙은 1985년 규모 4.0인 지진의 진앙과 가깝다. 특히 1518년 무인대지진은 진도 감쇄공식과 진도-규모 경험식으로 구한 지진규모가 6.8~7.1에 해당되는 대지진으로, 앞으로 이와 같은 지진이 나지 말란 법이 없기 때문에 모니터링과 대비가 필요하다고 할 수 있을 것이다.

≡

　한국지질광물연구원 창립 기념일이 되었다. 때맞추어 특별한 행사들

　　　　　　　　　　　　　　　바람에도 흔들리는 땅

이 줄을 이었다. 그 가운데 김진억상 수상도 포함되었다. 김진억 박사는 퇴직할 때 퇴직금의 일부를 상금 기금으로 쾌척하였으며 이자로 매년 상이 수여됐다. 벌써 15번째 시상이었다. 미리 김진억 박사에게 전화를 했다.

"안녕하세요, 김 부장님. 어디쯤 오고 계세요?"

전화 속 목소리가 말했다.

"최 박사~, 조금만 기다리라고. 다 와 가~."

내가 말했다.

"예, 조금 있다가 뵙겠습니다."

연구원 방마다 설치된 스피커에서 행사가 있으니 참석하라고 두 번째 방송을 하고 있었다. 연구원의 주요 회의실 또는 발표장은 지질시대이름을 따서 만들었다. 선캄브리아기 홀, 쥐라기 홀, 백악기 룸, 석탄기 룸, 트라이아스기 룸 등. 대강당인 선캄브리아기 홀로 꾸역꾸역 밀려드는 사람들 사이에 끼어 자리를 하자 곧이어 원장을 비롯한 임원진과 김진억 박사가 입장을 하였다. 『네이처』지에 논문을 출간한 두 사람이 큰 포상을 받았다. 그간 두 논문의 『네이처』지 출간은 과학계에서 대 뉴스였다. 그리고 15번째 김진억상 수상자가 김진억 박사로부터 상패와 상금을 받았다.

행사가 끝나고 미래연구동 준공식이 열렸다. 나는 연구실로 왔다가 커피를 마시러 카페에 들렀다. 나들길 쪽을 바라보니 전지영 박사가 김진억 박사를 모시고 나들길에 깐 암석들에 대해 이야기 하고 있는 게 보였다. 두 분에게 차를 대접하겠다고 했더니 전지영 박사는 바쁜 일이 있다고 가고 김진억 박사와 나만 남았다. 김 박사는 이제 여든이 넘은 나이임에도 자원 관련하여 계속 일하고 있는 정력가였다. 내가 말했다.

"김 부장님, 제가 커피 한 잔 사드릴까요?"

그가 말했다.

"그래. 한 잔 마시자."

묽은 커피 두 잔을 주문하며 박수정 씨에게 말했다.

"수정 씨, 내가 제일로 존경하는 연구원 선배님이십니다."

그녀가 말했다.

"안녕하세요. 잘 부탁드립니다."

시원시원한 김진억 박사가 말했다.

"이거, 이거, 최 박사 덕에 미인도 만나고 맛있는 커피도 마시게 되었구먼. 하하하."

쾌활한 그의 너털웃음이 터졌다. 원판이 부르르 떨며 커피가 준비되었다고 알렸다. 둘은 자리에서 일어났다. 내가 말했다.

"김 부장님, 커피 들고 도서관 한 번 가시겠어요. 경치 끝내줍니다."

그가 말했다.

"그래 좋아. 그래 어디 가보자구."

커피를 한 잔씩 들고 계단을 타고 이층에 있는 도서관에 갔다. 문을 열자 반기는 김양진 씨를 보더니 반가운 인사를 김진억 박사가 건넸다.

"이게 몇 년 만이야. 김양진 씨, 잘 있었지?"

창가 자리로 그를 모셨다. 그가 둘러보며 말했다.

"연구원 참으로 많이 발전했어. 내가 근무할 때 꿈도 못 꾼 일이 말이야 현실이 되었으니 말이야."

나를 외면하고 몸을 돌려 김양진 씨에게 그는 말했다.

"옛날 자원조사 보고서 다 있지? 버리지 않았지?"

그녀가 말했다.

"어떤 보고서를 말씀하시나요?"

그가 말했다.

"희토류 보고서 요즘도 많이 보고 있지?"

그녀가 말했다.

"예, 그 보고서 찾는 분들이 좀 있습니다."

그가 또 물었다.

"혹시 오동광산烏銅鑛山 보고서 있나?"

그녀가 말했다.

"어떤 보고서 말인가요?"

그가 말했다.

"오동광업소에서 연구소에 기증한 보고서."

그녀가 말했다.

"그 보고서는 없습니다."

그가 말했다.

"거봐. 내 없을 줄 알았어. 오동광산서 연구소에 기증한 보고서인데 현재 어디 가 있는지 알 수가 없어. 헌데 최근 그 얘기를 한 번 들은 적 있어. 중요한 자료가 연구소 도서관에 없다면 관련 연구 자료는 영원히 없어지거나 누군가의 손에서만 있다가 없어지게 되는 거야."

내가 말했다.

"오동광산이 폐업하면서 관련 보고서를 연구소에 기탁했던 거군요."

그가 말했다.

"그렇지. 그게 얼마나 중요한 자료야."

나와 김양진 씨는 고개를 끄덕이며 그의 얘기에 귀를 기울였다. 기록 문서가 어딘가에 보관되지 않고 사유화된다면 몹시 잘못된 일이라고 생각하게 되었다. 김진억 선배가 말했다.

"최 박사와 나와는 아주 깊은 인연이 있지. 석재 문제로 말이야."

웃으며 내가 그의 말에 끼어들었다.

"1984년 10월 11일 낭시 한국동력자원연구소에 위촉연구원으로 들어와 뭣도 모르고 석재 일을 맡았죠."

둘 사이 미묘한 신경전이 벌어지기 시작했다. 그가 서두르는 투로 김양진 씨에게 말했다.

"그때 말이야, 대통령이 세종로를 지나가면서 일이 터진 거지."

그의 말에 내가 끼어들었다.

"제가 설명할게요. 전지환 전 대통령이 세종로 동성생명 빌딩을 지나다 한 마디 했대요. '저 건물에 붙인 돌이 참 괜찮구먼.' 그러자 옆에 있던 비서관이 자발 적게 '저거요? 다 외제입니다' 했대요. 그러자 '뭐야? 돌도 수입해? 어느 곳에서 석재를 연구하나? 당장 조사해서 보고하라고 해' 했대요. 곧바로 연구소에 불똥이 떨어져 한 달 동안 조사해서 표품을 케이스에 넣어 보고했지요. 그때 뭣도 모르고 맡아 군대식으로 말하면 초비상훈련을 한 턱이었지요."

그러자 그가 말했다.

"맞아. 엄청 고생 많았어."

한참 선배와 나의 미묘한 신경전은 이 말로 끝을 맺었다. 그리고 그는 어떻게 석재 일을 맡아 하게 되었는지, 정무수석과의 친분관계며 다양한 얘기로 그의 석재에 대한 업적은 빛을 발했다. 그는 국내에서 처음으로『석재도감』을 발간하였다. 석재의 산지, 매장량, 품질 등 다양한 내용이 함께 실렸다. 연구는 축적이다. 기록으로 도서관에 비치되어 10년 안에 누군가 정책을 입안할 때 쓰인다면 최고일 테다. 내가 말했다.

"김 부장님, 미래연구동 준공식에 참석하셔야 하는 거 아니셔요?"

그가 말했다.

"내가 가서 뭐해? 최 박사와 이야기 하는 게 더 좋아."

내가 말했다.

"김 부장님 오늘 점심에 괜찮은 레스토랑에서 스테이크와 와인 드시겠어요?

그가 말했다.

"좋지."

그의 눈은 김양진 씨에게로 갔다. 내가 말했다.

"김양진 씨, 점심 식사 초대해도 돼요?"

그녀가 말했다.

"저야 영광이지요."

내가 말했다.

"김 부장님 어떠셔요?"

그가 말했다.

"미인과 식사 너무 좋지. 오케이."

내가 말했다.

"그럼 김양진 씨, 12시 10분 전까지 도서관 라운지 입구에 차를 대고 기다리겠습니다."

도서관에서 오래 이야기하는 게 옳지 않아 나는 김진억 박사를 모시고 밖으로 나왔다. 나들길을 지나 미래연구동 앞을 지나는데 전임 소장과 원장들이 죽 늘어서서 테이프를 끊으려 하고 있었다. 내가 말했다.

"지금이라도 가셔서 테이프를 끊으시지요?"

그가 말했다.

"내가 꼭 있어야 하는 자리와 없어도 되는 자리를 너무 잘 알아. 저긴 내 자리가 아니야. 내가 원장을 했나? 그렇잖아?"

여든이 넘은 나이에 자신의 자리를 저리 똑바로 자리매김하며 산다는 것이 참으로 고개를 숙이게 했다. 그리고 본관동 뒤 등나무 밑 그늘로 그를 모셨다. 도룡동에 있는 레스토랑에 점심식사를 예약하고 담배를 한 대 물고 있자 그가 말했다.

"요즘 연구소가 이상한 것 같아. 예전 연구소 같지가 않아."

그가 말하고자 하는 것을 듣고자 내가 말했다.

"제가 처음 들어와 연구소 일을 할 때와 완전 패턴이 달라진 것 같습니다. 그때만 해도 정부가 자원 수급 계획을 세우고 그에 맞추어 석탄이나 금속, 비금속 조사를 해서 매장량 얼마를 달성할 수 있도록 계획을 수립하라고 했던 시대였는데 말입니다."

그가 말했다.

"저 봐, 저 봐, 이런 문제를 알고 있는 거 좀 봐. 연구소는 국가의 정책과 맞물려 이뤄져야 하는데 요즘은 거 뭐야? 슈림프가 대세라며?"

슈림프 분석은 암석에서 지르콘을 분리하여 그로부터 우라늄과 납 동위원소를 측정하여 암석의 형성시기를 분석하는 방법이다. 내가 말했다.

"연구 실적이 요즘은 가장 큰 평가 기준이다 보니 논문을 쉽게 쓸 수 있고 슈림프로 분석한 결과는 SCI 저널에서 논문도 잘 실어주니 더더욱 그에 목을 매는 게지요."

그가 말했다.

"그래그래, 그럴 줄 알았어. 요즘 IT 분야에서 희토류가 완전히 국가 경쟁력이 되었지. 옛날 내가 조사할 때 분포조사, 함량 분석, 매장량 계산 등 자세한 보고서를 냈지. 요즘 그걸 우려먹으면서도 원 저작에 대해 일말의 인용도 않고 있더구먼. 말이 되냐고."

내가 말했다.

"그런 일이 있었습니까?"

그가 단호하게 말했다.

"말이 되냐고. 물론 새로 조사해서 국내 기업의 수요에 맞춰줄 만큼 매장량을 확보했다고 해야 기관장은 광이 났겠지. 그런 스펙을 쌓아야 원장 연임에도 크게 도움이 될 테고."

내가 말했다.

"오래전 이야기 아닌가요? 너무 노여워 마세요. 그렇게 연구해놓으셨으니 새로운 팀이 보다 넓게 조사할 수 있는 것 아닌가요?"

내가 말을 이었다.

"정부가 정부의 정책에 맞는 연구 과제를 출연연구원이 하도록 하는 시스템은 망가진 것 같습니다. 그리고 국책 사업을 소신껏 벌이다 잘못될 경우 그 대가는 옷을 벗는 일로 마무리 되다 보니 이제 공무원들 가운데 옛날처럼 소신 공무원이 그리 많지 않은 것 같습니다. 선업도 방폐장 건설 준비 과정에서 문제가 생겼잖습니까? 장관이나 차관이 책임을 져야 함에도 실무 서기관이었던 제 친구가 옴팡 뒤집어쓰고 옷을 벗어야 했지요. 공무원을 늘 그리 벌세우면 정작 일 잘하는 공무원보고 일하지 마란 게 되잖아요. 그걸 사람들이 모르는 것 같습니다. 요즘 교수나 전문가라는 이들의 자문, 평가기관 평가를 통해서만 일하라는 말인데 공무원도 학위 가진 사람들 많잖아요. 말이 안 되죠. 국민의 세금으로 운영되는 정부출연연구소잖습니까? 정부정책과 상관없는 논문 편수를 중시하여 허구한 날 평가받고 운영된다는 게 참으로 어이없습니다. 그간 중국 석탄 사업 네 선, 몽골 석탄과제 1건을 수행했습니다. 이제 매장량이나 석탄물성 전문가가 없어 이러한 과제는 더 이상 못 할 것 같습니다. 원천기술이 필요 없다며 버려진지 오랩니다."

그가 말했다.

"그래그래 바로 보고 있었구먼. 최 박사는 그간 어떤 연구를 했어? 경상분지 연구와 활성단층 연구는 다 아니 그건 빼고."

내가 말했다.

"그간 안면도에서 대부도 영흥도까지 서부 경기육괴의 고생대 지층에 대해 공부했습니다. 2010년부터 지진도 공부하고 있고요. 현재 연구 방식은 3년 단위로 이루어지다 보니 새로운 연구 과제가 생기면 자신의 전공, 주특기, 그동안 해온 연구와 상관없이 무조건 참여해야 하는 시스템 아닙니까? 그러다 보니 이곳저곳 자투리 연구 결과는 갖고 있으나 한국의 지질에서 경상분지 전문가, 옥천대 전문가, 활성단층 전문가, 경기육괴, 영남육괴 전문가, 화강암 전문가가 없는 것 같습니다."

그가 말했다.

"그래 많은 성과를 이뤘어?"

내가 말했다.

"서부 경기육괴 논문 한 편 냈을 뿐 지금도 계속 조사 중입니다."

그가 말했다.

"그 넓은 지역을 혼자 조사했다는 말이지? 내가 보기엔 네댓 명이 10년간 해야 할 일을 혼자 해낸 거네. 고생 많았겠구먼."

내가 말했다.

"허점은 많지만 레인저 조사였죠. 지난 원장 한 분은 '출장을 다닌 만큼 논문을 내지 못하면 출장을 금지 시키라'고 했지요. 1번 대상자가 저였어요. 연구원 들어와 30년이 다 돼서 이런 수모는 처음 당했습니다. 이젠 몇 가지 문제가 해결될 것으로 기대하고 있는데 결과가 나오면 논문을 낼 요량입니다. 그간 서부 경기육괴가 남중국의 연장이냐 아니냐고 논쟁이 많았는데 아마도 그 문제를 약간은 풀 것도 같습니다."

그가 말했다.

"저 봐, 저 봐. 원장이라면 연임 욕심이 왜 없겠어? 논문 편수를 늘려야 기관평가도 잘 받고 자기 연임에 도움이 될 텐데, 서부 경기육괴 고생 대층서, 퇴적환경, 지구조 환경이 지질전공이 아닌 원장에게는 별거 아닐 수도 있겠지. 이번 원장은 어때?"

내가 말했다.

"나들길 만드는 걸 보셨겠지만 저는 지금의 원장님이 계신 게 너무나도 행복합니다. 운동화를 신으시고 곳곳을 다니며 일을 챙기십니다."

내 어깨를 두드리더니 그가 한마디 거들었다.

"나도 그런 수모를 겪었잖아. 퇴직 1년 남겨놓고 대기발령을 내려놓은 거야. 평생 연구소를 위해 일한 과학자를 이렇게 대접한다는 게 말이 나 돼? 도저히 참기가 힘들었지."

시간을 확인하고 내가 말했다.

"이제 도서관 라운지로 갈 시간입니다."

지프차를 끌고 도서관 라운지 앞으로 갔다. 목발을 짚은 김양진 씨가 건물 문 앞 계단에 앉아 기다리고 있었다. 아까는 몰랐는데 물어보니 얼마 전 교통사고를 당했다고 했다. 그녀를 부축하여 뒷자리에 앉히고 도룡동 이태리식 레스토랑으로 차를 몰았다. 스테이크를 자르며 이태리 와인으로 건배를 청했다. 김 박사가 말했다.

"아무도 알아주지 않아도 꿋꿋이 도서관을 지킨다는 게 참으로 힘들텐데 김양진 씨에게 찾아가면 보고서 내용도 대충 아니 참 일하기 편했어. 문서기록을 잘 분류하고 정리하여 국가의 지질자원문제 해결의 허브 역할 한다는 게 그리 쉽지만은 않지."

와인 잔을 쨍 울리며 붉은 액체를 그간 온갖 무관심의 세월 바싹 마른 입안에 부었다. 셋은 무슨 각본이라도 짠 듯 서로를 북돋워 주는 말만 하고 있었다. 식사가 마쳐질 즈음 주인이 와서 인사를 청했다.

"요리 맛있으셨어요?"

내가 말했다.

"오늘 융숭하게 대접받고 가는 것 같습니다. 너무 행복했습니다. 감사합니다."

김양진 씨를 부축하여 밖으로 함께 나오며 뜬금없이 대접이란 단어가 머릿속에 맴돌았다. 돈을 받았으니 돈 받은 만큼 일해야 한다고 강요받는 경우와 대접을 잘 받아 자진해서 열심히 일하는 경우가 떠올랐다. 지프차를 타고 연구원으로 돌아왔다. 김양진 씨를 부축하여 도서관 입구 승강기까지 모셔다 주고 나오자 김진억 박사는 이제 그만 서울로 가야겠다고 말하며 택시를 불러 달랬다. 그리고 그만 시간을 뺏고 싶다며 어서 들어가라고 했다. 금방 온 택시를 타고 그는 그의 길을 재촉했다. 연구소에 오랜만에 와서 다른 누구도 아닌 나와 연구소를 묵묵히 지켜온 도서관 사서와의 모임이 그에게 더 가치 있는 일로 여겨진 게 한편 기쁘고 한편 미안키도 하였다.

1546년 5월 23일 순천지진과 상원 진앙

　명종 1년, 1546년 음력 5월 23일 기사로『조선왕조실록』은 다음과 같이 적고 있었다.

　"서울에 땅이 동에서 서로 흔들렸으며 한참이 지나자 멈추다. 시작할 때 소리는 작게 우르릉하고 울리더니 마침내 땅이 흔들리다. 집채들이 모두 움직이고 담벼락이 흔들려 무너지다. 신시에 또 흔들리다."

　임금께서 승정원에 메시지를 보냈다.

　"근자에 비와 우박이 아니 내리는 곳이 없고 햇무리가 나지 않는 날이 없도다. 재변이 극히 심하고 날마다 걱정이 태산이로다. 이제 또 땅이 이처럼 흔들리니 이는 근고에 없던 재변이니 어찌 조치를 해야 할지 알지 못하겠노라. 내일 정부 관리, 영부사, 육경 모두 불러 하늘의 도에 대응하는 법을 의논코자 하노라."

　같은 날『조선왕조실록』의 다른 기사에는 지진이 감지된 고장의 이름들이 빼곡히 등재되었다.

황해도 우봉 토산

경기 파주 광주 양주 연천 가평 삭녕 장단 마전 인천 고양 강화 통진 양천
죽산 진위 금천 적성 부평 이천 수원 안성 영평 포천 陰竹 김포 교하

충청도 직산 홍주 진천 면천 평택 충주 땅이 흔들리다.

평안도 박천 강서 용강 철산 양덕에 **두 번** 땅이 흔들리다. 집채가 부르르 움직
이고 가축이 놀라 뛰며 큰비가 내리다.

성천 맹산 운산 구성 용천 이산 위원 안주 곽산 삼화 영원 증산 강동 지산
순안 개천 순천 영유 은산 삼등 덕천 함종 숙천 상원에 땅이 흔들리다. 땅이
꺼진 곳이 네 곳.

함경도 영흥 홍원 안변 덕원 문천 고원 큰비가 오고 땅이 흔들리다.

강원도 강릉 정선 양양 횡성 통천 춘천 회양 간성 흡곡 철원 이천 원주 狼川
평강 금성 양구 김화 안협 고성 땅이 흔들리고 개울과 도랑이 출렁거리다.

경상도 청도 큰비로 사태가 일어나 매몰된 민가가 한 채, 깔려죽은 사람 셋.

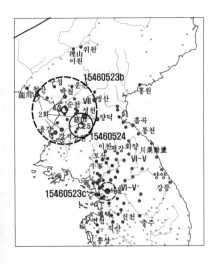

이날은 양력으로 6월 20일. 위 기사는 여러
고장의 감사들이 현감들의 보고를 취합하여
중앙정부에 올린 장계를 보고 만든 시정기를
바탕으로 이 날짜 기사로 올라 있는 것이라는
사실이다. 이 지진사건은 두 개로 이루어지며
박천, 강서, 용강, 철산, 양덕 등에서 난 지진은
본진의 여진일 가능성이 있다. 그 나머지 성천,
맹산을 비롯한 평안도 지역에서 땅이 꺼진 곳
이 네 곳이라 하였는데 이 네 곳의 진도는 VIII~

Ⅶ에 해당된다. 강원도 지역에서는 개울과 도랑이 출렁거렸으며(川渠動盪), 서울 지역에서 담벼락이 흔들려 무너진(墻壁振落) 상황은 진도 Ⅵ~Ⅴ에 해당될 것으로 보인다. 본진에 이어 일어난 5월 23일 박천 등에서의 여진은 진앙이 안주이고 5월 24일 평양, 성천, 삼등에서 일어난 여진의 진앙은 강동이다. 안주와 강동에서 일어난 여진과 평안도의 감진 지역을 고려할 때 순천쯤에 본진의 진앙이 놓였을 것으로 추정된다.

일단 진도 Ⅷ~Ⅶ에 해당되는 100㎞ 반지름의 감진 원 경계 진도를 Ⅶ, 담벼락이 흔들리고 무너진 서울과 개울과 도랑의 물이 출렁거린 강원도를 포함하는 감진 원 경계의 진도를 Ⅴ라 할 때 진앙지 진도는 8.3과 8.1, 지진 규모는 6.4~6.6과 6.3~6.5로 산정되었다.

I	반지름 km	Δ km	I_o	M Tsuboi	M Lee	M 기상청	M G&R
Ⅳ	340	340.147	8.0	5.7	6.4	6.2	6.3
Ⅴ	250	250.1999	8.1		6.5	6.3	6.4
Ⅶ	100	100.4988	8.3		6.6	6.4	6.6

감진 지역 전체를 아우르는 감진 원 경계의 진도는 Ⅳ라 할 때 진앙지 진도와 규모가 위 두 경우에 근접하였다. 순천지진 이후 평안도 안주에서 규모 4.3 / 4.3의 지진과 이튿날 강동에서 또 규모 2.4 / 3.3의 여진이 일어났다.

스무 해가 지난 1565년에도 상원일대에 지진이 일어났다. 지진이 난 곳은

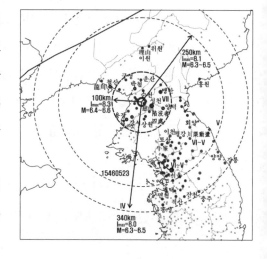

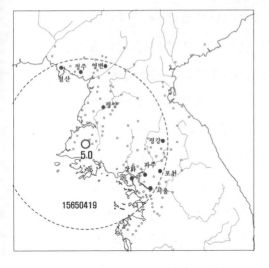

다음과 같이 『조선왕조실록』에 기록되어 있었다.

明宗 20년(1565년) 4월 19일

○서울 땅이 흔들리다. 집채들이 모두 움직이다. 경기 파주, 포천, 강화 땅이 흔들려 집기와가 부르르 움직이다. 강원도 평강 땅이 흔들리다. 평안도 정주, 영변, 철산, 평양 땅이 흔들려 집채들이 부르르 움직이다.

지진이 난 지점을 표시하고 이들로부터 진앙을 구하는 작업에 들어갔다. 지진이 감지된 지역을 용감하게 원에 맞추니 진앙이 황해도 신천 서쪽에 놓이고 규모는 5.0 / 4.8로 추산되었다.

허나 이후 평안도 상원일대의 무더기 지진은 내 생각을 뒤엎게 하였다. 1565년 8월 2일부터 무려 다섯 달 이상 상원에서는 거의 날마다 크고 작은 지진이 일어났다. 『조선왕조실록』의 음력 12월 8일 신미일과 13일 병자일의 기사는 '평안도 상원 땅이 흔들리다'로만 채워져 있었다. 역사지진을 다룬 논문들에서는 이러한 지진을 '군발지진'이라 부르고 있다. 1565년 4월 19일 지진의 여진이라 생각한다면 이에 대한 재고가 필요하였다. 12월 25일 『조선왕조실록』 기사를 살펴니 상원에서도 지진이 났다.

明宗 20年(1565年 乙丑) 12月 25日(戊子)

○戊子일 / 해에 무리(귀고리)가 생기다. 두개의 귀고리가 있으며 뒤는 겹쳐

바람에도 흔들리는 땅

귀고리가 생기다. 색은 모두 안이 붉고 밖은 청백이다. 밤 달에도 약간 무리가 생기었고 귀고리가 두개이다. 평안도 숙천, 안주, 영유 땅이 흔들리다. 가산에서 벼락이 치고 상원 땅이 흔들리다(상원은 4월 19일부터 땅이 흔들려, 지금까지 멈추지 않으니 變怪非常이다).

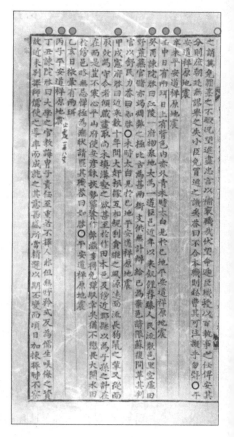

다시 말하면 음력 4월 19일부터 상원에서 계속 지진이 일어난 셈이다. 이러한 정황들을 고려하여 진앙을 상원으로 삼으니 지진규모는 4.9 / 4.7로 추산된다. 1565년 4월 19일 상원지진은 『한반도 역사지진 기록』이라는 책자에서는 두 개의 지진사건으로 기술되어 있었다. 이후 지속적으로 있었던 군발지진과는 아무런 관련이 없는 사건으로 다루고 있었다.

≡

이튿날 명종임금은 승정원에 메시지를 보냈다.

"지난 밤 서울의 땅이 흔들림에 내 마음이 진정이 안 되도다."

이에 승정원에서 답변을 올렸다.

"신들이 하교를 엎드려 받잡건대 감정의 격함을 이기지 못하겠나이다. 땅이란 음으로 이치상 마땅히 고요한 것입니다. 헌데 4월은 순양의 달이고 서울은 사방의 대표입니다. 이제 음의 직분이 양의 일을 침범하

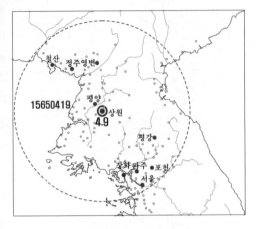

니 변이비상이나이다. 지난 역사를 상고하건대 음이 성하고 양이 약해지는 증거가 아닐 수 없나이다."

이후 되풀이해서 일어난 상원 군발지진은 경우에 따라 '땅이 크게 흔들리다(地大震)'로 기술된 곳도 있었다. 1565년 11월 23일 기사에서민 싱원뿐만 아니라 평양과 강서에서 지진이 감지되었다는 기록을 빼면 주변 지역에서도 분명 감지가 되었을 법하나 『조선왕조실록』에서 관련 기록은 확인되지 않았다. 4월 19일 지진사건은 상원을 진앙으로 잡아야 한다는 생각이 들었다. 결과 이날의 지진은 규모 4.9 / 5.0의 지진사건이었다.

≡≡

다섯 달 또는 일고여덟 달 동안 한 지역에서 되풀이해서 여진이 일어나는 상황은 어찌 이해해야 할까 명확히 머릿속에 그려지지 않았다. 그런 상황에 산다면 아마 신경쇠약이 걸릴 것 같았고 나라면 뛰쳐나갔을 것 같기도 하였다. 한국지질광물연구원에서 내가 참여하고 있는 과제는 지질도폭 조사와 서부경기육괴 층서지구조 규명 등이었다. 황진하 박사, 전지영 박사, 김유진 박사와 함께 서산에 와 있었다. 서산층군의 층서 규명을 위해 같은 실의 연구원들이 함께 있었다. 함께 삼겹살을 구워 저녁식사를 마치고 2차로 모두는 어느 카페로 향했다. 중년의 주인이 우리를 맞았다. 바의 구석에 내가 앉았다. 여주인이 나를 곱게 맞아 주었다. 위스키 잔술을 시켰다. 일본 분위기가 나는 주인에게 이름을 물었더니 그녀가 말했다.

"재이루동포구요. 한국 이름은 기무 종 수쿠라 하므니다."

내가 말했다.

"곰방와. 하지메 마시테. 일본 사람으로 봤습니다. 제가 프랑스에서 공부할 때 만난 분이 있었는데 쇼꼬라 했습니다. 너무 닮으셨습니다. 지금부터 쇼꼬 씨라 불러도 될까요? 제 성은 최 씨입니다."

그녀가 말했다.

"사이상이시로군요. 쇼꼬 좋스므니다. 근데 동료들이 다 가고 혼자 남은 것 아시므니까?"

한 잔 마시고 보니 동료들은 이미 썰물처럼 빠져나간 뒤였다. 아, 직장 동료 사이에서 왕따가 바로 나였던 것이었다. 늘 홀로서도 즐거운 나 아닌가 생각하며 나를 다독였다. 이왕 이리 된 것 새로 사귄 분과 대화하며 그냥 그렇고 그런 술자리를 피하게 된 것만도 좋다고 생각이 되었다. 내가 말했다.

"쇼꼬 상은 참으로 아름답습니다. 사귀는 분은 없으세요?"

그녀가 말했다.

"없으니까 이 장사를 하겠지요?"

그녀가 살포시 웃을 때 볼우물이 살짝 생기는 매력이 있었다. 그 다음 내가 무슨 말을 하길 기다리며 오물거리는 입이 참으로 아름다웠다. 내가 말했다.

"일본에 사셨으면 지진을 많이 겪었겠어요?"

그녀가 말했다.

"어느 날은 몇 번씩도 일어납니다. 안절부절 못하고 늘 불안하므니다."

내가 물었다.

"몇 달 동안 계속 지진이 나는 경험도 하신 적 있으신가요?"

그녀가 말했다.

"그렇게까지는 없었지만서도 비슷한 경험 많이 했스므니다."

당연한 답변을 들은 듯 내가 말했다.

"어떤 생각이 드셨나요?"

그녀가 말했다.

"일본 사람들 가끔 이런 말을 하므니다. 한국이나 중국을 쳐들어가서 이 지긋지긋한 곳에서 벗어나고 싶다고요."

으악, 그 소리가 저절로 나왔다. 모두가 저런 생각을 하진 않겠지만 적어도 그녀는 그런 부류일 거라고 생각이 들었다. 내가 말했다.

"쇼꼬 상은 그래서 한국에 온 것입니까?"

그녀가 고개를 갸웃거리며 말했다.

"꼭 그런 건 아니지만서도 이유는 비슷하므니다. 부모의 조국이고 차별도 받을 만큼 받았고 한국에서도 살아 보고 싶기도 하고."

중년의 여성에게 그 과거를 캐고자 하는 것만큼 실례가 어디 있을까 싶어 화제를 다른 데로 돌렸다. 주거니 받거니 한 것은 대화뿐만 아니라 위스키 잔술도 있었다. 종업원 하나가 와서 말했다.

"손님~, 그냥 한 병을 시키시지 그러셨어요? 잔술로는 엄청 비싼데."

그녀는 그 큰 잭 다니엘 병을 들어 다 비어 조금 남은 상태를 보여주었다. 오늘은 미인계에 속았다 해도 좋았다. 동료들이 나를 내팽개치고 어디론가 갔다 해도 좋았다. 새로운 공간을 만났다는 것이 좋고 그녀가, 그 종업원이 나를 이제부터 반겨 줄 것이니 좋고. 주인이 말했다.

"어쩌죠?"

머쓱한 듯 그녀가 말을 돌렸다.

"내일은 어디서 일하세요?"

거금을 지불하며 내가 말했다.

"비가 안 오면 보령에서 배 타고 섬 지역 지질조사를 해야 합니다."

숙소로 돌아와 펴놓고 내일 할 곳을 보았던 지형도들을 접어 내일 할 일을 머릿속에 그리고는 잠을 청했다.

월악산 진앙

숙종 18년, 1692년 음력 9월 24일 『조선왕조실록』은 지진사건을 소개하고 있었다.

肅宗 18年(1692年 壬申) 9月 24日(庚午)

○밤 2更에 서울 땅이 크게 흔들리다. 이날 경기, 충청, 전라, 경상, 강원 等 道 모두 흔들리다. 천둥치는 소리 같이 났고 심한 곳에서는 집채가 들썩들썩 까부르고 창문이 저절로 닫히다. 산천초목이 흔들리지 않는 게 없다. 새와 짐승이 놀라 달아난 것들이 있었다. 그 흔들림은 대개 서북쪽에서 일어나 동남쪽으로 가다.

『승정원일기』에는 『조선왕조실록』의 기사보다 더 많은 꼭지의 기사가 포함되어 보다 자세히 기록되어 있었다.

숙종 18년(1692년) 9월 24일

○2경更 5점點에 북서에서 남서로 땅이 흔들리다.

숙종 18년(1692년) 10월 2일

○경기감사 서목 : 양주, 파주, 이천, 지제, 양평 等 고을 9월 스무나흘 3更쯤
지진事.

숙종 18년(1692년) 10월 16일

○충청감사 서복 : 공수 等 구의에서 지난 달 스무나흘 땅이 흔들림. 事係變異事.

숙종 18년(1692년) 10월 17일

○전라감사 서목 : 순천, 무장 두 고을에서 9월 스무나흘 亥時쯤 땅이 흔들
림. 事係變異事.

숙종 18년(1692년) 10월 19일

○경상감사 서목 : 의성等 17고을에서 9월 스무나흘 땅이 흔들림. 事係變異事.

숙종 18년(1692년) 10월 23일

○강원감사 서목 : 강릉等 11고을에서 9월 스무나흘 亥時쯤 땅이 흔들림.
變異非常事.

『해괴제등록』에서 경기도와 전라도에 대한 기사는 거의 같으나 다른
지역에 대한 지진 기술은 보다 더 상세하였다. 충청 지진 해괴제 결재문
서는 다음과 같았다.

★1692년 壬申 10月 17日

충청 지진 해괴제

—충청감사 박신 書狀에 "공주 목사 한명상, 니산 현감 최준, 제천 현감 권덕

창, 보은 현감 권만, 전의 현감 정중태, 홍주 겸임 결성 현감 한이원, 천안 군수 박태장, 비인 현감 송엽, 충주 목사 엄찬, 영춘 현감 권두인, 단양 군수 이욱 牒呈에 9월 스무나흘 亥時쯤 始自西北 至東南 서북에서 동남으로 땅이 흔들리다 멈추었는데 집채와 창, 바람벽 모두 들썩들썩 움직였나이다" 하고 한결같이 알려 왔는바, 事係變異事이나이다.

―예조의 규정에 따라 계목과 붙임문서를 계하하시어 앞의 공주 等 고을의 지진은 몹시 놀랍고 두려우니 해괴제 향과 축문, 폐백을 해당 관서에 명을 내려 전례에 비추어 마련, 빨리 하송하여 중앙에 제단을 설치하고 때를 보아 길일을 택하여 설행하도록 회이하심이 어떠하올지 아룁니다.

―강희 31년 10월 17일 좌부승지 臣 沈橝 처리.

―임금께서 계대로 윤허하시다.

경상 지역의 지진에 대한 『해괴제등록』의 결재문서는 보다 상세하였다.

★1692년 壬申10月 24日

慶尙 地震 解怪祭

―경상감사 이현기 서장에 "의성 현감 황응일 첩정에 '지난달 스무나흘 亥時 쯤에 서남에서 지진이 일어나 잠시 뒤 멈추었으며 창문이 들썩들썩 흔들렸 나이다' 하였으며

군위 현감 강식 첩정에 '지난달 스무나흘 亥時쯤에 서남에서부터 땅이 흔들 렸으며 경각이 지나자 멈추었나이다' 하였으며

예안 현감 이동암 첩정에 '지난달 스무나흘 亥時쯤에 땅이 흔들려 산천과 집채가 크게 들썩들썩 움직였으며 새와 짐승이 놀라 달아나지 않는 게 없었

나이다' 하였으며

안동 부사 김원섭 첩정에 '지난달 스무나흘 亥時쯤에 서북에서 동남으로 땅이 흔들렸으며 집채가 들썩거리고 창호가 저절로 열렸나이다' 하였으며

진주 겸임 사천 현감 심서휘 첩정에 '지난달 스무나흘 亥時초 지진이 났다가 잠시 뒤 멈추었나이다' 하였으며

합천 군수 서경조 첩정에 '지난달 스무나흘 三更쯤 동북에서 서쪽으로 땅이 흔들리다 멈추있나이다' 하였으며

인동 부사 이언연 첩정에 '지난달 스무나흘 亥時쯤에 서쪽에서부터 땅이 흔들려 집채가 들썩거리다 잠시 뒤 멈추었나이다' 하였으며

榮川(영주) 군수 박세량 첩정에 '지난달 스무나흘 亥時쯤에 땅이 흔들리다 잠시 쥐 멈추었나이다' 하였으며

풍기 군수 정증 첩정에 '지난달 스무나흘 亥時쯤에 서남으로부터 땅이 흔들려 집채가 들썩거리다 잠시 뒤 멈추었나이다' 하였으며

영해 부사 김성좌 첩정에 '지난달 스무나흘 亥時쯤에 동북쪽에서부터 서남쪽으로 땅이 흔들리다 잠시 뒤 멈추었고 집채 모두 들썩들썩 움직였나이다' 하였으며

상주 목사 김구만 첩정에 '지난달 스무나흘 亥時쯤에 북쪽에서부터 땅이 흔들리다 잠시 뒤 멈추었나이다' 하였으며

예천 군수 이고 첩정에 '지난달 스무나흘 亥時쯤에 남쪽에서부터 땅이 흔들려 집채가 모두 움직였으며 잠시 뒤 멈추었나이다' 하였으며

김해 부사 이하정 첩정에 '지난달 스무나흘 2更쯤 지진이 서남에서 일어나 집집마다 들썩거리며 부르르 떨다 잠시 뒤 멈추었나이다' 하였으며

청하 현감 정기윤 첩정에 '지난달 스무나흘 亥時쯤에 지진이 남쪽에서 일어나

북쪽으로 갔으며 집채가 움직여 부르르 떨다 잠시 뒤 멈추었나이다' 하였으며

문경 현감 원덕하 첩정에 '지난달 스무나흘 亥時쯤에 지진이 크게 일어 집채가 들썩거리지 않는 것이 없었나이다' 하였으며

봉화 현감 박치 첩정에 '지난달 스무나흘 亥時초 지진이 나 잠시 뒤 멈추었나이다' 하였으며

홍해 군수 이원호 첩정에 '지난달 스무나흘 亥時말 남에서 북으로 땅이 흔들려 집채가 들썩들썩 휘청거렸나이다' 하고 모두 다 첩정을 보내오니 事係變異事이옵나이다" 하오니

─예조의 규정에 따라 계목과 붙임문서를 계하하시었기에 앞의 의성 等 17 고을의 지진은 몹시 놀랍고 두렵기에 해괴제 향과 축문, 폐백을 해당 관서에 명을 내려 전례에 비추어 마련, 빨리 하송하여 중앙에 제단을 설치하고 때를 보아 길일을 택하여 설행하도록 회이하심이 어떠하올지 아룁니다.

─강희 31년 10월 20일 좌부승지 臣 沈橃 처리

─임금께서 계대로 윤허하시다.

강원 지역 해괴제 결재문서에서는 강릉에서 子時에 지진이 일어났고 울진, 삼척, 영월, 양양, 원주, 평해, 정선, 인제, 평창, 고성에서는 亥時쯤에 지진이 났다고 하였다. 상세한 위의 여러 기록들을 모아 지도에 지진 감지 지역을 매핑하였다. 그리고 지진강도가 크다고 보고된 문경과 예안을 보다 크게 표시하였다. 위의 지진사건의 진

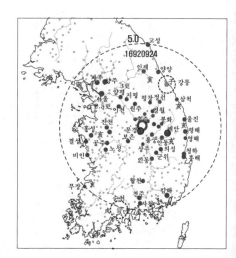

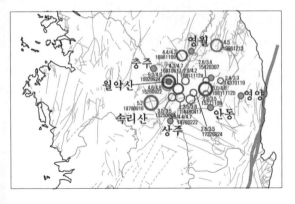

앙은 문경북쪽 월악산, 지진규모는 5.0 / 4.8로 추산되었다.

월악산 일대에서 발생한 지진은 다음 그림과 같다. 1681년 11월 12일 발생한 영주지진 또한 같은 그룹에 속하는 것으로 생각되었다. 그런가 하면 20세기에 발생한 1978년 속리산지진과 1996년 영월지진은 월악산 진앙 변두리임은 분명하나 약간 멀다는 특성을 보여준다.

1681년 11월 12일에 지진이 3회 발생하였는데 규모 5.0 / 4.8인 본진은 영주가 진앙이었다. 이 지진의 전진preshock는 월악산 진앙 부근에서 발생하였고 여진aftershock는 삼척 진앙 부근에서 발생했다. 어떤 지진의 전진, 프리쇼크로 월악산 진앙이 동원되었다는 사실은 매우 흥미롭다. 지진이 나는 곳에서는 왜 계속하여 지진이 발생하는 것일까? 역사지진 기록이 말해주고자 했던 그 메시지 아닐까?

≡ ≡

지질도폭 조사를 위해 우리 팀은 보령에 터 잡았다. 바다에서 배를 타고 일하려면 우선 풍랑이 잦은 겨울과 이른 봄을 지나야 가능하다. 바닷가 달력에는 물때와 각각의 날에 대

바람에도 흔들리는 땅

해 특별히 부르는 이름들이 적혀있었다. 상현과 하현, 그러니까 반달이 뜨는 날이 조금이고 그 다음날이 무쉬, 그 다음부터 한 물, 두 물, 세 물, 이렇게 세어간다. 대개 여섯 물이나 일곱 물이 보름이나 그믐에 해당하고 이때를 사리라 불렀다. 중앙일간지에 쓴 내 칼럼 가운데 다음과 같은 구절을 넣은 적이 있다.

조석차가 적은 조금에는 조업하기 좋은 조건이라고 한다.

아침 아홉시 지프를 타고 황진하 박사, 전지영 박사, 김유진 박사 그리고 나, 넷이 대천항 선착장에 도착하였다. 박 선장이 아는 척을 하며 우리에게 접근하였다.

"시간 맞춰 오셨네요. 오늘은 물이 좋아 일하기 좋을 것 같습니다."

김유진 박사가 말했다.

"김밥하고 물은 사왔습니다. 라면은 있나요?"

박선장이 말했다.

"김밥 있으면 굳이 라면이 필요하겠습니까?"

아이쿠, 뜨듯한 국물을 먹기는 틀린 것 같았다. 일단 선장은 출항신고를 해야 한다며 네 사람의 이름과 주소, 주민번호, 전화번호 등을 기재하라고 하였다. 실버들호에 오르자 선장은 구명조끼를 입고 있으라며 네 개를 내어주고는 어디론가 갔다. 조금 뒤 아리따운 여성 해양경찰 한 분이 출항신고서를 들고 와서 말했다.

"황진하 씨?"

감기에 걸린 황 박사가 기침을 하고 네 하며 손을 들었다. 그런 식으로 네 명이 대답하자 그녀는 다음과 같이 말했다.

"어떤 조업을 하시지요?"

내가 말했다.

"예, 지질조사를 하러갑니다. 섬마다 들러 상륙할 수 있는 바위너설에 배를 대고 올라 지질조사와 암석샘플링을 할 겁니다."

땅 깊은 곳까지 이어진 바위를 노두라고 한다. 전통 지질용어에서 바위너설은 '바위가 삐죽삐죽 내밀어 있는 험한 곳'이라 하는데 노두에 해당될 단어라 할 수 있다. 노두는 요즘 쓰는 말과 달리 고유어로 쓰였으며 노둣돌은 말에 오르거나 내릴 때에 발돋움하기 위하여 대문 앞에 놓은 큰 돌을 이른다. 그러므로 너설이나 바위너설이란 말을 쓰는 것이 옳다. 내가 말을 하자 그녀가 말했다.

"구명조끼는 귀항할 때까지 꼭 착용하셔야 합니다. 쓰레기는 모두 봉지에 싸가지고 오셔야 합니다. 그럼 모두 안전하게 다녀오시기 바랍니다."

배를 타고 참으로 오랫동안 섬 조사를 해왔지만 경찰이 이렇게 직접 나와 하나하나 챙기는 일은 없었다. 국민 모두가 아파해야만 했던 세월호 사건을 통해 새로 생긴 규정인 모양이었다. 재난은 지진뿐만 아니라 우리 생활 가까이 일어날 수 있으므로 국가가 이를 컨트롤한다는 건 참으로 다행한 일이었다.

대천항을 떠난 배는 두 시간 반 동안 사람들을 울렁거리게 하더니 끝 섬, 황도의 북쪽 끝에 뱃머리를 대었다. 배에 타고 있을 때 못 느꼈던 멀미가 바위섬 위에 발을 디디는 순간 스멀스멀 뱃속을 기어 다니고 있었다. 얼른 보기엔 중립질 화강암이었다. 바위 겉면에 루페를 꺼내 한 쪽 눈에 대고 보니 석영, 장석, 흑운모로 구성되어 있었다. 붉은 점이 있는 곳을 살피니 석류석 결정이었다. 상륙한 곳마다 샘플을 따고 번호를 매겼다. 벌써 배꼽시계는 열두 시 반을 가리키고 있었다. 선장에게 내가 말했다.

"파도가 적은 곳 어디 없을까요? 식사를 하고 하죠."

선장은 물결이 덜 이는 섬 동쪽 한갓진 곳에 배를 두었다. 그리고 김유진 박사가 쉬지 않게 밥과 반찬을 따로 싼 충무김밥을 하나씩 지급하였다. 배 안에서 맛있는 김밥을 고픈 배안에 채웠다. 선장이 끓여준 커피 맛은 쪽빛 바다와 어우러져 한껏 맛을 더했다. 황도를 한 바퀴 돌아 횡견도에 이르렀다. 검은색 편암이 발달하였다. 면 구조의 주향과 경사를 재고 샘플을 챙겨 배로 오기를 여러 번, 이제 다시 소횡견도, 오도 등에 이르렀다. 모두 검은색 편암들이 나란히 발달하고 있었다. 나이를 모르는 터라 큼직하게 샘플을 따서 배에 실었다. 황 박사가 말했다.

"방축도도폭의 방축도층 같은데?"

육상에서 그리 보기 힘든 지층이다. 군산도폭을 함께 한 터라 전지영 박사도 거들었다.

"아무리 봐도 해성층인 것 같아."

갑자기 뜻하지 않게 해무가 깔리기 시작하더니 앞을 분간할 수 없을 정도가 되었다. 난감한 상황이 되었다. 황진하 박사가 선장에게 말했다.

"선장님, 시야가 안 되는데 레이더 내비게이터로 운항은 가능합니까?"

선장이 말했다.

"이거 큰일이네요. 어찌어찌 갈 수는 있는데 시야 확보가 안 되니 걱정입니다."

내가 말했다.

"오늘 일 할 만큼 했고 지금 돌아가면 여섯 시가 다 될 테니 귀환하도록 하지요."

모두는 동의했다. 나와 김유진 박사는 뱃머리에 서서 앞에 무슨 장애물이 없는지 지켜보며 배는 천천히 대천 항으로 귀환하였다. 바다일은 욕심을 부리면 안 될 일. 육지는 한여름 날씨임에도 바다에서는 추웠다. 내복을 입을까 말까 망설이다 입지 않고 왔는데 구명조끼가 정말로 목숨을 실려주고 있었다. 체온을 보손해주는 데 이만한 게 없을 것만 같았다.

녹도를 지나자 안개는 조금 얇아지기 시작했다. 김유진 박사가 말했다.

"아까 배 앞으로 어선이 휙 지나갔잖아요. 뜨끔했습니다. 조금만이라도 우리 배가 일찍 지나갔다면 부딪혔겠지요."

내가 말했다.

"걱정할까봐 말은 안 했는데 정말 아찔했어."

아침에 고요했던 바다에 너울이 일기 시작했다. 오도에서 2시간 27분이 지나자 배는 대천 항 포구에 도착했고 정박하고 있는 배들 사이에 자리를 잡고 줄로 묶였다. 선장이 말했다.

"내일은 풍랑주의보라 일을 못 할 것 같습니다."

바다 일은 내 맘대로 되지 않는다더니 그 짝인 모양이었다. 일을 해야 한다는 욕심 앞에 아침에 보았던 당차 보이던 여경이 떠올랐다. 귓속에서 이런 말이 메아리쳤다.

'바다가 뱃사람을 가엽게 여겨주지 않으면 못할 일. 굳이 어겨가며 할 건 없어. 순리대로 해야 해.'

포구에서 하루 종일 우릴 기다리고 있던 지프차에 아쉬움과 물신 땀냄새, 기침소리를 싣고 보령 중심가에 있는 숙소로 돌아왔다. 감기로 고생한 황 박사. 조금 호전되었다고 하나 오늘 바다 일을 하고 그의 기침은 더욱 심해졌다. 평생 그가 이렇게 호되게 감기를 앓는 것을 본 적이 없었다. 이미 시간은 여섯시를 훌쩍 넘긴 시간. 바닷바람에 푸석해진 얼굴들은 반쯤 눈이 감겨 손만 씻고 금방 나와 저녁을 먹으러 가자고 하였다.

성주 진앙

앞서 소개한 바와 같이 1553년 2월 8일 일어난 성주지진은 경상도 50여 邑과 순천 등 10여 邑, 충청도와 서울에서 지진이 감지되었으며 진앙은 성주, 규모가 5.1 / 4.9 정도로 추산되었다. 문제는 산성이 무너지고 집채와 담벼락이 무너지는 상황은 규모 IX~VIII의 상황이며 규모 5.1의 지진에서 일어날 수 있는 게 아닐 거라는 근본적인 문제가 제기되었다. 이에 엑셀을 이용하여 수치 실험을 하였다. 성주로부터 감진 원 반지름 35㎞ 경계에 진도를 VIII로 설정할 때 최대 감진 원 경계 진도는 V 가까운 것으로 추정되었다. 중북부 지방에서 서울을 제외한 지역에서 지진 감지 보고가 없기 때문에 빚어지는 현상이라 할 수 있다. 이 모의실험 결과에서 보는 바와 같이 성주지진의 규모는 6.1~6.5 사이임에 틀림없을 것으로 생각된다.

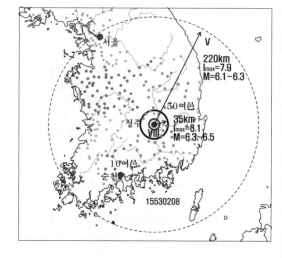

세종 9년 9월 15일『조선왕조실록』기사는 성주 서쪽 가야산지진사건
을 소개하고 있다. 仁同(인동)은 구미의 낙동강 건너편으로 인동 장 씨 본
향이다.

世宗 9년(1427년) 9월 15일

　○경상도 仁同, 신녕, 영일, 언양, 영해, 흥해, 영천, 양산, 청하, 하양, 울산,
충청도 단양, 중주, 전라도 순천, 익산, 금산, 화순, 장수, 장성에서 땅이 흔들
리다.

지진 감지 지역을 지형도에 매핑하고 원으로 둘러 진앙을 찾으니 성주
서쪽 가야산 기슭에 진앙이 놓였다. 첫째로 기술된 인동은 추정 진앙으로
부터 가장 가깝다. 앞서도 말했지만 이는『조선왕조실록』의 기술 방식에
따른 것임이 분명하였다. 1427년 가야산지진의 규모는 4.6 / 4.5로 추산
되었다.

가야산진앙은 성주나 인동과 가
까운 곳으로 크게 보아 성주진앙에
속할 것이다.

세종 10년, 1428년 7월 14일『조
선왕조실록』기사는 다음의 고령지
진사건을 소개하고 있다.

世宗 10년(1428년) 7월 14일

　○경상도 및 전라도 남원, 진원, 옥과,

담양, 전주, 화순, 고부, 부안, 태인, 용
담, 익산, 정읍, 순창, 흥덕, 옥구, 금구,
장수, 김제, 충청도 옥천, 충주 등 구의
에서 땅이 흔들리다.

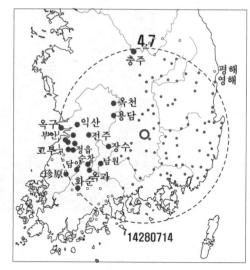

경상도의 감진 지역이 명확히 명시
되지 않아 경상도 전체가 지진이 감지
된 것으로 보아야 할 것으로 생각되었
다. 평해는 현재 경상북도이나 조선 때
에는 강원도에 속했다. 결국 경상도인
영해와 강원도였던 평해 사이에 경계
를 설정해야 하고 전라도 지역에서 지
진 감지지역과 비감지 지역을 나누면
다음 그림에서 보는 바와 같이 감진 원
이 설정되었다. 추정 진앙은 고령 북서
에, 추정 지진규모는 4.7 / 4.6으로 추
산되었다. 추정진앙은 고령과 성주 서
쪽으로 크게 보아 성주 진앙에 속한다
고 할 수 있다.

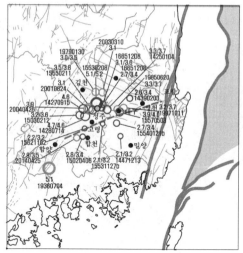

　성주지진진앙 일대에는 여러 번의 지진이 발생하였으며 최근에도 규
모 3.0 이상의 지진이 꾸준히 일어나고 있다. 성주 진앙 부근에 있는 대
구 일대에도 지진이 자주 발생하였다.
　지형학상 대구일대 저지대를 대구분지라고 부르기도 한다. 대구분지

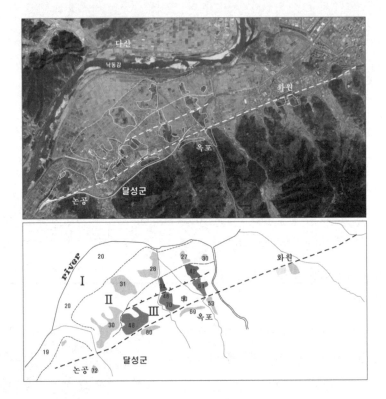

남쪽에는 선상 구조가 발달하는데 이것이 구조 단층인지는 밝혀지지 않았다. 추정 구조선 북쪽에 큰 지진이 일어나고 남쪽에선 그리 크지 않은 지진이 일어났다. 만약에 위의 선상 구조가 단층이라고 한다면 성주 진앙 일대의 지진은 이 추정단층과 밀접한 관계가 있을 것 같았다.

≡

활성단층 과제에서 나는 류지열 박사와 경상분지 지역을 맡아 지형분석 등을 면밀히 한 경험이 있다. 달성군 화원읍과 논공읍 일대의 지형을 분석한 결과 낙동강을 기준으로 3개의 면들이 발달하며 각 면들의 전선은 낙동강의 옛날 하상을 보여 주는 것으로 이해되었다. 고 하상의 전선

　　　　　　　　　　　　　　　　　　　바람에도 흔들리는 땅

을 경계로 형성된 면들의 해발고도는 비슷하였다.

단구는 낮은 곳으로부터 1단구, 2단구, 3단구 등으로 부른다. 전통 지질용어에서 둔치는 1단구에 해당된다. 버덩이라는 말도 쓰이는데 단구면에 자갈 등이 쌓여 물이 잘 빠지고 농사짓기도 어려운 곳으로 강가의 강 버덩, 개울가의 개울 버덩이란 말이 있으며 사전에도 등재되어 있다. 지형 분석결과 3단구 면에서 두 개의 불연속선이 발견되었다. 트렌치 조사 등 보다 정밀한 연구가 필요한 단계에서 과제가 마무리되는 바람에 더 이상 진척을 보지 못했다. 남쪽의 연장성이 큰 라인을 나는 달성단층이라고, 류지열 박사는 고령 쪽을 조사한 터라 고령단층이라 부르겠다고 우겨댔다. 연구실에 온 류지열 박사에게 물었다.

"류 박사, 와 니 그때 고령단층이라꼬 빡빡 우기댔노?"

그가 말했다.

"와요? 내는 이름 붙이면 안 되는교? 혜? 트렌치해서 단층으로 판명도 나지도 않았는데 이름 붙이는 게 으데 있는교? 안 근교? 성님?"

그의 똥고집을 이겨먹기 위해서라도 트렌치 작업을 실시했어야 했었다. 이제 화원읍에서 논공읍 사이는 개발 붐으로 지형도 흐트러졌고 어디 시굴할 곳도 마땅치 않을 것임이 분명하였다. 내가 말했다.

"고령은 개발이 좀 있어야 될 거고, 달성군 지역은 개발 붐 아이라. 그러니 이름이라도 자극적으로 붙여야 안 되겠나 말이다."

그가 단호하게 말했다.

"그건 아니라고 나는 봐예. 만약에 트렌치해서 안 나오면 우얄낀디예."

내가 말했다.

"그래, 지금도 니가 옳다 생각하나?"

그는 아무 말도 않고 일어났다. 아무튼 달성단층이든 고령단층이든 이 구조선의 특성은 꼭 연구되어야 하며 진앙이 발달하는 기제에 대해서도 보다 깊은 연구가 있어야 할 것임에는 틀림없었다.

≡

점심 식사 뒤 연구실에 돌아와 논문 마무리를 하고 있는데 내선 전화가 울렸다. 수화기를 귀에 댔더니 찰지고 고운 목소리가 귓속을 파고들며 말했다.

"최범진 박사님이시죠? 대출된 책이 넉 달 연체가 돼서 전화 드렸습니다, 선생님. 더 보셔야 하면 연장해 드릴까요, 선생님?"

말끝마다 선생님이란다. 연구소에선 박사 아닌 이에게 하는 말이 선생님이다. 내가 말했다.

"잊고 있었네요. 내일 반납하겠습니다."

이튿날 빌린 책을 싣고 옥천 나들목에서 북대전 나들목으로 내달려 연구원에 다다랐다. 새로 온 사서인 모양인데 깐깐해 보이기도 하고 도전적인 그녀가 도대체 누구인지 보고 싶기도 했다. 차를 중앙연구동 뒤뜰 주차장에 세워놓고 태그를 대어 출입문을 떨컥 연 뒤 승강기로 향했다. 그리고 3층, 가방과 휴대용 컴퓨터를 놓고는 다시 차로 가서 책이 담긴 쇼핑백을 들고 도서관 라운지로 향했다. 미안한 마음에 카페에 들러 내가 마실 커피와 그녀에게 들이댈 뜨거운 카모마일 차 하나를 주문하였다. 박수정 씨가 카모마일 차와 나를 번갈아 보며 말했다.

"바쁘신가 봐요. 박사님~, 맛있게 드세요~."

미소를 한 번 지어 보였다. 차 한 잔을 누구에게 줄 것인가 궁금해 하는 눈치를 무시하고 씩씩하게 나는 2층에 있는 도서관으로 향했다. 아

바람에도 흔들리는 땅

는 사서 두 사람 옆에 앉은 처음 보는 분에게 책을 건네며 내가 말했다.

"죄송합니다. 차 한 잔 사들고 왔습니다."

쾌활한 그녀가 말했다.

"처음 뵙겠습니다, 선생님. 심려를 끼쳤다면 죄송합니다, 선생님."

내가 물었다.

"성함이 어찌 되시나요?"

그녀가 말했다.

"김영욱입니다, 선생님. 잘 부탁드리겠습니다, 선생님."

내가 창가 테이블로 가자 그녀도 차를 들고 와 앉았다. 내가 물었다.

"대학에선 뭐를 전공하셨나요?"

그녀가 말했다.

"문화콘텐츠학과 다녔습니다, 선생님. 혹시 김진태 샘을 아십니까?"

내가 말했다.

"시로 박사학위를 받은 친구?"

키워드만 주어 섬긴 문장에 대고 그녀가 말했다.

"그럴 줄 알았어요. 김진태 샘께 말씀 많이 들었거든요. 지질학자에 시인에 언어학자에 거의 천재시라고요."

내가 말을 잘랐다.

"그런 말이 어디 있어요. 재수 없으니 그 단어 제발 쓰지 마세요. 저와 는 아무 상관이 없습니다."

대수롭지 않게 여기듯 그녀가 말을 이어갔다.

"참, 선생님, 요즘 재난 관련하여 글을 써달라는 원고 청탁을 받고 글 을 쓰는 중인데 좋은 아이디어가 있으시면 좀 도와주세요, 선생님."

내가 말했다.

"제가 뭐 아는 게 있나요? 제 친구 김진태는 어찌 아십니까?"

그녀가 말했다.

"대학 때 그 교수님 강의를 들은 적이 있습니다, 선생님. 그 뒤 그분과 모임도 같이 하고 자주 저녁도 먹고 광화문도 가끔 같이 가 촛불도 들고 그랬습니다, 선생님."

내가 물었다.

"좋은 능력과 경력이 있을 텐데 왜 하필 연구소를 자청했습니까?"

그녀가 말했다.

"그동안 번역도 많이 하고 책도 많이 냈는데 고정 수입은 되지 못했습니다, 선생님. 일단 2년 기한이지만 마침 도서관 정보시스템 만드는 데 사람을 뽑는다기에 서류를 냈더니 일하게 됐습니다, 선생님."

만나서 반갑다고 다시 인사하며 일어섰다. 늘씬한 그녀의 몸이 일어나며 테이블이 살짝 밀렸다. 그 바람에 움찔하며 나는 다시 의자로 털썩 주저앉았다. 젊고 탄탄한 여성 앞에서 남성성이 여성성에 밀렸다는 머쓱함을 감추려 씩 웃으며 얼굴을 돌리고 일어났다. 아무 일 없던 것처럼 도서관 출구로 나오며 김양진 사서에게 '수고하세요'라는 말을 던지고 계단을 타고 아래층으로 내려왔다. 아까 소원하게 반응한 게 미안해 카페로 다시 가 박수정 씨에게 커피 맛있었다고 말하고는 연구실로 돌아왔다. 돌아오는 길에 나는 박수정과 김영욱 둘을 천칭 저울 양쪽에 올려놓고 무게를 재고 있었다. 이리 기울었다 저리 기울었다 생각에 골몰하다가 갑자기 큰 나무둥치가 탁 안경 앞에 나타났다. 부딪힐 뻔했다.

'정신 차려'

하는 소리가 귓전에 쟁쟁 울렸다. 정문에서 중앙연구동까지 은행나무가 두 줄로 서서 날 노려보고 있다는 사실을 처음으로 느꼈다. 나무그루마다 무슨 일이 일어나나 주시하는 시시티브이만 같았다. 내가 아는 사람 또는 나와 가까운 사람이 아는 사람들이 같은 직장에서 함께 일하는 것이 참으로 좋은 일이기도 하지만 나의 시시콜콜한 민낯을 보여주어야 하는 일로 그리 좋기만 한 건 아닐 것도 같았다.

1454년 해남지진과 남해 진앙

단종 2년, 1454년 12월 28일 지진사건은 다음과 같이 기록되어 있었다.

> 端宗 2년(1454년) 12월 28일
>
> ○**경상도** 초계, 선산, 흥해, **전라도** 전주, 익산, 용안, 흥덕, 무장, 고창, 영광, 함평, 무안, 나주, 영암, 해남, 진도, 강진, 장흥, 보성, 흥양, 낙안, 순천, 광양, 구례, 운봉, 남원, 임실, 곡성, 장수, 순창, 금구, 함열, 제주, 대정, 정의에서 땅이 흔들리다. 담장과 집채가 무너지고 허물어졌으며 깔려죽은 사람이 많았다. 향과 축문을 내려 해괴제를 지내게 하다.

경상도는 세 곳, 전라도는 무려 29곳과 제주 3곳에서 지진이 감지되었다. 제주의 지진감지에 대한 아주 드문 자료이었다. 이 지진사건의 일어난 지역을 지형도에 매핑하면 1430년 거제지진과 유사한 양상을 보여주고 있다. 특이 사항은 제주도 지역에서도 지진이 감지되었다는 점이며 경상도 지역은 넓은 지역임에도 세 곳만이 지진 감지된 상황을 어찌 보아야 하는 문제가 있었다. 이 방식으로 구한 진앙은 돌산도 동쪽이며 규모는 5.2 / 4.9~5.1으로 추산되었다.

문제는 첫째, 규모 5.2인 경우 진앙지 진도가 5.8로, 이러한 지진사건에서 담벼락과 집채가 무너지고 인명피해를 야기할 정도가 아니라는 것이며 작아도 규모가 Ⅷ 이상이어야 한다는 것이다. 둘째는 서울에서 감지되지 않았다는 것이고 셋째 제주에서 보고할 정도로 제주 지역에 영향을 준 지진이라는 것이고 넷째는 진앙은 육상일 가능성이 높다는 것이다. 이 네 가지 점을 고려하여 진앙 설정 및 지진규모 분석에 대한 실험을 실시하였다. 일단 지진이 감지되지 않은 서울과 감지된 지역을 나누는 감진 원이 필요하며 제주와 호남지역을 아우르는 감진 원 등을 조정하면서 찾은 진앙지는 해남군 북일면 두륜산 동쪽에 설정되었다. 초

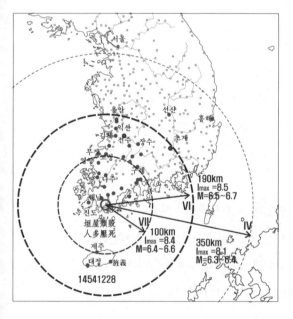

계와 용안을 아우르는 감진 원의 진도를 Ⅵ이라 하면 진앙지 진도는 8.5가 되었으며 이 감진 원 안에 제주가 들어가고 규모는 6.5~6.7이 되었다. 다시 감진 원의 반지름으로 조정하여 진도 Ⅶ인 감진 원은 반지름이 약 100㎞이며 이 감진 원 안에도 제주가 포함되고 규모는 6.4~6.6이 되었다. 서울 남쪽에 설정된 반지름 350㎞의 감진 원

경계 진도는 IV일 때 진앙지 진도가 8.1이 되었으며 규모는 6.3~6.4로, 쓰보이공식으로 구한 규모 5.8보다 큰 수치였다.

해남지진이 일어난 날짜는 양력으로 1455년 1월 15일이다. NGDC에서도 이 지진사건을 소개하고 있으며 진앙은 군산부근, 규모는 6.3으로 제시하고 있다. 진앙은 다르나 지진규모는 비슷하게 제시하고 있다.

다음은 최근세 발생한 남해 일대 규모 3.0 이상의 지진사건을 정리한 것이다.

진원시	규모	위도	경도	위치
2015.08.03 10:11	3.7	33.26N	127.06E	제주 서귀포시 성산 남동쪽 22km 해역
2014.12.08 5:28	3.3	34.75N	127.17E	전남 보성군 동남동쪽 8km 지역
2014.05.15 8:46	3.4	33.0N	126.21E	제주 제주시 고산 남쪽 33km 해역
2013.06.08 5:56	3.2	35.14N	126.96E	광주 동구 동쪽 3km 지역
2012.11.22 3:04	3.0	35.22N	127.97E	경남 진주시 서북서쪽 11km 지역
2012.05.02 1:33	3.4	33.69N	126.04E	제주 제주시 고산 북북서쪽 46km 해역
2012.04.20 21:11	3.1	33.43N	127.26E	제주 서귀포시 성산 동쪽 36km 해역
2011.09.26 22:12	3.3	34.58N	128.12E	경남 남해군 남동쪽 36km 해역
2011.06.15 14:21	3.7	33.71N	127.81E	전남 여수시 거문도 남동쪽 58km 해역
2010.02.22 23:29	3.0	33.29N	127.17E	제주 서귀포시 동쪽 61km 해역
2009.02.12 17:46	3.2	35.26N	127.44E	전남 구례군 동쪽 7km 지역
2008.07.23 19:29	3.2	34.49N	128.04E	경남 남해군 남남동쪽 41km 해역
2005.08.24 5:06	3.5	34.06N	126.95E	전남 완도군 동남동쪽 약 31km 해역
2005.07.30 3:01	3.1	34.14N	127.47E	전남 고흥군 남남동쪽 약 38km 해역
2005.06.15 7:37	3.0	33.0N	126.15E	제주도 서귀포시 서남서쪽 약 48km 해역
2005.06.15 7:07	3.7	33.15N	126.14E	제주도 서귀포시 서쪽 약 41km 해역
2005.02.20 22:18	3.4	35.4N	126.22E	전남 영광군 서북서쪽 약 30km 해역
2002.10.20 4:22	3.0	35.2N	127.7E	경남 하동 북북서쪽 약 15km 지역
2002.08.06 7:32	3.0	34.7N	127.4E	전남 고흥 북동쪽 약 15km 지역
2002.01.07 17:10	3.1	35.4N	128.8E	경남 밀양 남남동쪽 약 10km 지역
2000.12.02 16:53	3.1	34.6N	126.9E	전남 장흥 남쪽 약 10km 지역

1999.05.15 14:41	3.1	35.5N	126.2E	전남 영광 북서쪽 약 35km 해역
1997.05.09 21:43	3.0	35.2N	126.0E	전남 영광 남서쪽 37km 해역
1997.05.09 21:40	3.2	35.2N	126.0E	전남 영광 남서쪽 37km 해역
1993.07.08 11:10	3.6	35.2N	128.4E	경상남도 함안 남서쪽 10km 지역
1991.07.20 12:25	3.1	35.3N	127.9E	경상남도 산청 남부 지역
1986.07.11 16:43	3.2	34.3N	126.9E	전라남도 완도 동부 지역
1986.01.19 11:20	3.0	33.5N	126.4E	제주도 애월-제주 지역
1980.06.30 23:00	3.6	34.0N	126.0E	남해 해역
1979.12.19 7:32	3.5	35.4N	127.5E	전라북도 남원 남동부 지역

남해 일대에서는 현대에 들어서도 규모 3.0 이상의 지진이 여러 곳에서 일어났다. 특히 1454년 해남지진 진앙 부근에서 1986년, 2000년, 2005년에 각각 규모 3.2, 3.1, 3.5의 지진이 발생했다. 이러한 정황은 해남진앙이 의미가 있음을 보여주는 것으로 이해되었다. 계기 지진에 따르면 선상 배열하는 지진진앙 군집들이 발견되는데 제주도 서측에 남–북 방향 진앙 군집, 제주도 남쪽의 동북동–서남서 방향의 진앙 군집, 거제도를 지나는 군집 등이 있다. 선상 배열하는 지진진앙 군집에 대해 보다 면밀한 모니터링과 심부 지각구조에 대한 연구가 필요할 것으로 생각된다.

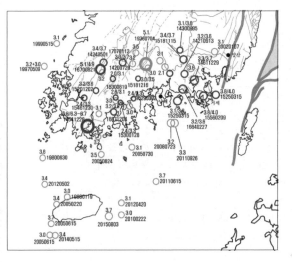

동해 남부지진

세종 12년, 1430년 4월 18일의 거제지진은 앞서 소개한 바와 같이 규모 5.3 / 5.2로 매우 큰 규모의 지진으로 진앙은 거제도 동쪽에 놓인다.

앞서 규모 5.8 / 5.7의 1643년 4월 13일 동래지진과 규모 5.7 / 5.6의 1643년 6월 9일 울산지진을 소개한 난 바 있다. 이 두 지진사건에 대해 감쇄공식을 바탕으로 진앙지 진도를 분석해 지진규모를 다시 산출해야겠다는 생각이 들었다. 동래지진의 경우 바위가 굴러 떨어지고(청도, 밀양), 흙탕물이 올라오고(초계, 합천), 땅이 갈라지고(합천), 산이 무너져 희생자가 생기고(합천), 나무가 뽑힌(진주) 영역의 진도는 Ⅷ 이상이라 할 수 있다. 집채와

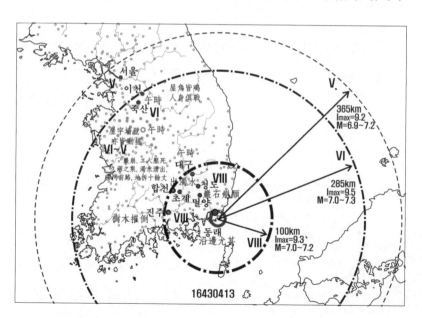

담벼락이 흔들리고(충청도), 집채가 흔들리고 몸을 가눌 수 없는(이천, 죽산 등)상태는 진도 Ⅵ 이상이라 할 수 있다. 각각의 감진 원 경계 반지름은 약 100㎞, 285㎞로 측정되었다. 이 수치를 이용하여 수정된 감쇄공식으로 구한 진앙지 진도로부터 구한 지진규모를 구할 수 있었다.

다음 표는 진도별 감진 원의 반지름으로 구한 지진규모를 나타낸 것이다. 진도가 Ⅵ과 Ⅷ인 감진 원 경계 반지름을 이용하여 구한 진앙지 진도는 각각 9.5와 9.3으로 나타났으며 이를 바탕으로 구한 지진 규모는 7.0~7.3으로 산출되었다. 다음 표에서 보는 바와 같이 실험결과 서울 지역은 진도 Ⅴ였을 것으로 추정되며 지진을 심하게 느낀 상황과 부합한다.

진도	반지름 km	Δ km	0.834 $ln\,\Delta$	I_o	M Lee	M 기상청	M G&R
Ⅴ	365	365.137	4.9208	9.2	7.1	6.9	7.1
Ⅵ	285	285.175	4.7147	9.5	7.2	7.0	7.3
Ⅷ	100	100.499	3.845	9.3	7.2	7.0	7.2

두 달 뒤인 6월 9일 발생한 울산지진의 경우 다음 그림에서 보는 바와 같이 성가퀴와 연대 등이 무너진 안동, 김천, 대구, 영덕 지역의 진도는 Ⅶ~Ⅷ 이상, 집채가 흔들린 지역의 진도는 Ⅳ~Ⅴ에 해당될 것이다.

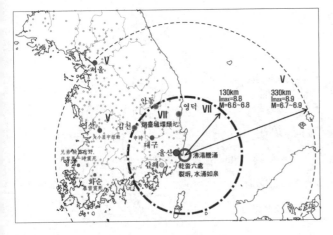

여러 실험을 통해 두 케이스에서 비슷한 수치를 보이는 경우는 진앙에서 서울까지 330㎞ 부근 감진 원 진도를 Ⅴ, 안동,

바람에도 흔들리는 땅

김천 등이 포함된 감진 원 반지름을 130㎞, 진도를 Ⅶ로 놓은 경우이었다. 수치 계산 결과는 다음과 같다.

진도	반지름 km	Δ km	0.834 $\ln \Delta$	I_0	M Lee	M 기상청	M G&R
Ⅶ	130	130.384	4.061984	8.8	6.8	6.6	6.8
Ⅴ	330	330.151	4.836826	8.9	6.9	6.7	6.9

진도 Ⅶ과 Ⅴ의 감진 원으로부터 구한 진앙지 진도(최대 진도)는 각각 8.8과 8.9, 지진 규모는 각각 6.6~6.8, 6.7~6.9로 산출되었다. 두 경우 거의 같은 값을 보이므로 울산지진의 규모는 6.6~6.9라 할 수 있다. 이는 앞서 NGDC에서 제안한 규모 6.5에 근접하는 값이다.

숙종 26년 1700년 음력 3월 11일『조선왕조실록』기사는 다음과 같다.

肅宗 26년(1700년) 3월 11일

○경상도 대구 等 24고을에서 땅이 흔들리다. 진주, 사천 사이에서는 성가퀴가 무너져 내리고 길 가던 사람들이 넘어지다.

『조선왕조실록』기사를 보면 마치 지진이 3월 11일에 일어난 것으로 보기 쉬우나『승정원일기』에는 2월 26일 지진사건으로 보고되었다.

숙종 26년(1700년) 3월 12일

○경상감사 書目 : 대구等 24 고을에서 2월 스무엿새, 이레 잇달아 지진. 事係變異事.

숙종 26년(1700년) 3월 13일(병오)

○충청감사 書目 : 공주等 구의에서 2월 스무엿새 지진. 事係變異事.

숙종 26년(1700년) 3월 19일

○강원감사 書目 : 강릉에서 2월 스무엿새 지진事.

○경상감사 書目 : 문경 等 구의에서 2월 스무엿새 지진. 事係變異事.

숙종 26년(1700년) 3월 25일

○전라감사 書目 : 강진 等 12고을에서 2월 스무엿새 지진. 事係變異事.

1700년 2월 26일, 양력으로 4월 15일에 발생한 이 지진사건은『조선왕조실록』기사로는 진주와 사천 지역에서 지진 변형이 가장 심했던 것으로 보인다. 진앙을 잡는다면 이 부근 어디에 잡아야 할 것이다. 日本地震調査硏究推進本部에 따르면 같은 날 일본 이키와 쓰시마 일대에서 지진이 났으며 가옥 여든아홉 채가 파괴되었다. 일본인들은 진앙을 이키섬 부근으로 보았으며 이를 충실히 따른다면 쓰시마를 포함한 감진 원경계의 진도를 Ⅷ이라 할 때 이키지진의 규모는 6.9~7.1, 성가퀴가 파괴된 진주, 사천까지의 진도를 Ⅶ이라할 때 규모가 7.0~7.3, 최대 감진 원경계 진도를 Ⅳ로 놓을 때 6.8~7.0이 되었다. 일본학자들이 7.0의 규모를 제시한 것과 비슷해졌다. 이튿날 대구 일대에 지진이 일어났다.

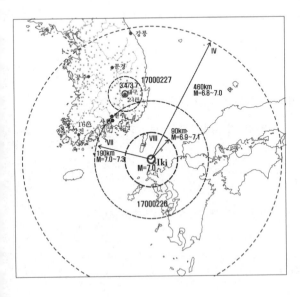

바람에도 흔들리는 땅

현대에 들어 1430년 거제 동쪽에서의 지진 진앙과 비슷한 자리에서 2005년에 규모 4.0의 지진이 일어났다. 1997년 경주에서 4.2 규모의 지진이 발생했으며 동해 지역에서는 규모 4.0 이상의 지진이 자주 발생해왔다. 표에서 보는 바와 같이 동해남부 지역에서는 규모 3.0~4.0의 지진도 자주 일어났다. 이들 지진 진앙은 작은 원으로 위의 그림에 표시하였다. 다음 표는 동해남부일대에서 일어난 규모 3.0 이상 4.0 미만의 지진사건들을 정리한 것이다.

진원시	규모	위도	경도	위치
1981.08.27 21:35	3.5	35.8N	129. 8E	포항 동남쪽 약 50km 해역
1985.01.15 09:59	3.4	34.7N	130.0E	부산 남동쪽 약 100km 해역
1985.12.10 21:42	3.2	35.8N	129. 7E	감포 동쪽 약 20km 해역
1986.03.17 11:52	3.2	35.9N	129. 5E	경상북도 포항 남동부지역
1987.10.06 07:04	3.1	35.9N	129. 9E	포항 동쪽 약 50km 해역
1990.10.22 18:09	3.4	35.9N	130.0E	포항 동쪽 약 70km 해역
1993.12.24 08:13	3.1	35.9N	129. 1E	경주시 북서쪽 약 15km 지역
1995.10.08 08:33	3.5	35.6N	129. 7E	울산 동쪽 약 40km 해역
1997.10.11 19:50	3.2	35.9N	128.7E	대구광역시 동쪽 15km 지역
1998.01.18 01:16	3.9	35.6N	129. 9E	울산 동쪽 약 60km 해역
1999.04.24 01:35	3.2	36.0N	129. 3E	포항 남서쪽 약 8km 지역
1999.06.02 18:12	3.4	35.9N	129. 3E	경주 북동쪽 약 10km 지역
1999.09.12 05:56	3.2	35.9N	129. 3E	경주 북동쪽 약 10km 지역
2002.01.07 17:10	3.1	35.4N	128.8E	밀양 남남동쪽 약 10km 지역
2002.07.09 04:01	3.8	35.9N	129. 6E	포항 남동쪽 약 25km 해역
2003.03.01 23:33	3.0	35.8N	129. 3E	경주 남동쪽 약 10km 지역
2010.02.16 18:53	3.3	35.63N	129. 95E	동구 동북동쪽 50km 해역
2011.03.28 13:50	3.2	35.97N	129. 95E	포항시 북구 동쪽 53km 해역
2011.05.29 10:22	3.2	35.58N	128.75E	경북 청도군 남쪽 8km 지역
2012.02.24 9:05	3.2	35.20N	129. 93E	울산 동구 남동쪽 57km 해역
2013.08.12 04:33	3.1	35.66N	129. 75E	울산 동구 동북동쪽 35km 해역

2014.07.03 21:57	3.5	35.66N	129. 76E	울산 동구 동북동쪽 35㎞ 해역
2014.09.23 15:27	3.5	35.80N	129. 41E	경주시 동남동쪽 18㎞ 지역
2014.09.25 02:26	3.8	35.07N	129. 94E	울산 동구 남동쪽 67㎞ 해역

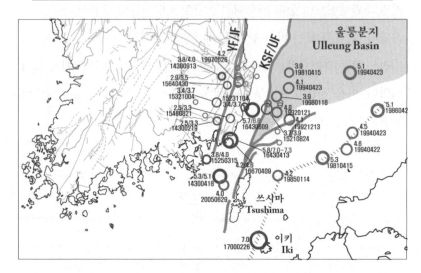

위 그림은 이들 진앙과 규모 4.0 이상의 지진이 일어난 20세기 이후의 지진진앙들과 그동안 분석한 역사지진의 진앙들을 함께 그려 넣은 것이다. 동해 남부 지역에는 울릉분지가 발달하고 있다. 울산지진, 동래지진, 거제지진은 모두 양산단층(YF)과 울릉분지 서쪽 경계 단층(KSF / UF) 사이에서 일어났다. 포항―울산 지역의 활성단층에 대한 논문을 쓸 때마다 다음의 지진원 기구 솔루션이 포함된 위치도를 자주 애용하곤 하였다.

양산단층의 변위를 연구하던 중 강구읍 장사지역에서 변위가 거의 없고 동쪽으로 새로운 단층이 발달하여 연결되고 있음을 발견하였으며 북쪽 분절의 단층을 장사단층(JF)라 불렀다. 양산단층, 장사단층 사이에 형성된 연결단층들의 구조는 듀플렉스라 불리며 연결단층으로 나뉜 블

바람에도 흔들리는 땅

록 중간이 잘려 포항분지의 형성에 관련
되고 있음을 발표한 바 있다.

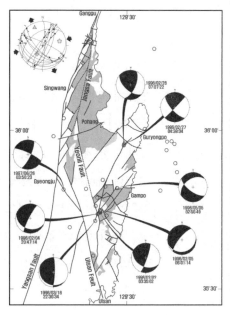

동해 열림에 대한 논문을 쓸 때마다 울
릉분지 서쪽 경계를 대한해협단층(KSF)이
라 불러왔으나 한참 뒤 울릉단층(UF)이라
부르는 이들도 있었다. 일부 사람들은 이 단
층을 쓰시마단층으로도 부르는데 정확한
지시대상은 아니었다. 울릉분지 남쪽 경계
를 따라 발달하는 역단층, 쓰시마 서쪽에 발
달하는 역단층 등으로 이루어진 단층군을 말
하며 울릉분지 또는 동해의 열림에 기여한
주향이동단층인 대한해협단층과는 애초에 성격이 달랐다. 울릉분지와
일본열도 사이 지역에서 지진이 특이하게 선상 배열을 보여주고 있는데
습곡이 발달하고 단층이 적
게 발달하는 것으로 보고되
어 왔으나 단층이 심부에서
발달하고 있을 개연성을 부
정할 수 없다.

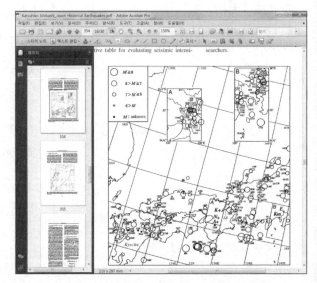

아침나절 일본의 역사지
진에 대한 논문 한편을 읽
었다. 논문엔 1700년 이키
지진과 1703년 사가미만지
진(元祿지진)도 보였다. 헌데

1403년 거제지진과 관련된 기록은 찾을 수가 없었다.

=

점심 식사를 하고 연구실에 앉아 쉬며 이것저것 뒤적이고 있는데 손전화가 울렸다. 고운 목소리의 주인이 투정 섞인 투로 말했다.

"박사님~. 너무 하신 거 아녜요?"

박수정 씨였다. 뜬금없는 그녀의 말은 내가 너무 무심했다는 말처럼 들렸다. 난감한 이 상황에 내가 말했다.

"오늘 저녁 약속 있어요? 없으면 저녁 식사라도 함께 할까요?"

그녀가 퉁명스럽게 받았다.

"박사님~. 동네에서 가장 맛있는 걸로 사 주세요."

내가 얼른 말했다.

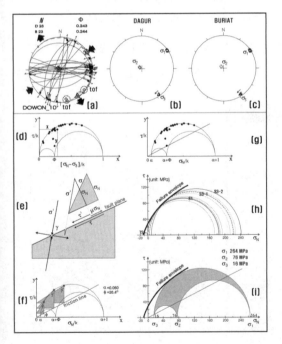

"저녁 퇴근하고 걸어서 연구단지 운동장 삼거리 재스민이란 식당에 가 함께 저녁 식사 어떠세요."

그녀가 옆구리 찔러 답변을 얻은 듯 머쓱하게 말했다.

"알았어요. 그럼 저녁에 봬요~."

다섯 시 반까지 카페가 여는 터라 정리하면 6시. 아침에 8시 반에 출근했으니 5시 반에 퇴근할 수 있었다. 1990년이었다. 그때는 단층 이동자료로부터 스트레스 텐서를 구하는 프로그램을 만들던 때, 거의 여섯 달 동안 새벽 3시까지 책상에 앉아 응력방정식을 풀고 그를 바탕으로 프로그램을 만들어 프로그램이 잘 작동되는지 수식에 오류가 없는지 점검하며 보냈다. 프로그램을 거의 완성해가는 단계였다. 난데없이 금테 두른 경고장이 날아들었다. 보통 표창장 용지에 경고장이라 적힌 것이라고 보면 틀림이 없었다.

귀하는 5분씩 3회 지각하였으므로 이를 경고를 하며 차후 반복될 시 응분의 조치를 취하겠음. 연구소 소장 곽영진.

나 말고도 여러 명이 경고장을 받았다. 총무과에 가서 따졌다.

"9시에 딱 출근하여 6시 땡 하면 퇴근하는 사람이 연구소를 위한 사람입니까? 새벽 3시에 퇴근하여 잠시 눈을 붙이고 일어나 출근하다 조금 늦는 사람이 연구소를 위하는 사람입니까?"

대들듯이 내가 말하자 총무과 직원도 언성을 높이며 말했다.

"연구소에서 밤늦게까지 일하라고 한 적이 없잖아. 조직에는 복무규정이 있으니 복무규정은 지켜야 하는 것 아닙니까?"

화가 치솟아 내 목소리는 더욱 커졌다.

"그래 누가 더 연구소를 위한 사람인지 길을 막고 물어 봅시다."

그의 대꾸를 기대하지 않고 휙 나왔다. 나중에 보니 나만 그런 건 아니었다. 그때 나는 어머니를 모시고 신탄진에 살았고 오는 길에 정체라도 있을라치면 여지없이 5분 늦었다. 그리고 석 달 뒤, 연구소 소장은 '불이 꺼지지 않는 연구소'라는 깃발을 들었고 그러기 위해서는 6시 땡치면 퇴근하는 사람보다 나처럼 퇴근 시간이 없는 사람들을 필요로 했다. 10시까지 출근하면 되고 9시 반에 출근하면 6시 반에, 8시에 출근한 사람은 5시에 퇴근할 수 있게 제도가 바뀌었다. 이를 코어타임제라고 불렀다.

박수정 씨를 만나 탄동천 따라 난 산책로를 따라 걸었다. 저녁이 되면서 나무와 풀들이 내뿜는 클로로필 냄새와 졸졸 소리를 죽이고 흐르는 탄동천 물소리는 참으로 근사한 배경화면을 만들고 있었다. 내가 입을 뗐다.

"우리 연구소 참 좋죠?"

그녀가 말했다.

"이렇게 좋은 환경이 있다는 게 너무 행복하네요. 이렇게 좋은 환경에서 일을 열심히 해야겠지요~?"

잔소리가 그녀의 입에서 쏟아지기 시작했다. 화제를 돌리려고 내가 말했다.

"그래, 어머님은 안녕하시지요?"

그녀가 말했다.

"할망구 대전에 와 세상 만났어요. 변두리 텃밭 하나 딸린 집에 사는데 주말이면 함께 농사짓자고 난리예요, 난리. 요즘 그래서 얼굴이 새카맣게 탔잖아요. 글쎄~."

내가 말했다.

"누가 그러더군요. 엔도르핀은 쾌락 호르몬이고 세로토닌은 행복 호르몬이래요. 햇빛 속에서 땀 흘려 일할 때 세로토닌이 많이 나온대요."

그녀가 말했다.

"저도 들었어요. 서울 빌딩숲에 살 때보다 대전으로 내려와서 행복감

이랄까 성취감이랄까 그런 게 더 느껴져요. 사람이 열심히 일하며 살아야 하늘도 행복을 내려주는 거예요."

가르침을 충실히 따르며 내가 말했다.

"아, 말이 그렇게 되는 건가요?"

그녀가 말했다.

"그럼요, 박사님~."

화제를 돌려 내가 말했다.

"요즘 책을 쓰고 있어요. 거기에 몰두하느라 수정 씨에게 소홀했네요. 용서하세요."

그녀가 말했다.

"요즘 책을 누가 사서 읽어요. 괜히 쓰느라 힘만 들지. 우리나라 환경에선 괜한 짓이에요. 제 친구가 시집을 냈는데 출판사만 좋은 일 시키는 거라던데 그런 경우예요. 박사님~. 괜한 힘 빼지 마시고 괜한 돈 쓰지 마세요. 아셨지요?"

자랑하려던 내가 머쓱해져 작은 소리로 말했다.

"컬러판으로 내려고 하는데."

그녀가 손사래를 치며 말했다.

"큰돈이 들 텐데 출판사에서 출판해주겠어요? 박사님은 사업가 마인드가 없으세요. 돈은 제가 벌 테니 박사님은 시집이나 가끔 내세요. 그게 제격이에요. 제가 후원할게요. 박사님~."

사업가로서의 현실적인 그녀의 안목에 놀랐다. 내가 어느샌가 이재에 밝지도 못하고 머릿속에 무언가를 이루어야만 한다는 생각에 골몰한 연구원이었다는 사실을 다시금 느꼈다. 힘없이 내가 말했다.

"시집 내면 시집 보내드릴게요."

시인들 사이에서 하는 농담을 던졌다. 그녀가 손사래를 치며 말했다.

"아이고 말장난의 대가 아니랄까 봐, 그만 하세요~."

화제를 바꾸어 내가 말했다.

"이 오솔길 참으로 좋죠?"

그녀가 말했다.

"박사님~, 다른 곳도 많이 소개해주셔야 해요~."

재스민 식당에서 맛있는 식사를 하고 온 길을 거슬러 다시 연구원으로 왔다. 그녀를 배웅하고 나는 연구실 마법의 의자에 다시 앉았다.

= = =

연구실에 앉아 투고할 논문 준비를 하고 있는데 류지열 박사가 왔다.

"퇴근 않으시는교?"

내가 말했다.

"조금 일 하다 들어가려고."

그가 말했다.

"성님, 말방단층 논문 안 냅니까? 경주—울산 지역 활성단층의 대표 아닌교? 인자 고마 내뿌소. 궁금한 기 있었는데 한 번 보여 주실라는교?"

귀찮은 듯이 내가 말했다.

"어디 한 번 찾아볼까?"

경주에서 울산 사이에 많은 활성단층 노두들이 발견되면서 그동안 노두별로 단층이름을 붙이거나 했던 분위기를 쇄신시킨 바 있었다. 그림 파일 하나를 찾아 열었다. 화면에 맞게 조정하여 류 박사 앞으로 모니터를 돌렸다. 그가 말했다.

"단구면 분류하느라 참 많이 다녔지예?"

단구면은 해수면 변동과 깊은 관계가 있다. 오카다 교수 등이 H, M, L 등 3 단구면으로 분류하였는데 조사를 하며 나는 LL 단구면 하나를 추가하게 되었다. 단층들이 많은데 지형도에는 동네 이름이 그리 많지 않았다. 그래서 일을 도와주러

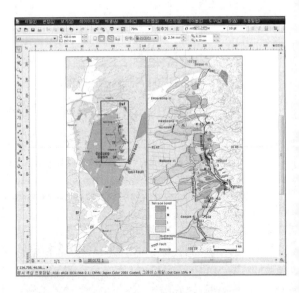

오신 동네 분들께 물어보니 숭복사 터가 있는 곳이 탑번디기, 저쪽 평평한 곳은 개숫번디기라고 일러주었다. 번디기는 버덩의 지역어로 단구에 해당되는 말이었다. 개숫번디기는 말방단층에 의해 지형상 어긋나 해당

지점을 삽과 곡괭이로 파서 단층 노두를 찾아내기도 하였다. 류 박사가 말했다.

"남쪽 개곡단층과 바로 위 탑번디기단층은 와 연결 안 시켰는고?"

내가 대답했다.

"또 근거도 없이 연결시켰다 꼬 니 야단 직일 거 아이라? 그래 연결 안 시켰다. 그리고 그기

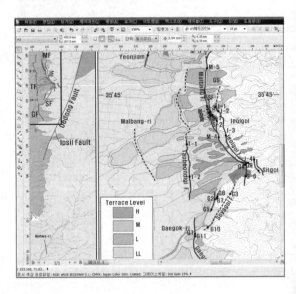

아매도 맞을 기다."

그가 말했다.

"쪼매만 확대 쫌 해주이소."

내가 화면을 확대하여 보기 좋게 모니터를 돌려주자 그가 말했다.

"말방단층이 있고 절골단층이 있고 그 사이가 억수로 복잡하지예? 성님도 참 고집 세예. 따른 사람들은 대충할 긴데 끝장을 봤다 아인교?"

내가 말했다.

"내는 궁금한 건 못 참는다 아이가? 동북동—서남서 압축력의 지구조 체제, 히말라야지구도도메인에서 형성된 역단층들 아이가?"

그가 말했다.

"그 겨울 불피워가며 겨울에 시추할 때 나름 재미있었어요. 그지예?"

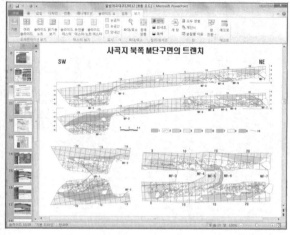

내가 말했다.

"그때가 1998년이제? 무신 정성으로 했는지 모르지만 매일 단층 노두에 줄띄우고 자갈 하나하나 알배기 하나하나 다 그렸다 아이가?"

그가 웃으며 말했다.

"그랬으니 명화가 안 나왔는교? 흐흐. 도폭 조사하랴 층서지구조 하랴 바쁘시지만서도 식기 전에 퍼뜩 논문 한편 내이소. 2006년도 말방단층 트렌치 했을 때 OSL도 했지예?"

내가 말했다.

"하모, 기다려 보레이. 그때 발표 자료가 우데 있을 긴데."

그때 발표 자료를 찾으니 2007년 1월과 2월 나와 몇 사람을 꽁꽁 얼게 했던 말방 트렌치 현장이 나타났다.

그리고 2008년 트렌치 단면이 나왔다. 류 박사가 말했다.

"소지석인가요? 지금 뭐합니까?"

뜬금없이 오랫동안 나와 일한 녀석 얘기를 꺼냈다. 내가 말했다.

"그 녀석, 참으로 일을 열심히 했는데 내가 챙겨주지 못했어. 늘 미안해. 헌데 지금이야 한국가스에 들어가 직장생활도 잘하고 결혼도 했으니 잘 됐지. 뭐."

그가 말했다.

"연구소가 저 친구 같이 열심히 일하는 사람을 뽑아야 하는데. 학위소지자를 뽑는다고 마흔 넘은 사람들 뽑는 건 쫌 그래요. 그지예?"

내가 말했다.

"그래도 연구소 들어오기까지 백수로 지내며 여간 힘들었겠나?"

그리고 OSL 부분을 찾았다. 내가 말했다.

"경진복 교수가 트렌치 했을 때 처음으로 극저온 층이라 카는 걸 말했다 아이가? 새로 한 곳에도 얼음 쐐기가 드글드글했제. 그리고 저 층이 2만 5천 년 전 지층이라고 제시했고."

그가 말했다.

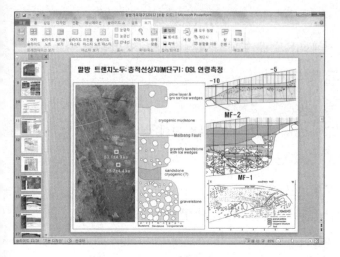

"OSL 측정을 자갈층 사이 모래층 시료로 했지예?"

내가 말했다.

"그랬지. 하나는 5만 3천년, 바로 아래는 5만 9천년 나왔으니 경 교수가 틀리지 않았을 기야. 어느 핸가 고고학에 미쳐 고고학 발굴을 한다고 하면 엄청 찾아 다녔다 아이가? 그때 보니 저 얼음 쐐기가 드글드글한 극저온층cryogenic layer를 구석기 시대 문화층으로 놓는 것 같더라."

그가 말했다.

"성님도 참 부지런하세요. 거긴 운제 그리 다녔는교? 만약에 구석기 시대 문화층에 해당된다 카모 지질시대가 우에 되는교?"

내가 말했다.

"어느 땐가 극지연구소 장순근 박사를 만나 물어보니 그때가 후기 뷔름빙기에 해당될 거라 카더만. 피크가 만 8천 년 전이고 만 2천 년 전에 끝났다는 거야. 그러니까 말방단층의 최후기 운동은 아주 최근세에 일어났다고 할 수 있는 거지."

그가 물었다.

"개곡리에서부터 말방 지나 활성리까지 치면 말방단층의 총 길이가 얼마나 되지예?"

바람에도 흔들리는 땅

내가 대답했다.

"내 기억으로는 단층 수평 연장이 2.3㎞이던가? 쫌 넘었을 기다."

그가 파워포인트를 죽 넘기더니 현생 지구조 체제, 한반도와 일본열도를 그린 것을 보고 내 손을 멈추게 하였다. 그가 말했다.

"일주일동안 기이반도 출장을 가서 SCI 논문 한편 뚝딱 쓰시다니 형님도 대단해예. 시코쿠—기이지역에 활성단층이나 제4기층이 쌓이지 않는 zone을 지구조 음영대라 카는 건 일본 사람들은 못 봤을 기라예."

내가 말했다.

"저 논문을 투고했을 때 일본인 심사위원이 세 명이었는데 둘이 지나칠 정도로 심했지. 답변서를 논문보다 두어 배 길게 썼어. 나는 일본에 지진이 많이 일어나지만 지구조에서 그렇지도 않은 곳이 있다는 것을 말하며 일본 사람들을 위로하고 싶었는데. 나중에 비엔나에서 그 친구와 그 지도교수를 만났지. 그 지도교수는 내 친구였어. 교토대 야마지 교수. 별일 없던 것처럼 즐겁게 만났지."

그가 말했다.

"아무튼 끈기는 알아 줘야 한다 아입니까? 어쨌든 저들을 설득시켰으니 논문 출간됐다 아입니까?"

내가 웃으며 말했다.

"1996년에 쓴 논문을 볼 수 없으니 부록에 요약해서 넣어라 캐서 넣었다 아이라. 참 수모 많이 쳤다. 니도 저런 논문 한편 써봐라."

내 말에 손사래를 치며 수고하라는 말을 남기고 그가 자리를 떴다.

제 3 부

백두산에
오르다

백두산은 한국인에게

단순히 높은 산만이 아닌 다양한 상징이 덧씌워져 있다.

특히 종교적 의미가 매우 크게 자리하고 있다.

고구려 국내성에 분포한 많은 무덤의 방향을 분석한 중국학자 한 분은

북쪽에서 동쪽으로 53도 방향으로 모든 무덤이 배열되고 있음을 밝혔다.

그 방향은 바로 백두산이며 고구려가 백두산에 종교성을 부여하였다고 할 수 있다.

고조선은 본디 요서遼西에 세워졌다가 한나라에 밀려 이동했던 것으로 추정되며 금미달

/ 검독 / 험독(大安시로 추정됨)에서 묘향산을 거쳐

구월산 장당평 일대에서 마지막 자취를 보이는 듯하다.

고조선 또는 고구려 때로부터 백두산이 종교적 상징으로 자리 잡으면서

지질 재해의 원인 요소 아닌

신성한 종교 상징으로 자리매김 되어 왔다.

주션족女眞族과 만주족滿洲族은 백두산을 골민 샹갼 알린이라 불렀으며 한국인처럼

그들을 먹이고 살린 뿌리로 여겼다.

한국어 백두산白頭山은 달리

골민 샹갼 알린Golmin Sanggiyan Alin의

한자 번역어 長白山 또는 白山이라 불리기도 한다.

백두산 칼데라호의 이름은 천지天池라 하며

만주족은 타문Tamun, 여기서 발원하는 송화강을

조선시대 관리는 토문강Tomun river, 土門江이라고도 불렀다.

『해괴제등록』1662년 11월 16일 결재문서는 강원도 지진을 다루었다.

(1662년) 임인년 11월 16일

강원 지진

── 강원감사 홍처량 書狀에 "양양, 강릉, 평해 等 구의에 지진이 났나이다" 하매 예조 규정에 따라 계목과 붙임문서粘連를 啓下하셨는데 강릉 等 세 고을 의 지진이 몹시 놀랍고 두려우니 해괴제 향과 축문, 폐백을 해당 관서에 영을 내려 예에 따라 마련하여 하송하고, 중앙에 제단을 설치하고 때를 보아 길일 을 택하여 설행토록 회이하심이 어떠하나이까?

── 강희 3년(원년) 11월 16일 우부승지 신 조윤석 처리.

── 임금께서 啓대로 윤허하시다.

11월 19일 『해괴제등록』에도 이와 관련된 결재문서가 포함되며 양 양, 강릉, 평해 외에 삼척과 울진에서도 같은 날 지진이 났다고 강원감사 가 겹으로 서장을 올렸는데 삼척과 울진이 평해와 가깝고 같은 날 일어 난 지진이므로 해괴제를 따로 설행하지 않도록 해달라는 결재문서였다.

분명 지진발생 날짜가 있어야 하나 『조선왕조실록』과 『승정원일기』에 도 등재되지 않은 지진사건이며, 그냥 11월 16일 사건으로 다루었다.

(1662년) 임인년 11월 19일

해괴제를 거듭 설행하지 마라

— 강원감사 홍처량 書狀에 "예조 규정에 따라 계목과 붙임문서를 啓下하셨는데 이 장계를 본 즉 삼척, 울진 等 고을 모두 난 지진은 몹시 놀랍고 두렵나이다" 하니 마땅히 예대로 설행해야 하나 강릉, 양양, 평해 等 고을에 지진 해괴제 향과 축문, 폐백을 이미 하송하여 중앙에 제단을 설치하였고 삼척, 울진은 평해와 접경 고을이며 지진이 같은 날 일어났으므로 따로 제를 설행할 필요가 없다고 이렇게 회이하심이 어떠하나이까?

— 강희 원년 11月 19日 동부승지 신 홍처후 처리.

— 임금께서 啓대로 윤허하시다.

북쪽으로부터 양양, 강릉, 삼척, 울진, 평해에서 같은 날 지진이 일어났음에도 『조선왕조실록』과 『승정원일기』에 등재되지 않은 것은 보고 체계의 혼선이 있어서 믿을 수 없는 것으로 보았을 가능성이 있었다. 비슷한 예에 단천지진의 경우다. 감진 원을 설정하니 진앙은 울릉도 북서쪽에 위치하며 감지 원의 반지름을 단순히 적용하니 규모 4.8 / 4.6로 추산되었다. 이 일대에는 심발지진이 자주 발생하는 곳이란 생각이 들어 이 일대 심발지진의 진원심도 550㎞를 가정하니 지진규모는 6.8~7.0에 이르는 지진이었다.

숙종 7년 1681년 음력 11월 11일 『조선왕조실록』 기사는 다음과 같다.

숙종 7년(1681년) 11월 11일

○경신일 / 강원도 강릉, 삼척, 울

바람에도 흔들리는 땅

진, 평해, 양양 등지에서 연일 땅이 흔들리다.

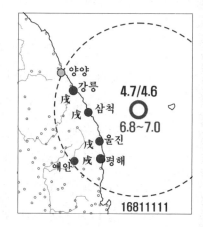

『해괴제등록』의 결재문서에서 강원감사는 강릉, 삼척, 울진, 평해에서, 경상감사는 경상도 예안에서 11월 11일 戌時와 11월 12일 寅時쯤에 지진이 났다고 하였다. 『조선왕조실록』과 달리 『해괴제등록』에서는 양양에서 지진이 났다는 언급은 없었다. 양양을 포함한 지역을 감진 원을 설정하였다. 감진 원 중심인 추정진앙은 울릉도 서쪽에 놓이고 규모는 4.7 / 4.6로 추산되었으며 심발지진임을 가정하면 6.8~7.0 규모의 지진에 해당되었다.

저녁에 일을 할 참으로 식당에 저녁식사를 하러 갔다. 지진센터의 신수진 박사가 미리 앉아있었다. 함께 자리를 하며 내가 물었다.

"요즘도 그리 바쁘세요?"

그가 말했다.

"늘 그렇지요."

내가 동해 지역의 지진에 대해 물었다.

"울릉도 일대, 삼척 일대에는 웬 지진이 그리 많이 난대요?"

그가 말했다.

"심발지진이 많이 일어나는 곳입니다. 역사지진도 아마 심발지진인 경우가 있을 겁니다."

설마 했지만 아차 하는 생각이 들었다. 식사를 마치는 대로 심발 지진에 대한 요소를 본격적으로 검토하려 연구실로 발걸음을 재촉했다.

연구실로 와 심발 지진일 가능성이 있는 지진에 대해 다시 분석을 하였다. 동해 중부 지역에는 다양한 지진이 발생하였다. 육상의 신유대지진과 여진 또한 이 지진군에 포함될 것으로 보인다. USGS자료에 따르면 한국대지로 불리는 울릉도 북쪽 지역에 진원 심도가 550㎞ 안팎의 지진이 발생하였고 울릉분지 안에서도 500㎞ 가까운 심도에서 지진이 발생하기도 하였다. 이러한 정황은 1662년 울릉도 지진과 1681년 11월 11일 지진 또한 설마하며 한 작업처럼 심발 지진일 가능성을 점치게 하였다.

　특히 신유대지진 가운데 1681년 4월 26일 지진과 5월 2일 지진의 경우 규모가 6.4~6.9, 6.6~6.8로, NGDC에서 제시한 지진규모 7.5와 가까워졌다. 심발지진일 경우, 진원심도를 550㎞로 가정하면 지진규모는 각각 7.9~8.4, 8.0~8.5로 추산된다. 다음 그림은 동해중부 지역에서

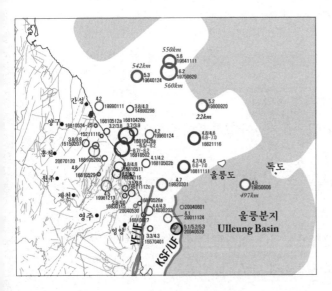

일어난 지진사건의 규모, 날짜를 정리한 것으로, 심발지진의 경우 심도를 기재하였다. 심발지진 가운데에는 1975년 6월 29일 6.2 규모의 지진이 발생하기도 하였으며 이러한 사정은 큰 지진이 동해안 일대에서 일어나지 않을 것이란 생각이 틀렸었음

을 여실히 보여주고 있다.

2004년 5월 29일 발생한 울진지진은 울릉분지 서쪽 경계단층 부근에서 일어났으며 다수의 여진이 잇달았다. 울진지진의 규모는 한국지질광물연구원에서는 5.1, 기상청에서는 5.2, USGS에서는 5.3으로 약간 서로 다른 결과를 제시했다.

서울대 강태섭 박사와 박창업 교수는 계측지진파를 분석하여 이 지진사건 동안 지역별 지반가속도를 측정하여 매핑한 결과를 『지오사이언스』 저널에 2004년 발표하였다. 저자들은 최대 지반 가속도를 2.62%g로 제시했다.

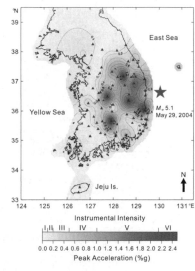

Kang and Park (2004) GJ

동해 북부 지진진앙

동해 북부 지역에서 기록된 큰 역사 지진으로 부령지진, 길주지진, 단천지진, 함흥지진 등을 꼽을 수 있다. 다음 그림은 역사지진과 계기지진 진앙 및 규모와 심발지진의 경우 진원 심도를 기재한 것이다. 그림에서 보는 바와 같이 두만강일대와 단천 남쪽 해역은 심발지

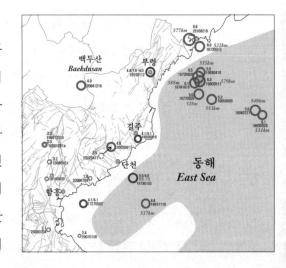

진이 일어나는 구역에 해당되었다. 계기지진 가운데 지진규모가 2.0~3.5 되는 미소지진이 남−북 방향의 낭림산맥을 따라 선상으로 발생하는 양상이 관찰되는데 그 기제는 현재로선 알 길이 없다.

특히 단천지진이 일어난 진앙 부근에서 심도 537㎞인 1963년 지진이 발생한 양상을 살필 때 단천지진 또한 심발 지진일 가능성이 있었다. 1963년 11월 19일 지진의 진원 심도를 똑같이 적용할 때 1673년 1월 3일의 단천지진규모는 5.0 / 5.1이 아닌 6.8~7.0일 가능성도 있어 증거들을 찾기 위해 동해일대의 심발지진의 진앙과 진원 심도를 매핑하였다.

동해 북부와 동해 중부에서 발생하는 심발지진의 서쪽 경계는 어디까지일까 하는 문제를 풀기 위해 USGS에서 제공하는 진원의 심도 자료를 구글어스 위성사진에 매핑하였다. 동아시아에서 심발지진이 일어나는 곳에 대해 말하면 중국 무단장에서 2002년 9월 15일 규모 6.4의 지진이 발생했으며 진원의 심도는 586.3㎞로 발표되었다. 두만강 하구 일대와 연해주 지역 또한 심발지진이 발생하였다. 단천 남쪽 원산만 일대에서 1963년 발생한 지진 또한 심발지진임을 감안하면 무단장과 단천, 원산만을 잇는 선이 심발지진의 서쪽 경계일 것으로 추정되었다. 이를 바탕으로 할 때 단천지진은 심발지진일 가능성이 한층 높아졌다.

동아시아 지역에는 유라시아판, 태평양판, 필리핀해판, 북미판 등이 발달한다. 한반도는 유라시아판에 위치하며 일본 동북부는 북미판에, 남서부는 유라시아판에 속한다. 동해지역의 심발 지진이 일어나는 최서단의 위치를 굵은 선으로 표시하였다. 심발지진의 서쪽 경계는 태평양판이 북미판과 필리핀해판을 만나 이루는 해구의 형태와 유사하다는 생각에 이르렀으며 결국 동해 지역의 심발지진은 태평양판이 유라시아판과 북미판 아래 어느 지역까지 밀고 들어와 있는가를 보여주는 것으로 이해되었다.

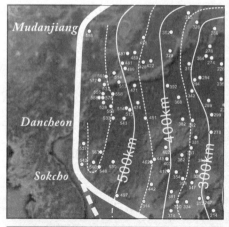

매펑한 심발 지진 진원의 심도를 바탕으로 하여 100㎞ 또는 50㎞ 간격으로 등심도선을 그려 넣었다. 거의 평행선을 이루는 양상은 판상의 태평양판의 모습일 터였다.

동해남부와 일본 서남부에서 등심선이 절단된 양상으로 나타나기도 하는데 어떤 상황인지에 대해서는 아직 뾰족한 해답을 얻지 못하였다. 진원의 심도가 100~150 ㎞ 되는 지역에서 화산이 분출하고 있는데 이는 해양지각이 용융되어 형성된 마그마가 상승하여 화산 활, Volcanic arc를 이루는 것으로 보이며 이보다 깊은 심도

에서는 화산 분출이 거의 일어나지 않는 양상을 보여주고 있다. 이는 해양지각이 100~150㎞ 지점에서의 온도와 압력 조건에서 용융이 된다는 사실을 증명하는 것으로 이해되었다. 2011년 3월 11일 동일본대지진의 진앙에서 지진이 여러 번 일어났는데 진원의 심도는 29~32㎞이었다. 동일본대지진도 태평양판이 북미판과 유라시아판 아래로 섭입하면서 일어난 지진이라는 사실을 저절로 알 수 있었다.

☰

한국지질광물연구원 연구과제 가운데 백두산 연구과제가 있다. 한중 학자들이 공동으로 참여하여 백두산 분출에 대해 대비하는 연구이다. 하루는 누군가 공손히 내 연구실 문을 노크하였다. 고개를 돌리니 반가운 손님 한 분이 오셨다. 길림대학교의 김진욱 교수였다. 내가 말했다.

"김 교수님, 반갑습니다. 어서 오세요."

전년에도 가끔 초대하여 맛있는 식사를 나눈 그였다. 내가 말했다.

"어쩐 일로 오셨어요?"

그가 말했다.

"이 박사가 하는 백두산 과제 안 있나? 그로 한 달간 있게 됐다."

그는 찌찌하르에서 태어났다. 그의 조상이 경북 김천에서 북간도로 이주하여 살았다고 하였다. 한국을 방문할 때면 주말을 이용하여 김천에 있는 가족을 만나러 가기도 하니 그는 한국인이 맞았다. 지구물리학 교수인 그는 중국에서도 이름난 지질학자로 물리탐사에 큰 업적이 있었다. 그가 중국어와 한국어는 물론 영어, 일본어, 러시아어 등을 유창하게 구사한다는 게 나는 늘 놀랍다. 오랜 지기로 연구원에 오면 늘 내 연구실에 들러 그간의 사정을 알아보기도 하고 인사를 나누기도 하였다.

그를 자리에 모시고 초월산방에서 타온 커피를 대접했다. 내가 지진 공부를 하고 있다며 그림을 보여주니 그가 입을 떼었다.

"동일본대지진 알아? 내가 그 현장에 있었지 않았겠어."

놀라움에 내가 말했다.

"정말요?"

내 추임새에 그가 말을 이었다. 이제 그의 말을 조용히 경청해야 할 타임이라는 걸 알고 말을 자르지 않고 듣기로 했다.

"2011년 녁 달간 교환교수로 일본의 도호쿠대학에 가 있었어. 연구실도 하나 배정 받았고 학생들에게 세미나를 열어 강의를 대신했지. 그때가 일본에 가 지 1년이 다 돼가던 때였어. 박사과정 학생들 앞에서 세미나를 하던 때였어. 내가 발표하려 하는데 갑자기 학교 건물이 흔들리더니 전기가 나가 세미나 발표를 못하게 된 거야. 놀라 모두 밖으로 나왔지. 뭔 일인가 하고. 갑자기 건물이 갈라지고 꽝 소리가 나고 난리가 난 거야. 어쩌나 안전한 밖에서 기다렸지."

내가 끼어들었다.

"그날이 바로 3월 11일이었군요."

그가 말을 이었다.

"맞아. 그래 모두 다 틀렸다 생각하고 이제 연구실에 가서 짐을 챙기려 가보니 연구실 건물은 두 쪽으로 갈라져 한쪽이 자빠져 날아가고 없는 거야. 난감하더구먼. 전화를 하려 보니 전화가 안 되는 거야. 수돗물도 안 나오고 전기도 안 들어오고. 그런 상황 생각이나 해 봤어? 문명의 이기를 누리던 사람들에게 생지옥 그 자체였어."

내가 물었다.

"그래서 어찌 하셨나요?"

그가 말했다.

"우왕좌왕 하다가 먹을 게 있나? 이튿날 대피소로 모두 가라고 하더구먼. 대피소에 가서 밥과 물을 얻어먹고 밖에 나와 보니 바닥에 신문이 있는 거야. 지진에 쓰나미로 일본 동북부가 쑥대밭이 되었다는 걸 그제야 알게 됐어. 현장에 있던 사람들은 전기 끊기고 전화 끊기고 도대체 무슨 상황인지도 몰랐거든. 이런 기막힐 데가 있나 말이야."

내가 말했다.

"와, 현장에 있는 사람들이 그 현장에 무슨 일이 일어나고 있는지 몰랐다니 정말 어이가 없습니다."

그가 말을 계속했다.

"전화라고는 핸드폰이니 거리의 공중전화니 불통이었거든. 대피소에 오니 공중전화가 있었어. 전화를 해보니 됐어. 전화카드를 넣고 미국 아들네 집에 가 있는 마누라한테 전화를 했더니 마누라가 울며 거기서 얼른 대피하라는 거야. 지금 거긴 후쿠시마 원자력발전소가 터지고 난리도 아니라면서. 현장에 있는 사람보다 만 리 밖 미국 엘에이에 있는 사람이 여기 사정을 더 잘 알고 있던 셈이지."

커피를 한 모금 마시고 그는 말을 이어갔다.

"외국에 국제전화를 했는데 카드에서 돈이 안 나갔어. 희한하지. 나중에 물어보니 비상전화였어. 그 전화선만은 살아있던 거야. 이제 오사카 사는 둘째 아들에게 전화를 했어. 아들이 아부지 거기 계시면 큰일 나니 무슨 수를 해서라도 빨리 나오라고 야단을 치더구먼."

내가 말했다.

"재난 현장에 있는 사람들은 재난 상황을 알지도 못하고 어떤 피해가 닥칠지도 모르고 아무런 대책도 세울 수 없다면 그 곳이야말로 지옥이 겠군요."

그가 말했다.

"지옥인지 극락인지 알 길이 없지. 재난에 아주 무방비인 셈이지."

내가 물었다.

"그 뒤 어찌 하셨나요?"

그가 말했다.

"하루 대피소에 있다 보니 중국 사람은 니이가타로 모이라는 얘기를 들었어. 중국정부에서 여객기를 급파한다는 소리였어. 센다이에 중국 사람들이 참 많이 살았거든. 이튿날 중국 정부에서 관광버스 일곱 대를 센다이에 급파를 했다고 센다이 어디로 모이라는 거야. 갔더니 줄이 끝이 뵈질 않을 정도였어. 나를 중국 사람으로 알아본 중국 젊은이들이 먼저 타시라고 계속 양보해서 타고 니이가타까지 와서 거기서 버스로 아들이 사는 오사카까지 갔지."

내가 말했다.

"그만 하기 천만다행입니다. 생각하기도 싫으시죠?"

그가 말했다.

"지금에서 말하는 거지만 생지옥이 따로 있나?"

내가 말했다.

"선생님, 이제 며칠 쉬시고 안정이 되시면 식사초대 한 번 하겠습니다."

그가 일어나면서 말했다.

"그래, 그러자고."

그때 사형이 내 연구실로 왔다.

"어디서 낯익은 목소리가 들려 왔습니다. 잘 지내셨죠?"

사형도 장춘을 여러 번 간 터라 모두 다 잘 아는 사이였다. 둘은 오래 전에 끊긴 한중심포지엄을 애석해하며 장춘에서 백두산 가던 시절의 얘기로 꽃을 피웠다. 사형이 말했다.

"2002년이었죠? 일 년에 며칠만 맑은 하늘을 볼 수 있다고 했는데 정말 천운으로 백두산 친지에는 구름 한 점 없었지요."

김진욱 교수가 말했다.

"맞아요. 최 박사도 그때 함께 갔지?"

내가 말했다.

"그럼요."

셋은 오랜만의 해후로 묵힌 이야기들을 풀어내었다.

=

손전화가 요란하게 울어댔다. 수화기를 귀에 대자마자 큰 소리가 내 고막이 진동하게 말했다.

"김영욱, 아나? 잘 있나?"

김진태 박사로부터 온 전화였다. 내가 말했다.

"누군데? 아, 아, 알겠다."

그가 말했다.

"그래. 내 아는 사람인데 얼마 전 니 연구소에서 일하게 됐다 카대. 잘 좀 봐줘라."

내가 말했다.

"내는 모른다. 뭐, 잘 하겠지. 그러는 니는 잘 지내나?"

그가 말했다.

"세월호 참사 1주기 기획특집 준비하느라 쫌매 바쁘다."

무언가 늘 일을 벌이는 그와 그의 제자가 이어지기 시작했다. 내가 친절해진 말투로 말했다.

"건강하레이. 건강이 최고다."

시시껄렁한 대화 속에서 그는 자신이 아는 지인을 통해 자신의 제자가 잘 있는지 궁금해 했던 것 같기도 하고 내게 잘 적응하도록 도와주라는 메시지를 담고 있다는 생각이 들었다. 점심시간 산책길은 자연스레 카페로 이어졌다. 박수정 씨를 만나야 한다는 생각보다 김영욱 씨를 만나야 한다는 생각만 했다는 게 갑자기 느껴졌다. 카페에 들어서자 갑자기 박수정 씨를 만나야 한다는 생각이 들었다. 그녀 앞으로 가서 내가 말했다.

"커피 세 잔 주세요."

내 동물 감각이 두 잔 아닌 세 잔을 시켰다. 그리고 커피를 사들고 도서관에 갔다. 김양진 씨와 김영욱 씨에게 커피를 건네고 창가 자리에 앉으며 김영욱 씨에게 내가 말했다.

"식사하셨어요? 자주 찾지 못했네요."

그녀가 웃으며 창가 자리로 커피를 들고 와 앉으며 말했다.

"잘 지내셨어요, 선생님? 요즘 바쁘셨나 봐요, 선생님."

오랜만에 듣는 선생님이란 단어를 듣고 근엄하게 내가 말했다.

"연구원으로 산다는 게 그래요. 재난에 대한 글은 보내셨어요?"

입을 삐쭉 내밀고 눈알을 양쪽으로 굴리더니 입을 열었다.

"갖고 있던 자료를 가지고 그냥저냥 냈어요, 선생님."

저이는 아마도 대학 교수들을 많이 만났던 터라 선생님이라는 말을 많이 하는 듯도 했고 엄숙한 그들에게 늘 예의를 갖추며 하던 입버릇이었던 것 같았다. 박사라는 말이 연구소에 보다 통하는데 난 선생님이란 말이 그리 싫지 않았다. 특히 그녀의 입에서 나오는 선생님. 내가 물었다.

"재난이란 무언가요?"

그녀가 말했다.

"오늘 저녁 사 주세요, 선생님."

적극적인 그녀의 저돌적인 제안이다. 힘도 안 들이고 내가 말했다.

"그래요."

그리고 내가 말을 이었다.

"어떤 걸 먹을까요?"

그러자 김양진 씨가 끼어들었다.

"중국요리 사달라고 하세요."

머쓱해져 내가 말했다.

"그럴까요?"

그녀가 고개를 끄덕이며 말했다.

"그거 저도 좋아해요, 선생님."

내가 말했다.

"예약하고 전화할게요."

그녀가 말했다.

"네, 선생님."

연구실로 와 일을 하는 동안 저녁이란 시간이 기다려졌다. 재스민 식당에 두 자리를 예약하고 그녀에게 전화로 알려주었다. 여섯 시가 되자 나는 도서관 라운지로 달려갔다. 그리고 그녀가 나오길 기다렸다. 그녀가 밖으로 나왔다. 내가 말했다.

"걸어서 갑시다."

그녀가 끄덕였다. 탄동천 따라 난 길을 걸었다. 내가 말했다.

"나는 참 이 길이 좋아요."

그녀가 말했다.

"이렇게 좋은 곳이 있었네요, 선생님."

말없이 걷는 길이 어색했던지 그녀가 내게 말했다.

"팔 좀 빌려 주시겠어요, 선생님."

내가 동의하리라는 듯 그녀는 팔짱을 꼈다. 누군가 볼까 두려웠으나 어디서 용기가 났는지 나도 싫지가 않았다. 조금은 이른 시간인지라 사람들은 없었다. 식당에 도착하자 사람들이 많지 않았다. 재스민 식당 안에 들어서자 예약된 자리로 안내되었다. 그리고 메뉴판을 들고 온 종업원에게 저녁특선 코스 B를 주문하였다. 그리고 내가 그녀에게 말했다.

"먹어보니 이게 제일 나아 묻지 않고 시켰어요."

체념한 듯 그녀가 말했다.

"괜찮아요, 선생님. 선생님이 괜찮다고 하는 거, 저도 한 번 먹어 보죠."

음식이 나오기 시작하면서 내가 말했다.

"술도 한 잔 시킬까요?"

그녀가 말했다.

"와인 한 잔 시키죠, 선생님."

중국요리에 어울리지 않는 주문에 내가 종업원을 불러 물으니 와인이 있단다. 첫 요리와 함께 큰 유리잔과 포도주가 나왔다. 그녀의 잔에 포도주를 따르며 내가 말했다.

"어울리지 않을 것으로 생각하는 메뉴에 새로운 조합, 저도 이런 조합, 참으로 즐깁니다. 자 한 잔 하시지요. 늘 건강하세요."

눈을 맞추며 포도주 잔을 땡 하고 부딪혔다. 그녀가 말했다.

"몇 년 만에 마셔보는 와인이네요, 선생님."

여운을 즐길 틈도 없이 내가 들이댔다.

"김 선생, 재난에 대해 이야기 해주세요."

잠시 눈을 좌우로 돌리더니 차분히 입을 열었다.

"재난에는 지진이나 쓰나미, 홍수와 가뭄, 화산폭발과 태풍과 같은 자연 재해로부터 전염병, 전쟁, 폭동, 핵폭발, 원자력 누출, 전산 장애 등의 인공재해에 이르기까지 다양하잖아요, 선생님."

첫 코스로 앞에 온 음식을 입에 넣고 고개를 끄덕이며 그녀의 말을 기다렸다. 그녀가 말을 이었다.

"재난에 가장 취약한 계층은 어떤 사람들일까요?"

고개를 흔들자 그녀가 말했다.

"모든 시민이 똑같이 재난에 노출될 것이라고 생각하기 쉽다는 거죠. 헌데 정치행위가 보스나 계파를 중심으로 이루어지는 나라의 경우, 이를테면 한국의 경우, 재난이 일어나면 머뭇거리는 사이 대통령이나 정부가 무능하게 대응한다며 국민의 지탄을 받는 그런 세팅에 놓인다는 거죠. 다시 말하면 이미 재난은 정치적 요소가 되었다는 거고요, 집권자는 재난으로부터 국민을 보호하거나 구출하는 문제보다는 그런 문제로부터 정권의 안보를 먼저 생각한다는 겁니다. 이러한 시스템이 재난으로부터 희생자를 최대한 줄일 수 없게 하는 요소가 되었다고 해요, 선생님."

내가 말했다.

"징비록이란 드라마 보니 선조가 엄청 찌질 하더구먼요. 책임을 회피하려 아들인 광해군에게 국정을 다 맡기고서는 왜군을 잘 퇴치해내는 것마저 질투하더군요."

음식을 맛있게 음미하는 그녀에게 포도주 잔을 들자고 내가 청했다. 포도주로 입을 살짝 적시고는 그녀가 말을 이어나갔다.

"9·11테러 이후 서방세계를 진단한 지적이 이런 말을 했잖아요, 선생님. '기억하라. 문제는 부패나 탐욕이 아니다. 문제는 시스템이다.' 재난관리 시스템이 정치집단의 자기보호 본능으로 잘 작동하지 않을 수 있다는 것으로 저는 이해했어요, 선생님. 정치집단이 만들어내는 이미지 가운데 영웅이 나타나 재난을 구하는 할리우드 영화 같은 상황을 그리곤 하는데 실제로는 그런 일은 일어나지 않는다는 거죠. 재난에선 연민공동체가 재난을 헤쳐 나갈 방안과 정치적 귀결을 만들어 나간다는 거죠, 선생님."

내가 말했다.

"연민공동체가 community of compassion인가요? 최근엔 정치가 돈 있는 사람들을 보다 돈 많이 벌게 만들어주는 시스템이기 때문에 공동체 의식도 깨져 버린 것 같습니다. 그런 현재 상황에서 재난이 닥쳤을 때 누가 내 일이다 하고 목숨 걸고 나서겠어요?"

그녀가 말했다.

"재난 자본주의란 말도 있습니다, 선생님. 재난

이 발생했을 때 구난 장비를 갖고 있는 기업이 참가하여 큰돈을 번다는 거죠. 미국 뉴올리언스에 허리케인 카타리나가 닥쳤을 때 주정부는 이미 어떤 구난 회사와 계약을 맺었고 제방이 터져 사람이 죽어 가는데도 일반 사람이 그를 구하면 안 되었다고 해요, 선생님. 연민공동체의 작동을 원천 봉쇄한 거예요, 선생님. 그럼에도 친척이나 이웃, 생면부지의 사람들이 구조에 나선 반면 경찰과 정부 고위관료는 뒷짐을 지고 구난 회사의 일로 미루며 방관했다고 해요, 선생님. 그때 매스컴은 '뉴올리언스는 침수되고 전염병이 창궐하며 집단 강간과 살육, 폭력, 약탈이 난무한다'고 연일 보도했다고 해요. 지붕이나 도로, 혼잡한 대피소로 피한 사람들이 물이나 식량, 의약품도 충분히 구하지 못한 채 무더위 속에서 대부분 죽어가고 있었는데 말입니다, 선생님. 인간에 대한 최소한의 예의도 없이 정치집단 보호를 위한 방송만을 매스컴이 해댄 거죠."

고개를 끄덕이며 내가 말했다.

"광주항쟁 때나 세월호 참사 때 같은 상황은 언제나 벌어질 수 있는 것이군요. 그래도 미국인데 좀 달랐지 않았을까요?"

그녀가 말을 이었다.

"누군가 말했어요, 선생님. '제방만 무너진 게 아니고 내 영혼도 부서졌다.' 에볼라가 미국을 공포로 몰아넣은 적도 있잖아요, 선생님. 매스컴은 연일 떠들어 대며 정부를 질타하고 국민을 공포로 몰아넣은 거죠. 매스컴은 그 공포를 통해 기사 조회 수, 시청률을 올려 또 돈을 벌었다고도 해요, 선생님."

그녀가 말을 이었다.

"일본은 늘 지진이 일어나고 그에 대한 매뉴얼이 잘 구비되어 있다고

　　　　　　　　　　바람에도 흔들리는 땅

해왔었죠. 그럼에도 동일본대지진 때 일본은 어쩔 수 없이 당했죠. 일본은 왜 그리 지진이 많이 나는 건가요, 선생님?"

내가 말했다.

"동아시아 지역은 유라시아판, 태평양판, 필리핀해판, 북미판 등의 지판들로 이루어져 있는데 태평양판이 일본열도 아래로 밀려들어가면서 지속적으로 지진을 일으키는 시스템입니다."

그녀가 기다렸다는 듯이 말했다.

"그렇죠? 찰스 페로가 1979년부터 고위험 재난에 대해 연구했어요. 원전, 핵무기, 독극물이나 폭발물 실은 배를 생각해 보세요, 선생님. 시한폭탄처럼 언젠가 사고가 발생할 것을 이미 예비하고 있다는 거죠, 선생님. 찰스 페로는 이러한 재난을 노멀normal 액시던트accident라고 규정했는데 번역어가 마땅치 않아요. 정상 사고? 예정된 사고? 이러한 고위험 시스템의 사고발생가능성을 결코 제거할 수 없다고 그는 진단했대요, 선생님."

내가 말했다.

"지진이나 쓰나미의 경우 무방비 아닐까요?"

그녀가 말했다.

"지진이나 쓰나미, 전염병 등은 국가 시스템이 중요할 것으로 생각해요. 국가 외에는 전국의 행정망과 보건소를 통괄하는 네트워크가 없으니까요. 그 시스템의 컨트롤타워가 제대로 작동하지 않는다면 재난 시스템은 있으나 마나일 테죠?"

무언가 말하려다 멈칫하고는 그녀가 입을 뗐다.

"세월호 참사 때처럼 말이죠, 선생님."

포도주잔을 들어 액체를 입안으로 넣으려 고개를 뒤로 젖히는 순간 저쪽에서 나를 빤히 쳐다보고 있는 여인이 눈에 들어왔다. 박수정 씨였다. 기함이 입에서 저절로 토해져 나왔다. 그녀는 아마도 카페 동료들과 함께 온 모양이었다. 아무 일도 없는 것처럼 손을 흔들어 인사했다. 김영욱 씨가 말했다.

"잘 아시는 분이세요?"

내가 말했다.

"도서관 라운지 카페의 사장이잖아요."

그녀가 말했다.

"아주 잘 아시는 분인가 봐요?"

갑자기 선생님이란 단어가 빠진 문장이 그녀의 입에서 나오기 시작했다. 내가 어떤 말을 하나에 따라 그녀가 내게 갖고 있던 호의는 한방에 날아갈 판이었다. 내가 말했다.

"카페 단골입니다. 그래서 잘 아는 사이입니다."

머쓱한 분위기가 만들어졌다. 식사는 마지막 요리만을 남겨둔 터였다. 종업원이 와서 말했다.

"짜장, 짬뽕, 냉면이 있습니다. 뭐 하시겠어요?"

아무거나 하려다 냉면을 달랬다. 빨리 이 땀나는 상황에서 벗어나야 한다는 생각만 들었다. 얼른 먹고 얼른 나가자는 생각뿐이었다. 이 당혹스런 상황, 내가 만든 것이 아니고 운수가 나빠 들이닥친 일이라는 생각만 들었다. 정치가들도 이런 심리일까? 그때 박수정 씨가 이쪽 테이블로 와서 말했다.

"박사님~, 저번에 아주 맛있게 먹어 오늘 카페 직원들과 함께 왔어요."

머쓱함을 털려 내가 말했다.

"서로 잘 아시죠? 여기는 도서관의 김영욱 씨, 여기는 박수정 씨."

김영욱 씨가 말했다.

"안녕하세요. 커피 너무 맛있어요."

박수정 씨가 말했다.

"정성을 다하면 맛있죠."

퉁명스러운 대꾸를 하더니 그녀가 말을 이었다.

"박사님~, 술 많이 드시지 마세요~."

내가 말했다.

"이제 그만 가려고요. 또 봐요."

그녀는 동료들을 따라 밖으로 나갔다. 나와 김영욱 씨도 밖으로 나와 연구원으로 향했다. 저녁 길에 쏟아지는 클로로필과 피톤치드가 포도주로 달군 냄새와 겹치며 몸에 후끈 행복감이 배게 하였다. 그녀가 내 겨드랑이에 팔을 넣더니 자연스레 팔짱을 끼었다. 그녀의 자동차가 있는 곳까지 와서 그녀가 퇴근하는 길을 배웅하였다. 그녀가 말했다.

"오늘 저녁 식사 너무 행복했어요, 선생님. 이렇게 대접 받는 기분은 처음이었어요. 퇴근 않으세요, 선생님?"

그녀의 입에서 나온 문장에 선생님이란 아주 귀한 단어가 다시 붙기 시작했다. 내가 말했다.

"연구실로 가 하던 일을 좀 하고 퇴근하겠습니다. 조심해서 가세요."

연구실이 가끔은 편안한 쉼터이자 안식처일 때가 있다. 모든 잔소리로부터 해방구일 때도 있고 숨을 크게 쉴 수 있는 공간일 때도 있다. 특히 나를 주시하는 이들의 시선에서 벗어날 수 있는 도피처이었다.

1597년 『선조실록』을 살피면 다음과 같이 서울과 함경도 지역에 비교적 큰 지진이 있었던 것으로 보인다.

宣祖 30年(1597年 丁酉) 8月 26日(甲申)
○관상감 관원이 와서 말하다 : "금방 남에서 서로 땅이 움식였나이다."
宣祖 30년(1597 丁酉 25년) 9월 16일
○함경도에서 8월 스무엿새부터 스무여드레까지 사뭇 여덟 번 땅이 흔들리다. 담벼락이 모두 들썩이고 새와 동물이 모두 놀라고 가끔 이로 말미암아 몸져누워 일어나지 못하는 이가 있었다.
宣祖 30년(1597년) 10월 2일
○함경도 관찰사 송언신 서장에 "지난 8월 스무엿새 辰時에 三水郡 관내 땅이 흔들리다 잠시 뒤 멈추었으며, 스무이레 未時에 또 땅이 흔들려 성 두 곳이 무너져 내렸으며 군 넘어 시루바위는 반 조각이 나 무너져 떨어졌고 이 바위 밑 三水洞 中川의 물색이 하얗게 변하였으며, 스무여드레 다시 누렇게 되었나이다. 仁遮外堡에서 동쪽으로 5리쯤에서 붉은 색 흙물이 솟아나 며칠 뒤에야 멈추었나이다. 8월 스무엿새 辰時에 小農堡 넘어 북쪽 덕자귀 낭떠러지 절벽, 사람이 발 디딜 수 없는 곳에서 두 번 포를 쏘는 소리가 났으며 고개를 들어보니 연기가 하늘로 피어올랐고 크기가 몇 아름 되는 돌이 연기를 따라 튀어 날아 큰 산을 지난 뒤 모를 곳으로 갔나이다. 스무이레 酉時에 땅이 흔들리고 이 절벽은 다시 갈라져 떨어졌나이다. 같은 날 亥時와 子時에 지진事."

위의 『조선왕조실록』 기사만으로는 지진이 감지된 범위 등이 명확치 않고 다만 서울과 삼수 일대에 지진이 났으며 삼수 지역에서는 사흘 동안 여러 번 지진이 있었고 큰 지진 변형이 있었음을 기록하고 있었다. 압록강 강안에 있는 인차외보仁遮外堡의 동쪽은 아마도 압록강일 듯하며 소농보小農堡에서 압록강 건너편은 절벽이며 이를 덕자귀 절벽이라는 모양이었다. 덕자귀德者耳 일대에서 포를 쏘는 소리가 나고 몇 아름 크기의 돌이 날아간 현상은 화산분출일 가능성이 높다. 이것이 지진 변형이라면 아주 특이한 현상일 것이기 때문이다.

이렇게 여러 날 발생한 지진이라면 중국 기록에도 분명 일어났을 지진이었다. 찾아보니 명나라 『신종실록』과 『자치통감』에 관련 기사가 있었다.

明『신종실록』 권313 : 명 만력 25년 8월 甲申일

○북경에 땅이 흔들리다. ○遼陽, 開原, 廣寧 等衛 모두 흔들리다. 땅이 갈라져 물이 솟고 사흘이 지나서야 멈추다. 宣府, 薊鎮 等處 모두 흔들리다. 이튿날 또 흔들리다. ○蒲州의 연못에서 바람이 없는데 파도가 일고 서너 자 솟아 넘치다. ○山東 濰縣의 昌邑, 安樂에서 잠잠히 모두 흔들리다.

어정 『자치통감』 강목3편 권28 :

(明萬歷 25年) 팔월 북경에 땅이 흔들리다. (…중략…) 遼陽, 開原, 廣寧 等衛 모두 흔들리다. 땅이 갈라지고 물이 솟고 사흘 뒤 멈추다. 宣撫, 薊鎮 等處

모두 흔들리다. 이튿날 다시 흔들리다. 蒲州 연못에 바람이 없는데 파도가
일고 서너 자 솟아 넘치다. 山東 濰縣의 昌邑, 樂安에서 잠잠히 모두 흔들리다.

명나라는 초기의 수도가 남경이었다가 신종 만력제 때 북경으로 옮겼
다. 1597년 8월 26일 지진이 발생한 곳을 감진 원으로 찾은 추정진앙은
발해만 북쪽에 놓이며 탕산지진 진앙과 가까운 곳이었다. 감진 원의 반
지름으로 추정한 규모는 6.8 / 7.5~7.9이었다.

관련 문헌들을 찾아보니 중국학자들은 탄루단층 위에 진앙을 잡았으
며 지진규모는 7.0으로 제시하였다. 우리가 해온 결과와 유사하였다. 이
날 덕자귀 절벽 일대에서 화산분출과 유사한 일이 벌어졌던 것이었다.

이튿날인 8월 27일에 지진이 발생한 지역에 있어 Xuanfu宣府는 장자
커우張家口에 있던 고장이고 薊鎭 Jizhen은 북경 북동쪽에 위치하였다. 이 두
지역과 요동, 삼수 지역에 지진이 있었다. 문제는 삼수 지역에 큰 지진변
형이 있다는 사실이나 이를 해
결할 능력은 없었고 두른 감진
원의 중심, 진앙은 Guangning
廣寧 부근에 놓이고 지진규모는
6.5와 6.9~7.2로 추산되었다.

8월 28일에는 요동 지역과
삼수에서 지진이 있었다. 감
진 원의 중심은 대략 吉林Jilin
정도이었으며 이후 삼수 지역
에서 일어난 지진 또한 새로

바람에도 흔들리는 땅

운 진앙에서 발생했을 가능성이 있
었다. 8월 26일부터 8월 28일까지
일어난 지진을 종합하면 다음에서
보는 바와 같이 탄루단층을 따라
일어났다.

삼수에서는 여덟 번의 지진이 일
어났다. 각 지진사건에 대해 접근
하기 어려우나 큰 윤곽은 잡은 셈
이었다.

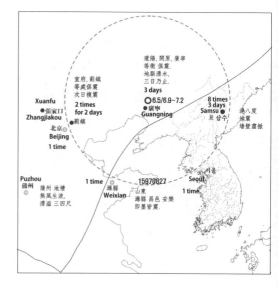

내 연구실 가까이에는 세미나실이 있으며 커피 등을 마실 수 있게 커
피기도 설치되어 있었다. 에스프레소 한 잔을 빼서 나오는데 지진센터
의 지헌진 박사가 본부장실에서 나오는 게 보였다. 내가 말했다.

"지 박사, 내 쫌 보자. 5분만 보자."

그가 내 연구실로 오며 말했다.

"또 뭔데?"

내가 탄루단층을 따라 난 연속 지진 그림을 보여주며 물었다.

"1597년 일어난 지진인데 이기 진앙을 잘못 잡아가 그렇지 탄루단층
따라 난 지진이 아이겠나?"

그가 단호하게 말했다.

"지진은 이렇게 일나지 않는다."

어이가 없어 멍하니 서 있다가 내가 말했다.

"지진은 이렇게 일나지 않는다꼬? 그렇구나. 알았데이."

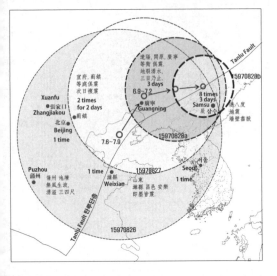

그가 나가고 그 큰 목소리가 내 연구실에 메아리로 남아 울리는 것을 보고 지나가던 김유진 박사와 류지열 박사가 들어왔다. 류지열 박사가 말했다.

"뭔 일 있는교?"

내가 진앙을 탄루단층 위로 끌어온 그림을 보여주며 내가 조곤조곤 설명했다. 그러자 그가 말했다.

"대단층이 움직이모 이리 지진이 안 나겠는교?"

김유진 박사도 거들었다.

"지진이 남쪽에서부터 시작하여 북동쪽으로 움직였다면 이렇게 지진이 날 수도 있을 텐데."

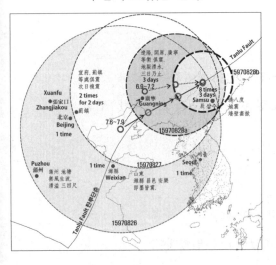

내가 말했다.

"중국이나 한반도는 현생 지구조 체제에서 히말라야 지구조 도메인에 속하는데 힘의 소스는 인도판이 유라시아판을 밀어붙이는 운동 때문이라면 당연히 남서에서 북동으로 에너지가 전파될 가능성이 있지 않을까?"

김유진 박사가 말했다.

바람에도 흔들리는 땅

"아마 그렇겠지요?"

류지열 박사가 거들었다.

"이러한 운동이라면 백두산까지 영향을 미치겠지예?"

내가 말했다.

"바로 그거야. 내 생각도 그래. 이 지진사건의 경우엔 덕자귀 절벽 부근에서 화산분출과 유사한 현상이 발생한 거고."

김유진 박사가 말했다.

"본진 때 화산활동을 야기했다는 말인가요?"

내가 말했다.

"이 지진의 경우 그렇다고 봐야겠지. 헌데 27일 지진 때 삼수일대에서 물 색깔이 변하는 등의 지진변형 또한 해결해야 할 것 같은데 아직 어찌 해야 할 지 잘 모르겠어."

이해 못할 부분이 많은 1597년 8월의 지진사건이었다. 이러한 정도의 지진이라면 분명 한반도 여러 곳에서 지진이 감지되어야 했을 터이나 의외로 감진 기록이 적었다. 류지열 박사가 말했다.

"이때가 혹시 전쟁 통 아인교?"

자료를 들춰보며 내가 말했다.

"어디 보자. 정유년, 정유재란 때다. 그러니 보고 시스템이 제대로 작동되지 않는 때였던 게 맞구먼."

전쟁 통에 이나마 지진 감지 기록이 남아있다는 것만으로도 다행이라 생각되었다.

≡

화산분출은 어찌 기록될까? 그간의 연구자들은 재비灰雨를 꼽곤 하였다. 이를 따라 雨灰와 灰雨 또는 灰 雨를 『조선왕조실록』에서 검색하니 다음과 같은 기상현상들이 기사로 나타났다.

중국어에서 雨(우)는 하늘의 구름층에서 수증기가 엉겨 땅으로 내리는 물방울[yǔ]과 낙하落下한다[yù]는 두 가지 뜻이 있으며 『조선왕조실록』에서도 이와 같은 용법으로 쓰인 듯하다. 雨灰는 첫째 '재가 내리다'라는 말이고 둘째 '재가 섞인 비가 내리다'이었다.

날짜	지역	기사내용
1403.1.27	갑산, 지녕괴, 이라 等處	雨半燒蒿灰 厚一寸 五日而消
1403.3.22	동북면 / 함경도	東北面雨灰
1405.2.23	서울	雨色如灰
1668.4.23	함경도 경성府, 부령	咸鏡道鏡城府雨灰 富寧同日雨灰.
1673.5.20	명천等地	明川等地 雨灰
1702.5.14	함경도 부령府, 경성府	咸鏡道富寧府, 本月十四日午時, 天地忽然晦暝, 時或黃赤, 有同烟焰, 腥臭滿室, 若在洪爐中, 人不堪熏熱, 四更後消止, 而至朝視之, 則遍野雨灰, 恰似焚蛤殼者然. 鏡城府同月同日稍晚後, 烟霧之氣, 忽自西北, 天地昏暗, 腥膻之臭, 襲人衣裾, 熏染之氣, 如在洪爐, 人皆去衣, 流汗成漿, 飛灰散落如雪, 至於寸許, 收而視之, 則皆是木皮之餘燼, 江邊諸邑, 亦皆如是, 或有特甚處

1403년 1월 27일 쑥 재비

『태종실록』 1403년 1월 27일 관련 사건은 다음과 같았다.

太宗 3年(1403年) 1月 27日

○乙巳 / 甲州, 地寧怪, 伊羅 等處, 雨半燒蒿灰, 厚一寸, 五日而消.

○갑산, 지녕괴, 이라 등지에 반쯤 탄 쑥 재가 내려 두께가 한 치나 되었는데 닷새 뒤 사라지다

『조선왕조실록』 누리집에서는 '甲州地, 寧怪, 伊羅 等處'로 끊어 읽기를 하고 있으나 池寧怪라는 땅이름이 있기 때문에 '甲州, 地寧怪, 伊羅 等處'로 끊어 읽어야 옳았다. 甲州는 갑산이다. 地寧怪는 『세종실록지리지』를 보면 자성군의 관방으로 나타나며 16세기 야인들이 쳐들어 온 사건이 벌어진 곳이기도 하였다. 이라伊羅는 강계도호부와 이에 속한 여연군 및 자성군의 소개에서도 보였다.

① 여연군閭延郡 : 봉화가 4곳이니, 축대築臺 → 무로無路 → 우예虞芮 → 다일多日 → 강계 이라伊羅

② 자성군 : 연대煙臺가 7이니, 소보리小甫里 → 우예虞芮 → 태일泰日 → 소탄所灘 → 서해西解 → 이라伊羅 → 호둔好屯 → 유피楡坡 → 남피南坡 → 강계江界 산단山端

③ 강계 도호부 : 봉화가 6곳이니, (이)차가대(伊)車加大 → 여둔餘屯 → 분토分土 → 산단山端 → 호돈好頓 → 이라伊羅 → 여연閭延 다일多日

우예虞芮 다음에 놓이는 다일과 태일은 같은 곳일 가능성이 있었다. 자성군 일대의 여지도에는 우예와 태일, 유파가 나오고 있었다. 이라는 태일과 유파 사이일 것이다. 같은 지도에 지롱괴知弄怪가 보이는데 地寧怪의 나중 이름일 것으로 보인다.

이러한 정황을 살필 때 이라와 지녕괴는 압록강 가에 자리한 곳임이 분명하며 이로부터 1403년 1월 27일 기사에 나오는 반쯤 탄 쑥 재가 쌓

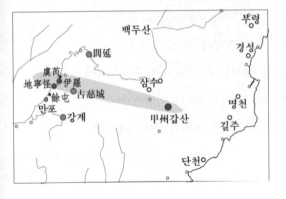

인 범위를 알 수 있었다. 자성에서 갑산에 이르는 긴 띠 지역이었다. 현재로써 반쯤 탄 쑥 재가 화산재인지 알 길이 없으며 화산재라고 해도 백두산에서 분출한 것일 가능성은 적다.

1668년 4월 23일 재비

『현종실록』과 『승정원일기』에는 관련 사건을 다음과 같이 기록하고 있었다. 계속 5일 동안 경성에서 재비가 내렸다는 사건이다. 재를 화산재로 본다면 분명 백두산 분출과 밀접한 관련이 있을 것으로 생각되었다.

顯宗 9年(1668年) 4月 23日(『조선왕조실록』)

○함경도 경성부 재비灰雨가 오다. 부령도 같은 날 재비가 오다 / 雨灰.

현종 9년(1668년) 4월 23일(『승정원일기』)

○함경감사 書目 : 경성에서 연닷새 동안 재비가 내림. 變異非常事.

현종 9년(1668년) 5월 1일(『승정원일기』)

○함경감사 書目 : 부령에서 재비灰雨 연유事. 또한 書目 : 봄갈이 비가 촉촉이 내린 사정(春耕雨澤形止事)

사흘 뒤인 26일 『조선왕조실록』 기사에는 현종임금과 신하의 대화가

바람에도 흔들리는 땅

실려 있었다. 주상께서 양심합養心閤에 나아가 대신과 비국의 여러 신하들을 인견하였다. 주상께서 대신에게 말씀하셨다.

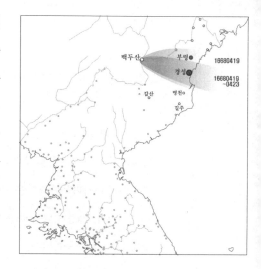

"함경도에 재가 내린 이변은 몹시 놀랍도다. 박승후가 상소에서 말하기를 '하늘 곳곳 20여 군데가 터졌다'고 하였는데, 좌상은 그 고장에 가있을 때 그런 말을 들었는가?"

허적이 대답하였다.

"그런 말이 있었나이다. 동쪽 하늘이 갈라졌는데 빛이 화경과 같았고, 또 붉은 말이 서로 싸우는 듯한 모양이 있다는데, 그런 말을 전하는 자가 몹시 많았나이다. 다음날엔 북쪽에 붉은 기운이 있었고 또 다음날은 이상한 흰 기운이 있었다고 하였나이다."

허적이 말을 계속 이었다.

"하늘이 열리는 것은 태평의 기상이고 하늘이 갈라지는 것은 쇠란의 조짐이라고 하옵나이다."

위의 대화에서 하늘 곳곳 20여 곳에서 관찰된 폭발 현상은 멀리서 본 백두산 분출 모습임에 틀림없었다.

숙종 28년 1702년 5월 20일 『조선왕조실록』 기사는 다음과 같다.

함경도 **부령부**에는 이달 14일 午時에 천지가 갑자기 어두워지더니, 그때 황적색의 불꽃 연기와 같은 것이 내려 비린내가 방에 가득하여 마치 화로 가운데 있는 듯하고 사람들이 훈열을 견디기 힘들어 했는데, 새벽 3시(4更)가 지나서야 사라졌다. 아침이 되어 들판 가득히 재가 내려앉아 있었는데, 흡사 조개껍질을 태워 놓은 듯하였다.

경성부에도 같은 달 같은 날, 조금 저문 후에 연무의 기운이 갑자기 서북쪽에 몰려오면서 천지가 어두워지더니, 비린내가 옷에 배어 스며드는 기운이 마치 화로 속에 있는 듯해서 사람들이 모두 옷을 벗었으나 흐르는 땀은 끈적이고, 나는 재가 마치 눈처럼 흩어져 내려 한 치 남짓이나 쌓였는데, 주워 보니 모두 나무껍질이 타고 남은 것이었다. 강변의 여러 고을에도 또한 모두 그러했는데, 간혹 특별히 심한 곳도 있었다.

5월 20일 기사이지만 5월 14일 일어난 기상사건 기록이었다. 1702년 기상사건은 1668년 4월 23일 백두산 분출 때처럼 부령과 경성에 국한되어 일어났으며 이 또한 백두산 분출과 밀접한 관계를 갖고 있을 것으로 추정된다. 두 기상사건에서 경성과 부령은 백두산 분출 때 화산재가 도달하는 영향범위에 속했다. 어느 경우든 백두산 분출이 가져올 피해지역이 비슷할 것으로 추정케 한다. 1702년 분출은 1668년 분출에 비해 규모가 작았던 것으로 추정된다.

1702년 분출의 특징은 불꽃연기, 열기, 연무, 비린내, 조개껍질 태운 것 같은 화산재, 나무껍질 재 등이 보이며 1403년 1월 27일 쑥이 반쯤 탄 것 같은 재도 화산분출의 결과일 가능성을 엿보게 한다. 이것이 맞으면 지녕괴, 이라, 갑산 지역을 뒤덮었던 쑥 재비는 압록강 부근 화산 분출과 관련이 될 것이다.

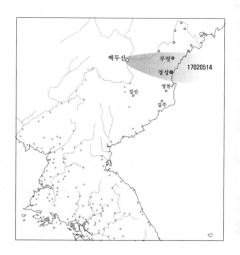

1673년 4월 28일 명천 재비

1673년 4월 28일에 명천등지에 재비가 내렸다고 『조선왕조실록』은 기록하고 있으며 『승정원일기』에는 명천에서만 재비가 내렸음을 밝히고 있었다.

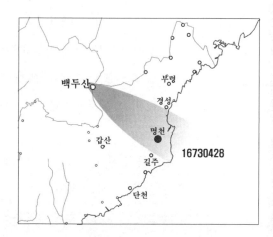

顯宗 14年(1673年) 5月 20日
(『조선왕조실록』)
○ 명천明川 등지에 재비가 내렸다고 道臣이 계문을 올리다.
현종 14년(1673) 5월 21일(丁卯)
(『승정원일기』)
○ 함경감사 書目 : 明川에 지난 4월

명천은 부령이나 경성보다 남쪽에 위치한다. 1673년 재비가 백두산 분출과 관련된다면 화산재가 부령과 경성 지역으로만 날아가리라고 단정할 수 없게 한다. 양력으로 6월 12일에 해당한다. 1403년 3월 22일에 동북면에 내린 재비는 아마도 위에서 본 바와 같이 함경도 부령과 경성, 명천 지역에 해당될 가능성이 있었다.

1661년 5월 5일 길주 성무腥霧

1702년 5월 14일 재비가 내릴 때 비린내腥膻之臭가 났다고 했다. 비린 내라는 단어와 관련될 키워드로 성무腥霧가 확인되었다. 현종 2년 5월 5일 기사는 다음과 같다.

> 顯宗 2年(1661年) 5月 5日
> ○길주에 성무腥霧가 끼다. 안개가 사람들에게 덮쳐 냄새가 감당하기 힘들었다. 소가 송아지를 낳았는데 한 몸에 머리가 두개. 부령, 삼수, 갑산에 서리가 내리고 고원과 영흥엔 우박이 내리다. 감사 권우가 馳啓로 알려오다.

길주는 명천과 가까운 고장으로 성무腥霧가 생긴 연유에 대해서는 잘 알 길이 없다. 대개 안개는 비가 온 뒤 맑은 날 끼기도 하나 바다안개, 海霧는 꼭 그렇지도 않은 것 같다.

현종 2년 5월 5일 기사는 다음과 같이 숯 비라는 현상을 소개하고 있다.

太宗 1年(1401年 辛巳) 閏3月 25日(甲寅)

○ 단천에 숯이 비처럼 내리다. 동북면 찰리사察理使가 알려오다. "단주端州 동
북 사이에 연기도 아니고 안개도 아닌 것이 하늘을 혼탁하게 하여 어둡게
하고 숯이 떨어지는 곳도 있어 두어 개 싸서 보내나이다."

숯 비는 재비나 쑥 재비와 어떤 차이가 있을까? 같은 현상이 아닐까?
숯 비가 내리던 날 태종임금은 마이천麻伊川에 머물렀다. 태상왕(태조 이성
계)은 동북에 오래 머물려 하였으나 단천에 숯 비가 내리고 가뭄으로 굶
주려 죽는 백성이 많았으므로 돌아오려고 하였는데 임금께서 성석린을
보내 모셔오라 하니 매우 기뻐하였다고 『조선왕조실록』은 적고 있었다.
숯 비는 성무腥霧처럼 안개 또는 연기 같은 양상임이 특징이었다.

1596년 11월 13일 『선조실록』 기사를 살펴면 승정원이 임금께 각 도
감사에게 왜적과 맞서 싸우라고 독려하는 글을 보내도록 청하였다. 그
독려문에는 다음과 같은 구절이 있었다.

(금년 칠팔월 간에) 적의 수도에 흙비土雨, 돌비石雨, 오색의 털비五色毛雨, 산사
태山嶼, 지진이 잇달아 나고 땅이 갈라져 검은 물이 나오고 땅이 꺼져 큰 바다가
되어 사람들이 5, 6만은 빠져죽었다. 천심이 악을 미워하니 이런 일도 볼 수
있다.

왜적에게 사로잡혔던 김응려金應礪가 1597년 일본에서 도망쳐왔다. 1597년 10월 20일 『조선왕조실록』 기사에 그의 진술서供招가 소개되었다. 1596년 지진에 대해 말했다.

지난해 8월, 일본에 지진이 일어났을 때 길이 내려앉고 집채들이 무너져 왜인들이 많이 죽고 도성도 허물어져 관백이 알몸으로 성을 뛰쳐나갔나이다. 지진이 한 달이 지나도록 그치지 않았으며 털비毛雨와 재비灰雨가 사흘씩 내렸나이다. 재비가 내릴 때에는 사람들이 눈을 뜨지 못하였나이다.

1596년 당시 일본의 수도는 교토京都이다. 8월 지진 당시 도요토미 히데요시는 후시미성伏見城에 있었으며 지진으로 후시미성에 있던 상궁 일흔 셋과 궁녀들 500여 명이 희생되었고 도요토미는 가까스로 목숨을 구했다고 한다. 위의 공초에서는 앞서 기사에서 언급된 土雨, 石雨는 없고 毛雨와 灰雨만 언급되었다. 앞서 본바와 같이 재비灰雨는 화산분출 결과일 수 있고 위의 『조선왕조실록』 기사에서 소개된 土雨, 石雨, 毛雨 등은 지진관련 현상이 아니라 화산분출과 관련된 현상을 기술하는 단어임에 틀림없다. 1596년 아사마산淺間山이 분출하였다. 혼슈의 군마현과 나가노현 사이에 있는 화산으로 2009년에도 분출하였으며 기록에 따르면 1~2년마다 거의 분출하였다. 특히 1783년 분출로 큰 피해를 입혔으며 이 화산은 플

아사마산(출처 : 구글어스)

바람에도 흔들리는 땅

리니식 분화화산으로 알려져 있다. 플리니식 분화는 위키 백과에 따르면 다음과 같은 설명이 있다.

플리니식 분화는 가스와 화산재가 성층권까지 연장되는 기둥이 생기고 부석 pumice과 강력한 가스 폭발이 특징이다. 짧게 분출하는 경우 하루 안에 끝날 수도 있으나 길게 분출하는 경우 며칠에서 몇 달까지도 일어난다. 장기 분화의 경우 화산재 구름이 생기고 가끔은 화산쇄설물이 흐르기도 한다. 마그마의 분출량이 많아 화산의 꼭대기가 함몰되어 칼데라를 이룬다. 가는 재는 아주 멀리까지 가서 퇴적될 수 있다. 플리니식 분화는 크라카토아Krakatoa화산에서 처럼 아주 큰 소음이 동반되기도 한다. 용암은 규산염 성분이 높은 유문암질 마그마이고 현무암질 용암은 매우 드물다.

백두산도 아사마산이나 이태리 베수비오처럼 플리니식 분화 화산이다. 일본의 지진과 화산분출과 관련된 기상현상으로 흙비土雨가 있는데 『조선왕조실록』에서 흙비土雨에 관한 기사는 181건에 달하였다. 모든 흙비 사건이 화산분출일 것으로 보는 견해는 181회의 흙비 사건과 백두산 분출과 연계시키는 것은 참으로 받아들이기 힘들 것 같다. 그럼에도 백두산 일대에서 발생한 몇 건의 흙비 기사는 백두산 분출과 관계되지 않을까 생각되기도 한다.

1406년 2월 9일 단천 흙비土雨

『태종실록』의 다음 기사는 오랫동안 내린 흙비에 대해 소개하고 있다.

太宗 6年(1406年 丙戌) 2月 9日(庚午)
○庚午 / 東北面 端州, 雨土 凡十四日.
○동북면 단천에 무릇 열나흘 동안 흙비가 내리다.

2주 동안 백두산 남쪽에 자리한 단천에서 흙비가 내렸다는 것을 단순히 황사로 보기도 힘들 듯하다. 1668년 백두산 분출 때 경성에서 닷새 동안 재비가 내린 사정을 고려하면 매우 긴 동안 지속된 기상현상이라 할 수 있었다.

'雨土'는 첫째 하늘에서 흙이 내린 상황만을 이야기할 수도 있고 둘째 비에 흙이 섞여있었을 가능성이 있다. 한문 문장의 특성으로 보아 전자의 해석이 맞는 것으로 생각된다. 이는 황사와 같은 기상현상이라고 할 수 있을 것이다. 흙비와 지진, 가뭄이 연동되는 경우가 보인다. 성종 9년, 1478년 4월 17일 『조선왕조실록』 기사를 보자. 임금께서 경연에 나아갔다. 김제신이 임금께 아뢰었다.

"올봄에 지진과 흙비가 있었나이다. 또 가뭄의 징조가 있으니, 흉년에 대비해야 합니다. 바라옵건대 대궐을 제외하고 집을 짓거나 고치는 일과 술 만드는 일을 못하도록 법을 세우소서."

노사신이 아뢰었다.

"개인 집에선 이미 재목을 마련해 놓았는데 하지 못하게 한다면 이도

폐가 될 것이나이다. 술을 못 마시게 한다고 뾰족한 수가 없으며 적발된 이들은 대개 가난하며 성안에서만 금하게 한들 무슨 소용이 있겠나이까?”

성종임금께서 말씀하셨다.

“옳소이다.”

4월 21일 사헌부에서 임금께 계를 올렸다.

“요즘 흙비와 지진이 있고 성안에 불이 나서 수백 집이 탔으니 재변이 이상하고, 또 가뭄의 징조가 있으니 모름지기 상하에서 몸을 닦고 마음을 반성하여야 할 것이므로, 늙고 병들어 약으로 먹거나 혼인과 제사 외에는 일체 술을 금하게 하소서.”

임금께서 말했다.

“그대로 시행하되 다만 어버이의 헌수 때와 백성 다섯 이하는 술을 마실 수 있게 하라.”

성종 9년 1478년 내린 흙비에 대해 조정에서 이것이 흉년과 이어진다는 점에서 기나긴 토론이 있었음을 『조선왕조실록』은 전해주고 있다.

≡

오랜만에 박지환 박사가 오셨다. 석탄물성 관련 전문가로, 오랫동안 각종 석탄에 대해 연구해왔으며 퇴직 후에도 나와 내몽골, 산서성, 서몽골 석탄 조사를 함께 한 분이다. 내가 말했다.

“어어, 어이구, 어쩐 일이세요? 건강하셨지요?”

그가 말했다.

“최 박사도 잘 지냈어?”

나폴레옹처럼 당당한 티가 도드라진 박 박사를 복도 멀리서 봤는지 춘식이 형님, 고진세 씨도 내 연구실로 왔다. 사막에서 오랫동안 함께 일한 사람들에게 '춘'으로 시작하는 이름을 지어주었던 터였다. 고진세 씨가 말했다.

"춘탁이 형님, 별고 없으셨지요?"

원로지질학자인 박지환 박사를 춘탁이 형님이라고 모두 불렀다. 탁월한 분께 내가 춘탁이란 이름을 헌정하였다. 그를 젊은이 가운데 하나인 양 대접했던 것이다. 그가 말했다.

"퇴직하고 일 그만 하려고 해도 서탄 몰성 쪽에 사람이 없다고 계속 불러대네. 이제 쫌 그만 불렀으면 좋겠어."

내가 말했다.

"요즘 연구소가 원천기술을 챙기지 않고 외형적인 성과만 요구하잖아요. 해당 원천기술 분야 전문가가 퇴직해도 그를 맡아할 사람을 키울 생각을 전혀 않아요. 그래도 난 춘탁이 형님과 일하는 게 참으로 좋았어요."

조금 있다가 내가 말을 이었다.

"작년에 깨택했으면 사할린 한 번 더 가는 건데. 하하하. 기업에서 연구소에 일할 사람이 없는 걸 알고 철회했지요. 잘했지요. 산서성은 여간 공기가 나빴슈. 갔다 오고 수명이 10년 주는 느낌이 났잖유."

춘식이 형님이 말했다.

"2005년도 내몽골을 겨울에 가서 고생했지. 난 제일 신기한 게 그 추운데도 황사가 엄청 났잖여."

나도 거들었다.

"코앞이 안 보였죠. 눈이 여간 매웠슈. 문을 꼭꼭 닫고 있었는데도 식탁이며 온 가운데 먼지가 뽀얗했잖유. 그날 한국에 전화했더니 황사가 왔다고 하던데 그거야 내몽골에 비하면 황사도 아니쥬. 한국에서야 조금만 황사기가 있어도 난린데 참 거기 사는 사람들 용하다고 생각했슈."

춘탁이 형님이 말했다.

"밤에 여간 추워. 그래도 시추코어에서 석탄이 나올 때가 되면 한밤중에도 나가고 새벽에도 나가고 애 받으러 가는 것처럼 그랬잖아."

내가 말했다.

"맞어유. 그때 고생들 많았지유. 그렇게 밤에 나갈 때면 바로 머리위로 쏟아지던 별은 평생 못 잊을 거구먼유."

둘이 맞장구를 쳤다.

"맞어."

점심때가 되어 춘탁이 형님이 좋아하는 삼계탕을 함께 먹으며 내몽골에서 산서성을 지나 서몽골로 말을 달리며 이야기꽃을 피웠다. 춘탁이 형님이 말했다.

"그래도 다섯 건 가운데 하나는 한국 기업이 개발하게 됐으니 다행이지, 뭐. 중국은 딸라가 넘치는 나라라 자원을 외국에 수출하는 건 애초에 불가능한 발상이었고 기업이 개발에 참여하여 단기순익을 보려 했던 케이스였지."

그가 계속 말했다.

"몽골 석탄, 잘 돼야 할 텐데 걱정이 많아."

삼계탕 그릇이 비워져 가는데 저쪽에서 아는 척 하는 사람이 있었다. 김영욱 씨였다. 모셔 인사를 시켰다.

"제 친구의 제자인데 지금 연구소 도서관에서 일하고 있어요."

그녀가 말했다.

"안녕하세요. 잘 부탁 드려요."

춘탁이 형님이 말했다.

"미인이 연구소에 일하다니. 앞으로 가끔 자료 찾으러 가야 할 때 잘 좀 부탁드려요."

그녀가 말했다.

"예, 언제든지 오세요. 미리 전화주시고 오시면 미리 자료를 찾아놓도록 하겠습니다."

춘탁이 형님이 말했다.

"그래 주면 고맙고."

내가 어린 양하듯 말했다.

"엉아, 이젠 그만 쉬세요."

춘탁이 형님이 말했다.

"이 사람, 내가 미인 만나 일 좀 하면 안 돼?"

정색을 하고 말하는 게 머쓱해져 내가 말했다.

"따님 하나 더 생겨 좋으셔서 그러시죠?"

모두는 한 바탕 웃고 일어나 식당을 나왔다.

1502년 2월 9일 흙눈土雪雨

雨가 내린다는 뜻임을 알 수 있는 기상현상이 흙눈이다. 연산군일기에 이와 같은 표현이 있었다.

燕山 8年(1502 壬戌年) 1月 23日(丙申)

○丙申 / 雨土雪 : (서울에서) 흙눈이 내리다

서울에서 흙눈이 내린 기상 사건을 백두산 분출과 연관시키기는 매우 힘들 것이다. 특이한 기상 사건에 피비가 있었다.

백운산 피비血雨

피비가 내렸다는 기록이 『조선왕조실록』에 보인다. 피비가 내린 곳은 경기도 영평의 백운산 백운사와 경상도 김천이었다.

太祖 7年(1398年 戊寅) 閏5月 11日(丙戌)

○丙戌 / 영평 백운산에 피비가 내리다

定宗 1年(1399年 己卯) 8月 4日(辛丑)

○辛丑 / 백운산 백운사에 피비가 내리다

世宗 4年(1422年 壬寅) 7月 1日(丙辰)

○경상도 김천金山郡에 피비가 내리다

사람이나 동물의 혈액이 아니고 핏빛 액체일 것이다. 이러한 액체가 형성되는 기상 현상은 현재로서 잘 이해가 되지 않는다. 영평은 현재 경기도 포천시 영중면과 영북면에 해당되는 듯하다. 백운산은 이동막걸리로 유명한 포천시 이동면과 화천군 사내면 사이에 있으며 해발고도는 908m이다. 포천 북쪽은 철원군이다. 저지대 하천을 따라 유동하며 굳은 현무암을 비롯하여 현무암 대지가 발달하는 지역으로 지형학에선 '추가령지구대'란 이름으로 불리기도 하였다.

1398년과 1399년 포천시의 백운산일대의 피비와 현무암 분출과 상관관계를 점칠 수 있을까에 일말의 의심을 가질 수 있을지 모르나 세종 때 김천의 피비는 김천이 어떤 화산지형도 아니기 때문에 연관 짓기 아주 어렵다. 붉은 흙이 내렸을 황사일 가능성도 배제키 어렵다고 할 수 있었다.

≡

사형이 내 연구실에 왔다. 역사지진 자료 정리가 어찌 돼 가는지 궁금했던지 그가 말했다.

"잘 돼가?"

내가 말했다.

"일단 정리한 것 한 번 보여드릴까요?"

추정진앙과 각 지진의 규모를 종합한 그림을 보여주었다. 그가 말했다.

"굉장하네. 여기에다가 20세기, 21세기에 일어난 것도 포함돼 있어?"

내가 말했다.

"그건 따로 레이어를 만들어 두었어요."

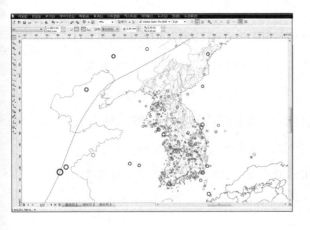

그가 말했다.

"한 번 볼 수 있을까?"

레이어 하나를 더 열어 화면에 띄워 주었다.

그가 말했다.

"누가 한반도가 지진에 안전하다고 했대? 이렇게 지진이 많이 났는데."

내가 말했다.

"최근 지진은 큰 것만 넣었어요."

그가 말했다.

"옛날이나 지금이나 지진이 나는 상황은 거의 똑같다고 봐. 그잖아?"

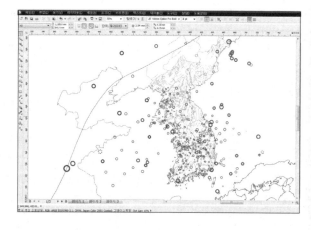

내가 말했다.

"나도 그렇다고 생각해요. 어느 역사학자 말이 생각나네요. 역사란 과거와 현재의 끝없는 대화다."

사형이 말했다.

"E. H. 카Carr이었지? 아마?"

사형이 이어서 말했다.

"역사지진 연구한 사람들이 지진의 주기성에 대해 말했는데 그게 옳은 건지 몰라."

내가 말했다.

"그동안 복원해낸 역사지진과 계기지진의 진앙을 거의 플로트를 했잖아요. 한반도가 남북으로 기니 세로축은 위도를, 가로는 시간 축으로 하여 각 지진사건들을 배열하고 있어요."

그가 말했다.

"한 번 볼 수 있을까?"

화면을 확대하여 그간 한 결과를 보여주었다. 그러자 그가 말했다.

"1700년대 후반부터 왜 이리 지진 기록이 없다냐?"

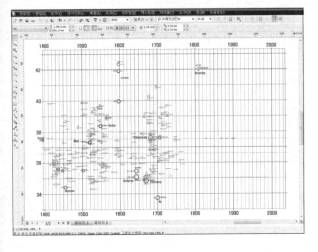

내가 말했다.

"지진 감지 기록은 있습니다. 진앙을 잡거나 규모를 알 수 없는 경우가 많았어요. 일례로 서울의 지진 감지 기록은 18세기 후반부터 계속 있어요. 그를 이리 작은 원으로 표시했어요. 허나 다른 곳은 별로 뾰족한 게 없었어요."

사형이 말했다.

"1600년 앞뒤로 또 왜 이리 지진이 없지?"

내가 말했다.

"전쟁 때라 재난보고 시스템이 그리 잘 작동하지 않은 것 같기도 하고 명종 때 기록은 어디 等이라고만 해 자료처리하기 힘들기도 하고요."

그가 말했다.

"그래도 해봐야지. 여기 위로 시커멓게 표시한 건 뭐야?"

내가 말했다.

"1597년 탄루단층 따라

일어난 지진입니다. 삼수 지역에 엄청난 지진변형을 일으킨 거 있죠?"

그가 말했다.

"그래, 생각나. 어떤 임금 때인지도 표시하면 좋겠네. 계기지진은?"

내가 다른 화면을 보여주며 말했다.

"해놓긴 했어요. 한 번 보실래요?"

내가 말을 이었다.

"20세기, 21세기 지진은 여기에 있고요."

사형이 말했다.

"엄청 고생했네."

그가 말했다.

"화산분출 기록은 표시 안 했어?"

내가 말했다.

"그 그림도 한 번 보실래요?"

그림 레이어를 추가하여 보여주며 내가 말했다.

"화산분출 사건에 대해서는 좀 더 작업이 필요하지만 지금까지 화산분출이라고 생각되는 것들을 별표로 표시했습니다."

그가 말했다.

"요 위도가 백두산이지? 1903년 백두산이 분출했다는 건 어찌 알아?"

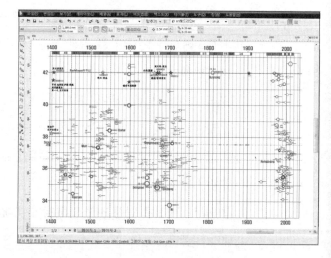

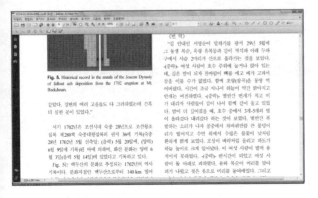

내가 말했다.

"부산대 윤성효 교수의 논문에 따른 겁니다."

논문을 찾았다. 그리고 논문 해당 부분을 함께 읽었다. 『長白山江崗誌略』이란 책에서는 유건봉이란 저자가 백두산에 사슴을 잡으러 백두산에 올랐다가 밤이 되어 꼼짝없이 산에서 있다가 화산 분출하는 현장을 목격한 여섯 사람의 이야기를 옮기고 있었다. 광서 29년 5월이라 하니 광서는 청나라 마지막 황제의 연호이다. 이 목격담은 1903년 5월의 백두산 분출 기록인 셈이었다.

사형이 말했다.

"백두산 분출이 참 많았네."

백두산 또는 부근 화산분출과 지진현황 그림을 확대하며 내가 말했다.

"규모 6.0 이상의 지진이 있던 때는 꼭 백두산이 분출하더군요. 남쪽이나 북쪽에서나 똑같이 큰 지진이 나고요."

그가 말했다.

"조금 조심해서 접근해야 할 거요."

늘 결론에 앞서 토론을 하듯 사형은 충분히 그 역할을 해주곤 하였다. 어떤 상황에선 한방에 훅 날아간 이론들을 본 때문일 것도 같았다.

사형이 말했다.

"최 박사, 예전에 현생 지구조 체제에 대해 정리한 것 있었지 않아?"

내가 말했다.

바람에도 흔들리는 땅

"묵은 건데 한 번 보여드릴까요?"

한참 동안 찾아 현생 지구조 운동을 지각속도벡터 관점으로 정리한 것을 보여줬다. 그러자 그가 말했다.

"예나 지금이나 최 박사 그림은 엄청 시원해."

으쓱해 보이며 내가 말했다.

"오랜만에 꺼내 보내요. 2004년 버전이니 아마 지금은 많이 세련된 수치들이 나왔겠지요?"

그가 말했다.

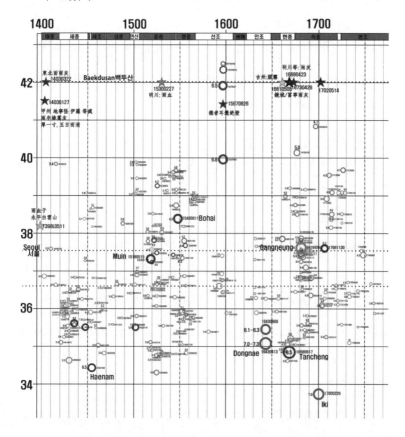

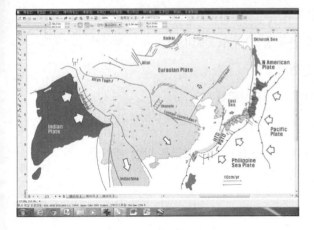

"그리 바뀌지 않았을 거야. 인도판이 유라시아판을 밀어붙이며 발생하는 히말라야 지구조 도메인에 대한 설정은 난 옳다고 봐. 저기 일본열도 중앙에 그린 선이 히말라야 지구조도메인과 필리핀해도메인 경계지?"

그가 말을 계속 이었다.

"지금 그림에 그려놓은 지진은 한반도와 동해, 황해, 탄루단층 서측으로 나누어 표시한 거잖아. 그러니 모두 히말라야 지구조 도메인에서 일어난 지진으로 보면 맞는 거 아냐?"

내가 말했다.

"그렇죠. 헌데 다른 요소가 없는지 한 번 검토해 볼 필요가 있을 것 같네요. 차차 해서 보여드리겠습니다."

그가 말했다.

"꼭 뭐 나한테 보여줄 필요 있나? 다 최 박사 작품인데."

내가 말했다.

"야외조사 때 혼자 하는 것과 둘 이상이 하는 것은 천양지차잖아요. 내가 한 걸 봐 주시고 코멘트를 해주시는 게 얼마나 큰 도움이 되는데요."

그가 말했다.

"그랬다면 다행이고."

그러면서 말을 이었다.

"최 박사, 정리해서 논문 한 편 내도되겠다. 외국 저널에."

≡

태평양판은 북미판과 필리핀해판 밑으로 섭입하여 유라시아판 아래인 동해 지역까지 연장된다.

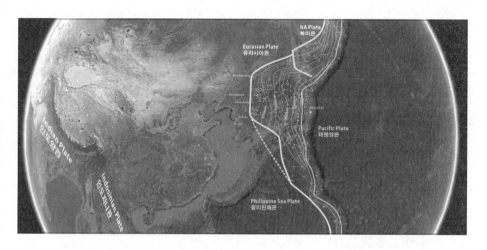

지진이 발생한 진원의 심도로부터 유추된 것이다. 지진 진원심도를 이용하여 단면을 그리기에 도전했다. 구글어스의 위성사진을 가져다 단면선에 맞추어 자르고 각 지점의 추정 지각의 두께를 대입하였다. 대륙지각은 약 30㎞ 정도이다. 해양지각은 해양연구원의 김한준 박사의 논문을 보니 동해지역의 맨틀 상위의 두께가 20㎞에 이른다는 점을 활용하기로 했다. 태평양판은 유라시아판 아래로 550㎞ 이상의 심도까지 섭입하였다.

맨틀의 연약권Asthenosphere을 지나 그 아래의 맨틀까지 연장된 양상이다. 연약권 아래까지 지각이 섭입할 수 있을까에 의구심이 들었다. 이에 지구화학을 전공하고 관련 논문을 많이 써온 김성진 박사를 찾아가 도

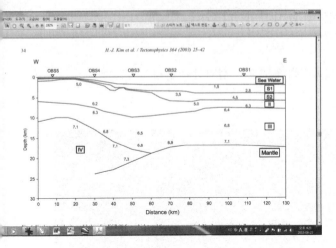

움을 청하였다. 내가 말했다.

"김 박사, 5분만 주시게라? 태평양판의 심도 자료를 이용하여 심부구조도를 그렸는데 어찌해야 할지 모르겠소."

김성진 박사는 잠시 생각 하더니 그의 연구실에 가서 교과서 몇 권을 가지고 왔다. 책 하나를 펼치더니 그림을 확인하며 말했다.

"맨틀 최상부는 암석권이고, 연약권은 약 200㎞, 그러니까 300㎞까지 잘 그렸고."

내가 말했다.

"연약권은 지판의 슬래브가 도달할 수 있지만 그 아래까지 갈 수 있냐

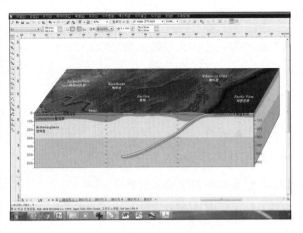

는 게 궁금하더군요."

그가 혼잣말처럼 말했다.

"맨틀의 두께가 2,886㎞이니까 연약권과 하부 맨틀 사이에 중간권, Mesosphere."

그러더니 그가 나를 보고 말했다.

"650㎞까지 그리신 이유

바람에도 흔들리는 땅

는 있어요?"

내가 말했다.

"어디 보니 크리티컬critical 심도라 돼 있어서."

그가 말했다.

"이 심도가 중간권 하한 이네요. 하하."

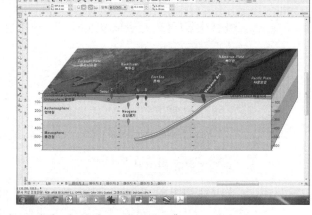

내가 말했다.

"지질학 개론에서 배운지가 오래돼 김 박사를 괴롭혔소."

그가 말했다.

"저도 마찬가지죠, 뭐."

김 박사가 나가자마자 중간권을 표시하고 일단 해양지각이 심도 100~150㎞ 사이를 지나는 지점에 화산 활Volcanic arc이 발달하니 이부터 먼저 그려 넣었다.

신신생기Neogene, 제4기Quaternary 화산분출한 곳들을 표시했다. 동해안을 따라 1천 5백만 년 전쯤에 현무암이 여러 곳에서 발달했다. 그리고 추가령지구대, 울릉도, 독도. 이 단면선엔 서울이 포함된다.

=

연구실 문이 열린 걸 보고 류지열 박사가 왔다. 그가 말했다.

"성님, 매일 바쁘시네예."

내가 말했다.

"오늘 완성한 그림인데 한 번 구경하레이."

내가 말했다.

"심발지진 심도를 다 넣어 태평양판이 어느 정도 섭입해있는지 했다 아이가. 그걸로 한반도 하부의 지구구조를 그려봤다 아이가."

그가 말했다.

"화산도 다 표시했네예."

내가 말했다.

"해양지각이 섭입하여 100~150㎞에 이르면 용융이 되어 Volcanic arc를 형성한다 아이가."

그가 딴청을 피우는지 확인한 뒤 내가 말을 계속했다.

"동해 지역의 화산이 태평양판이 섭입해서 생겼을 가능성은 없을 것 같데이. 만약에 태평양판 영향이라면 해양지각이 150㎞ 이상 섭입한 모든 곳에서 화산분출이 일어나야 하는 거 아이가?"

참을성 있게 듣고 있던 그가 말했다.

"'울릉도나 독도가 열점 때문에 생긴 것이다'에 내는 한 표. 동해 토모그래피 결과는 없는교?"

토모그래피는 지진파를 이용하여 심부 지구구조를 파악하게 해주는

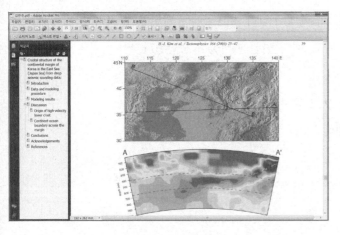

기법이다. 김한준 박사의 논문 파일을 열고 파란색을 가리키며 내가 말했다.

"이기 태평양판의 연장일 긴데."

그가 말했다.

"엄청 나네예. 토모

그래피에 의하면 심발지진이 안 나는 곳에도 태평양판이 있을 가능성이 있겠네예."

고개를 갸웃거리며 내가 말했다.

"그거야 모르지. 버려진 지판stagnant plate란 용어도 있으니까. 헌데 잘 보레이. 이 단면에선 심발 지진이 400km까지밖에 없다. 이 단면선에서 쪼매만 북쪽으로 가모 550km까지 간다 아이가?"

그가 말했다.

"여기 이곳에 stagnant plate가 있다는 말 아인교?"

내가 말했다.

"그럴 가능성이 있을 것도 같아. 전 그림 다시 한 번 볼래?"

화면을 확대하여 그에게 보여주며 내가 말했다.

"여기 보레이. 동해에서 태평양판의 심도, 똑바로 말해서 심발지진이 일어나는 심도 안 있나? 500km, 400km 등고선이 울릉분지에서 끊겨뿐다. 그리고 일본열도 남쪽에 다시 두 등고선이 나타나거든. 내는 이기 무슨 이유가 있을 기라고 본다."

한참 그림을 보던 그가 말했다.

"이기 그러니까 stagnant plate가 위치한다는 말씀이지예? 그렇지예?"

내가 말했다.

"아마도 그렇지 않을

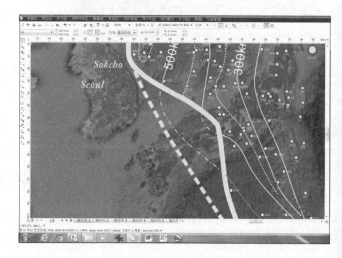

까? 김한준 박사의 논문에서 보듯이 말이야. 그래 동해안 따라 일본 서남부로 해서 파선으로 그은 거야."

대화 주제에 집중력이 흐트러진 그가 말했다.

"성님, 그럴 거 같네예. 그렇다면 필리핀해판은 우에 되는교?"

내가 말했다.

"필리핀해판의 섭입에 따른 지진의 심도를 매핑해 놨다 아이가. 잠시 기다리레이. 내 찾아 보여 주쿠마."

그림 파일을 찾아 그에게 보여줬다. 필리핀해판이 유라시아판 아래로 섭입하지만 일본 열도와 오키나와 곡분까지만 연장이 되고 한반도 지역으로는 연장이 되지 않았다.

그가 말했다.

"오키나와열도와 큐슈 지역엔 Volcanic arc가 형성되고 일본 혼슈 서부로는 연장이 안 되는 걸로 그리셨네예."

내가 말했다.

"해양지각이 섭입하여 100㎞ 이상 돼야 Volcanic arc가 형성되는데 오키나와나 큐슈와 달리 남쪽은 깊이가 그리 안 된다."

그가 말했다.

"참 희한하네예."

내가 말했다.

"큐슈 지역에서 해양지각이 100㎞ 이상인 곳에서 arc가 형성되는데 타이완 쪽으로 가면 그보다 낮은 심도에서 아크가 형성된다 아이가. 우찌 그런 동 내사 모리겠다."

"정말 그렇네예. 그라모 성님 가설이 깨지는 거 아인교?"

내가 대답했다.

"쪼매 두고 보자. 무슨 이유가 안 있겠나?"

또 집중력이 떨어진 그가 새로운 주제로 넘어가 말했다.

"백두산은 우에 되는 겁니까?"

내가 말했다.

"그래, 내 속 알맹이 다 보여 주쿠마."

새로운 그림 파일을 열고 지진 진원 심도를 등고선으로 그린 그림에 단면선 두 개가 추가되어 있는 걸 보여주며 내가 말했다.

"이기 산동반도에서 서울, 울릉도, 독도를 지나 북동 일본으로 가는 단면선이고 이건 중국 숭랴오분지松遼盆地에서 백두산과 동해를 지나 후쿠시마로 연결되는 단면선이야. 잠깐만 그린 단면도를 또 보여줄게."

내가 그린 단면도가 포함된 그림 파일을 열고 내가 말했다.

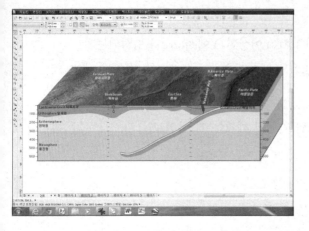

"이 단면선에선 태평양판이 거의 600㎞까지 도달해. 끝이 약간 휘더라. 아마 무슨 이유가 있겠지."

그림을 살펴보던 류지열 박사가 말했다.

"성님 이론대로 해양지각이 100~150㎞ 심도에 도달했을 때 부분용융이 일어나 Volcanic arc가 생기고 그보다 깊은 심도에서는 용융이 일어나지 않는다면 태평양판이 백두산 근처까지 도달했지만 여기서 마그마가 생겨 백두산이 분출하도록 마그마를 공급할 가능성은 없겠네예. 성님 아이디어가 그거지예?"

내가 말했다.

"그래. 나도 그렇게 생각해. 지판의 끝이 부서져 지진을 일으키지 않고 있는 stagnant plate가 있다는 것도 믿어야 할지 의문이지만 이것이 용융될 가능성이 있을까? 난 아닐 거라고 봐."

의외로 내 말을 자르지 않고 듣고 있던 그가 말했다.

"부산대 윤성효 교수는 머라 카는대예?"

한참동안 논문을 뒤적이다가 찾아 화학분석 결과 부분을 펴놓고 내가 말했다.

"윤성효, 고정선 두 분은 백두산 지역과 북중국의 신생대 화산암이 WPB라고 했네."

류 박사가 물었다.

"WPB가 뭐지예?"

그나 나나 암석학 전공이 아닌 구조지질학자인지라 약자로 쓴 것을 알 리가 없었다. 내가 말했다.

"끝은 분명 Basalt, 현무암이란 말일 긴데

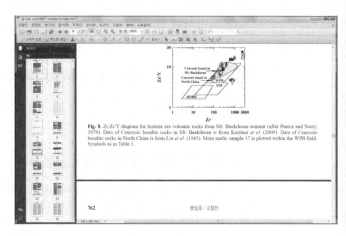

설명이 우데 있지? 찾을 수가 없네. 구글에서 한 번 찾아보자."

구글에서 찾으니 within-plate basalt, 지판내 현무암이라고 되어 있었다. 류 박사가 말했다.

"그러면 성님이 말한 대로 태평양판이 섭입하여 그로부터 마그마가 온 게 아이고 지각이 용융되어 마그마가 생긴 거란 말이지예?"

내가 말했다.

"내 가설이 맞으면 그럴 공산이 클 걸. 단어 한 번 찾아볼까?"

인터넷에서 키워드를 치니 아주 상세한 설명으로 링크를 해 주었다. 설명을 살피니 within-plate basalt, 지판내 현무암은 해양지각이나 대륙지각에서 생성된 현무암이며 섭입대나 해양 확장대에서 생성된 게 아니라고 하였다. 보아하니 추가령

열곡대 지역처럼 현무암 대지를 이루는 것 또한 이에 속할 가능성이 있었다. 가만히 읽고 있던 류 박사가 말했다.

"설명을 보니 백두산은 대륙지각에서 생성된 마그마가 분출해서 생긴 화산이란 말이네예."

내가 말했다.

"그런데 백두산은 유문암질 내지 조면암질 마그마 기원이라 안 했디나? 그래가 Plinian eruption이 일어났다고 했지 않나?"

류 박사가 말했다.

"일부 지역의 현무암을 분석했겠지예?"

내가 말했다.

"암석학 논문들을 많이 찾아 읽어야겠다."

그가 말했다.

"오늘도 마이 얘기했네예."

내가 말했다.

"그러게. 언제 저녁 식사 함께 합시다."

그가 연구실에서 나가고 나는 백두산 지진과 화산암 층서를 발표한 논문들을 찾아 공부하였다.

퇴근시간이 되어 식당에서 식사를 하고 다시 연구실로 왔다. 그리고 이것저것 인터넷 뉴스를 살피고 있는데 누군가 연구실 문을 똑똑 두드렸다. 그리고 문이 열리더니 여인 하나가 왔다. 박수정 씨였다. 얼른 일어나 그녀를 맞으며 내가 말했다.

"어쩐 일이셔요?"

그녀가 말했다.

"박사님~ 연구실은 어떨까 궁금해서죠."

내가 웃으며 정리가 안 된 채 책들과 도면으로 쌓인 워킹테이블을 치우고 자리를 내어주며 앉으라 청하였다. 그녀가 이곳저곳 고개를 돌려 보더니 앉았다. 그녀가 가방에서 내가 자주 마시는 커피를 넣어 와서는 꺼내 놓고 말했다.

"커피 음양탕으로 타왔어요. 드세요."

내가 말했다.

"이렇게 고마울 수가. 정말 고맙습니다. 지금 앉으신 낡은 의자가 마법의 의자랍니다."

그녀가 말했다.

"박사님~ 이 낡은 방석은 또 뭐예요? 좋은 걸로 쓰세요."

내가 말했다.

"다 국민의 세금으로 사야 하는 거예요. 뾰족이 국가에 큰 도움이 되는 연구도 못하면서 좋은 가구로 연구실을 채운다는 건 내가 받아들이기 쉽지 않습니다."

그녀가 말했다.

"그래도요~. 박사님은 어떤 연구를 하시나요? 궁금해요."

내가 말했다.

"전국의 지질도를 만드는 일을 해요. 지형도에 지질도를 채워 넣은 것을 지질도폭이라고 합니다."

지질도폭 하나를 꺼내 보여주었다. 그녀가 말했다.

"어려워요. 돈이 되는 거죠?"

내가 말했다.

"그간 지질도를 이용하여 자원탐사도 이루어졌고 도로, 고속도로, 고속철도, 공단 등 설계에는 기본적으로 쓰여 왔죠. 원자력발전소 등 시설을 만들 때는 정밀조사도 하여 활성단층이 있는지 있으면 얼마만큼 큰 단층인지, 지난 50만 년 동안 몇 번이나 움직였는지 등을 공부합니다."

그녀가 말했다.

"엄청 난 일을 하시네요. 저는 남방 논으로 환산되는 것만 생각했어요. 돈돈 하지요?"

내가 말했다.

"돈이 중요하죠."

그녀가 말했다.

"연봉은 얼마나 되세요?"

이 당돌한 질문에 답변을 해야 할지 말지 고민하다 말했다.

"그간 아이들 대학 졸업시켰구요, 먹고 살았구요. 이제부터 번 돈을 모아 노후 대비해야 해요."

약간 울먹이는 목소리가 새어나오는 내 신파가 재미있었던지 그녀가 말했다.

"돈은 걱정 마세요. 제가 돈 버는 건 자신이 있으니까요. 박사님은 연구나 계속하세요."

내가 말했다.

"고마워요. 언젠가 돈 되는 연구도 할 날이 있겠지요. 연구원에 고액연봉자가 있다는 거 혹시 아세요?"

귀가 쫑긋해진 그녀가 말했다.

"연봉이 얼만데요?"

내가 말했다.

"13억."

그녀가 말했다.

"엄청 나네요. 그분 총각은 아니시죠?"

내가 말했다.

"당연히 결혼했죠."

그녀의 말을 들으며 내가 꼼지락거리는 손놀림으로 인터넷 뉴스도 봐 가며 말하니 신기했던지 내가 열려고 펴놓은 그림 디렉터리를 보더니 한 군데를 가리키며 그녀가 말했다.

"여기가 어딘가요?"

그림을 두 번 클릭하여 새 화면으로 띄우고 내가 말했다.

"여기가 백두산 천문봉입니다. 2002년 같은 실 동료들과 찍은 사진입니다. 사람들이 엄청 왔죠?"

곧 이어 내가 말했다.

"논문에 따르면 이 위를 덮고 있는 것이 1702년 분출한 화산재래요."

그녀가 말했다.

"박사님~ 저때도 아주 젊었네요. 내 눈엔 그냥 흙인데 이걸 연도를 따져 말씀하시니까 되게 신기해요."

나를 빤히 쳐다보다가 그녀가 입을 뗐다.

"자주 와도 되죠?"

내가 말했다.

"카페를 제 연구실로 들고 오셔도 되면요."

그녀가 말했다.

"너무 늦게까지 일하시다 몸 상하시지 말고 일찍 들어가세요."

내가 말했다.

"그럴게요. 고마워요. 커피 참 맛있네요. 일하며 천천히 마실게요."

그녀가 가던 길을 멈칫하고 돌아서서 말했다.

"참, 박사님~, 제 친구가 박사님 시집을 보더니 사인 받아서 한 권 얻어다 달랬어요. 한 권 주실 수 있죠~?"

누구의 청이라고 거절할 수 있을까? 책꽂이에 꽂혀 있던 내 세 번째 시집을 꺼내 표지를 열고 최범진 드림이라고 써서 주었다. 그녀가 말했다.

"박사님~, 고맙습니다. 일찍 들어가세요~."

그녀를 승강기까지 배웅하고 다시 자리로 돌아왔다.

전자우편을 확인하는데 유럽지구조학회 저널 특별호에 논문 투고를 초청하는 글이 있었다. 메일에는 일본 기이반도의 지구조 계통이란 논문과 같은 종류의 것을 좀 내달라는 요청이었다. 또 하나는 올 여름 프라하에서 열리는 골드스미스학회 특별 세션에 초청한다는 전자 우편이었다. 누가 나를 초대했을까 세션 제안자convener를 보니 파리 6대학의 올리비에 라콤진 교수였다. 한 쪽으로는 제 논문을 내고 한 쪽으로는 그 논

문의 요약문을 내고 전체를 발표할 플랜
이 머릿속에 자리 잡았다. 일단 워드를 열
고 논문 제목부터 정하고 논문에 넣을 그
림부터 준비하였다. 제목은 「동아시아 역
사 기록에서 보이는 지진 및 화산활동 사
이 연관성」으로 잡았다.

Association between the seismic and volcanic
activities found in East Asian historical records: a
preliminary approach to the eruption periodicity of
Baekdusan volcano, Korea.

Beomjin Choi.

*Korea Research Institute of Geoscience and Minerals, P.O. Box 111, Yuseong
Post Office, 124, Gwahangno, Yuseong-gu, Daejeon, 305-350, Korea.
Tel: +82-42-868-3047.
Fax: +82-42-861-3414.
E-mail address: bjc@krigam.re.kr.

논문을 쓰려면 그간에 쓴 논문들의 성
과를 설명해야 한다. 참고문헌 작업이다.
첫째로 리뷰한 논문은 Wei Haiquan魏海泉
과 Jin Bolu金伯禄 두 분이 2002년 한중심
포지엄에서 발표한 논문이다. 진보루 선
생은 한국이름으로 김백록 선생으로 중
국동포 원로지질학자이며 백두산 화산암 연구로 평생 심혈을 기울이신
분이었다.

논문으로 출간되기 전까지 공개하지 않겠다고 양해를 구하고 당시 발
표 자료를 얻었다. 그간 그들의 논문은 출간되었고 자료가 업그레이드
되어 공개된 바 있어 자료의 사용도 이제 가능할 것으로 보인다. 그 가운
데 백두산 일대 지질도가 있었다. 중국에서는 백두산 화산체를 천지화
산추체天池火山錐體로 부르고 있었다. 관련 영문논문에선 Tianchi Caldera
로 적고 있으며 윤성효 교수는 Cheonji Caldera로 불렀
다. 천지를 만주족은 타문闥門, 이로부터 흐르는 송화강을
조선 관리는 토문강土門江이라고도 불렀다.

이 지질도에는 화산암석학적인 분출단위와 각 단위의

타문

분출시기에 대해 언급하고 있었으며 이 지질단위만을 따로 그려놓은 적이 있다. 그림에서 보는 바와 같이 1413년에서 1668년 사이(b), 1668년과 1702년(c), 1903년과 직전 퇴적층(d) 등이 눈에 띄었다. 1413년은 1403년의 잘못이다. 이들을 단위별로 나누어 그리면 다음 그림과 같다.

天池火山錐体頂部火山结构与灾害分布图

『조선왕조실록』에서 소개한 1668년과 1702년 백두산 분출이 위의 지질도에서는 크게 다루어지고 있는 것 같았다. 1903년 분출은 천지 북동부에 국한되었거나 침식되어 그리 많이 남지 않은 것으로 생각된다. 1702년과 1903년 사이 천지칼데라 내벽으로부터 흘러내린 암설류de-bris flow층이 발달하고 있었다. 1403년에서 1668년 사이의 단위 또한 칼데라 내벽이 붕괴하며 생긴 층들이었다. 이 연구에서 보듯이 1668년 백두산 분출은 규모가 매우 컸으며 앞서 역사지진연구를 통해서도 관련성

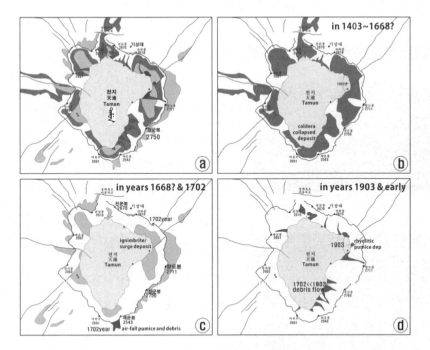

이 확인된 것이었다. 두 중국지질학자의 발표 자료를 보면 1668년 분출이라는 사진이 있는데 향도봉 서쪽, 장군봉 북쪽을 보여주고 있으며 아마도 천문봉 일대에서 찍은 사진으로 보였다.

　　그들의 발표 자료를 보다가 한 화면에 눈이 고정되었다. 응력장stress field를 공부해온 터라 가스 파이프와 암맥이라 부르고 있는 것이 내 눈엔 장력 틈tension gash로만 보였다.

　　조선후기 응력장을 찾아낸 대평리 사이트와는 달리 화산분출과 관련된 특이 구조로 백두산 전체의 변형양상을 짚어내는 데 큰 역할을 할 것으로 생각되나 갈 길은 참으로 멀어만 보였다. 또 하나는 천지일대에서 일어나는 지진자료였다. 2002년 8월 20일과 2003년 7월 14일로 표시된 것을 포함하여 지진이 상하로 발생하는 양을 보여주었다.

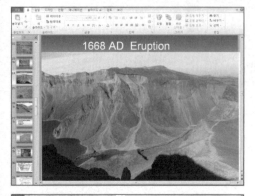

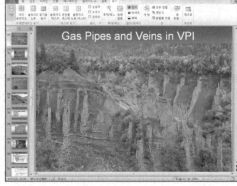

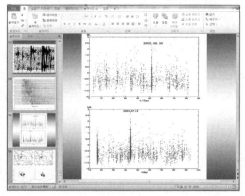

저 기둥처럼 측정된 지진자료를 보다가 높은 곳부터 지진이 나기 시작했는지, 낮은 곳부터 지진이 일어나기 시작했는지 궁금해졌다. 수평축이 시간 축이기 때문에 수평으로 확대하면 그것이 보일 법도 하였다. 그림을 떼어다 코렐라인에 얹어 놓고 기울기를 측정해보기로 하였다. 수평으로 늘리니 동그란 점들은 번데기처럼 늘어났다. 각각의 막대 중심점들을 연결하니 아주 특이한 현상이 보였다. 높은 곳에서 먼저 지진이 나고 낮은 곳에서 나중에 지진이 난다는 사실이었다. 직선을 더해보니 선 위쪽이 왼쪽으로 기운 양상이며 위에서 아래로 연속으로 발생한 군발지진 형태였다. 지진 기둥은 대개 해발 1.5km에서 −1.5km까지이나 빈발하는 지진인 경우 천지칼데라 바닥 가까이에서부터 해발 −1.5km까지 발생하였다.

백두산 화산체를 호빵에 비유한다면 엄지손가락 두 개를 호빵 위에 대고 나머지 손가락을 호빵 밑에 대고 엄지로는 양쪽으로 벌리고 나머지 손가락으론 밑에서 들쳐 올려 둘로 가

바람에도 흔들리는 땅

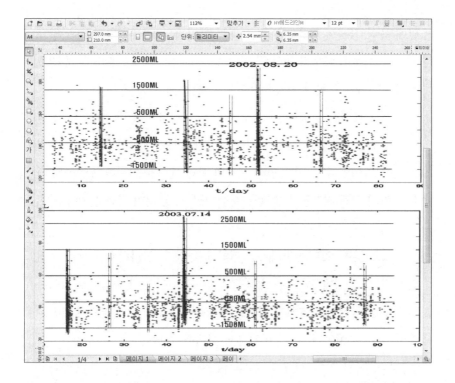

르는 장면이 연상되었다. 다시 말하면 천지칼데라는 화산체 밑에 어떤 덩어리가 상승하며 지진이 나고 또 제자리로 갔다가 그것이 상승하면 군발지진이 나는 양상일 거라는 사실이었다. 밑에 어떤 덩어리는 마그마일 법하였다. 바로 분출로 연결된다면 마그마 덩어리가 위로 올라오려 들썩이는 양상이 바로 기둥모양의 군발지진으로 나타났다고 생각하게 되었다.

논문은 중국의 탄청대지진과 신유대지진 등이 일어난 17세기 지진사건들과 백두산 분출에 초점을 맞추어 진행되었다. 히말라야지구조도메인의 역할도 부각되었다. 이로써 골드스미스학회에 낼 요약논문은 완성되어 발송하였다. 며칠 뒤 full paper, 제 논문의 마무리에 들어갔다. 주말에 옥천 집에서 일을 한다며 온다는 아이들도 오지마라 하였다. 일요일 오후 논문이 마무리 되어 몇 번의 영문 교정을 하고 드디어 논문 원고를 유럽지구조학회에 전자우편으로 보냈다.

그리고 보령으로 배를 타러 몇 번인가 출장을 나갔다. 배를 타고 섬 지역을 지질 조사해야 하고 날씨에 민감하게 대응해야하기에 그만큼 힘이 든 작업이었다. 그리고 암석 시료의 박편 제작을 의뢰하고 암석의 나이를 알기 위해 지르콘 추출작업, 분석 의뢰 등을 하며 시간을 써야 했다.

=

어느 느른한 오후 손전화가 요란하게 울렸다. 전화번호를 보니 옥천 산골, 같은 동네에 사는 어르신의 전화였다. 20여 년간 중풍으로 고생하던 부인을 극진히 간호하다 자식들의 성화에 부인을 요양병원에 모시고 혼자 사는 분이었다. 내가 반갑게 인사말을 건넸다.

"성님, 어쩐 일이세유? 잘 지내시죠?"

그가 말했다.

"몇 년 전 수술하고 집에서 계속 있었잖여? 혼자 밥 해먹기도 힘들어서 대전 요양병원에 짐 싸들고 왔어."

내가 말했다.

"그러세요? 성님, 거기 지낼 만하시죠? 뭐 맛난 거 먹고 싶으시죠?"

그가 말했다.

"말하믄 뭐히야. 올껴?"

내가 말했다.

"뭐 드시고 싶으세유?"

그가 말했다.

"먹고 싶은 건 없고 사람이 보고 싶어. 여기 괜히 왔내벼."

내가 말했다.

"금방 적응하시겠지요. 이번 주말 아이들과 찾아뵐게요."

그가 말했다.

"그리아. 그럼."

전화가 끝나기가 무섭게 전화벨이 울렸다. 급한 전화 목소리가 말했다.

"박사님~, 음양탕 준비해놓을 테니 쉬었다 일하세요."

눈도 침침한데 잘 되었다 싶어 1층으로 내려가 밖으로 나갔다. 오랜만에 받는 햇볕인 양 살갗이 따가웠다. 순간 어질한 느낌이 들었다. 카페로 가는 길이 참으로 멀어보였다. 나를 기다리는 수정 씨 생각에 후들거리던 다리는 발걸음을 재촉하였다. 문을 열고 들어가자 그녀가 말했다.

"박사님~ 얼굴 잊어먹겠어요. 좀 쉬시라고 오시라 했어요. 이리 앉으세요. 음양탕 들고 갈게요."

친절한 박수정 씨이다. 몽골에서 삼은 수양딸에 볼로르마가 있는데 볼로르가 수정이라며 몽골 이름 볼로르를 참으로 좋아하던 그녀였다. 미인을 외롭게 하는 건 죄악의 으뜸이라고 누가 했던가? 기억은 안 났다. 내가 말했다.

"고마워요. 이리 신경 써주시고."

그녀가 말했다.

"박사님~, 오늘은 박사님 식 개그 하나 할게요. 온몸이 신경다발인데 신경을 안 쓰면 안 되죠."

둘은 웃었다. 내가 말했다.

"오늘 저녁 식사 어때요?"

그녀가 말했다.

"박사님~, 무슨 잘못하셨어요? 그냥 이리 보면 되지 뭐 꼭 사신다며 무심했던 걸 늘 덮으시려 하시더라."

머쓱해져 내가 말했다.

"주말에 약속 있어요?"

그녀의 어머니에게 소개해주려던 동네 어르신 문병을 함께 갈까 하는 생각이 나서였다. 그녀가 말했다.

"이번 주 바빠요. 재료 준비해야지, 1주일 내내 못 쉰 거 몰아서 쉬어야지, 빨래도 해야 하지, 엄마 맛있는 것도 해줘야지."

토라진 그 마음을 달랠 길 없어 내가 말했다.

"수정 씨는 쇠붙이 같은 사람인 거 잘 알아요. 늘 밥 잘 챙겨먹고 건강하세요."

그녀가 말했다.

"도서관 전망이 좋다면서요. 저도 한 번 데려가 주세요."

날도 더워지고 손님이 적은 게 확연했다. 내가 말했다.

"커피 세 잔 더 들고 갈까요?"

삐죽거리던 그녀가 주방으로 들어가 손수 커피 세 잔을 더 준비했다. 2층에 있는 도서관으로 갔다. 그리고 도서관 식구들에게 커피를 한 잔씩 건넸다. 내가 말했다.

"날씨가 꽤 더워졌죠? 도서관은 좀 시원하네요."

김양진 씨가 말했다.

"어서 오세요. 커피 잘 마실게요."

그러자 김영욱 씨가 떡하니 창가 자리로 먼저 가 앉았다. 갑자기 나를 혼란에 빠지게 했다. 내가 박수정 씨에게 말했다.

"김영욱 씨 자리 앞에 앉으세요."

아무 저항 없이 그녀가 앉으며 말했다.

"아, 이 자리 정말 전망 좋네요. 커피 맛이 저절로 날 것 같아요."

김영욱 씨가 말했다.

"매일 앉아 있으면 그냥 그게 그거예요."

뾰로통함이 배어있는 가시 돋친 말에 둘 사이에 서서 내가 말했다.

"이렇게 좋은 풍경을 혼자만 욕심 부리고 보겠다는 거죠? 하하하."

내 너스레에 약간 기분이 풀렸는지 김영욱 씨가 말했다.

"어제 메르스가 발병했대요, 선생님."

메르스, MERS, 중동호흡기증후군을 그리 불렀다. 내가 말했다.

"나도 인터넷 뉴스를 오늘 보았네요."

박수정 씨가 말했다.

"박사님~ 이럴 때일수록 사람 많이 모이는 데 가지 마시구요, 손발 깨끗이 씻고 그러면 예방이 된대요. 박사님 꼭 그렇게 하세요~."

머쓱한 분위기속에서 내 몸의 진땀을 계속 짜내기보단 벗어나는 게 좋을 듯하여 내가 말했다.

"수정 씨, 이제 됐죠? 이제 그만 연구실로 가볼게요."

두 사람의 눈꼬리가 돌아가는 게 보였다. 김양진 씨가 말했다.

"제가 말동무 해드릴 테니 저쪽으로 앉으세요."

깁스를 풀고 이제 자유의 몸이 된 그녀였다. 가려던 발걸음을 멈추고 두 여인이 마주 앉은 자리 옆 테이블로 가 앉았다. 그녀가 와 앉으며 내게 말했다.

"김진억 박사님은 잘 계시죠? 그때 먹던 스테이크와 와인이 생각나네요. 이야기는 옛이야기, 인연은 묵은 옛사람이 좋은 것 같아요."

무슨 뜻으로 말하는지 이해 못한 내가 말했다.

"오늘, 우리 레스토랑에서 저녁식사 함께 할까요?"

김영욱 씨가 말했다.

"저는 좋아요."

그 말을 들은 박수성 씨가 질 새라 아까와는 다른 말을 했다.

"저도요."

김양진 씨가 말했다.

"오늘 잔치하게 생겼네요. 도서관 사서로 일하며 처음으로 즐거운 날 같습니다. 아니 두 번째. 다, 최 박사님 덕택입니다. 호호호."

연구실로 돌아와 급하게 레스토랑을 예약하였다. 그리고 모두에게 시간과 장소를 일러주었다. 그러자 김양진 씨가 말했다.

"박사님 한 차로 가면 어때요?"

생각도 않고 내가 말했다.

"그렇게 하죠."

퇴근시간 밀리는 교통 행렬 속에 빠지다 보면 누구는 빨리, 누구는 늦게 오는 일은 없겠다는 생각이 들었다. 여성의 뛰어난 감각에 남성이 따라가지 못하는 게 있었다. 그리고 도서관 라운지 주차장으로 6시에 가겠다고 말했다.

무슨 팔자에 미인 셋을 모신단 말인가? 아무튼 이 엉킨 실타래는 내 탓이란 생각에 잠시 잠긴 시간. 퇴근 시간이 얼마 남지 않았다. 인터넷 뉴스를 잠깐 살피니 메르스가 서울에 발병되긴 한 모양이었다. 6시가 되어 도서관 라운지로 지프차를 몰고 갔다. 둘은 나와 기다리고 있었고 김영욱 씨가 출입문을 열고 나오고 있었다. 차를 대고 유리문을 내리고 타라고 했다. 박수정 씨가 말했다.

"차가 이리 지저분하면 건강에 해로워요, 박사님~."

또 잔소리구나 싶었지만 내가 말했다.

"출장을 자주 다닌 차치고 꽤 깨끗한 차이니 아무 말하기 없기."

그 뒤 모두는 군말 없이 차안에 다소곳이 있었다. 도룡동 사거리에 다다르자 대덕대교로 빠지는 차들이 엄청나게 밀리며 신호가 바뀌어도 직진으로 건너갈 수 없을 정도였다. 드디어 사거리 지나 어느 한적한 곳에 있는 레스토랑에 갔다. 나를 알아본 주인이 반겨 인사를 하며 우리를 어느 테이블로 안내했다. 내가 말했다.

"김영욱 씨, 저기로, 김양진 씨, 요기로, 박수정 씨, 요쪽으로" 하며 자리 배분을 하고 두 명은 앞에, 김양진 씨를 곁에 앉히고 내가 앉았다. 내가 생각해도 황금분할 같았다. 내 곁에 김영욱 씨나 박수정 씨를 앉혔다면 벌어질 신경전에 저녁을 고이 먹을 수 없을 것만 같았다. 주인이 와서 메뉴판을 들고 왔다. 앞서 말한 스테이크와 와인인지라 돌아서는 그를 잡고 주문을 했다. 내가 이어서 말했다.

"제 스테이크는 '피 줄줄 살짝 구워' 주세요."

김양진 씨가 말했다.

"저는 웰 던."

김영욱 씨가 말했다.

"저는 미디엄."

박수정 씨가 말했다

"저도 미디엄."

와인은 이태리산 한 병을 주문했다. 김양진 씨가 말했다.

"최 박사님은 따님이 많으시죠? 전에 박사과정이던 알제리 딸도 있고."

내가 말했다.

"프랑스에서 4년 동안 있었는데 마지막 해에 정권이 바뀌었어요. 좌파에서 우파로, 미테랑에서 시라크로. 기다렸다는 듯이 외국인은 나가라는 소리가 빗발쳤고 외국인에 대한 테러도 여러 번 일어났죠. 그때 딸내미 친구 가족, 아들 친구 가족들이 저희 가족을 많이 도와줬어요. 저는 그게 빚이라 생각하죠. 그래서 한국에 와서 적응하기 힘든 사람은 누구일까 생각했죠."

박수정 씨가 말했다.

"그게 누군데요? 미국사람이나 유럽 사람은 아닐 테고."

내가 말했다.

"당연히 아니죠. 이슬람이고 여성인 경우 참으로 힘들 것 같았어요. 동남아 사람들도 그렇고, 특히 아프리카 사람들도 그렇고."

김영욱 씨가 말했다.

"한국인처럼 인종차별주의자는 세상에 아마 없을 거예요. 맞죠?"

내가 말했다.

"피부색이 검다는 이유로 깜둥이라고 비하해서 부르는 건 죄악이라고 생각해요. 그런 사람은 외국에 가서 그리 차별을 받아도 싸죠. 안 그래요? 내가 한 차별은 밖에 나가 외국인들이 나를 차별하는 것으로 돌아온다고 난 믿어요. 직장에 외국인들이 많이 와요. 며칠씩 있는 경우 한국이 지옥 같을 분들 두어 명을 저녁초대하곤 해요. 참으로 좋아하더군요."

박수정 씨가 말했다.

"최 박사님~ 그래서 수양아들, 수양딸이 몇이세요?"

내가 말했다.

"중국엔 딸이 넷, 아들이 둘. 몽골엔 딸이 넷, 아들이 하나. 알제리엔 딸이 둘. 터키에 아들이 하나. 프랑스에 아들 하나. 일본에 딸이 하나, 이란에 딸이 하나, 영국에 아들 하나예요. 중국엔 형님 셋, 동생 하나가 있는데 2006년 내몽골 갔을 때 동생 녀석이 조카 좀 보살펴 달라더군요. 충남대에 들어가 석사 마칠 때까지 7년을 함께 보냈죠. 알제리 딸 수미의 경우는 5년, 박사학위를 하고 알제리로 갔죠. 언제나 교수 되나 기다리는 중예요."

박수정 씨가 말했다.

"나도 딸 하고 싶어요."

내가 말했다.

"어우야, 안 돼. 하하하. 한국에도 수양딸, 수양아들 있어."

분위기는 웃음바다가 되었다. 그 사이 내 앞에 먼저 두터운 쇠판 위에 스테이크가 누워 도착했다. 모두의 앞에 주문한 요리가 놓이고 와인이 오자 와인 코르크를 열고 김양진 씨부터 한 잔씩 따랐다. 내가 말했다.

"세계 평화를 위하여~."

내가 사방에 튀긴 말을 잔에 한 방울씩 섞고 모두는 조용히 입안에 붉은 액체를 붓기 시작했다. 김양진 씨가 말했다.

"오늘 따라 와인이 혀에 감치네요."

김영욱 씨도 말했다.

"이렇게 맛있는 와인 오랜만이네요. 늘 시큼한 것만 마셨는데."

박수정 씨가 말했다.

"와인 맛이 좋은 식당이 제대로 하는 식당이죠. 와인 냉장고가 없이 밖에 진열한 곳은 절대 가면 안돼요. 거의 신 게 많거든요."

김양진 씨가 말했다.

"내가 깁스하느라 제대로 환영식도 못해줬는데 최 박사님께서 김영욱 씨 환영식을 대신 해주시네요."

말을 마치고는 김영욱 씨 유리잔에 쟁하고 부딪치며 긴배를 청했다. 김영욱 씨가 말했다.

"최 박사님은 아주 특이한 분이신 것 같아요. 뭐랄까 오지랖이 넓다고 해야 할까? 사교의 범위가 넓다고 해야 할까?"

박수정 씨가 말했다.

"박사님~, 많은 여자와 사귀고 그러시면 안 돼요~."

김양진 씨가 말했다.

"여기만 해도 벌써 셋이잖아요."

김영욱 씨가 말했다.

"순번 타려면 10년은 걸리겠네요. 호호호."

내가 말했다.

"제가 무슨 카사노바라고. 호호호."

식사를 마치자 박수정 씨가 물티슈를 건네주며 말했다.

"박사님~, 늘 손을 깨끗이 씻으세요~. 메르스 걱정 돼요~, 박사님~."

약간 상기된 얼굴로 근처 고전가구점에 들러 눈요기도 하고 카페에 들러 차도 마시고 연구소로 돌아왔다.

주말이 되었다. 동네 어르신이 요양병원에 계신다는데 가려는지 가족들에게 물으니 아이들은 주중 직장 생활로 지쳐 쉬고 싶다고 했다. 요양병원에 혼자 갔다. 그 어르신이 좋아하는 술은 안 되리라 생각하고 빵집에 들러 달달한 빵과 튀김, 음료수 등을 사들고 갔다. 내가 간다고 미리 전화를 해둔 터라 그는 현관에서 내가 오기만 기다리고 있었던 모양이었다. 내가 말했다.

"성님, 뭐라 나와 기세유. 언넝 들어가유."

사실 나보다 스무 살, 경우에 따라서는 서른 살 가까이 차이나는 동네 어르신들을 나는 그냥 형님이라 불렀다. 임의롭게 생각하는 어르신들도 많았다. 그분들 자제 가운데에는 나보다 나이가 많은 이들도 있어 이제 형님이라는 호칭 대신 어르신이라 부르고 싶은데도 그분들은 나를 동생, 또는 아우님이라 불렀다. 이제 돌이킬 수 없게 굳어 버렸다. 휴게실에 가서 음식과 음료수를 내놓고 함께 먹으며 수다를 떨었다. 그가 말했다.

"아, 인저 살 것 같네, 씨알. 사람 귀한 줄 인저 알았잖여. 흐흐. 고마워, 동상. 바쁜디 오라구 해서 미안히야."

내가 말했다.

"시방 뭔 소릴 하는규? 성님이 찾는디 지가 와야쥬."

그가 웃으며 말했다.

"그려? 그럼, 고맙구."

며칠 전 세 여성과 우아하게 저녁식사를 한 얘기며 나를 좋아하는 여자들 사이 질투며 온갖 신변잡기에 대해 수다를 다 떨었다. 그가 말했다.

"다 화근 덩어리여. 다 정리혀."

그리고 그 어르신의 방이 어떤지 보고 싶다고 하니 그가 말했다.

"그려? 그럼, 그려."

1층에서 2층 계단으로 해서 긴 복도를 지나 그의 방에 갔다. 몇 분이 함께 기거하는 모양이었다. 사온 음식과 음료수를 내놓고 드시라 했다. 그리고 내가 말했다.

"성님, 나 꼬초 물 주러 집에 가봐야겠네유. 잘 계세요. 보고 싶으시면 전화하시구요."

그가 말했다.

"그려, 그럼. 아무캤거나 동상, 고마워. 미안하고."

내가 말했다.

"또 그러시네. 미안하긴 뭐가 미안해유. 그류. 계단 다니기 힘든디 나오지 마세유. 언넝 갈께유."

그의 배웅을 받으며 발걸음을 재촉했다. 요양병원에는 수많은 어르신들이 계셨다. 복도에는 보행보조기를 밀고 다니시는 분들도 계시고 링거와 같은 주사약을 매달고 다니시는 분들도 계시고. 복도를 지나오는데 한 분이 기침을 참으로 힘들게 하고 계셨다. 잠시 멈추어 괜찮나, 간호사를 불러주느냐 물으니 그가 말했다.

"괜찮겠지, 뭐. 며칠 전부터 열이 나고 기침이 심하게 나는구면."

나는 옥천 집으로 향했다. 동네라곤 산골 동네 열 집이 안 되는 조그마한 마을이다. 농사철이라 모두 바빠 누가 집에 있는지조차 알지 못한다. 한창 농사철이라 들녘 외에는 그냥 절간 같은 고요 속에 고요를 흐뭇하게 먹고 마시며 살 수 있었다. 수도꼭지를 틀어 스프링클러가 고개를 사방으로 돌리며 땅콩이며 방울토마토며 포도나무에 물을 뿌리게 하였다. 다른 수도꼭지를 틀어 비닐하우스 안에 설치한 배관을 통해 고추며 야콘 포기마다 물을 대었다. 한참 흐뭇하게 물을 뿌린 뒤 때 되면 밥통이 차려주는 밥을 먹고 잠을 자며 일요일을 보냈다. 문을 닫고 있으니 누구도 집에 오는 사람이 없었다.

이튿날 출근길. 자꾸 기침이 나고 머리를 만져 보니 열이 심하게 났다. 몸살이 터진 거란 생각과 중동호흡기증후군이면 어쩌나 하는 생각이 교차하였다. 출근하여 간호사에게 전화하니 일단 보건소에 가보라고 했다. 외출신청을 하고 보건소에 가보기로 했다. 보건소 보건의가 말했다.

"직장이나 가족에게 일단 연락을 하시는 게 좋을 것 같습니다."

화들짝 놀라 내가 말했다.

"예?"

그가 차분히 설명을 했다.

"메르스가 의심됩니다. 일단 증상이 나타난 편이라 국가 격리병동에 입원하는 것이 좋겠습니다."

그는 무슨 체크리스트 같은 것을 꺼냈다. 그리고 말했다.

"선생님, 일단 그동안 어디어디 가셨는지 말씀해 주세요."

내가 말했다.

"지난 주 말씀인가요?"

그가 말했다.

"우선 오늘 아침, 어제 그제부터 시작해서 지난주까지요."

내가 말했다.

"오늘 아침에는 옥천 집에서 연구단지에 있는 한국지질광물연구원까지 움직였고요, 사무실에 오자마자 전화로 직장 간호사에게 사정을 말했더니 누구도 만나지 말고 보건소에 일단 가보래서 외출 신청을 해서 온 것입니다. 그리고 어제는 하루 종일 시골집에 있었고요. 그저께 아침에 서구에 있는 요양병원에 가서 동네 어르신을 만났습니다."

그가 말했다.

"그분이 심하게 기침을 하시던가요?"

내가 말했다.

"아뇨."

그가 말했다.

"그때 심하게 기침을 하거나 하시는 분 못 보셨어요?"

내가 말했다.

"가만 있자. 그러고 보니 요양병원 2층이었는데 기침을 아주 심하게 하고 열이 난다는 그런 분이 한 분 계셨습니다."

그가 어딘가로 급하게 전화를 걸었다.

"…… 긴급출동 바랍니다."

뒷말만 크게 들렸다. 그리고 그가 말했다.

"그리고 이전엔 어떤 일을 하셨나요?"

내가 말했다.

"연구원 연구실에서 조용히 일을 했습니다."

그가 말했다.

"일단 가래나 가글을 해서 나온 액체를 채취해야하니 양해 바랍니다."

그는 직접 종이컵에 가래와 침을 뱉게 했다. 헌데 가래가 나오지 않았다. 가글을 해서 뱉은 것을 컵에 받았다. 팔뚝을 탁탁 치며 도드라진 혈관을 소독제가 든 거즈로 문지른 뒤 주사 바늘을 꽂았다. 한 초롱 나오자 빼고는 문지르라 거즈를 주었다. 그는 앰뷸런스를 불러 대학병원으로 나를 보냈다. 병원의 경비는 삼엄했다. 의사나 간호사 모두 마스크를 쓰고 방호복을 입고 있었다. 격리병동에 도착하자 또 가래니 하는 검사체라는 걸 채취했다. 그리고 나를 고요 속으로 밀어 넣고는 유리벽 밖에서 나를 쳐다보며 뭐라 하곤 하였다. 동물원의 철창이 이런 것이겠구나 싶었다. 요양병원에 계신 동네 어르신께 전화를 했다.

"성님, 혹시 기침 나고 열나고 그러진 않으세요?"

다급한 내 목소리에 놀랐는지 그가 말했다.

"여기 몇 사람 메르슨가 멜친가 걸렸다고 실려 가고 외부에서 사람도 못 들어오게 하고 난리도 아녀? 난 아무렇지도 않아."

휴, 한숨이 내 코에서 새어나왔다. 그리고 연구원 간호사에게 연락을 했다. 그녀가 말했다.

"박사님께서 여러 사람을 만나지 않은 게 천만다행이에요. 지나가신 구역을 모두 소독하고 북새통이 일었습니다. 지금 어디세요?"

내가 말했다.

"지금 대학병원 격리병동에 있습니다. 혹시 누구에게 부탁해서 제 노트북 컴퓨터를 좀 가져다주실 수 있겠어요?"

그녀가 말했다.

"제가 오후에 들고 가겠습니다."

오후가 되자 소독약 냄새가 짙게 밴 비닐봉지에 싼 노트북이 내게 전해졌다. 그녀를 직접 보긴 힘들었다. 손전화로 다녀간다는 말만 하였다. 노트북에 인터넷을 연결하여 뉴스를 보았다. 요양병원에 대한 기사가 나오고 나의 이야기가 나오는 것 같았다. 아직은 확진된 게 아닌지라 몇 번 환자로 언급되지는 않았다. 그리고 나의 이야기에서는 요양병원에 갔다 의심환자와 접촉하여 격리 중인 것으로 뉴스는 설명하고 있었다.

의사나 간호사에게 듣지 못하는 내 상황을 뉴스를 통해 알게 되었다. 참으로 기막힐 노릇이었다. 침대에 환자답게 누웠다. 간호사가 물과 약을 놓고 갔다. 일단 먹으라 했다. 열은 내리는 게 우선이다 싶었다. 무슨 약이 그리 쓰던지 인생의 쓴맛을 보는 듯했다.

저녁 식사를 하고 기침과 고열과 함께 침대에 누웠다. 갑자기 답답해 오는 게 닥친 상황이 몸으로 느껴지기 시작했다.

'이서 죽는 거 아냐?'

이제까지 살아오면서 이렇게 나락으로 빠진 기분은 처음이었다. 이틀이나 사흘 뒤 확진판정에 내려지는 게 두렵게 느껴지기 시작했다. 생각을 떨치려 일어나 인터넷 망인 인터북을 열었다. 그리고 이렇게 썼다.

"메르스를 멸시하다 멸치에게 멸시당할 수도."

허망한 이 글에 수도 없이 많은 댓글이 걸렸다. 내가 메르스 때문에 격리병동에 와 있는 사실이 쫙 퍼졌던 모양이었다. 손전화가 울렸다. 그냥 폴더를 열고 귀에 대었다. 다급한 소리가 말했다.

"여보세요. 저 수정인데요, 괜찮은 거죠?"

멍하니 하늘을 쳐다보다 내가 말했다.

"네."

그녀가 말했다.

"괜찮을 거예요. 힘내세요."

왜 이렇게 대답하기가 싫을까? 내가 말했다.

"네."

그녀의 잔소리가 쏟아질 판임을 뻔히 알면서도 이렇게 말하고 있었다. 그녀가 말했다.

"뭐 먹고 싶은 거 없어요?"

한참 뒤 내가 말했다.

"네."

나답지 않은 모습에 적잖이 당황한 듯 그녀가 말했다.

"힘내세요~. 아직 확진 판정을 받은 게 아니니까요~."

그 말에 사래가 들린 듯 기침이 쏟아졌다. 깊은 속에서 울려나오는 기침 소리도 입 밖으로 뛰쳐나왔다. 그녀의 전화가 끊이자마자 아이들에게서 전화가 왔다. 울고불고 난리였다. 그다음 이원풍물단의 상쇠로부터 전화가 왔다.

"최 박사님, 워쩐 일이래유. 늘 잘 버텨왔잖유. 괜찮을규."

그녀의 씩씩한 목소리가 내게 힘을 주는 듯했다. 밤이 되자 도통 잠을 이룰 수가 없었다. 기침과 고열 사이로 밀려오는 두려움은 마치 고소를 당해 여섯 달 동안 그 결과를 기다리며 차라리 죽고 싶었던 때로 돌아가는 듯했다. 무거운 눈꺼풀이 기어코 나를 재웠다. 무엇인가 내 발을 간질였다. 유리문을 통해 들어온 따사로운 아침햇살이었다. 그 간지러움은 신혼 때 아내가 내게 보내던 아침 인사와도 같았다. 어느 문학회 모임이든 함께 다녔던 그녀, 어느 땐가부터 나보다 더 좋은 무언가 생기고부터 본 지도 오래인 그녀였다.

졸린 눈을 달래며 치켜 올리고 화장실에 갔다. 담배가 그리도 당겼다. 이미 담배니 일체의 것을 빼앗긴 터였다. 하루 사이 포기라는 것과 이별이라는 것을 하나씩 배우기 시작했다. 밭은 기침소리와 고열은 가라앉을 줄 몰랐다. 샤워하고 싶은데 그냥 얼굴만 씻고 침대에 앉았다. 방호복을 입은 간호사가 체온을 재고 이것저것 체크리스트에 적었다. 내가 물었다.

"검사 결과는 언제 나오나요?"

그녀가 말했다.

"내일이나 모레 나오면 알려드리겠습니다."

곧이어 철제 특유의 소리를 내며 밥상이 내 앞에 놓였다. 입에 넣은 밥이 나오는 기침에 사레든 듯 입안에 제대로 머물지 못하고 입 밖으로 자꾸 튀어나갔다. 두렵고 어서 벗어나고 싶어 송곳증이 난 사흘이 갔다. 방호복을 입은 두 사람이 왔다. 의사가 울리는 목소리로 말했다.

"한곳에서는 음성."

그 말에 환호가 터졌다. 그가 말을 계속했다.

"다른 곳에서는 양성으로 나왔습니다."

세상에 이런 판결이 어디 있단 말인가? 그리고 그는 말했다.

"확진 판정을 위해 검체를 다시 채취해야 합니다. 억지로라도 가래를 뱉어주셔야 합니다."

그가 가져온 컵에 가래를 천길 땅속에서 석탄을 끌어올리는 권양기를 돌리듯 끌어 올렸다. 몇 번 그리하여 모은 것, 내 막장에서 퍼 올린 것을 들고 둘은 나갔다. 군대시절 고참의 잔소리보다 차라리 곡괭이 자루로 한 대씩 맞고 푸근히 잠을 잘 수 있던 때가 생각났다. 확진 판정을 받는 게 낫지 이것도 저것도 아닌 이 고통은 지옥의 고통에 비교해도 될까 싶었다. 궁금한 마음에 요양병원에 있는 동네 어르신께 전화를 했다.

"성님, 성님은 괜찮은 거죠?"

그가 말했다.

"월요일 날 여기 있는 사람 싹 다 검사했잖여? 나는 끄떡없대. 하하."

바람에도 흔들리는 땅

휴~ 안도의 숨이 저절로 나오며 뜬금없이 뜨끈한 액체가 내 허락도 받지 않고 눈 밖으로 나와 볼을 타고 주르르 흘러 내렸다. 내가 말했다.

"다행유. 저도 검사 받았는데 괜찮데요. 잘 잡숫고 언제 또 봐유."

나는 기약 없는 소릴 하고 있었다. 아침나절 김진태 박사 등 동호회 회원들로부터 전화가 왔다. 박진모 사장이 말했다.

"천 선생도 메르스에 걸려 서울대 중환자실에 입원했다고 하네요."

가슴이 철렁 내려앉았다. 내가 있는 곳이 바로 중환자실이니 말이다. 그와의 전화를 마치자 연구원의 신지영 박사로부터 전화가 왔다. 그가 말했다.

"시방 뭐 하는 거냐? 연구소 난리 한 번 났었어. 중동 석유 때문에 출장 갔다 온 사람들하고 메르스 발병한 병원에 갔던 다른 두 사람도 지금 자가 격리 중이야."

내가 물었다.

"우리 실 사람들은 어때?"

그가 말했다.

"거긴 조용해. 니가 사람들 안 만나고 갔다며."

다행이다 싶었다. 다음으로 옥천 앞집 형님께 전화했다. 거기도 소독을 하고 한바탕 소동이 벌어졌다고 했다. 침대에 누웠다. 밤이면 울에 갇혀 본성만 남은 짐승이 되어 늑대처럼 울부짖고 싶었다. 그렇게 사흘이 가고 의사가 와서 내게 말했다.

"양성으로 나왔는데 좀 더 검사를 해봐야 할 것 같습니다. 너무 걱정하지 마시고 병원에서 주는 약을 꾸준히 드십시오."

의사가 나갔다. 간호사가 처음으로 내 손을 잡고 힘내라고 하고선 나갔다. 그렇게 유월이 가고 있었다. 밭은 기침은 가라앉을 줄 모르고 열은 하루에도 몇 번씩 오르락내리락 하였다. 다 포기를 하니 울분도 울에 갇혔다는 공포도 하나둘 나를 떠나기 시작했다. 갇힌 공간에 어느새 순응한 모양이었다. 오랜만에 노트북에 전기를 꽂고 전원 스위치를 눌렀다. 그리고 인터넷을 연결했다. 전자우편을 확인하니 인터북에서 알림 글들이 산처럼 쌓여있었다. 그 사이에 영문 제목의 편지가 있었다. 열어보니 유럽 지구소학회시에 낸 논문 심사 결과였다. 두 딜 민에 온 결과였다. 심사 결과는 '대폭 수정 후 가능.' 심사평을 하나하나 읽어나갔다.

한 심사위원에게서는 빼라는 주문이 많았다. 그 가운데 2007년 공저 논문에서 제안한 지구조 '공격 및 후퇴'라는 용어를 쓰지 않았으면 좋겠다고 하였다. 그간 한반도 남동부를 지구조 응력장의 관점에서 히말라야지구조도메인이 활성화되면 동북동−서남서 압축력이, 필리핀해지구조도메인이 활성화되면 북서−남동 압축력이 작용한다는 아이디어를 가지고 있었다. 활성단층의 단층비지에 대해 ESR 분석을 통해 단층의 운동 시점들이 축적이 되면서 각각의 활성단층의 운동 가능한 지구조도메인과 ESR 분석결과의 운동 시점 자료를 매칭하여 모델을 완성하였다. 이 심사위원의 주장은 공격aggression이나 후퇴retreat는 정치적이고 심리적인 용어이며 과학 용어로 적절치 않으므로 기존에 쓰던 용어를 쓰라고 주문했다. 그러면서 관련 그림도 빼라고 주문하였다. 황당한 일이 아닐 수 없었다.

다른 한 심사위원은 기상학자인 듯했다. 이름을 보니 S. Yin이라고 당당히 이름을 밝히고 있어 아마도 중국 사람이겠다 싶었다. 그의 지적은 17세기, 18세기는 Little Ice Age(소빙하기)가 맹위를 떨치던 때이므로 화산활동, 지진활동, 태양 흑점 등에 대한 비교가 있어야 하며 이를 토론에서 다루어야 한다고 주문했다. 소빙하기小氷期라는 말은 들어봤지만 구체적으로 어떤 현상이 벌어졌는지에 대해 공부한 적이 없기에 난감했다.

위키 백과에서 Little Ice Age를 검색하니 점점이 박혀있는 글씨보다 한 그림이 내 눈을 확 끌어당겼다. 1400년에서 1800년 사이 평균기온이 지금보다 1도 이상 낮았고 이때를 소빙하기라고 소개하였다. 설명문을 보니 1300년에서 1860년 사이가 소빙하기라고 되어 있었다. 소빙하기, 화산활동, 태양흑점 등의 키워드는 나를 괴롭히기 시작했다.

위키 백과에서 보인 태양흑점에 대해 알기 위해 검색했더니 어느 한 인터넷 사이트로 안내하였다. 탄소 동위원소 양으로부터 추론된 것이었다. 1700년 안팎

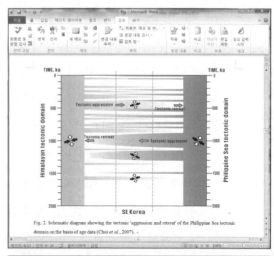

Fig. 2. Schematic diagram showing the tectonic 'aggression and retreat' of the Philippine Sea tectonic domain on the basis of age data (Choi *et al.*, 2007).

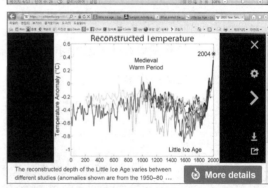

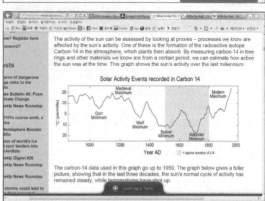

의 시기에 태양흑점의 수가 비정상적으로 적은 시기이며 이를 마운더 극소기Maunder Minimum이라고 불렀다.

결국 논문에서 다룬 17세기 말 한반도와 중국 등에서 일어난 격렬한 지진과 백두산 화산분출과 태양흑점의 감소, 저온 현상 사이 상관관계에 대해 심사위원은 내가 이해하고 있었는지에 대해 묻고 있었고 이에 대해 Discussion 칸에서 토론하라고 주문한 것이었다. 이튿날 꽃가루 pollen를 연구하여 최근세 기후 등 지구환경 변화에 대해 많은 논문을 쓴 이상진 박사가 같은 연구소에서 일하고 있다는 생각이 들었다. 같은 실 동료에게 그의 전화번호를 물어 통화를 시도하였다. 그가 전화를 받았다. 내가 말했다.

"저 최범진이라고 합니다. 잘 지내셨지요?"

그가 말했다.

"메르스에 걸리셨다면서요. 지금 어떠셔요?"

내가 말했다.

"유럽지구조학회지에 논문을 한편 냈는데 기후에 대해 아는 게 없어 도움을 청하고자 전화를 드렸습니다."

그가 말했다.

"최 박사님, 그 논문, 제가 심사했는데요."

내가 말했다.

"S. Yin이라고 쓰여 있던데요."

그가 말했다.

"오타입니다. Sangjin Yi, 이상진 저 맞습니다."

이럴 수가 있나? 같은 직장 동료가 무얼 하고 있는지조차 몰랐다는 게 아주 뜨끔한 생각이 들었다. 그가 말했다.

"17세기 동아시아 지진 진앙을 복원해서 히말라야 tectonic domain 이라고 하셨던가요? 그 프레임에서 백두산 화산 분출이 일어났다는 주장은 제가 보기엔 최 박사님밖에 하실 분이 없는 것 같았습니다. 그래서 기후 공부를 한 제가 크게 할 말이 없었고요, 그래서 몇 가지 있잖습니까? 지진, 화산, 태양흑점 수 저하 사이에 어떤 관계가 있었는지 토론에 추가해달라는 말이라도 해야 제 몫을 다한 것 같아 그랬습니다."

머리를 얻어맞은 것 같았다. 갑자기 기침이 심해졌다. 그래서 내가 이상진 박사에게 말했다.

"이 박사님, 감사합니다. 또 모르는 게 있으면 여쭙겠습니다."

그가 말했다.

"최 박사님, 논문은 잠시 잊고 건강을 챙기십시오."

의사가 회진을 돌았다. 의사가 내게 말했다.

"선생님은 체력이 거의 고갈된 상태라 면역력이 몹시 약해진 상태입니다. 병실에서 일하려 생각하지 마시고 푹 쉬시면서 몸을 추슬러야 병도 빨리 낫습니다. 아셨죠? 자꾸 이러시면 노트북 압수입니다."

고글에 방호복을 한 그의 말이 웅웅 소리가 곁들여져 그의 표정을 읽을 수는 없었지만 나를 치료하고자 하는 그 마음은 알 것 같았다. 내가 뉴스의 주인공이 된 뒤로부터 인터넷을 연결해도 뉴스 보기가 겁나 한 번도 본 적이 없었다. 그렇게 셋 이레가 가고 있었다. 틈틈이 가검물을 거두어다 검사를 하였으나 그 결과를 내게 일러주지 않았다. 아마도 아직은 메르스로부터 해방된 게 아닌 모양이었다. 침대에 누워 보니 천정에 온갖 지진자료들이 둥둥 떠다녔다. 이를 어쩐다지? 하는 생각과 갇혀 밖으로 나갈 수 없는 신세라는 생각이 나를 괴롭게 했다. 처음 사나흘 줄 기차게 오던 전화들도 이젠 없었다. 모두에게 잊혀져가고 있었고 나는 누구에게도 필요가 없는 존재가 돼 버렸다는 생각은 나를 더욱 외롭고 두렵고 슬프게 하였고 바늘로 콕콕 쑤시는 아픔이 되어 버렸다.

2010년 『조선왕조실록』의 지진자료를 정리하다 완전 기진했을 때처럼 지금도 그런 상태라는 사실을 나는 받아들일 수 없었고 조금만 더 하면 좋은 논문을 낼 수 있는데 하는 생각에 슬픔은 더 깊어만 갔다. 인생이 이렇게 한 방에 끝날 수 있는데 악악대며 산 세월과 일한다며 등한시한 가족과 자신의 삶을 세우겠다며 나로부터 멀어진 아내와 내가 좋다고 나의 전화를 기다리고 내가 찾아가 얼굴 보여주길 기다리는 인연들과 모두가 한꺼번에 날아가 버릴 수 있다는 생각은 나를 더욱 우울하게 하였다.

갑자기 이원 풍물단의 회원들이 하나둘 생각났다. 머릿속에 한 분 한 분의 얼굴을 떠올리기 시작했다. 이원 풍물단에서 사물놀이 연습을 할 때 북장단이 틀릴 때면 내 옆구리를 북채로 쿡쿡 찌르며 임지나 여사가 나한테 하던 소리가 떠올랐다.

"잘 좀 해요. 보고 따라 하다 나도 틀렸잖여."

그 소리가 귀에 쟁쟁 울리는 것도 같았다. 그런 틈을 비집고 온갖 잡귀들이 몰려와 별의별 소리를 다 하는 것 같은 환청은 정말 나를 미치게 만들었다. 이튿날 누군가 내 다리를 흔들어 깨우는 바람에 잠에서 깨었다. 간호사였다. 그리고 아침식사가 왔다. 한참 뒤 식기를 가지러 간호사가 와서 말했다.

"지금이라도 밥 한 술이라도 뜨세요."

내가 고개를 저었다. 그러자 직접 떠서 내 입에 넣어주었다. 할 수 없이 받아먹었다. 그렇게 간호사는 애를 썼다. 아침나절 마음이 통했던지 임지나 여사의 전화가 왔다. 그녀가 말했다.

"시방 뭐하는 겨? 언녕 나와서 풍물 연습해야지."

내가 말했다.

"알었슈. 언녕 나갈게요."

그녀가 깔깔 웃으며 말했다.

"최 박사님도 아프다니께 되게 웃음이 나오네. 맨날 우스개, 농담만 하던 양반이 병원에는 왜 가 계시대유? 참 취미생활도 여러 가지시네. 고연히 나라 밥 축내지 말고 언녕 나와 일하세요."

참 미워할 수 없는 분이다. 날마다 밤늦게까지 농장 일을 하면서도 저 잃지 않는 쾌활함은 어디서 오는 걸까? 갑자기 임 여사의 전화에서 다른 분의 목소리가 들렸다.

"나 북치는 거시기여. 뭐라 그리 오래 있는 겨. 언녕 나와 누님, 누님 소리 좀 해줘. 요새 최 박사가 없으니께 풍물도 하지 마란다네. 그리구 면민 체육대회도 취소됐어. 참말 언녕 나오셔."

일흔 다섯의 박 여사님이었다. 메르스가 전파될까봐 많은 사람들이 모이는 행사나 교육 프로그램은 모두 정지된 모양이었다. 내가 말했다.

"누님, 누님 땜에래도 언녕 나가야겠네유. 어풍 나갈텡께 기달리세유."

오랜만에 긴 문장을 말한 것 같았다. 전화 뒤 계속해서 전화가 왔다. "까톡, 까톡" 소리가 계속 나는 것이 여러 사람의 카톡 메시지가 도착한 모양이었다. 김진태 박사의 메시지를 여니 여러 장의 사진이 있었다. 잘 감아올린 팥빙수며 먹음직스럽게 잘라 세팅한 회 한 접시. 다음은 황진하 박사의 메시지. 여러 장의 사진 한 쪽에 늘어서는 서로 추켜 주어야 한다는 만화도 있었다. 여자는 남자의 늘어진 거시기를, 남자는 여자의 늘어진 젖가슴을. 갑자기 웃음이 터져 나왔다. 아들딸로부터 온 전화는 늘 집 걱정은 하지 말고 아버지 건강만 생각하라는 말로 채워졌다. 갑자기 엄마 잔소리꾼 같은 박수정 씨가 보고 싶었다. 전화를 했다. 그녀가 말했다.

"몸은 괜찮으세요? 먹는 건 잘 드시고요? 병원은 깨끗하죠? 의사도 친절하죠?"

기침을 하며 내가 말했다.

"네."

그녀가 말했다.

"얼른 나으셔서 전처럼 카페도 오시고 근사한 레스토랑에서 저녁 식사도 해야죠? 메르스 때문에 카페에 손님이 뚝 끊겼어요. 여기 지금 난리도 아녀요. 난리도. 기차나 고속버스에 손님도 없다고 하구요. 식당이나 영화관도 거의 손님이 없다나 봐요."

내 입에서 나도 모르는 말이 자그마하게 새어 나왔다.

"아, 내가 여기 있는 동안 밖에서 난리가 났구나."

그녀가 말했다.

"맞아요. 경제가 휘청거린다고 난리예요. 잠깐만요, 여기 다른 분 전화 바꿔드릴게요."

전화 목소리의 주인공이 말했다.

"저 김영욱이에요, 선생님. 울고 싶으면 실컷 우세요, 선생님. 누구 보고 싶으면 보고 싶은 사람에게 전화해서 투정도 하세요, 선생님. 그러시

바람에도 흔들리는 땅

면 좀 쉽게 계실 수 있을 것 같아요, 선생님."

말을 자르지 않고 듣고만 있었던 것은 그녀가 말하는 선생님이란 말 때문이었다. 참으로 오랜만에 듣는 말 선생님이란 말이었다. 선생님이란 말을 하며 그 속에 존경과 애정을 듬뿍 담아내는 마음이 보였다. 그녀가 말한 연민공동체라는 단어가 떠올랐다. 다시 전화 목소리는 바뀌었다.

"최 박사님~ 나 안 보고 싶으셨죠? 그죠?"

갑자기 쏟아지는 눈물 속에 빗줄기를 가르는 소리가 났다. 훌쩍훌쩍 내가 흐느끼는 소리였다. 전화통은 박수정 씨의 말로 윙윙거리고 있었다.

"최 박사님~, 제가 보니까 사흘만 더 계시면 퇴원할 것 같아요. 사흘, 꾹 참으셔요. 알았죠?"

여러 통의 전화가 순번을 기다렸다 연결되었다. 그동안 눈비 맞고 겨울동안 땅바닥에 쫙 퍼져 더 이상 생동할 것 같지 않던 배추가 봄기운을 받고 서서히 이파리를 하늘로 뻗어 올리는 기분이 들기 시작했다. 갑자기 잊고 있었던 옥천 집 텃밭의 땅콩이며 방울토마토며 비닐하우스의 아삭이고추가 생각이 났다. 동네 어르신께 전화를 했다.

"성님, 저유. 잘 계셨죠?"

그가 말했다.

"어어, 그동안 밭에 물 잘 주고 했으니까 걱정하지 말어. 방울토마토가 엄청 익었어."

내가 말했다.

"고마워유, 성님. 요양원 간 성님은 어찌 하고 있대유."

그가 말했다.

"뭐여? 격리가 했다던디 별 일 없디아."

알고 싶었던 그간의 그 분의 안부를 듣고 나니 십년 묵은 체증이 쑥 내려가는 것 같았다. 내가 말했다.

"성님, 토마토 오래 두면 물러 터지니까 따 잡수세요."

그가 말했다.

"여기 걱정 말고 몸조리 잘 하고 와."

그리고 다른 목소리가 들렸다.

"나여."

옆집 어르신이었다.

"예, 성님."

그가 말했다.

"언넝 나와 함께 보신도 하러대니구 그래야지. 동상이 없으니께 함께 먹으러 가자고 하자는 사람도 없네. 언넝 와."

갑자기 눈물이 주책없이 주르르 흘렀다. 오랜만에 벅찬 가슴을 누이고 잠을 잤다. 갑자기 내 앞에 호롱불이 보이고 마루에 앉아 바늘을 머리카락 사이에 긁어가며 열심히 바느질하는 어머니와 담뱃대를 물고계신 아버지, 공기놀이하는 누이가 그곳에 있었다. 내가 어머니라 부르자 갑자기 땅이 흔들렸다. 쾅하는 소리는 동쪽에서 나서 서쪽으로 메아리치며 달아났다. 지진이었다. 호롱불이 그네를 탔다. 모시저고리 고운 어머니가 말했다.

"얘야, 저기 삶은 감자 얼른 하나 들고 가거라."

감자를 들고 도망가며 먹다가 화들짝 놀라 깨었다. 꿈이었다. 너무도 생생했다. 오랫동안 있어왔을 법한 그 모습, 평화로운 가족의 모습, 그건 적어도 나에게 주는 평화이었을지도 모른다. 사흘이 지났다. 의사가 내게 와서 의기양양하게 말했다.

"기뻐하십시오. 음성으로 나왔습니다."

내가 말했다.

"그럼 오늘 퇴원할 수 있나요?"

그가 말했다.

"확진판정까지 며칠 더 기다리셔야 합니다."

그리고 검사한다며 내 분비물을 채취해 갔다. 또 사흘을 기다려야 하는 모양이었다. 김영욱 씨에게 전화했다.

"음성 판정이 처음으로 나왔어요."

그녀가 담담히 말했다.

"아직 확정된 게 아니잖아요."

기뻐해주면 어디가 덧나나 톡 쏘아붙이는 게 영 마뜩치 않았다. 마치 군대 제대하고 처음 전화한 애인이 마치 고무신 거꾸로 신은 말투였다. 내가 송화기에 대고 말했다.

"의사 선생님, 오셨네요. 끊을 게요."

그리고 며칠이 지났다. 의사와 간호사가 왔다.

"선생님, 고생하셨습니다. 이제 퇴원하셔도 됩니다. 당분간 일할 생각을 하지 말고 집에서 쉬셔야 합니다. 기침과 폐렴 증세는 아직 남아있으니 1주일에 한 번씩 병원에 와서 약을 타가시기 바랍니다. 일주일치 약입니다. 약을 꼭 챙겨 드시기 바랍니다. 쓰다고 거르시면 안 됩니다."

내가 말했다.

"진짜죠?"

갑자기 울보가 되고 싶었다. 일단 이 사실을 아들딸과 직장의 간호사,

사형인 황진하 박사에게도 알려주었다. 퇴원 수속을 마치고 밖으로 나오니 진풍경이 벌어졌다. 병원 입구에는 메르스 예비검사소가 설치되어 있고 사람들이 서서 종이에 무언가 열심히 적고 있었다. 다 적은 듯한 사람들의 이마에 무언가 댔다가 종이에 적고 그걸 통과한 사람만이 출입이 가능하였다. 밖의 햇볕은 따가웠다. 딸내미가 차를 끌고 와 대기 중이었다. 딸내미가 울먹이며 말했다.

"아버지, 힘들었지? 이제 진짜 괜찮은 거야?"

내가 말했다.

"이제 살았다. 괜찮다."

그 녀석의 눈에서 눈물이 솟아났다. 내가 눈물을 닦아주며 말했다.

"괜찮아. 일단 집으로 가자."

병원에서 챙겨준 내 짐을 싣고 집으로 왔다. 딸이 말했다.

"배고프지? 뭐 시켜줄까? 있는 밥하고 반찬 줄까?"

내가 말했다.

"있는 거 조금만 먹자."

밥을 차려준 뒤 딸은 직장으로 향했다. 긴장이 죽 풀어졌다. 그리고 바다 속 바닥에 납작 엎드린 군소처럼 가라앉았다. 잠결에 들으니 밖에서 음식 하는 소리가 났다. 음식 냄새가 코를 자극하여 일어났다. 부엌으로 가니 집사람이었다. 그녀가 말했다.

"괜찮은 거지? 이제 당신 곁에서 당신을 지켜줄게."

내가 말했다.

"응."

화장실에 갔다가 나오는데 전화벨 소리가 요란하였다. 전화기를 열어 귀에 대었다.

"참 고생했습니다. 나, 원장인데 연구소 걱정하지 말고 몸부터 추스르고 출근하도록 해요."

반듯이 일어나서 내가 말했다.

"아, 원장님이세요. 걱정을 끼쳐 죄송합니다. 얼른 털고 일어나 출근토록 하겠습니다."

또 다시 전화가 왔다. 황진하 박사였다.

"엉아, 보고 싶었쥬? 나도 보고싶었슈."

갑자기 쏟아지는 어리광에 그가 말했다.

"최 박사, 다 잘 될 거야. 이제까지 잘 해왔잖아."

내가 말했다.

"참말 지진 공부하다가 진짜 지진이 났네요."

그가 말했다.

"이제 지진도 잠시 잊고 몸조리부터 잘하라고."

내가 말했다.

"그류."

노트북 컴퓨터를 열었다. 투고 논문의 셋째 심사위원의 심사평을 읽었다. 지적 사항은 다음과 같았다.

① 위도와 시간 축으로 지진사건을 배열하여 지진과 화산활동이 상관관계를 보여주는 것은 탁월합니다. 그러나 시간상 차이가 발생함에도 마치 남에서 북으로 간 것처럼 호도가 되니 그림 7에 화산분출 시점 또는 지진 빈발 시점에 바를 추가하면 좋겠습니다.

② 1597년 탄루단층을 따라 발생한 지진과 덕자귀 일대의 화산분출 사이 관련성이 인정되나 1668년 백두산 분출과 탄청대지진의 경우 백두산 분출이 4월 23일 일어나고 두 달 뒤인 6월 17일 탄청대지진이 일어난 상황이므로 히말라야지구조도메인에서 남에서 북으로 응력이 전파되어 백두산 화산분출이 있었다고 하기엔 무리가 있으며 당시에 이 지구조도메인에 고루 응력이 고조되었다고 하는 것이 맞는다고 생각합니다.

세상에는 나보다 내 것을, 나를 더 잘 아는 사람들이 있는 모양이었다. 내가 아무리 못나도 나는 나를 볼 기회가 많지 않기 때문에 불만을 갖지 않고 사는 것이겠지만 나 아닌 사람들은 나를 더 잘 보고 있는 것일 수도 있다는 생각이 들었다. 당장에 그림에 바를 그려 넣었다.

그리하니 굳이 칸칸이 그려 넣은 줄도 필요 없어 보였다. 그리고 둘째 심사위원의 코멘트인 소빙하기小氷期에 대해 살펴보았다. 그 가운데 내 눈을 끄는 것에 경신대기근과 을병대기근이 있었다. 현종 11년(庚戌)과 12년(辛亥), 서기 1670년과 1671년에 발생한 대기근이었다. 당시 인구 1,200~1,400만 가운데 30~40만 명이 희생되었다고 한다. 이 기간 농작물이 전국에 걸쳐 흉작이었고 역병과 가뭄, 우박 등의 피해가 심했다고 한다. 『조선왕조실록』을 살피면 현종 즉위년부터 정부고위관료들은 자의대비의 상복을 어찌 입어야 하는가 하는 예송논쟁으로 국력을 소모하는 사이 백성들은 굶주림에 허덕이고 있었다고 혹평하는 이들도 있었다. 숙종 31년(乙亥)과 32년(丙子), 서기 1695년과 1696년에도 기근이 심하였다.

화산활동의 결과 기온이 낮아졌을까? 1668년 백두산 분출이 있었고

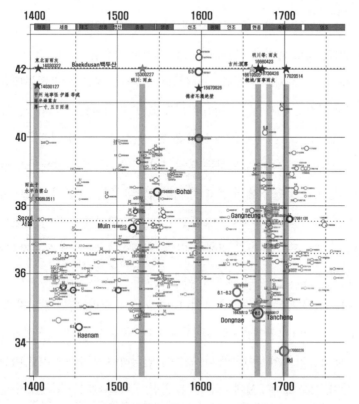

이태 뒤에 경신대기근이 있었다. 1702년 백두산 분출은 1695~1696 년의 을병대기근 이후에 발생하였다. 태양흑점수가 감소하여 지구가 추워지고 화산 분출이 일어나고 대지진이 많이 발생한 17세기였던 것 같다. 재난 기간에 백성은 아랑곳 않고 벌인 예송논쟁을 다시 또 곱씹어 보게 되었다. 군대 복무 중 지뢰사고로 전우 여섯이 희생되었다. 그때 사고를 다룬 책이 나왔다. 그 안에는 '무능한 지휘관은 적보다 해롭다'는 구절이 있었다.

그간 확인하지 못했던 전자우편을 살피니 저널에서 메일이 하나 와 있었다. 이번 특별호의 원고를 2주 안에 보내라고 했다는 점을 상기시

킨다는 것이었다. 기한은 바로 어제. 아, 죽을 맛이었다. 또 한 메일이 왔다. 20일 뒤로 다가온 골드스미스학회 메일이었다.

'아, 맞다. 해외출장 서류도 해야 하고 출장준비도 해야 하는데.'

결국 좌절을 안겨주는 일들이 겹치고 있었다. 어디선가 소리가 들렸다.

"숙성 기간도 거치지 않은 논문은 한 방에 가는 수가 있지."

내 속의 내가 내게 위협하듯 말하고 있었다. 두 곳에 양해의 메일을 보냈나. 며칠 동안 집에서 쉬고 출근을 하였다. 현관문을 열고 들어서자 수위로부터 인사를 받았다. 그리고 지나가는 사람들이 목례로 인사를 했다. 승강기를 기다리자 곁에 있던 두 사람이 피해 계단 쪽으로 갔다. 곁에 있던 또 한 사람이 매우 반갑게 인사를 하였다. 그때 다른 한 사람이 내 이름을 부르며 손을 흔들었다. 연구실 내 자리, 마법의 의자에 오랜만에 앉았다. 나는 울보인 게 맞나 보다. 눈물이 주르르 흘렀다.

구내방송의 기계음이 들렸다. 문자를 인식하여 사람 목소리로 바꿔주는 장치. 오늘 오후 2시에 지진 대피 훈련이 있을 테니 훈련경보가 발동하면 직원들은 모두 국기게양대 앞으로 모이라고 하였다. 연구실로 사람들이 찾아왔다. 황진하 박사, 전지영 박사, 김유진 박사, 안면도 지질도폭 팀이었다. 황 박사가 말했다.

"그래 괜찮아? 최 박사 없는 동안 맛있는 거 많이 먹고 섬 조사도 다 마쳤지. 걱정하지 말고 있어."

웃고 있자 전 박사가 말했다.

"고생했어. 당분간 연구소 일은 잊어먹고 마음부터 추스르도록 해요."

기침을 하자 김유진 박사가 말했다.

"집에 더 계셔야 하는 거 아녀요?"

내가 말했다.

"메르스 균은 없는데 폐렴이 남아있어서 그건 계속 치료 받아야 한대."

황 박사가 말했다.

"오늘 뭐라 나왔어. 내일이면 주말인데. 주말까지 그냥 푹 쉬지."

사람들이 계속 내 연구실을 찾아왔다. 점심은 나를 불편하게 생각하는 사람들이 있을지 몰라 집에서 싸온 도시락을 먹었다. 두시가 되자 지진경보가 발령이 되었다. 모두 건물 밖으로 대피하라고 했다. 나가야하나 말아야하나 고민이 생겼다. 조금 늦게 나갔다. 줄을 서서 사인을 하고 있었다. 등나무 그늘에서 늘 담배를 함께 피던 강진문 씨가 다가왔다.

"안녕하세요. 저 결혼하게 됐습니다."

내가 말했다.

"진짜요? 축하합니다. 그래 신부는?"

그가 말했다.

"도서관 라운지 카페 있죠? 거기 박수정 씨란 분과요."

열심히 연구소를 위해 전기며 시설이며 영선에 온 힘을 써온 강진문 씨라면 좋은 배필이 될 거로 생각되었다. 생각해보니 둘은 동갑이었다. 멍하니 서 있다가 내가 말했다.

"잘 되었네요. 날짜 잡히면 청첩 꼭 보내세요."

저 쪽엔 늘씬한 몸매가 어디서나 드러나는 김영욱 씨. 그녀는 한 남자와 키득거리며 서로의 팔을 툭툭 쳐가며 얘기를 하고 있었다. 여러 사람들 있는 데에서도 저 정도라면 보통 사이가 아닌 게 분명했다. 그 사이가까웠던 인연들이 제자리를 찾아가고 있었구나 하는 생각이 들었다. '체념과 포기를 배워야 해' 하는 소리가 귀에 또 들렸다. 얼른 사인하고 연구실로 오니 전화가 울렸다. 요양원에 계시던 어르신이었다. 내가 말했다.

"성님, 괜찮으신거죠?"

내 상황을 모두 알고 있는 듯 그가 말했다.

"고연히 오라고는 해서 사단이 나 볼 낯이 없어. 인저 한시름 놓았네."

내가 말했다.

"시방 성님 어디세요?"

그가 말했다.

"나? 시방? 집여. 멀쩡허구."

그 사이 집으로 다시 온 모양이었다. 내가 말했다.

"성님, 고마워요. 얼마나 걱정했는지 몰라요."

그가 말했다.

"아이구 인저 한시름 놓았네. 원제 집이서 보자구. 잠깐만."

바뀐 목소리가 말했다.

"아, 최 박사, 나여. 퇴원했다며?"

강가에 사는 차경진 씨다.

"이번 주말에 집에서 토종닭 삶아 먹자. 살다 보면 이런 일 저런 일도 있는 겨. 힘내고."

내가 말했다.

"예, 형님."

통화가 끝나자마자 전화벨이 울렸다. 전화번호를 보니 지난 4월 16일 화재로 집을 잃은 이원면 원동리 펀던농원 형님이었다.

"아, 여보세요. 그간 잘 지내셨어요? 집은요?"

그가 말했다.

"동상, 인저 다 낫었담서?"

내가 말했다.

"예, 성님. 집은요?"

그가 말했다.

"언제 옥천 집으로 와?"

내가 말했다.

"오늘요. 성님, 집은요?"

4월 16일 화재 나고 어찌 되었는지에 대해 끝내 그는 한마디도 않았다. 이워서 보자는 말을 남기고 전화를 끊었다. 퇴근 시간에 맞추어 나는 옥천 집으로 향했다. 텃밭도 궁금하고 비닐하우스 안 작물도 궁금했다. 금요일 밀리는 고속도로 진입로와 고속도로를 달리며 옥천을 지나 이원을 지나 집에 50분이면 될 거리를 두 시간 걸려 도착했다. 오랜만에 온 집, 오자마자 한 달 뒤 손님들을 맞을 생각에 찹쌀과 멥쌀을 매씻어 불렸다. 16도에서 19도 되는 벽향주를 빚을 참. 오랜만에 거실 문을 열고 의자에 앉았다. 텃밭은 컴컴한 어둠 속, 산 능선 아래를 검은색으로 지운 공간엔 별이 총총 떴다. 내몽골의 별 같진 않지만 내게 가까이 쏟아지고 있었다. 아, 얼마나 그리운 내 집이었던가? 평상시 공짜 같던 것도, 그로 얻는 행복도 재난 앞에선 한순간 날아가 버릴 수 있다는 게 얼마나 가슴 아픈 일일까? 늘 그냥 주어지는 것 같지만 그냥 주어진 것이 아니라는 일상에 감사해야 한다는 생각이 들었다.

재난 관리시스템이 잘 갖추어져 지진이며 해일, 기상재변 등을 역사에 기록을 많이 남긴 조선시대 임금 이름들이 떠올랐다. 태종, 세종, 성종, 중종, 명종, 현종, 숙종. 재변만 일어나면 임금을 겁박하며 찍어 누르려 하던 신하들과 그에 염증을 내던 연산군. 전란과 외세에 시달리고 대기근과 역병에 고통 받던 시대 임금들도 이름이 떠올랐다. 선조, 광해군, 인조, 또 현종과 숙종. 그리고 1454년 해남지진, 1518년 무인대지진, 1643년 동래대지진과 울산지진, 1681년 신유대지진, 1673년 단천지진, 중국의 1668년 탄청대지진, 일본의 1703년 元祿대지진, 백두산 화산 폭발. 어쩌면 지진 기록을 많이 남긴 시대보다 남기지 못한 시대가 더 고난에 허덕이던 때였을지도 모르겠다는 생각이 들었다. 백성들은 굶어 죽어 가는데 꼿꼿이 예송논쟁을 벌이던 유학자들도 생각났다. 재난에 시달리는 시대에는 저 별들도 내 것이지도 아름답지도 않았을 거란 생각이 저녁 어둠과 함께 내 주위에 내려앉았다. 저 수많은 호롱불은 온 누리의 평화를 지키려 이 밤에도 잠 안 자고 눈을 부릅뜨고 있는 것만 같았다. 별들에게 내가 말을 걸었다.

"반짝이는 거지? 우는 거 아니지? 늘 내 곁에 있어줄 거지?"

응답이라도 하듯 콰과광 하는 소리가 남서쪽에서 나서 동쪽으로 향했다. 포 사격하는 소리일까? 지진이 난걸까? 걱정스런 밤하늘을 별똥별 하나가 북에서 남으로 가르며 지나갔다.

조선시대 지진 화산 해일 기록

Historical Seismic, Volcanic and Tsunami Records
during the Joseon Dynasty

『조선왕조실록』 기록 : 漢字 묘호 예 肅宗
『승정원일기』 기록 : 한글 묘호 예 숙종
『해괴제등록』 기록 : ★+연도

그 밖의 문헌 기록 : 출전을 밝힘

□ 또는 생략 : 지진사건
◆ : 화산분출 추정사건
◎ : 해일 사건
진앙 ⇒ 추정 진앙
규모 ⇒ 추정 규모
= : 상하 같은 기사
+ : 상하 연관 기사
‖ : 여진 등 후속 연관 기사

규모; 2.7/3.4
쓰보이 공식으로   진도감쇄 공식과
구한 규모   진도-규모 경험공식으로 구한 규모

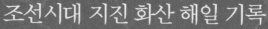

$\underline{\text{年}_{year}\ \text{月}_{month}\ \text{日}_{day}}$ $\underline{\text{月}_{month}\ \text{日}_{day}}$
□ 15201202 ≡ -s0110
陰歷   陽歷
lunar calendar   solar calendar

太祖 2年(1393年 癸酉) 1月 29日(乙亥)
땅이 흔들리다
○地震.

太祖 3年(1394年 甲戌) 12月 4日(己巳)
밤에 땅이 흔들리다
○夜 地震.

太祖 6年(1397年 丁丑) 2月 26日(己酉)
땅이 흔들리다
○己酉 / 地震.

太祖 6年(1397年 丁丑) 11月 13日(辛酉)
햇무리가 지고 천둥하다. 지진이 일었다
○辛酉 / 日暈 雷 地震

太祖 7年(1398年 戊寅) 2月 26日(癸卯)
밤에 땅이 흔들리다
○夜 地震.

◆추가령대 화산분출(?)
太祖 7년(1398년) 閏5월 11일
영평 백운산에 피비가 내리다
○丙戌 / 雨血于永平白雲山.
‖
◆13980619≡−s0801
太祖 7년(1398년) 6월 19일
피비가 영평 백운산에 내리다
○癸亥 / 雨血于永平白雲山，　遣寧城君吳
思忠, 設法席禳之.
‖
定宗 1년(1399년) 8월 4일
백운산 백운사에 피비가 내리다
○辛丑 / 雨血于白雲山白雲寺.

定宗 1年(1399年 己卯) 9月 4日(辛未)
땅이 흔들리다
○辛未 / 地震.

太宗 1年(1401年 辛巳) 10月 7日(壬戌)
우레하고 지진이 일다
○壬戌 / 雷 地震.

太宗 2年(1402年 壬午) 9月 18日(戊戌)
밤에 땅이 흔들리다
○戊戌 / 夜 地震.

太宗 2年(1402年 壬午) 11月 22日(辛丑)
지진이 일다
○辛丑 / 地震

◆14030127≡1403s0218
太宗 3年(1403年) 1月 27日(그림 1)
갑산, 지녕괴, 이라 등지에 반쯤 탄 쑥
재가 내려 두께가 한 치나 되었는데 닷
새 뒤 사라지다
○乙巳 / 甲州, 地寧怪(池寧怪), 伊羅 等
處, 雨半燒蒿灰, 厚一寸, 五日而消.

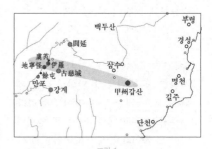

그림 1
◆14030127≡−s218 화산분출(?)
▷백두산 분출은 아님

◆太宗 3年(1403年) 3月 22日(그림 2)

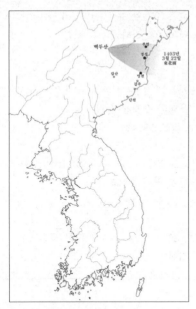

그림 2
◆14030322≡-s413 백두산 분출
(추정 그림)

동북면에 재가 비처럼 내리다
○己亥 / 東北面雨灰.

太宗 3년(1403년) 12월 28일
강릉부에 지진이 나 원주까지 미치다
○辛丑 / 江陵府 地震, 至于原州.

太宗 5년(1405년) 2월 3일(그림 3)
경상도 경주, 안동 등 열다섯 고을, 강
원도 강릉, 평창 등에 땅이 흔들리다.
경주와 안동에 제를 지내도록 명하다
○己巳 / **慶尙道** 雞林, 安東 等處十五州郡,
江原道 江陵, 平昌 等處 地震. 命有司行鎭
兵別祭于雞林, 安東 等處.

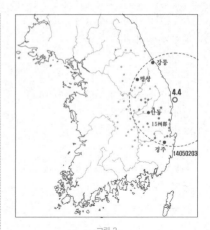

그림 3
□14050203≡-s303
진앙 : 울진E ; 규모 : 4.4 / 4.3

太宗 6년(1406년) 3월 12일
경주, 합천 등에 땅이 흔들리다. 집과
기와가 소리가 나다
○壬寅 / 雞林, 陜川 等處 地震, 屋瓦有聲.

太宗 6년(1406년) 8월 5일
경상도 의성에 땅이 흔들리다
○慶尙道 義城縣 地震.

太宗 7년(1407년) 10월 15일
경상도 개령에 땅이 흔들리다
○乙未 / 慶尙道 開寧縣 地震.

太宗 9년(1409년) 閏4월 17일
경상도 예천에 땅이 흔들리다
○己未 / 慶尙道 甫州 地震.

太宗 10년(1410년) 11월 16일(그림 4)
경상도 동래 등에 땅이 흔들리다
○戊寅 / 慶尙道 東萊, 彦陽, 仁同, 河陽地震.

바람에도 흔들리는 땅

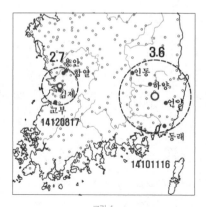

그림 4
□ 14101116≡-s1211
진앙: 청도E; 규모: 3.6 / 3.8
□ 14120817≡-s0922
진앙: 김제; 규모: 2.7 / 3.4

太宗 11년(1411년) 閏12월 4일
경상도 봉화에 땅이 흔들리다
○庚申 / 慶尙道 奉化縣 地震.

太宗 12년(1412년) 2월 1일
전라도에 땅이 흔들리다
○丙辰朔 / 全羅道 地震. 書雲觀請行解怪
祭, 上曰: "古人有言曰: "遇天災地怪, 當修
人事." 不必行祭."

太宗 12년(1412년) 8월 17일
전라도 용안 / 함열, 고부, 김제에 땅이
흔들리다
○己巳 / 全羅道 安悅, 古阜, 金堤 等郡 地震.

太宗 12년(1412년) 9월 8일
전라도 장수에 땅이 흔들리다
○庚寅 / 全羅道 長水縣 地震.

太宗 12년(1412년) 12월 10일

전라도 완산에 땅이 흔들리다
○辛酉 / 全羅道 完山 地震.

太宗 13년(1413년) 1월 2일
서북면 안주에 땅이 흔들리다
○壬午 / 西北面 安州 地震.

太宗 13년(1413년) 1월 10일(그림 5)
남해, 금산, 무주, 곡성에 땅이 흔들리다
○庚寅 / 慶尙道 南海縣, 全羅道 錦州, 茂
豊, 谷城縣 地震.

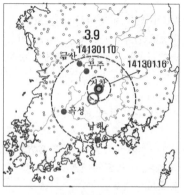

그림 5
□ 14130110≡-s0210
진앙: 함양; 규모: 3.9 / 4.0
□ 14130116≡-s0216 진앙: 거창
▷ 14130110의 여진, 20회 발생

太宗 13년(1413년) 1월 16일
경상도 거창에 지진이 스무 번 나다
○慶尙道 居昌縣 地震 自寅時至辰時 凡二
十度.

太宗 13년(1413년) 4월 12일
경상도 경주에 땅이 흔들리다
○庚申 / 慶尙道 雞林府 地震.

太宗 13년(1413년) 12월 21일
평안도 의주에 땅이 흔들리다
○丙寅 / 平安道 義州 地震.

太宗 15년(1415년) 6월 28일
남양부에 땅이 흔들리다
○癸巳 / 南陽府 地震.

太宗 16년(1416년) 2월 14일
경상도 산청에 땅이 흔들리다
○丁丑 / 慶尙道 山陰縣 地震

太宗 16년(1416년) 4월 17일(그림 6)
경상도 안동, 청도, 선산, 예천, 의성,
의흥, 군위, 진보, 문경, 충청도 충주,
청풍, 괴산, 단양, 연풍, 음성 등에 땅
이 흔들리다. 안동이 매우 심하여 가옥
의 기왓장이 땅에 떨어지다
○己卯 / 慶尙道 安東, 淸道, 善山, 甫川,
義城, 義興, 軍威, 甫城, 聞慶, 忠淸道 忠
州, 淸風, 槐山, 丹陽, 延豊, 陰城 地震, 安
東 尤甚, 屋瓦零落.

太宗 16년(1416년) 4월 20일(그림 7)
평안도 안주, 태천, 가산, 영변, 용천,
곽산 등에 지진이 사흘 동안 나다(여진
가능성)
○壬午 / 平安道 安州, 泰川, 嘉山, 撫山,
龍川, 郭山 地震三日.

世宗 卽位년(1418년) 9월 28일
경상도 대구에 땅이 흔들리다
○慶尙道 大丘郡 地震.

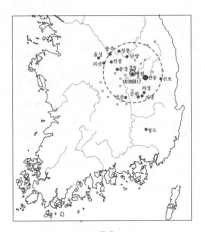

그림 6
□ 14160417≡-s514
진앙: 예천; 규모 : 3.5 / 3.8

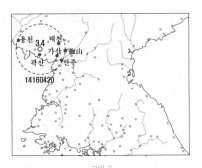

그림 7
□ 14160420≡-s0517
진앙 : 선천; 규모 : 3.4 / 3.7

世宗 卽位년(1418년) 10월 11일
경상도 동래에 땅이 흔들리다
○慶尙道 東萊郡 地震.

世宗 3년(1421년) 9월 7일
경상도에 땅이 흔들리다
○丁卯 / 慶尙道 地震.

世宗 3년(1421년) 9월 13일(그림 8)

경상도 산청, 거제, 진성, 의령에 땅이
흔들리다

○癸酉 / 慶尙道 山陰, 巨濟, 珍城, 宜寧 地震.
+?

世宗 3년(1421년) 9월 14일

경상도 곤양, 진주, 칠원에 땅이 흔들
리다

○甲戌 / 慶尙道 昆南, 晉州, 漆原 地震.

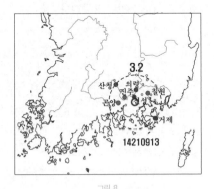

그림 8
□14210913≡-s1009
진앙 : 진성; 규모 : 3.2 / 3.6

世宗 3년(1421년) 11월 19일

경상도 성주, 지례에 땅이 흔들리다

○慶尙道 陜川, 咸陽, 居昌, 安陰, 珍城, 巨
濟雷, 星州, 知禮 地震.

世宗 3년(1421년) 11월 20일

경상도 지례, 순흥, 예천에 땅이 흔들
리다

○慶尙道 知禮, 順興, 醴泉 地震.

世宗 4년(1422년) 1월 28일

경상도 영산에 땅이 흔들리다

○慶尙道 靈山縣 地震.

世宗 4년(1422년) 2월 5일

경상도 용궁, 예천에 땅이 흔들리다

○慶尙道 龍宮, 醴泉 地震.

世宗 4년(1422년) 2월 15일(그림 9)

전라도 전주와 남원 등에 땅이 흔들리다

○全羅道 全州, 南原 等 二十七邑 地震.

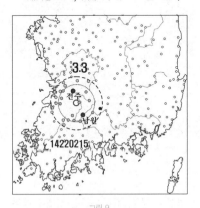

그림 9
□14220215≡-s0307
진앙 : 임실; 규모 : 3.3 / 3.7

世宗 4년(1422년) 2월 28일

경상도 영산에 땅이 흔들리다

○慶尙道 靈山縣 地震.

世宗 4년(1422년) 3월 9일(그림 10)

전라도에 땅이 흔들리다

○全羅道 長水, 錦山, 南原, 鎭安, 珍山, 龍
潭 地震.

世宗 4년(1422년) 3월 17일

경상도 밀양, 창녕에 땅이 흔들리다

○慶尙道 密陽, 昌寧 地震.

世宗 4년(1422년) 3월 19일

그림 10
□ 14220309≡-s331
진앙 : 덕유산; 규모 : 3.4 / 3.7

경상도 칠원에 땅이 흔들리다

○丙子 / 慶尙道 漆原縣 地震.

世宗 4년(1422년) 5월 22일 (그림 11)
경상도 성주, 김천, 합천, 거제에 땅이
흔들리다

○慶尙道 星州, 金山, 陜川, 巨濟 地震.

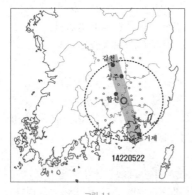

그림 11
□ 14220522≡-s611
진앙 : 남지?; 규모 : ～

世宗 4년(1422년) 7월 1일

경상도 김천에 피비가 내리다

○慶尙道 金山郡 雨血.

世宗 4년(1422년) 7월 20일
전라도 동복, 화순에 땅이 흔들리다

○乙亥 / 全羅道 同福, 和順 地震.

世宗 4년(1422년) 12월 5일
경상도 영주에 땅이 흔들리다

○戊子 / 慶尙道 榮川 地震.

世宗 5년(1423년) 1월 7일
경상도 지례에 땅이 흔들리다

○己丑 / 慶尙道 知禮縣 地震.

世宗 5년(1423년) 11월 22일
평안도 안주에 땅이 흔들리다

○己亥 / 平安道 安州 地震.

世宗 5년(1423년) 12월 15일
청주에 땅이 흔들리다

○壬戌 / 淸州 地震.

世宗 6년(1424년) 4월 26일
함경도 경원부에 땅이 흔들리다

○咸吉道 慶源府 地震, 且雷雨雹.

世宗 6년(1424년) 5월 1일 (그림 12)
전라도 나주, 순천, 부안, 영암, 김제,
옥과에 땅이 흔들리다

○全羅道 羅州, 順天, 扶安, 靈巖, 金堤, 玉
果 地震.

世宗 6년(1424년) 8월 26일
황해도 황주에 땅이 흔들리다

바람에도 흔들리는 땅

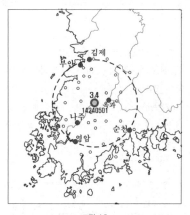

그림 12
□14240501≡-s528
진앙 : 담양; 규모 : 3.4 / 3.7

○黃海道 黃州 地震.

世宗 7년(1425년) 1월 2일(그림 13)
전라도의 전주, 옥구, 함열 등과 충청
도의 임천, 비인 등에 땅이 흔들리다
○癸酉 / 全羅道 全州, 沃溝, 咸悅, 龍安,
礪山, 萬頃, 金溝, 臨陂, 忠淸道 林川, 庇仁
地震.

그림 13
□14250102≡-s121
진앙 : 임피; 규모 : 2.4 / 3.3

世宗 7년(1425년) 1월 4일(그림 14)
큰비가 오고 땅이 흔들리다
○乙亥 / 大雨. 忠淸道 淸州雷電,
慶尙道 星州, 善山, 高靈, 知禮, 慶山, 草溪,
咸安, 金山, 河陽, 大丘, 泗川, 軍威, 義興,
比安, 義城, 新寧, 居昌 地震.

그림 14
□14250104≡-s123
진앙 : 다사; 규모 : 3.3 / 3.7

世宗 7년(1425년) 2월 11일(그림 15)
경상도 성주 개령 경산 구미 의흥 합천
고령 창녕 안의 김천 등에 땅이 흔들리다
○慶尙道 星州, 開寧, 慶山, 仁同, 義興, 陜
川, 高寧, 昌寧, 安陰, 金山 地震

世宗 7년(1425년) 2월 17일(그림 16)
경상도 상주, 선산, 지례, 개령, 의성
등에 땅이 흔들리다
○慶尙道 尙州, 善山, 知禮, 開寧, 義城 地震

世宗 8년(1426년) 2월 9일
경기 부평, 양천, 김포 등에 땅이 흔들
리다

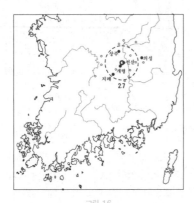

○京畿 富平, 陽川, 金浦 等官 地震.

世宗 8년(1426년) 10월 1일
경상도 풍기, 영주에 땅이 흔들리다
○慶尙道 基川, 榮川 地震.

世宗 8년(1426년) 10월 18일
경상도 성주에 땅이 흔들리다

○戊寅 / 慶尙道 星州 地震.

世宗 9년(1427년) 9월 15일(그림 17)
경상도와 충청도, 전라도 일대에 땅이
흔들리다
○慶尙道 仁同, 新寧, 迎日, 彦陽, 寧海, 興
海, 永川, 梁山, 淸河, 河陽, 蔚山, 忠淸道
丹陽, 忠州, 全羅道 順天, 益山, 錦山, 和
順, 長水, 長城 地震

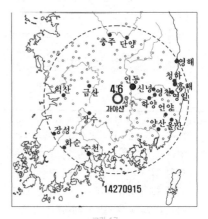

世宗 9년(1427년) 9월 16일
경상도의 영일에 땅이 흔들리다
○慶尙道 迎日 縣 地震

世宗 9년(1427년) 10월 16일
전주부윤 한유문, 여흥부사 김췌 등이
사조하다
○全州府尹韓有紋, 驪興府使金萃, 鴻山 縣
監 許孟辭, 引見曰: "近年以來, 慶尙, 全羅
道, 則稍稔, 京畿, 忠淸道, 則連年不稔, 民
之衣食甚艱, 予深慮之, 而今年又有 地震之

異, 尤爲深慮. 予之至懷, 爾 等 知之, 各任
乃職, 致慮民事, 使足衣食."

世宗 9년(1427년) 12월 14일
사간원에서 명년에 군자감과 풍저창
고를 짓는 것을 미루도록 상소했으나
받아들이지 않다
　○司諫院上疏曰 : 竊見戶曹奉敎移文, 欲於
明年, 造成軍資監豐儲倉庫, 乃以慶尙, 全
羅, 咸吉, 江原等 道, 禾穀爲稔, 期以正月
斫木流下, 仍給資糧, 是役誠出於不得已, 而
使民之道, 亦得其宜矣. 然比年以來, 水旱相
仍, 禾穀不登, 至于今年, 盛夏不雨, 九月 地
震, 十月 雷電, 屢興變怪, 誠殿下恐懼修省,
休養生靈, 以答天心之時也. 今此興作, 雖時
且義, 勞民動衆, 固非弭災召和之道也. 『書』
曰 : "民惟邦本, 本固邦寧." 古昔聖王視之
如傷, 保之如子者, 正以此也. 況上項四道,
雖不至於荒歉, 亦不可謂之豐稔也. 軍資豐
儲之穀, 露積之設久矣, 未聞有紅腐之弊, 姑
待四方豐稔之時, 以興斯役, 亦未晩也. 伏望
殿下, 上謹天戒, 下慮民生, 命停此擧, 不勝
幸甚. 上覽之曰 : "今歲雖歉, 給料仍民, 何
不可之有?"右司諫柳季聞進曰 : "誠恐遠方
之民, 往來赴役, 或失農時." 上曰 : "此役何
至農時?"上謂大司憲金孟誠曰 : "卿等 昨上
疏, 以崔鐸守令時被訴, 請罷監司, 予以爲不
可也. 鐸雖被訴於部民, 其時尙不受理, 而反
罪訴者, 考滿拜京官, 已三四年矣. 今何更論
乎?"孟誠對曰 : "咸吉道境連野人, 民多奸
猾, 必遣素有重望者, 乃可鎭服. 鐸曾守一
邑, 被訴於民, 況一道乎?"

世宗 310년(1428년) 1월 23일

강원도의 흡곡에 땅이 흔들리다
　○江原道 歙谷縣 地震.

世宗 10년(1428년) 4월 20일
평안도 안주, 평양에 땅이 흔들리다
　○平安道 安州, 平壤 地震.

世宗 10년(1428년) 4월 22일(그림 18)
경상도의 김천, 개령 등 고을에 땅이 흔
들리다
　○慶尙道 金山 開寧 知禮 尙州 等官 地震.

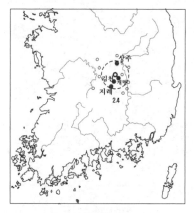

그림 18
□14280422≡-s506
진앙 : 추풍령 ; 규모 : 2.4 / 3.3

世宗 10년(1428년) 閏4월 23일
평안도 태천에 땅이 흔들리다
　○平安道 泰川郡 地震.

世宗 10년(1428년) 6월 16일
평안도 중화에 땅이 흔들리다
　○平安道 中和郡 地震.

世宗 10년(1428년) 6월 17일

평양부에 땅이 흔들리다
○戊戌 / 平壤府 地震.

世宗 10년(1428년 戊申) 7월 14일(그림 19)
경상, 전라, 충청도 각지에 땅이 흔들
리다
○慶尙道 及 全羅道 南原, 珍原, 玉果, 潭陽,
全州, 和順, 古阜, 扶安, 泰仁, 龍潭, 益山,
井邑, 淳昌, 興德, 沃溝, 金溝, 長水, 金堤,
忠淸道 沃川, 忠州 等官 地震.

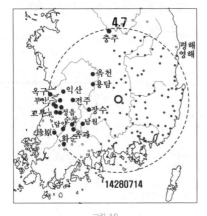
그림 19
□14280714≡-s824
진앙 : 고령 ; 규모 : 4.7 / 4.6

世宗 10년(1428년) 10월 5일(그림 20)
경상도의 여러 고을에 땅이 흔들리다
○慶尙道 昌原, 金海, 漆原, 咸安 等官 地震.

世宗 10년(1428년) 10월 15일(그림 20)
경상도 밀양 등에 땅이 흔들리다
○慶尙道 密陽, 順興, 基川 等官 地震. 聞
慶縣鳳生山雲霧晦冥雷雨, 山頂枯松自燒,
火光靑赤.

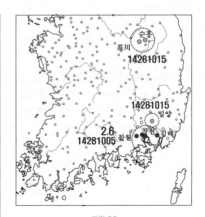
그림 20
□14281005≡-s1111
진앙 : 창원 ; 규모 : 2.6 / 3.3

世宗 10년(1428년) 12월 15일(그림 21)
경상도의 여러 고을에 땅이 흔들리다
○慶尙道 龍宮, 尙州, 善山, 聞慶, 開寧, 咸
昌 等官 地震.

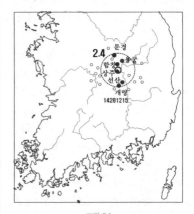
그림 21
□14281215≡1429s0119
진앙 : 상주 ; 규모 : 2.4 / 3.3

世宗 11년(1429年 己酉) 1月 2日(己酉)
땅이 흔들리다
○己酉 / 地震.

世宗 11년(1429년) 1월 4일 (그림 22)
경상도와 전라도에 땅이 흔들리다
○慶尙道 咸陽, 珍城, 居昌, 安陰, 全羅道 鎭安, 雲峯 等官 地震.

그림 22
□14290104≡-s207
진앙: 안의; 규모 : 3.3 / 3.7

世宗 11년(1429년) 9월 21일
고부 흥덕 등에 땅이 흔들리다
○甲子 / 古阜, 興德 等官 地震.

世宗 12년(1430년) 1월 1일 (그림 23)
경상도와 전라도에 땅이 흔들리다
○慶尙道 比安, 善山, 尙州, 仁同, 咸昌, 金山, 開寧, 居昌, 知禮, 安陰, 全羅道 茂朱, 高山地震.

世宗 12년(1430년) 2월 9일
경상도 안의 등과 전라도 무주에 땅이 흔들리다
○慶尙道 安陰, 居昌, 全羅道 茂朱縣 地震.

世宗 12년(1430년) 2월 11일
경상도 대구 등에 땅이 흔들리다
○慶尙道 大丘, 淸道, 靈山 等官 地震.

그림 23
□14300101≡-s124
진앙 : 추풍령; 규모 : 3.2 / 3.6

世宗 12년(1430년) 2월 14일
경상도 기천 등에 땅이 흔들리다
○慶尙道 基川, 義興, 比安 等官 地震.

世宗 12년(1430년) 2월 19일 (그림 24)
경상도 밀양 등에 땅이 흔들리다
○慶尙道 密陽, 梁山, 金海, 機張, 東萊 等官地震

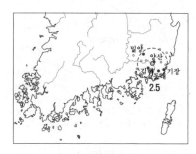

그림 24
□14300219
진앙 : 양산; 규모 : 2.5 / 3.3

世宗 12년(1430년 庚戌) 4월 18일 (그림 25)
경상도와 전라도 일대에 땅이 흔들리다

○**慶尙道** 靈山, 咸安, 玄風, 陜川, 金海, 宜寧, 山陰, 三嘉, 機張, 固城, 蔚山, 慶州, 大丘, 興海, 長鬐, 安東, 延日, 義城, 寧海, 盈德, 榮川, 清河, 義興, 眞寶, 泗川, 奉化, 青松, 咸陽, 晉州, 昆南, 新寧, 高靈, 密陽, 安陰, 昌原, 漆原, 永川, 清道, 金山, 星州, 仁同, 開寧, 梁山, 珍城, 鎭海, 居昌, 東萊, 善山, 彦陽, 尙州, 醴泉, 知禮, 慶山, 河東, 巨濟, 河陽, 軍威, 昌寧, **全羅道** 南原, 益山, 南平, 潭陽, 寶城, 同福, 綾城, 興德, 高興, 康津, 順天, 長城, 靈巖, 高敞, 茂長, 羅州, 井邑, 高山, 泰仁, 和順, 樂安, 珍原, 茂朱, 昌平, 金溝, 全州, 任實, 龍安, 古阜, 淳昌, 求禮, 谷城, 玉果, 龍潭, 茂珍, 光陽, 雲峯, 扶安, 長水, 咸悅, 鎭安, 礪山, 海珍 等官 地震.

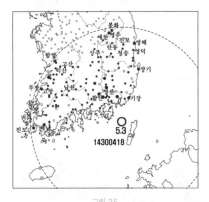

그림 25
□14300418≡-s0509
진앙 : 거제, 규모 : 5.3 / 5.1

世宗 12년(1430년) 5월 15일
근래에 많아진 재변을 상제께 빌고 제사하는 예를 물었으나 대답한 신하가 없다
○上謂左右曰: "近日 地震甚多, 天氣尙寒,

捕魚船軍, 多致溺死, 兩麥不實, 民有飢色. 災變之多若此, 無乃有禱祀于帝之禮乎?"左右無有對者.

世宗 12년(1430년) 5월 26일
김종서에게 자연재해에 대해 이르다
○乙丑 / 經筵. 上謂右副代言金宗瑞曰: "去四月, 江原道雨雪, 全羅, 慶尙道地震, 天地之氣, 不順若此, 今當雷出之時而無雷, 且不雨者累日, 予甚懼之, 今早災已至傷稼乎?"
對曰: "不至太甚. 若六七日 不雨, 恐傷禾稼."
上曰: "爾言是也. 是以憂之耳."
又曰: "自漢而降, 州郡牧守擅殺人命, 人主不知也. 前朝之時, 按廉守令, 皆擅殺人, 故挾憾而枉殺者, 比比有之. 人命至重, 宜深戒之. 且配匹至重, 歷代帝王或以私意, 任情廢立, 此豈重宗廟之義耶? 當以此爲吾子孫後世戒, 汝其誌之."

世宗 12년(1430년) 9월 5일(그림 26)
경상도 일대에 땅이 흔들리다
○慶尙道 靈山, 昌寧, 咸安, 昌原, 玄風, 咸陽, 珍城, 漆源 等官 地震.

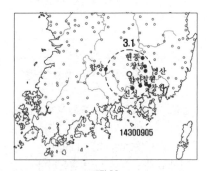

그림 26
□14300905≡-s922
진앙 : 의령, 규모 : 3.1 / 3.6

世宗 12년(1430년) 9월 13일(그림 27)
경상도 일대에 땅이 흔들리다

○慶尙道 慶州, 新寧, 興海, 淸河, 迎日, 密陽, 金海, 蔚山, 義城, 寧海, 河陽, 聞慶, 眞寶, 長鬐, 淸道 等官 地震.

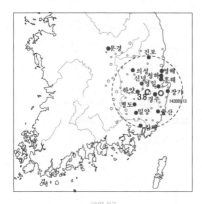

그림 27
□14300913≡-s0930
진앙: 건천; 규모: 3.8 / 4.0

世宗 12년(1430년) 10월 17일
충청도 영동에 땅이 흔들리다

○忠淸道 永同縣 地震.

世宗 12년(1430년) 閏12월 12일(그림 28)
경상도의 고령 등에 땅이 흔들리다

○慶尙道 高靈, 宜寧, 大丘, 靈山, 星州, 玄風, 慶山 等官 地震.

世宗 13년(1431년) 1월 14일(그림 29)
경상도 개령, 함양, 지례 등에 땅이 흔들리다

○慶尙道 開寧, 咸陽, 知禮 等官 地震.

世宗 13년(1431년) 1월 27일(그림 29)
개령, 장기, 곤남, 지례 등에 땅이 흔들

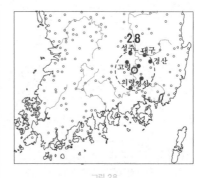

그림 28
□1430L1212≡1431s0125
진앙: 현풍; 규모: 2.8 / 3.4

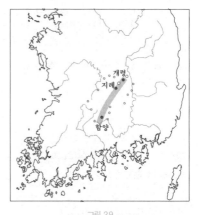

그림 29
□14310114≡-s225
직선형 / 연쇄형 지진(?)

리다

○慶尙道 開寧, 長鬐, 昆南, 知禮 等官 地震

世宗 13년(1431년) 4월 14일(그림 30)
영덕, 안동, 영해, 진보 등에 땅이 흔들리다

○盈德, 安東, 寧海, 眞寶 等官 地震.

世宗 13년(1431년) 5월 5일

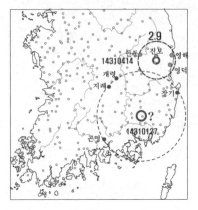

경상도 기장, 김해, 울산에 땅이 흔들리다
○慶尙道 機張, 金海, 蔚山 地震.

世宗 14년(1432년) 1월 8일
경상도 진해에 땅이 흔들리다
○慶尙道 鎭海縣 地震.

世宗 14년(1432년) 5월 5일
경연에서 참위설을 논하다
○壬戌 / 御經筵.
上曰 : "地震, 災異之大者, 故經傳每書 地
震, 不書雷電之變. 雷電, 常事爾. 是以春秋
書震夷伯之廟, 是知雷電爲常事也. 我國地
震, 無歲無之, 慶尙道 尤多. 去己酉年 地
震, 始於慶尙道, 延及忠淸, 江原, 京畿 三
道. 其日予適觀書, 未知爲地震 及聞書雲
觀 啓達, 予乃知之. 我國雖無地震, 至頹屋
者, 然 地震甚多於下三道, 疑有夷狄之變."
權採 對曰 : "雷電, 天變之小者; 地震, 災變

之大者. 然必曰 '某事得, 則某休徵應; 某事
失, 則某咎徵應.' 則牽合不通之論也."
上曰 : "卿之言然矣. 天地災異之應, 或近或
遠, 十年之間, 未可謂之必無也. 漢, 唐諸
儒, 皆泥於災異, 牽合附會, 予不取焉."

世宗 14년(1432년) 9월 6일
사천, 고성에 땅이 흔들리다
○辛酉 / 泗川, 固城縣 地震.

世宗 14년(1432년) 10월 18일
경상도 성주에 땅이 흔들리다
○慶尙道 星州 地震.

世宗 15년(1433년) 5월 11일
상주와 함창에 땅이 흔들리다
○尙州, 咸昌 地震.

世宗 15년(1433년) 10월 15일
평안도 중화에 땅이 흔들리다
○平安道 中和郡 地震.

世宗 16년(1434년) 8월 27일
전라도 전주 등 13고을에 땅이 흔들리다
○全羅道 全州 等 十三官 地震.

世宗 17년(1435년) 4월 5일 (그림 31)
전라도 일대에 땅이 흔들리다
○全羅道 金溝, 昌平, 泰仁, 興德, 任實, 潭
陽, 同福, 古阜, 淳昌, 玉果, 谷城, 金堤, 扶
安, 沃溝, 茂長, 井邑, 雲峯, 高敞, 南原, 臨
陂, 咸悅 等官 地震, 聲如雷.

世宗 18년(1436년) 1월 22일

　　　　　　　　　　　　　　　바람에도 흔들리는 땅

그림 31
□ 14350405≡-s502
진앙 : 정읍; 규모 : 3.4 / 3.7

전라도의 해진과 강진에 땅이 흔들리다
○全羅道 海珍, 康津縣 地震

世宗 18년(1436년) 5월 5일 [그림 32]
서울, 경기, 충청, 전라, 경상, 황해, 평
안도에 땅이 흔들리다
○京城, 京畿, 忠淸, 全羅, 慶尙, 黃海, 平
安道 地震.

世宗 18년(1436년) 10월 20일
전라도 담양 등에 지진과 천둥이 나고
우박이 오다
○全羅道 潭陽 等 三十官 地震 雷雨雹.

世宗 18년(1436년) 10월 25일
경상도 산청 등에 땅이 흔들리다
○慶尙道 山陰 等官 地震.

世宗 18년(1436년) 11월 3일
전라도 옥과 등에 땅이 흔들리다
○全羅道 玉果 等 三縣 地震.

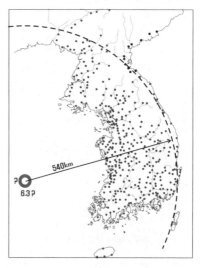

그림 32
□ 14360505
진앙 : 황해; 규모 : 6.3 / 6.6
▷중국 기록 없음

世宗 719년(1437년) 1월 9일
진해, 함안에 땅이 흔들리다
○慶尙道 鎭海, 咸安 地震.

世宗 19년(1437년) 1월 19일 [그림 33]
경상도 영주, 순흥, 예안에 땅이 흔들
리다
○慶尙道 榮川, 順興, 禮安 地震.

世宗 19년(1437년) 1월 20일
경상도 봉화에 땅이 흔들리다
○庚戌 / 慶尙道 奉化縣 地震.

世宗 19년(1437년) 1월 24일 [그림 34]
전국에 걸쳐 땅이 흔들리다
○京中 及 京畿, 慶尙道 安東, 尙州 等 二
十五官, 江原道 襄陽 等 十一官, 忠淸道 忠

그림 33
□ 14370119≡-s223
진앙 : 법전; 규모 : 2.4 / 3.3

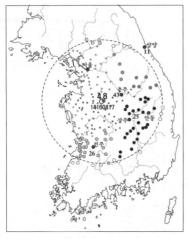

그림 34
□ 14370124≡-s228 감진지역 추정
(도별 다른 색깔)
진앙 : 진천; 규모 : 4.8 / 4.6

州 等 四十三官, 全羅道 全州 等 二十六官
地震.

世宗 19년(1437년) 8월 18일

강령에 땅이 흔들리다
○ 康翎縣 地震.

世宗 20년(1438년) 2월 20일
경상도 김천 등에 지진이 나 해괴제를
지내다
○ 慶尙道 金山 等 五十四邑 地震, 行解怪祭.

世宗 20년(1438년) 12월 18일 (그림 35)
전라도 옥구, 임피, 함열, 만경, 용안,
금구, 익산 등 고을에 땅이 흔들리다
○ 全羅道 沃溝, 臨陂, 咸悅, 萬頃, 龍安, 金
溝, 益山 等官 地震.

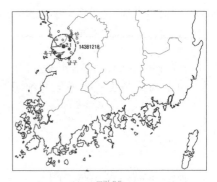

그림 35
□ 14381218≡1439s0103
진앙 : 임피; 규모 : 2.1 / 3.2

世宗 21년(1439년) 閏2월 6일
함경도 문천에 땅이 흔들리다
○ 甲申 / 咸吉道 文川郡 地震.

世宗 21년(1439년) 2월 3일 (그림 36)
경상도 대구, 영천, 경산, 의흥, 인동
등 고을에 땅이 흔들리다
○ 壬子 / 慶尙道 大丘, 永川, 慶山, 義興,
仁同 等郡縣 地震.

바람에도 흔들리는 땅

그림 36
□ 14390203＝-s416
진앙 : 팔공산; 규모 : 2.6 / 3.3

世宗 21년(1439년) 閏2月 19일
전라도 무장과 함경도 문천에 땅이 흔들리다
○全羅道 茂長縣, 咸吉道 文川郡 地震.

世宗 21년(1439년) 2월 19일
경상도 지례에 땅이 흔들리다
○戊辰 / 慶尙道 知禮縣 地震.

世宗 21년(1439년) 3월 3일
강원도 영월에 땅이 흔들리다
○江原道 寧越郡 地震.

世宗 21년(1439년) 3월 7일
경상도 대구에 땅이 흔들리다
○乙卯 / 慶尙道 大丘郡 地震.

世宗 21년(1439 己未年) 3월 13일
경상도 개령에 땅이 흔들리다
○辛酉 / 慶尙道 開寧縣 地震.

世宗 21년(1439년) 6월 6일(그림 37)
전라도 지역에 땅이 흔들리다
○全羅道 萬頃, 咸悅, 沃溝, 龍安, 金溝, 扶安, 臨陂 等縣 地震.

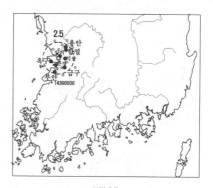

그림 37
□ 14390606＝-s716
진앙 : 임피; 규모 : 2.5 / 3.3

世宗 21년(1439 己未年) 9월 20일
안의와 함양에 땅이 흔들리다
○乙丑 / 慶尙道 安陰縣, 咸陽郡 地震.

世宗 23년(1441년) 4월 21일
하동에 땅이 흔들리다
○丁亥 / 慶尙道 河東縣 地震.

世宗 23년(1441년) 9월 12일(그림 38)
충청도의 각지에 땅이 흔들리다
○忠淸道 公州, 燕歧, 定山, 舒川, 恩津, 文義, 懷仁, 大興, 懷德, 新昌, 牙山, 溫陽, 木川, 鴻山, 鎭岑, 扶餘, 尼山, 礪山, 林川, 連山 等官 地震.

世宗 23년(1441年 辛酉) 11月 10日(癸卯)
충청도 공주에서 지진이 일다
○忠淸道 公州 地震.

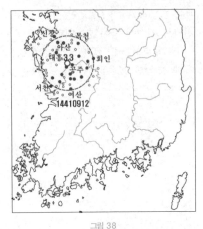

그림 38
□14410912≡-s926
진앙 : 공주서쪽; 규모 : 3.1 / 3.6

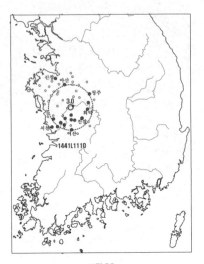

그림 39
□1441L1110≡-s1223
진앙 : 공주; 규모 : 3.0 / 3.5

世宗 23년(1441년) 閏11월 10일(그림 39)
충청도 각 고을에 땅이 흔들리다
　○忠淸道 林川, 舒川, 韓山, 鎭岑, 石城, 礪山, 恩津, 淸州, 公州, 尼山, 連山, 牙山, 鴻山, 文義, 新昌, 懷德 地震.

世宗 24년(1442년) 2월 20일(그림 40)
충청도와 경상도에 땅이 흔들리다
　○**忠淸道** 懷仁, 文義, 連山, 鎭岑, 燕岐, 恩津, 扶餘, 尼山, 公州, 懷德, 鴻山, **慶尙道** 尙州, 大丘, 知禮 等郡縣 地震.

世宗 24년(1442년) 9월 12일(그림 41)
충청도의 남포, 홍산, 은진에 땅이 흔들리다
　○忠淸道 藍浦, 鴻山, 恩津 地震.

世宗 24년(1442년) 10월 23일
충청도 단양, 청풍, 은진에 땅이 흔들리다

그림 40
□14420220≡-s331
진앙 : 계룡산; 규모 : 3.0 / 3.5

　○忠淸道 丹陽, 淸風, 恩津 地震

世宗 25년(1443년) 1월 20일(그림 42)
강원도 원주, 영월, 평창에 땅이 흔들

바람에도 흔들리는 땅

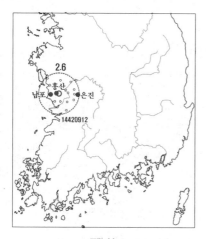

그림 41
□14420912≡-s1015
진앙: 홍산; 규모: 2.6 / 3.3

리다

○丙子 / 江原道 原州, 寧越, 平昌 地震.

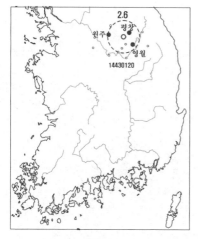

그림 42
□14430120≡-s219
진앙: 수주; 규모: 2.6 / 3.3

世宗 27년(1445년 乙丑) 1월 22일(丙申)
함길도 감사에게 유시하여 경성 지역

의 땅이 탄 곳에서 석류황이 산출되는
지를 파보게 하다

○諭咸吉道監司: 今所啓鏡城地燒事, 具
悉. 領中樞崔潤德嘗啓云: "在咸吉道, 觀地
燒幾寸, 以一日之燒量之, 今已數十年矣.
以水沃之, 不能滅." 又聞道內 五鎭, 曾有地
燒, 尋爲雨水所滅.
慶尙道亦有民間喧說云: "土石所焚, 石硫
黃出焉." 今考『本草』云: "石硫黃生東海
牧羊山谷中, 礜石液也. 色如鵝子者謂之崑
崙黃, 其赤色者曰石膏脂, 靑色者曰冬結石,
半白半黑者曰神驚石.
"又云: "石硫黃, 太陽之精, 鬼焰居焉." 又
云: "石硫黃粟純陽火石之精而結成, 性質
通流, 含其猛毒, 藥品之中, 號爲將軍." 以
此觀之, 地燒處出石硫黃, 不無疑焉. 其令
人吏官奴十餘人無弊掘取試之.

世宗 26년(1444년) 閏7월 15일(그림 43)
경상도 충청도 등 10읍성에 땅이 흔들
리다

○慶尙 星州 等 十九邑, 忠淸道 淸州 等 十
四邑 地震.

世宗 26년(1444년) 5월 11일
강원도 평해, 울진에 땅이 흔들리다

○江原道 平海, 蔚珍 地震.

世宗 27年(1445年) 2月 13日
서울에 땅이 흔들리다

○京城地震.

世宗 27年(1445年) 4月 30日(癸酉)
경기도 안성군에서 땅이 흔들리다

○京畿安城郡地震.

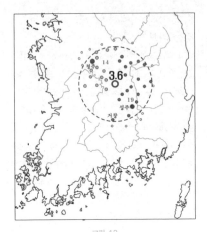

그림 43
□ 1444L0715≡-s828
진앙 : 모동; 규모 : 3.6 / 3.8

世宗 27년(1445년) 9월 28일(그림 44)

전라도 담양, 광주, 보성 등에 땅이 흔들리다

○全羅道潭陽, 茂珍, 寶城, 興陽, 海南, 樂安地震.

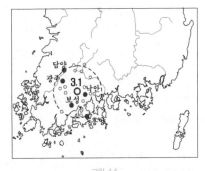

그림 44
□ 14450928
진앙 : 문덕; 규모 : 3.1 / 3.6

世宗 28년(1446년) 1월 10일(그림 45)

전라도 전주, 태인, 금구에 땅이 흔들리다

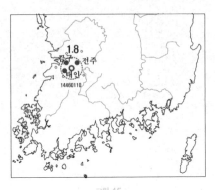

그림 45
□ 14460110≡-s205
진앙 : 모악산; 규모 : 1.8 / 3.1

○全羅道 全州, 泰仁, 金溝 地震.

世宗 29년(1447년) 1월 12일(그림 46)

황해도에 땅이 흔들리다

○黃海道海州, 載寧, 遂安, 信川, 江陰等處地震.

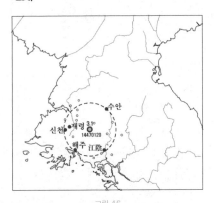

그림 46
□ 14470112≡-s128
진앙 : 서흥; 규모 : 3.1 / 3.6

世宗 29년(1447년) 12월 13일(그림 47)

경상도 현풍 등에 땅이 흔들리다

○辛未 / 慶尙道玄風, 密陽, 昌寧 等處 地震

348   바람에도 흔들리는 땅

그림 47
□14471213≡1448s0128
진앙 : 천황산; 규모 : 2.1 / 3.2

世宗 30년(1448년) 1월 1일
충청도 남포, 서천, 한산, 은진에 땅이
흔들리다

○忠淸道 藍浦, 舒川, 韓山, 恩津 地震.

世宗 30년(1448년) 2월 18일(그림 48)
충청도의 옥천 등에 땅이 흔들리다

○甲戌 / 忠淸道 沃川, 靑山, 懷德 等處 地震.

그림 48
□14480218≡-s322
진앙 : 옥천군북; 규모 : 2.0 / 3.1

文宗 1년(1451년) 4월 1일
공주, 온양, 천안군, 아산에 땅이 흔들
리다

○忠淸道 公州, 溫陽, 天安郡 牙山縣 地震.

文宗 1년(1451년) 8월 13일(그림 49)
충청도 진잠, 회덕, 공주에 땅이 흔들
리다

○忠淸道 鎭岑, 懷德, 公州 地震.

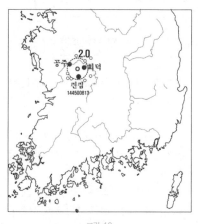

그림 49
□14510813≡-s907
진앙 : 계룡산; 규모 : 2.0 / 3.1

文宗 1년(1451년) 8월 15일
경상도 합천, 초계에 땅이 흔들리다

○慶尙道 陜川, 草溪郡 地震.

端宗 卽位년(1452년) 5월 23일(그림 50)
전라도, 충청도 회덕, 연산, 노성 등에
지진이 나 향과 축문을 내리어 해괴제
를 지내다

○乙卯 / 地震于全羅道 茂朱, 錦山, 忠淸

그림 50
□14520523≡-s610
진앙 : 진잠; 규모 : 2.8 / 3.4

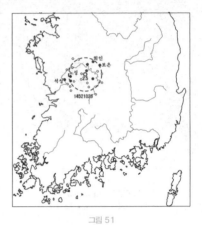

그림 51
□14521026≡-s1206
진앙 : 대전; 규모 : 2.5 / 3.3

道 懷德, 連山, 尼山, 文義, 鎭岑, 恩津, 降香祝, 行解怪祭.

端宗 卽位년(1452년) 10월 26일 _(그림 51)

충청도의 옥천, 은진 등 고을에 땅이 흔들리다

○甲寅 / 地震于忠淸道 沃川, 恩津, 尼山, 懷仁, 文義, 懷德, 石城, 報恩 等邑, 降香祝, 行解怪祭.

端宗 卽位년(1452년) 9월 4일

전라도 무주, 금산에 땅이 흔들리다

○癸巳 / 地震于全羅道 茂朱, 錦山, 降香祝, 行解怪祭.

端宗 1년(1453년) 4월 9일 _(그림 52)

충청도의 남포 등에 땅이 흔들리다

○丙申 / 地震于忠淸道 藍浦, 保寧, 洪州, 靑陽, 結城, 庇仁, 鴻山, 舒川, 大興, 降香祝, 行解怪祭.

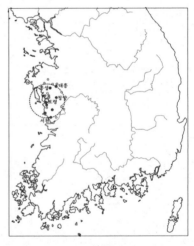

그림 52
□14530409≡-s517
진앙 : 보령; 규모 : 2.8 / 3.4

端宗 1년(1453년) 6월 2일

충청도 지방에 지진이 나 해괴제를 지내다

○丁亥 / 地震于忠淸道 淸風, 丹陽, 降香祝, 行解怪祭.

바람에도 흔들리는 땅

端宗 1년(1453년) 8월 25일
황해도 황주 봉산에 지진이 나 해괴제를 지내다
○己酉 / 地震于黃海道 黃州, 鳳山, 降香祝, 行解怪祭.

端宗 1년(1453년) 12월 9일(그림 53)
충청도 문의, 옥천에 지진이 나 해괴제 지내다
○辛卯 / 地震于忠淸道 文義, 沃川, 鎭岑, 懷仁, 懷德, 淸州, 恩津, 連山, 降香祝, 行解怪祭.

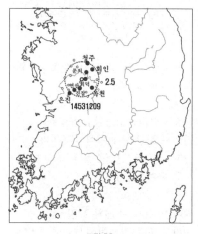

그림 53
□14531209≡−s0107
진앙 : 유성; 규모 : 2.5 / 3.3

□14531229≡1454s0127
端宗 1년(1453년) 12월 29일(그림 54)
전라도, 충청도, 경상도에 땅이 흔들리다
○地震于**全羅道** 全州, 樂安 等 八邑, **忠淸道** 淸州, 忠州, 洪州, 公州 等 二十二邑, **慶尙道** 安東, 星州, 尙州, 金海 等 二十七邑, 降香祝, 行解怪祭.

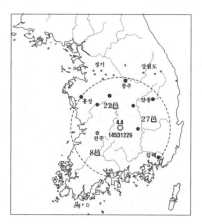

그림 54
□14531229
진앙 : 덕유산; 규모 : 4.4 / 4.8

端宗 2年(1454年 甲戌) 2月 6日(」亥)
친히 사직제와 충청도, 전라도의 지진 해괴제에 쓸 향과 축문을 전하다
○丁亥 / 親傳 社稷祭 及 忠淸, 全羅道 地震 解怪祭 香祝.

端宗 2년(1454년) 3月 12日(癸亥)
경기도 인천에 지진이 있었으므로 향과 축문을 내려서 해괴제를 지내다
○地震于京畿仁川. 降香祝, 行解怪祭.

端宗 2년(1454년) 3월 28일(그림 55)
평안도 평양, 영변 등에 지진이 나 향과 축문을 내려서 해괴제를 지내다
○己卯 / 地震于平安道 平壤, 寧邊, 博川, 定州, 安州, 泰川, 降香祝, 行解怪祭.

端宗 2년(1454년) 5월 8일
충청도 영동, 황간 등에 땅이 흔들리다
○戊午 / 地震于忠淸道 永同, 黃澗, 沃川,

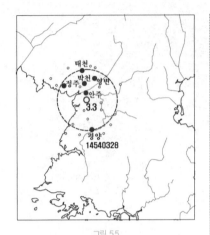

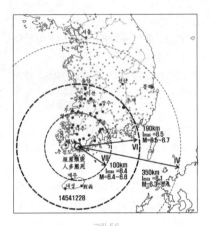

그림 55
□ 14540328≡-s425
진앙 : 숙천 ; 규모 : 3.3 / 3.7

그림 56
□ 14541228≡-s0115
진앙 : 해남 ; 규모 : 5.8 / 6.3~6.7
▷ 이기화 (1998) MMI > Ⅷ
▷ NGDC ; M=6.3

降香祝, 行解怪祭.

端宗 2年(1454年 甲戌) 10月 4日(壬午)
충청도 보은현에서 지진이 일어나다
　○地震于忠淸道報恩縣, 降香祝, 行解怪祭.

端宗 2年(1454年 甲戌) 11月 28日(乙亥)
지진이 나다
　○乙亥 / 地震, 祭告于宗廟, 社稷.

□ 14541228≡1455s0115
端宗 2年(1454년 甲戌) 12월 28일(甲辰)
(그림 56)
경상도와 전라도에 지진이 나 해괴제를 지내다
　○地震于**慶尙道** 草溪, 善山, 興海, **全羅道** 全州, 益山, 龍安, 興德, 茂長, 高敞, 靈光, 咸平, 務安, 羅州, 靈巖, 海南, 珍島, 康津, 長興, 寶城, 興陽, 樂安, 順天, 光陽, 求禮, 雲峯, 南原, 任實, 谷城, 長水, 淳昌, 金溝,

咸悅, 濟州, 大靜, 旌義, 垣屋頹毁, **人多壓死**. 降香祝, 行解怪祭.

端宗 3年(1455년) 3월 6일 (그림 57)
강원도 회양 등에 땅이 흔들리다
　○辛亥 / 地震于江原道 淮陽, 金城, 歙谷, 平康, 降香祝, 行解怪祭

端宗 3年(1455년) 3월 27일 (그림 58)
전라도 흥덕, 정읍 등에 땅이 흔들리다
　○地震于全羅道 興德, 井邑, 萬頃, 降香祝, 行解怪祭

世祖 1年(1455년) 9월 23일
양양, 간성에 지진이 나 해괴제를 지내다
　○乙未 / 地震于江原道 襄陽, 杆城, 降香祝, 行解怪祭.

世祖 1年(1455년) 12월 28일

　　　　　바람에도 흔들리는 땅

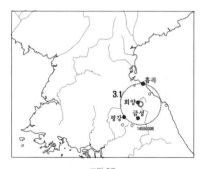

그림 57
□ 14550306≡-s0323
진앙 : 회양, 규모 : 3.1 / 3.6

그림 58
□ 14550327≡-s413
진앙 : 흥덕, 규모 : 2.1 / 3.2

경상도 사천 등에 지진이 나니 해괴제
를 지내다

○己巳 / 地震于慶尙道 泗川, 宜寧, 草溪,
晋州, 降香祝, 行解怪祭

世祖 2年(1456年) 10月 18日(甲寅)
밤에 경도에 땅이 흔들리다니 해괴제
를 지내다

○夜地震京都, 命行解怪祭.

世祖 2年(1456年) 11月 8日(甲戌)

서울에서 난 지진을 점후하지 못한 전
성에게 장형을 주다

○司憲府啓 : "十月 十八日 夜, 京城地震,
書雲觀權知司辰全性不坐, 更致失占候, 罪
應杖八十." 命笞四十.

世祖 2年(1456년) 2월 8일
경상도 신녕 등에 지진이 나니 해괴제
를 지내다

○丁未 / 地震于慶尙道 新寧, 義城, 大丘
等邑, 降香祝, 行解怪祭

世祖 4년(1458년) 2월 15일(그림 59)
평안도 용강, 삼화 등에 땅이 흔들리다

○甲辰 / 地震于平安道 龍岡, 三和, 甑山,
咸從, 順安, 江西, 降香祝, 行解怪祭.

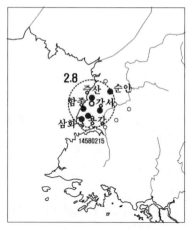

그림 59
□ 14580215≡-s228
진앙 : 증산, 규모 : 2.8 / 3.4

世祖 4년(1458년) 3월 17일
전라도 무주, 금산에 땅이 흔들리다

○甲辰 / 地震于全羅道 茂朱, 錦山, 降香
祝, 行解怪祭

世祖 4년(1458년) 9월 5일(그림 60)

충청도에 지진이 나 해괴제를 지내다

○地震于忠清道 恩津, 扶餘, 尼山, 定山, 降香祝, 行解怪祭

그림 60
□ 14580905≡-s1011
진앙 : 노성; 규모 : 1.9 / 3.1

世祖 4년(1458년) 9월 13일(그림 61)

충청도에 땅이 흔들리다. 해괴제를 지내다

○地震于忠清道 槐山, 陰城, 清安, 忠州, 延豊 等邑. 降香祝, 行解怪祭.

　14590804≡1459s0831

世祖 5년(1459년) 8월 4일(그림 62)

충청도, 전라도에 지진이 나 해괴제를 지내다

○癸丑 / 地震于忠清道 報恩, 懷仁, 槐山, 清安, 清州, 燕歧, 文義, 沃川, 青山, 恩津, 石城.

全羅道 南原, 任實, 淳昌, 潭陽, 玉果, 降香祝, 行解怪祭.

世祖 6년(1460년) 11월 3일

충청도의 괴산, 연풍에 땅이 흔들리다

○乙亥 / 地震忠清道 槐山, 延豊, 降香祝, 行解怪祭.

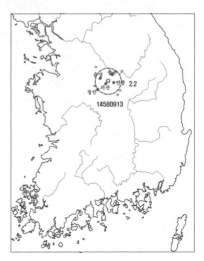

그림 61
□ 14580913≡-s1019
진앙 : 괴산; 규모 : 2.2 / 3.2

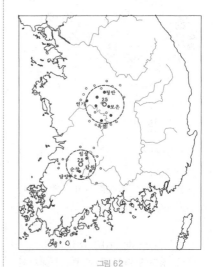

그림 62
□ 14590804a
진앙; 속리산; 규모 : 2.5 / 3.3
□ 14590804b
진앙; 순창; 규모 : 2.5 / 3.3

世祖 7년(1461년) 4월 9일

경상도의 성주와 김천군 개령에 땅이
흔들리다
○地震于慶尙道 星州, 金山郡 開寧縣, 降
香祝, 行解怪祭.

世祖 7년(1461년) 12월 29일^(그림 63)
경상도의 여러 고을에 땅이 흔들리다
○乙未 / 地震于慶尙道 巨濟, 昆陽, 鎭海,
咸安, 金海, 熊川, 晋州, 固城, 宜寧, 泗川,
降香祝, 行解怪祭.

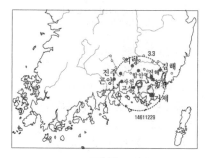
그림 63
□14611229≡1462s0129
진앙 : 고성; 규모 : 3.3 / 3.7

世祖 8년(1462년) 11월 8일^(그림 64)
경상도 김천, 개령, 선산에 지진이 나
해괴제를 지내다
○戊戌 / 地震于慶尙道 金山, 仁同, 開寧,
善山 等邑, 降香祝, 行解怪祭

世祖 9年(1463年) 7月 23日(庚戌)
서울에 지진이 나서 해괴제를 지내다
○庚戌 / 京城地震, 命禮官行解怪祭

世祖 10년(1464년) 8월 23일
전라도 광주와 경상도 김해에 지진이
나 해괴제를 지내다

그림 64
□14621108≡-s1128
진앙 : 선산; 규모 : 2.1 / 3.2

○甲辰 / 地震于全羅道 光州, 慶尙道 金
海, 降香祝, 行解怪祭

世祖 11년(1465년) 9월 30일^(그림 65)
경상도에 지진이 나 해괴제를 지내다
○慶尙道 禮安, 義城, 榮川, 靑松, 安東 等
處 地震, 降香祝, 行解怪祭.

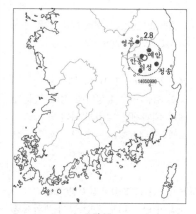
그림 65
□14650930≡-s1019
진앙 : 안동; 규모 : 2.8 / 3.4

世祖 12년(1466년) 11월 18일(그림 66)
경상도 경주 등에 땅이 흔들리다
○地震于慶尙道 慶州, 義興, 永川, 河陽.
降香祝, 行解怪祭.

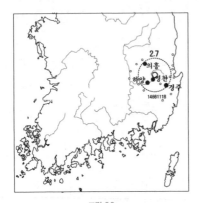

그림 66
□14661118≡-s1225
진앙 : 영천 ; 규모 : 2.7 / 3.4

成宗 2년(1471년) 5월 8일
예조에 경상도 개령, 김천 등에 땅이
흔들렸으므로 해괴제를 행할 것을 청
하다
○禮曹啓: "慶尙道 開寧, 金山 等處 地震,
請令其道 都事, 行解怪祭." 從之.

成宗 2년(1471년) 8월 21일
웅천 등, 지진 발생지에 향과 축문을
내려 해괴제를 지내게 하다
○禮曹據慶尙道 觀察使關啓: "熊川 等 諸
邑 地震, 請降香祝, 行解怪祭." 從之.

成宗 3년(1472년) 1월 6일(그림 67)
지진이 난 전라도 용안 등에 해괴제를
지내게 하다
○禮曹啓: "全羅道 龍安, 咸悅, 礪山 等邑

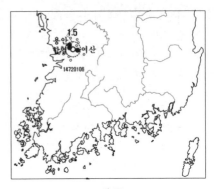

그림 67
□14720106≡-s0214
진앙 : 함열 ; 규모 : 1.5 / 3.0

地震, 請行解怪祭." 從之.

成宗 3년(1472년) 1월 17일
지진이 난 경상도 웅천에 해괴제를 지
내게 하다
○禮曹啓: "慶尙道 熊川縣 地震, 請令本
道 都事, 行解怪祭." 從之

成宗 9년(1478년) 2월 22일(그림 68)
충청도 충주 등 9고을과 경상도 상주
등 18고을에 땅이 흔들리다
○忠淸道 忠州 等 九邑, 慶尙道 尙州 等 十
八邑 地震. 禮曹請行解怪祭, 從之.

成宗 9년(1478년) 6월 10일(그림 69)
경상도의 청송, 영주 등에 땅이 흔들리다
○慶尙道 靑松, 榮川, 醴泉, 龍宮, 聞慶, 咸
昌, 尙州, 永川, 河陽 地震. 禮曹請降香祝,
令其道 都事行解怪祭, 從之.

□14780629≡-s728
成宗 9년(1478년) 8월 5일

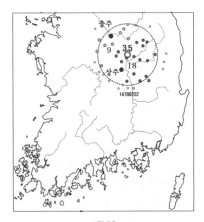

그림 68
□ 14780222≡-s0326 추정분포
진앙 : 문경; 규모 : 3.5 / 3.8

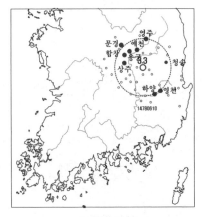

그림 69
□ 14780610≡-s0709
진앙 : 봉양; 규모 : 3.3 / 3.7

경상도 성주, 선산, 영천 등에 지진이
나서 제사에 쓸 향축을 내리다
○禮曹啓 : 去六月 二十九(日), 慶尙道 星
州, 善山, 永川, 河陽, 仁同 等邑 地震. 請
降香祝, 行解怪祭. 從之.

成宗 10年(1479年) 7月 13日(丁卯)
유자광이 노조경의 탐학, 군역의 해이,
조선 배의 문제 등에 관해 상소하다
○下柳子光上疏. 其略曰 : 臣實無狀, 罪當
誅戮, 誠荷殿下弘貸之恩, 得保軀命. 俟罪
老母近鄕, 歲月 未周, 又伏聞恩命特下, 欲
復臣功籍, 殿下之恩, 天地罔極, 無任感激
之至, 圖報未由. 謹開寫民間見聞, 間亦附
臣愚意, 昧死陳聞, 言無倫理, 事涉煩碎, 誠
惶誠恐. 竊惟殿下, 卽位以來, 十年于玆. 伏
見閭閻無事, 民生安業, 太平之期, 庶幾今
日. 然不幸而吏不廉謹, 則民之受弊多矣,
伏願殿下留意. 今春有地震之異, 人皆驚惶,
雞犬飛走. 前年春, 亦地震, 而近年陰陽繆
盭, 水患連仍, 臣愚未知, 天意所在, 憂之也
久矣. 以今民間見聞, 而推之, 其爲煩苛之
吏所致也. 無疑矣. 臣聞前機張 縣監 盧趙
卿, 稱鍾加鐵, 禁人採海, 設施類此, 民多不
便. 前年, 民有訴者, 趙卿, 侵 及 婦女, 擧
家逃散, 則侵 及 切隣, 一族盡收鼎鐺之器,
紡績之物. 又打一吏幾殺之, 吏逃則田其家,
火其廬. 前 縣監, 官備貢物, 欲寬民一分,
而趙卿盡收之, 遞去時, 輻重百餘馱, 去二
月, 亦有發訴三十餘事者, 趙卿乞哀, 今已
和解. 趙卿, 素富於貲, 爲卿相庇護,

成宗 11년(1480년) 2월 19일
경상도의 김해, 웅천, 동래에 땅이 흔
들리다
○慶尙道 金海, 熊川, 東萊 地震.

成宗 12년(1481년) 7월 7일(그림 70)
충청도 관찰사가 공주, 회인, 문의 등
에 땅이 흔들리고 아뢰다
○忠淸道 觀察使 馳啓 : "公州, 懷仁, 文義

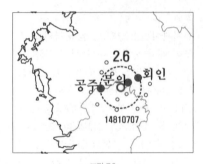

그림 70
□14810707≡-s802
진앙 : 봉산동; 규모 : 2.6 / 3.3

等邑 地震."

□14820701≡-s0716
成宗 13년(1482년) 7월 1일(그림 71)
경상도 창원, 김해, 진해, 웅천에 지진
나다
○慶尙道 昌原, 金海, 鎭海, 熊川 地震.

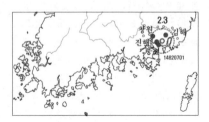

그림 71
□14820701≡-s716
진앙 : 장유; 규모 : 2.3 / 3.2

成宗 12년(1481년) 9월 16일
경상도 안의와 거창에 땅이 흔들리다
○慶尙道 安陰, 居昌縣 地震, 命行解怪祭.

□14831215≡1484s0113
成宗 14년(1483년) 12월 15일
전라도 나주, 함평, 화순에 땅이 흔들

리다
○全羅道 羅州, 咸平, 和順 等邑 地震.
+
成宗 15년(1484년) 1월 3일
전라도 나주, 함평, 화순 등에 땅이 흔
들리다
○辛卯 / 全羅道 羅州, 咸平, 和順 等邑 地震.

成宗 15년(1484년) 1월 8일(丙申) (그림 72)
도성 및 충청도, 전라도에 땅이 흔들리다
○都城 及 忠淸, 全羅道 地震.

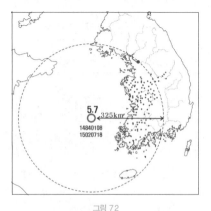

그림 72
□14840108≡-s204
진앙 : 서해; 규모 : 5.7 / 5.6
= 15020718

成宗 16年(1485年) 2月 28日(庚辰)
정조사 이극돈, 김백겸이 와서 복명하
니 중국 조정에 대해 묻다
○庚辰 / 正朝使李克墩, 金伯謙來復命. 上
引見曰:"中朝有何事?"克墩對曰:"無他
事, 但有星變."上曰:"卿之在京時, 有變
乎?"對曰:"十二月 二十五日 夜, 有聲如
雷, 疑其地震, 乃星隕也."

바람에도 흔들리는 땅

成宗 18년(1487년) 9월 10일(그림 73)

전라도 전주, 군산 등에 땅이 흔들리다

○丙午 / 全羅道 全州, 高山, 金溝, 任實 地震.

그림 73
□14870910＝-ε926
진앙 : 전주／규모 : 2.0 / 3.1

成宗 20년(1489년) 2월 8일(그림 74)

강원도 고성 등에 땅이 흔들리다

○江原道 高城, 杆城, 三陟, 麟蹄, 江陵 地震.

그림 74
□14890208≡-s309
진앙 : 속초E／규모 : 3.8 / 4.0

成宗 24년(1493년) 2월 9일

서울에 땅이 흔들리다

○甲辰 / 京城 地震.

成宗 24년(1493년) 2월 10일

영의정 윤필상 등이 지진이 난 일로 사직을 청하다

○議政府 領議政尹 弼商 等 來啓曰："都城
地震, 由臣 等 瘝官所致, 請辭職." 傳曰：
"此豈卿 等之過也? 地道 貴靜, 今乃如此,
君臣當交修以答天譴耳." 弼商更啓曰："臣
以不德, 久居首相, 屢被謗言, 請免." 盧思
愼, 許琮啓曰："天猶君也, 地猶臣也, 今地
震專由臣 等 請免." 傳曰："咎實在予, 何關
卿 等? 但掌刑官吏, 不明愼折獄, 以致冤抑
耳. 漢之責免三公, 豈其可乎?"

成宗 24년(1493년) 2월 11일

이세좌 등이 정직한 왕도를 행하여 천변이 사라지도록 하라고 상소하다

○司憲府大司憲李世佐 等 上疏曰：
臣 等 竊聞, 天無私覆, 地無私載, 일월無私
照, 王者奉三無私, 使一世之是非曲直, 擧
不逃於吾法令之外, 然後人心悅服, 和氣旁
流, 無彗孛飛流, 山崩 地震之異, 始可言大
平之治矣. 殿下勵精圖治, 好謀能斷, 近年
以來, 聖學已高, 獨任其明, 外示從諫之形,
內 多專斷之實, 好惡未盡當理, 刑政未盡合
宜, 臣 等 請條陳焉. 『禮』曰："公族雖親,
不以犯有司正術也. 所以體百姓也." 宗族猶
爾, 況異姓之親乎? 近聞韓健之母與元祉之
妻, 堂姊妹也. 非不知元祉之爲母黨也. 而
濫奪元祉之田, 此而可爲, 何所忌憚? 鄭眉
壽奪彼與此, 此所謂助桀爲虐者也. 二人同
心, 自犯有司. 殿下之不以此二人者爲有罪,
而奪有司之執法者, 　　豈非隱其親而然耶?
『禮』曰："妻不在, 妾御莫敢當夕." 妻, 妾
之 等 猶天地與冠履也. 雖人君不可易置之

也. 伯常卜妾, 在李氏同室之時, 引銅生於
丁巳, 而李氏亡於己未, 同母之兄生於有一
妻一妾之日, 則豈有同母弟獨得爲嫡哉? 引
錫姦巧有餘, 僭欲無窮, 濫蒙聖恩, 腰銀厚
祿, 不自知足, 猶且希望非分之事, 寅緣權
貴, 諂事左右, 以賤藝通姓名於九重, 蔑朝
廷之法, 蔽萬人之目, 售奸計於聖明之下,
此誠小人之尤者也. 殿下其可以裵女爲伯常
之正妻, 以引銅爲伯常之嫡子乎? 大抵人無
釁焉, 妖不妄作, 今 地震之變, 天實示警懼
於殿下, 尤不可委天數於適然而莫之省也.
『書』曰: "無偏無黨, 王道 蕩蕩, 無反無側,
王道 正直." 伏願殿下, 體天地日月之無私,
行平易正直之王道, 修人事以弭天變.

成宗 24年(1493年) 2月 11日(丙午)
모든 관직에 있는 자들은 그 직임에 충실하라고 의정부에 전지하다
○傳旨議政府曰: "地者, 任物至重, 靜而
不動者也. 本月 初九日 京城地震, 究厥不
寧之由, 咎實在予, 采切祗懼. 慮有中外獄
官, 不哀敬明愼, 以傷人命, 或慢於理斷, 以
致留滯, 傷和召災, 未必不由於此. 凡在庶
官者, 益勤乃職, 使獄訟無滯冤枉, 畢伸吾
民之可怨咨者, 務盡除去, 仰答天譴, 以副
予修省之意."

成宗 24年(1493년) 11月 12日
황해도 곡산에 땅이 흔들리다
○黃海道 谷山郡 地震.

燕山 卽位년(1494년) 12月 27日(그림 75)
충청도 면천, 서산, 당진에 땅이 흔들리다
○忠淸道 沔川, 瑞山, 唐津 地震.

燕山 1년(1495년) 1月 19일(그림 75)
한산, 서천, 홍산, 부여, 비인에 지진나다
○忠淸道 韓山, 舒川, 鴻山, 扶餘, 庇仁 地震.

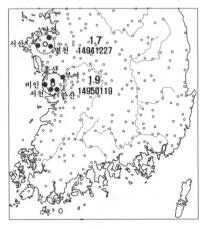

그림 75
□14941227≡1495s0123
진앙 : 운산 / 규모 : 1.7/3.1
□14950119≡-s213
진앙 : 홍산 / 규모 : 1.9/3.1

燕山 1년(1495년) 5月 28일
충청도 도사 김일손이 시국에 관한 이익과 병폐 26조목으로 상소하다
○忠淸道 都事 金馹孫上疏曰: "臣繫一道,
(不)知四方之災. 以一道 觀之, 數月之間,
災亦甚矣. 前年十二月 壬午 地震瑞山 等處,
乃殿下主喪之後也; 今年正月 癸卯 地震韓
山 等處; 二月 朔, 日 食三分之一, 是月 壬
戌, 星隕白日, 異亦甚矣."

燕山 3년(1497년) 1月 4일
경상도 창원에 땅이 흔들리다
○慶尙道 昌原 地震.

燕山 3년(1497년) 4월 16일

경상도에 우박이 내린 일로 승정원에 묻다

○雨雹于慶尙道 安東府, 尙州, 醴泉郡, 榮川郡, 禮安縣, 大者如雞卵, 小者如彈丸. 禽鳥擊死, 禾麥損傷. 王問于政院曰 : "雨雹無乃有應行事乎?" 承旨宋軼啓 : "如 地震則有辟怪祭, 雨雹則無矣. 然此亦災變, 當恐懼修省." 傳曰 : "如有災變, 則予當恐懼修省矣."

燕山 3년(1497년) 7월 14일(그림 76)

충청도 일대에 땅이 흔들리다

○忠淸道 沃川, 懷仁, 永同, 報恩, 文義, 靑山, 黃澗 地震.

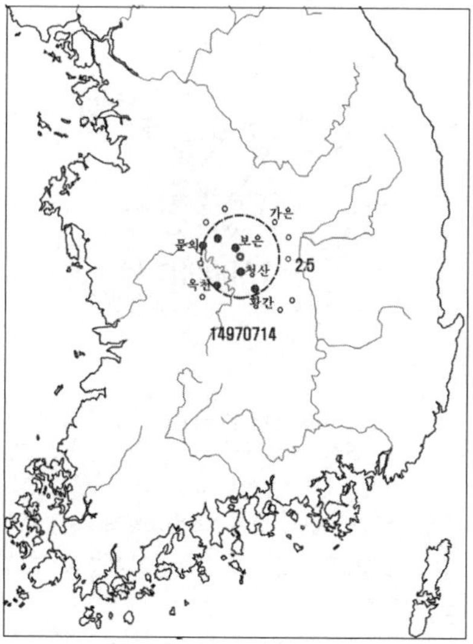

그림 76
□14970714≡-s811
진앙 : 보은; 규모 : 2.5 / 3.3

燕山 4년(1498년) 7월 4일

경상도 관찰사 김심이 재변의 책임을 지고 사직장을 올리다

○戊戌 / 慶尙道 觀察使金諶上狀辭職曰 : 伏以, 今六月 十一日, 十三日, 二十日, **道內 十七邑 地震**, 或一日 至再至四. 臣竊惟, 妖不妄作, 感召惟人. 臣猥以不才, 濫叨方面重寄, 凡所以恤民隱, 勵風俗, 每懷靡 及. 然猶性品凡下, 智識淺短, 不能宣上德, 達下情. 今玆地道 不寧, 以致災變, 靦然在職, 實所不敢. 伏望遞臣本職, 以答天譴.

傳曰 : "是必陰盛陽微所致也. 其議于大臣." 諶剖決精明, 無少阿枉. 近來論監司 者, 推諶爲首.

燕山 4년(1498년) 7월 6일

대신들이 지진의 일에 대해 의논하다

○尹弼商議 : "地震之變, 古人言之詳矣. 令弘文館考古事 及『五行誌』以啓, 且速降香解怪何如?" 盧思愼議 : "考諸歷代 地震之災, 至崩城郭, 仆廬舍, 壓殺人民者, 亦多有之. 今**慶尙道 地震**, 雖未至於此, 近年之災, 未有甚於此. 是豈無有感召而致? 然不可指爲某事之失, 惟願聖上恐懼修省, 增修德政, 雖有其災, 必無其應." 愼承善議 : "夫地道 本靜, 震至于四. 不唯一邑, 廣 及 十七州, 當恐懼修省, 以消災變." 魚世謙議 : "古人云 : '克謹天戒, 則雖有其象, 而無其應. 不克若天, 則災咎之來必矣.' 臣意, 天地之道 玄遠, 姑修德政以待之何如?" 鄭文炯議 : "今玆 地震, 實是地道 不寧, 豈啻方伯之所召? 恐亦朝廷未盡燮理之致. 然請恐懼修省, 以答天災." 成俊議 : "地震之變, 古人所指非一端. 今亦不可的指爲某失之應也. 然災不妄作, 必有所召, 豈可謂之適然, 而忽

之哉? 古人云: '修德正事, 反災爲祥.' 當
今弭之之道, 不過上下惕懼, 克謹天戒而
已." 諭金諶曰: "災變至此, 予甚警懼. 卿亦
(各) 各勤乃職, 益勵獄訟, 勿使淹滯."

燕山 4年(1498年 戊午) 7月 8日(壬寅)
지진의 변과 실정에 대하여 홍문관 부
제학 이세영 등이 상소하다
○弘文館副提學李世英等上疏曰:
和氣應於有德, 咎徵生於失德. 臨御以來,
嘉氣尙凝, 陰陽繆戾, 乾文失度, 坤載不寧,
霜雹震雷, 石隕水潦, 殆無虛歲, 而今又慶
尙郡縣十七 地震三日, 或日至四震 變異甚
鉅, 不勝駭愕. 謹按前志, 君弱臣强, 暴虐妄
殺, 則地震; 女謁用事, 則地震; 外戚專恣,
宦寺用權, 則地震; 刑罰失中, 獄有冤枉, 則
地震; 君不聽諫, 內 荒于色, 則地震; 外夷
侵犯, 有四方兵亂之漸, 則地震. 探天人之
情, 參古今之論, 變不虛生, 必有所召. 今殿
下聰明英毅, 摠攬權綱, 群臣承順, 百官效
職, 不可謂君弱臣强也. 寬仁慈恕, 體元育
物, 欽恤論刑, 必賜三覆, 不可謂暴虐妄殺
也. 獨有驃陞, 混進, 久居非位者, 豈外戚專
恣之端? 有濫陞, 瀆賞, 恩澤異常者, 豈
宦官用權之端乎? 內 人戚族, 貪緣宮禁, 窺
免己役, 豈女謁用事之漸乎? 富商觸憲, 內
旨未減, 妖覡逃法, 特賜勿問, 豈獄事失當
之漸乎? 倭寇潛伺, 害 及 戍臣, 野人匪茹,
搶掠邊氓, 此外夷犯邊之漸也. 臺臣執法,
諫垣封駮, 難於捨己, 嗇於從人, 此拒諫自
用之漸也. 且應天在於修德, 修德在於勤學.
殿下卽位以來, 御經筵, 接群臣, 臨朝視事
之日, 蓋可數矣.
傳曰: "經筵雖重, 吾身亦重. 今若强御經

筵, 漸成大病, 則其事反重於經筵也."

燕山 4年(1498年) 閏11月 23日(甲申)
서울에서 땅이 흔들리다
○甲申 / 京都地震.

燕山 6年(1500년) 1月 1日
평안도 성천에 지진이 나다
○平安道 成川 地震.

燕山 6年(1500년) 3월 17일 (그림 77)
충청도 온양, 신창, 아산 등에 땅이 흔
들리다
○忠淸道 溫陽, 新昌, 牙山, 平澤 地震.

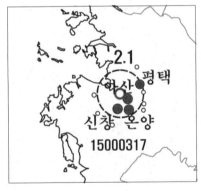

그림 77
□15000317≡-s415
진앙: 아산: 규모: 2.1 / 3.2

燕山 6年(1500년) 7월 28일 (그림 78)
평안도 평양, 용강, 함종, 순안에 땅이
흔들리다
○平安道 平壤, 三和, 龍岡, 咸從, 順安, 江
東 地震.

燕山 6年(1500년) 8월 25일

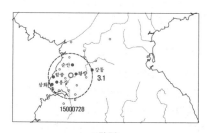

그림 78
□ 15000728≡-s822
진앙 : 평양; 규모 : 3.1 / 3.6

황해도 수안에 땅이 흔들리다

○丁未 / 黃海道 遂安郡 地震.

燕山 7년(1501년) 3월 1일
강계에 들보가 울릴 정도의 땅이 흔들리다

○朔己酉 / 江界 地震, 聲如雷, 棟樑皆鳴.

燕山 8년(1502년) 4월 6일 (그림 79)
평안도 영변 등에 땅이 흔들리다

○平安道 寧邊, 泰川, 雲山, 价川 地震, 有聲如雷, 自北而南.

=

燕山 8년(1502년) 5월 1일
장령 유세침 등이 사학이 해이해졌음을 아뢰다

○朔壬申 / 受朝賀, 御經筵 (…중략…)
克均曰 : "平安道 价川, 寧邊 等邑 地震. 近日 旱災亦甚, 兩麥不穗, 民尙艱食." 世琛曰 : "地震之變, 豈以爲小災, 而忽之乎? 請謹天戒." 王不答.

燕山 8년(1502년) 7월 13일 (그림 80)
전라도와 충청도에 땅이 흔들리다

○全羅道 羅州, 光州, 綾城, 昌平 曁(및)

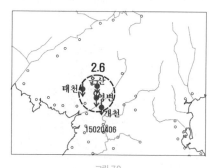

그림 79
□ 15020406
진앙 : 영변; 규모 : 2.4 / 3.3

忠淸道 沃川 地震.

燕山 8년(1502년) 7월 18일 (戊子) (그림 81)
서울 등에 땅이 흔들리다

○京中 及 全羅, 忠淸 地震. 又慶尙, 全羅, 忠淸三道 大雨水, 慶尙尤甚.

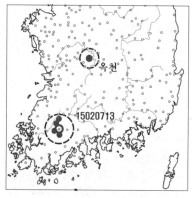

그림 80
□ 15020713

燕山 8年(1502年) 8月 29日 (戊辰)
천견에 보답하기 위해 송사를 너그럽게 판결하고 인재를 천거하도록 하다

○傳旨議政府曰 : "予自臨御以來, 政多闕

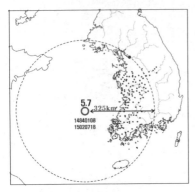

그림 81
□ 15020718≡-s820
진앙: 서해; 규모: 5.7 / 5.6
▷ 14840108

失, 未厭天心, 災變屢作, 歲比不稔, 而今年
早旱晚水, 稼穡卒瘁, 乃至漂沒盧舍, 民多
壓溺, 災疹之甚, 近古所無, 而全羅, 忠淸兩
道地震, 平安郡邑, 雨雹傷稼. 又於本月 京
師地震, 有聲如雷, 上天動威, 譴告滋迫. 咎
雖在予, 豈無所召? 念惟獄訟之間, 冤枉必
多, 山林之下, 不無懷才抱屈之嘆. 其令中
外, 疎決冤滯, 兼擧遺逸, 以副予側身之意."
承旨申用漑等 啓: "遷謫人亦議疎放何如?"
傳曰: "近有大禮, 姑徐爲之."

燕山 8년(1502년) 8월 30일
장령 서극철이 금주령 등을 아뢰다
○掌令徐克哲啓: "今年春旱, 兩麥不實. 禾
未立苗, 而秋又大水. 慶尙, 全羅兩道, 民家
漂沒, 壓死, 不可勝數. 近又京城 地震, 天
之示警, 近古所無. 請避殿減膳, 以謹天變.
愚民不顧年凶, 辦酒權娛, 日事迎饞, 請禁
酒. 闕內 用度 及 外間不急之費, 令該曹磨
鍊減省. 京倉不裕, 則雖欲賑恤窮民, 其可
得乎? 營繕役使之人, 皆步兵, 水軍. 今年

凶歉, 市價甚賤, 緜布一匹直, 米不滿二斗.
加以監役官徵贖太濫, 傷和召災, 未必不由
於此, 請停罷. 仁政殿雖以待接天使, 不得
不修, 然在謹災之道, 亦可停也. 榮親非如
加土, 沐浴之比, 公費尙多, 請立停之. 全州
判官朴世俊以李垙, 丁三山憑鞫事, 拿來已
久, 而至今不現, 請先正緩慢之罪." 傳曰:
"避殿 等 事知道. 減省事, 已令磨鍊. 世
俊依所啓, 餘皆不聽." 克哲更啓: "民間崇飮,
糜費不貲. 外方守令若値使客, 則必設宴慰.
今當謹災之時, 不得不禁." 不聽.

燕山 8년(1502년) 10월 24일 (그림 82)
평안도 삼화 등에 땅이 흔들리다
○平安道 三和, 平壤, 江西, 甑山, 咸從, 龍
岡, 中和, 祥原, 永柔 地震, 有聲.

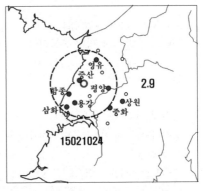

그림 82
□ 15021024≡-s1123
진앙: 증산; 규모: 2.9 / 3.5

燕山 8년(1502년) 12월 7일 (그림 83)
충청도와 경상도에 땅이 흔들리다
○忠淸道 淸州, 沃川, 文義, 懷仁, 報恩, 淸
安, 延豊, 陰城, 鎭川, 全義, 燕岐, 慶尙道
咸昌, 聞慶, 龍宮 地震.

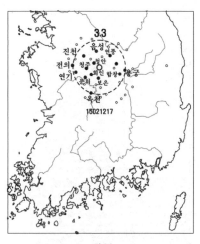

그림 83
□15021217≡-s0104
진앙 : 속리산; 규모 : 3.3 / 3.7

그림 84
□15021221-1503s0118
진앙 : 벽진; 규모 : 2.9 / 3.5

燕山 8년(1502년) 12월 21일(그림 84)

경상도 개령 등에 땅이 흔들리다

○慶尙道 開寧, 金山, 星州, 玄風, 善山, 居昌 地震

燕山 48년(1502년) 12월 23일

경상도 구미에 땅이 흔들리다

○辛酉 / 慶尙道 仁同縣 地震.

燕山 9년(1503년) 2월 12일(그림 85)

경상도 거창 등에 땅이 흔들리다

○慶尙道 居昌, 星州, 開寧, 善山, 大丘, 知禮, 安陰, 咸陽 地震.

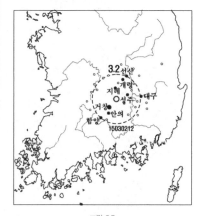

그림 85
□15030212≡-s309
진앙 : 가야산; 규모 : 3.2 / 3.6

燕山 9년(1503년) 3월 9일(그림 86)

전라도 여러 고을에 땅이 흔들리다

○全羅道 錦山, 龍潭, 茂朱, 珍山 地震.

燕山 9년(1503년) 6월 12일(그림 87)

서울과 경기 및 충청도에 땅이 흔들리다

○京都 及 **京畿** 江華, 安城, 安山, 陽川, 金浦, 竹山, **忠淸道** 洪州, 淸州, 忠州, 公州, 沔川, 天安, 溫陽, 泰安, 文義, 唐津, 鎭川, 木川, 平澤, 稷山, 新昌, 全義, 燕岐, 海美, 懷仁, 報恩, 禮山, 陰城, 淸安, 鎭岑, 懷德, 堤川 地震.

그림 86
□ 15030309
진앙 : 금산 : 규모 : 2.4 / 3.3

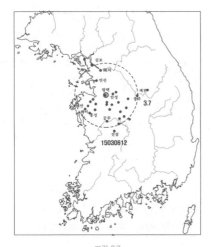

그림 87
□ 15030612＝-s705
진앙 : 평택 : 규모 : 3.7 / 3.9

燕山 9년(1503년) 8월 23일(그림 88, 89)
서울과 충청도 및 경상도에 땅이 흔들리다

○丁巳 / 京師 及 **忠淸道** 忠州, 堤川, 定山, 鎭川, 淸安, 牙山, 槐山, 結城, 泰安, 尼山, 懷仁, 沔川, 林川, 稷山, 保寧, 報恩, 公州, 連山, 鎭岑, 懷德, 文義, 天安, 洪州, 禮山,

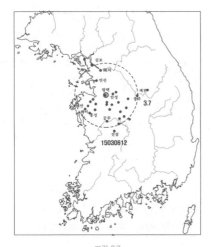

그림 88
1503년 성거산지진의 『조선왕조실록』 기록

德山, 陰城, 藍浦, 新昌, 淸州, 燕岐, 平澤, 瑞山, 淸風, 唐津, 沃川, 海美, 全義, 木川, 靑山, **慶尙道** 金山, 開寧, 仁同, 龍宮, 醴泉, **京畿** 廣州, 果川, 楊根, 砥平, 驪州, 利川, 陽智, 龍仁, 陰竹, 衿川, 安山, 南陽, 水原, 振威, 陽城, 安城, 陽川, 仁川, 富平, 金浦, 通津, 江華, 坡州, 楊州, 抱川, 永平, **全羅道** 益山, 龍安, 咸悅 地震.

+

燕山 9年(1503年 癸亥) 8月 23日(丁巳)
정원에서 계를 올려 "오늘 땅이 흔들렸으니 마땅히 마음을 가다듬고 반성해야 합니다" 하다.

○政院啓 : "今日地震, 宜修省."

+

燕山9年(1503年 癸亥) 8月 23日(丁巳) (그림89)

바람에도 흔들리는 땅

정원에 재변에 대해 묻다

○傳曰: "日月食 地震皆災變, 而古人必書
日食, 而月食不書何哉? **月食亦是地震之類
也.**"政院啓: "日者陽精, 人君之象也. 而
食之, 故特書垂戒. 月者陰精, 爲陽所刺而
食之常事, 故不書. **至於地震, 則異於是, 地
道常靜, 不宜動而動, 則是亦陰氣盛也, 亦
災變之大者也.**"

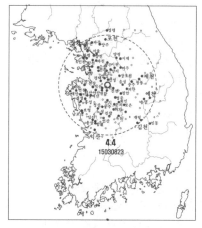

그림 89
□15030823≡-s0913
진앙 : 성거산 / 규모 : 4.4 / 4.4

燕山9年(1503年) 8月 25日(己未)
재변이 있으므로 옥사와 송사를 잘 살
피게 하다

○傳旨: "予不穀, 叨守丕基, 托于億兆之
上. 政多紕繆, 而罔克正; 民或愁嘆, 而未能
知, 天譴疊至, 水旱, 凶荒連歲而作. 加以坤
道失靜, 自前年以來, 京師地震者再, 至本
月 二十三日 申時又震. 徵之於書, 咎在陰
盛陽微. 天戒丁寧, 至于再三. 惟予一人, 莫
克享于天心, 兢懼之懷, 劇于淵氷. 消災之
道, 專在側修, 感召之原, 多由獄訟. 凡我左

右輔弼, 夙夜交修, 用答皇天仁愛之心, 兼
令中外, 疏決冤滯, 以副予欽恤之意."

燕山 9年(1503년) 8月 29日(癸亥)
간관이 경상감사 이점이 흰 꿩을 바친
것이 온당하지 못함을 논하다

○癸亥 / 慶尙道監司 李坫獻白雉. 掌令柳
希轍, 正言徐厚啓: "坫之所獻, 以爲祥瑞,
則其弊必至於誇美; 以爲珍禽, 則使人主玩
物喪志矣. 敢獻之, 是獻諛也. 大凡奸臣或以
狗馬, 或珍禽, 或以祥瑞, 規中人主之欲, 希
恩固寵, 請科罪. 且聞, 豊壤宮經宿打圍. 近
日 京師地震, 固當謹災, 而動衆未便." 王曰
: "坫特錯料耳. 且近來連年地震, 陰盛陽微
之應, 無乃臣失其道, 不能事君, 而致之耶?
史書某月 地震, 某月 打圍, 誰以予爲不賢?"

燕山 9년(1503년) 8월 24일 (그림 90)
평안도 여러 고을에 땅이 흔들리다

○平安道 博川, 雲山, 泰川, 嘉山, 安州, 寧
邊 地震.

燕山 9년(1503년) 9월 26일 (그림 90)
평안도 여러 고을에 땅이 흔들리다

○平安道 殷山, 江東, 成川, 順川, 孟山, 德
川 地震.

燕山 10년(1504년) 5월 23일
황해도 고을에 땅이 흔들리다

○黃海道 監司 馳啓: "道內 三郡 地震."

燕山 12年(1506年) 6月 17日(乙丑)
서울에 지진이 일다

○乙丑 / 京城地震.

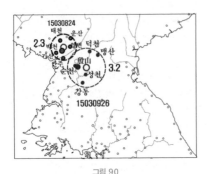

그림 90
□ 15030824＝-s0914
진앙: 박천; 규모: 2.3 / 3.2
□ 15030926＝-s1015
진앙: 신성천; 규모: 3.2 / 3.6

燕山 12년(1506년) 7월 10일
천문의 재변을 상달하지 말게 하다
○丁亥 / 有星孛于紫微. 王見忠公道 地震
書狀, 傳曰: "如此災變, 不得上達事, 已有
傳敎, 無奈政院未及頒布乎?"

燕山 12년(1506년) 7월 18일
팔도에 지진 등 재변을 상달하지 말게
하다
○傳曰: "忠公道 觀察使金浩, 啓 地震, 其
論八道, 如此災變, 毋得上達."

中宗 3년(1508년) 12월 18일
강원도 강릉부에 땅이 흔들리다
○江原道 江陵府 地震.

中宗 4년(1509년) 1월 26일
경상도 지례에 땅이 흔들리다
○慶尙道 知禮縣 地震.

中宗 4년(1509년) 2월 14일
강원도 회양에 땅이 흔들리다

○江原道 淮陽 地震.

中宗 4년(1509년) 3월 14일
강원도 회양에 땅이 흔들리다
○江原道 淮陽 地震.

中宗 4년(1509년) 4월 4일
강원도의 철원, 안협에 땅이 흔들리다
○江原道 鐵原, 安峽 地震.
=?
中宗 4년(1509년) 4월 8일
강원도의 철원, 안협에 땅이 흔들리다
○江原道 鐵原, 安峽 地震.

中宗 4년(1509년) 9월 15일
평안도에 땅이 흔들리다
○平安道 順安, 江東 地震.

中宗 4년(1509년) 10월 25일 (그림 91)
충청도에 땅이 흔들리다
○忠淸道 淸州, 公州, 文義, 懷德 地震.

中宗 15년(1510년) 4월 27일 (그림 92)
황해도 해주, 강령, 옹진에 땅이 흔들
리다
○黃海道, 海州, 康翎, 瓮津 地震.

中宗 5년(1510년) 6월 12일
경상도 함양, 안의에 땅이 흔들리다
○慶尙道 咸陽, 安陰 地震.

中宗 6년(1511년) 3월 19일
경상도 청송부 진보에 땅이 흔들리다
○慶尙道 靑松府眞寶縣 地震.

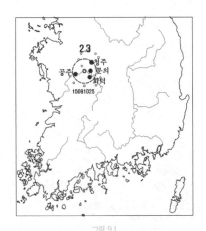

그림 91
□15091025≡-s1206
진앙 : 매포; 규모 : 2.3 / 3.2

그림 92
□1510427≡-s603
진앙 : 강령; 규모 : 2.4 / 3.3

中宗 6년(1511년) 2월 22일
강원도 회양, 흡곡 등에 땅이 흔들리다
○江原道 淮陽, (歙谷)歙谷 地震.

中宗 6년(1511년) 4월 23일
경상도 청송부 진보에 땅이 흔들리다
○慶尙道 靑松府, 眞寶縣 地震.

中宗 6년(1511년) 9월 5일
경상도 의성, 안동에 땅이 흔들리다
○慶尙道 義城, 仁同縣 地震.

中宗 6년(1511년) 9월 11일(그림 93)
충청도에 땅이 흔들리다
○忠淸道, 忠州, 淸州, 丹陽, 陰城 地震.

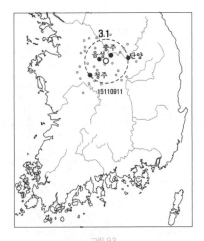

그림 93
□15110911≡-s1002
진앙 : 매포; 규모 : 3.1 / 3.6

中宗 6년(1511 辛未 6년) 9월 19일
청주에 땅이 흔들리다
○忠淸道 淸州 地震.

中宗 6년(1511년) 10월 13일
상주에 땅이 흔들리다
○慶尙道 尙州 地震.

中宗 6년(1511년) 12월 2일
경상도 거창 안의에 땅이 흔들리다
○慶尙道 居昌, 安陰縣 地震.

中宗 7년(1512년) 1월 10일
충청도 청주에 땅이 흔들리다
○忠淸道 淸州 地震.

中宗 7년(1512년) 3월 19일
경상도 대구에 땅이 흔들리다
○慶尙道 大丘 地震.

中宗 17년(1512년) 4월 21일(그림 94)
경상도 대구, 울산, 언양, 인동에 땅이 흔들리다
○慶尙道 大口(大邱), 蔚山, 彦陽, 仁同 地震.

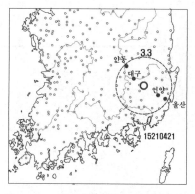

그림 94
□15120421≡-s506
진앙 : 경산; 규모 : 3.3 / 3.7

中宗 7年(1512年) 閏5月 10日(癸未)
서울에 땅이 흔들리다
○京城地震.

中宗 7년(1512년) 7월 4일
전라도 흥덕, 낙안에 땅이 흔들리다
○全羅道 興德, 樂安 地震.

中宗 17년(1512년) 7월 21일(그림 95)

경상도의 함양 거창 등에 땅이 흔들리다
○慶尙道 咸陽, 居昌, 丹城, 山陰, 安陰, 玄風, 草溪 地震.

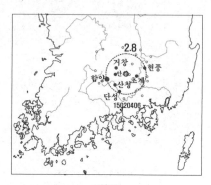

그림 95
□15120721≡-s831
진앙 : 합천; 규모 : 2.8 / 3.4

中宗 7年(1512年) 10月 6日(丙午)
부제학 이자화의 상소
○副提學李自華等 上疏, 其略曰 : 近歲以來, 星辰數變 地震屢作, 旱蝗相仍. 今年則自春至秋不雨, 畿甸嶺北尤甚. 都城之中, 地脈不通, 萬井俱渴, 又於八月, 關西六郡, 雨雹暴下, 大如手拳, 積地深二寸許, 雁, 鴨, 鳥, 雀, 皆爲傷死, 又於九月 十七日, 龍仁縣大雨雹, 暴風卒起, 拔樹仆屋, 人有被傷者. 風氣之惡, 有似烟火, 翌日 雷電又作, 暴雹亦下, 大者如栗. 京師亦雨雹雷電者累日. 當至誠求治之時, 而災變之作, 若是其多. 天之示異, 雖曰仁愛人君, 人事之失, 豈無所召? 正勅庶事, 感動天意, 豈非殿下之責乎? 姑擧近日之事言之, 設關天嶺, 則欲遣御史, 掌開閉, 旣而知其不可, 則不得不罷, 北地凶荒, 則初欲遣大臣巡察, 又欲置兼都事, 旣而知其不可, 則不得不罷, 邊將殺賊數級, 則濫賞妄加, 旣而知其不可, 則

不得不改. 知其不可而改, 未爲病也. 其不
謹於建事之始, 而輕擧若是何也? 輸穀嶺
北, 差一官, 亦足就事, 何必別置轉運使, 而
不管於該曹乎? 謀議國事, 自有闕庭, 亦足
以承淸問展嘉猷, 何必別建議得廳

□15130516≡-s0618
中宗 8년(1513년) 5월 16일
경사에 땅이 흔들리다
　○京師地震.
　+
中宗 8년(1513년) 5월 16일
경기 여주 등 읍에 땅이 흔들리다
　○京畿 驪州 等 四邑 地震.
　+
中宗 8년(1513년) 5월 16일(그림 96)
충청도 청주 등 11읍에 땅이 흔들리다
　○忠淸道 淸州 等 十一邑 地震.

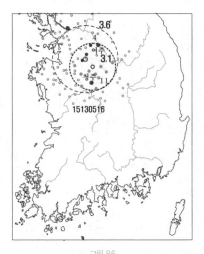

그림 96
□15130516a 진앙: 안성; 규모: 3.6 / 3.8
□15130516b 진앙: 대소; 규모: 3.1 / 3.6

中宗 19년(1514년) 1월 29일(그림 97)
경상도와 충청도에 땅이 흔들리다
　○慶尙道 尙州, 咸昌, 開寧, 忠淸道 淸州
地震.

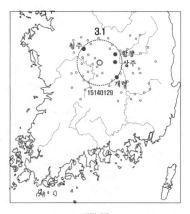

그림 97
□15140129≡-s223
진앙: 마로; 규모: 3.1 / 3.6

中宗 9년(1514년) 2월 22일
경상도 함창, 개령에 땅이 흔들리다
　○慶尙道 咸昌, 開寧 地震.

中宗 9년(1514년) 7월 21일
강원도 원주에 땅이 흔들리다
　○江原道 原州 地震.

中宗 9년(1514년) 8월 28일
강원도 원주에 심한 땅이 흔들리다
　○江原道 原州 地震如雷

中宗 10년(1515년) 2월 7일(그림 98)
강원도 원주 등에 땅이 흔들리다
　○江原道 原州, 寧越, 江陵, 襄陽, 旌善, 杆
城, 麟蹄, 橫城 地震.

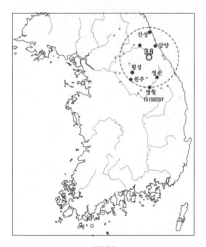

그림 98
□15150207≡-s220
진앙 : 합천; 규모 : 2.8 / 3.4

中宗 10년(1515년) 3월 5일
경상도 김해에 땅이 흔들리다
○慶尙道 金海 等 四邑 地震.

□15150810≡-s0917
中宗 10년(1515년) 8월 10일(그림 99)
서울 및 경기 등에 땅이 흔들리다
○京城 及 京畿 高陽, 楊州, 江原道 鐵原,
平康, 金化, 金城, 淮陽, 春川, 狼川 地震.

中宗 10년(1515년) 9월 21일(그림 100)
경기 파주, 고양 등에 땅이 흔들리다
○京畿 坡州, 高陽, 交河 地震.
+
中宗 10年(1515年) 10月 1日(甲寅)
○弘文館 副提學 金謹思等 上疏云 : "今月
二十一日, 坡州, 交河地震. 又聞, 慶尙道 咸
昌縣 人家, 有三足鷄生. 嗟夫! 陰靜而**地動**,
冬立而陽盛, 物常而妖作, 非常之變, 疊見於

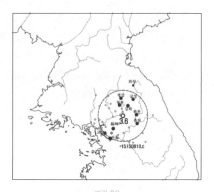

그림 99
□15150810≡-s917
진앙 : 영북; 규모 : 3.6 / 3.8

一時, 在古罕聞. 變異之作, 諒非徒然, 事感
於下, 應猶影響. 昔宋仁宗時地震, 韓琦以爲
: "天, 陽也. 地, 陰也; 陽, 君象, 陰, 臣象,
君宜轉動, 臣宜安靜, 此, 女謁用事之應." 龐
籍以爲 : "政有差失, 人情有所壅蔽也."

그림 100
□15150921≡-s1027
진앙 : 금촌; 규모 : 2.4 / 3.3

中宗 10년(1515년) 10월 11일
경기 파주에 땅이 흔들리다
○京畿 坡州 地震.

中宗 11年(1516 年) 1月 20日(壬寅)
밤에 서울에 땅이 흔들리다
　○夜, 京師地震

中宗 11年(1516 年) 1月 21日(癸卯)
서울에 땅이 흔들리다
　○京師地震.

中宗 11년(1516년) 2월 30일(그림 101)
충청도 문의, 회인, 회덕 등 읍에 땅이
흔들리다
　○忠淸道 文義, 懷仁, 懷德 等邑 地震.

그림 101
□15160230≡-s401
진앙 : 문의; 규모 : 1.8 / 3.1

中宗 11년(1516년) 3월 13일
전라도 진안에 땅이 흔들리다
　○甲午 / 全羅道 鎭安縣 地震.

中宗 11년(1516년) 3월 15일(그림 102)
경상도 청송, 영해 등에 땅이 흔들리다
　○慶尙道 靑松, 寧海, 興海, 盈德, 淸河, 眞
寶 地震.

그림 102
□15160315≡-s0416
진앙 : 영덕; 규모 : 3.0 / 3.5
▷15250924

中宗 11년(1516년) 3월 16일
안의에 땅이 흔들리다
　○安陰縣 地震.

中宗 11년(1516년) 4월 27일
경상도 해변 각 고을에 땅이 흔들리다
　○慶尙道 沿海各邑 地震, 大風.

中宗 11년(1516년) 6월 27일(그림 103)
경기 수원, 인천, 이천, 용인, 양성에
땅이 흔들리다
　○京畿 水原, 仁川, 利川, 龍仁, 陽城 地震.

中宗 11년(1516년) 11월 16일
황해도 수안에 땅이 흔들리다
　○黃海道 遂安郡 地震.

中宗 11년(1516년) 11월 24일
경상도 흥해에 땅이 흔들리다
　○慶尙道 興海郡 地震.

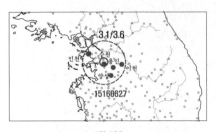

中宗 11년(1516년) 12월 4일
경상도 함안에 땅이 흔들리다
　○慶尙道 咸安郡 地震.

中宗 11년(1516년) 12월 11일
황해도 신천에 땅이 흔들리다
　○黃海道 信川郡 地震.

中宗 11년(1516년) 12월 20일
경상도 대구부에 땅이 흔들리다
　○慶尙道 大丘府 地震.

中宗 12년(1517년) 1월 4일
전라도 나주에 땅이 흔들리다
　○全羅道 羅州 地震.

中宗 12년(1517년) 4월 4일
전라도 익산에 땅이 흔들리다
　○全羅道 益山郡 地震.

中宗 12년(1517년) 4월 10일
경상도 함창, 용궁에 땅이 흔들리다
　○慶尙道 咸昌, 龍宮 地震.

中宗 12년(1517년) 5월 17일

충청도의 공주, 노성에 땅이 흔들리다
　○忠淸道 公州, 尼山 地震.

中宗 12년(1517년) 9월 16일
황해도 평산 등에 땅이 흔들리다
　○黃海道 平山, 載寧, 兎山 地震.

中宗 12년(1517년) 10월 1일
황해도 해주에 땅이 흔들리다
　○黃海道 海州 地震.

中宗 12년(1517년) 11월 14일
충청도 청주 등에 땅이 흔들리다
　○忠淸道 淸州, 燕岐, 文義 地震.

中宗 12년(1517년) 12월 13일
충청도 옥천에 땅이 흔들리다
　○忠淸道 沃川郡 地震, 聲如雷.

中宗 12년(1517년) 閏12월 10일
고성, 문의에 땅이 흔들리다
　○固城, 文義 地震.

中宗 13년(1518년) 3월 8일
경상도 흥해와 청하에 땅이 흔들리다
　○慶尙道 興海 及 靑河縣 地震.

□15180515≡-s0622 무인년지진
(그림 104, 105)

中宗 13년(1518년 戊寅) 5월 15일(癸丑)
유시에 세 차례 큰 땅이 흔들리다
　○酉時 地大震 凡三度, 其聲殷殷如怒雷,
人馬辟易, 墻屋壓頹, 城堞墜落, 都中之人
皆驚惶失色, 罔知攸爲, 終夜露宿, 不敢入

處其家. 故老皆以爲古所無也. 八道皆同.

十

中宗 13年(1518年) 5月 15日(癸丑)

지진에 대해 논의하다

○傳曰: "今玆地震, 實莫大之變. 予欲迎訪, 大臣, 侍從其召之." 政院請竝召禮官之長, 於是禮曹判書南袞等 先入侍.

上曰: "近者旱災已甚, 今又地震, 甚可驚焉. 災不虛生, 必有所召. 予暗昧, 罔知厥由."

南袞曰: "臣初聞之, 心神飛越, 久之乃定. 況上意驚懼, 固不可言. 近見慶尙, 忠淸二道書狀, 皆報以地震. 不意卽地震, 若此之甚. 竊觀古史, 漢時隴西地震, 萬餘人壓死, 常以爲大變. 今日之地震, 無奈亦有傾毀家舍乎? 夫地, 靜物, 不能守靜而震動, 爲變莫大焉. 自上卽位之後, 無遊佃, 土木, 聲色之失, 在下之承奉聖意, 亦皆盡心國事, 雖不可謂太平, 亦可謂少康, 而災變之來, 日深一日. 臣非博通, 未知致災之根本也."

上曰: "今日之變, 尤爲惕懼. 常恐用人失當, 而親政纔畢, 仍致大變. 且今日之親政, 又非如尋常之親政, 而致變如此, 尤爲惕懼者此也."

未幾, 地又大震如初, 殿宇掀振, 上之所御龍床, 如人以手或引或推而掀撼. 自初至此, 凡三震.

弘文館著作李忠楗曰: "近來災變, 連綿不絕. 地震古亦有矣, 豈有如今日者乎? 朝廷政事得失, 民間利害疾病, 固當講究, 如臣愚賤, 何知之有? 然紀綱若可以立, 而終未立焉者, 非自下民, 而蓋自大臣也. 以才行可用者取人事, 朝議已定, 上有成命. 大臣苟以爲不可行, 則當辨明其不可行者, 如不得已而行之, 則當速爲之可也. 而淹延于今,

略無奉行之意. 自上有命, 而大臣若此, 則況其下者乎? 臣意以爲, 紀綱未立, 蓋大臣自毀也."

上曰: "薦擧取人事, 初以爲當行, 而中間衆論有異, 未歸于一. 其後廷議已定, 然其節目磨鍊, 該曹, 政府當共議之, 觀近日大臣有故, 而該曹未議耳." 光弼曰: "時未磨鍊者, 蓋以臣獨在也. 且此事, 臣實不知其盡善也. 上心雖遠期唐, 虞之治, 法則當守先王之法. 若一切改更, 後必有弊. 所謂科擧者, 公心以取人, 故三代以下, 獨此法爲公平矣. 今若先料取其某與某而取之, 則此非公心而取之者, 臣實未知其可也."

上曰: "此非毀祖宗之法也. 一時薦進善人, 又試策問以取之, 非爲一定之規也. 若果有節目, 則此似立法矣. 不必更爲節目, 而只以薦擧試取何如? 若是則亦無規矩, 而非定法矣." 副應敎趙壽元曰: "薦擧取人, 此甚美意也. 且非一定其法, 而例爲擧行者也. 豈毀祖宗之法也?"

光弼折之曰: "何其言之若是乎? 此皆苟且之言也."

南袞曰: "臣等非不知薦擧試取之爲美事也. 但後世人心不古, 巧詐日生. 乃以公道設科取士, 然猶中間有猥濫之弊. 況望其薦擧之公乎? 此事所當重愼. 今日之災變甚大, 當思致災之由而日愼焉. 此必有兆朕於隱然之中, 而人莫之知也. 祖宗之法度, 守之堅如金石, 可也."

於是 右議政 安瑭 又來入侍, 進曰: "夫相位, 所與共治天職, 而如臣亦且冒處, 今日卽有大變, 恐由臣而致之也. 此未可知也. 臣之意如此, 如臣庸劣, 置之相位, 安能保其無災變乎?"

是時夜已二更, 大臣皆留門以出. 臺諫合司, 聚于光化門外, 請面對, 卽令留門以入. 大司憲高荊山, 大司諫孔瑞麟等入侍.

上曰: "今日地震, 非常之變, 初甚驚駭. 卽召大臣, 已親訪之, 聞臺諫合司以來, 欲聞闕失, 今乃召對耳."

荊山曰: "今日地震, 古老皆言: **'生來所未聞.'** 人皆慮其壓死, 不安于居. 有若是可驚者乎? 司中之意, 謂陰盛陽微, 則致此災變. 上意欲進君子退小人者亦極矣, 然抑恐小人之未盡去, 亦有潛藏禍心矣."

瑞麟曰: "聞近來亦有不平其心者. 今聖學高明, 向方已定, 固無得以乘其隙矣, 然人心終始如一者鮮, 若有絲毫間隙, 則浮言邪意, 易得以動搖. 況因此災變, 亦有欲搖動者. 請勿爲邪議所動焉."

+

中宗 13年(1518年) 5月 16日(甲寅)
병판 장순손과 호판 김극픽을 탄핵하고, 김정국이 문종 묘실 문제를 거론하다

○臺諫啓前事, 又啓曰: "兵曹判書張順孫事, 甚大. 不可以言傳啓, 故兩司合議, 略書其狀以進. 戶曹判書, 至重之任. 金克愊, 才器不合, 請遞之." 其論張順孫 箚子曰: 昨夕**京師地震**, 有聲如雷, 墻屋壓毁, 人畜群者凡五. 歷觀載籍, 陰道失寧, 未有若斯之甚者, 而其爲象, 則皆陰盛陽微之應也. 夫天下之理, 陰陽二氣而已. 此盛則彼衰, 彼盛則此衰, 理之常也. 撮其大者言之, 天運之消長, 世道之否泰, 君子, 小人之進退, 由斯焉已. 今者, 一陰之月. 陰之崩於地下者甚微, 而動於地上者已極. 國家禍亂, 其兆於此矣. 臣等 不勝寒心. 殿下自近年來, 知學之有本, 知道之可好, 知邪正進退之分,

知治道之必本於一, 孜孜講討, 日求高明之域, 銳意圖理, 褒善貶惡, 明示好惡. 此君子之所深願, 而小人之所深忌也. 其瑣瑣庸愚, 固不足數, 而包藏禍心, 媚嫉彦聖, 側目觀望, 欲肆其陰險狠戾之性者, 亦豈無人哉? 兵曹判書張順孫, 本以陰戾鄙夫, 位秩崇班, 已爲非據, 而尚不知懼, 牟利無厭, 忌人議已, 嫉惡士類, 不啻仇讎, 圖爲擠陷, 陰嗾多方, 欲以一網打盡. 此正柳子光故智, 而順孫亦祖是轍.

+

中宗 13년(1518 戊寅 13년) 5월 17일
신용개가 지진 등 재변으로 상차하다

○左議政申用漑上箚曰:

臣竊觀近歲, 戾氣傷和, 災(診)(沴)荐臻, 變見於陵廟, 異形於物怪, 雨(賜)(暘)燠寒, 風俱不順. 適今又京師 地震, 一日 三四作, 屋舍盡搖, 或有傾壞, 至頹城堞. 是何變異至此極耶? 地者, 陰也. 理宜安靜. 若陽伏而不能出, 陰迫陽, 使不得升, 於是有 地震. 夫陰勝陽, 不順其序, 其應必大, 可不懼哉? 古人云: "陰盛而反常, 則 地震." 其占, 爲臣强, 爲后妃專恣, 爲夷狄犯華, 爲小人道長, 爲寇至, 爲反臣. 又曰: "臣下强盛將動而爲害之應." 又曰: "臣事雖正, 專必震." 又曰: "地道 貴靜, 數震搖, 兵興, 民勞之象." 又曰: "民, 安士者也. 將大動行 地大震." 又曰: "地震以四月, 則五穀不熟, 人大饑; 以五月 則人流亡." 凡變異雖不可以某變爲某事之應, 然古人之言, 亦有理會, 或多應驗. 修省應天之實, 當盡心講究施措. 方今南北, 虜情艱保, 農務正急, 尤旱爲恖, 年饑民流, 兵興動衆, 爲可慮. 賢愚混進, 小人道長, 毁譽亂眞, 廉恥失維, 臣强而專, 后

家或忞, 爲可懼. 伏願殿下, 見影而正形, 弭
患於未萌, 誠心戒懼, 常如遇變之初. 凡祛
弊補闕, 次第擧行, 庶幾天譴可答, 咎懲可
休也. 臣因辭職待命, 病又未痊, 驚惕數日,
未詣闕庭, 猥廁燮調之任, 尸素失職, 罪譴
難逭, 伏據愚抱, 仰塵天聽.

+

中宗 13年(1518年) 5月 17日(乙卯)

조세건이 지진 상황을 보고하고, 윤구가 조계상을 탄핵하고, 경중과 황해도에 지진 발생

○忠淸道 觀察使 李世應 遣海美 縣監 曺世
健, 齎地震狀以聞, 傳曰: "監司 別遣守令
來啓者, 以其變異之甚, 予當親問, 其留門."
上乃面問地震之狀.

世健曰: "今五月 十五日 至酉時, 有聲如
雷, 自東始起, 人不自立, 四面城堞, 相繼頹
落, 牛馬皆驚仆, 水泉如沸, 山石亦有崩落.
監司 以爲莫大之變故, 令臣齎啓本以聞."

上曰: "禾穀不害耶?"

世健曰: "不害."

上曰: "人民不傷耶?"

世健曰: "不傷."

記事官尹儵曰: "朝廷上下, 無異心, 然後萬
民和, 而天地之和應矣. 今者如曺繼商者,
常懷險狠之心, 一朝因上心危懼之際, 欲排
陷君子, 而自濟其志. 幸賴聖鑑昭昭, 不能
行其奸術, 然其設心, 至爲凶狠, 故臺諫, 侍
從, 交相論啓, 而上不之允, 臣實未知其然
也. 繼商之心, 如是其甚, 臺諫, 侍從之言,
如是其切, 而自上所答之言, 如是其緩, 後
世以殿下爲何如也?"

○夜二鼓, 京中地震, 聲如微雷. 黃海道 地
震, 屋宇皆搖, 至六月 初八日 連震.

+

中宗 13年(1518年 戊寅) 5月 17日(乙卯)

지진으로 고사제를 행하다

○傳于政府曰: "今仍地震, 宗廟內 欄墻頹
敗, 神馭驚動. 今欲行告謝祭, 幷及文昭, 延
恩殿及各陵. 於大臣意何如?"

光弼等啓曰: 人君以宗廟爲重. 若遣官奉審
陵殿而有動搖頹落之處, 則亦可告謝矣.

傳曰: "可."

+

中宗 13年(1518年 戊寅) 12月 25日(庚寅)

성절사 방유령을 인견하고 중원의 일을 묻다

○聖節使方有寧, 還自京師, 上引見, 問中
原之事.

有寧曰: "臣去九月十二日, 到北京, 聞皇帝
去七月初九日, 自宣府幸大同, 九月自大同,
入偏頭關, 因向陝西楡林衛, 去京師約一千
五百餘里. 皇帝或爲田獵, 或爲微行, 或投宿
民家, 行止與凡人不分云. 又聞蘇州常熟縣,
本年五月十五日, 有白龍一, 黑龍二, 乘雲下
降, 口吐火焰, 雷電風雨大作, 捲去民居三百
餘家, 吸船十餘隻, 高上空中, 分碎墜地, 男
女驚死者五十餘口云, 然未可信也."

上曰: "中原亦有地震之變否."

有寧曰: "中原亦有地震, 而其震與我國同
日也."

+

中宗 14年(1519年 己卯) 12月 14日(甲戌)

(高) 荊山曰: "去年地震之後, 旱乾, 霜雹之
災, 連疊有之. 大抵人心和平, 然後天地之
和亦應矣. (趙)光祖等在朝之時, 人心不和,
故災變由彼. 臣恐今之災變, 亦由於人心之
危懼矣."

+

中宗 15年(1520年 庚辰) 1月 16日(乙巳)

(徐)厚曰：“上旣定罪彼輩, 而猶恐其間, 或有冤枉, 上意至當. 然彼輩之罪, 旣與大臣, 臺諫議定, 今不可還放. 災變則前日亦有之, 戊寅年卜相之日, 四方地震, 其時自以爲治平無事, 而災變如此.”

+

中宗 37年(1542年 壬寅) 8月 19日(丙申)

대간의 체직·지진·시신의 서울 입성·표류인의 문제를 논의하다

(尹)殷輔曰：“言地震而引戊寅地震之變者, 欲其上下交修不逮, 以弭其災, 而下議囂囂, 是不信上之言也. 君臣之間, 情意不孚, 以至於此.”

+

正德 戊寅 五月 望日(1518년 5월 15일), 忽**地震**, 有聲如雷, 大地動躍, 殿屋掀蕩, 如小舸隨風浪上下, 若將顚覆, 人馬驚仆, 因之氣絶者多, 城屋頹壓, 瓮盎駢列者, 相觸破碎, 不可勝數, 或止或作, 終夜不輟, 人皆散出虛庭, 以避傾壓, 自是其勢漸殺, 而無日不震, 竟月始止, 八路皆然. 前古罕有之異也.(金安老撰『龍泉談寂記』)

+

☐C15180515

五月 癸丑, 遼東地震(明 武宗實錄 卷162; 正德 十三年)

∥

中宗 13年(1518년) 5월 20일

○是日 夜, 京師地震.

∥

中宗 13年(1518년) 5월 21일

경사에 지진 나고 태백성이 낮에 나타

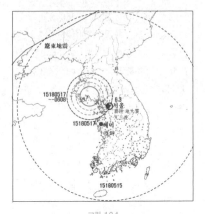

그림 104
☐15180515a≡-s622
진앙 : 서울, 규모 : 6.3 / 6.5(x)
☐15180517~-0608 / 여진, 진앙 : 황해도

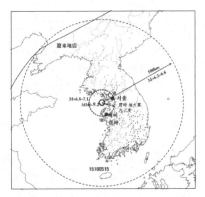

그림 105
☐15180515b≡-s622
진앙 : 덕적도, 규모 : > 6.2 / 6.8~7.7

나고, 개성부에 땅이 흔들리다

○京師 地震. 太白晝見. 開城府 地震.

∥

中宗 13年(1518년) 5월 30일

경기에 땅이 흔들리다

○京畿 地震518년) 7월 24일

전라도 진산에 땅이 흔들리다

○全羅道 珍山郡 地震.

中宗 13년(1518년) 8월 1일
황해도 옹진, 강령 등에 땅이 흔들리다
○黃海道 瓮津, 康翎 等縣 地震.
▷15180515 무인년지진의 여진
‖
中宗 13년(1518년) 8월 7일
황해도 해주에 지진이 나 집채들이 흔
들리다
○黃海道 海州 地震, 屋宇掀動.
▷15180515 무인년지진의 여진

中宗 13년(1518년) 8월 11일
경상도 곤양, 사천 등 고을에 땅이 흔
들리다
○慶尙道 昆陽, 泗川 等官 地震.

中宗 13년(1518년) 9월 6일 (그림 106)
서울과 경기의 강화와 개성부에 땅이
흔들리다
○京城 地震. 京畿 江華, 開城府亦震.
+
中宗 13년(1518년) 9월 7일
경기의 김포, 양천, 교동에 땅이 흔들
리다
○甲辰 / 京畿 金浦, 陽川, 江華, 喬桐 地震.

中宗 13년(1518년) 10월 10일 (그림 107)
평안도 정주, 박천, 가산, 태천에 땅이
흔들리다
○平安道 定州, 博川, 嘉山, 泰川 地震.

中宗 13年(1518年 戊寅) 12月 25日(庚寅)

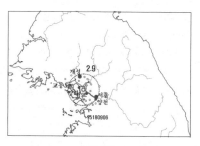

그림 106
□15180906≡-s1010
진앙: 통진; 규모: 2.9 / 3.5
▷15186515 무인지진의 여진

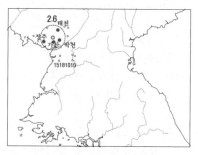

그림 107
□15181010≡-s1112
진앙: 가산; 규모: 2.6 / 3.3

성절사 방유령을 인견하고 중원의 일
을 묻다
○聖節使方有寧, 還自京師, 上引見, 問中
原之事. 有寧曰: "臣去九月十二日, 到北
京, 聞皇帝去七月初九日, 自宣府幸大同,
九月自大同, 入偏頭關, 因向陝西楡林衛,
去京師約一千五百餘里. 皇帝或爲田獵, 或
爲微行, 或投宿民家, 行止與凡人不分云.
又聞蘇州常熟縣, 本年五月十五日, 有白龍
一, 黑龍二, 乘雲下降, 口吐火焰, 雷電風雨
大作, 捲去民居三百餘家, 吸船十餘隻, 高
上空中, 分碎墜地, 男女驚死者五十餘口云,
然未可信也. 上曰: "中原亦有地震之變否."

有寧曰："中原亦有地震, 而其震與我國同日也."上曰："奏請使之奇何如? 有寧曰："奏請使初到上國, 呈奏本于禮部, 則郎中鄭元, 對之邈然, 郎中姜龍, 接之和裕. 翌日禮部得『客部條例』於人家, 具載我國之事, 尙書毛澄 以爲此書, 雖出私藏, 頗有可信. 南袞等上書于禮部, 尙書見之稱善, 十月初十日, 太監齎副本, 向行在所. 若皇帝猶在楡林, 而不更深入, 則庶幾易得奉聖旨而還, 今月二十日間發程, 而正月可入來矣. 但皇帝行在遠近, 未可必也."上曰："皇帝還期, 其處人知之乎?" 有寧曰："亦不知."

中宗 13년(1518년) 10월 12일
경상도 풍기, 예안에 땅이 흔들리다
○慶尙道 豊基, 禮安 地震.

中宗 13년(1518년) 10월 21일
경기 교동도, 황해도 황주, 강령에 땅이 흔들리다
○京畿 喬桐, 黃海道 黃州, 康翎 等邑 地震.

中宗 13년(1518년) 10월 30일
황해도 해주, 강령, 옹진에 땅이 흔들리다
○黃海道 海州, 康翎, 瓮津 等邑 地震

中宗 13년(1518년) 11월 1일
전라도 나주 등 34개 고을에 땅이 흔들리다
○全羅道 羅州 等 三十四邑 地震

中宗 13년(1518년) 11월 15일(그림 108)
경상도 김해, 함안, 초계, 함양 등에 지진이 나 집채들이 흔들리다
○慶尙道 金海, 咸安, 草溪, 咸陽, 固城, 鎭海, 漆原, 宜寧, 昌寧, 玄風, 山陰, 居昌 等邑 地震, 聲如微雷, 屋宇搖撼.

그림 108
□15181115≡-s1217
진앙 : 의령 ; 규모 : 3.4 / 3.7

中宗 13년(1518년) 11월 18일
경상도 칠원에 땅이 흔들리다
○慶尙道 漆原縣 地震.

中宗 13년(1518 년) 11월 19일
전라도 전주 등 31개 고을에 땅이 흔들리다
○全羅道 全州 等 三十一邑 地震.

中宗 13년(1518년) 11월 22일
전라도 남원, 남평, 곡성 등 읍에 땅이 흔들리다
○全羅道 珍原, 南平, 谷城 等邑 地震.

中宗 13년(1518년) 12월 1일
전라도 임피에 땅이 흔들리다
○全羅道 臨陂縣 地震.

中宗 13년(1518년) 12월 2일(그림 109)
충청도 여러 지역에 땅이 흔들렸는데
천둥치는 듯하였다

○忠淸道 保寧, 石城, 恩津, 尼山, 公州, 定
山, 鎭岑, 沃川 等邑 地震, 有聲如雷, 屋宇
振撼

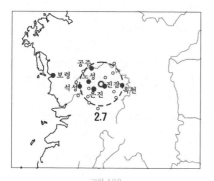

그림 109
□15181202≡-s0102
진앙 : 진잠; 규모 : 2.7 / 3.4

中宗 13년(1518년) 12월 16일(그림 110)
경상도 사천, 곤양, 남해 등에 땅이 흔
들리다

○慶尙道 泗川, 昆陽, 南海, 居昌 等邑 地
震, 有聲如雷.

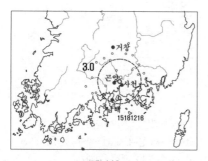

그림 110
□15181216≡-s0116
진앙 : 진주; 규모 : 3.0 / 3.5

中宗 14년(1519년) 1월 20일
경상도 대구부에 땅이 흔들리다
○慶尙道 大丘府 地震.

中宗 14년(1519년) 2월 10일
황해도 옹진과 전라도 옥구에 땅이 흔
들리다
○黃海道 瓮津, 全羅道 沃溝縣 地震.

中宗 14년(1519년) 3월 3일
전라도에 땅이 흔들리다
○全羅道 地震

中宗 14년(1519년) 3월 10일
평안도에 땅이 흔들리다
○癸卯 / 平安道 地震.

中宗 14년(1519년) 4월 1일
황해도 해주에 땅이 흔들리다
○黃海道 海州 地震.

中宗 14년(1519년) 4월 6일
황해도 옹진에 땅이 흔들리다
○黃海道 瓮津縣 地震.

中宗 14년(1519년) 4월 9일
경기에 땅이 흔들리다
○京畿 地震.

中宗 14년(1519년) 4월 14일
전라도 금산 등 4읍에 땅이 흔들리다
○丁丑 / 全羅道 錦山 等 四邑 地震.

中宗 14년(1519년) 4월 14일

충청도 진잠에 땅이 흔들리다
　○忠淸道 鎭岑縣 地震.

中宗 14년(1519년) 4월 14일
황해도 강령, 옹진에 땅이 흔들리다
　○黃海道 康翎, 瓮津縣 地震.

中宗 14년(1519년) 6월 4일
전라도 광주 등 열여덟 고을에 땅이 흔
들리다
　○全羅道 光州 等 十八邑 地震.

中宗 14년(1519년) 6월 5일(그림 111)
충청도 정산, 연산, 연기, 진잠, 회덕에
땅이 흔들리다
　○忠淸道 定山, 連山, 燕歧, 鎭岑, 懷德 地
震, 屋宇搖撼.

그림 111
□15190605≡-s0701
진앙 : 계룡산; 규모 : 2.5 / 3.3

中宗 14년(1519년) 8월 9일
전라도 진산 등에 땅이 흔들리고, 황해
도 여러 고을과 송화에 큰 바람과 비가
일다
　○全羅道 珍山, 錦山, 龍潭 地震;
黃海道 海州 等 十二邑, 大風雨, 傷禾; 松
禾縣, 山崩岸頹, 野鳥多死.

中宗 14년(1519년) 9월 13일
함경도 안변부에 땅이 흔들리다
　○咸鏡道 安邊府 地震

中宗 14년(1519년) 9월 23일(그림 112)
충청도 충주, 괴산, 연풍 등에 땅이 흔
들리다
　○甲寅 / 忠淸道 忠州, 槐山, 延豊 等邑 地
震, 屋宇皆鳴.

그림 112
□15190923≡-s1016
진앙 : 수안보; 규모 : 2.4 / 3.3

中宗 14년(1519년) 10월 6일(그림 113)
전라도 곡성과 금산 등에 천둥, 지진
이, 고흥에는 매화가 피다
　○全羅道 谷城縣雷; 錦山, 龍潭, 鎭安, 戊
朱, 長水 等邑 地震; 興陽縣梅花開.

바람에도 흔들리는 땅

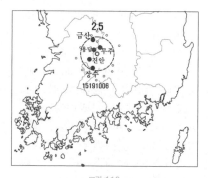

그림 113
□15191006≡-s1028
진앙 : 안천; 규모 : 2.5 / 3.3

中宗 14년(1519년) 10월 14일
강원도 평창에 땅이 흔들리다
○江原道 平昌縣 地震, 人家搖動, 野雉驚鳴.

中宗 14년(1519년) 10월 19일
충청도 공주의 회덕에 땅이 흔들리다
○忠淸道 公州, 懷德縣 地震.

中宗 14년(1519년) 11월 1일(그림 114)
경상도 진주, 곤양, 하동 등에 땅이 흔
들리다
○慶尙道 晋州, 昆陽, 河東, 泗川 等邑 地震.

그림 114
□15191101≡-s1122
진앙 : 서포; 규모 : 2.7 / 3.4

中宗 14년(1519년) 11월 5일
경상도 경산에 땅이 흔들리다
○慶尙道 慶山縣 地震.

中宗 14년(1519년) 11월 11일
경상도 대구, 경산 등에 땅이 흔들리다
○慶尙道 大丘, 慶山 等處 地震.

中宗 14년(1519년) 11월 19일
강원도 회양에 땅이 흔들리다
○江原道 淮陽 地震, 聲如雷, 窓壁皆動.

中宗 14년(1519년) 11월 25일
구례에 땅이 흔들리다
○求禮縣 地震.

中宗 14년(1519년) 11월 25일
보은에 지진이 나 집채들이 흔들리다
○報恩縣 地震, 屋宇振動.

中宗 14년(1519년) 11월 29일
사정전에 나가 전라도의 일변에 대해
이르니 정광필 등이 그 까닭을 아뢰다
○上御思政殿, 迎訪領議政鄭光弼, 左議政
安瑭, 右議政金詮, 吏曹判書南袞, 兵曹判
書李長坤, 參贊李惟淸, 副提學李思鈞, 大
司諫李薲, 執義柳灌 等. 上曰: "今全羅道
有非常之變, 故迎訪耳. 左右各言厥由." 光
弼曰: "近來災變之發, 非特此也. 地震屢
作, 近古所未有. 今此一變, 則虹蜺干於太
陽. 古皆以爲凶象, 或叛亂危亡之兆. 以邪
害正, 妾婦乘其夫, 夷狄侵中國, 其應如此,
可不惕念乎? 災變雖不可指一事言之, 然近
日 朝廷, 欲矯弊習, 事出不得已, 而天之應

驗如此." 安瑭曰:"天變之事, 雖不可指以
爲某應也. 自前年五月 以後 地震, 雨雹, 或
太白晝見. 朝政有失耶? 或兵象耶? 上每自
惕慮, 凡事光明正大而爲之. 至於近日之事,
人皆畏之, 不得進言, 極可畏也."

中宗 15년(1520년) 1월 29일
경상도 창녕에 땅이 흔들리다
○慶尙道 昌寧縣 地震.

中宗 15년(1520 庚辰 15년) 2월 4일
충청도 청풍에 땅이 흔들리다
○忠淸道 淸風郡 地震.

中宗 15년(1520 庚辰 15년) 2월 10일
황해도 곡산에 땅이 흔들리다
○黃海道 谷山郡 地震.

중종 15년(1520 경진15년) 2월 20일(기묘)
○是夜, 東方天際, 有物如鵝卵, 與月 相先
後. 三更 地震.
이날 밤 동쪽 하늘에 거위 알 같은 물
체가 달과 함께 앞서거니 뒤서거니 하
였으며, 3경更에는 지진地震이 있었다.

中宗 15년(1520년) 2월 25일
경상도 성주에 땅이 흔들리다
○慶尙道 星州 地震.

中宗 15년(1520년) 3월 7일
경상도 창원 등에 땅이 흔들리다
○慶尙道 昌原 等 七邑 地震

中宗 15年(1520년) 3月 11日(己亥)

남곤 등이 문근의 일과 재변을 경계하
는 일 등을 아뢰다
○御朝講. 大司諫徐祉, 掌令蔡忱論前事.
領事南袞曰:"臺諫所啓文瑾之事, 臣不細知
矣, 若眞有奔走之事, 則得罪物論宜也. 有如
此議論而後, 是非定矣, 臺諫必熟計而論啓.
其時年少之人, 以趨附罷棄者多矣, 其間亦
有輕重. 如此之人, 皆欲罷之不可也. 大抵士
大夫, 罷職爲輕, 而得罪於物議爲大. 今物議
如此, 則雖不罷職, 朝廷皆已知其非也. 古云
:'有恥且格.' 只可以此, 革其非心, 不必罷
之也." 參贊官尹殷弼曰:"近日 非常之災甚
多, 全羅道谷城之災, 日 中有黑光相盪, 又
星月 上下, 有相戰之狀, 戌時又有火光照物,
村廬可數, 又有地震. 此災異之中, 尤甚者
也. 至爲驚駭. 其應未可知也. 漢時有正月
一日之內, 地三震, 以此爲非常之災, 書之史
冊矣. 今則地震日 變, 皆以爲常事, 甚爲驚
愕也." 上曰:"谷城災變, 至爲可懼." 袞曰:
"前日 問日 官, 近日之變, 外方見之, 而汝
等 何不見乎? 其人曰:'木星與月 同道, 故
如是云.'大抵天上之事, 日 官察而卽啓可
也. 古者六鷁退飛, 微物皆書, 而況大陽中,
靑黑光相盪 及 星月之變乎? 人人皆見, 而
日 官不詳察之, 論罪可也." 上曰:"如地震,
則處處皆異, 而日 變星月之災, 則中外豈
異? 此不察之故也. 且正朝使先來通事云:
'皇帝幸南京已久, 而至今不返.'然則中原
之事可知. 幸有變故, 則西方可虞. 今兩界備
禦之事, 至爲虛踈, 甚可慮也

中宗 15년(1520년) 3월 16일
강원도 회양, 양구에 땅이 흔들리다
○江原道 淮陽, 楊口 地震

中宗 15년(1520년) 3월 17일(그림 115)
서울 및 경기의 양주 등에 땅이 흔들리다
○京城 及 京畿 楊州, 富平, 仁川, 金浦, 陽
川, 通津, 喬桐, 忠淸道 沔川 地震
+
中宗 15년(1520년) 3월 17일(그림 115)
황해도 신천 등에 땅이 흔들리다
○黃海道 信川, 載寧, 康翎, 鳳山, 延安, 安
岳, 瓮津 等邑 地震, 聲如微雷, 屋宇搖撼.

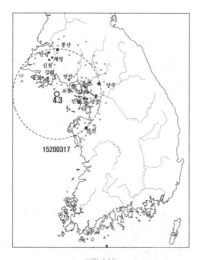

그림 115
□15200317≡-s404
진앙 : 경기만 : 규모 : 4.3 / 4.3

中宗 15年(1520년) 3月 18日(丙午)
북방 방비와 세자의 관례에 관해 논의
하다
○殿講肄習吏文, 漢語文臣. 上曰: "近來
災異疊生, 不知厥咎所由也." 左議政南袞曰
: "二三年之間 地震連作不止, 且有陰氣,
屢干大陽. 天之示變, 非偶然也. 丁寧警告,
如此其數. 變不虛生, 臣不知其所由也." 兵
曹判書高荊山曰: "近來災異, 非徒地震而

已, 日 月 星辰之變, 連作不弭, 此必有兵釁
之兆也. 在人事, 雖別無闕失, 邊備之解弛,
無如此時之甚也. 若西北有變, 何能禦之?"
戶曹判書韓世桓曰: "非徒日 月 星辰之變,
牛馬之災, 亦間見迭出, 必有冤氣所感召者
矣, 若至誠講求, 則有弭災之道也." 禮曹判
書申鏛曰: "虹蜺之犯大陽, 在近可見, 遠則
不見, 此變不可歸之中國也. 上下所當憂懼
交修者." 上曰: "災變如此其甚者, 必人事
多有未盡而然也." 荊山曰: "如閭延, 茂昌
處置之事, 不得已合氷後探審矣. 若然則西
北邊各鎭, 亦當先爲緊密守備." 上曰: "閭
延, 武昌所居野人, 不可不逐, 然逐之則必
構邊釁. 防備諸事, 當先措置." 領中樞府事
鄭光弼曰: "今也非徒武備解弛, 儲峙亦且
不饒, 此最爲急." 荊山曰: "彼人之所以樂
於來居者, 以我地爲便於畋獵, 耕種, 故其
來居已久, 而我軍亦不深入探審

中宗 15년(1520년) 3월 19일
강원도 화천에 땅이 흔들리다
○江原道 狼川 地震.

中宗 15년(1520년) 3월 22일
황해도 안악에 흙비가 내리고 곡산 등
에 우박이 내리다
○黃海道 安岳雨土; 谷山 等 八邑 雨雹; 慶
尙道 聞慶, 江原道 橫城 地震.

中宗 15년(1520년) 3월 23일
충청도 연풍 등에 땅이 흔들리다
○忠淸道 延豊, 稷山 地震.

□15200408≡-s0424

中宗 15년(1520년) 4월 8일(그림 116)
경기 인천, 남양 등에 땅이 흔들리다
○京畿 仁川, 南陽, 江華, 富平, 陽川, 金浦, 衿川, 忠淸道 沔川 地震.

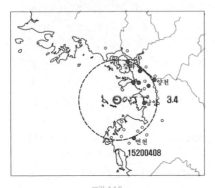

그림 116
□ 15200408
진앙 : 자월도; 규모 : 3.4 / 3.7

中宗 15년(1520년) 6월 3일
경상도 상주, 고성, 진해에 땅이 흔들리다
○慶尙道 尙州, 固城, 鎭海 地震.

中宗 15년(1520년) 7월 7일
경상도 현풍에 땅이 흔들리다
○癸巳 / 慶尙道 玄風縣 地震.

中宗 15년(1520년) 9월 21일
경상도 지례에 땅이 흔들리다
○慶尙道 知禮縣 地震.

中宗 15년(1520년) 10월 27일
전라도 강진, 장흥에 땅이 흔들리고 구례에는 천둥이 있다
○全羅道 康津, 長興 地震; 求禮縣雷.

中宗 15년(1520년) 10월 28일
전라도 나주, 광주 등 6읍에 땅이 흔들리고 부안 등 8읍에는 천둥이 있다
○壬子 / 全羅道 羅州, 光州 等 六邑 地震; 務安 等 八邑 雷.

中宗 15년(1520년) 11월 19일
경상도의 청송, 진보, 예안 등에 땅이 흔들리다
○慶尙道 靑松, 眞寶, 禮安 等邑 地震.

中宗 15년(1520년) 12월 2일(그림 117)
전라도 능성, 남평, 화순, 광주 등에 지진과 뇌동이 있다
○全羅道 綾城, 南平, 和順, 昌平, 光州, 潭陽, 長興, 康津, 海南, 同福 等邑 地震, 雷動.

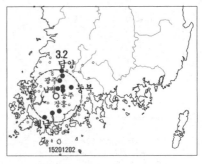

그림 117
□ 15201202 ≡ -s0110
진앙 : 다도; 규모 : 3.2 / 3.6

中宗 15년(1520년) 12월 12일
전라도 광주 등에 땅이 흔들리다
○全羅道 光州 等官 地震.

中宗 15년(1520년) 12월 16일
평안도 증산, 함종, 용강, 평양 등에 지진 나다

○平安道 甑山, 咸從, 龍岡, 平壤 等邑 地震.

中宗 15년(1520년) 12월 18일
경상도 남해, 하동, 진주 등에 땅이 흔들리다

○慶尙道 南海, 河東, 晋州 等邑 地震.

中宗 15년(1520년) 12월 22일
강원도 양양, 간성에 땅이 흔들리다

○江原道 襄陽, 杆城 地震, 屋宇搖動.

中宗 15年(1520 年) 12月 22日(丙午)
정원에서 땅이 흔들리다고 아뢰지 않은 관상감을 추고하기를 청하다

○黃海道觀察使以今月 十六日 戌時地震, 狀啓: 政院啓曰: "是日 戌時, 京中亦地震, 有聞之者, 有不聞者. 觀象監不啓, 請推考." 傳曰: "地震, 非尋常災異也. 近年以來, 常常有之, 至爲驚懼. 但其震時, 或聞, 或不聞, 推考觀象監, 似不當也."

中宗 16년(1521년) 1월 8일(그림 118)
전라도 전주, 여산, 용담, 김제, 금산 등에 땅이 흔들리다

○辛酉 / 全羅道 全州, 礪山, 龍潭, 金堤, 錦山, 珍山, 高山, 咸悅, 金溝, 忠淸道 鎭岑, 連山 地震.

中宗 16年(1521年) 1月 13日(丙寅)
서울에 땅이 흔들리다

○京師地震.

中宗 16년(1521년) 1월 19일
경상도 현풍에 땅이 흔들리다

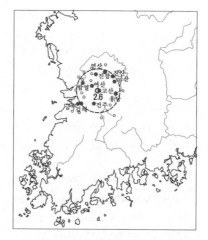

그림 118
□15210108≡-s214
진앙: 고산; 규모 : 2.6 / 3.3

○慶尙道 玄風縣 地震.

中宗 16년(1521년) 3월 10일
경기와 황해도 해주에도 땅이 흔들리다

○京畿 地震, 黃海道 海州 地震.

中宗 16年(1521年) 3月 11日(癸亥)
잇단 재변이 야기된 까닭과 관련해 형조의 죄수 상황 등 여러 일들을 논하다

○癸亥 / 御朝講. 上曰: "日 有兩珥, 京師地震, 變異莫大, 上下宜爲恐懼修省." 領事李惟淸曰: "自上豈有可召之愆? 在下疑有所召之過也. 然不可的指爲某徵. 今天使之來, 民間分定之物甚多. 雖非橫斂之事, 近來, 年年凶荒, 民豈無怨?" 大司諫趙邦彦曰: "災變之作, 雖不知某事所召, 近來, 疊見不已, 豈無所召? 臣未知將何道, 而能弭也. 避殿, 減膳, 求言, 雖似文具, 不得不爾." 上曰: "近來, 災變連係, 竊恐人心, 視以爲尋

常也. 其所致之由, 則未可知, 近見刑曹
囚徒, 被囚者甚多. 久在縲紲之中, 豈無冤
悶之未伸者乎? 獄官之不能速斷, 必以往復
參詳也. 然其間輕, 疑者, 則速斷可也."

中宗 16年(1521年) 3月 22日(甲戌)
의정부, 육조, 한성부 등과 재변이 나 다게 된 이유와 없애는 방도 등에 관해 논하다
○傳曰: "議政府, 六曹, 漢城府, 弘文館,
臺諫, 可入侍, 而其餘不須入也." 上御思政
殿, 左議政南袞, 左參贊柳聃年, 大司憲洪
淑, 禮曹參判曺繼商, 吏曹參判金謹思, 兵
曹參判方有寧, 工曹參判韓效元, 戶曹參議
朴好謙, 漢城府右尹柳湄, 刑曹參議金硡,
大司諫趙邦彦, 左副承旨金希壽, 執義尹仁
鏡, 應敎蔡忱, 注書姜顯, 弘文正字趙宗慶,
檢閱李元徽, 金就精等 入侍. 上謂左右曰:
"昨日 雷動, 則已知之, 雨雹, 觀象監不啓,
故不得知之. 今臺諫以爲: '當求弭災之道.'
故引見卿等耳." 南袞曰: "昨日, 臣, 但見
天氣昏黑, 雷鳴而已, 不知雨雹, 今日 到此,
始聞雹災之異常也. 近來 地震, 雨雹, 日珥
連續, 而今日 乃立夏. 昨日之雹, 是爲大變,
必有致之之由. 臺諫之欲停啓覆者, 警惕之
意也. 然非徒以啓覆之停, 答天譴也. 弭災
之道, 當更究也." 洪淑曰: "昨日之雹, 甚
異於常. 臣親見之, 大如榛子. 大抵, 災異頻
見於京師, 君臣上下, 宜加警惕也. 且雹, 乃
戾氣也. 而夏逼輒降, 必有致之之由, 無乃
上有恣尤, 民多冤悶而然耶? 百職闕失, 民
間疾苦, 常欲聞見, 而未得, 然一人之冤, 足
以感召天變. 今以山臺之事, 外方之人久留
京師, 冤悶之狀, 口不可言. 事將就完, 汰去

其數何如?" 上曰: "變不虛生, 必有所召, 上
下宜爲恐懼修省也. 山臺諸事, 乃有司所當
處之. 然水軍 及 呈才人來京者, 過多云, 故
亦令減汰其數矣." 韓效元曰: "近來, 災變
連年不絶, 今月之內, 旣雹於望日, 又作於
昨日, 杏子皆墜, 害穀可知. 自上遇災修省
之誠

中宗 16년(1521년) 6월 4일
평안도 순안, 자산에 땅이 흔들리다
○平安道 順安, 慈山 地震.

中宗 16년(1521년) 8월 4일(그림 119)
서울과 경기의 파주, 평안도 평양, 황 해도 해주 등에 땅이 흔들리다
○京城 及 京畿 坡州 豊德, 平安道 平壤,
中和, 江西, 甑山, 咸從, 永柔, 黃海道 黃
州, 海州, 安岳, 鳳山, 豊川 地震.

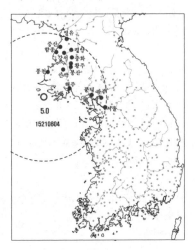

그림 119
□15210804≡-s904
진앙: 소청도; 규모: 5.0 / 4.8

中宗 16년(1521년) 8월 16일(그림 120)
황해도의 송화, 은율, 장연에 땅이 흔들리다
○黃海道 松禾, 殷栗, 長淵 地震
+
中宗 16년(1521년) 8월 17일(그림 120)
황해도 안악, 풍천, 장련에 땅이 흔들리다
○黃海道 安岳, 豊川, 長連 地震.

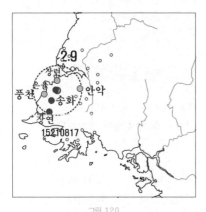

그림 120
□15210816≡-s916
진앙 : 은율, 규모 : 2.9 / 3.5
▷15210804≡-s904 지진의 여진(?)

中宗 16년(1521년) 8월 24일(그림 121)
경상도 경주, 기장 등에 땅이 흔들리다
○慶尙道 慶州, 機張, 東萊, 蔚山, 延日 地震.

中宗 16년(1521년) 9월 13일
강원도 양양, 간성에 땅이 흔들리다
○江原道 襄陽, 杆城 地震.

中宗 16년(1521년) 11월 10일
강원도에 땅이 흔들리다
○江原道 襄陽, 江陵 地震.

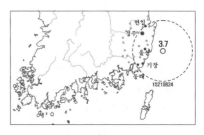

그림 121
□15210824≡-s924
진앙 : 울산E; 규모 : 3.7 / 3.9

中宗 16年(1521年) 11月 11日(己未)
서울에 땅이 흔들리다
○夜, 京師地震.

中宗 16년(1521 辛巳 16년) 12월 15일
경상도에 뇌성과 땅이 흔들리다
○慶尙道 草溪, 寧山, 昌寧, 彦陽, 蔚山, 熊川, 金海, 玄風, 興海雷動, 金海, 熊川 地震.

中宗 16년(1521년) 12월 16일
황해도 해주에 땅이 흔들리다
○黃海道 海州 地震.

中宗 16년(1521년) 12월 18일
경상도에 땅이 흔들리다
○慶尙道 晉州, 泗川, 昆陽 地震.

中宗 16년(1521년) 12월 22일
전라도에 뇌성 번개, 강원도에 땅이 흔들리다
○全羅道 長城, 光州, 南平, 樂安, 南原, 羅州, 潭陽, 珍原, 和順, 海南, 大風雨, 雷電. 江原道 杆城, 襄陽 地震, 屋宇振撼.

中宗 17년(1522년) 1월 1일

평안도에 땅이 흔들리다
　○平安道 安州, 嘉山 地震.

中宗 17년(1522년) 3월 15일
황해도에 땅이 흔들리다
　○黃海道 長淵, 安岳, 文化 地震.

中宗 17년(1522년) 3월 26일(그림 122)
충청도에 땅이 흔들리다
　○忠淸道 泰安郡 地震, 有聲如雷, 屋宇皆
動. 海美, 沔川, 瑞山, 唐津, 德山 亦微震.

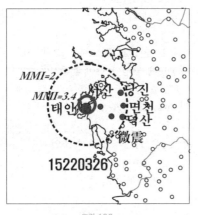

그림 122
□15220326＝-s422
진앙 : 태안: 규모 : 2.9 / 3.6

中宗 17년(1522년) 7월 24일
충청도 보은과 회인에 땅이 흔들리다
　○忠淸道 報恩, 懷仁 地震.

中宗 17년(1522년) 8월 13일(그림 123)
충청도 일대에 땅이 흔들리다
　○丙戌 / 忠淸道 淸州, 公州, 懷德, 懷仁,
靑山, 沃川, 報恩 地震, 燕岐, 文義 地震, 有
聲如雷, 屋瓦振搖.

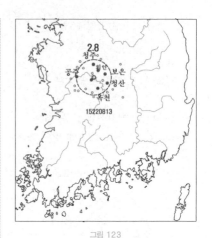

그림 123
□15220813≡-s902
진앙 : 신탄진; 규모 : 2.8 / 3.4

中宗 17년(1522년) 9월 5일
강원도 삼척에 땅이 흔들리다
　○江原道 三陟 地震.

中宗 17년(1522년) 12월 25일
경기 가평에 땅이 흔들리다
　○京畿 加平郡 地震.

中宗 18년(1523년) 1월 3일
충청도 보은에 땅이 흔들리다
　○忠淸道 報恩縣 地震, 屋宇搖撼.

中宗 18년(1523년) 1월 12일
경상도 의흥, 의성에 땅이 흔들리다
　○慶尙道 義興, 義城 地震.

中宗 18년(1523년) 1월 21일
황해도 해주, 강령에 땅이 흔들리다
　○黃海道 海州, 康翎 地震.

中宗 18년(1523년) 2월 4일(그림 124)
경기도와 황해도에 땅이 흔들리다
○京畿 地震, 黃海道 安岳, 信川, 瓮津, 松禾, 康翎, 長連, 牛峰, 長淵 地震, 屋宇搖動.

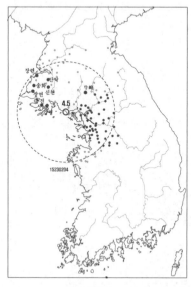

그림 124
□15230204≡-s218
진앙: 연안; 규모: 4.5 / 4.4

中宗 18年(1523年) 2月 28日(己亥)
의정부 좌찬성 이계맹의 졸기
○議政府左贊成李繼孟卒, 諡文平. (史臣曰: "繼孟, 明好惡, 辨是非, 君子人也. 而陽爲趺宕, 有玩世之志. 戊寅年夏, 京中地震, 墙屋傾頹, 人莫不驚惑. 臺諫上箚以爲: '小人在位, 則必有非常之變. 今日之變, 張順孫致之也.'時繼孟爲贊成, 其家短墙, 亦爲地震所壓. 有客至, 繼孟指之曰: "張順孫毀我墙矣."

中宗 18년(1523년) 3월 6일

강원도 금화에 땅이 흔들리다
○江原道 金化縣 地震.

中宗 18年(1523년) 閏4月 25日(乙丑)
영의정 남곤, 좌의정 이유청이 어제의 재변을 이유로 체직하여 주기를 청하다
○乙丑 / 領議政南袞, 左議政李惟淸啓曰: "昨日 災變, 至爲驚愕. 雨雹之沴, 雖在三月, 猶視乖氣所致, 況今聞四月, 乃古之五月, 正是盛陽之時, 尤不當有如此之變也. 近來, 外方雨雹書狀來者, 非一二處, 而自上非偶然驚懼, 臣等 亦豈安心? 請遞臣等職, 以答天譴, 擇差其人, 用咸和萬物." 傳曰: "遇災變驚懼之意, 前已言之. 純陽之月, 京外雨雹, 變豈虛生? 予甚惶懼, 此非卿等之失, 必是否德所致也. 災變之作, 雖不可指言某事之應, 然天, 人一理, 人事失於下則天變應於上, 故古云: '一婦之冤, 六月 飛霜.' 京外冤悶之民, 感傷和氣者, 不知其幾何. 中外官吏不職之事, 法司時方糾察也. 決刑獄等 事, 訟官亦勤勤坐司, 以解蒼生之冤可也. 予觀戊寅之地震, 陰盛之災也, 後有己卯士林之變. 由是觀之, 災不虛生, 昭昭可知上下豈不恐懼乎? 更加交修, 以答天心可也. 且遇災變, 策免三公, 自古爲非, 勿辭. 近來, 罪人亡命者成風, 亦有發送配所, 而中途逃躱者, 予甚痛心. 昨觀禁府公事, 獐島興販人金仁等 乃於中道, 打了押去人, 奪公文逃去, 至爲過甚. 已諭八道 及 開城府, 期於必獲, 而欲痛治也. 向者, 金德純

中宗 18년(1523년) 5월 12일
황해도 옹진, 강령 등에 땅이 흔들리다
○黃海道 瓮津, 康翎 等縣 地震.

中宗 18년(1523년) 5월 26일 (그림 125)

충청도 각지에 땅이 흔들리다

○忠淸道 淸州, 沃川, 淸安, 陰城, 延豊, 槐山 等邑 地震.

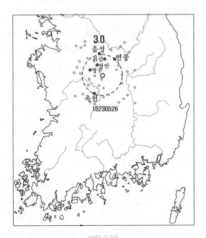

그림 125
□ 15230526≡-s708
진앙 : 속리산; 규모 : 3.0 / 3.5

中宗 18年(1523年 癸未) 5月 17日(丙戌)

사헌부 대사헌 김극핍이 형벌을 명확히 하기를 요청하다

○司憲府大司憲金克愊等 上疏曰 :
臣等 伏見, 前月 京師大雨雹, 摧擊之餘, 物無不傷, 又於近日 諸道所啓 地震, 雨雹, 震人, 霜降之變, 間見疊出, 災沴之甚, 振古所無. 加之以旱乾酷烈, 川澤俱竭, 麥不就實; 苗不能長, 枯槁已盡, 望缺西成, 萬姓魚喁, 罔知天之降災, 至於此極. 殿下惕慮憂勤, 不遑定處.

中宗 18년(1523년) 10월 30일

황해도 강령에 땅이 흔들리다

○黃海道 康翎縣 地震.

中宗 18년(1523년) 11월 4일 (그림 126)

경기도 일대에 천둥, 경상도 일대에 땅이 흔들리다

○京畿 南陽, 仁川, 安山, 楊根, 衿川雷動. 慶尙道 金海, 迎日, 密陽, 梁山, 機張, 東萊地震.

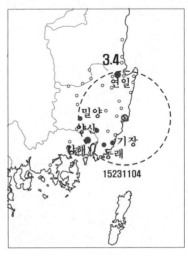

그림 126
□ 15231104≡-s1210
진앙 : 울산; 규모 : 3.4 / 3.7
▷ 15210824

中宗 18년(1523년) 11월 11일

경상도 영주, 풍기에 땅이 흔들리다

○慶尙道 榮川, 豊基 地震.

中宗 18년(1523년) 12월 3일

경산도 영산에 땅이 흔들리다

○慶尙道 靈山縣 地震.

中宗 18년(1523년) 12월 5일

평안도 함종, 증산에 땅이 흔들리다

○平安道 咸從, 甑山縣 地震.

中宗 19년(1524 甲申 3년) 4월 5일
충청도 보은에 땅이 흔들리다
　○忠清道 報恩縣 地震.

中宗 19년(1524 甲申 3년) 10월 21일
전라도 고산, 충청도 태안에 땅이 흔들
리고, 서산, 해미, 결성에 천둥치다
　○全羅道 高山縣 地震, 忠清道 泰安郡 地
震, 瑞山, 海美, 結城雷.

中宗 19년(1524 甲申 3년) 11월 27일
평안도 의주, 용천, 철산 등에 땅이 흔
들리다
　○丁亥 / 平安道 義州, 龍川, 鐵山 等邑 地震.

中宗 20년(1525년) 1월 5일
경상도 경주부에 땅이 흔들리다
　○慶尚道 慶州府 地震.

中宗 20년(1525년) 1월 6일
경상도 장기에 땅이 흔들리다
　○慶尚道 長鬐縣 地震.

中宗 20년(1525년) 1월 26일
황해도 서흥부에 땅이 흔들리다
　○黃海道 瑞興府 地震.

中宗 20년(1525년) 1월 27일(그림 127)
충청도 괴산, 청주, 천안 등에 땅이 흔
들리다
　○忠清道 槐山, 清州, 天安, 全義 地震.

中宗 20년(1525년) 3월 15일(그림 128)
경상도 진주 부근에 땅이 흔들리다

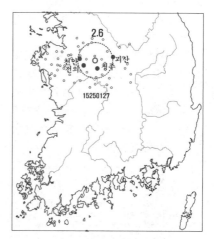

그림 127
□15250127≡-s218
진앙 : 진천; 규모 : 2.6 / 3.3

○慶尚道 晋州, 泗川, 河東 地震

+

中宗 20년(1525년) 3월 20일
경상도 곤양과 거제에 땅이 흔들리다
　○慶尚道 昆陽, 巨濟 地震.

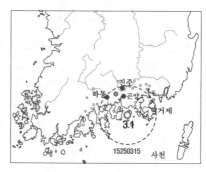

그림 128
□15250315≡-s407
진앙 : 사량도; 규모 : 3.1 / 3.6

□15250405≡-s0427
中宗 20년(1525년) 4월 5일(그림 129)

경상도, 전라도, 충청도 일부가 땅이
흔들리다

○**慶尙道** 晉州, 昌原, 山陰, 密陽, 金海, 梁
山, 陜川, 咸陽, 南海, 安陰, 居昌, 鎭海, 熊
川, 泗川, 彦陽, 機張, 寧海, 漆原, 咸安, 河
東, **全羅道** 光州, 和順, 綾城, 南平, **忠淸道**
洪州, 燕歧, 公州, 天安, 保寧, 大興, 結城,
海美 地震, 屋宇皆動.

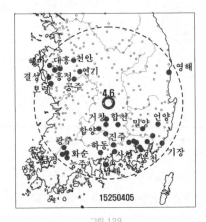

그림 129
□15250405≡-s0427
진앙 : 지례; 규모 : 4.6 / 4.4

中宗 20년(1525년) 4월 29일(그림 130)
황해도와 평안도 일부에 땅이 흔들리다
○黃海道 殷栗, 平安道 龍岡, 甑山, 三和,
義州, 咸從 等邑 地震.

□15250505
中宗 20년(1525년) 5월 5일(그림 131)
경기와 강화부에 땅이 흔들리다
○京畿 江華府 地震.
+
中宗 20년(1525년) 5월 7일
경기와 황해도 일대에 땅이 흔들리다

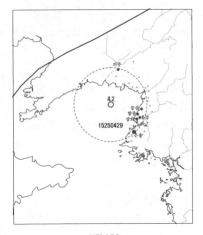

그림 130
□15250429≡-s0521
진앙 : 서한만; 규모 : 4.2 / 4.2

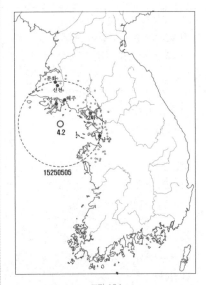

그림 131
□15250505≡-s526
진앙 : 경기만; 규모 : 4.2 / 4.2

○京畿 南陽, 黃海道 文化, 海州, 康翎, 信
川 地震.

中宗 21년(1526년) 2월 7일
황해도 풍천에 땅이 흔들리다
○黃海道 豊川 地震.

中宗 21년(1526년) 2월 20일
강원도 삼척에 땅이 흔들리다
○江原道 三陟 地震, 聲如雷動, 屋宇盡搖.

中宗 20년(1525년) 8월 6일(그림 132)
경상도 상주, 김천, 고령 등에 땅이 흔들리다
○慶尙道 尙州, 金山, 高靈, 善山, 大丘, 忠淸道 黃澗縣 地震.

그림 132
□15250806≡-s824
진앙 : 구미; 규모 : 2.8 / 3.4

中宗 20년(1525년) 8월 25일(그림 133)
경상도 상주, 함창, 풍기 등에 땅이 흔들리다
○慶尙道 尙州, 咸昌, 豊基, 龍宮, 聞慶 地震, 聞慶則屋宇震動

中宗 20년(1525년) 9월 24일(그림 134)
경상도 영덕, 진보, 청하 등에 땅이 흔

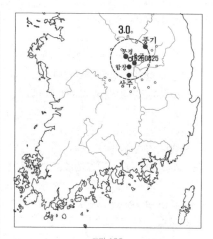

그림 133
□15250825≡-s912
진앙 : 문경; 규모 : 3.0 / 3.5

들리다
○慶尙道 盈德, 眞寶, 淸河, 寧海, 興海 等官 地震. 淸河, 寧海 有聲如雷, 屋宇搖動.

그림 134
□15250924≡-s1010
진앙 : 영덕; 규모 : 2.8 / 3.4
▷15160315

中宗 20년(1525년) 10월 18일
경상도 밀양, 김해에 땅이 흔들리다

○慶尙道 密陽, 金海 地震.

中宗 21년(1526年 丙戌) 2月 20日(癸酉)
강원도 삼척에 땅이 흔들리다
　○江原道 三陟 地震, 聲如雷動, 屋宇盡搖

中宗 21년(1526년) 3月 24일
황해도 강령에 땅이 흔들리다
　○黃海道 康翎縣 地震, 聲如雷, 屋宇皆動.

中宗 21년(1526년) 5月 4일
신계에 땅이 흔들리다
　○黃海道 新溪 地震, 黃州 等 二十二邑 有
蟲.

中宗 21년(1526년) 5月 14일
경상도 남해에 땅이 흔들리다
　○慶尙道 南海縣 地震.

中宗 21년(1526년) 8月 7일(그림 135)
경상도 경주 등 16고을에 땅이 흔들리다
　○慶尙道 慶州 等 十六邑 地震, 屋宇皆振.

中宗 21年(1526年 丙戌) 9月 22日(壬寅)
서울에 땅이 흔들리다
　○京師地震.
+
中宗 21년(1526년) 9月 22일(그림 136)
경기, 충청, 강원, 경상도의 일부 고을
에 땅이 흔들리다
　○京畿 廣州 等 七邑, 忠淸道 陰城 等 十邑,
江原道 平海 等 八邑, 慶尙道 安東 等 二十
九邑 地震, 有聲如雷, 屋宇搖動.

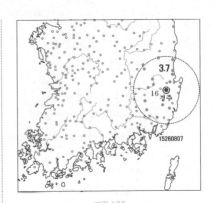
그림 135
□15260807≡-s0913
진앙 : 경주; 규모 : 3.7 / 3.9

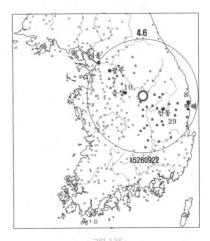
그림 136
□15260922≡-s1027
진앙 : 월악산; 규모 : 4.6 / 4.4

中宗 21年(1526年 丙戌) 9月 28日(戊申)
조강에서 정언 심언광, 영사 정광필,
지사 이항 등과 무과 시험 제도와 관련
하여 논의하다
　○戊申 / 御朝講 (···중략···) 光彦曰 :
"近來, 災變非常, 臣爲禮曹佐郞時觀之, 各

　　　　　　　　바람에도 흔들리는 땅

道地震之報, 連絡不絕, 而又於本月 二十三
日, 京師地震, 屋宇皆動, 變且大矣. 且前年
雖曰凶歲, 而田穀則稍稔.

中宗 21年(1526年 丙戌) 10月 7日(丁巳)
경기도 광주 등 9고을에 천둥치고 땅
이 흔들리다
○京畿 廣州等 九邑 雷動 地震.

中宗 21년(1526년) 10월 16일
황해도 서흥, 봉산 등에 땅이 흔들리다
○黃海道 瑞興, 鳳山 等邑 地震.

中宗 21년(1526년) 11월 26일
황해도 서흥부와 신계에 땅이 흔들리다
○黃海道 瑞興府 地震, 新溪縣 地震, 聲如
雷鳴.

中宗 21년(1526년) 11월 12일
경상도 남해에 천둥치고, 양산군 기장
에는 땅이 흔들리다
○慶尙道 南海縣雷動, 梁山郡, 機長縣(機
張縣) 地震.

中宗 21년(1526년) 12월 11일(그림 137)
평안도 영변에 흰 무지개가 해를 꿰는
일이 나고, 평양, 중화 등에는 땅이 흔
들리다
○平安道 寧邊, 白虹貫日, 日暉四發. 天中
又見小虹, 靑, 紅, 白色. 平壤, 中和, 慈山,
江西, 祥原 地震.

中宗 22年(1527年 丁亥) 2月 22日(己巳)
경기 김포현에 땅이 흔들리다

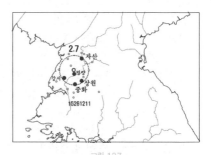

그림 137
□15261211-1527s0112
진앙 : 평양 : 규모 : 2.7 / 3.4

○京畿 金浦縣 地震.

中宗 22년(1527년) 4월 2일
황해도 해주, 강령 등에 땅이 흔들리다
○黃海道 海州, 康翎 等邑 地震.

中宗 22년(1527년) 4월 16일(그림 138)
충청도 공주, 임천 등에 땅이 흔들리다
○忠淸道 公州, 林川, 石城, 扶餘, 燕岐, 江
原道 楊口 等邑 地震.

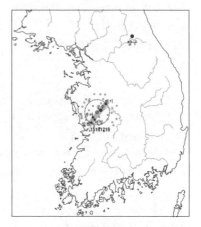

그림 138
□15270416═-s515
진앙 : 정산? : 규모 : ?

中宗 22년(1527년) 6월 14일
강원도 원주 등 5고을에 우레 소리와
집채들을 흔드는 땅이 흔들리다
　○江原道 原州 等 五邑 地震, 有聲如雷, 屋
宇搖動.

中宗 22年(1527年 丁亥) 6月 15日(庚申)
경기도 여주에 지진이 발생하다
　○京畿驪州地震.

中宗 22年(1527年 丁亥) 8月 12日(丁巳)
서울에 지진이 발생하다
　○丁巳 / 京師地震.

中宗 22년(1527년) 10월 5일
경상도 창녕, 영산 등 고을에 땅이 흔
들리다
　○慶尙道 昌寧, 寧山 等官 地震.

中宗 22년(1527년) 11월 9일(그림 139)
경상도 안동, 예천, 봉화, 예안, 영주
등에 땅이 흔들리다
　○慶尙道 安東, 醴川, 奉化, 禮安, 榮川 等
邑 地震.

中宗 23년(1528년) 1월 12일(그림 140)
충청도 3고을 등에 땅이 흔들리고 다
른 3고을 등에 벼락 치다
　○忠淸道 淸州, 淸安, 木川 等邑 地震, 天
安, 文義, 燕歧 等邑 雷.

中宗 23년(1528년) 2월 15일(그림 141)
충청도, 노성, 연산, 은진 등에 땅이 흔
들리다

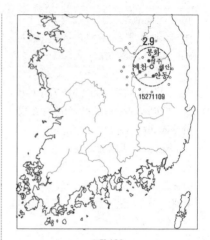

그림 139
□15271109≡-s1202
진앙 : 영주평은 : 규모 : 2.9 / 3.5

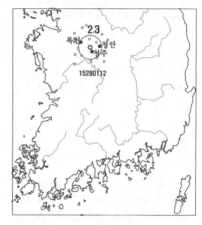

그림 140
□15280112≡-s202
진앙 : 오창 : 규모 : 2.3 / 3.2

　○忠淸道 尼山, 連山, 恩津 等縣 地震.

中宗 23년(1528년) 3월 27일
우박이 내리다. 경상도 거창에 땅이 흔
들리다

바람에도 흔들리는 땅

그림 141
□ 15280215≡-s305
진앙 : 노성; 규모 : 2.0 / 3.1

○ 雨雹. 慶尙道 居昌 地震.

中宗 23年(1528年 戊子) 4月 15日(丙辰) 2
경기 용인현에 지진이 발생하다
○ 京畿 龍仁縣 地震.

中宗 623년(1528년) 4월 19일
경상도 웅천에 땅이 흔들리다
○ 庚申 / 慶尙道 熊川 地震.

中宗 23년(1528년) 10월 23일 (그림 142)
서산 등에 땅이 흔들리고 부여 등에 천
둥치다
○ 忠淸道 瑞山, 泰安, 海美 地震, **扶餘**, 瑞
山, 公州雷動.
+
中宗 23년(1528년) 10월 24일 (그림 142)
연산 등에 지진과 천둥이 나고 부여 등
에 땅이 흔들리다
○ 忠淸道 連山, 燕歧 地震雷動, **扶餘**, 懷德

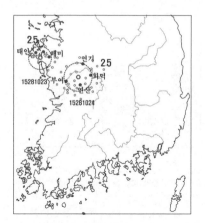

그림 142
□ 15281023≡-s1104
진앙 : 부석; 규모 : 2.5 / 3.3
□ 15281024≡-s1105
진앙 : 계룡산; 규모 : 2.5 / 3.3

地震.

中宗 23년(1528년) 10월 25일
석성 등에 천둥치고 공주에 땅이 흔들
리다
○ 忠淸道 石城, 鎭岑, 靑陽, 恩津雷動, 公
州 地震, 有聲如雷, 屋宇動搖.

中宗 23年(1528年 戊子) 11月 20日(戊午)
지진이 발생하다
○ 京城地震

中宗 24년(1529년) 1월 13일
단성에 땅이 흔들리다
○ 慶尙道 丹城 地震.

中宗 24년(1529년) 3월 2일 (그림 143)
전라도 순천, 낙안, 고흥 등 고을에 땅
이 흔들리다

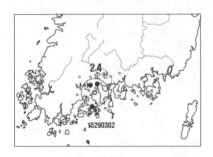

그림 143
□ 15290302≡-s409
진앙 : 벌교; 규모 : 2.4 / 3.3

○全羅道 順天, 樂安, 興陽 等邑 地震.

中宗 24년(1529년) 3월 5일
황해도 황주, 해주, 풍천, 송화 등에 우
박이 내리고, 경상도 하동에 땅이 흔들
리다
○黃海道 黃州, 海州, 豊川, 松禾 等邑 雨
雹, 慶尙道 河東縣 地震.

中宗 24년(1529년) 10월 5일
충청도 노성에 땅이 흔들리고, 신창에
우레 소리가 진동하다
○忠淸道 尼山縣 地震, 新昌縣雷, 溫陽郡
有聲如雷, 或如 地震, 人馬驚駭.

中宗 24년(1529년) 10월 30일
경상도 안동부에 땅이 흔들리다
○慶尙道 安東府 地震.

中宗 25년(1530년) 1월 14일(그림 144)
평안도 일부 지방에 땅이 흔들리다
○平安道 寧邊, 成川, 价川 地震.

中宗 25년(1530년) 1월 28일(그림 145)

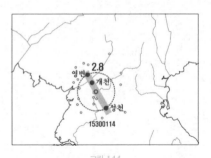

그림 144
□ 15300114≡-s211
진앙 : 순천; 규모 : 2.8 / 3.4

전라도 일부 지역에 땅이 흔들리다
○全羅道 樂安, 寶城, 興陽 地震.

그림 145
□ 15300128≡-s225
진앙 : 조성; 규모 : 2.4 / 3.3
▷ 15300819 참조

◆15300217≡-s0315 백두산 분출
(?)(그림 146)
中宗 25년(1530년) 2월 28일
함경도 명천에 땅이 흔들리고 1백여
보 안에 피비가 내려 사람과 말의 발자
취가 거의 묻히다
○咸鏡道 明川縣 地震, 百餘步內 雨血, 人
馬足跡幾沒.
+
中宗 25년(1530년) 3월 14일
홍문관에 거듭되는 천재에 임금이 경
각심을 갖고 수덕할 것을 상차하다

○弘文館副提學柳溥等 上箚曰：
今二月 十七日 地震, 雨血于明川, 血色大
紅, 人馬足迹幾盈, 不勝駭愕.

+

中宗 25년(1530년) 3월 18일
삼정승이 열무하는 일은 놀이가 아님
을 아뢰다

○領議政鄭光弼議："閱武, 非干游衍, 雖
有災變, 在所不廢. 然災有大小, 明川雨血
之災, 近古所未聞. 如此重災, 所宜靜處思
慮. 況初遇之, 尤當惕慮. 經筵官所啓之言
至當. 雖遲數十日, 恐亦未晚." 左議政沈貞
議："逐朔兩度閱武, 先王朝法例, 乃所以安
不忘危也." 右議政李荇議："閱武, 非玩戲
之事, 乃所以訓鍊軍政. 雖在修省之時, 亦
不可廢." 傳曰："大臣之議, 雖似有異, 然
其意則同也. 皆以爲閱武, 非玩戲之事, 所
以訓鍊軍政. 雖在修省之時, 亦不可廢云."

그림 146
◆15300217≡－s0315 백두산 분출(?)

中宗 25년(1530년) 3월 21일(그림 147)
전라도 고부 등 10여 읍에 땅이 흔들
리다

○全羅道 古阜 等 十邑 地震如雷, 屋宇皆
動, 移時而止.

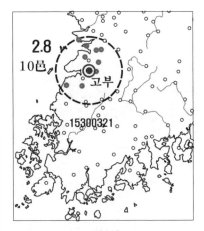

그림 147
□15300321≡－s418
진앙 : 고부; 규모 : 2.8 / 3.4

中宗 25년(1530년) 6월 2일(그림 148)
충청도 일부 지방에 땅이 흔들리다

○忠淸道 淸州, 燕歧, 懷德, 報恩 等邑 地
震, 屋宇微動.

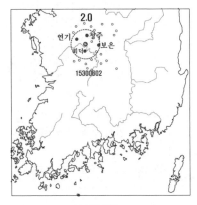

그림 148
□15300602≡－s626
진앙 : 문의; 규모 : 2.0 / 3.1

中宗 25년(1530년) 8월 19일(그림 149)
벼락, 날벌레, 지진, 서리 등이 생기다

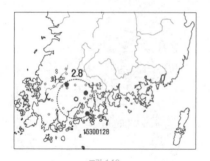

그림 149
□ 15300819≡-s910
진앙 : 조성 ; 규모 : 2.8 / 3.4
▷ 15300128

○平安道 龍川, 軍人朴成孫震死. 全羅道 寶城, 飛蟲害穀. 樂安, 興陽, 和順 地震, 屋宇搖動, 長水, 雲峰, 鎭安, 茂朱, 下霜損穀.

中宗 25年(1530年 庚寅) 9月 2日(戊子)
예조가 지진해괴제, 문무과 초시의 기일 연기에 대해 아뢰다

○禮曹啓曰 : "卒哭前凡大中小祀, 皆爲停之, 而地震解怪祭, 爲社稷而祭, 故敢啓." 且以文武科初試退定事入啓曰 : "生員, 進士初試, 曾已試取, 文武科初試, 則國恤之初, 試取未安, 故以辛卯年春退定." 傳曰 : "知道."

中宗 25년(1530년) 11월 10일
충청도 천안, 전의, 평택 등에 땅이 흔들리다

○忠淸道 木川縣雷, 天安, 全義, 平澤 等邑 地震, 屋宇微動.

中宗 26년(1531년) 1월 3일
경상도 창녕, 경산 등에 땅이 흔들리다

○慶尙道 昌寧, 慶山 等官 地震.

中宗 26년(1531년) 6월 7일
현풍에 땅이 흔들리다

○慶尙道 玄風縣 地震.

中宗 26년(1531년) 7월 5일
경상도 함창과 상주 등에 땅이 흔들리다

○慶尙道 咸昌, 尙州 等邑 地震.

□ 15310827≡-s1007
中宗 26년(1531년) 8월 27일(戊申)
지진으로 삼공이 체직을 청하나 윤허하지 않다

○領議政鄭光弼, 左議政李荇, 右議政張順孫來啓曰 : "今曉地震, 非如常時微動也. 人皆驚愕, 雞犬亦鳴, 誠近來所無之變也. 如此災異, 必因人而起, 如臣等 在職, 至爲未安. 請遞." 傳曰 : "近來災變, 連綿疊出, 上下猶當恐懼修省, 而況今地震, 至於如此, 尤不可不念也. 然不可以災, 責免三公." 光弼等 又辭, 不從.

영의정 정광필, 좌의정 이행, 우의정 장순손이 와서 아뢰기를, "오늘 새벽의 지진은 여느 때처럼 약간 흔들린 정도가 아닙니다. 사람들이 모두 깜짝 놀라고 닭과 개가 소리를 질렀으니 참으로 근래에 없던 변고입니다. 이런 재이災異는 반드시 사람 때문에 났다는 것이니, 신들로서는 직에 있기가 매우 미안합니다. 체직시켜 주소서" 하니, 전교하기를, "근래 재변이 거듭 나서 상하가 매사에 두려운 마음가짐으로 임해야 한다. 더구나 지금 지진이 여기에까지 이르렀으니, 더욱 유념하지 않을 수 없다. 그러나 재변 때문에 삼공을

문책, 면직할 수는 없다" 하였다. 광필
등이 또 사직하였으나 따르지 않았다.
강원도, 황해도, 충청도 등에 땅이 흔
들리다

+

中宗 26年(1531년) 8月 27日(戊申)
미시에 창덕궁 재실로 나아가다
○未時初, 上詣昌德宮齋室.

+

中宗 26年(1531년) 8월 27일(戊申)(그림 150)
○江原道 三陟, 狼川, 杆城, 春川, 楊口, 麟
蹄, 平昌, 平康, 安峽, 伊川, 高城, 淮陽, 鐵
原, 原州, 橫城, 洪川, 黃海道 瑞興, 延安,
谷山, 兔山, 新溪, 白川, 牛峯, 江陰, 忠淸
道 鎭川, 陰城, 平澤 等官 地震.

+

中宗 26年(1531년 辛卯) 8월 29일
직제학 김섬 등이 차자를 올려 재변이
심한 이때 능침의 전배를 삼가도록 아
뢰다
○庚戌 / 弘文館直提學金銛等 上箚曰:
天之垂象示警, 所以仁愛人君也. 若不修德
省躬, 以答示警之意, 則天意愈怒, 而傷敗
乃至. 近者, 天見彗星, 地出謠火, 水川沸
騰, 家宰崩陷, 夏旱秋蝗, 相繼重仍, 天戒極
矣. 今又地道不寧, 京都大震. 攷諸古史, 災
異未有稱如今者也. 變不虛生, 取謫於天地
者, 有所在矣. 況人心兇懼, 未有甚於斯時,
安知不測之禍, 迫在朝夕, 而人不自察乎?
固當深思長慮, 明燭召災之由, 克盡答譴之
道, 以爲應天之實. 今之展拜陵寢, 出於霜
露之感, 在聖孝所不能自己也. 然地道宜靜,
而震動至此, 朝野驚洶, 不知所自. 當此之
時, 遠駕野外, 臣等之心, 竊有所未安焉. 伏

願殿下, 靜處修省, 以塞災異之原. 傳曰:
"今見箚字, 甚合予意. 今災變如此, 人心兇
懼, 以遠行未安, 啓之當矣. 然拜陵事, 以常
情言之, 則於期內, 雖屢往拜掃可也. 予以
勢難不能耳. 故欲於春秋往拜之. 且陵所甚
近, 各別嚴肅護衛而行, 可也."

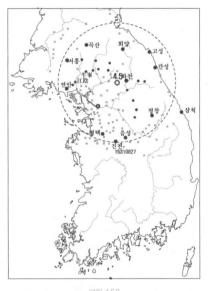

그림 150
□15310827≡-s1007
진앙 : 화악산 ; 규모 : 4.5 / 4.4

中宗 26년(1531년) 9월 6일(그림 151)
무주, 금산, 용담 등에 땅이 흔들리다
○丙辰 / 全羅道 茂朱, 錦山, 龍潭 等邑 地震

中宗 26년(1531년) 11월 2일
진산과 진안에 땅이 흔들리고, 용담과
금산에 천둥이 치다
○全羅道 珍山, 鎭安 地震, 龍潭, 錦山雷.

中宗 27년(1532년) 4월 3일

그림 151
□ 15310906≡-s1015
진앙 : 무주; 규모 : 2.6 / 3.3

파주에 서리가 내리고 청도군에 땅이 흔들리다

○京畿 坡州 下霜, 慶尙道 淸道郡 地震.

中宗 27년(1532년) 4월 12일
함안, 웅천에 땅이 흔들리다

○慶尙道 咸安, 熊川 地震.

中宗 27년(1532년) 10월 4일(그림 152)
경상도 울산, 동래, 장기 등에 땅이 흔들리다

○慶尙道 蔚山, 東萊, 機張, 彦陽, 大丘, 河陽 地震.

中宗 27年(1532년 壬辰) 11월 1일(乙巳)
태백이 나오고 지진이 일고 혜성이 나오다

○午時, 太白見於未地. 夜, 自東方至西方地微震. 彗星見於卯地, 尾長二, 三尺許, 色白.

中宗 28년(1533년) 3월 9일

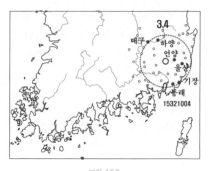

그림 152
□ 15321004≡-s1031
진앙 : 신불산; 규모 : 3.4 / 3.7

지진, 유성, 불기운 등이 일다

○江原道 歙谷 地震 自南向西. 鐵原, 流星 太如瓢子, 尾長二尺, 行聲如爆竹, 消落後 暫作雷聲. 伊川東南間, 有火大如鑑盆, 自天下地, 所落之處, 不可的到, 一時雷聲, 自東指南. 金城縣, 戌時, 天中有氣如炬火, 自南而北, 墜地後 地震, 聲如雷. 金化, 一氣晦冥, 天中有火如小盆, 自西南至東北, 旋卽雷動. 平康, 天中有氣如炬火, 自西向東而消.

中宗 30년(1535년) 12월 15일
전라도 순창에 땅이 흔들리다

○全羅道 淳昌 地震, 屋宇振動.

中宗 31년(1536년) 1월 23일
경상도 김천과 구미에 땅이 흔들리다

○慶尙道 金山, 仁同 地震.

中宗 32년(1537年 丁酉) 1月 21日(辛丑)
간방에서 곤방까지 지진이 나자 수성할 것을 분부하다

○辛丑 / 夜, 自艮方至坤方地震. 傳于政院曰：“外方間或有地震之變, 亦是大變也. 京師根本之地, 而又有此變, 尤可驚也. 大抵災不虛生, 不可以尋常視之. 況地者, 陰也. 當靜而動, 變之大者也. 近者奸邪作慝, 公論一發, 雖已治之, 災變卽作, 尤所驚懼. 災變之應, 雖不可指一而言之, 究其所以, 必不虛作. 上下更加修省, 以答災變.” 政院回啓曰：“臣等 今觀觀象監單子 地震起於艮方, 至於坤方云. 艮坤, 屬西北; 西北, 陰方也. 地爲陰之大者, 而動於陰地, 陰盛所致也. 近者奸邪作慝, 公論所發, 聖斷如流, 奸計未售, 而皆已定罪. 但人所未見之處, 豈可必保其無虞乎? 不可以奸邪已治而忽之, 尤有所警懼也. 天之譴告, 詎知其無所爲而然歟? 今已因是而更加修省, 則方來之變, 庶可弭矣. 上敎至當.” 傳曰：“去夜地震, 實大變也. 政院之言至當, 不可以奸邪已斥而忽之, 上下當加修省也.”

中宗 32年(1537年 丁酉) 1月 21日(辛丑)
석강에서 참찬관 박수량, 시독관 박종린이 궁중과 관계된 폐단을 엄히 다스리도록 건의하다
○御夕講. 參贊官朴守良曰：“去夜地震, 至爲駭愕. 近見各道書狀, 天動地震, 不絶於州縣. 此猶足爲驚駭, 而京都太白晝見, 又有地震之異. 變之大者, 莫此爲甚, 不知因某事而然也. 但陰陽不和, 天地之氣失序, 而有此異也. 歷見前代, 變不虛生, 必有所召. 當其時, 有識者知其所以, 或有欲言, 而危亂之時, 則不敢出言, 或言之而不見聽. 今則不然, 自上已先動念, 而下敎以警懼之意, 實國家之福也. 今者臺諫, 侍從所啓弊政雖不一, 而至如奸邪發慝, 宮闈不嚴, 女

謁盛行. 如此之言, 豈無深計乎? 必有所指而言也. 請勿以尋常聽之. 今朝敎于政院曰：‘上下當恐懼修省.’ 上(發) (敎)至當. 古云, ‘天心, 仁愛人君.’ 今之地震, 又安知其仁愛聖上而然也? 尤當警懼之時也.” 上曰：“今朝下敎者, 欲上下交修也. 無乃奸邪尙有隱迹, 而更有此變歟? 此尤當警省之時也.” 侍讀官朴從鱗曰：“外人多有言宮禁之事, 或有下賤之人, 誇張於外曰：‘我能通言於宮禁.’ 如此者甚多. 此不知何故而然也

中宗 32년(1537年 丁酉) 1月 28日(戊申)
햇무리가 지고 땅이 약간 흔들리다
○日暈. 夜自東方, 至西方, 地微震.

中宗 33년(1538년) 4월 29일
경상도 영주에 땅이 흔들리다
○慶尙道 榮川郡 地震.

中宗 35년(1540년) 10월 25일
진시에 남서에서 남동으로 땅이 흔들리다
○辰時, 自坤方, 至巽方 地震.

中宗 37년(1542년) 1월 14일
강원도 춘천과 경기도 광주에 땅이 흔들리다
○江原道 春川 地震, 屋宇振動, 聲如雷. 京畿 廣州 地震, 屋宇皆動.

中宗 37년(1542년) 1월 23일(그림 153)
충청도 예산, 대흥, 홍성 등에 땅이 흔들리다
○忠淸道 禮山, 大興, 洪州 等官 地震.

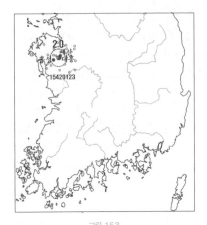

그림 153
□15420123≡-s207
진앙 : 대흥, 규모 : 2.0 / 3.1

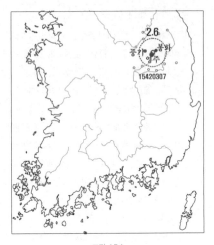

그림 154
□15420307≡-s322
진앙 : 영주, 규모 : 2.0 / 3.1

中宗 37년(1542년) 1월 26일
경상도 밀양, 청도에 땅이 흔들리다
○慶尙道 密陽, 淸道 等官 地震, 屋宇皆動.

中宗 37년(1542년) 1월 29일
경상도 장기, 영일 등 고을에 땅이 흔들리다
○庚戌 / 慶尙道 長鬐, 迎日 等縣 地震.

中宗 37년(1542년) 2월 9일
경상도 용궁, 함창 등에 땅이 흔들리다
○庚申 / 慶尙道 龍宮, 咸昌 等縣 地震.

中宗 37년(1542년) 3월 7일(그림 154)
경상도 영주, 풍기, 봉화에 땅이 흔들리다
○慶尙道 榮州, 豊基, 奉化 地震. 黃海道
載寧郡, 落蟲害穀.

中宗 37年(1542年 壬寅) 3月 25日(乙巳)

경기도 이천부에 땅이 흔들리다
○京畿 利川府 地震.

中宗 37년(1542년) 閏5월 1일
경기도 강화부, 황해도 연안부에 땅이
흔들리다
○京畿 江華府, 黃海道 延安府 地震

中宗 37年(1542年 壬寅) 8月 19日(丙申)
대간의 체직과 천재지변, 중국 관원의
접대에 대하여 대신과 의논하다
○領議政尹殷輔等 承召詣閤門外, 傳于殷
輔等 曰 : "曩者大臣等 有曰 : '古者臺諫,
雖有被論, 自上例不輕遞.' 予亦聞祖宗朝古
事如此. 予卽位後觀之, 臺諫見論辭職, 而
自上令其勿辭, 則例必就耳. 近來不然, 予
雖以爲不可遞, 而見論卽遞之弊, 已爲成例.
今者臺諫, 啓停外庭之宴, 不爲過也. 而以
此遞之, 予意以爲不可. 且成例之事, 不可

바람에도 흔들리는 땅

卒變, 故欲收廷議也. 又於晝講聞之, 前日
予因地震之變, 言曰: '戊寅年地震甚矣, 而
其應有之.' 近日 下議囂囂曰: '自上有意而
言者,' 下不信上也. 君臣之間, 義當交孚, 而
下有此議, 則上不可不知云, 予甚駭焉. 往
聞凡論災者曰: '災不虛生, 有某災則必有
某事之應.' 乃爲例論, 故予亦曰: '災不虛
生, 必有某應.' 其論地震之變, 而引戊寅之
事者, 此予無心例論, 豈有意而言乎? 下人
之囂囂者, 未知以何意而如此也. 大抵囂囂
之論, 雖無永絶之世, 平常之時, 下不信上,
則是予不取信於下也. 但君臣之間阻隔, 則
必有小人, 乘隙窺覘. 朝廷不靜, 上下相疑,
甚非美事. 君相務爲鎭定, 則朝廷和平, 群
疑自釋矣. 此亦係關之事, 故幷言.

中宗 37년(1542년) 10월 3일
충청도 서산과 해미에 땅이 흔들리다
○辰時, 沈霧. 忠淸道 瑞山, 海美 等邑 地
震, 木川縣雷.

中宗 37년(1542년) 11월 19일
전라도 영광, 무안 등에 땅이 흔들리다
○全羅道 靈光, 務安 等官 地震, 興德縣 雷.

中宗 37년(1542년) 11월 23일
충청도에 지진과 벼락이 치다
○忠淸道 沔川, 泰安, 瑞山 等邑 地震;
洪州, 結城, 德山, 新昌, 海美, 大興 等邑,
雷震

中宗 37년(1542년) 12월 13일(그림 155)
평안도 지역에 땅이 흔들리다
○平安道 慈山, 肅川, 殷山, 安州, 德川, 永
柔, 順川, 价川 等官 地震.

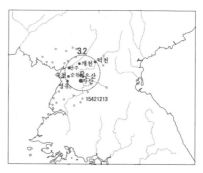

그림 155
□15421213≡1543s0117
진앙: 순천; 규모 : 3.2 / 3.6

中宗 37년(1542년) 12월 22일(그림 156)
전라도 지역에 땅이 흔들리다
○全羅道 全州, 珍山, 茂朱, 高山 等官 地震.
金堤, 古阜, 益山, 興德, 扶安, 長城, 井邑,
錦山, 金溝, 長水, 任實 等官 及 忠淸道 沃
川, 石城 等官, 雷.

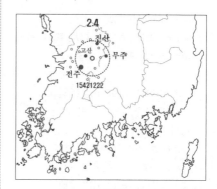

그림 156
□15421222≡1543s0126
진앙: 운장산; 규모 2.4 / 3.3

中宗 38년(1543년) 1월 2일
경상도 대구부에 땅이 흔들리다
○慶尙道 大丘府 地震.

中宗 138年(1543年 癸卯) 1月 21日(丙寅)
경기 여주에 지진이 발생하다
　○京畿 驪州 地震.

中宗 38年(1543년) 1월 22일
경상도 김천에 땅이 흔들리다
　○慶尙道 金山郡 地震.

中宗 38年(1543년) 1월 23일
경상도 예안에 땅이 흔들리다
　○慶尙道 禮安縣 地震.

中宗 38年(1543년) 1월 26일(그림 157)
충청도, 경기에 땅이 흔들리다
　○日暈, 兩珥, 冠履, 白虹貫日 地震. **黃海**
道 海州, 延安, 白川 等官, 白虹貫日. 又於
東南, 白氣相連貫日, 狀如圓虹, 兩傍有圓
環, 其大如日, 紅紫色, 逾時乃消. 又 **地震,**
屋宇搖動, 窓戶皆鳴.
忠淸道 平澤縣 及 京畿 楊州, 陽川, 富平,
南陽, 振威, 長湍 等邑 地震.

中宗 38年(1543년) 4월 15일(그림 158)
충청도 옥천, 문의, 보은에 땅이 흔들
리다
　○忠淸道 沃川, 文義, 報恩 地震.

中宗 38年(1543년) 10월 7일
전라도 고흥에 땅이 흔들리다
　○全羅道 興陽縣 地震.

中宗 38年(1543년) 10월 27일
경상도 대구부에 땅이 흔들리다
　○慶尙道 大丘府 地震.

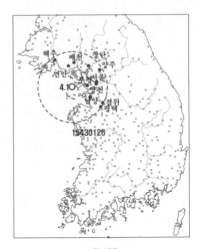

그림 157
□15430126≡-s301
진앙 : 영종도W; 규모 4.1 / 4.1

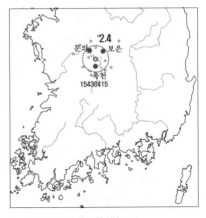

그림 158
□15430415≡-s0518
진앙 : 옥천군북; 규모 2.4 / 3.3

中宗 39년(1544년) 1월 30일
평안도 맹산에 땅이 흔들리다
　○平安道 孟山縣 地震.

中宗 39년(1544년) 2월 2일

　　　　　　　　　　　　　　　　바람에도 흔들리는 땅

충청도 은진에 땅이 흔들렸는데 소리
가 우레 같고 집채들이 모두 흔들리다
○忠淸道 恩津縣 地震, 有聲如雷, 屋宇皆動.

中宗 39년(1544년) 2월 3일^(그림 159)

中宗 39년(1544년) 2월 3일(그림 159)
경기, 전라도, 충청도, 황해도 등지의
고을에 같은 날 땅이 흔들리다
○京畿 竹山, 江原道 淮陽, 通川, 歙谷,
全羅道 南原, 長水, 鎭安, 錦山, 珍山, 高山,
慶尙道 尙州, 義城, 醴泉, 星州, 開寧, 聞慶,
咸陽, 安陰, 居昌, 豊基, 義興, 龍宮, 咸昌,
忠淸道 石城, 鎭岑, 沃川, 文義, 公州, 鎭川,
全義, 淸安, 靑山, 淸州, 燕歧, 連山, 永同,
報恩, 懷仁, 槐山, 懷德, 木川, 淸風, 丹陽,
延豊, 陰城, 黃海道 瑞興 等官, 同日 地震.

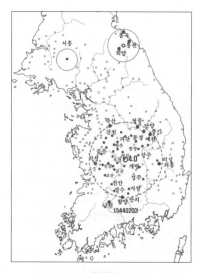

그림 159
□15440203≡-s225
진앙 : 청산; 규모 : 4.0 / 4.0

中宗 39년(1544년) 2월 9일
경상도 김천, 지례에 땅이 흔들리다

○慶尙道 金山, 知禮 地震.

仁宗 1년(1545년) 閏1월 7일
전라도 남해에 땅이 흔들리다
○全羅道 南海縣 地震.

明宗 卽位년(1545년) 9월 17일^(그림 160)

明宗 卽位년(1545년) 9월 17일(그림 160)
전라도 순천, 광양, 경상도 진주 등 스
무 고을에 땅이 흔들리다
○全羅道 順天, 光陽 地震. 慶尙道 晋州 等
二十六官 地震.

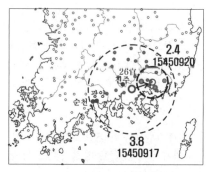

그림 160
□15450917≡-s1022
진앙 : 진주E; 규모 : 3.8 / 4.5
□15450920≡-s1025
진앙 : 창원; 규모 : 2.4 / 3.3

明宗 卽位년(1545년) 9월 20일^(그림 160)

明宗 卽位년(1545년) 9월 20일(그림 160)
경상도 김해, 진해, 함안 등에 땅이 흔
들리다
○慶尙道 金海, 鎭海, 咸安, 柒原, 昌原 地震.
□15450920≡-s1025 진앙 : 창원;
규모 : 2.4 / 3.3

明宗 卽位년(1545년) 9월 22일
태백이 나타났으며, 황해도, 평안도의
고을에 천둥과 번개가 치다

○午時, 太白見於未地. 夜自初更至二更,
北方, 乾方, 坤方有電光; 三更, 乾, 坤兩方
雷電; 四更 地震 自東而西, 乾方, 坤方, 南
方, 天中雷電, 艮方, 巽方有如火氣; 五更,
坤方電動, 南北有電光. 黃海道 長連大雷,
平安道 中和等 六邑 大雷電以雨, 江東雨雹

明宗 1년(1546년) 4월 20일
충청도 청풍에 우박이 내리고 경상도
의흥, 의성에 땅이 흔들리다
　○忠淸道 淸風雨雹, 慶尙道 義興, 義城 地震.

明宗 1년(1546년) 4월 21일
경상도와 전라도에 지진과 우박이 내
리고, 전주에 여인이 벼락 맞아 죽다
　○日暈. 慶尙道 義興, 靑松 地震, 全羅道
興德, 高敞雨雹, 全州女人震死.

明宗 1년(1546년) 5월 22일(그림 161)
경기 풍덕, 평안도 성천 등에 땅이 흔
들리다
　○京畿 豊德 地震, 聲如微雷, 屋宇振動.
平安道 成川, 咸從, 三登, 宣川, 安州, 寧
遠, 肅川, 甑山, 永柔, 順安, 嘉山, 价川, 慈
山, 中和, 平壤, 定州, 殷山, 三和, 祥原, 龍
川 地震.

□15460523≡-s0620
明宗 1年(1546年 丙午) 5月 23日(戊寅)
(그림 162)
서울에서 지진이 나 재변을 염려하다
　○京師地震 自東而西, 良久乃止. 其始也聲
如微雷, 方其震也. 屋宇皆動, 墙壁振落. 申
時又震. 傳于政院曰: "近者雨雹無處不然,

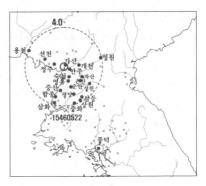
그림 161
□15460522≡-s619
진앙: 가산; 규모: 4.0/4.0

日亦無日不暈. 災變已極, 每軫憂念, 今又
地震如此, 此近古所無之變, 罔知攸措. 明
日 召政府專數, 領府事, 六卿, 議所以應天
之道." 政院回啓曰: "臣等 亦爲未安, 方欲
啓之, 而上敎先下矣. 雨雹地震, 相繼不絶,
伏願恐懼修省, 以答天譴."
+

明宗 1년(1546년 丙午) 5월 23일(그림 162)
황해도, 평안도, 함경도, 강원도, 경상
도에 땅이 흔들리고 큰 비가 오다
　○黃海道 牛峯, 兎山, 京畿 坡州, 廣州, 楊
州, 漣川, 加平, 朔寧, 長湍, 麻田, 仁川, 高
陽, 江華, 通津, 陽川, 竹山, 振威, 衿川, 積
城, 富平, 利川, 水原, 安城, 永平, 抱川, 陰
竹, 金浦, 交河, 忠淸道 稷山, 洪州, 鎭川,
沔川, 平澤, 忠州 地震.
平安道 博川, 江西, 龍岡, 鐵山, 陽德, 再度
地震, 人家搖動, 牛馬驚走, 大雨水漲. 成
川, 孟山, 雲山, 龜城, 龍川, 理山, 渭原, 安
州, 郭山, 三和, 寧遠, 甑山, 江東, 慈山, 順
安, 价川, 順川, 永柔, 殷山, 三登, 德川, 咸
從, 肅川, 祥原 地震, 仍陷沒者 四處.

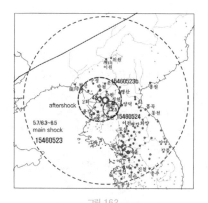

□15460523≡-s0620
진앙 : 순천 ; 규모 : 6.3~6.5
□15460523b / 여진 ;
진앙 : 안주 ; 규모 : 4.3 / 4.3
□15460524 / 여진 ;
진앙 : 강동 ; 규모 : 2.5 / 3.3

咸鏡道 永興, 洪原, 安邊, 德源, 文川, 高原, 大雨 地震.

江原道 江陵, 旌善, 襄陽, 横城, 通川, 春川, 淮陽, 杆城, 歙谷, 鐵原, 伊川, 原州, 狼川, 平康, 金城, 楊口, 金化, 安峽, 高城 地震, 川渠動盪.

慶尙道 清道 大雨, 有一民家, 沙頹覆沒, 壓死者三人.

明宗 1년(1546년) 5월 24일(그림 163)
평안도 성천, 삼등, 평양에 땅이 흔들리다
○平安道 成川, 三登, 平壤 地震.
‖

明宗 1년(1546년) 5월 25일(그림 163)
평안도 성천, 삼등, 평양에 땅이 흔들리다
○平安道 成川, 三登, 平壤 地震.
‖

明宗 1년(1546년) 5월 26일(그림 163)
평안도 성천, 삼등, 평양에 땅이 흔들리다
○平安道 成川, 三登, 平壤 地震.
‖

明宗 1년(1546년) 5월 27일(그림 163)
21일부터 온 큰비로 광주와 강화가 피해를 입다. 평안도에 땅이 흔들리다
○自丙子至是, 連日 大雨, 川渠漲溢, 禾麥損傷無餘, 廣州地人家漂流者三十餘, 沈沒者五十餘, 江華地有一民家, 北山角頹落, 三人壓死. **平安道 成川, 三登, 平壤 地震.**
‖

明宗 1년(1546년) 5월 28일(그림 163)
평안도 성천, 삼등, 평양에 땅이 흔들리다
○平安道 成川, 三登, 平壤 地震.

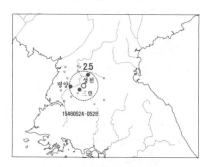

□15460524≡-s0621 ~ 15460528≡-s0625
진앙 : 강동 ; 규모 : 2.5 / 3.3

明宗 1년(1546년) 6월 3일(그림 164)
서울과 함경도 함흥 등에 땅이 흔들리다
○京師, 咸鏡道 咸興, 文川, 高原, 永興 地震.

明宗 1년(1546년) 6월 16일
평안도 삼등에 땅이 흔들리다

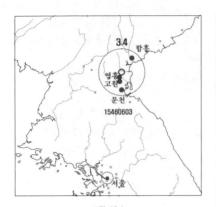

그림 164
□ 15460603≡-s630
진앙 : 영흥, 규모 : 3.2 / 3.6

○平安道 三登 地震.

‖

明宗 1년(1546년) 6월 17일
평안도 삼등에 땅이 흔들리다
　○平安道 三登 地震.

‖

明宗 1년(1546년) 6월 18일
평안도 삼등에 땅이 흔들리다
　○平安道 三登 地震.

明宗 1년(1546년) 6월 25일
평안도 평양에 땅이 흔들리다
　○平安道 平壤 地震.

明宗 1년(1546년) 9월 17일
황해도 우봉과 강음에 땅이 흔들리다
　○黃海道 牛峰, 江陰 地震.

明宗 1年(1546年 丙午) 10月 23日(丁未)
밤에 번개가 치고 땅이 흔들리다
　○夜, 北方電光, 自南方至北方 地震.

+

明宗 1년(1546년) 10월 23일
강원도 원주, 횡성에 땅이 흔들리다
　○江原道 原州, 橫城 地震, 原州 地震雷動.

明宗 1년(1546년) 12월 21일(그림 165)
평안도 상원, 삼화, 순안, 용강, 영유
등에 땅이 흔들리다
　○平安道 中和, 祥原, 三和, 順安, 龍岡, 永
柔, 肅川, 甑山, 慈山, 咸從, 順川 地震.

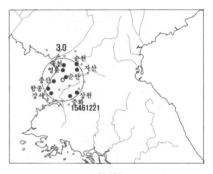

그림 165
□ 15461221≡1547s0112
진앙: 순안, 규모 : 3.0 / 3.5

明宗 1年(1546年 丙午) 12月 22日(乙巳)
경기도 양주, 포천에서 천둥이 치고,
평안도 은산에서 땅이 흔들리다
　○京畿楊州, 抱川雷動, 平安道殷山地震.

明宗 1년(1546년) 12월 27일
평안도 상원, 순안에 땅이 흔들리다
　○平安道 祥原, 順安 地震.

明宗 1년(1546년) 12월 30일
전라도 강진과 무안에 땅이 흔들리다
　○全羅道 康津, 務安 地震.

明宗 2年(1547年 丁未) 1月 6日(己未)
밤에 서울에 땅이 흔들리다
○午時, 太白見於巳地. 夜, 京城地震.

明宗 2년(1547년) 3월 28일
경상도 영주에 땅이 흔들리다
○慶尚道 榮川 地震.

明宗 2년(1547년) 5월 28일 1
평안도 순천, 은산에 땅이 흔들리다
○平安道 順川, 殷山 地震.

明宗 2년(1547년) 6월 19일
경상도 김천과 개령에 땅이 흔들리다
○戊戌 / 慶尚道 金山, 開寧 地震.

明宗 2년(1547년) 6월 20일
충청도 서산과 경상도 성주에 땅이 흔들리다
○忠清道 瑞山 地震, 聲如雷. 慶尚道 星州 地震, 屋宇震動, 其聲如雷.

明宗 2년(1547년) 9월 19일
경상도 김천에 땅이 흔들리다
○慶尚道 金山 地震.

□15471004≡1547s1115
明宗 2년(1547년) 10월 4일(그림 166)
충청도, 황해도, 전라도, 강원도, 평안도 등에 땅이 흔들리고 우박이 내리다
○忠清道 及 京畿 豊德, 楊根, 陰竹雷動. 黃海道 信川, 鳳山, 平山, 載寧 地震, 屋宇微動, 又雷動. 全羅道 南原, 雲峯 地震. 江原道 鐵原雷動. 平安道 甑山雨雹雷動,

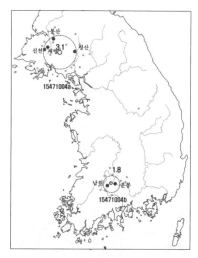

그림 166
□15471004a 진앙 ; 절석렬 : 규모 : 3.1 / 3.6
□15471004b 진앙 : 남원 : 규모 : 1.8 / 3.1

成川雷動大作, 江西, 三登, 江東, 咸從, 龍岡雷動.

明宗 3년(1548년) 2월 4일
전라도 담양, 영광에 땅이 흔들리다
○全羅道 潭陽, 靈光 地震.

明宗 3년(1548년) 2월 9일
전라도 여산 등에 땅이 흔들리다
○日暈. 全羅道 礪山 等 四官 地震.

明宗 3년(1548년) 2월 11일
전라도 금산 등 열 두 고을에 땅이 흔들리다
○戊午 / 全羅道 錦山 等 十二官 地震.

明宗 3년(1548년) 3월 5일
경상도에 땅이 흔들리다

○庚辰 / 忠淸道 黃澗縣癘疫, 男女幷一百
八十四名物故. 公州, 瑞山癘疫亦熾, 慶尙
道 豊基, 仁同, 義城 地震.

明宗 3년(1548년) 3월 16일(그림 167)
전라도, 경상도 등에 땅이 흔들리다
○全羅道 順天 等 七官 地震, 慶尙道 金海
等 三官 地震.

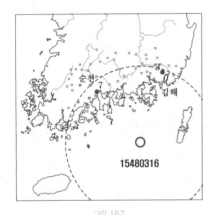

15480316

그림 167
□15480316≡-s423 분석 유보

明宗 3년(1548년 戊申) 6월 28일(辛未)
평양에 땅이 흔들리다
○平壤地震, 有聲如雷, 屋宇微動.

□15480811≡1548s0912
明宗 3년(1548년) 8월 11일 癸丑(그림 168)
**서울, 경기, 황해, 평안도 등에 땅이 흔
들리다**
○京師 地震. 京畿 安城, 黃海道 海州, 松
禾, 平安道 平壤, 肅川, 順安, 龍崗 地震,
龍崗 屋宇皆動.

□C15480811 / s0912

明嘉靖二十七年八月癸丑(嘉靖實錄 / 卷339)
渤海(38.0 /°N, 121.0 /°E), M7
癸丑, 京師 及 遼東廣寧衛, 山東登州府 同
日 地震.
▷1548s0922는 1548s0912의 잘못

그림 168
□15480811c
진앙: 발해만; 규모 : 6.3 / 6.6

明宗 3년(1548년) 8월 21일(그림 169)
경상도 언양 등에 땅이 흔들리다
○癸亥 / 慶尙道 彦陽 地震, 聲如雷動, 屋
宇搖振, 機張, 東萊, 梁山 地震.

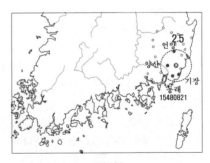

그림 169
□15480821≡-s922
진앙: 웅상; 규모 : 2.5 / 3.3

明宗 3년(1548년) 9월 29일

바람에도 흔들리는 땅

평안도 영유 등에 땅이 흔들리다
○平安道 永柔, 平壤, 順安 地震.

明宗 3년(1548년) 10월 18일
경상도 밀양 등 열 한 고을에 땅이 흔들리다
○慶尙道 密陽 等 十一官 地震, 聲如雷霆, 屋宇搖動.

明宗 3년(1548년) 11월 8일 (그림 170)
충청도 각지에 땅이 흔들리다
○忠淸道 鴻山, 扶餘, 石城 地震. 屋宇搖動. 庇仁 等 六官亦 地震.

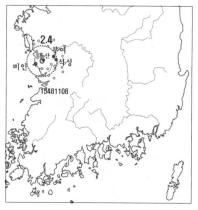

그림 170
□15481108=-s1207
진앙 : 홍산 : 규모 : 2.4 / 3.3

明宗 3년(1548년) 11월 10일
경상도 영산, 창녕에 땅이 흔들리다
○慶尙道 靈山, 昌寧 地震, 聲如雷霆.

明宗 3년(1548년) 11월 18일
경상도 산청 등에 땅이 흔들리다
○慶尙道 山陰 等 十七官 地震, 屋宇微動.

明宗 3년(1548년) 12월 2일
황해도 황주, 평안도 평양 등에 땅이 흔들리다
○黃海道 黃州 等 七官, 平安道 平壤 等 十七官 地震.

明宗 4년(1549년) 1월 2일
경상도 초계, 고령, 현풍에 땅이 흔들리다
○慶尙道 草溪, 高靈, 玄風 地震.

明宗 4년(1549년) 1월 14일
경상도 산청에 땅이 흔들리다
○慶尙道 山陰 地震

明宗 4년(1549년) 8월 19일
전라도 남원 등 여섯 고을에 땅이 흔들리다
○全羅道 南原 等 六邑 地震.

明宗 4년(1549년) 9월 4일
경상도 하양에 땅이 흔들리다
○慶尙道 河陽縣 地震, 有聲如雷.

明宗 4년(1549년) 9월 13일
경상도 진주에 땅이 흔들리고 천둥이 치다
○己卯 / 慶尙道 晋州 等 三邑 地震, 無雲雷動.

明宗 4년(1549년) 9월 14일
전라도 남원 등 네 고을에 땅이 흔들리다
○全羅道 南原 等 四邑 地震.

明宗 4년(1549년) 9월 21일

평안도 상원 등 두 고을에 땅이 흔들리다

○ 平安道 祥原 等 二縣 地震, 聲如雷動.

明宗 4년(1549년) 10월 11일

전라도 전주 등에 우박이 내리고, 경상
도 풍기에 땅이 흔들리다

○ 全羅道 全州 等 十一官雨雹, 大如鳥卵.
慶尙道 豊基 地震, 雨雹.

明宗 4년(1549년) 10월 26일

평안도 평양, 강서에 땅이 흔들리고 천
둥이 치다

○ 平安道 平壤, 江西 地震, 雷動.

明宗 4년(1549년) 11월 19일

전라도, 충청도 등에 땅이 흔들리고 천
둥이 치다

○ 全羅道 礪山, 臨陂 地震, 順天 雷動. 淸洪
道 林川, 石城 地震, 扶餘, 尼山, 恩津雷動.

明宗 5년(1550년) 3월 26일

경상도 구미와 양산에 땅이 흔들리다

○ 慶尙道 仁同, 梁山 地震.

明宗 5년(1550년) 5월 12일(그림 171)

충청도의 공주, 정산, 부여 등에 땅이
흔들리다

○ 淸洪道 公州, 定山, 扶餘, 林川, 石城, 鴻
山 地震.

明宗 5年(1550年 庚戌) 6月 17日(庚戌)

서울에 땅이 흔들리다

○ 庚戌 / 京師地震.

그림 171
□1550512≡-s527
진앙 : 정산 ; 규모 : 2.6 / 3.3

明宗 5年(1550年 庚戌) 6月 18日(辛亥)

재변에 대한 염려를 승정원에 전교하다

○ 辛亥 / 傳于政院曰 : “近來衆災連綿, 憂
懼之念, 未嘗少弛. 今又夏月, 雨雹數郡, 京
師外方 地震竝發, 不知何自以致, 罔知所
措.” 政院回啓曰 : “地震之變, 固非尋常,
而發於京師, 尤所罕聞. 故古史必以是爲大
事, 而書於策. 今聞傳敎, 臣等 不勝感激.
大抵災不虛生, 自上恐懼修省, 以答天譴,
則雖有是變, 無其應矣.”

明宗 5年(1550年 庚戌) 6月 24日(丁巳)

사직단에서 지진해괴제를 지내다

○ 丁巳 / 行社稷地震解怪祭

明宗 5年(1550年 庚戌) 12月 13日(壬申)

햇무리가 지고 서울에 땅이 흔들리다

○ 日暈. 京師地震, 起南方向北.
+

明宗 5年(1550年 庚戌) 12月 14日(癸酉)

바람에도 흔들리는 땅

승정원에 재변을 염려하는 전교를 내리다

○癸酉 / 傳于政院曰 : "近者日月暈, 連綿不絶, 冬雷地震, 繼出於外方, 昨夜京師亦地震. 災不虛生, 厥終不知有何事, 罔知所措."

明宗 6년(1551년) 12월 19일
강원도 평해에 땅이 흔들리다

○江原道 平海 地震.

明宗 6년(1551년) 12월 30일
경기 부평, 안산에 땅이 흔들리다

○京畿 南陽, 振威, 果川雷動, 富平 地震. 安山 地震如雷聲, 屋宇掀動, 群雉驚雊.

明宗 7년(1552년) 6월 18일
전라도 금산과 진산에 땅이 흔들리다

○全羅道 珍山, 錦山 地震.

明宗 7年(1552年 壬子) 7月 13日(癸巳)
서울에 땅이 흔들리다. 밤에 어떤 기운 같은 흰 구름이 남동방향에서 나다 꼬리는 북쪽을 가리키고 길이는 너덧 길쯤 되었으며 드위쳐 남쪽으로 이동하여 달을 가리고 지나서는 尾星 곁에 이르러서 한참 있다가 사라졌다.

○癸巳 / 京師地震. 夜, 有白雲如氣, 起自巽方, 尾指北方, 長四五丈許, 轉移南方, 冒月 而過, 至尾星傍, 良久乃滅.

+

明宗 7年(1552年 壬子) 7月 14日(甲午)
승정원에서 지진의 원인에 대해 아뢰다

○甲午 / 傳于政院曰 : "今京師地震, 有何所召而致此耶?" 政院啓曰 : "白氣地震, 疊見

於一日之內. 災變之出, 雖不能的指, 白氣地震, 皆以陰盛而然也. 況京師地震, 災變之大者. 自上須念發號施令之間, 有倒錯耶? 刑人賞人之間, 有混淆耶? 邪正消長之際, 有雜揉耶? 日 復一日, 恒存惕慮, 無小弛忽. 近者臺諫, 爲國計論啓大關之事, 而非徒不爲樂聞, 牢拒至此, 下情悶鬱. 而天時, 人事, 得其和順難矣." 答曰 : "以一二事不允之故, 至於召災, 未可知也."

□15530208≡-s220
明宗 8년(1553년) 2월 8일 (그림 172)
전라도 순천 등 10여 읍에 땅이 흔들리다

○全羅道 順天 等 十餘邑 地震

+

明宗 8년(1553년) 2월 23일
삼공이 2월 초8일 서울, 경상도, 충청도에 땅이 흔들렸으며 재변이 있음을 이유로 헛된 비용을 줄일 것을 간하다

○三公啓曰 : "今月 初八日, 京師地震, 慶尙, 淸洪道亦然, 而星州尤甚. 頃者月掩歲星, 其占爲年饑之象. 前冬酷寒, 今春深尙寒, 兩麥凍傷, 亦無豐穰之望. 此皆由於臣等 無狀, 在重位故也. 天災如此, 自上所當敬懼, 而浮費之事, 亦可省也. 親耕大禮, 率先敦本, 非爲遊逸勞酒宴, 亦是盛禮, 在所不得已也. 功臣供饋, 則請勿爲之. 客使銀價, 從其市直, 有似商賈, 依舊價貿給之敎至當. 但當初該曹, 非不言新價也. 其時則無雜言, 今當臨發, 請依舊價. 其意以謂臨發佯怒, 則國家必給矣. 今若給之, 則是陷於術中矣. 且國書已具, 送至館所, 又取而改之, 則國體虧損, 且未滿其意, 佯爲發怒,

而輒改之, 則後弊不少. 書契內 銀兩則定數, 而胡椒, 丹木之貿, 不爲定數. 胡椒, 丹木加貿, 則通計布三百餘同, (五十匹爲一同.) 而幾準於銀舊價之數也. 如此則庶滿其意, 而書契亦不可改也."答曰:"**地震尤甚於慶尙道**, 自上日 夜憂慮, 豈大臣之過哉? 春候如冬, 兩麥皆將不食, 百姓以何物生活乎?

+

明宗 8년(1553년) 2월 24일
사헌부에 이미 정해진 죄율에 대해 번복하지 말 것을 간하다

○憲府啓曰:"國家所恃而爲治者, 法也. 法一撓改, 則民無定志, 國無紀綱, 亂亡隨之, 可不戒哉! 新造寺刹之罪, 載在『大明律』; 犯流者全家徙邊, 乃我國常行之令典. 故臣 等以此照律, 已蒙允下, 行移本道, 罪律已定, 決不可撓改, 以啓無窮之弊. 請依定律. 近年災變連綿, 月掩歲星, **京師 地震, 淸洪, 慶尙 等 道, 又同日 而震, 星州之震,** 近所未聞. 親耕大禮, 雖不可廢, 而供饋功臣, 固非汲汲之事, 請勿行."答曰:"功臣供饋, 忠勳府已啓, 而近不爲之矣. 爲佛新創寺刹, 則法當全家徙邊, 此則只爲父母結幕守墓, 而加以重罪, 不無冤悶, 故自上未減矣. 不須改之."後累啓不允.

+

明宗 8년(1553년) 3월 24일
경상도 관찰사 정응두가 도내의 지진 상황을 장계하다

○庚子 / 慶尙道 觀察使丁應斗狀啓:
二月 初八日, 道內 五十餘邑 地震, 或屋宇墻壁墜落, 或山城崩壞. 自地震後, 有大風, 又有非烟非霧, 散布空中, 不辨山野, 天日

黯黮. 或有怪異之物, 自空散落, 有如葱種, 有如雞冠花, 實有三觚, 如蕎麥子, 皆內 白外黑. 至三月 初六日 而止.

全羅道 觀察使曺光遠狀啓:
二月 初八日, 順天 等 十餘邑 地震.

傳于政院曰:"近來衆災俱發, 不知何以有此歟? 且慶尙道, 來如葱種之物, 令內 農圃種之."

(史臣曰:"天災, 地變, 物怪, 無日 不現, 無處不有, 而南方兩道 竝六十餘邑, 同日 震驚, 其變尤甚. 迫切之憂, 不朝則夕, 而朝廷上下, 怡怡如太平之世, 識者憂之.")

傳于政院曰:"今纔久旱無雨徵. 當觀今二十七日, (諺云下雨日 也.) 旱災迫切, 則行宗廟別祭, 前例考啓."

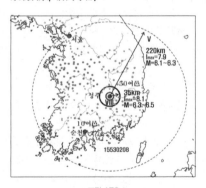

그림 172
□15530208≡-s220
진앙 : 성주 / 규모 : 5.2 / 6.1~6.5

明宗 8년(1553년) 5월 2일
강원도 원주에 땅이 흔들리다
○江原道 原州 地震, 屋宇搖動.

明宗 8년(1553년) 11월 24일
전라도 순천, 구례에 땅이 흔들리다
○丙寅 / 全羅道 順天, 求禮 地震.

□15531127≡-s1231

明宗 8년(1553년) 11월 27일(그림 173)

서울 등에 땅이 흔들리다

○己巳 / 夜, 京城 地震, 聲如微雷. 京畿 楊
根, 永平, 加平, 江原道 原州, 橫城, 慶尙道
聞慶, 龍宮, 咸昌, 安東, 玄風, 高靈 地震.

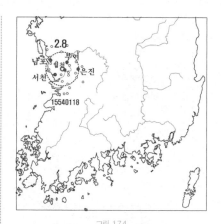

그림 174

□15540118≡-s0219
진앙: 임천; 규모: 2.8 / 3.4
□15540121≡1554s0222

○江原道 淮陽 地震 自東向西, 屋宇搖動.
慶尙道 大丘, 淸道, 玄風, 慶山, 昌寧 地震.
黃海道 平山, 白川, 江陰 地震, 聲如雷.
信川, 文化 等官, 蝗蟲集麥田, 如三眠蠶.

明宗 9년(1554년) 8월 22일(그림 176)

경상도 함안 등에는 땅이 흔들리다

○庚寅 / 夜, 流星出相星下, 入艮方天際,
狀如拳, 尾長二三尺許, 色赤.
慶尙道 咸安, 漆原, 熊川, 金海, 機張, 東萊
地震, 聲如雷, 屋宇搖動.

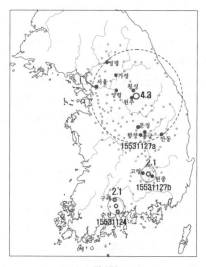

그림 173

□15531124 진앙: 백운산; 규모: 2.1 / 3.2
□15531127≡-s1231
□a 진앙: 치악산; 규모: 4.3 / 4.3
□b 진앙: 성산; 규모: 2.1 / 3.2

明宗 9년(1554년) 1월 14일

경상도 지례에 땅이 흔들리다

○乙卯 / 慶尙道 知禮 地震.

明宗 9년(1554년) 1월 18일(그림 174)

충청도 임천 등에 땅이 흔들리다

○淸洪道 林川, 扶餘, 舒川, 恩津, 藍浦 地震.

明宗 9년(1554년) 1월 21일(그림 175)

강원도 회양 등에 땅이 흔들리다

明宗 9년(1554년) 8월 24일

경상도 선산, 개령에 땅이 흔들리다

○日暈兩珥. 慶尙道 善山, 開寧 地震.

明宗 9年(1554年 甲寅) 11月 1日(戊戌)

햇무리 지고 밤에 유성이 보이고 땅이
흔들리다

○日暈. 夜, 流星出危星, 入牛星下, 狀如鉢,

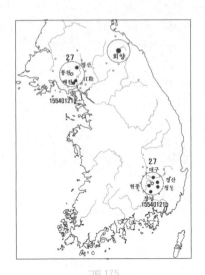

그림 175

□ 15540121a 진앙 : 봉천; 규모 : 2.7 / 3.4
□ 15540121b 진앙 : 화원; 규모 : 2.7 / 3.4

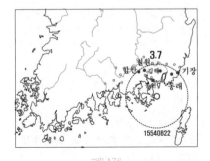

그림 176

□ 15540822＝-s918
진앙 : 거제E; 규모 : 3.7 / 3.9

尾長一丈許, 色赤. 自坤方至艮方, 地微震.
(史臣曰："仲冬之月 **地震於京師**, 其爲變
大矣. 地道宜靜也. 京師, 四方之本也. 仲
冬, 凝冞之月也. 而有如此之變, 此陰盛陽
微之證也. 君子陽也, 小人陰也. 小人日 進,
則陰盛; 吾道陽也. 異端陰也. 異端日 熾,
則陰盛; 朝廷陽也. 宮闈陰也. 宦官用事, 則

陰盛; 中國陽也. 四夷陰也. 夷狄侵陵, 則陰
盛. 當今之世, 皆有此等 事, 足以致陰盛陽
微之變也歟!")
【史臣曰："當今上而辛相, 下而百執事, 皆
以逢迎爲事, 阿諛成俗, 雖有妨賢病國之姦,
而不敢斥言, 奴膝辛趨, 如恐不及, 不幸老
姦竊國, 則誰能抗節致忠乎? 立兩宗而僧徒
恣行, 至於陵辱守令, 歐打士類, 以普雨爲
禪宗判事, 至於通簡宮闈, 唯其所欲, 無不
如意. 是以有名之士, 如尹春午. 朴民獻, 亦
相與往來焉, 異端之盛, 可勝嘆哉? 朴漢宗
恃功驕恣, 陵蔑士頻, 居中用事, 臣恐恭, 顯
之徒復起也. 北方釁起, 邊圉多事, 陰陽愆
期, 豈由他乎? 吁! 可痛哭也."】

+

明宗 9年(1554年 甲寅) 11月 1日(戊戌)
들꿩이 저자에 날아들다
○野雉入市. (史臣曰："京師地震, 野雉群
飛入市中 及 城內 人家, 多有捕得者, 幾一
月 不止, 何變異之至此耶?")

+

明宗 9年(1554年 甲寅) 11月 5日(壬寅)
재변이 잇달으니 친제 후의 음복연을
정지할 것을 사헌부가 아뢰다
○憲府啓曰："親祭之後, 設受胙之宴, 雖
禮所當然, 今者天災地孽, 無日 不作, 姑自
今月之內 言之, 京師地震, 野雉入市, 考之
前史, 極爲驚駭. 加以冬煖如春, 昏霧四塞,
人心極爲憂慮. 況八方凶荒, 近古所無, 秋
收未罷, 路有餓殍, 則自上方戒惕罔措, 少
答天譴之不暇, 而循例設宴, 極爲未安. 請
停飮福之宴." 答曰："今當災變連綿, 年運
凶荒之時, 宴享之事, 予亦以爲未安, 而飮
福之禮, 廢之亦未安, 故欲爲之矣. 然如啓."

明宗 19년(1554年 甲寅) 11月 10日(丁未)
전라도 진산에 땅이 흔들리고 강원도
삼척에 진달래가 피다

○全羅道珍山 地震. 江原道三陟, 杜鵑花處
處盛開如春. (史臣曰: "當天地閉塞, 萬物
蒙昧之時, 而雷動地震, 虹見花開, 此乃陰陽
失節, 而天地之氣不順也. 天地之氣不順, 由
於人事之所感, 　則今日之所以致此變異者,
豈不以政出多門, 威權不立, 君子道消, 小人
道長, 陵夷綻絶之所召也? 吁! 可畏也己.")

明宗 9년(1554년) 11월 17일
함경도 문천에 땅이 흔들리다

○甲寅 / 咸鏡道 文川 地震, 屋宇振動, 聲
如隱雷.

明宗 9년(1554년) 11월 21일
함경도 안변, 덕원에 땅이 흔들리다

○咸鏡道 安邊, 德源 地震.

明宗 9년(1554년) 12월 17일
경상도 성주에 땅이 흔들리다

○慶尙道 星州 地震, 聲如雷.

明宗 9년(1554년) 12월 26일
전라도 각지에 천둥 번개가 치고 땅이
흔들리다

○全羅道 金堤, 雷動. 泰仁雲晴, 大風雷動.
礪山, 萬頃, 益山, 臨陂, 鎭安, 高山, 沃溝,
雷動電發 地震.

明宗 10년(1555년) 1월 17일
경상도 경주에 땅이 흔들리다

○慶尙道 慶州 地震, 屋宇微動, 暫時而止.

(史臣曰: "地道 宜寧, 而至於震動, 變異孰
甚焉? 非但此一州, 慶尙一道, 大槪皆震,
視他道 特甚, 天意安在? 可不懼哉?")

明宗 10년(1555년) 2월 11일(그림 177)
경상도 상주, 성주, 개령 등에 땅이 흔
들리다

○慶尙道 尙州, 星州, 開寧, 善山, 玄風, 河
陽 地震. 大丘 地震 自西北間向東, 屋宇振
動, 暫時而止. 慶山, 昌寧, 山陰, 高靈, 淸
道 地震 自西向東北, 其聲如雷, 屋宇掀動,
暫時而止. 仁同 地震 自北向南, 屋宇搖動.

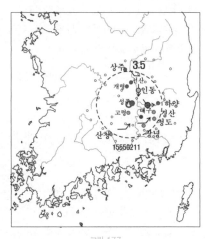

그림 177
□15550211≡-s0303
진앙 : 성주 : 규모 : 3.5 / 3.8

明宗 10년(1555년) 2월 12일
경상도 구미에 땅이 흔들리다

○慶尙道 仁同 地震 自北向南, 屋宇微動,
暫時而止.

明宗 10년(1555년) 4월 24일
강원도 철원 등에 비와 우박이 내리고

경상도 경주 등에 땅이 흔들리다
○戊子 / 江原道 鐵原, 雨雹交下, 大如榛
子, 小如黃豆, 良久而止. 金化霜降, 雨雹交
下, 大如榛子, 小如大豆. 淸洪道 淸風霜降,
春牟葉間, 有蟲如黑蠶. 堤川雨雹, 大如小
豆. 黃海道 平山 等 十三官, 雨雹交下.
慶尙道 慶州 等 五官 地震, 屋宇微動.

明宗 10년(1555년) 7월 6일
평안도 중화 등 세 군에 땅이 흔들리다
○平安道 中和 等 三郡 地震, 屋宇暫動. 黃
海道 黃州 等 三邑 地震, 聲如雷.

明宗 10년(1555년) 7월 27일
황해도 황주에 땅이 흔들리다
○黃海道 黃州 地震.

明宗 10년(1555년) 11월 5일
햇무리가 지다
○日微量 兩珥戴 色內 赤外靑. 黃海道 黃
州 地震.

明宗 10년(1555년) 11월 17일
경상도 지례에 땅이 흔들리다
○慶尙道 知禮 地震. 全羅道 金溝, 電光一
發, 雷亦大震, 沃溝, 雷動.

□15551208≡1556s0119
明宗 10년(1555년) 12월 8일(戊戌)(그림 178)
**서울, 경기, 충청, 황해, 평안도에 땅이
흔들리다**
○夜, 京師 地震 **自東方而西.** 水星見於東
方.
京畿 江華 等 三邑, 開城府, 黃海道 海州 等

七邑, 淸洪道 洪州 等 二邑, 平安道 成川 等
二邑 地震.
+
明宗 10년(1555년 乙卯) 12월 9일(己亥)
정원에 지난밤의 지진에 대해 전교하다
○己亥 / 傳于政院曰: "去夜一更 地震云,
聞甚未安." 都承旨權轍回啓曰: "前者兩南,
俱有石變, 今又冬月 雷動, 京師地震, 天之
譴告深矣. 自上念弭災之方, 反身修德, 則
天心自感."

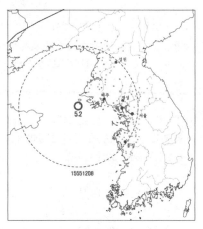

그림 178
□15551208
진앙: 대청도 / 규모 : 5.2 / 5.0

□C15551212≡1556s0123 嘉靖大地
震(그림 179)

嘉靖 三十四年 十二月 壬寅, 山西, 陝西,
河南 同時 地震, 聲如雷. 渭南, 華州, 朝邑,
三原, 蒲州 等處 尤甚. 或地裂泉湧, 中有魚
物, 或城郭房屋, 陷入地中, 或平地突成山
阜, 或一日數震, 或累日震不止. 河, 渭大
泛, 華嶽, 終南山鳴, 河淸數日. 官吏, 軍民
壓死 **八十三萬**有奇. (明史 / 卷30 / 五行三)

+

明嘉靖關中大地震, 簡稱嘉靖大地震, 也称
华县大地震, 是發生於中国明朝嘉靖三十四
年农历十二月十二(1556年1月23日)发生
的大地震, 現代科學家根據歷史的記錄, 推
斷當時的地震強度為地震矩8.0 / 至8.3 /
. 這次大地震是中国历史上破坏力最强的一
次大地震, 也是世界有歷史紀錄的地震中死
亡人數最多的地震(위키페디아).

그림 179
가정대지진의 감진 지역
□≠ 15551208, 대청도지진 나흘 뒤 발생

明宗 11년(1556년) 2월 7일(그림 180)
경기도 여주, 양성, 충청도 청주에 땅
이 흔들리다
○京畿 驪州, 陽城 地震. 淸洪道 淸州 地震.

明宗 11년(1556年 丙辰) 2월 8일(丁酉)
황해도 평산에 우레소리 같은 소리가
나다
○黃海道 平山地, 有聲如雷. 自西北向東南
而止, 其終如折木聲. 江陰 地震.

明宗 11년(1556년) 2월 9일(그림 180)
경상도 함안, 양산, 고성 등에 땅이 흔

들리다
○慶尙道 咸安, 梁山, 固城, 丹城, 東萊, 機
張, 鎭海, 巨濟, 昌原, 泗川, 添原, 晋州, 金
海, 熊川 地震.

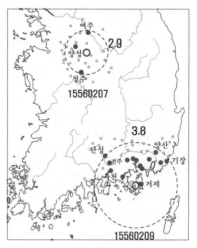

그림 180
□15560207≡-s0317
진앙: 금왕; 규모: 2.9 / 3.5
□15560209≡-s0319
진앙: 거제; 규모: 3.8 / 4.0

明宗11年(1556年 丙辰) 4月 4日(壬辰)(그림181)
햇무리가 지고 서울에 땅이 흔들리다
○日微暈. 京城地震.

+

明宗 11년(1556년) 4월 4일(그림181)
경기 부평, 교동도, 황해도 해주, 신천,
옹진, 송화, 장연에 땅이 흔들리다
○京畿 富平, 喬桐 地震.
黃海道 海州, 信川, 瓮津, 松禾, 長淵 地震.

明宗 11년(1556년) 4월 8일
충청도 신창에 땅이 흔들리다
○淸洪道 新昌 地震.

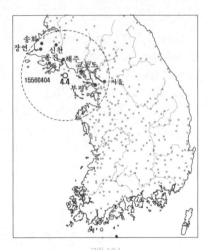

그림 181
□15560404≡-s0512
진앙 : 연평도; 규모 : 4.4 / 4.4

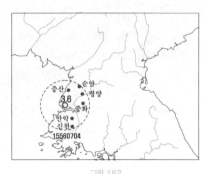

그림 182
□15560704≡-s808
진앙 : 남포; 규모 : 3.6 / 3.8

明宗 11年(1556年 丙辰) 9月 29日(甲申)
서울에 땅이 흔들리다

○京城地震. 江原道高城, 雨雪雷動. 黃海
道載寧, 延安, 安岳, 瓮津, 松禾, 豐川, 牛
峯, 瑞興, 雷動. 京畿南陽, 農人 及 耕牛各
一, 雷震死. 淸洪道牙山, 新昌, 瑞山, 天安,
全義, 槐山, 惟新, 大雷雨. 全羅道礪山, 益
山古阜, 雲峯, 長水, 雷.

明宗 11년(1556년) 7월 4일(그림 182)
황해도와 평안도에 땅이 흔들리다

○全羅道 錦山水田落蟲. 黃黑細文班, 蟲體
如米蠹, 或大或小. 自根至莖損食, 輒爲枯
黃, 不能發穗. 黃海道 信川, 安岳 地震. 平
安道 平壤, 中和, 順安, 甑山 地震, 聲如雷,
屋宇振動.

明宗 11년(1556년) 10월 7일
전라도 무장, 고창, 홍덕에 땅이 흔들

리다

○全羅道 茂長, 高敞, 興德 地震雷動.

明宗 11년(1556년 丙辰) 12월 3일(戊子)
개성부에 지진이 일어나다

○戊子 / 日暈. 開城府地震 自西向東, 聲
如殷雷, 屋宇微動. 黃海道江陰, 雷聲大作,
牛峯地震 自北向東, 屋瓦振動.

明宗 11년(1556년) 12월 7일
전라도 전주 등에 땅이 흔들리다

○全羅道 全州 地震, 聲如雷, 高山, 雷動.
淸洪道 林川 地震, 恩律, 石城, 雷動. 慶尙
道 南海, 雷動, 如放砲聲.

明宗 11년(1556年 丙辰) 12月 17日(壬寅)
햇무리가 희미하게 지다

○日微暈, 兩珥, 色內 赤外靑. 江原道三陟
地震.

明宗 12년(1557년) 3월 13일(그림 183)
충청도 청주, 연기, 진천 등에 땅이 흔
들리다

○**清洪道** 清州, 燕歧, 鎭川, 天安, 平澤 地震, 屋宇搖動. 全義 地震. 溫陽, 新昌 地震. 聲如微雷, 屋宇搖動.

慶尙道 高靈, 開寧, 草溪, 雪下, 經日 不消.

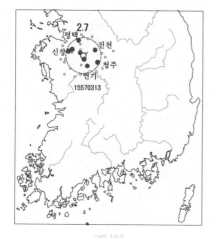

그림 183
□15570313≡−s411
진앙 : 목천 ; 규모 : 2.7 / 3.4

明宗 12년(1557년) 3월 14일
경상도 진해에 땅이 흔들리다
○丁卯 / 慶尙道 鎭海 地震. 屋宇搖動.

明宗 12년(1557년) 4월 1일 (그림 184)
땅이 흔들리고 햇무리가 지다. 충청도 임천 등에 천둥이 치다
○東方, 西方 地震. 日暈.
慶尙道 **寧海, 盈德 地震.** 屋宇微動.
淸洪道 林川, 石城, 舒川, 雷雹交雨大作, 大如榛子, 或如大豆. 舒川 風雨雷動. 境內 山谷大小松木, 拔根摧折.
江原道 **平海 地震** 五度. 有聲如雷. 墻屋振搖.

明宗12年(1557年 丁巳) 5月 3日(乙卯) (그림 185)

그림 184
□15570401≡−s429
진앙 : 평해E ; 규모 : 3.3 / 3.7

사인이 재변이 중첩되니 단오날의 제사를 정지할 것을 청하다
○乙卯 / 舍人以三公意啓曰 : "人君畏天之敬, 不可有斯須之弛. 至於遇災, 尤當惕然, 十分加敬. 近來變故非止一二, 今又**京師地震**. 親祭原廟, 雖因誠孝而擧, 當此之時, 若欲强行, 近於忽天戒矣. 當祭未殺牲, 遇日食等 災則廢, 乃聖人明訓. 日食有常數, 亦且當祭而廢. 況非常之災, 荐臻一時, 而祭期猶隔數日 乎? 端午日 文昭, 延恩殿親祭, 命停何如?" 答曰 : "啓辭當矣. 臨祭攝行, 雖甚未安, 遇災强行, 亦未便, 故依允."
+
明宗 12년(1557년) 5월 3일 (그림 185)
경기와 경상도에 땅이 흔들리다
○京畿 地震. 屋宇振動.
慶尙道 尙州, 善山, 昌原, 東萊, 彦陽, 軍威, 比安, 安東, 星州, 密陽, 永川, 義城, 開寧, 淸河, 金山, 知禮, 大丘, 陜川, 咸陽, 醴川, 草溪, 慶山, 新寧, 仁同, 慶州, 河陽 地震.

明宗 12년(1557년) 6월 2일

전라도 남평, 해남, 강진에 땅이 흔들
리다

○全羅道 南平, 海南, 康津 地震.

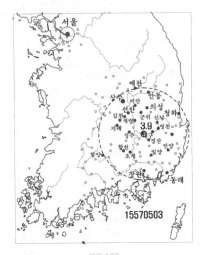

그림 185
□15570503≡-s530
진앙 : 대구 ; 규모 : 3.9 / 4.0

明宗 12년(1557년) 9월 2일
황해도 우봉에 땅이 흔들리다

○壬子 / 黃海道 牛峯 地震.

明宗 12년(1557년) 9월 12일
강원도 삼척에 땅이 흔들리다

○江原道 三陟 地震, 有聲如雷, 屋宇振動.

明宗 12년(1557년) 10월 21일
전라도 전주에 땅이 흔들리다

○全羅道 全州 地震.
(史臣曰 : "重濁爲質, 主陰尙靜者, 地也. **時
京師再震**, 四方亦然. 變異之作, 若是其重
疊, 何哉? 居燮理之任者, 無益於恤國, 在外
戚之親者, 惟事其賄賂, 上恬下嬉, 俗敗風
澆, 天災地變, 可駭可愕者, 厥有由哉!")

□15571130≡1557s1220
明宗 12년(1557년 丁巳) 11월 30일(己卯)
밤에 땅이 흔들리다

○己卯 / 夜 地震, 屋宇皆動.
(史臣曰 : "災變之作, 人事之所召. 是年海
溢彗出, 大風作於關西, 鐵甕飛空, 此陰盛
之兆也. 牛乳三頭之犢, 雞産四足之雛, 此
物怪之大也. 今當天地凝閉之時, 數月之內,
京師再震, 災異之重疊, 何至於此極耶? 時
勳臣, 耆者, 居燮理之任者, 沈酣於子女玉
帛之間, 患得患失, 苟且度日, 則朝廷是非,
誰得以正之, 賢邪雜進, 誰得以卜之? 至若
陰兇邪侫, 如章, 蔡之輩, 側于耳目之列, 羊
狠狐伺, 羅織異己, 搆禍士林, 將至於一網
打盡之域, 而誰得以禁之? 若然則陰盛之
漸, 不足怪也. 災異之作, 不必訝也. 豈惟天
災地變, 重疊而不已哉? 人事之變, 將有大
於此者矣. 可勝痛哉!")
+
明宗 12年(1557年 丁巳) 12月 1日(庚辰)
지진으로 인해 고취를 연주하지 않기
로 하다

○檢詳以三公意啓曰 : "**去夜地震非常**, 大
駕前後皷吹, 陳而不作, 以存遇災警懼之意
何如?"答曰 : "啓意當矣. 前月 京師雷動,
去夜亦**大震**, 地變非常, 予甚未安. 予見日
官之啓, 卽欲命停皷吹, 而今日之行, 非特
予一身也. 予若停樂, 則兩大妃, 亦必停之.
此亦未安, 故未卽言之矣. 如啓停之."
+?
明宗 12년(1557년) 12월 1일
충청도 진천과 강원도 삼척 등에 땅이

흔들리다

○淸洪道 **鎭川** 地震. 屋宇搖動, 有聲移時
而止. 江原道 **三陟, 寧越** 等官 地震, 墻屋
振動.

明宗 13年(1558年 戊午) 10月 30日(癸酉)
강원도 간성에 지진이 일어나다

○江原道 杆城, 地震, 其聲如雷, 屋宇微動.

明宗 13년(1558년) 11월 6일
황해도 강령에 땅이 흔들리다

○黃海道 康翎 地震, 屋宇掀搖. 夜, 雷動.

明宗 14年(1559年 己未) 1月 29日(辛丑)
경기 장단에 땅이 흔들리다

○京畿 長湍 地震.

明宗 14년(1559년) 8월 9일
태백이 나타나고 경상도 성주와 개령
에 땅이 흔들리다. 안동, 웅천에 꽃이
피다

○未時, 太白見於巳地. **慶尙道 星州, 開寧**
地震. 安東, 梨花爛發, 熊川, 梨花, 櫻桃花,
枳花爛開, 如春.

明宗 14년(1559년) 11월 29일
경상도 지례에 땅이 흔들리다

○日暈. 四方, 有濁氣. 夜, 西方電光. **慶尙**
道 知禮 地震.

明宗 14년(1559년) 12월 14일
경상도 상주와 초계에 땅이 흔들리다

○辛亥 / 日微暈. 慶尙道 尙州, 草溪 地震.

明宗 16년(1561年 辛酉) 閏5월 5일(그림 186)
수안, 은율, 평양 등에 땅이 흔들리다

○黃海道 遂安, 殷栗 地震. 平安道 **平壤** 等
十郡 地震. 咸鏡道 **咸興** 等 八郡 地震.

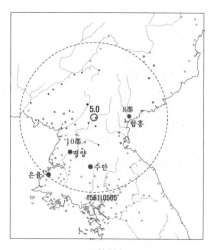

그림 186
□1561L0505≡-s0617
진앙 : 영원; 규모 : 5.0 / 4.8

明宗 16년(1561年 辛酉) 11월 22일
충청도 청안, 진천에 땅이 흔들리다

○淸洪道 淸安, 鎭川 地震. 屋宇微動.

明宗 16년(1561年 辛酉) 11월 23일(그림 187)
전주, 함열, 용안, 김제 등에 땅이 흔들
리다

○全羅道 全州, 咸悅, 龍安, 金堤, 益山, 礪
山, 井邑, 錦山 地震.

明宗 17년(1562년) 11월 2일(그림 188)
거창, 초계, 합천 등에 땅이 흔들리다

○慶尙道 居昌, 草溪, 陜川, 高靈 地震.

그림 187
□ 15611123≡-s1229
진앙 : 전주; 규모 : 3.1 / 3.6

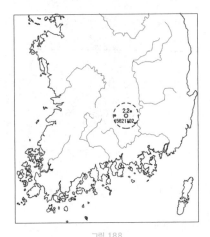

그림 188
□ 15621102≡-s1127
진앙 : 거창; 규모 : 2.2 / 3.2

明宗 18年(1563年 癸亥) 10月 2日(丁未)
햇무리가 지고, 천둥과 지진이 일어나다
○丁未 / 日微暈, 兩珥. 坤方雷微動. 咸鏡
道 咸興. 地震.

明宗 19年(1564年 甲子) 2月 15日(戊午)
경기 강화 등지에 천둥 번개가 치다

○京畿江華, 雷震民家, 雌牛一首, 狗一首
致死. 積城雷聲大作, 有同夏月 地震, 屋宇
皆動. 安城雨雪交下, 大雷電以風. 平安道
江界, 大雪雨雹, 大震電.

明宗 19년(1564년) 2월 29일
충청도 단양, 경상도 영주에 땅이 흔들
리다
○淸洪道 丹陽, 慶尙道 榮川 地震.

明宗 19년(1564년) 4월 30일(그림 189)
경상도 경주 등에 땅이 흔들리다
○辛丑 / 慶尙道慶州, 長鬐, 延日, 慶山 地震

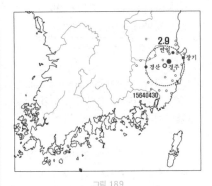

그림 189
□ 15640430≡-s608
진앙 : 경주; 규모 : 2.9 / 3.5

明宗 20년(1565년) 1월 1일
함경도 삼수에 땅이 흔들리다
○咸鏡道 三水 地震.

明宗 20년(1565년) 1월 3일
함경도 삼수에 땅이 흔들리다
○辛丑 / 咸鏡道 三水 地震.

明宗 20년(1565년) 1월 23일

바람에도 흔들리는 땅

경상도 남해에 땅이 흔들리다
○慶尙道 南海 地震.

明宗 20년(1565년) 3월 5일
평안도 가산 등에 땅이 흔들리다
○平安道 嘉山 地震, 定州雨土 地震.

明宗 20년(1565년) 4월 19일(그림 190)
서울 등에 땅이 흔들리다
○京城 地震, 屋宇皆動. 京圻 坡州, 抱川,
江華 地震, 屋瓦搖動. 江原道 平康 地震. 平
安道 定州, 寧邊, 鐵山, 平壤 地震, 屋宇搖
動.
+

明宗 20年(1565年 乙丑) 4月 20日(丙戌)
지난밤의 지진으로 미편함을 정원에
전교하다
○丙戌 / 傳于政院曰 : "去夜京師地震, 予
心未安." 政院回啓曰 : "臣等 伏承下敎, 不
勝感激. 地者陰也. 理宜安靜, 而四月 純陽
之月, 京師, 四方之表. 今乃越陰之職, 侵陽
之事, 變異非常, 攷前史, 無非陰盛陽微之
證也. 自上其於扶陽抑陰之道, 宜無所不用
其極, 而進退賢邪之際, 表當當念焉. (時臺
諫論執尹百源之事, 所以諷之.) 況新遭大
恤, 疚棘之中, 哀思方切, 善端易發, 因此譴
告, 終始惕慮, 使陽淑漸長, 而陰慝自消, 則
轉異爲祥, 莫過於此."

明宗 20년(1565년) 8월 2일
평안도 상원에 땅이 흔들리다
○丙寅 / 平安道 祥原 地震.
8월 4일; 8월 5일; 8월 6일; 8월 7일;
8월 8일 : 8월 11일; 8월 13일; 8월 15

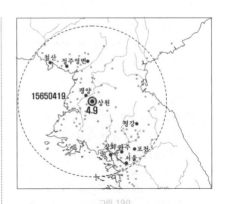

그림 190
□15650419≡-s0518
진앙 : 상원; 규모 : 4.9 / 4.7
▷여진을 고려함

일; 8월 17일; 8월 18일; 8월 19일; 8
월 20일; 8월 21일

明宗 20年(1565年 乙丑) 8月 9日(癸酉)
햇무리가 지다. 평안도 상원에 땅이 흔
들리다
○日微量. 平安道 祥原 地大震.

明宗 20年(1565年 乙丑) 8月 10日(甲戌)
햇무리가 지다. 평안도 상원에 땅이 흔
들리다
○日暈. 平安道 祥原 地大震.

明宗 20年(1565年 乙丑) 8月 12日(丙子)
평안도 상원에 땅이 흔들리다
○雷電. 京畿 楊根 男一人, 馬二匹 雷震死.
平安道 祥原 地大震.

明宗 20年(1565年 乙丑) 8月 14日(戊寅)
평안도 상원에 땅이 흔들리다
○平安道 祥原 地大震.

明宗 20年(1565年 乙丑) 8月 16日(庚辰)

햇무리가 지다. 평안도 상원에 땅이 흔들리다

　○日暈. 平安道 祥原 地大震.

明宗 20년(1565년) 8월 22일

평안도 상원에 땅이 흔들리다

　○平安道 祥原 地震者三.

明宗 20년(1565년) 8월 23일(그림 193)

8월 24일; 8월 29일; 9월 1일; 9월 2일; 9월 3일; 9월 5일; 9월 6일; 9월 7일; 9월 8일~12월 23일

평안도 상원에 땅이 흔들리다

　○平安道 祥原 地震.

明宗 20年(1565年 乙丑) 8月 25日(己丑)

明宗 20年(1565年 乙丑) 8月 27日(辛卯)

明宗 20年(1565年 乙丑) 9月 18日(辛亥)

明宗 20年(1565年 乙丑) 10月 1日(甲子)

明宗 20年(1565年 乙丑) 10月 30日(癸巳)

明宗 20年(1565年 乙丑) 11月 5日(戊戌)

明宗 20年(1565年 乙丑) 11月 24日(丁巳)

평안도 상원에 땅이 흔들리다

　○平安道 祥原 地大震.

明宗 20年(1565年 乙丑) 9月 26日(己未)

안개가 끼고 햇무리가 지다. 평안도 상원에 땅이 흔들리다

　○四方沈霧. 日暈兩珥. 夜有電光. 平安道 祥原 地大震.

明宗 20년(1565년) 10월 22일(그림 191)

경상도 밀양 등에 땅이 흔들리다

　○慶尙道 密陽, 淸道, 梁山, 昌原 地震.

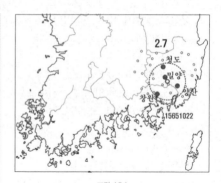

그림 191
□15651022≡-s1114
진앙 : 삼랑진; 규모 : 2.7 / 3.4

明宗 20年(1565年 乙丑) 11月 23日(丙辰)

(그림 192)

태백이 나타나다. 경기 장단 등지에 천둥치고 땅이 흔들리다

　○丙辰 / 未時, 太白見於巳地. 京畿長湍, 豐德, 平安道 順安, 咸從, 雷動. **平壤, 江西 地震. 祥原 地大震.**

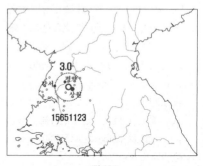

그림 192
□15651123≡-s1215
진앙 : 상원; 규모 : 3.0 / 3.5

明宗 20年(1565年 乙丑) 12月 4日(丁卯)

태백이 나타나고, 평안도 상원에 땅이 흔들리다

　○丁卯 / 未時, 太白見於巳地. 平安道 祥

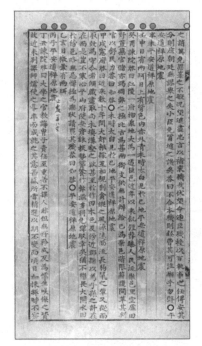

그림 193
『조선왕조실록』의 잦은 상원지진 기록

原 地大震.

明宗 21년(1566년) 3월 28일(그림 194)
충청도 대홍, 노성, 전라도 만경, 용안
등에 땅이 흔들리다

○忠淸道 大興, 尼山, 林川 地震. 全羅道
萬頃, 龍安, 咸悅, 沃溝 地震.

明宗 20年(1565年 乙丑) 12月 25日(戊子)
햇무리가 지다

○戊子 / 日暈, 有兩珥, 背重暈, 色皆內 赤
外靑白. 夜月微暈, 有兩珥. 平安道肅川, 安
州, 永柔, 地震. 嘉山雷, 祥原, 地震. (祥原,
自四月十九日, 地震, 至今不絶, 變怪非常.)

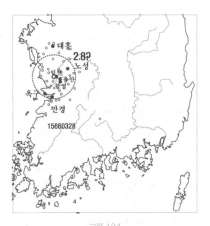

그림 194
□15660328≡-s417
진앙: 임천; 규모: Mt > 2.8; Mg > 4.2

明宗 21年(1566年 丙寅) 4月 20日(辛巳)
조강에 나아가 양종 선과의 혁파와 눈
이 내린 재변 등에 대해 이르다

○辛巳 / 上御朝講. 大司憲朴承俊, 大司諫
洪仁慶, 陳啓兩宗, 禪科不可不革之意.
上曰: "兩宗, 禪科, 非崇奉異端也. 載在
『大典』, 遺敎亦重, 故雖不快從朝議, 而心
甚重難, 參酌物情, 則先朝久廢之事, 故皆以
爲不便矣. 革罷可也."【兩司弘文館及儒生
等, 逐日論諍, 至是得允, 莫不喜躍】
永俊又曰: "臣近見平安道監司書狀, 有下
雪累日不消之處, 極爲驚異. 昔周時正月繁
霜, 大夫作詩而慶之. 周之正月, 卽今之四
月也. 繁霜猶憂, 況下雪乎? 非但此也, 祥
原自前年四月至今, 逐日地震, 近日下三道
亦如此云. 天災地變, 疊見層出, 災不虛生,
必有所召. 且近日風俗甚惡, 殺人相繼, 都
中如此, 外方可知. 且連年飢饉, 民盡流離,
十室九空, 島夷山戎, 不無釁端, 此誠國家
之急憂. 自上特念敎化, 使風俗敦厚, 民生
蘇復, 邦本堅固, 人心歡悅, 則災沴自消矣."

明宗 21년(1566년) 5월 5일
전라도 영광과 함평에 땅이 흔들리다
　○全羅道 靈光, 咸平 地震.

明宗 21년(1566년) 5월 24일
경상도 비안에 땅이 흔들리다
　○慶尙道 比安 地震, 聲如微雷, 屋宇皆動.

明宗 21년(1566년) 6월 3일[그림 195]
황해도 안악, 문화, 평안도 삼화, 용상
등에 땅이 흔들리다
　○壬戌 / 黃海道 安岳, 文化, 長連, 殷栗 地
震. 安平道 三和, 龍崗, 江西 地震. 方山鎭
雲霧晦塞, 狂風大作, 雨雹交下, 樹木顚仆.

明宗 21년(1566년) 閏10월 8일[그림 196]
황해도 황주, 평안도 상원 등에 땅이
흔들리다
　○乙未 / 黃海道 黃州, 平安道 祥原, 甑山,

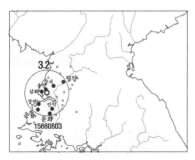

그림 195
□15660603≡-s0619
진앙 : 용강; 규모 : 3.2 / 3.6

平壤 地震. 咸從, 雷動 地震.

明宗 21年(1566年 丙寅) 閏10월 18日(乙巳)
햇무리가 지고 사방이 안개에 잠기다.

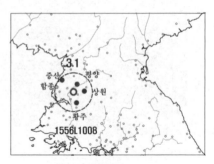

그림 196
□1566L1008≡-s1119
진앙 : 평양S; 규모 : 3.1 / 3.6

강원도 삼척에 지진이 일어나다
　○日暈, 四方沈霧. 江原道三陟 地震.

明宗 21년(1566년) 10월 10일
황해도 곡산에 땅이 흔들리고 경상도
함안 등에 천둥이 치다
　○黃海道 谷山 地震, 聲如微雷, 暫時而止.
慶尙道 咸安, 柒原, 彦陽, 雷動.

明宗 21年(1566年 丙寅) 10월 29日(丙戌)
밤에 번개와 천둥이 치다
　○丙戌 / 夜, 南方坤方 及 天中, 有電光.
南方雷動, 雨雹交下, 大如小豆. 淸洪道泰
安, 雨雪交下, 雷聲大作. 全羅道 全州, 羅
州 大震, 電以雨. 金堤, 淳昌, 萬頃, 茂長,
興德, 高敞, 咸平, 珍原, 和順, 扶安, 泰仁,
風雨雷動. 黃海道延安, 雷聲微動.
　▷大震은 지진현상이 아님

明宗 22년(1567년) 1월 5일
경상도 영주 등에 땅이 흔들리다. 초계
에 암소가 기형의 송아지를 낳다
　○慶尙道 榮川, 龍宮 地震, 屋瓦微動. 草溪

民家, 有牛産兩犢, 其犢一體一尾, 而兩頭, 兩口, 兩耳, 四目, 四足, 産後母子俱死.

明宗 22年(1567年 丁卯) 1月 22日(戊寅)
천둥 번개가 치고 땅도 흔들리고, 콩만
한 우박이 내리다

○戊寅 / 雷動有電光, 地亦微動. 雨雹大如豆.
(史臣曰:"是日天地昏暗, 氣像愁慘, 披書
不能看字, 變之甚也. 雷未可以出, 電未可
以見, 而燁燁震電, 不寧不令, 怪之極也. 地
道爲陰而微震, 如天戾氣凝聚, 而雨雹如豆,
異之至也. 大陽失明, 如入黃昏, 上動下搖,
可驚可愕. 衆怪疊見, 莫之敢指. 『春秋』雖
每書災異, 而未有若此之甚也. 自權奸用事
以來, 刑政之紊舛, 民生之困瘁, 積有年紀.
方發輪對之悔, 遽有王候之慝, 群奸雖被退
斥, 一凶尙在肘腋, 人心憂懼, 莫不局蹐, 天
之示警深矣.)

宣修 10年(1577年 丁丑) 10月 1日(甲申)
경기도 등에서 재변이 거듭 생기는 데
대해 전교를 내리다

○京畿大水, 漂沒人居, 江原道地震. 上以
災變疊出, 下敎自責, 令政院, 政曹, 渝條舊
習, 各盡職任.

宣祖 14년(1581년) 5월 8일(그림 197)
전라감사가 지진과 천둥을 아뢰다

○庚午 / 全羅監司 書狀:南原, 淳昌, 玉
果, 雲峯 等地, 四月 十七日 巳時 地震, 屋
宇動搖, 天動偕作暫時而止.

□15871215-1588s0112
宣祖 21년(1588년) 1월 1일

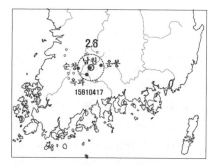

그림 197
□15810417≡-s519
진앙; 남원; 규모 : 2.6 / 3.3

전라감사가 용담에 땅이 흔들렸다고
아뢰다

○朔乙酉 / 全羅監司 尹斗壽狀啓:
龍潭縣, 去十二月 十五日 地震 自西南, 聲
甚轟輵

宣祖 22년(1589년) 9월 4일
충청감사가 대흥에 땅이 흔들렸다고
아뢰다

○戊申 / 忠淸監司 書狀, 大興呈內, 今八
月 二十二日 地震事.

□15901217≡1591s0112(그림 198)
宣祖 23년(1590년 庚寅) 12월 22일(庚寅)
재앙에 즈음하여 구언하는 전교

○庚寅 / 傳:"蓋聞, 天惟顯思, 日 監在玆.
雖高高在上, 而類應之命, 不僭於毫髮, 故
國有失道, 先出災異, 繼以怪異. 尙不知變
而後, 傷敗乃至, 則其所以仁受人君, 諄諄
譴告, 若口語而面命者, 甚可畏也. 古昔帝
王, 以六事自責, 八章側身, 凡所以遇災修
省者至矣. 眇余涼德, 夙夜祇懼, 不敢遑寧,
庶幾俯勤武議, 上對天心, 薦我明德, 幸無

獲戾于天地祖宗而已. 天心不豫, 衆災俱興, 水旱癘疫, 奏狀繼踵, 飛流彗孛, 候占相望, 歲無虛月, 史不絕書. 予雖菲薄, 不能察形, 厥有天誠, 其影已著. 式至于今, 一歲內 大陽再蝕, 此已可愕. 又有甚者, 乃於**今十二月 十七日 乙酉, 京都地震, 屋宇振動**, 究厥所由, 豈曰妄作? 若稽往牒, 災異非一, 而古人必以日 蝕地震爲重, 一猶可懼, 況又疊作, 安知隱禍駭機, 伏於冥冥之中? 人不能知之, 故皇天仁愛, 出此災異, 以警之耶? 方今闕政, 有足以召災者, 不可毛舉, 姑以大者言之, 身爲牖民之則, 而予不克修之; 心爲出治之本, 而予不克正之; 吝於改過, 而本源之偏係者, 有所未祛; 咈於從諫, 而聲色之拒人者, 不瑕大峻, 宮閫有女謁之私, 朝廷無相讓之風歟? 士氣餒歟, 民俗薄歟, 下情若何以盡達, 刑獄若何以盡平? 抑紀綱不立, 而百隷怠歟? 用舍不明, 而公道廢歟? 凡政令施緩之間, 誠意薄而澤不下究, 使我民, 顚連而無所控告歟? 興言 及此, 若隕于淵, 其所以致災之由, 何故弭災之術, 安在? 惟爾大小臣僚, 草野章布, 上以寡昧, 下以時政, 與夫生民之於利病, 日 用之云爲, 有可以利國家, 毋嫌訐直, 毋憚批鱗, 其各敷心悉陳, 其幸敎之. 雖有不中, 亦且優容. 惟爾政府, 體予至意, 曉諭中外." 事下政府.

+

宣祖 23년(1590년) 12월 23일
개성 유수가 땅이 흔들렸다고 아뢰다
○開城留守書狀 : 今月 十七日 巳時 地震 自西北, 向東南, 屋宇振動, 良久而止. 啓下 禮曹.

+

宣祖 24년(1591년) 1월 5일

함경감사가 안변, 문천, 고원 등 고을에 땅이 흔들렸다고 아뢰다
○咸鏡監司 書狀 : "道內 安邊, 文川, 高原等官呈, 今十二月 十七日 巳時, 自東至西 地震大作, 變異非常事."

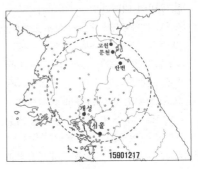

그림 198
□ 15901217≡1591s0112 : 분석 유보

宣祖 22년(1589年 己丑) 12月 23日(丙申)
사방에 안개 기운이 있고 햇무리와 땅이 흔들리다
○丙申 / 四方有霧氣, 日暈, 巳時**地動**.

宣修 24年(1591年 辛卯) 1月 1日(戊戌)
사방에 땅이 흔들리다
○朔戊戌 / 地震, 四方皆同, 京師最甚.

宣祖 27년(1594년) 5월 14일
경상도에 땅이 흔들리다
○慶尙道 各邑, 一樣 地震.

宣祖 27년(1594년) 5월 26일
밤에 땅이 흔들리다
○夜一更 地震 自乾方至巽方, 良久而止.

□ 15940603≡1594s0720

바람에도 흔들리는 땅

宣祖 27년(1594년) 6월 3일 (그림 199)
땅이 흔들리다
○庚戌 / 寅時 地震 自北而南, 屋宇皆動,
良久而止.

+

宣祖 27년(1594년) 6월 3일
동부승지 이수광이 지난 밤 2번의 땅
이 흔들렸으나 한 번만 서계한 관상감
차지 관원을 추고하라고 아뢰다
○同副承旨李睟光啓曰:"去夜夜半 地震,
曉來又震. 觀象監, 只以一度書啓, 次知官
員請推考." 傳曰:"依啓."

+

宣祖 27년(1594년) 6월 3일
충청도에 땅이 흔들리다
○忠淸道 地震 自西而東, 有聲如雷, 地上
之物, 莫不搖動. 初疑天崩, 終若**地陷**, 掀動
之勢, 愈遠愈壯.

+

宣祖 27년(1594년) 6월 3일
경상도 초계 고령 등 지역에 땅이 흔들
리다
○慶尙道 草溪, 高靈 等地 地震 自北而南.

+

宣祖 27年(1594年 甲午) 6月 3日(庚戌)
지진으로 인해 정원이 경계할 것을 아
뢰다
○政院啓曰:"天不悔禍, 亂靡有定, 憂虞
之象, 不一而足, 而今者京師地震, 有聲如
雷, 屋宇皆動, 非常之變, 疊見於旬日之內.
大變不虛作, 災必有召. 天之示異, 至於此
極者, 豈無所以然哉? 自上深思致災之由,
惕然警省, 以答仁愛之天, 則誠之所至, 天
心可格矣." 答曰:"京師地震之變如此, 極

爲(警) (驚)愕. 天道昭昭, 恐是仍冒之致,
得非警予之至? 朝廷不可不深思也."

+

宣祖 27年(1594年 甲午) 6月 3日(庚戌)
지진으로 인해 왕이 물러날 뜻을 알리
고, 비변사 양사 옥당 등이 주문하는
일과 섭정국이 도성의 지세를 살필 일
을 아뢰다
○上御便殿, 引見備邊司, 兩司, 玉堂 (…
중략…) 上曰:"京師地震, 變之大者, 此
豈虛應? 予不可冒居, 而苟且仍存, 故天怒
至此. 予必速退然後, 天意, 人心可安. 卿等
宜速處置." 守慶曰:"地震之變, 再出於一
旬之間, 當恐懼修省, 以應天譴而已. 豈宜
有此傳敎? 中朝之人聞之, 亦以爲如何也?
臣意必封世子, 然後或可爲也." 上曰:"一
日 不可冒居, 不可不速處. 予曾於司天使處,
至以手書示之. 今若不爲, 未免爲姦詐人."

+

宣祖 27년(1594년) 6월 7일
홍성에 땅이 흔들렸다고 충청감사가
치계하다
○忠淸道 監司 馳啓:"本月 初三日 寅時,
洪州 地震 自西向東, 聲如雷動, 屋宇掀搖,
窓戶自開, **東門城三間崩頹.**"

+

宣祖 27년(1594년) 6월 14일
전주에 땅이 흔들렸다고 전라병사가
치계하다
○辛酉 / 全羅兵使李時言 馳啓:"今六月
初三日 寅時, **全州** 地震 自南向北, **聲如殷**
雷, 屋宇皆動. **金提, 古阜, 礪山, 益山, 金**
溝, 萬頃, 咸悅 等官, 皆一樣." 又曰:"道內
土賊蜂起, 或數百爲群, 無處不發. 至於泰

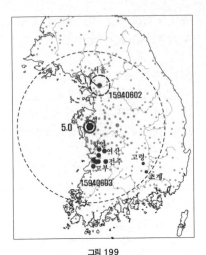

그림 199
□15940603≡-s720
진앙: 홍성; 규모: 5.0 / 4.8

退, 三京纔復, 鑾輿旋軫, 於此可以見天心
之悔禍, 而光復之有期矣. 及 其人謀不臧,
動輒失宜, 上不能克享, 下不能允懷, 則天
於是時, 又出大異以警動之, 其所以仁愛我
聖明, 而欲其玉成之也至矣. 嗚呼! 石者頑
物, 而海西之石步焉; 地道尚靜, 而京師之
地震焉. 鼈魚盡死於上流之津, 麀馬駢斃於
講武之日, 以至燁燁之震, 不令於收聲之後.
有一於此, 靡或不亡. 況非常可怪可愕之變,
式月 斯生者乎? 古人曰:"災不虛生, 必有
所召." 今日之變, 雖不可的指爲某事之應,
而豈無人事之所致乎? 臣等 請擧一二而言
之. 國家之於兇賊, 萬世必報之讎也.

仁縣, 打破獄門, 奪去同黨, 極爲駭愕."

宣祖 28년(1595년) 3월 6일
충청도에서 2월 22일 지진에 대해 치
보하다
○去二月 二十二日 四更, 忠淸道 馳報 地
震, 屋宇搖動.

宣祖 28년(1595년) 9월 20일
강원도 회양에 땅이 흔들리다
○江原道 淮陽地 地震, 窓戶搖動, 山禽驚
呼, 變異非常. 觀察使末言愼啓聞, 啓下禮曹

宣祖 28年(1595年 乙未) 9月 28日(丁酉)
사치, 부세 번중, 관직 남발, 수성(修省)
등에 관한 사헌부 차자
○司憲府上箚曰:伏以, 國運中否, 島夷肆
毒, 灰燼我廟社, 毀滅我陵寢, 天之(杭)
(机)我, 如不我克, 幸賴皇靈遠暢, 寇賊少

宣祖 29년(1596년 丙申) 1월 4일(그림 200)
충청도 관찰사 박홍로가 연기, 노성 등
지의 지진을 아뢰다
○辛未 / 忠淸道 燕歧, 尼山 等地震. 觀察
使朴弘老啓聞.

□15960213≡-s0311(그림 200)
宣祖 29년(1596년) 2월 13일
경상도 관찰사가 영주와 풍기의 지진
을 아뢰다
○庚戌 / 慶尙道 觀察使 洪履祥 啓聞:榮
川, 豊基 地震.
(史臣曰:"孔子作『春秋』, 遇災則必書, 皆
欲人恐懼修省也. 方今天變動於上, 地異動
於下, 至於李, 梅冬實, 金, 木星災, 史不絶
書, 而人心玩愒, 庶事日 隳, 側身修行之實,
蔑焉無聞. 如是而欲望治平, 吁亦難矣哉!")
+
宣祖 29년(1596년 丙申) 2월 14일
도사 이빈이 충청도 충주, 청풍, 영춘
등에 땅이 흔들렸음을 아뢰다

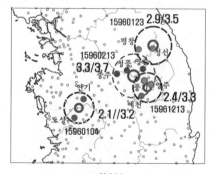

그림 200
□ 15960104 ≡ −s0201
진앙 : 공주; 규모 : 2.1 / 3.2
□ 15960123 ≡ −s0220
진앙 : 정선; 규모 : 2.9 / 3.5
□ 15960213 ≡ −s0311
진앙 : 단양; 규모 : 3.3 / 3.7
□ 15961213 ≡ −s0209
진앙 : 영주; 규모 : 2.4 / 3.3

○忠淸道 忠州, 淸風, 永春 等地 地震. 都
事李蘋啓聞.

宣祖 29년(1596년 丙申) 2월 24일(그림 200)
강원도 평창과 정선에 큰 땅이 흔들렸
음을 아뢰다
○辛酉 / 江原道 平昌地, 正月 二十三日 申
時地震如雷, 屋宇震動, 良久而止; 㫌善地,
亦於是日 地震 自西向東, 竽籟之聲動天, 屋
瓦掀覆, 幾至頹落, 小頃而止. 人皆驚惑失
措, 境內 皆然. 變怪非常, 觀察使鄭逑馳啓聞.
□ 15960123 ≡ −s0220
진앙 : 정선; 규모 : 2.9 / 3.5

宣祖 29년(1596년 丙申) 8월 1일(丙申)
지진이 남쪽에서 일어나 북쪽으로 향
하다
○申時 地動, 自南向北.

□ 일본 지진
宣修 29년(1596년 丙申) 9月 1日(甲午)
조사가 일본에 들어갔는데 일본에서
는 거만하게 맞이하다
○詔使入日本. 關白盛飾館宇以待之. 一夜
地大震, 館宇摧倒, 乃改供帳 他舍迎候, 而
秀吉辭貌倨傲, 爲稱脚瘡, 拜不屈膝. 接享
邦亨等 甚款. 忽怒責曰 : "我放還朝臣, 兩
王子, 朝鮮當使王子來謝, 而使臣官卑, 是
謾我也. 我受皇上恩典, 感激至矣, 朝鮮則
當加兵也." 又使人拒責黃愼等 曰 : "朝鮮
有四大罪, 王子放還後, 迄不來謝, 使臣必
以卑官, 苟充入送. 爾乃小邦, 自前侮我, 歲
貢不修, 朝聘不至. 且冊使逃還, 皆汝國所
爲." 竝國書, 國幣却之. 行長私授愼等 巧辭
遜謝而已.

□ 15961019 ≡ −s1208
宣祖 29년(1596년 丙申) 11월 10일
전라도 관찰사 박홍로가 지진에 대해
아뢰다
○壬寅 / 全羅道 觀察使朴弘老 馳啓曰 :
"珍原 縣監 呈, 十月 十九日 卯時 地震 自
西向北而止; 巳時又 地震 自北向西而止.
坤軸失靜, 變怪非常云."

宣祖 29년(1596년) 12월 13일
경상도 영주, 예천, 풍기에 땅이 흔들
리다
○慶尙道, 榮川, 醴泉, 豊基 地震.
□ 15961213 ≡ −s0209
진앙 : 영주; 규모 : 2.4 / 3.3

宣祖 30年(1597年 丁酉) 5月 25日(乙卯)

○移平行長檄:

欽差經理朝鮮軍務都察院右僉都御史楊, 諭
爾豐臣行長. 朝廷先因朝鮮請封秀吉, 爾亦
屢有稟揭, 投兵部自陳效順, 特遣使臣渡海,
封秀吉爲日本國王, 爾行長等, 各爵秩有差.
此其鴻恩厚德, 直幷乾坤, 無非念爾日本與
朝鮮之人, 皆吾赤子, 不忍彼此屠戮, 欲兩
釋厥忿以相好也. 秀吉旣封之後, 已爲臣子,
輒復敗盟, 又率倭衆, 越占釜山, 機張諸處,
虛聲相喝, 此擧大是逆天. 逆天者不祥, 昨
秋**地動**, 已兆矣. 豈皇天厭其逐君簒國, 嗜
殺各島無辜之衆, 益啓其兇心而降之殃乎?
爾如忠于秀吉, 宜陳止之曰: "天朝, 義不可
叛, 力不可敵. 朝鮮, 已事事有備, 日本又人
人自危, 宜防內患, 無生外侮. 早罷兵, 以
享餘年, 以撫幼子, 天地神明, 或且鑑而轉
禍爲福." 此汝之忠也. 汝顧佯與淸正爲左,
實陰相濟, 以圖朝鮮, 窮兵于外, 使日本之
人, 離鄕涉海, 棄家抛親, 愁煩勞苦, 連年不
解, 而不念報本之虛, 墻屋之禍? 豈以六十
餘歲, 不仁, 不義, 不忠, 不智之秀吉, 止一
七八歲乳臭之孤兒, 眞爾主而傾天奉戴,
甘爲其下而不辭乎? 抑亦擁兵藉勢, 懼患保
身, 欲乘隙取事, 誅簒弒之賊, 收六十六島
之心, 復爾山城舊主, 更爲天下之大忠, 流
萬古之芳名乎? 卽山城君, 不可匡扶. 大丈
夫豈不能自結中國, 以取王封, 而事一秀吉
垂死之老酋乎? 老酋如得志, 念爾等將來不
利於孺子, 必且滅爾之族與淸正之家, 以除
日後之患. 爾於彼時, 欲別爲計, 亦晚矣. 今
朝鮮赴告, 朝廷震怒, 南, 北軍兵, 卽欲直擣
幷進, 遊擊將軍沈惟敬, 與爾交厚, 又屢稱
爾原無遐心, 尙聽處分. 本院且提兵馬, 住
近境, 未卽前, 先示爾等以順逆之義, 利害
之情. 若此淸正, 一粗武人耳. 爾部下, 應有
能斬其頭以獻, 當與之千金, 移日本之王以
封. 爾其利圖之.

□15970826≡-s1006 ~ -0828≡
-s1008(그림 201)
宣祖 30年(1597年 丁酉) 8月 26日(甲申)
**남에서 서로 땅이 흔들렸다 관상감이
보고하다**
○觀象監 官員 來言: "卽咳**地動** 自南向西矣."
+

宣祖 30년(1597년 丁酉) 9月 16일
함경도에 여덟 번이나 땅이 흔들리다
○咸鏡道 自八月 二十六日, 至二十八日,
連八度 地震, 墻壁盡掀, 禽獸皆驚, 或有人
因此 病臥 不起者.

+

宣祖 30년(1597년) 10月 2일
**함경도 관찰사 송언신이 지진의 발생
을 아뢰다**
○咸鏡道 觀察使 宋言愼 書狀:
去八月 二十六日 辰時, **三水**郡境 地震, 暫
時而止;
二十七日 未時, 又爲 地震, 城子二處頹圮,
而郡越邊甁巖, 半片崩頹, 同巖底三水洞中
川水色變爲白,
二十八日 更變爲黃; 仁遮外堡東距五里許,
赤色土水湧出, **數日 乃止**;
八月 二十六日 辰時, **小農堡** 越邊北 德者
耳 遷 絶壁人不接足處, 再度有放砲之聲,
仰見則烟氣漲天, 大如數抱之石, 隨烟拆出,
飛過大山後, 不知去處; 二十七日 酉時 地
震, 同絶壁, 更爲拆落, 同日 亥時, 子時 地

震事.

▷Wangtian'e望天鵝 분출로 보는 견해도 있음

+

□C15970826≡-s1006

渤海(38.5 /°N, 120.0 /°E), M7

① 明神宗實錄 卷313 :

○(明萬曆 25年 8月) 甲申, 京師地震. ○遼陽, 開原, 廣寧 等衛 俱震. 地裂湧水, 三日乃止. 宣府, 薊鎮 等處俱震, 次日複震. ○蒲州 池塘 無風生波, 湧溢 三四尺. ○山東濰縣 昌邑, 安樂 即墨皆震.

② 御定 資治通鑑 綱目三編 卷28 :

(明萬曆 25年) 八月京師地震. (⋯중략⋯) 遼陽, 開原, 廣寧 等衛 俱震. 地裂湧水, 三日乃止. 宣撫 薊鎮 等處 俱震. 次日復震. 蒲州 池塘, 無風生波, 湧溢三四尺. 山東 濰縣 昌邑, 樂安 即墨皆震.

▷昌邑, 安樂 : 산동성 濰縣(濰坊市)에 속함

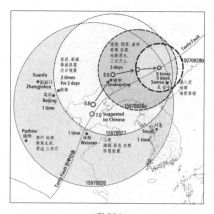

그림 201
□15970826≡-s1006 ～ -0828≡-s1008
진앙 : 발해만 + ; 규모 : 6.8/7.5 > 6.5/6.9

□15970913 / s1022 ～ -0915 / s1024

宣祖 30년(1597년) 9월 18일(그림 202)

당진, 면천, 대흥 등에 13일부터 사흘간 지진. 하루에도 서너 번, 예닐곱 번 지붕 기와가 흔들리다

○忠淸道 唐津, 沔川, 大興 等地, 自本月十三日 以後, 連三日 地震, 或一日 三四度, 或一日 六七度疊震, 屋瓦振動.

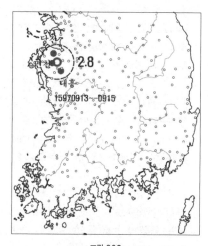

그림 202
□15970913≡-s1022 ～ -0915≡-s1024
진앙 : 면천 ; 규모 : 2.8/3.4

◆159608 일본 지진, 화산활동

◆宣祖 30년(1597년 丁酉) 10月 20日
(丁丑)

적에 사로잡혔다가 도망쳐 나온 김응려의 공초 내용을 보고받다

○崔天健以備邊司言啓曰 : "有靑坡居故正郎康景禧妻姪金應礪, 被擄賊中回還云, 本司招致, 問其賊中事情, 其供招, 書啓矣. 金應礪, 年十九歲, 居住靑坡. 壬辰年五月, 被擄於龍山, 從倭賊往開城, 屬間資軍, 慶尙道西生浦下去, 本年七月, 入日本, 仍爲其

軍裨將通引, 眼前使喚. 詮聞關白謂中朝遣
封使以微官, 我國亦不送重臣, 因此發怒,
去丙申年十月, 發二十萬兵, 今年正月十三
日到釜山, 應礪其時, 亦隨出來. 今八月動
兵時, 隨簡資, 來到鎭川, 因其分付, 率我國
被擄人追來云, 仍爲落後逃還. 日本之人,
上自將官, 下至戰士, 皆以越海征戰爲怨,
唯以速戰決死生, 還歸本土爲計, 大槪畏我
國弓箭. 淸正攻圍南原時, 中箭之事, 倭中
亦爲說道, 而亦未知. 前年八月地震時,
路陷室堆, 倭人多死, 都城亦爲毀圮, 關白
赤身出城, 經月不止. 仍爲毛雨, 灰雨各三
日, 灰雨時, 人不得開眼去. 今年連爲豊熟.
我國被擄之人, 壯爲軍兵, 今此出來, 在我
國之人, 三分之一. 欲爲出來, 畏被我國誅
戮而未果. 若有不殺之令, 則皆當逃還矣.
今此出來之兵, 雖云十萬, 其實不敷, 皆甚
畏弓箭, 而我國之人, 先自畏怯, 不爲交鋒
而潰散, 故不能勝矣. 用劍, 雖其長技, 不能
騎馬, 故必下馬後擊刺. 初意欲犯京城, 聞
京中空虛, 日氣尙寒, 玆以捲還, 且聞大島
主, 自去年叛逆, 秀吉將用兵討之, 故出來
之軍, 當爲撤歸云云矣." 傳曰: "知道."

최천건이 비변사의 말로 아뢰기를;
"청파에 사는 고 정랑 강경희의 처조
카 김응려가 적에게 사로잡혔다가 돌
아왔다 하므로 본사本司가 그를 불러
서 왜적의 사정을 물어보고 그 공초를
서계합니다. 그가 공초하기를 '나는
19세이며 청파에 살았다. 임진년 5월
에 용산에서 사로잡혀 왜적을 따라 개
성에 가서 간자間資 군대에 소속되어
경상도 서생포로 내려갔다가 그해 7월
에 일본으로 들어가서 그 군대 비장裨

將의 통인通引이 되어 안전 사환眼前使
喚 노릇을 했다. 관백이 중국에서 봉사
封使를 미관微官으로 보내고 우리나라
에서도 중신을 보내지 않았으므로 분
노하여 지난 병신년 10월에 20만 명을
조발하여 금년 정월 13일에 부산에 도
착했는데, 나도 그때 따라 나왔다. 금
년 8월, 군사를 발동할 때에도 간자簡
資를 따라 진천에 이르러 그의 분부를
받아 우리나라의 사로잡힌 사람들을
거느리고 따라오다가 뒤에 떨어지게 되
어 도망하였다. 일본 사람들은 장관
에서부터 아래로 전사에 이르기까지
모두 바다 건너와서 싸우는 것을 원망
하면서 속히 싸워 생사를 결단내 본국
으로 돌아갈 생각만 하고 있다. 그리고
그들은 대체로 우리나라 화살을 두려
워하는데, 가등청정이 남원을 공략할
때 화살을 맞은 일은 왜중倭中에서도
말들을 하지만 정확히 알지는 못한다.
지난해 8월에 지진이 일어났을 때는
길이 내려앉고 집채들도 무너져 왜인
들이 많이 사망하고 도성도 허물어져
서 관백이 알몸으로 성을 뛰쳐나갔는
데, 지진이 한 달이 지나도록 그치지
않았다. 그리고 모우毛雨와 회우灰雨가
각각 3일씩 내리는데 회우가 올 때는
사람들이 눈을 뜨지 못하였으며, 지난
해와 금년에는 연이어 풍년이 들었다.
우리나라에서 사로잡혀간 사람들 중
장정은 군병이 되어 이번에 나왔는데,
우리나라에 와 있는 사람의 3분의 1은
도망치고자 하지만 우리나라에서 죽
일까 두려워 그러지 못하니 만약 죽이

지 않는다는 명령만 있으면 모두 도망
해 나올 것이다. 이번에 나온 군사가
10만이라고는 하나 실은 그렇지 못하
고 또한 모두 화살을 두려워하는데, 우
리나라 사람들이 먼저 겁을 집어먹고
교전도 하기 전에 무너지므로 이기지
못하는 것이다. 칼을 쓰는 것은 그들의
장기이지만 말을 타지 못하므로 말에
서 내린 후에야 싸움을 한다. 처음에는
서울로 침범하려고 하다가 서울이 비
어 있다는 말을 듣고 날씨도 추워서 철
수하였으며, 또 대도주大島主가 작년부
터 반역을 일으켜 풍신수길豊臣秀吉이
군대를 움직여 토벌하고자 하므로 나
온 군대들도 철수해서 돌아갈 것이라
는 말을 들었'고 하였습니다" 하니,
알았다고 전교하였다.

□15971117≡1597s1225
宣祖 30년(1597 丁酉 25년) 12월 6일_(그림203)
공주 등 충청도 일원에 대땅이 흔들리다
○忠淸道 公州, 林川, 沃川, 定山, 尼山, 木
川, 燕歧, 鎭岑, 槐山 等地, 十一月 十七日
地震 自東向西, 聲如暴風.

宣祖 31년(1598년) 1월 6일(壬辰)
땅이 움직이다
○辰時日暈, 酉時**地動**.

宣祖 31년(1598 戊戌 26년) 3월 25일
단양에 땅이 흔들리다
○丹陽郡 地震 自北而南, 聲如雷震.

宣祖 31年(1598년) 6月 3日(丙辰)

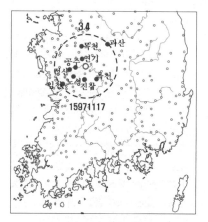

그림 203
□15971117≡-s1225
진앙 : 금남 / 규모 : 3.4 / 3.7

양 포정, 서 주사가 요시라와 함께 강
화에 대해 논의하다
○丙辰 / 梁布政, 徐主事, 同爲坐堂, 招要
時羅問曰 : "爾來此欲何爲?" 答曰 : "欲爲
講也." 問曰 : "欲和, 則與朝鮮爲之乎?
與天朝爲之乎?" 答曰 : "欲與朝鮮爲之."
布政曰 : "譬之, 天朝, 父母天地也; 朝鮮,
兄也; 日本, 弟也. 日本無故殘害朝鮮, 極其
兇慘, 天朝欲解紛息亂, 委遣二大臣, 封關
白以王爵, 是父母而解兄弟之鬪也. 關白不
遵天朝之命, 不爲謝恩, 再行搶掠, 至鏖天
兵於南原, 其於父子之道何居? 朝鮮決不與
爾和矣." 答曰 : "老爺之言是矣. 前年五月,
關白聞封典將行, 費許多財力, 大作館宇,
盛備供給, 而天使先到, 朝鮮陪臣, 久而不
至, 等待之間, 累月遷延, 適有**地動**之變, 館
宇盡圮. 關白仍此憂怒, 以朝鮮緩行執言,
乃動兵而侵全羅矣." 問曰 : "侵全羅之言然
矣, 南原天兵, 何故敢爲搶殺耶?" 此一段
(쓴=은), 要時羅囁嚅不答, 乃曰 : "朝鮮與

日本, 不肯相和, 固已知之. 然天朝若使相
和, 則關白已受天朝之職, 何敢不從, 朝鮮
亦豈有不從之理? 惟老爺勸而成之." 問曰:
"爾之來此, 出於行長所命耶? 關白知之
乎?" 答曰:"果是行長使之往, 而關白則不
知矣." 問曰:"日本曾已和事, 欺瞞天朝,
有同玩弄. 今者又以關白所不知之事來要,
是再弄天朝也." 答曰:"行長曾爲此事, 送
調信子於關白, 還到對馬島, 得病未還. 行
長使調信, 往見其子, 想今必以關白回報,
傳於行長也. 我今還歸, 則可知關白之意,
來報於此矣." 問曰:"爾言皆是詐也. 若撤
兵回歸而請和, 則朝鮮必從我言, 而與爾相
和, 只以空言弄我, 我何敢勸朝鮮乎? 在我
之事, 不過爾兵退, 則但見其退而已, 不退
則唯當以大兵勦滅耳. 其留其去, 任汝爲
之." 要時羅强請曰:"老爺命撤則當撤." 再
三言之, 布政曰:"然則爾在此, 而使爾下
輩, 報歸行長撤去也." 答曰:"此事, 小的
終始句管. 若撤此不還, 而只令下輩, 歸報
行長, 則行長之心不快, 而衆兵亦皆不信.
不如小的親自面報也." 布政曰:"此事旣非
天朝之命, 又非朝鮮所欲, 而汝自先求. 今
我欲殺則殺, 欲放則放. 爾之留否 及 送人
歸報與否, 都不管於我也." 答曰:"小的去
留死生, 固當唯命, 但以大事不順爲慮." 徐
主事曰:"爾若遣人回報, 使之撤兵, 則爾輩
當有好事." 布政止之曰:"使通事勿傳." 且
要時羅以(行事) (行長)所送槍, 劍, 鳥銃獻
之, 布政皆令却之, 語徐主事曰:"此賊眞是
奸猾者也." 要時羅出門, 問權聰曰:"兩將
何等官, 而與經理孰高?" 答曰:"兩將皆天
將, 而位極崇高, 與經理相等也云云."

宣祖 31년(1598년) 11월 13일
평안도 강서에 땅이 흔들리다
○平安道 江西縣 地震 自西北向南. 有聲如
雷, 屋宇皆動.

宣祖 32년(1599년) 閏4월 5일
황해도 관찰사 서성이 치계하다
○癸未 / 黃海觀察使徐渻 馳啓曰:"安岳
境內 地震, 其聲如雷, 自西北, 向東而止."

宣祖 32년(1599년) 閏4월 17일
장단 지역에 지진이 나 서쪽에 동쪽으
로 향하다
○長湍地 地震 自西向東. 雨雹交下, 大如
鳥卵, 兩麥損傷殆盡.

宣祖 32년(1599년) 6월 8일
경기의 인천 지역에 땅이 흔들리다
○京畿 仁川地 地震. (監司 金信元, 以府
使金玄成 牒呈啓聞.)

宣祖 33년(1600년) 3월 2일
평양 지역에 땅이 흔들리고 해에 청적
색 운기가 끼다
○乙巳 / 平安道 觀察使徐渻 馳啓曰:"平
壤判官金泰函呈內, 二月 初九日 申時, 自
東向西 地震, 十一日 巳時, 白虹貫日, 兩邊
有珥, 又有彩虹, 自南圍日, 一時竝現, 良久
乃滅而已. 又作彩虹, 自北而貫日. 如是者
三, 圖形上送事."
(史臣曰:"日者, 陽宗, 人君之象, 虹者陰
類, 穢慝之物. 以陰慝之氣, 犯太陽之宗, 災
咎象也. 白虹一貫, 其變猶大. 況又彩虹交
作, 三犯太陽, 其爲譴告, 爲如何哉? 當是

바람에도 흔들리는 땅

之時, 夷狄侵中國, 而莫之遏, 小人陵君子, 而不之省, 元老遜於荒野, 而國內空虛, 上下恬嬉, 日趨於危亡之域. 天之示異, 何足怪哉? 『傳』曰:'禍福無門, 唯人所召.' 可不懼哉?")

宣祖 33년(1600년) 9월 3일
예안에 땅이 흔들리다
○癸卯 / 慶尙監司 金信元書狀, 禮安地, 八月 十五日 地震 自北至南, 聲如雷吼.

宣祖 34년(1601年 辛丑) 2월 4일(癸酉)
땅이 흔들렸었는지 승정원에 묻다
○傳于尹昉曰:"昨日未時, 地微動云. 政院聞之耶? 回啓曰:"未得聞之矣.
‖
宣祖 34年(1601년) 2月 6日(乙亥)
예조에서 지진이 없었다고 아뢰다
○乙亥 / 禮曹啓曰:"在前地震, 例爲設行解怪祭, 故初九日, 兼行事入啓矣. 今承上敎, 內外之人, 皆不聞知, 則今此地動, 似不分明, 至於設行解怪祭, 果似未安. 今姑不行, 似爲宜當. 事係祭享重事, 自曹不敢擅便, 上裁施行何如?" 傳曰:"予亦不知, 何以處之? 只言所聞而已. 地震, 行解怪祭云, 則動與地震有異. 況微動乎? 又況人皆不聞, 難保不虛, 至於告神, 或者未穩. 其日地動, 閭閻間, 幸有得聞之人, 更爲聞見酌處可矣."
‖
宣祖 34年(1601년) 2月 7日(丙子)
예조에서 지진이 있었는지 알 수 없다고 아뢰다
○丙子 / 禮曹, 以地動事回啓曰:"今此地

動, 閭閻亦無得聞之人, 其爲虛實, 無憑可知. 況微動與大震, 亦爲有間. 至於告神, 果涉未穩, 誠如上敎. 今者解怪祭, 姑勿設行, 似爲宜當." 傳曰:"允."

□16010203≡-s0307
宣祖 34년(1601년) 2월 15일(그림 204)
경상 관찰사 김신원이 지진 소식을 치계하다
○慶尙道 觀察使金信元 馳啓曰:"河陽 縣監 馳報內, 今二月 初三日 申時 地震 自西北, 撼山搖屋, 勢似崩摧, 良久轉鳴, 向東南而止云. 大丘府中, 亦 地震, 起自坤方, 轉向艮方, 而聲如大雷, 屋宇振動, 良久而止. 變怪非常事." 啓下禮曹.
+
宣祖 34년(1601년) 2월 16일
승정원에 땅이 흔들렸음을 들어 하늘의 경계를 간절히 받아들이자고 건의하다
○政院啓曰:"本月 初三日 地動, 因日 官之啓, 該曹請行解怪祭, 自上旣加愼重之意, 又令禮官, 更爲聞見量處, 而禮曹以姑勿設行入啓. 臣等之意, 竊以爲未安, 而內外之人, 旣未聞知, 則涉於疑似, 不敢指以爲實. 然而有所陳達, 今見體察使 及 慶尙監司 書狀, 則 地震之變, 果在於初三日, 而河陽, 大丘, 星州 等地, 撼山搖屋, 人馬辟易, 聲如大雷云. 此實近來所未有之變, 而考其日字, 則彼此相同, 上天示警, 雖不可指爲某事, 而仁愛之心, 儆戒之意, 至嚴且切. 自上當加修省, 日 接臣隣, 思所以消災弭患之道, 以答天譴, 毋徒事於文具之末, 不勝幸甚." 以備忘記傳曰:"地震之變, 極爲可駭,

疑則不行, 的實則行之, 亦事理之當然. 今
雖告祭, 亦似未晚. 令禮曹察行."
(史臣曰:"今此 地震, 先發於流星之落, 而
極其慘酷. 雖不知某事之應, 而當時義理不
明, 人心懈怠, 復讎一事, 付諸相忘, 而廷臣
只勇於私鬪, 民生日 困於毒賊, 不軌之謀,
頻起於輿儓之賤, 淫慝之惡, 或出於母子之
親. 南徼之警未息, 西北之報又急, 猶且聖
上, 厭聞其直言. 王子貽弊於民間, 宮闈不
嚴, 攀付有路, 戚畹當朝, 士類斂迹, 賣官騰
讒, 鬻獄成風, 仁愛之譴豈無其由? 宋景一
言, 足回天心, 成湯六責, 實在聖躬, 而溫
綸只 及 於解怪之追設. 惕慮修省之道, 恐
不在此虛文也. 古之遇災異之時, 則必能求
言進賢, 以補其失政, 而政院循列一啓之外,
大臣無言, 諫官不論, 有若尋常, 而不足畏,
可勝嘆哉.")

+

宣祖 34년(1601년) 2월 29일
전라 관찰사 이홍로가 적기赤氣와 지
진 현상이 있었음을 치계하다
○戊戌 / 全羅道 觀察使李弘老 馳啓曰:
"金溝 縣監 牒呈內, 今二月 初二日 戌時,
赤氣自東方始生, 遍 及 南北西方, 而北方
尤甚, 移時乃止. 又於初三日 未時 地震 自
南而北, 屋宇皆動云. 臨陂 縣令 牒呈內, 今
二月 初三日 未時 地震 自北向南, 暫時而
止. 變異非常事."啓下禮曹.

+?

祖 34년(1601년) 2月 15日(甲申)
성주 팔거현에서 지진이 일어나다
○星州八莒縣, 有地動, 聲如雷, 殷殷起自
東南, 轉向西北, 墻屋掀動, 人馬辟易, 良久
乃定.

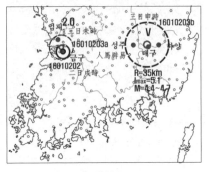

그림 204
□16010202≡-s0306 진앙 : 금구
□16010203a≡-s0307
진앙 : 금구, 규모 : 2.0 / 3.1
□16010203b≡-s0307
진앙 : 대구, 규모 : 2.8 / 4.4~4.7

□16010828≡-s0924
□16010912≡-s1007

宣祖 34년(1601년) 9월 29일
충청감사 이용순이 서천, 비인, 임천
등지의 지진 발생을 아뢰다
○忠淸監司 李用淳 馳啓曰:"舒川, 庇仁
等地, 去八月 二十八日 地震 自南而北, 房
屋掀動, 林川地, 今九月 十二日 地震 自東
向南, 暫響而止"事入啓.

+

宣祖 34년(1601년) 11월 16일
평안감사 허욱이 함종에 난 지진에 대
해 아뢰다
○庚戌 / 平安監司 許頊啓曰:"咸從地去
九月 十二日 地震, 十月 二十七日 又震, 同
月 二十九日 初昏後, 兩度震, 同月 三十日
未時震, 戌時二震, 變異非常事."入啓.

宣祖 34년(1601년) 11월 9일
경기감사가 용인의 지진에 대해 치계
하다

바람에도 흔들리는 땅

○京畿 監司 沈友勝 馳啓曰："今月 初八日, 龍仁縣 地震 自北向南, 有聲如雷. 變異非常事." 入啓.

宣祖 34년(1601년) 12월 27일
허욱이 12월 7일 강계부 등에 일어난 기상변이에 대해 치계하다

○平安道 觀察使許頊 馳啓曰："今十二月 初七日 巳時, 江界府北門外五里許, 如火箭形, 長數尺餘, 色赤, 自中天下來, 雷聲震動, 伏雉驚飛. 又於府境內 水上從浦堡上項, 火箭飛過, 有雷聲, 梨洞堡, 則城中隕落, 烟氣暫時而滅. 上土, 滿浦 等鎭, 大槪相同. 上項地方, 高山峻嶺, 周回二百餘里之地, 一時同有此變. **理山郡亦於是日 辰時地震**, 巳時, **天火**自西至北下地, 仍而天動, 變異非常事." 入啓.

宣祖 34년(1601년) 12월 28일
상주에 땅이 흔들리다

○尙州地, 去十一月 二十八日 辰時 地震 自西向南而止. 變異非常事, 入啓.

□16011222≡1602s0114
宣祖 35년(1602년) 1월 2일
충청감사 이용순이 임천의 기상 이변에 대해 치계하다

○忠淸監司 李用淳 馳啓曰："**林川** 郡守 李惺 牒呈內, 今十二月 二十日 日出時, 有若三日 竝出, 詳見其狀, 則正輪左右, 雙環挾持, 白虹圍其外, 二食頃許, 日輪始安. **二十二日 申時 地震** 自西向東, 其聲殷殷, 屋柱幷震. 變怪非常事."

宣祖 36년(1603년) 4월 3일
충청도에 땅이 흔들리다

○忠淸道 公州, 懷德縣 地震, 屋宇皆動.

□16031209≡1604s0109
宣祖 36年(1603년) 12月 17日(戊戌)
경기감사가 9일에 일어난 지진을 보고하다

○京畿監司金睟. 馳啓曰："竹山府, 今月初九日地動, 有聲如雷, 自西北間, 向東南, 暫時而止. 當閉塞之日, 變異非常事." 啓下禮曹.

□16040116≡-s0215
宣祖 37년(1604년) 1월 23일
지난 16일에 임피에 땅이 흔들렸는데 집채들이 흔들리고 큰 소리가 나다

○全羅監司 張晩狀啓："**臨陂** 縣令 金瑔 牒呈內, 今正月 十六日 寅時 地震 自南向北, 屋宇皆動, 有同夏月雷聲, 變怪非常事."

□16040119≡-s0218
宣祖 37년(1604년) 1월 23일
경상감사 이시발이 20일, 21일에 발생한 지진을 아뢰다

○慶尙監司 李時發啓："**醴泉** 郡守 李忠可 牒呈內, 今正月 十九日 丑時, 自南止北, 二十日 丑時, 自西止東 地震. 變異非常事, 牒呈. 一樣與否, 四隣官, 行文訪問事." 入啓.

□16040120≡-s0219
宣祖 37년(1604년) 2월 4일
이시발이 선산에 지진이 3차례 났음을 아뢰다

○又李時發狀啓："**善山**都護府使 全潁達 馳

報內, '本月 二十日 丑時 地震 自東方, 殷殷
然如巨鼓, 連撞之聲, 須臾而止, 食頃復震,
如是者三次. 變異非常事.'

+

宣祖 37년(1604년) 2월 26일
경상감사 이시발이 20일, 21일에 발
생한 지진을 아뢰다

○慶尙監司 李時發啓:"醴泉 郡守 李忠可
牒呈內, 今正月 十九日 丑時, 自南止北, 二
十日 丑時, 自此止東 地震, 變異非常事, 牒
呈. 一樣與否, 四隣官, 行文訪問事."入啓.

□16040204≡-s0304
宣祖 37년(1604년) 2월 6일
경상감사 이시발이 대구, 청도, 영천에
땅이 흔들렸음을 아뢰다

○慶尙監司 李時發狀啓:"大丘判官 曺弘
立 牒呈內, '本月 初四日 丑時 地震起自東
北間, 向于東, 暫時而止.' 變異非常事 馳報
據, 四隣各官行移訪問, 則淸道 郡守 徐希
信, 永川 郡守 李惟弘 牒呈內, '今月 初四
日 丑時, 一樣 地震事.'"入啓.

□16040219≡-s0319
宣祖 37年(1604 甲辰年) 3月 19日(己巳)
행 평안도 관찰사 김신원이 위원 지진
을 아뢰다

○己巳 / 行平安道觀察使金信元狀啓:"渭
原郡守尹先正牒呈內:'今二月十九日 午時
量, 自南方地動之時, 山雞皆驚高聲, 館舍
大動.' 變異非常."

+

宣祖 37년(1604년) 4월 4일
행 평안도 관찰사 김신원이 2월 19일

강계와 초산의 지진을 아뢰다

○行平安道 觀察使 金信元 狀啓:"江界府
使柳公亮 馳報內, 二月 十九日 未時量, 地
動自北而南, 須臾而止, 一時來呈. 理山 郡
守 金振先 馳報內, 二月 十九日 自乾方爲
始, 午時量, 暫時 地震, 人家盡搖. 變異非
常." 詮次 (善) (繕)啓.

宣祖 37년(1604년) 5월 6일
경상도 관찰사 이시발이 4월 5일 영
일, 흥해 등 고을의 지진을 아뢰다

○慶尙道 觀察使李時發狀啓:四月 初五
日, 迎日, 興海 等縣 地震.

□16040513≡-s0610
□16040603≡-s0629
宣祖 37년(1604년) 6월 11일
충청관찰사가 노성, 연기, 청주 지진을
아뢰다

○忠淸道 觀察使 李弘老 狀啓:"五月 十三
日 酉時, 尼山 地震 自西向東, 燕歧 地震 自
南向東. 本月 初三日 丑時, 淸州 地震再度,
自西向東云."

宣祖 37년(1604년) 6월 25일
4일 자시에 축시까지 단양에 땅이 흔
들리다

○初四日 子丑時, 丹陽郡 地震 自北向南.

宣祖 37년(1604년) 7월 13일
세 차례 땅이 흔들렸다는 함창현감 홍
사고의 첩정

○壬戌 / 慶尙道 觀察使李時發 狀啓:"咸昌
縣監 洪思古 牒呈內, 今月 初四日 子時 地震

自東向西, 屋宇掀動, 良久而止, 丑時 又如此, 寅時 亦暫動而止. 一夜之間, 至於三度, 變異非常云云 馳報. 詮次(善) (繕)啓.

□16041029≡-s1219
宣祖 37년(1604년) 11월 3일
경기감사가 김포, 양천 지역의 땅이 진동한 일을 아뢰다
○京畿 監司 金睟啓: "**金浦**地, 十月 二十九日 酉時, 自南向西, **地動**之聲, 移時而止, 變怪非常. 其得 **陽川**地, 自西北間 地震, 聲如火砲, 山雉皆驚飛, 變異非常."

□16050101≡1605s0218
宣祖 38년(1605년) 1월 25일
경상감사 이시언이 상주 영주의 지진과 경주의 흰 꿩 포획을 아뢰다
○慶尙監司 李時彦狀啓: "正月 初一日, 尙州, 榮川 地震, (自西向北有聲如雷, 禽鳥驚呼, 屋柱盡搖.) 慶州獲白雌雉."

□J1605s0203≡16041216 Keichō
지진

□16051221≡1606s0129
宣祖 39년(1606년) 1월 8일
성천부에 땅이 흔들리다
○去十二月 二十一日 申時, 成川府 地震.

□16051221≡1606s0131
宣祖 39년(1606년) 1월 8일
청주부에 땅이 흔들리다
○去十二月 二十三日 丑時, 淸州府 地震.

□16061204≡1607s0101
宣祖 39년(1606년) 12월 15일
의성과 대구에 지진이 나는 변괴가 있다
○慶尙道 觀察使柳永詢 馳啓曰: "**義城** 縣令 姜克裕 牒呈內: '本月 初**四日 卯時初**, 自北始起 地震西向, 棟宇**震動**, 良久乃止. 變異非常.' **大丘**判官金憲 牒呈內: '今月 初**四日 寅時**, 自東北方地動, 至於窓戶皆鳴, 屋宇動搖, 轉向西南方, 不知所止.' 變怪非常事."

□16061203≡-s1231
宣祖 39년(1606년) 12월 19일
평안도 강서에 땅이 흔들리다
○平安道 觀察使朴東亮 馳啓曰: "江西 縣令 具坤源 牒呈內: '今十二月 初三日 夜二更 地震 自東向西; 初四日 夜三更, 自西向東; 又四更, 自北向南, 移時而止.' 變怪非常, 詮次善啓."

宣祖 40년(1607년) 8월 23일
예조에 홍수와 자연 재해로 동해, 의관, 덕진 명소에 제사를 지낼 것을 건의하다
○禮曹啓曰: "江原道 嶺東各邑 風水之變, 往在乙巳, 極其慘酷. 今年水災, 比前尤甚, 而皆發於七月 念時. 上天出災異以示之, 豈無其意? 思之至此, 不勝恐懼. 近來天變疊見層出, 而今又有妖星之警, 實是可駭可懼, 而至於國內 山川, 沸騰宰崩之異, 尤爲驚慘之甚. 古人亦以胡僭莫懲刺之, 似不可視爲尋常, 而不爲之所也. **常時各道 有 地震**, 則例必降香祝, 行解怪之祭. 今此嶺東之變, 豈下於 地震哉? 宜倣解怪之例, 遣官致祭

于祀典所載東海, 義館, 德津, 溟所 等處,
以祈地道之寧, 似不可已. 大臣之意如此,
敢啓." 傳曰: "古人遇災, 修德政以應之者
則有之, 未聞遣官致祭爲解怪禳災之擧. 二
百年來, 豈無災異之變, 而只於 地震有解怪
祭, 他未聞焉. 恐有其以作事謀始, 創開似
難, 更量施行."

光海 1년(1609년) 8월 26일
황주에 땅이 흔들리다
　○黃州 地震.

□16090816≡-s0913
光海 1년(1609년) 9월 3일
충청도 단양과 보은에 나타난 기이한
자연현상
　○忠淸道 丹陽郡 田間梨花滿 樹開發. 報恩
縣 八月 十六日 二更 地震.
=
光海 1년(1609년) 9월 3일
충청도 단양, 보은에 나타난 기이한 자
연현상
　○忠淸道 丹陽郡田間, 梨花滿樹開發. 報恩
縣, 八月 十六日 二更 地震(動一次, 自北而
南, 聲如雷震, 房屋盡搖, 良久乃止.)

□16090917≡-s1014
光海 1년(1609년) 9월 30일
예천에 일어난 지진
　○戊申 / 醴泉郡, 九月 十七日 巳時 地震
自南向北, 有聲如雷.
=
光海 1년(1609년) 9월 30일(중초본)
예천에 일어난 지진

　○己酉九月 三十日 戊申 / 醴泉郡, 本月
十七日 巳時 地震 自南向北, 有聲如雷, 山
禽盡驚.

□16100316≡-s0409
光海 2년(1610년) 3월 16일
충청도 보은에 땅이 흔들리다
　○庚戌 / 三月 十六日 壬辰 忠淸道 報恩縣
地震 自北向南, 聲如雷震, 房舍盡搖, 良久
乃止.
=
光海 2년(1610년) 3월 16일
충청도 보은에 땅이 흔들리다
　○壬辰 / 忠淸道 報恩縣 地震.

光海 3년(1611년) 1월 20일
수원에 땅이 흔들리다
　○辛酉 / 水原 地震.
=
光海 3년(1611년) 1월 20일
수원에 땅이 흔들리다
　○辛亥 / 正月 二十日 辛酉 水原 地震.

光海 3년(1611년) 1월 26일
수원에 땅이 흔들리다
　○丁卯 / 水原 地震.

光海 3년(1611년) 12월 13일(정초본)
충청감사가 괴산에 땅이 흔들렸음과
한산에 우레 소리가 났음을 치계하다
　○戊寅 / 忠淸監司 馳啓, 槐山 地震.
=
光海 3년(1611년) 12월 13일(중초본)
충청감사가 괴산에 땅이 흔들렸음과

한산에 우레 소리가 났음을 치계하다
○辛亥十二月 十三日 戊寅忠淸監司 馳啓
槐山 地震,(韓山雷聲).

光海 4년(1612년) 4월 9일(정초본)
경상도 예천에 땅이 흔들리다
○慶尙道 醴泉地 地震.

=

光海 4년(1612년) 5월 5일(중초본)
경상감사가 예천에 4월 9일 땅이 흔들
렸다고 치계하다
○壬子 / 五月 初五日 戊戌 慶尙監司 馳啓
醴泉郡四月 初九日 地震.

光海 4년(1612년) 閏11월 7일
평안도 상원 등에 땅이 흔들리다
○平安道 祥原 等郡 地震(事).

光海 4년(1612년) 閏11월 19일
영변부에 땅이 흔들리다
○寧邊府 地震.

□16130529≡-s0716
光海 5년(1613년) 6월 3일
경기감사가 지진에 났다는 장계를 올
리다
○京畿 監司 狀啓:"道內 各官, 五月 二十
九日 丑時 地震 自西北向東南, 有聲如雷,
屋瓦皆動."

□J1614s1126 일본 타카타 에치고지진
쓰나미와 지진으로 수천 명 희생

光海 8년(1616년 丙辰) 9월 18일(丙戌)

큰 땅이 흔들리다(중초본)
○丙辰 / 九月 十八日 丙戌 地大震.

=

光海 8년(1616년 丙辰) 9월 18일(丙戌)
(정초본)
큰 땅이 흔들리다
○丙戌 地大震.

光海 8년(1616년) 9월 21일
땅이 흔들리다
○己丑 / 地震.

光海 8년(1616년) 9월 22일
땅이 흔들리다
○庚寅 / 地震.

光海 8년(1616년) 9월 22일
영의정 기자헌이 지진이 잦다고 면직
을 청하다
○領議政奇自獻啓曰:"近日 地震之變, 極
爲可愕, 鳥獸無不驚呼, 屋宇幾於傾頹, 以
至累日不止. 變不虛生, 不知前頭將有何應,
而乃至於此也. 是乃小臣無狀, 濫叨匪據,
獨爲行公, 久防賢路, 不自知退之致, 咎實
在於臣身. 伏乞聖明, 亟免臣職, 改卜賢德,
以答天譴." 答曰:"變不虛生, 實由不辟,
豈因賢相? 安心勿辭, 更加勉輔."

光海 10년(1618년) 8월 28일
영변부에 땅이 흔들리다
○戊午 / 八月 二十八日 甲申, 平安監司
馳啓, 寧邊府 地震.

◎光海 12년(1620년) 7월 21일

좌상과 우상이 금년 수해에 책임지고
사직하려 하다

○左右相啓曰："天人一理, 感應孔昭, 變異
之出, 雖似杳冥(難知), 未必不由於人事之所
召,) 豈不大可懼也? 今年水災之慘, 關東,
嶺南爲尤甚焉, 平陸成川, 或盡覆沙, 加以海
溢三日, 濱海之田, 禾穀盡枯, 又於本月 初
九日, 狂風暴雨, 自夕達曙, 屋瓦皆飛, 拔木
偃禾, 漕運致敗之報, 相繼而至. 此外私船之
撞破者, 何可悉數? 公私(穀物)沈沒, 已不暇
計, 而人物之溺死者, 亦不知其幾, 聞見之慘
酷, 可勝言哉? 至於十三日 夕, 亦有星隕之
變, 遠近瞻仰, 莫不驚怪, 無非臣 等 無狀所
致. 伏願聖明亟賜遞免." 答曰："不辭帰位,
以致天譴, 危懼怵惕, 若無所歸, 卿 等 勿辭,
盡心輔予, 以副予望. 啓辭當體念焉."
＝

◎ 光海 12년(1620년) 7월 21일
좌상과 우상이 금년 수해에 사직하려
하다

○左右相啓曰："天人一理, 感應孔昭, 變
異之出, 雖似杳冥, 豈不大可懼也! 今年水
災之慘, 關東嶺南, 爲尤甚焉. 平陸成川, 幾
盡覆沙, 加以海溢三日, 濱海之田, 禾穀盡
枯. 又於本月 初九日, 狂風暴雨, 自夕達曙,
屋瓦皆飛, 拔木偃禾, 漕運致敗之報, 相繼
而至. 此外私船之撞破者, 何可悉數! 公私
沈沒, 已不暇計, 而人物之溺死者, 亦不知
其幾, 聞見之慘酷, 可勝言哉! 至於十三日
夕, 亦有星隕之變, 遠近瞻仰, 莫不驚怪, 無
非臣 等 無狀所致. 伏願, 聖明亟賜遞免."
答曰："不辭帰位, 以致天譴, 危懼怵惕, 若
無所歸, 卿 等 勿辭, 盡心輔予, 以副予望.
啓辭, 當體念焉."

光海 13년(1621년) 11월 11일
땅이 흔들리다

○辛酉十一月 十一日 戊申 是日 長至 地
震, 屋宇皆撼.

仁祖 1년(1623년) 11월 15일
곤방에 땅이 흔들리다

○辛未 / 地震坤方.

仁祖 2년(1624년) 9월 24일
전라도 장흥, 영광에 땅이 흔들리다

○全羅道長興, 靈光 地震, 屋宇動搖, 又大
雷電. 監司 李溟 馳啓以聞.

◎ 仁祖 4년(1626년) 7월 17일
평안감사 윤훤이 풍재와 해일을 아뢰다

○平安道 風災海溢, 監司 尹暄 馳啓以聞.

仁祖 4년(1626년) 9월 10일
전라도에 땅이 흔들리다

○全羅道 地震.

仁祖 4년(1626년) 10월 17일
전라감사 민성징이 지진과 큰비, 우레,
번개 현상을 계문하다

○丙辰 / 全羅道 地震. 大雨, 雷電, 監司 閔
聖徵啓聞.

◎ 仁祖 5년(1627년) 7월 14일
인천 등에는 해일이 겹쳤다

○京畿 仁川, 富平, 安山, 廣州, 坡州, 驪
州, 楊根, 加平, 朔寧, 高陽, 永平, 振威, 麻
田, 漣川, 交河, 果川 等地, 烈風惡雨, 晝夜
交作, 禾穀盡偃. 仁川, 富平, 安山 等 三邑,

加以海溢之變.

◎仁祖 5년(1627년) 8월 27일
대계도의 기민을 싣고 오던 배가 침몰
하다
○金起宗　　馳啓曰:"大鷄島飢民載運之船,
適値風雨, 海溢之變, 以致船敗, 渰死者四十
餘人, 生者二百三十九人, 到泊永柔地云."

仁祖 7년(1629년) 2월 8일
유수가 개성부에 정월 그믐날 땅이 흔
들렸다고 계문하다
○甲午 / 開城府正月 晦 地震, 留守啓聞.
＝
인조 7년 2월 8일
지난 달 그믐에 땅이 흔들렸음을 보고
하는 開城留守의 서목
○開城留守書目: 去月 晦日 三更量地震事

◎仁祖 7년(1629년) 6월 16일
교동에 큰 바람이 불고 해일이 났다고
감사가 아뢰다
○己巳 / 喬桐大風, 海溢, 監司 以聞.

◎仁祖 7년(1629년) 7월 18일
경기 지역에 해일과 풍재가 나고, 광주
에는 황충이 뒤덮다
○辛丑 / 京畿 水原, 南陽, 喬桐 等地海溢,
仁川, 振威, 利川 等地有風災害穀. 廣州蝗
蟲遍野.

◎仁祖 7년(1629년) 7월 26일(己酉)
충청도에 해일이 나다
○公淸道 天安, 新昌 等地海溢, 大風, 禾穀

盡傷. 淸州地大風損穀.

仁祖 7년(1629년) 8월 25일
순천에 땅이 흔들리다
○丁丑 / 順川郡 地震.

□上谷居庸地震
인조 7년(1629년) 3월 14일
天啓(1621∼1627)時 居庸地震 數百里, 此
乃莫大之變, 虜兵今若直由此路, 則可慮.
惠帝 司马衷 元康 四年
(294년) 二月: 上谷居庸地震. 八月, 上谷
居庸地震, 陷裂广三十六丈, 长八十四丈,
水泉涌出, 死百余人, 民大饥. 『水经注, 灅
水, 清夷水』载, 地裂沟, 有小小, 南流入沧
河, 即今妫河. 考证地震 留下的地裂沟 在
延庆城 东临河村.

□16310227≡-s0329仁祖 9년(1631년)
3월 1일
평안도 강서에 땅이 흔들리다
○朔乙亥 / 平安道 江西縣 等地 地震, 聲如
雷, 赤光滿天.
＝
인조 9년 3월 2일
땅이 흔들렸다는 평안감사의 서목
○平安監司 書目: 本月 二十七日 地震事.

仁祖 9년(1631년) 4월 17일
경상도 성주에 땅이 흔들리다
○庚申 / 慶尙道 星州 地震, 有聲如雷, 屋
瓦皆動.

□16310416≡-s0516

仁祖 9년(1631년) 5월 4일
경상도 상주에 땅이 흔들리다
○丁丑 / 慶尙道 尙州 地震.
=
인조 9년 4월 26일
상주에 땅이 흔들렸다는 경상감사의
서목
○慶尙監司 書目 : 尙州呈, 本月 十六日 地
震事.

◎ 仁祖 9년(1631년) 10월 14일
평안도 영유에 해일이 나고, 태천에 우
박이 크게 내리다
○甲寅 / 平安道 永柔縣海溢, 泰川縣大雨雹.

◎仁祖 9년(1631년) 10월 16일
황해도 해주와 연안에 해일이 일다
○丙辰 / 黃海道 海州, 延安海溢.

仁祖 9년(1631년) 11월 13일
강원도 원주에 땅이 흔들리다
○壬午 / 江原道 原州 地震.

仁祖 9년(1631년) 11월 15일
경상도 안동과 함창에 땅이 흔들리다
○甲申 / 慶尙道 安東, 咸昌 地震.

仁祖 9년(1631년) 12월 7일
경상도 청송에 땅이 흔들리다
○乙亥 / 慶尙道 靑松郡 地震.

□16320107≡-s0226
仁祖 10년(1632년) 1월 9일
개성부와 교동에 땅이 흔들리다

○開城府 及 喬桐 地震.
=
인조 10년(1632년) 1월 9일
지진 보고하는 개성유수의 장계
○開城留守 本月 初八日 成貼狀 : 昨日 初
更量 地震 自西而南, 屋宇皆頹, 聲如雷, 移
時乃止.
+
인조 10년(1632년) 1월 10일
지진을 보고하는 경기감사의 장계
○京畿監司 成貼狀, 喬桐府使 崔震立 牒呈
內, 今初七日 初更末, 自東北間地震云事.

仁祖 11년(1633년) 6월 2일
충청도 홍성에 땅이 흔들리다
○壬戌 / 公淸道 洪州 地震, 有聲如雷.

仁祖 11년(1633년) 6월 10일 (그림 205)
충청도 남포 등에 땅이 흔들리다
○公淸道 藍浦, 公州, 鴻山, 韓山, 林川, 鎭
川, 扶餘, 石城, 鎭岑, 尼山, 定山 等地 地震.

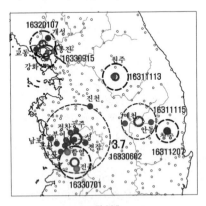

그림 205
□16330610≡-s715
진앙 : 노성; 규모 : 3.7 / 3.9

인조 11년(1633년) 6월 11일(그림 205)
全羅監司 書目 : 全州, 咸悅 等官呈, 五月 卄
七日 未初地震, 其聲如雷, 變異非常云云事

仁祖 11년(1633년) 7월 1일
전라도 전주 등에 땅이 흔들리다
○朔辛卯 / 全羅道 全州, 咸悅 等邑 地震.

仁祖 11년(1633년) 9월 15일
경기의 강화부와 통진에 땅이 흔들리다
○京畿 江華府通津縣 地震.

◎ 仁祖 13년(1635년) 10월 5일
심액이 풍재를 당한 백성의 구휼책을
건의하다
○上命召對, 講『詩傳』, 講訖, 參贊官沈詻
曰 : "畿甸濱海之邑, 往年海溢, 今年又遭風
災, 連歲失稔, 民生阻饑, 明春救荒之政, 不
可小緩. 江華, 廣州, 國穀多峙, 以至紅腐.
請速給糶, 以爲救荒之資." 上曰 : "令該曹
稟處."

仁祖 13년(1635 乙亥 8년) 12월 25일
평안도 지방의 지진으로 해괴제를 지
내게 하다
○平安道 江西, 龍岡 等邑 地震, 其聲如雷,
屋瓦動搖. 禮曹 請設解怪祭 於道內, 上從之.

仁祖 15년(1637년) 8월 12일
경상도 영천에 땅이 흔들리다
○丁未 / 慶尙道 永川郡 地震

仁祖 15년(1637 丁丑 10년) 10월 10일
황해도 황주에 땅이 흔들리다

○甲辰 / 黃海道 黃州 地震.

仁祖 16년(1638 戊寅 11년) 9월 1일(그림206)
황해도의 안악, 봉산, 연안 등에 땅이
흔들리다
○黃海道 安岳, 鳳山, 延安 等邑 地震, 雨
雹大如鴨卵.

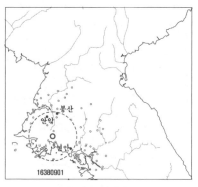

그림 206
□16380901≡-s1007 분석 유보

□16381128≡1639s0101
仁祖 16년(1638년) 11월 28일(그림 207)
평안도 숙천 등에 땅이 흔들리다
○平安道 肅川, 三和, 平壤, 成川 地震.
=
인조 17년(1639년) 1월 3일
平安의 地震 장계에 대해 왜 回啓를
하지 않느냐는 전교
○傳于李命雄曰 : "頃日, 平安道地震狀啓
: 來到, 而何無回啓耶?
=
인조 17년(1639년) 1월 3일
평안도의 지진 장계에 회계를 하지 않
은 이유를 보고하는 예조의 계
○金世濂, 以禮曹言啓曰 : 傳曰 : 頃日, 平

安道地震狀啓：來到, 而何無回啓耶, 傳教
矣. 取考平安道監司 狀啓：肅川 等邑 地震,
在於上年十一月 二十九日, 監司 狀啓：啓
下 本曹, 乃十二月 十日, 當初必以日子已
多, 不爲回啓矣. 當此冬深地道閉塞之日,
有此變異, 極爲驚駭. 今承下教, 缺半行解
怪祭香燭, 急速下送, 依例虔禱缺數字致祭
事, 本道監司 處, 行移何如? 傳曰：依啓.

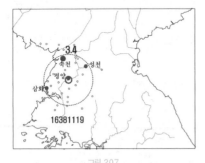

그림 207
□16381128≡-s0101
진앙: 평양: 규모: 3.4 / 3.7

仁祖 17년(1639 己卯 12년) 1월 3일
예조가 평안도에 해괴제 설행할 것을
계하다
　○禮曹啓曰："平安道 肅川 地震之啓, 入
來已久, 而臣 等 以已過時月之事, 不必回
啓而遂寢矣, 今承下問, 不勝惶恐. 請設解
怪祭於本道." 上從之.

□16391002≡-s1027
仁祖 17년(1639) 10월 8일
평안도에 땅이 흔들리다
　○平安道 平壤, 祥原, 江西 等邑 地震. 禮
曹請下送香祝, 設解怪祭.
＝
인조 17년(1639) 10월 9일

평양 등에 땅이 흔들렸다는 평안감사
의 서목
　○平安監司 書目：平壤, 江西, 祥原 等官
呈, 以本月 初二日 地震事.

仁祖 17년(1639년) 12월 11일
경상도에 땅이 흔들리다
　○慶尙道 慶州, 蔚山 地震. 其聲如雷.

仁祖 18년(1640년) 1월 18일
평안도에 땅이 흔들리고 수락산이 무
너지다
　○庚午 / 平安道 慈山, 成川 等地 地震, 京
畿 楊州水落山崩.

仁祖 18년(1640년) 4월 22일
서천에 지진이 생기다
　○癸酉 / 忠淸道 舒川 地震.

□16400412≡-s0601
□16400422≡-s0611
仁祖 18년(1640년) 5월 4일
전라도 여산에 땅이 흔들리다
　○甲申 / 全羅道 礪山郡 地震.
＝
★ 1640년 庚辰 5월 初4일
地震 解怪祭
―全羅監司 元斗杓 書狀內 節該 道內 礪山
郡에셔 本月 12日, 22日 再度 地震之變
事係異常事. 據曹 啓目粘連 啓下이숩이신
여 礪山郡 地震 解怪祭 香祝幣 令該司 急
急下送, 精備奠物, 擇定祭官, 隨時 卜日 設
行事, 本道監司 處 行移 엇더ᄒ닛고? 崇
德 五年 5월 初4일 同副承旨 臣 金堉 ᄀ옴
아리. 啓依允.

□ **隨時 卜日** : 때때로 점을 쳐서 좋은 날

仁祖 18년(1640년) 10월 11일
황해도에 땅이 흔들리다

　○戊午 / 黃海道 黃州 地震.

□16410208≡-s0318
仁祖 19년(1641년) 2월 15일
전라도에 땅이 흔들리다

　○庚申 / 全羅道 全州, 礪山, 金溝, 金堤 等
邑, 連日 地震, 其聲如雷.
=

인조 19년 2월 15일
全州 등에 땅이 흔들렸다는 전라감사
의 서목

　○全羅監司 書目 : **全州等 四邑**, 今月 初八
日 **申時**量, 一時 **連二日** 地震, 變異非常事.
+

★1641년 辛巳 2월 18일 (그림 208)

解怪祭
━全羅監司 元斗杓 書狀內 節該 道內 **全
州, 礪山, 金堤, 金溝縣**에서 今月 初8日
申時量 地震 變異非常事. 據曹 啓目粘連 啓
下이습이신여 안전 全州 等 四邑 地震之
變 極爲驚駭 解怪祭 香祝幣 令該司 照例
마련 下送, 中央設壇 隨時 卜日 設行ᄒ온
딕 祭物執事官이 令本道擧行事 行移 엇더
ᄒ닛고? 崇德 六年 2月 18日 右承旨 臣
金堉 ᄀ음아리. 啓依允.
+

仁祖 19년(1641년) 2월 26일
충청도에 땅이 흔들리다

　○辛未 / 洪淸道 舒川, 林川 等邑 地震.
=

인조 19년(1641년) 2월 26일
舒川에 땅이 흔들렸다는 충청감사의
서목

　○忠淸監司 書目 : 舒川呈, 以今月 **初八日
辰時**量 地震, 屋瓦皆動, 其聲如雷, 良久乃
止, 俄而又震, 初九日 晩曉又震, 辰時又震,
變異非常事.

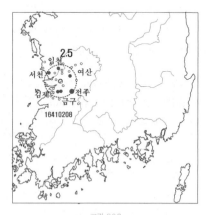

그림 208
□16410208≡-s318
진앙 : 익산 ; 규모 : 2.5 / 3.3

□16410504≡-s0611
仁祖 19년(1641년) 5월 12일
경상도에 땅이 흔들리고 서리가 내리다

　○丙戌 / 慶尙道 居昌縣 地震. 義城, 安東
等邑 隕霜.
=

인조 19년(1641년) 5월 12일
거창 등의 고을에 땅이 흔들리고 서리
가 내린 변이에 대해 보고하는 경상감
사의 서목

　○慶尙監司 書目 : 本月 初四日 **居昌, 義城**
等邑 呈, 以地震, 又有霜降, 屋瓦盡白, 變
異非常事.

仁祖 19년(1641년) 9월 4일
전라도 진산군과 금산군 등에 땅이 흔
들리다
○丁丑 / 全羅道 珍山, 錦山 等郡 地震.

인조 19년(1641년) 9월 5일
지진과 서리에 대해 보고하는 전라감
사의 서목
○全羅監司 書目 : 礪山呈, 以今月 十七日
地震, 霜降事.

仁祖 19년(1641년) 9월 17일
강원도 인제에 땅이 흔들리다
○江原道 麟蹄縣 地震.

=
인조 19년(1641년) 9월 18일
麟蹄에 땅이 흔들렸다는 강원감사의
서목
○江原監司 書目 : 麟蹄地震事.

仁祖 19년(1641년) 10월 4일
땅이 흔들리다
○丙午 / 地震. 公淸道 忠州, 慶尙道 安東
等邑 亦 地震.

인조 19년(1641년) 10월 22일
蔚山에 바다의 黃白石이 육지 바위 위
로 옮겨왔다는 變異에 대해 보고하는
경상감사의 서목
○慶尙監司 書目 : 蔚山地, 黃白石形體七
尺, 自海港中水源半把處, 移坐空地巖上, 變
異非常事. 東萊呈, 以本月 十一日 地震事.

□16411010≡-s1112

仁祖 19년(1641년 辛巳) 10월 26일
예산에 땅이 흔들리다
○戊辰 / 忠淸道 禮山縣 地震.

=
인조 19년 10월 26일
땅이 흔들렸다는 충청감사의 서목
○忠淸監司 書目 : 今月 初十日 地震事.

□16411127≡-s1229
仁祖 19년(1641년 辛巳) 12월 12일
전주, 여산, 임피 등에 땅이 흔들리다
○癸丑 / 全羅道 全州, 礪山, 臨陂 等邑 地震.

=
인조 19년(1641년) 12월 13일
전주 등지에 땅이 흔들렸다는 전라감
사의 서목
○全羅監司 書目 : 去月 二十七日, 全州,
礪山, 臨陂 等 地震事.

仁祖 21년(1643年 癸未) 4月 13日(丙子)
땅이 흔들리다
○丙子 / 地震.

□16430413≡-s0530 동래지진
인조 21년(1643년) 4월 16일(그림 209, 210)
○慶尙監司 狀啓 : 本月 十三日 午時, 大丘
府地震大作事

+
인조 21년(1643년) 4월 19일
○京畿監司 狀啓 : 利川, 竹山等官, 今月
十三日 午時 地震起自西方向東方, 屋角皆
鳴, 人身俱戰, 變異非常事

+
인조 21년(1643년) 4월 20일

○慶尙監司 書目：本月 十三日 地震之變, 山谷海邊, 無不同然. 始自**東萊大震**, 沿邊尤甚, 久遠墻壁頹圮, **淸道**, **密陽**之間, 巖石崩頹, **草溪**地, 當其震動之時, **乾川**亦出濁水, 變怪非常云云事.

+

인조 21년(1643년) 4월 22일

○忠淸監司 狀啓：本月 十三日 午時地震, 屋宇墻壁, 亦皆動搖, 變異非常事

+

★1643년 癸未 4월 18일

慶尙 地震

━慶尙監司 書狀內 節該 本月 13日 午時量 本營 **大丘**地 地震, 屋宇柱礎 靡不動搖事. 據曹 啓目粘連 啓下이습이신여 안전 大丘府 地震之變 極爲驚駭 解怪祭 香祝幣 令該司 照例 마련 下送, 隨時卜日 設行事 行移 엇더ᄒ닛고? 崇德 八年 4月 18日 同副承旨 臣 尹 ᄆᆞ음아리. 啓依允.

+

★1643년 癸未 4월 20일

慶尙 地震 解怪祭

━慶尙監司 狀啓：本月 13日 地震之變 已爲 馳啓ᄒ신겨과 近日 左右道各官 相續報來 山谷海邊 無不同然이습사나마 始自**東萊大震** 沿海各邑 尤甚. **掀動二三巡** 進退之際 **久遠墻垣** 亦多頹圮이다ᄯᅳᆫ 아니라 至於 **淸道**, **密陽**之間 岩石崩頹, **草溪郡**은 當其震動之時 乾川에서 遽出濁水 自前雖有此變 曾無若是之甚, 目今芒種只隔, 4日 天無雨意逐日 乾曝原野 盡焦民生 罔措之日 又此變怪驚動 人心遑遑 極爲悶慮事. 據曹 啓目粘連 啓下이습이신여 前因本道 狀啓：大丘府 地震 解怪祭 香祝幣 已爲 마련

下送ᄒᄉ왜시다오니 今 此 狀啓 則**左右道 地震**一樣尤甚, 極爲驚駭 解怪祭 香祝幣 令該司 마련 下送, 兩處 **各中央設壇** 隨時卜日 設行ᄒ온딕 祭物祭官이 令本道 擧行之意 行移 엇더ᄒ닛고? 崇德 八年 4月 20日 右承旨 臣 金堉 ᄆᆞ음아리. 啓依允.

+

仁祖 44卷, 21年(1643년) 4월 23일

지진이 심한 것에 대해 토론하다

○上引見大臣, 備局堂上, 上曰："近日 地震太甚, 予極憂懼." 沈悅曰："十三日 京師地震, 近見外方狀啓：**各道同日 皆震**, 而**嶺南爲尤甚**. 臣未知某事之失, 而天之警告至此也. 請令該曹, 行解怪祭." 上曰："此是文具, 祭之何益？自古地震之變, 多屬於兵亂, 內外之憂, 誠不可不預慮也. 予意以爲, 當今急務, 不外於得將.

+?

仁祖 21년(1643년) 4월 23일

진주에 땅이 흔들리다

○丙戌 / 慶尙道 **晉州** 地震, 樹木摧倒; **陜川郡** 地震, 巖崩, 二人壓死, 久涸之泉, 濁水湧出, 官門前路, 地拆十餘丈.

=

인조 21년(1643년) 4월 25일

지진의 피해가 있었다는 경상감사의 서목

○慶尙監司 書目：**晉州**, 陜川等官呈, 以地震時, 松木五六十條摧倒, **陜川地** 嶽動巖墜, 人有**壓死**, 涸泉水盈, 大路坼裂事.

=

★1643년 癸未 4월 26일

解怪祭 依前啓下施行

━慶尙監司 狀啓：內 節該 道內 **晉州**, 陜

川, 兩邑 地震之變 尤爲驚怪 實是 無前之
變事. 據曹 啓目粘連 啓下이습이신여 今
此 狀啓 則 晉州 等官 地震이다 ᄒᆞ수온겨
과 解怪祭 香祝幣 前因本道 狀啓 : 左右道
中央 設行事已爲 啓下 行移ᄒᆞ수왯곤 依前
啓辭施行事 行移 엇더ᄒᆞ닛고? 崇德 八年
4月 26日 同副承旨 臣 尹絳 ᄀ 음아리. 啓
依允.

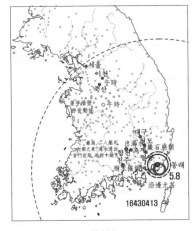

그림 209
□16430413≡-s530
진앙 : 동래 ; 규모 : > 5.8;

□16430609≡-s0724 울산지진
仁祖 21년(1643년) 6월 9일(그림 211, 212)
전국 각처에 땅이 흔들리다
○辛未 / 京師 地震. 慶尙道 大丘, 安東,
金海, 盈德 等邑 地震, 烟臺 城堞 頹圮居多.
蔚山府地坼水湧. 全羅道 地震, 和順縣人父
子爲 暴雷震死, 靈光郡人兄弟 騎馬出野,
幷其馬一時震死云.
▷金海는 東海(?)
=
인조 21년(1643년) 6월 21일

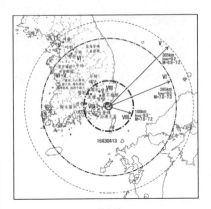

그림 210
□16430413≡-s530
진앙 : 동래 ; 규모 : 6.9~7.3

진도	반지름 km	I_o	M Lee	M 기상청	M G&R
V	365	9.2	7.1	6.9	7.1
VI	285	9.5	7.2	7.0	7.3
VIII	100	9.3	7.2	7.0	7.2

땅이 흔들렸다는 황집의 장계
○慶尙左兵使 黃緝 狀啓 : 初九日 申時 地
震 自乾方始起, 鷄犬盡驚, 人不定坐, 山川
沸騰, 墻壁頹崩云云事
+
인조 21년(1643년) 6월 21일
울산 등에 땅이 흔들렸다는 경상감사
의 장계
○慶尙監司 狀啓 : 左道自 安東, 由東海, 盈
德以下, 回至 金山各邑, 今月 初九日 申時,
初十日 辰時, 再度地震, 城堞頹圮居多. 蔚
山亦同日 同時, 一體地震, 府東十三里 潮
汐水出入處, 其水沸湯膽涌, 有若洋中大波,
至出陸地一二步而還入, 乾畓六處裂坼, 水
涌如泉, 其穴逾時還合, 水涌處各出白沙一
二斗積在云云事.

+

인조 21년(1643년) 6월 21일

○全羅監司 狀啓 : 和順 廣德里居 私奴凡
同 及 其子, 本月 初九日 出野, **震死**. 靈光,
初九日 京來布商李義賢, 徐承李兄弟二人,
出往郡西五里許, 兩人 及 所騎馬, 一時震
死. 東村居正兵陳景發, 亦爲震死, 變異非
常云云事. 以上內 下日記

+

인조 21년(1643년) 6월 25일
땅이 흔들렸다는 전라감사의 장계

○全羅監司 狀啓 : **礪山**等官呈, 以初九日
地震 自坤, 兌方起, 大小屋宇掀動, 變異非
常事.

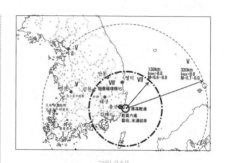

그림 212
□16430609≡-s724
진앙 : 울산; 규모 : 6.7~6.9

진도	반지름 km	I_o	M Lee	M 기상청	M G&R
VII	130	8.8	6.8	6.6	6.8
V	330	8.9	6.9	6.7	6.9

一校書正字 臣 河潝善 上疏內 節該 近年
以來災異疊現 而地震之異 則莫今年 尤甚
矣. 京外同然. 而方以香祝幣 下送 于各道
設祭於列郡 社稷之神 而不祭於國之 社稷
臣 亦未知其由 唯恐享祀之, 不得其宜也.
事, 據曹 啓目粘連 啓下이슙이신여 凡地
災震發之處 外方 則各其道內 解怪 香祝幣
下送, 則獨於京師之震 全沒禳拔之儀獜之
事理 似不當다히 而香室祝文 謄錄中 只有
外方 香祝 下送之. 規**奉常寺** 祭物 자하謄
錄 無 解怪祭 자하之事쏀 아니라 考諸五
禮儀 亦無可據之. 文臣, 曹 不敢以意見擧
行矣. 今此疏內 以享祀之不得 其宜爲言 則
祀典重事. 臣等 不敢擅便議大臣 定奪 엇더
ㅎ닛고? 崇德 八年 7月 初6日 左副承旨
臣 洪鎬 ᄀ옴아리. 啓依允.

事, 據曹 啓目粘連 啓下이슙이신여 議于
大臣 則領議政 沈悅, 右議政 金自點 以爲
國家祀事 自有常行之典 旱災孔棘 則有名
山大川 宗廟社稷 祈禱之擧 而 至於解怪之

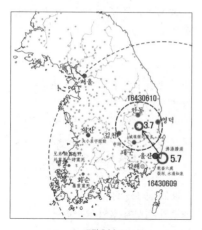

그림 211
□16430609≡-s724
진앙 : 울산; 규모 : > 5.7;
▷NGDC M=6.5

□16430706≡-s0819~-0711
≡-s0824
★1643년 癸未 7月 11日
京中 解怪祭 定奪

祭 則只行於變生之處 而無 社稷行祭之規 莫 重祀典 不可意起伏 唯 上裁 昇平府院君 金瑬, 益寧府院君 洪瑞鳳 病, 不收議大臣 之意. 如此 上裁施行 엇더ᄒᆞ닛고? 崇德 八年 7月 11日 右承旨 臣 金 ᄆᆞ옴아리. 啓依議ᄒᆞ렷다 敎.

仁祖 23년(1645년) 4월 24일
경상도 칠곡에 땅이 흔들리다
○慶尙道 漆谷縣 地震.

仁祖 23년(1645 乙酉 2년) 8월 27일
전라도 여산에 땅이 흔들리다
○丙午 / 全羅道 礪山郡 地震. 監司 以聞.

仁祖 25년(1647년) 6월 5일
경상도 영산, 하양 등에 땅이 흔들리고 우박으로 새가 많이 죽다
○甲戌 / 慶尙道 靈山, 河陽諸邑 地震, 大雨雹, 禽鳥多斃.

仁祖 25년(1647년) 7월 14일
전라도 남평에 땅이 흔들리다
○癸丑 / 全南道 南平縣 地震.

◎仁祖 25년(1647년) 7월 16일
평안도 안주 등에 큰 바람이 불고 해일이 일다
○乙卯 / 平安道 安州, 定州, 宣川 等邑, 大風海溢.

◎仁祖 25년(1647년) 8월 11일(己卯)
경기의 부평, 안산에 해일이, 양주, 이천 일대에 우박이 내리다
○己卯 / 七月 初二日, 京畿 富平, 安山, 金浦諸邑 海溢; 七月 二十七日, 京畿 楊州, 利川, 驪州, 楊根, 砥平諸邑 大雨雹.

◎仁祖 25년(1647년) 8월 18일
평안도, 함경도에 큰물이 나고 희생자가 생겨 휼전을 거행하도록 하다
○平安道 雨雹, 大水海溢, 咸鏡道 大水. 黃海道 大水, 鳳山郡渰死者二十餘人. 本道 以聞. 上令擧行恤典.

◎仁祖 25년(1647년) 9월 11일
충청도 서천 등 일부 지역에 큰물이 지고 해일이 일다
○戊申 / 忠淸道 舒川, 平澤, 牙山, 新昌, 稷山 等邑 大水海溢.

仁祖 25년(1647년) 10월 1일
충청도 일대에 우박이 크게 내리고 연풍에 땅이 흔들리다
○朔戊辰 / 洪淸道 洪州, 木川, 稷山, 瑞山, 韓山, 牙山, 庇仁, 海美, 唐津, 鎭川, 忠原, 淸風大雨雹, **延豊 地震.** 監司 以聞.

◎仁祖 25년(1647년) 12월 21일
양주와 적성에 땅이 흔들리다
○丁亥 / 楊州, 積城 地震, 聲如雷.

◎仁祖 26년(1648년) 8월 4일
충청도에 태풍과 폭우로 피해가 심하게 나다
○洪淸道 牙山, 新昌, 德山, 天安, 平澤 等邑 海溢, 濱海堤堰, 無不墊沒. 林川, 韓山, 淸州, 報恩, 沃川 等邑 大風雨, 屋瓦皆飛.

(與兩南風災同日.) 沃川 化仁津 津流大漲,
赴學儒生 朴希泰 等 同舟十二人 竝溺死.
監司 以聞, 上令本道, 擧行恤典.

仁祖 26년(1648 戊子 5년) 12월 14일
전주에 땅이 흔들리다
○甲辰 / 全州 地震, 監司 以聞.

仁祖 27년(1649 己丑 6년) 1월 3일
태백성이 나타나다. 전주부에 땅이 흔
들리다
○壬戌 / 太白見. 全州府 地震, 監司 以聞.

□16490929≡-s1003
孝宗 卽位년(1649년 己丑) 11월 6일
전라의 여섯 고을에 해일이 나고 여산
과 함열에 땅이 흔들리다
○辛酉 / 全南道 扶安, 咸悅, 沃溝, 茂長,
萬頃, 古阜 等 六邑 海溢, **礪山, 咸悅** 地震.
=
효종 즉위년(1649년) 11월 9일
부안 등에 해일이 발생하였고 여산 등
에 땅이 흔들렸다는 전라감사의 서목
○全南監司 書目 : 扶安, 古阜等 六官呈,
以十月 初三日 海溢, 近古所無, **礪山, 咸悅**
等官呈, 以九月 二十九日 地震變異非常事.
▷NGDC M=6.5; 오류로 추정됨

◎16491003≡-s1106
孝宗 卽位년(1649년) 11월 6일
전라의 여섯 고을에 해일이 나고 여산
과 함열에 땅이 흔들리다
○辛酉 / 全南道 扶安, 咸悅, 沃溝, 茂長,
萬頃, 古阜 等 六邑 海溢, 礪山, 咸悅 地震.

□16501230≡1561s0115
孝宗 卽位년(1649년) 12월 27일
경상도 곤양에 땅이 흔들리다
○辛亥 / 慶尙道 昆陽郡 地震.
+
효종 원년(1650년) 2월 5일
하동 등의 변이를 보고하는 경상감사
의 서목
○慶尙監司 書目 : 河東呈, 以烟臺天伐, 雜
物破碎齋緣事. 昆陽呈, 以十二月 三十日
地震事.

□16500211≡-s312
孝宗 1년(1650년) 2월 18일
경상도의 대구, 칠곡, 언양 등에 땅이
흔들리다
○辛丑 / 慶尙道 大丘, 漆谷, 彦陽 等邑 地震.
+?
효종 원년(1650년) 2월 19일
경주에 11일에 땅이 흔들렸음을 보고
하는 경상감사의 서목
○慶尙監司 書目 : 慶州呈 以今月十一日
地震事.

□16510329≡-s0518
孝宗 2년(1651년) 4월 16일
충청도 청주에 땅이 흔들리다
○忠淸道 淸州 地震.
=
효종 2년(1651년) 4월 12일
땅이 흔들렸다는 등에 대한 충청감사
의 서목
○洪淸監司 書目 : 淸州呈, 以三月 二十九
日 地震, 四月 初一日 星隕事.

□16510428≡-s0615
孝宗 1년(1650년) 5월 26일
전라도 무장에 땅이 흔들리다
○戊寅 / 全羅道 茂長縣 地震.
=
효종 원년(1650년) 5월 27일
무장에 땅이 흔들렸다는 전라감사의
서목
○全南監司 書目：茂長呈, 以四月 二十八
日 地震, 事係變異事

◎孝宗 2년(1651년) 8월 1일
해주 등에 해일이 일다
○黃海道 海州 等 六邑 海溢, 鳳山 等 七邑
大風, 大水, 蝗.

◎孝宗 2년(1651년) 8월 11일
황해도 연해안의 여러 읍에 해일이 일다
○丙辰 / 黃海道 沿海列邑 海溢.

孝宗 3년(1652년) 9월 6일
전라도에 하루 두 번 땅이 흔들리다
○全南道 地震, 一日 再震.

孝宗 3년(1652년) 9월 9일
충청도에 땅이 흔들리다
○戊寅 / 洪淸道 地震.

孝宗 3년(1652년) 9월 10일
경상도에 땅이 흔들리다
○慶尙道 地震.

孝宗 3년(1652년) 9월 11일
전라도에 땅이 흔들리다

○全南道 地震如雷.

효종 4년(1653년) 1월 25일
땅이 흔들리다. 북동에서 일어나 남동
에 이르다
○辰時 地震, 起乾方至巽方

孝宗 5년(1654년) 1월 29일
충청도에 땅이 흔들리다
○庚申 / 洪淸道 地震.

孝宗 5년(1654년) 10월 11일
경상도에 땅이 흔들리다
○丁卯 / 慶尙道 地震.

孝宗 5년(1654년) 10월 29일
경상도에 지진 나고 충청도에 우레가
치다
○乙酉 / 慶尙道 地震, 忠淸道 雷.
=
효종 5년(1654년) 10월 29일
星州에 땅이 흔들렸다는 경상감사의
서목
○慶尙監司 書目：星州等官呈, 以本月 十
六日 地震事.

孝宗 5년(1654년) 11월 6일
전라도에 땅이 흔들리다
○壬辰 / 全南道 地震.

◎孝宗 5년(1654년) 11월 19일
전라도에 해일이 일다
○全南道 海溢.

□**16550324**≡-s0430 (그림 213)

孝宗 6년(1655년) 4월 24일
충청도에 지진이 나 예조에 해괴제를
지내도록 하길 청하니 따르다
○戊寅 / **忠清道 地震**. 監司 以聞. 禮曹請
下送香祝幣帛於本道 中央之地, 行解怪祭,
從之. 時築城於**安興**(鎮名在泰安郡.) 徵軍
督役, 道內 騷擾, 民多怨苦, 人皆以地震爲
其應云.
+?
효종 6년(1655년) 4월 24일
공주 등지에 땅이 흔들렸다는 충청감
사의 서목
○忠清監司 書目 : **公州 等官, 三月 二十四**
日 地震事
+
효종 6년(1655년) 5월 6일
3월 24일 임피에 일어난 지진의 변이
를 보고하고 동복객사의 전패봉안처
에 불이 난 것에 대해 이유정을 朝廷에
처치하는 일에 대한 전라감사의 서목
○全南監司 書目 : **臨陂呈, 以三月 二十四**
日 地震. 變異非常事. 同福呈, 以四月 二十
四日 夜, 客舍殿牌奉安處衝火, 殿牌 及 客
舍中大廳燒火, 事係重大, 同福 縣監 李維
楨, 朝廷以處置事.

孝宗 6년(1655년) 5월 6일
전라도에 땅이 흔들리고, 충청도에 서
리가 내리고 한재, 황재가 있다
○己丑 / 全南道 地震. 忠清道 霜降旱蝗. 咸
鏡道 大風, 飛沙走石, 癘疫大熾, 死者二百餘.

孝宗 6년(1655년) 6월 29일
전라도 전주 등 일곱 고을에 땅이 흔들

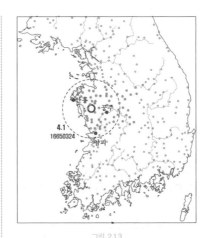

리다
○壬午 / 全南道 全州 等 七邑 地震.

孝宗 6년(1655년) 9월 6일
평안도에 땅이 흔들리다
○丁亥 / 平安道 地震.

孝宗 6년(1655년) 10월 5일
충청도에 땅이 흔들리다
○忠清道 地震.

□16551112≡-s1219
孝宗 6년(1655년) 11월 25일
충청도 회인, 문의, 보은에 땅이 흔들
리다
○乙巳 / 忠清道 懷仁, 文義, 報恩 地震.
=?
효종 6년(1655년) 11월 26일
보은에 땅이 흔들렸다는 충청감사의
서목

○忠淸監司 書目 : 報恩官呈, 以本月 十二日 地震事

□16560122≡-s0216
孝宗 7년(1656년) 1월 22일
충청도에 땅이 흔들리다
○忠淸道 地震, 聲如雷, 屋宇皆動.
=
효종 7년(1656년) 2월 1일
공주에 땅이 흔들렸다는 충청감사의 서목
○忠淸監司 書目 : 公州等官呈, 以本月 二十二日 地震事.

孝宗 7년(1656년) 2월 2일
김육이 황해도, 평안도의 추쇄를 중지하는 것 등을 아뢰어 민심의 진무를 청하다
○上引見大臣 及 備局諸臣. 領敦寧府事金堉曰 : "近日 天災孔棘, 聖上有救言之敎, 臣意以爲 : '不必以章疏仰達, 入侍之臣, 各陳所懷, 以爲弭災之策可也.' 方今急務, 莫如安民, 民安然後, 天意可悅, 殿下以爲, 今日之民安乎. 嶺南束伍給保之擧, 不可不革罷也. 以此他道 人心, 亦皆不安, 擧有渙散之心云矣."
上不答.
堉又曰 : "其次兩西推刷, 亦不可不停."
上曰 : "我國凡事, 不能耐久, 有同兒戲, 是可歎也."
堉又曰 : "臣又有所欲言者矣. 安興, 格浦, 已定設鎭之策, 而臣曾爲忠淸監司, 熟見安興形勢, 實非築城之地, 而朝廷輕用民力, 良可慨也. 湖西 民力已竭, 怨苦日甚, 頃日

地震, 必由於此也."
上不悅曰 : "無所營爲, 束手而坐, 脫有禍亂, 將安歸乎?"
兵曹判書元斗杓曰 : "金堉所言請停兩西推刷者, 臣意亦然, 亦足爲慰民心之一道 也."
上曰 : "然則停之."

◎孝宗 7년(1656년) 6월 1일
충청도에 해일이 있다
○忠淸道 海溢.

孝宗 8년(1657년) 6월 15일
충청도에 땅이 흔들리다
○忠淸道 地震.

◎孝宗 8년(1657년) 8월 1일
충청도에 해일이 일다
○辛未 / 忠淸道 海溢.

□16570812≡-s0919
★1657년 丁酉 9월 初6일
忠淸 地震
━忠淸監司 徐必遠 狀啓 : 內 節到付 韓山郡守 徐正履 牒呈內 8月 12日 亥時量 地震一度, 自北 至南 而止이다 ㅎㅅ왜시며 一時에付 扶安 縣監 任濬 牒呈內 8月 12日 子時量 地震 變異非常 緣由 馳報事. 牒呈 이ㅅ와두 이러곰 事, 據曹 啓目粘連 啓下이습이신여 안전 韓山 等官 地震之變 極爲驚駭 解怪祭 香祝幣 令該司 照例 마련, 急速下送, 中央設壇 隨時 卜日 設行事 行移 엇더ㅎ닛고? 順治 十四年 9月 初6日 同副承旨 臣 李翊漢 ㅅ음아리. 啓依允.

□16571111≡-s1215

孝宗 8년(1657년) 11월 11일 (그림 214)

경상도에 땅이 흔들리다

○己酉 / 慶尙道 地震.

+?

★1657년 丁酉 11月 20日

慶尙 地震

—慶尙監司 任義伯 狀啓 : 據曹 啓目粘連
啓下이옵이신여 안전 大丘, 慶山 等官 地
震之變 極爲驚駭 依前例 解怪祭 香祝幣 令
該司 照例 마련, 急速下送, 中央設壇 隨時
卜日 設行之意 回移 엇더ᄒ닛고? 順治 十
四年 11月 20日 左承旨 臣 權堣 ᄀ음아
리. 啓依允.

+

★1657년 丁酉 12月 初2日

地震 解怪祭

—慶尙監司 任義伯 狀啓 : 據曹 啓目粘連
啓下이옵이신여 頃因本道 狀啓 : 大丘,
慶山 等官 地震 解怪祭 香祝幣 已爲下送ᄒ
ᄉ왜시다오니 安東 禮安 義城 榮川 河陽
等 五官 또ᄒ 地震이다 ᄒ옵는 바, 極爲
驚駭ᄒᄉ와두 解怪祭 香祝幣 亦 令該司
照例 마련 下送ᄒ온디 中央設壇 隨時 卜
日 設行之意 回移 엇더ᄒ닛고? 順治 十四
年 12月 初2日 同副承旨 臣 李正英 ᄀ음
아리. 啓依允

★1658년 戊戌 正月 初4日

忠淸 地震

—忠淸監司 李慶億 書狀 : 據曹 啓目粘連
啓下이옵이신여 觀此 狀啓 則 石城, 扶餘,
林川 等 三邑 地震之變 極爲驚駭ᄒᄉ와두
解怪祭 香祝幣 令該司 照例 마련 下送, 中
央設壇 隨時 卜日 設行之意 回移 엇더ᄒ

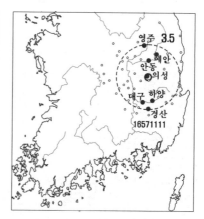

닛고? 順治 十五年 正月 初4日 右承旨 臣
李後山 ᄀ음아리. 啓依允.

孝宗 9년(1658 戊戌 15년) 2월 16일

전주, 김제 등 고을에 땅이 흔들리다

○癸未 / 全州, 金堤 等邑 地震.

□16581003≡-s1028 (그림 215)

★1658년 戊戌 10月 23日

全羅 地震

—全羅監司 徐必遠 書狀 : 據曹 啓目粘連
啓下이옵이신여 안전 長城 等 七邑 地震
之變 極爲驚駭 解怪祭 香祝幣 令該司 照例
마련 下送, 中央設壇 隨時 卜日 設行之意
回移 엇더ᄒ닛고? 順治 十五年 10月 23
日 行都承旨 臣 洪重普 ᄀ음아리. 啓依允.
↓

□16581005≡-s1030

효종 9년(1658년) 10월 27일

이세익에 대한 처치와 순창 등의 지진

에 관한 전라감사의 서목

○全南監司 書目：務安 縣監 李世翊, 其衙
屬已爲上送, 旣廢坐衙, 令該曹覆啓處置事.
又書目：淳昌等官呈, 以今月 初五日 地震,
變異非常事.

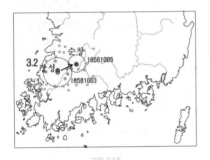

그림 215
□16581003≡-s1028
진앙：장성；규모：3.2 / 3.6
□16581005≡-s1030 진앙：순창；규모：?

孝宗 9년(1658 戊戌 15년) 11월 5일
전라도 옥과, 부안 등 고을에 땅이 흔
들리다

○戊戌 / 全羅道 玉果, 扶安 等縣 地震.

□16581103≡-s1127
★1658년 戊戌 11月 26日
地震 趁不報知推考
一全羅監司 徐必遠 書狀內 節 到付 龍安
縣監 金世泌 牒呈內 今11月 初3日 亥時末
自北方 至西間 地震ᄒ이신ᄃ로 緣由
牒報ᄒᄂ 바 牒呈이ᄉ와두에시여 他邑
地震은 曾已啓聞ᄒ신겨과 同 龍安은 初3
日 地震, 今始來報事極稽緩ᄒᄉ온ᄃ로
同吏 自本道推考ᄒᅌᆸ고 緣由 아오로
啓聞事. 據曹 啓目粘連 啓下이습이신여
全州 等官 地震之變 因本道監司 啓聞 解怪
祭 香祝旣已啓下下送ᄒᄉ와시다오니 觀

此 狀啓 則 龍安 地震 與全州 等官 一時 所
發 而今始追報事甚 遲緩勢末及於本道中央
設祭之時 上項 龍安 縣監 金世泌 爲先推考
解怪祭 香祝幣 令該司 急速 마련 下送, 隨
時 卜日 設行之 意 回移 엇더ᄒ닛고? 順
治 十五年 11月 26日 同副承旨 臣 李天基
ᄀ음아리. 啓依允.

=

孝宗 9년(1658 戊戌 15년) 11월 26일
전라도 용안에 땅이 흔들리다

○全南道 龍安縣 地震.

□16581124≡-s1218
孝宗 10년(1659 己亥 16년) 1월 9일
강원도의 울진에 땅이 흔들리다

○江原道 蔚珍縣 地震.

=

효종 10년(1659년) 1월 9일
울진에 땅이 흔들렸다는 강원감사의
서목

○江原監司 書目：蔚珍呈, 去十一月 二十
四日 地震事.

+

★1659년 己亥 正月 初10日
江原 地震
一江原監司 姜栢年 書狀內：道內 蔚珍縣
地震 事係變異事. 據曹 啓目粘連 啓下이
습이신여 안전 蔚珍地震之變 極爲驚駭
解怪祭 香祝幣 令該司 照例 마련, 急速下
送, 亦令本官 設壇 精備奠物 隨時 卜日 設
行之意 回移 엇더ᄒ닛고? 順治 十六年 6
月 初10日 右副承旨 臣 權大運 ᄀ음아리.
啓依允.

□16590210≡-s0303 울진

□16590213≡-s0306 삼척

孝宗 10년(1659 己亥 16년) 2월 24일

강원도 울진에 지진이 나 해괴제를 지내라 하다

○乙酉 / 江原道 蔚珍縣 地震, 命行解怪祭, 是日 又 地震.

=

★1659년 己亥 2月 25日

地震 解怪祭

—江原監司 姜栢年 書狀 : 據曹 啓目粘連 啓下이습이신여 觀此 狀啓 則 本月 初10日 **蔚珍**縣 以地震之變 設行 解怪祭 而同日 申時 또흔 地震 至於動屋 比前尤甚. **三陟**府 今月 13日 地震之聲, 自西而起止 於東北間云 解怪祭 香祝幣 令該司 照例 마련, 急速下送, 設行於本府之意 아오로 回移 엇더흐닛고? 順治 十六年 2月 25日 同副承旨 臣 李尙眞 マ음아리. 啓依允.

孝宗 10년(1659 己亥 16년) 閏3월 1일

충청도 면천, 평택 등 고을에 땅이 흔들리다

○辛酉 / 忠洪道 沔川, 平澤 等邑 地震.

顯宗 卽位년(1659년) 12월 26일

김천에 땅이 흔들리다

○壬子 / 金山郡 地震, 有聲從西來, 若萬車奔輪, 屋宇動搖, 山上群雉皆鳴. 慶尙監司 洪處厚 馳啓以聞.

□16601118≡-s1219

顯宗 1년(1660년) 12월 1일

호남의 임피, 옥구 등에 땅이 흔들리다

○湖南 臨陂, 沃溝 等邑 地震.

=?

현종 원년(1660년) 12월 6일

옥구에 땅이 흔들렸다는 전라감사의 서목

○全南監司 書目 : 沃溝十一月 十八日 午後 地震事.

+

★1660년 庚子 12月 初3日

臨陂地震

—全南監司 金始振 狀啓 : 據曹 啓目粘連 啓下이습이신여 안전 **臨陂**縣 地震之變 極爲驚駭 解怪祭 香祝幣 令該司 照例 마련, 急速下送, 隨時 卜日 設行事 回移 엇더흐닛고? 順治 十七年 12月 初3日 同副承旨 臣 李袗 マ음아리. 啓依允.

+?

★1660년 庚子 12月 初7日

沃溝地震

—全南監司 金始振 狀啓 : **沃溝** 地震事. 據曹 啓目粘連 啓下이습이신여 全南道 兩縣 地震之變 鱗次來報極爲驚駭 解怪祭 亦當 設行 而**臨陂, 沃溝** 地界相接 則就其中央一處 設行宜當 香祝幣 令該司 照例 마련, 一時 下送, 隨時 卜日 設行之意 回移 엇더흐닛고? 順治 十七年 12月 初7日 同副承旨 臣 李慶徽 マ음아리. 啓依允.

□16601123≡-s1224

현종 원년(1660년) 12월 15일

용천에 땅이 흔들렸다는 평안감사의 서목

○平安監司 書目 : 龍川呈, 以去十一月 二十三日 地震事.

顯宗 2年(1661年) **5月 5日**

길주에 성무가 끼는 등 각지에 이변이 있다

○吉州有腥霧. 霧氣襲人, 臭惡難堪. 有牛産犢, 一體兩頭. 富寧, 三水, 甲山霜降. 高原, 永興雨雹. 監司 權堣 馳啓以聞.

顯宗 2년(1661년) 8월 4일

장수, 임실 등에 서리가 내리다

○長水, 任實 等縣隕霜殺草, 三陟府 雨雪, 藍浦縣 地震.

=

顯改 2년(1661년) 8월 4일

호서 남포에 땅이 흔들리다

○湖南 長水, 任實 等縣, 隕霜殺草, 關東三陟府雨雪, 湖西 藍浦縣 地震.

=

현종 2년(1661년) 8월 15일

남포 지진에 관한 충청감사의 서목

○忠洪監司 書目 : 藍浦呈, 以今月 初四日 地震緣由事

□16610807≡-s1009(그림 216)

현종 2년(1661년) 9월 13일

송시열의 상소를 올려 보낸다는 것과 청산 등에 땅이 흔들렸다는 충청감사의 서목

○忠公監司 書目 : 懷德 兼任 鎭岑呈, 以判中樞宋時烈上疏上送事. 又書目 : 靑山等官呈, 以八月 十七日 地震事.

顯宗 2년(1661년) 12월 29일

담양부에 땅이 흔들리다

○甲戌 / 潭陽府 地震, 全州府晝晦, 道臣以聞.

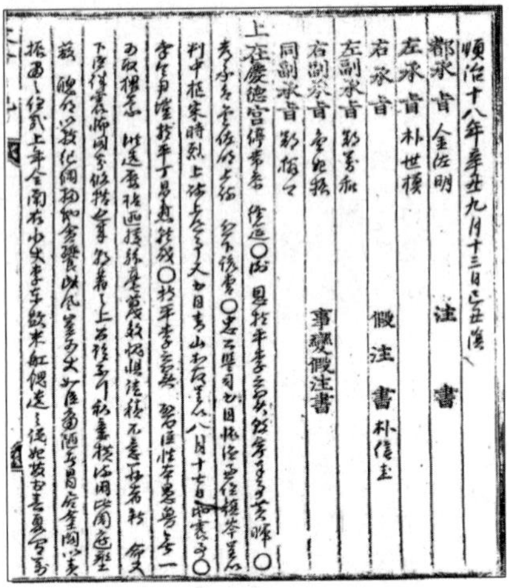
順治十八年辛丑九月十三日
都承旨 金佐明 注書
左承旨 朴世模
右承旨 假注書 朴信圭
左副承旨
右副承旨 事變假注書
同副承旨

그림 216

『승정원일기』

▷注書(주서)

① 조선 초 문하부(門下府)의 정7품 벼슬 ② 조선 때 승정원의 정7품 벼슬로 사초를 쓰는 일을 맡아보았음

=

顯改 2년(1661년) 12월 29일

호남의 담양부에 땅이 흔들리고, 전주부는 대낮이 깜깜하다

○甲戌 / 湖南 潭陽府 地震, 全州府晝晦.

顯宗 3년(1662년) 1월 6일

호서 회인에 땅이 흔들리다

○湖西 懷仁縣 地震, 監司 馳啓以聞.

顯宗 3年(1662년) 1月 9日(癸未)

교리 민유중, 대사간 민정중 등이 금주령과 염분, 어전의 혁파에 대해 아뢰다

○癸未 / 上御資政殿常參禮訖, 玉堂諫官上殿奏事. 大司諫閔鼎重啓 : "以**京畿驪州, 有地震**之變, 而道臣不卽啓聞, 事甚可駭.

顯宗 3년(1662년) 2월 22일

전라 임피에 땅이 흔들리다
○全南道 臨陂 地震.

顯宗 3년(1662년) 3월 4일
호서 대흥 등에 땅이 흔들리다
○丁丑 / 湖西 **大興 等 十邑 地震**. 屋宇動搖,
壁土剝落. 遣香祝. 行解怪祭 于道內 中央.

顯宗 3年(1662年) **3月 18日**
해가 피처럼 붉고 흙비가 내리다
○辛卯 / 日 赤如血土雨.

顯宗 3년(1662년) 3월 30일
호남 용담에 땅이 흔들리다
○湖南 龍潭縣 地震.

顯宗 3年(1662년) 4月 19日(壬戌)
함경도 영흥 등지에 우박이 쏟아지고,
경상도 성주 등에 지진이 일다
○咸鏡道永興, 咸興, 端川 等 六邑, 雨雹傷
禾稼, **慶尙道 星州等 數邑 地大震**. 依例行
解怪祭.

◎顯宗 3년(1662년) 10월 10일
호서 면천군에 해일이 일다
○庚戌 / 湖西 沔川郡 海溢.

顯宗 3년(1662년) 10월 15일
호서에 지진이 나 해괴제를 지내다
○湖西 地震, 設解怪祭.
▷『해괴제등록』에 관련 기록 없음.

顯改 3년(1662년) 10월 28日(戊辰)
서울에 땅이 흔들리다

○戊辰 / 京師地震.

□16621102≡-s1212
顯宗 3년(1662년) 11월 2일
영남 지역 지진으로 해괴제를 지내다
○嶺南 安東, 禮安, 奉化 等 三邑 地震, 設
解怪祭於中央.
=
顯改 3년(1662년) 11월 2일
영남의 안동, 예안, 봉화에 지진이 발
생하자 해괴제를 지내다
○嶺南 安東, 禮安, 奉化 等 三邑 地震. 設
解怪祭.
▷『해괴제등록』에 관련 기록 없음.

□16621116≡-s1226(그림 217)
★1662년 壬寅 11월 16일
江原 地震
─江原監司 洪處亮 書狀內: **襄陽, 江陵,
平海** 等官 地震事. 據曹 啓目粘連 啓下이
습이신여 안전 江陵 等 三邑 地震之變 極
爲驚駭 解怪祭 香祝幣 令該司 照例 마련
下送, 中央設壇 隨時 卜日 設行之意 回移
엇더ᄒ닛고? 康熙 三年(元年) 11月 16
日 右副承旨 臣 趙胤錫 ᄀ음아리. 啓依允.
+
★1662년 壬寅 11월 19日(그림 218)
解怪祭 勿爲疊設
─江原監司 洪處亮 書狀: 據曹 啓目粘連
啓下이습이신여 觀此 狀啓 則 **三陟, 蔚珍**
等邑 並皆 地震 極爲驚駭 解怪祭 所當依例
設行이ᄉ온디 但念 以**江陵, 襄陽, 平海** 等
邑 地震 解怪祭 香祝幣 纔已下送, 使之中
央 設壇行祭ᄒᄉ왯거오니 **三陟, 蔚珍** 乃

平海 接境之邑이스오며 地震 亦在同日 不必別爲設祭이스와두 以此 回移 엇더ᄒ닛고? 康熙 元年 11月 19日 同副承旨 臣 洪處厚 ᄀ옴아리. 啓依允.

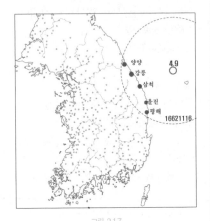

그림 217
□16621116≡-s1226
진앙 : 울릉도 N; 규모 : 4.9 / 4.7

▷16810511, 16811111
『조선왕조실록』과 『승정원일기』에 해당 기사 없음

□166305
★1663년 癸卯 5月 14日
解怪祭
—慶尙監司 李尙眞 書狀 : 據曹 啓目粘連 啓下이숩이신여 안전 **慶州 等 五邑** 地震之變 極爲驚駭 解怪祭 香祝幣 令該司 照例 마련, 急速下送, 中央設壇 隨時 卜日 設行之意 回移 엇더ᄒ닛고? 康熙 十二年 5月 14日 右副承旨 臣 兪場 ᄀ옴아리. 啓依允.
+
★1663년 癸卯 5月 16日
同日 地震 一體行

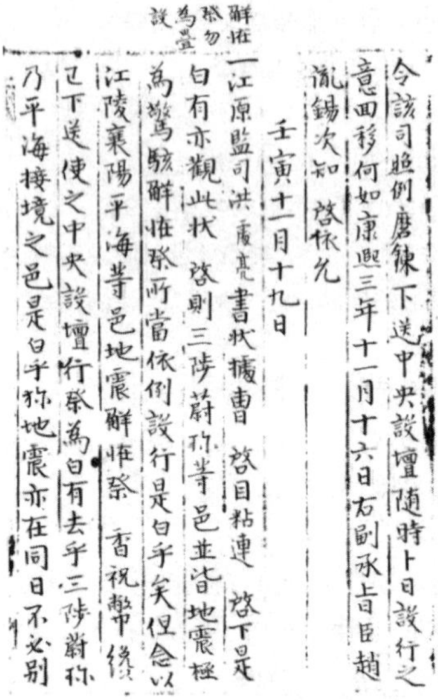

그림 218
『해괴제등록』

—慶尙監司 李尙眞 書狀 : 據曹 啓目粘連 啓下이숩이신여 **慶州 等 五邑** 地震 解怪祭 香祝幣 照例 마련 下送事, 繼已覆 啓蒙允分付該司ᄒᆞ스왜시다오니 今見 狀啓: 長髻縣 地震之變 自是一帶 地震이다 ᄒᆞ스 왜시는 바, 同日之變 解怪祭 別無各設之事 依前啓請一體 마련, 中央設壇 隨時 卜日 設行之意 回移 엇더ᄒ닛고? 康熙 二年 5月 16日 同副承旨 臣 趙胤錫 ᄀ옴아리. 啓依允.

▷**『조선왕조실록』과 『승정원일기』에 해당 기사 없음**

顯宗 4년(1663년) 5月 28日
경상도 상주에 땅이 흔들리다
○慶尙道 尙州 地震如雷.
=

현종 4년(1663년) 6월 14일
상주에 땅이 흔들렸다는 경상감사의
서목

○慶尙監司 書目 : 尙州呈, 以五月 十八日
地震.

○顯宗 4년(1663년) 6월 25일
충청도에 해일이 일다

○忠淸道 牙山, 新昌, 洪陽 等邑, 海溢三日.

顯宗 4년(1663년) 8월 17일
평안도 태천 등에 땅이 흔들리다

○壬子 / 平安道 泰川, 雲山 等邑 地震.

=

顯改 4년(1663년) 8월 17일
평안도 태천, 운산 등에 땅이 흔들리다

○壬子 / 平安道 泰川, 雲山 等地 地震.

顯宗 4년(1663년) 8월 26일
평안도 지역에 땅이 흔들리다

○辛酉 / 平安道 咸從, 永柔 等邑 地震.

=

顯改 4년(1663년) 8월 26일
평안도 함종, 영유 등에 땅이 흔들리다

○辛酉 / 平安道 咸從, 永柔 等邑 地震.

□16631210≡1664s0107
顯宗 4년(1663년) 12월 10일
개성부 및 해주에 땅이 흔들리다

○開城府 及 海州 地震.

=

★1663년 癸卯 12月 15日
開城, 黃海 地震

─開城府 留守 朴長遠 書狀內 : 今月 初10

日 地震 變異非常事 及 黃海監司 姜瑜 書狀
內 : 今月 初10日 海州牧 地震事. 據曹 啓
目粘連 啓下이습이신여 안전 開城府 海
州牧等 地震之變 極爲驚駭 解怪祭 香祝幣
令該司 照例 마련 下送, 隨時 卜日 設行之
意 回移 엇더ᄒ닛고? 康熙 二年 12月 15
日 左副承旨 臣 權大運 ᄀ음아리. 啓依允.

□16631227≡1664s0124
顯宗 4년(1663년) 12월 27일 (그림 219)
해서 지역에 땅이 흔들리다

○庚申 / 海西啓聞, 康翎縣 地震, 有聲如
雷, 屋宇皆動, 白川, 延安亦 地震.

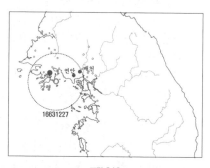

그림 219
□16631227≡1664s0124 분석 유보

□16640227≡-s0324
顯宗 5년(1664년) 3월 16일 (그림 220)
경상도 지역에 땅이 흔들리다

○慶尙道 昆陽, 南海, 河東, 鎭海, 熊川, 巨
濟 等邑 地震.

=

현종 5년(1664년) 3월 18일
곤양 등에 지난달 27일에 땅이 흔들렸
다는 경상감사의 서목

○慶尙監司 書目 : 昆陽等官呈, 以前月 二

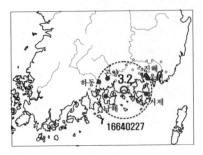

그림 220
□16640227≡-s0324
진앙 : 고성; 규모 : 3.2 / 3.6

十七日 地震事.

□**16640514**≡-s0607(그림 221)
현종 5년(1664년) 5월 20일
이달 14일 땅이 흔들렸다는 평안감사
의 서목
○平安監司 書目 : 平壤, 江西, 龍岡, 三和,
甑山等官, 今月 十四日 地震事.
+
현종 5년(1664년) 5월 26일
땅이 흔들렸다는 황해감사의 서목
○黃海監司 書目 : 文化等 三官, 今月 十四
日 地震事.
+
현종 5년(1664년) 5월 26일
순안 등에 땅이 흔들렸다는 평안감사
의 서목
○平安監司 書目 : 順安等 五邑, 同日 地
震, 災異非常事.

□1664L0617≡-s808
顯宗 5년(1664년) 閏6월 17일
전라도 광주에 땅이 흔들리다
○全羅道 光州 地震聲如雷.

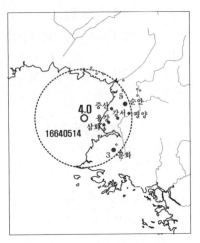

그림 221
□16640514≡-s607
진앙 : 삼화W; 규모 : 4.0 / 4.0

=

현종 5년(1664년) 7월 5일
지진과 그로 인한 사망 인원 등을 보고
하는 전라감사의 서목
○全羅監司 書目 : 光州呈, 以**閏六月 十七
日** 地震. 全州呈, 以奴 太元, 業伊 及 牛一
隻. 鎭安呈, 以私婢 玉伊. 金堤呈, 以金景
生 女兒, 閏六月 廿一日 震死事. 谷城, 求
禮, 全州, 鎭安呈, 以閏六月 十七日, 廿一
日 大雨時, 溺死壓死人物, 至於五十名之
多, 極爲驚慘事.

顯宗 5년(1664 甲辰 3년) 12월 17일
함경도 경성 등 고을에 땅이 흔들리다
○甲戌 / 咸鏡道 鏡城 等邑 地震, 屋宇皆動.
▷『승정원일기』에 없음

顯宗 6년(1665년) 1월 17일
남평에 땅이 흔들리다

바람에도 흔들리는 땅

○南平縣 地震.

顯宗 6년(1665년) 1월 23일
영동과 청산 등 고을에 땅이 흔들리다
○永同, 靑山 等邑 地震.

顯宗 6년(1665년) 2월 4일
공주와 은진 등 고을에 땅이 흔들리다
○辛酉 / 公山縣 地震. 其聲如雷, 自東而
南, 屋宇皆動. 恩津 等邑 亦 地震.

□16650521≡-s0703
顯宗 6년(1665년) 6월 21일
평양에 땅이 흔들리다
○平壤 地震. 有若雷鼓聲, 自東至西, 屋宇
皆動.
=
현종 6년(1665년) 6월 29일
땅이 흔들리다고 보고하는 평안감사
의 서목
○平安監司 書目 : 又書目 : 平壤로, 以去
月 卄一日, 再次地震事.

□166501116≡-s1222
顯宗 6년(1665년) 11월 13일
공주에 땅이 흔들리다
○公山 地震.
=
현종 6년(1665년) 12월 2일
공주에 땅이 흔들렸다는 충청감사의
서목
○忠淸監司 書目 : 公山地, 去月 十六日 地
震事.

◎顯宗 6년(1665년) 7월 17일

경기도 광주에 해일과 태풍이 나다
○廣州海溢大風.

◎顯宗 6년(1665년) 7월 18일
충청도 아산, 신창 등에 해일이 일다
○忠淸道 牙山, 新昌 等地, 海溢.

◎顯宗 6년(1665년) 7월 21일
수원, 인천, 남양, 안산 등에 해일이 일다
○水原, 仁川, 南陽, 安山 等地, 海溢.

◎顯宗 6년(1665년) 7월 24일
평안도 산간 지대와 해안에 홍수와 해
일이 일다
○平安道 山郡 及 海邑, 大水兼以海溢. 大
風折木拔屋, 飛沙走石, 監司 以聞.

◎顯宗 6년(1665년) 7월 28일
영광 등에 해일이 일다
○靈光 等 十六邑 海溢.

현종 6년(1665년) 12월 20일(그림 222)
인동 등에 땅이 흔들렸다는 경상감사
의 서목
○又書目 : 仁同, 星州, 大丘, 高靈等 로,
以今月 初八日 地震, 變異非常事.

顯宗 6년(1665년) 12월 23일(그림 223)
충청도 공산, 전의, 연기 등에 땅이 흔
들리다
○甲戌 / 公山, 全義, 尼山, 文義, 天安, 燕
岐, 恩津, 石城, 懷仁 等邑 地震.

◎顯宗 7년(1666 丙午 5년) 6월 22일

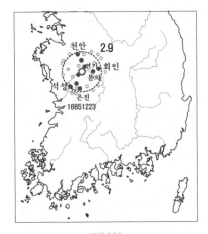

용천, 철산, 선천 등에 해일이 있다
○龍川, 鐵山, 宣川, 郭山, 定州 等地海溢, 至於人命渰死, 閭家漂沒.

현종 7년(1666년) 10월 19일
영남에 발생한 지진에 대한 承政院의 계
○本院啓曰 : 臣等 竊見今月 初二日, 初五日, 十八日 京師缺有震變, 而 及 接湖缺二

字奏狀, 則缺八畜有震死者, 嶺南數縣之地震, 又從而缺時缺三字天地之戒, 胡至此極? 比年以來, 災異荐疊, 雲臺之書不絶, 郡邑之報相續, 耳目所 及, 無非可愕, 而至於迅雷奮擊於收藏閉固之日者, 特其異之大者, 臣等 危厲薰心, 不知所以致此也.

顯宗 7년(1666 丙午 5년) 11월 12일
전주 등에 땅이 흔들리다
○戊子 / 全州 等地 地震. 太白晝見.

顯宗 7년(1666 丙午 5년) 11월 13일
은진 등에 땅이 흔들리다
○己丑 / 恩津 等地 地震.

□16661113≡-s1208
현종 7년(1666년) 11월 29일
이달 13일 땅이 흔들렸다는 전라감사의 서목
○全羅監司 書目 : 全州 等官呈, 以今月 十三日 地震事

顯宗 8년(1667년 丁未) 2월 9일
곡산의 백성 등이 눈에 깔려 죽고, 의흥 등 읍에 땅이 흔들리다
○谷山民十三人, 陽德民四人爲雪壓斃, 義興, 新寧 等邑 地震, 三道 監司 以聞.

□16670223≡-s0317
★1667년 丁未 2月 23日
慶尙 地震
一慶尙監司 李泰淵 書狀 : 據曹 啓目粘連 啓下이숩이신여 안젼 仁同 等 五邑 地震之變 極爲驚駭 解怪祭 香祝幣 令該司 急速

마련 下送, 中央設壇 隨時 卜日 設行之意
回移 엇더ᄒᆞ닛고? 康熙 六年 2月 23日
同副承旨 臣 沈梓 ᄀᆞ음아리. 啓依允.

+

★1667년 丁未 2月 28日
解怪祭 一體 設行
─ 慶尙監司 李泰淵 書狀: 據曹 啓目粘連
啓下이ᅌᆞ이신여 仁同 等 五邑 地震 解怪
祭 香祝幣 令該司 照例 마련, 纔已 下送ᄒ
ᄉ왜시다오니 今見 狀啓: 義興 等 兩邑
地震之變 亦與 仁同府 同日 同時 解怪祭 香
祝幣 一體 마련, 急速下送, 中央設壇 隨時
卜日 設行之意 回移 엇더ᄒᆞ닛고? 康熙 六
年 2月 28日 同副承旨 臣 沈梓 ᄀᆞ음아리.
啓依允.

☐16670311≡-s0403
★1667년 丁未 3月 17日
解怪祭 祝文誤書推考
─ 慶尙監司 李泰淵 書狀內: 以義興, 新寧
等邑 地震 處 解怪祭 香祝 本月 11日 兵曹
書吏 申萬敵陪奉下來ᄒᄉ왯거늘 臣 祗受
之後分送各邑 次開見ᄒᄋ온딕 新寧縣 祝文
에셔 新寧之寧字 以靈字書塡ᄒᄉ왜시는
바, 莫重祝文 自此不敢 刀擦改書ᄒᄉ온
딕로 香幣은 姑爲留奉於大丘, 客舍ᄒᄋᆸ
고 同祝文은 大丘 校生裵之度陪奉還上送
ᄒᄋ오니 請令該曹急速改書下送事. 據曹 啓
目粘連 啓下이ᅌᆞ이신여 觀此 狀啓 則 地
震 解怪祭 祝文中 新寧之寧字 以靈字書塡
以送이다 ᄒᄉ왜시는 바, 莫重祝文다히
不察殊甚可駭 香室當該忠義衛令攸司推考
ᄒᄋ온딕 同祝文斯速改書下送 엇더ᄒ닛
고? 康熙 六年 3月 17日 同副承旨 臣 沈梓

ᄀᆞ음아리. 啓依允.

顯宗 8년(1667년 丁未) 4月 9日 (그림 224)
경상도 일원에 땅이 흔들리다
○東萊, 密陽, 昌原, 漆原, 熊川, 延日, 巨
濟, 梁山, 長鬐, 彦陽, 蔚山, 慶州, 機張, 大
丘, 金海, 固城, 陜川 等地 地震, 屋宇皆掀

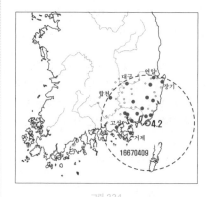
그림 224
☐16670409≡-s0501
진앙: 부산; 규모: 4.2 / 4.2

☐16670722≡-s0909
현종 8년 7월 26일
砥平에 서리가 내리고 喬桐에 지진이
발생했다는 京畿監司의 서목
○京畿監司書目: 砥平呈, 以本月二十三
日霜降事. 喬桐呈, 以今月二十二日地震事.
=

★1667년 丁未 7月 26日
解怪祭 尤甚處 設行
─ 江華 留守 徐必遠 京圻監司 李慶徽 書狀
: 據曹 啓目粘連 啓下이ᅌᆞ이신여 江華府
는 本月 22日 未時 地震ᄒᄋ온딕 聲如微雷
이다 ᄒᄉ왜시다오니 喬桐府는 屋宇動
搖이다 ᄒᄉ왜시는 바, 比 江華府 頗甚이

ᄉ와두 其日 京中亦有微震 則未知始於何
方이ᄉ온지 似當於尤其處에서 設行 解怪
祭 令該司 香祝幣 照例 마련 下送, 喬桐府
使之設壇 隨時 設行事 行移 엇더ᄒ닛고?
康熙 六年 7月 26日 右承旨 臣 閔熙 ᄀ음
아리. 啓依允.

□16670817≡-s1004
★1667년 丁未 9月 初3日
地震 無回
─忠淸監司 書狀內 節 到付 石城 縣監 李
晉 牒呈內 今月 17日 夜初更量 地震 須臾
而 緣由 牒報ᄒ는 바 牒呈이ᄉ와두에서
여 事係變異이ᄉ온ᄃ로 緣由 馳啓事.

□16671205≡1668s0118
★1667년 丁未 12月 初10日
解怪祭 祝文誤書推考
─忠淸監司 李敏迪 書狀內: 淸州 等 五邑
地震 解怪祭 香祝 臣 於本月 初5日 在洪陽
祗受祝幣 分送時 一一奉審 則其中 文義縣
社稷祝文誤 以燕岐 書塡 不得已 祝幣姑爲
奉安於客舍具由 馳啓ᄒ오니 請令該曹 急
速改書 下送事. 據曹 啓目粘連 啓下이ᅌᅵ
이신여 觀此 狀啓 則 淸州 等 五邑 地震 解
怪祭 香祝中 文義縣 社稷祝文誤 以燕岐 書
塡이다 ᄒᄉ왜시는 바, 莫重祝文다히 誤
書殊涉 可駭當該書寫 忠義 令攸司推考ᄒ
온ᄃᆡ 同祝文改書下送ᄒᄉ오며 誤書祝文
을랑 還給上送依例燒火事分付 엇더ᄒ닛
고? 康熙 六年 12月 初10日 左承旨 臣 李
俊耈 ᄀ음아리. 啓依允.
▷『조선왕조실록』과 『승정원일기』에
기록 없음

顯宗 9년(1668년) 1월 20일
경상도 청송에 큰 바람과 화재가, 강원
도 강릉에 땅이 흔들리다
○慶尙道 靑松大風失火, 延燒官廨 及 民家
五百餘戶, 原襄道, 江陵 地震, 兩道臣以聞.

◆16680423≡-s0602
顯宗 9년(1668年) 4월 23일
함경도 경성, 부령에 재가 내리다
○咸鏡道 鏡城府 雨灰, 富寧同日 雨灰.
=
◆현종 9년(1668년) 4월 23일
(『승정원일기』)(그림 225)
경성의 灰雨 소식을 보고하는 함경감
사의 서목
○咸鏡監司 書目: 鏡城呈, 以連五日 灰雨,
變異非常事.
+
◆顯改 9年(1668年) 4월 26일
甲午 / 上御養心閣, 引見大臣, 備局諸臣.
上謂大臣曰: "咸鏡道雨灰之變, 甚可愕也.
朴承後疏中有云: '周天二十餘處坼裂.' 左
相在鄕時間之否?" 許積對曰: "有是言也.
東方天坼, 光同火鏡, 且有赤馬相鬪之狀,
傳說者甚多. 次日, 北方有赤氣, 又次日, 有
白氣之異. 天開, 太平之象, 天坼, 衰亂之兆
云." 領相鄭太和以黃海兵營罷其挈眷, 牧使
差出事, 稟達. 上曰: "若不善變通, 反不如
仍舊也."
상이 양심합에 나아가 대신과 비국의
여러 신하들을 인견하였다. 상이 대신
에게 이르기를: "함경도에 재가 내린
이변은 몹시 놀랍다. 박승후朴承後가
상소 가운데 말하기를 '하늘 주위가

20여 곳이 터졌다'고 하였는데, 좌상
은 시골에 있을 때 그런 말을 들었는
가?"하니, 허적이 대답하기를: "그런
말이 있었습니다. 동쪽 하늘이 갈라졌
는데 빛이 화경과 같았고, 또 붉은 말
이 서로 싸우는 듯한 모양이 있었다는
데, 말을 전하는 자가 몹시 많았습니
다. 다음날엔 북쪽에 붉은 기운이 있었
고 또 다음날은 이상한 흰 기운이 있었
다는데, 하늘이 열리는 것은 태평의 기
상이고 하늘이 갈라지는 것은 쇠란의
조짐이라고 합니다" 하였다.
+?

◆**현종 9년**(1668년) **5월 1일**
(『숭정원일기』)
부령의 灰雨緣由, 농사와 雨澤 현황을
보고하는 함경감사의 서목
○咸鏡監司 書目: 富寧呈, 以灰雨緣由事.
又書目: 春耕雨澤形止事.

顯宗 9년(1668 戊申 7년) 3월 13일
전라도 일원에 땅이 흔들리다
○全羅道 羅州, 昌平, 靈巖 等邑 地震.

◎顯宗 9년(1668년) 6월 3일
평안도 연안에 해일이 일다
○定州, 嘉山, 宣川, 三和, 龍川, 博川, 龍
岡, 肅川, 郭山, 海溢.

□16680617≡-s0725 탄청대지진
顯宗 9년(1668년) 6월 23일(그림 226)
전국 각지에 지진과 해일이 일다
○**平安道** 鐵山 **海潮大溢** 地震, 屋瓦皆傾,
人或驚仆. 平壤府, **黃海道** 海州, 安岳, 延

그림 225
◆16680423≡-s0602 백두산 분출

安, 載寧, 長連, 白川, 鳳山, **慶尙道** 昌原,
熊川, **忠淸道** 鴻山, 全羅道 金堤, 康津 等
地, 同日 地震. 禮曹啓請中央設壇, 下送香
幣, 行解怪祭. 上從之.
‖
顯改 9年(1668년) 6月 23日(庚寅)
평안도에 해일이 일고 땅이 흔들리다.
해괴제를 지내도록 하다
○平安道 鐵山 海溢 地**大震**, 屋瓦盡傾, 人
皆驚仆. 平壤 及 黃海道 海州, 安岳, 延安,
載寧, 長連, 白川, 鳳山, 慶尙道 昌原, 熊
川, 忠淸道 鴻山, 全羅道 金堤, 康津 等地,
同日 地震. 禮曹啓, 請中央設壇, 下送香幣,
行解怪祭. 上從之.
+
□C16680617-1668s0725

(淸史稿 災異志 五)

康熙 七年

六月十七日, 上海, 海鹽地震, 窓廊皆鳴; 湖州, 紹興地震, 壓斃人畜, 次日又震; 桐鄉, 嵊縣地震, 屋瓦皆落.

十八日, 香河, 無極, 南樂地震 自西北起, 夏夏有聲, 房屋搖動.

十九日, 淸河, 德淸地震有聲, 房舍皆傾.

七月二十日, 錢塘地震.

二十五日, 潯江地震.

+

현종 9년(1668년) 6월 23일

장마 때문에 사신이 강을 건너지 못했고, 17일에 땅이 흔들렸다는 평안감사의 서목

○平安監司 書目 : 義州 馳報據, 霖雨不止, 使行尙未越江事. 又書目 : 平壤, 鐵山等官呈, 以今月 十七日 地震事.

+

현종 9년(1668년) 6월 26일

海州 등에 땅이 흔들렸다는 황해감사의 서목

○黃海監司 書目 : 海州等 七邑, 今月 十七日 地震事

+

현종 9년(1668년) 7월 3일

○慶尙監司 書目 : 道內 旱乾緣由事. 又書目 : 昌原等官呈, 以六月 十七日 地震事.

+

顯宗 9년(1668년) 10월 13일

사은사 일행이 청나라의 지진과 몽고의 발흥 소식을 보내오다

○戊寅 / 上受灸後, 引見大臣備局諸臣. 時謝恩使行中, 購得山東, 撫院, 江南三省 地

震變異文書 及 喜擧口蒙古部落離叛事情以進. 上出示群臣曰 : "郯城一州 地震, 壓死者千餘人矣." 皆曰 : "諸處壓死數千人, 其他變怪, 前史所無, 此皆亂亡之兆, 而蒙人又叛, 淸國必不支矣." 時我國災異稠疊, 饑饉癘疫, 死者相繼, 實有難保之勢, 而不此之憂, 一聞彼境變異, 上下欣欣有喜色, 殊不知蒙人一叛, 我先受禍, 無異於幕上之燕, 顏色不變者也.

+

顯宗 9년(1668년 戊申) 10월 27일

중국의 사정을 알려주는 문서를 구해 온 자들에게 가자하다

○備邊司啓曰 : "山東, 撫院 及 三南三省 地震, 文書一本, 則譯官趙東立所得也. 一本則灣上軍官劉尙基所得也." 上令該曹稟處, 竝加資. 此非難得之文書, 至於加資, 不亦濫乎.

http://big5.xuefo.net/nr/article24/236385.html

淸康熙七年 六月甲申

山東郯城(34.8 / °N, 118.5 / °E)

M8.5 / (震中烈度≥XI)

"6月 17日戌時 地震. 督撫入告者, 北直, 山東, 浙江, 江蘇, 河南五省而已. 聞之入都者, 山西, 陝西, 江西, 福建, 湖廣諸省同時並震. 大都天下皆然, 遠者或未及知, 史冊所未有." (宣統二年『客捨偶聞』頁四)

"康熙七年六月十七日戌時地震 (…중략…) 城樓垛口, 官捨民房並村落寺觀, 一時俱倒塌如平地. 打死男婦子女 八千七百有奇. 查上冊人丁打死 一千五百有奇. 其地地裂泉湧, 上噴二三丈高, 遍地水流, 溝浍皆盈, 移時卽

消化為烏有.（…중략…）合邑震塌房屋約
數十萬間,（…중략…）其時死屍遍於四野,
不能殮葬者甚多, 凡值村落之處, 腥臭之氣達
於四遠, 難以俱載"(康熙『郯城縣志』卷9)

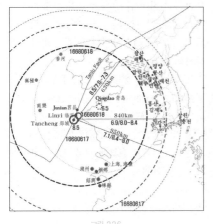

그림 226
□16680617≡-s0725 탄청郯城지진:
추정규모 7.1 / 8.4～9.0; 6.9 / 8.0～8.4;
▷吳戈(1995) : M = 8.5
□16680618≡-s0726
린이지진 : M=6.5 / 7.0～7.3

반지름	I_o	M Tsuboi	M Lee	M 기상청	M G&R
840	11.2	6.9	8.2	8.0	8.4
950	12.0	7.1	8.7	8.4	9.0

위키 : 康熙『郯城具志』:郯城大地震发生
于中国 清康熙 七年 农历 六月 十七 戌时
(1668年7月 25日 20时左右). 震央位於山东
省东南部 今郯城, 临沂, 临沭三县 交界处.
此次地震最大烈度达XII度, 为中国历史上
地震烈度的 最高级别. 震中附近地区的 山
东省 郯城, 沂州(今临沂), 莒州(今莒县), 5
万余人死亡(莒州死亡2万余, 沂州死亡1.2 /
万, 郯城死亡8700余人), 所有城廓, 住宅, 官
署, 庙宇等 建筑物全部被毁, 在南北延伸长

约70余公里的形变带上, 发生大规模的山
崩地裂, 地裂, 地陷, 涌水, 喷沙等 现象, 山
川地形发生了 剧烈变化. 江苏省海州赣榆县
由于海滩隆起, 黄海海水退去30华里. 郯城
"城楼垛口官舍民房并村落寺观, 俱倒塌如
平地", "地裂泉涌, 上喷二三丈高", "地裂处
或缝宽不可越, 或深不敢视". 遭受地震破坏
的范围约19万平方公里, 包括山东大部, 江
苏和安徽北部的150多个州县. 此次地震的
有感半径达到800多公里, 面积约100万平
方公里, 包括山东, 江苏, 安徽, 河南, 浙江,
江西, 湖北, 直隶, 陕西, 山西, 福建等 省
及 朝鲜, 留下有关这次地震记载的多达
410余州县.

百度 : 1668年7月 25日 晚(康熙七年六月
十七日 戌时)在山东南部发生了一次旷古未
有特大的地震, 震级为8.5 / 级, 极震区位
于山东省郯城, 临沭, 临沂交界(今临沂市
河东区梅埠镇干沟渊村), 震中位置为北纬
34.8 / °, 东经118.5 / °, 极震区烈度达
XII度. 由于极震区大部分位于郯城县境内,
故称为郯城地震. 这次地震是我国大陆东部
板块内部一次最强烈的地震, 造成了重大的
人口伤亡和经济损失

□16690315≡-s0415
□16690316≡-s0416
顯宗 10년(1669년) 3월 19일
충청도에 기상 이변이 나다
○忠淸道 木川, 全義 本月 十二日 下雪. 堤
川初十日 以後, 狂風連日, 折木拔屋, 十二
日 雨雪交下, 翌日 不止. 白氣連天, 風日之
寒, 有同嚴冬. 林川十五日, 十六日 地震.

+

顯宗 10년(1669년) 3월 22일
전라도에 땅이 흔들리다
○全羅道 咸悅縣本月 十六日 地震.

◎顯宗 10년(1669년) 7월 28일
평안도, 황해도에 해일이 일다
○平安, 黃海兩道 海溢.

◎顯宗 10년(1669년) 8월 1일
경기 수원 등에 해일이 일다
○京圻水原 等 七邑, 七月 十七日 海溢.

◎顯宗 10년(1669년) 8월 2일
전라도 부안에 해일이 일다
○全羅道 扶安縣海溢.

◎顯宗 10년(1669년) 8월 2일
강화부에 해일이 일다
○江華府海溢.

◎顯宗 10년(1669년) 8월 3일
충청도에 해일과 홍수가 나다
○忠淸道 海溢, 又大水.

◎顯宗 10년(1669년) 8월 14일
전라도에 해일이 일다
○全羅道 沃溝, 臨陂, 靈光, 長興, 咸平, 靈巖, 順天, 康津, 海南, 羅州 等邑, 海溢.

□16690808≡-s0902(그림 227)
顯宗 10년(1669년) 8월 14일(그림 227)
평양, 순안, 영유 등에 땅이 흔들리다
○平壤 地震, 起自東止於西, 聲若迅雷, 家

舍盡搖動. 順安, 永柔, 中和, 肅川, 江西, 殷山, 同日 地震.

+

현종 10년(1669년) 8월 23일
우박과 지진이 난 일을 보고하고, 교대
하지 않고 임지를 떠난 허수 등을 처치
하고 후임을 하송하기를 청하는 평안
감사의 서목
○又書目: 熙川, 寧遠 等邑, 今月 初九日
下雹緣由事. 又書目: 中和, 肅川, 江西, 殷山 等邑, 今月 初八日 亦爲 地震事. 又書目
: 宣川前府使許遂, 龍川前府使李衡鎭, 不待交代, 擅自離去, 其罪狀, 令攸司處置, 其代, 罔夜下送事.

+

★1669년 己酉 8月 24日
同日 地震 勿設別祭
一平安監司 閔維重 書狀內：平壤, 永柔, 順安 等 三邑 本月 初8日 丑時 地震事는 已爲 馳啓ᄒᆞᆺ온겨과 조쵸 到付 中和 府使 鄭德謙, 肅川 府使 李相勛, 江西 縣令 李週, 殷山 縣監 鄭興胄 等 牒報內 本月 初8日 地震이다 ᄒᆞᆺ온ᄃᆞ로 緣由 馳啓事. 據曹 啓目粘連 啓下이ᅀᆞᆸ이신여 頃者 平壤等 三邑 地震 解怪祭 中央設壇擧行 香祝分付該司 纔已下送矣. 今此 中和 等邑 地震事又有 馳啓ᄒᆞᆺ왜시는 바, 前後所報 各邑地震 係是同日 且其祭旣設於中央 則續續設祭似涉煩黷이ᄉᆞ와두 以此意 回移 엇더ᄒᆞ닛고? 康熙 八年 8月 24日 右副承旨 臣成後高 ᄀᆞ음아리. 啓依允.

+

★1669년 己酉 9月 初4日
解怪祭 香祝勿爲各送事定式

바람에도 흔들리는 땅

─平安監司 閔維重 書狀內 節 到付禮曹關
內 節 啓下敎 本道 書狀內 節該 中和 等四
邑 本月 初8日 地震事. 據曹 啓目粘連 啓下
이숩이신여 頃者 平壤 等 三邑 地震 解怪
祭 中央設壇擧行 香祝分付該司纔已下送
矣. 今此 中和 等邑 地震事 又有 馳啓ᄒᄉ
왜시는 바, 前後所報各邑 地震 係是 同日
且其祭旣設於中央 則續續設祭似涉煩瀆이
ᄉ와두 以此意 回移 엇더ᄒ닛고? 康熙
八年 8月 24日 右副承旨 臣 成後龍 ᄀᄋᆷ
아리. 啓依允. 敎事이거신ᄃ로 啓下內 辭
緣相考施行ᄒ온디 到付日 時 移文向事關
이ᄉ와두에시여 去8月 27日 **平壤, 順安,**
永柔 等 三邑 解怪祭 所用 祝貼三香六封 黑
幣三端 香陪 書吏 李士林 齎奉以來ᄒᄉ왯
거늘 祗受訖謹考禮曹行關 則以中央設壇
行祭爲言 而香祝幣 則三件各位 마련ᄒᄉ
온ᄃ로 未知其故分送各邑 方欲依五禮儀
設行於各邑 社稷壇ᄒ숩다오니 今此行關
中 平壤 等三邑 解怪祭 中央設壇 香祝纔已
下送, 中和 等四邑 地震 係是同日 且其祭
旣設於中央 則續續設祭似涉煩瀆이다 ᄒ
옵고 香祝不爲下送ᄒᄉ왜시는 바, 以前
日 下送, 香祝見之 則當爲 設行於各其邑
이ᄉ고 以今番 啓下關文見之 則當爲設壇
於七邑之中央 而行祭이ᄉ거니 若爲中央
設壇 而各祭 則 中和 等 四邑 香祝不可不更
爲 마련 下送이ᄉ오며 若爲中央設壇 而
合祭 則不可以前來三邑之 香祝仍用似當改
마련 下送이ᄉ와두 請令該曹商量 稟處
事. 據曹 啓目粘連 啓下이습이신여 曾因
平壤 等三邑 地震 解怪祭 設行於中央 香祝
下送之 後又有 中和 等 四邑 與 平壤 等處
同日 地震之 啓이숩거늘 臣 曹以旣使之中

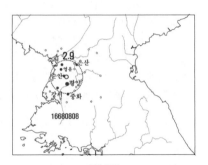

그림 227
□16690808≡-s0902
진앙 : 순안 : 규모 : 2.9 / 3.5

央設祭 則似不當疊送 香祝之意 覆 啓行會
矣. 今見監司 閔維重 狀啓 則前所送 香祝
幣 各三件當爲 設行於各其邑 이다 使之稟
請改 마련 下送ᄒᄂ 바, 莫重 香祝下送
之 事有違本曹覆 啓之意極爲怪訝招問 香
室守僕 則在前本曹 雖以中央設祭爲辭이
ᄉ와두 香祝各送 已有規例云. 其有謬規與
否 所不可曉이ᄉ온겨과 旣已下送之 香祝
不可中寢. 今姑 不得已 中和 等 四邑 香祝
依 平壤 等邑 例割卽下送, 爲當以此 回移
ᄒᄉ오며 此後 中央設祭 一節更爲釐正勿
爲各送 香祝之意分付 香室擧行 엇더ᄒ닛
고? 康熙 八年 9月 初4日 右承旨 臣 姜鎬
ᄀᄋᆷ아리. 啓依允.

◎顯宗 10년(1669년) 9월 9일
전라감사가 해일을 보고하지 않은 보
성 군수, 광양 현감의 파직을 청하다
○全羅監司 啓, 罷寶城 郡守, 光陽 縣監.
以海溢之變, 初不報知 及 其査問, 又欺瞞
故也.

□16690914≡-s1008

顯宗 10년(1669년) 9월 24일
평안도에 땅이 흔들리고 우박이 내리다
　○平安道 **平壤府 本月 十四日 夜 地震**, 聲
如殷雷, 屋舍掀動, 若將傾頹, 如是者三. **順**
安, 肅川 同日 地震, 平壤, 咸從, 永柔十三
日 雨雹, 損傷各穀.

顯宗 10년(1669년) 11월 17일
경상도에 지진과 태풍 등 자연 이변이
속출하나
　○慶尙道 **陜川十月 二十八日 地震**, 慶州本
月 初三日 午時大風, 揚沙走石, 未時有氣
如烟霧, 如塵埃, 蔽塞天地, 日 色漸微, 不
辨人物, 申時黑氣蔽日 至昏.

　□16691122≡-s1204
顯宗 10년(1669년) 12월 7일
함경도에 땅이 흔들리다
　○咸鏡道 安邊, 文川, 十一月 二十二日 地震.

　□16691212≡1670s0103
顯宗 11년(1670년) 1월 4일
전라도 영암에 땅이 흔들리다
　○全羅道 靈巖郡 上年十二月 十二日 夜 地
震, 窓戶皆振.

　□16691217≡1670s0108
현종 11년(1670년) 1월 5일
靈光에 땅이 흔들렸다는 全羅監司 서목
　○全羅監司 書目：靈光呈, 去月 十七日 夜
丑時量 地震緣由事.

顯改 11年(1670년) 閏2月 24日(辛亥)
경기 교동에서 21일 지진이 발생하다

　○辛亥 / 京畿喬桐, 本月 二十一日 地震.
　=
현종 11년(1670년) 윤2월 24일
　○京畿監司 書目：喬洞呈, 以本月 二十一
日 地震事. 又書目：高陽呈, 以大司諫李翊
病重, 上去不得事.

　□1670L0223≡-s0412
顯宗 11년(1670년) 閏2월 28일
경기 통진에 땅이 흔들리다
　○京畿 通津本月 二十三日 地震.
　=
현종 11년(1670년) 윤2월 28일
지진을 보고하는 경기감사의 서목
　○京畿監司 書目：通津呈, 以今月 二十二
日 地震事.

　□1670L0216≡-s0405
顯宗 11년(1670년) 3월 6일
경상도에 땅이 흔들리다
　○慶尙道 安陰, 居昌, 閏二月 十六日 地震.
　=
현종 11년(1670년) 3월 7일
지진을 보고하는 경상감사의 서목
　○慶尙監司 書目：安陰 等官呈, 以去月 十
六日 地震事.

顯宗 11년(1670년) 5월 12일
황해도에 땅이 흔들리다
　○黃海道 豊川 等邑 地震, 道臣以聞.

顯宗 11년(1670년) 7월 16일
경상감사가 땅이 흔들렸음을 치계하다
　○慶尙道 東萊 地震, 道臣 馳啓.

顯宗 11년(1670년) 7월 30일
평안도, 충청도, 강원도에 기상 이변이
나다
　○平安道 昌城大雨雹, 忠淸道 大興 等邑
地震, 原襄道 嶺西諸邑 隕霜, 原州雨雹.

현종 11년(1670년) 9월 9일
7월 27일 새벽의 북풍과 파도 등 변이
를 보고하는 제주목사의 서목
　○濟州牧使書目：去七月 二十七日 曉頭,
北風掀天, **天地震動**, 海濤賁亂, 便成醶雨,
奔驟山野, 草木如沈鹽, 今此之變, 前古所
無事.

□16700821≡-s1004(그림 228)
顯宗 11년(1670년) 9월 4일
경상도에 땅이 흔들리다
　○戊午 / 慶尙道 大丘 等 二十七邑 地震.
＝
현종 11년(1670년) 9월 5일
大丘 등에 난 지진을 보고하는 경상감
사의 서목
　○慶尙監司 書目：大丘 等官 二十七邑 呈,
以八月 二十一日 酉末戌初 地震, 屋宇皆
掀, 垣墻頹落, 變異非常事.
＋
현종 11년(1670년) 9월 9일
지진 발생 감재견역할 것 등을 보고하
는 충청감사의 서목
　○忠淸監司 書目：忠州 等官呈, 以去月 二
十一日 地震事. 又書目：文義呈, 以大司憲
宋浚吉上疏上送事. 又書目：今年農事之慘,
振古所無, 減災蠲役 等 項事.
＋

顯宗 11년(1670년) 9월 17일
전라도의 지진 피해를 아뢰다
　○辛未 / 全羅道 **高山 等 三十餘邑 地震.**
光州, 康津, 雲峰, 淳昌四邑 尤甚, 館宇掀
簸, 若將傾覆, 墻壁頹圮, 屋瓦墮落, 牛馬不
能定立, 行路不能定脚, 蒼黃驚怕, 莫不顚
仆. 地震之慘, 近古所無. 道臣以聞.
＝
현종 11년(1670년) 9월 18일
지진과 대풍으로 인한 엄사 사고에 대
해 보고하는 전라감사의 서목
　○全羅監司 書目：光州 等 三十三邑 呈,
以去八月 **二十一日 地震**, 比前特甚, 實非
尋常緣由事. 又書目：長興呈, 以去月 二十
九日 大風, 奴十月 等 十一名, 海採次出海
爲有如可, 渰死, 極爲驚慘緣由事.
＝
현종 11년(1670년) 9월 11일
도내농사의 피해와 지진에 대해 보고
하는 경상감사의 서목
　○慶尙監司 書目：道內 農事尤甚被災等第,
令該曹定奪事. 又書目：**巨濟**等官呈, 以去
月 二十一日 地震事.

顯宗 11년(1670년) 10월 3일
제주에 땅이 흔들리다
　○丁亥 / 濟州 地震. 有聲如雷, 人家壁墻,
多有頹圮者.

★1670년 庚戌 10月 初4日
解怪祭 節目定奪
─慶尙監司 閔著重 書狀：今此 地震 解怪
祭 中央設壇 設行次 香祝下來ㅎᄉ왯거늘
即爲祗受ㅎ옵고 取考五禮儀ㅎ온딕 無解

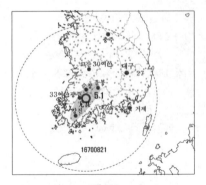

그림 228
□ 16700821
진앙 : 광주 / 규모 : 5.1 / 5.4~5.6

怪祭 儀節이숩거늘 曾前 設行ᄒᆞ숩고 **安陰, 居昌** 等縣 合設中央 節目取來看審ᄒᆞ온듸 兩縣 社稷神位 各自奉來一處 設行이다 ᄒᆞ오니 問其憑何儀 註擧ᄒᆞᆫ 則只以祝文中 並稱兩縣 社稷이ᄉᆞ온드로 以此 設行이다 ᄒᆞ숩ᄂᆞᆫ 바, **無他考據**이숩사나마 **今此三十一邑** 社稷神位各自奉來各備祭物 設行於一處 非但煩擾未安 似非合設中央 本意未知 何以爲之ᄒᆞ온지 下來幣帛 只是 兩端 則可知其合設一位이ᄉᆞ온겨과 若合設一位 則只設虛位 不立位版ᄒᆞ온지 若立位版 則社稷各設 一位版 而祝文所擧 三十一邑 位號書塡爲難 反覆思惟莫適所從 香祝下來之後 遷延累日 不卽 設行極爲未安ᄒᆞ온듸 旣無禮典 明白又無恰 當前例 可據莫重, 祀典不可 冒昧妄行이ᄉᆞ온드로 敢此啓稟ᄒᆞ오니 令該曹急速指揮事. 據曹 啓目粘連 啓下이숩이신여 地震 解怪祭 儀節未有現出之處 無可考據 而旣曰中央設壇 則各邑 社稷神位 各自奉來 一處 設行事體 未安쑌 아니라 今此慶尚道 地震之變 至於三十一邑之多, 各邑 社稷神位一時 移奉往

來, 不但煩擾未安 亦非中央合設之本意誠如道臣 狀啓 : 이ᄉᆞ와두 勿用位版 只設虛位 而行之幣帛祝文 亦爲通用宜當以此意回移 엇더ᄒᆞ닛고? 康熙 九年 10月 初4日 同副承旨 臣 權尙矩 ᄀᆞ움아리. 啓依允.

顯宗 11년(1670년) 12월 12일
비인 등에 땅이 흔들리다
○乙未 / 忠淸道 庇仁 等邑 地震.

顯宗 11년(1670년) 12월 25일
전라도 진산에 땅이 흔들리다
○全羅道 珍山郡北方 地震, 似雷非雷, 聲甚凶.

◎顯宗 12년(1671년) 2월 1일
강화부에 해일이 일다
○癸未朔 / 江華府海溢, 潮水所 及, 或三尺許, 各處堤堰, 亦多頹圯

◎顯宗 12년(1671년) 5월 15일
평안도 정주에 바닷물이 넘쳐 곡식이해 입다
○平安道 定州 等邑 海溢, 沿邊堰田破缺, 禾穀多被損傷.

顯宗 12년(1671년) 5월 25일
경기도 수원에 땅이 흔들리다
○乙亥 / 京畿 水原 等邑 地震.
=
顯改 12年(1671년) 5月 25日(乙亥)
경기 수원 등에 지진이 발생하다
○乙亥 / 京畿水原 等邑 地震.

顯宗 12년(1671년) 7월 9일
하동에 땅이 흔들리다
○戊午 / 慶尙道 河東縣 地震. 靈山縣人,
雷震死.

顯宗 12년(1671년) 9월 7일^(그림 229)
충청도에 땅이 흔들리다
○忠淸道 大興縣 地震, 聲如巨雷, 墻壁室
屋, 若將頹圮. 沔川 等 十八邑, 同日 地震.

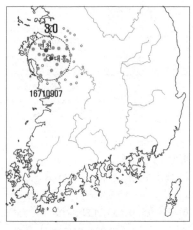

그림 229
□16710907≡-s1009
진앙 : 대흥 ; 규모 : 3.0 / 3.5

顯宗 12년(1671년) 9월 21일
경상도 안의에 땅이 흔들리다
○慶尙道 安陰縣 地震.

顯宗 12년(1671년) 9월 26일
전라도에 땅이 흔들리다
○甲戌 / 全羅道 咸悅 等 二十八邑 地震.

◎顯宗 12년(1671년) 11월 26일
충청도 아산에 해일이 나다

○忠淸道 牙山縣海溢, 沈民舍百餘戶.

顯宗 12年(1671년) 12月 16日(癸巳)
경기 안산에 땅이 흔들리다
○京圻 安山 地震. 長湍大霧連日, 咫尺不
辨.
=
顯改

顯宗 13년(1672년 壬子) 2月 3日(己卯)
평양 등지에 땅이 흔들리다
○己卯 / 平安道 平壤 等地, 地震.

顯宗 13년(1672년 壬子) 2월 5일(辛巳)
전라도 장흥 천관산의 대장봉이 흔들
리다
○辛巳 / 全羅道 長興 天冠山 大壯峰, 忽
然動搖, 或左仆而復立, 或右仆而復立者,
百有餘度. 蓋其山, 有三石峰鼎立, 所謂大
壯峰, 卽其中立者也, 長可數十丈. 當其動
搖時, 一村之人, 無不目見. 道臣以聞, 許積
曰 : "似極怪誕. 數十丈石峰, 豈有左右顚仆
還立之理乎? 況其顚仆之際, 草木巖石之
類, 必皆糜滅. 而邑倅旣不能親審其形止,
監司遽爾啓聞, 其疎漏甚矣. 然自上若以爲,
莫大之變, 而益加修省, 則不亦善乎? 上然
之

顯宗 13년(1672년) 2월 12일
전라도 전주 등에 땅이 흔들리다. 해남
대둔사 대종이 저절로 울리다
○全羅道 全州 等 十九邑 地震, 海南大芚
寺, 大鍾自鳴, 食頃而止, 道臣啓聞.

顯宗 13년(1672년) 2월 22일
황해도 해주에 땅이 흔들리다
○黃海道 海州 等邑 地震.

□16720224≡-s0322
★1672년 壬子 3月 初9日
地震 無回
—忠淸監司 南二星 書狀內 節 到付 天安
郡守 牒呈內 2月 24日 雲霧昏黑, 再度 地
震事 牒報ᄒᆞ숩ᄂᆞᆫ 바, 事係變異이ᄉᆞ온ᄃᆡ
로 緣由 馳啓事.

□16730103≡-s219(그림 230)
★1673년 癸丑 3月 28日
地震 解怪祭 勿行
—咸鏡監司 南九萬 書狀 : 道內 咸興, 洪
源, 北靑, 定平, 永興, 利城, 端川 等 七邑
正月 初3日 地震 緣由 臣 在 咸興府 時 已爲
馳啓ᄒᆞ온ᄃᆡ 其時 各邑 所報不及, 一齊來
到ᄒᆞ숩온ᄃᆞ로 只據先報 七邑 爲先 馳啓
ᄒᆞ숩왜시다오니 其後 臣 卽爲北巡䑇次得
接各邑 所報ᄒᆞ온ᄃᆡ 南道ᄂᆞᆫ 安邊, 德源, 文
川, 甲山, 三水, 北道 則明川, 鏡城 等 八邑
皆爲同日 地震이다 報來ᄒᆞ숩왜시며 其餘
高原, 吉州, 富寧, 會寧, 穩城, 慶源, 慶興
等 七邑은 皆無所報ᄒᆞ오니 同日 地震 1日
之內 至於累次, 通道內 幾盡皆然이오거든
前後之邑 皆震 而中間之邑 獨爲不震ᄒᆞ숩
온 바, 決無其理 必是 該邑 官吏 慢不致察
之致 極爲可駭. 自本道推問處置ᄒᆞ숩온겨
과 節到付 洪源 縣監 許穩 牒呈內 今月 23
日 巳時 地震ᄒᆞ온ᄃᆡ 不至大段 緣由 牒報
ᄒᆞᄂᆞᆫ 事 牒呈이ᄉᆞ와두에시여 地震之變
連月 再發不勝驚駭ᄒᆞ숩ᄉᆞ오며 同23日 則

洪源 一境샌 地震ᄒᆞ온지 等待 5, 6日 他邑
時無所報ᄒᆞ온 緣由 馳啓ᄒᆞ숩ᄂᆞᆫ 事.

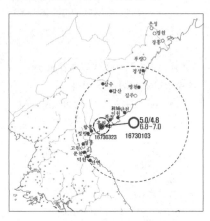

그림 230
□16730103≡-s219
진앙 : 단천S; 규모 : 5.0 / 4.8

▷『조선왕조실록』과 『승정원일기』에
해당 기록 없음
▷심발지진일 경우 : 규모 : 6.8~7.0

현종 14년(1673년) 1월 21일
오시수가 올린 각읍 지진에 대한 상계
내용 중에 착오가 있으니 추고를 청하
는 정석의 계
○鄭晳啓曰 : 平安監司 吳始壽, 各邑 地震
狀啓 : 中, 理山 郡守 魚尙沽, 以佹吉, 書塡,
莫重狀啓 : 如是錯誤, 難免不察之失, 請推
考. 傳曰 : 允.

顯宗 13년(1672年 壬子) 2月 3日(己卯)
평안도 등지에 지진이 일어나다
○己卯 / 平安道 平壤 等地 地震.

◆顯宗 14年(1673年) 5月 20日(그림 231)

명천 등지에 재가 쏟아지다

○明川等地 雨灰, 道臣以聞.

=

◆현종 14년(1673년) 5월 21일

명천 회우 사연을 보고하는 함경감사
의 서목

○咸鏡監司 書目 : 明川呈, 以去四月 二十
八日 灰雨緣由事. (丁卯日)

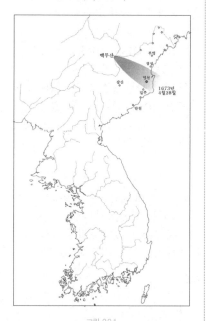

그림 231
◆16730428≡-s0612 백두산 분출

□16740317≡-s0422
顯宗 15년(1674年 甲寅) 3월 17일(그림232)

호남에 땅이 흔들리다

○辛巳 / 湖南 七邑 地震如雷, 屋宇皆搖.
禮曹請, 行解怪祭於本道, 從之.

+?

★1674년 甲寅 3월 29일

忠淸 地震

一忠淸監司 孟胄瑞 書狀內 節該 道內 公
山, 靑陽, 全義, 藍浦, 德山, 保寧, 牙山, 洪
州, 海美, 大興, 唐津, 新昌 等官 今月 17日
戌時量 地震 如雷, 屋宇掀動, 事係變異事.
據曹 啓目粘連 啓下이습이신여 五禮儀戒
令條小註 自初喪 至卒哭 並停大中小祀 而
殯後 則有唯祭 社稷之文. 今此 公山 等 十
二邑 地震之變 將行 解怪祭 於社稷位版이
ㅅ와두 解怪祭 香祝 令該司照例 마련, 急
速下送, 中央設壇 隨時 卜日 設行之意 回
移 엇더ᄒ닛고? 康熙 十三年 3月 29日
右副承旨 臣 李端錫 ᄀ음아리. 啓依允.

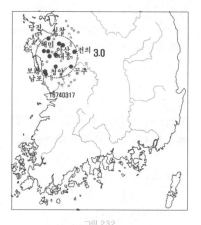

그림 232
□16740317≡-s422
진앙 : 대흥 / 규모 : 3.0 / 3.5

▷『조선왕조실록』과『승정원일기』에
해당 기록 없음

□16740921≡-s1011
★1674년 甲寅 10월 28日

解怪祭 勿行

—咸鏡監司 呂聖齊 書狀 : 9月 21日 午時量 慶源府 地震 移時乃止 事係變異緣由事.

肅宗 卽位년(1674年 甲寅) 10월 11일
유성이 천봉성 아래서 나와 곤방에 들어가자 강화부에 변고를 아뢰다
○辛丑 / 流星出天棓星下, 入坤方. 江華府馳啓 : "流星出南方, 大如斗, 色如火, 照耀地上, 飛走北方. 墮落之際, 聲如大砲, 又如習操時輪放之聲, 又若天動 地震."云. 上謂許積 等曰 : "江華之變, 極可驚愕." 積等請常存警懼之心, 以敬天愛民爲本.

숙종 즉위년(1674년) 10월 28일
도내의 渰死者, 虎覽死事, 癘疫人의 피해 상황과 지진에 대한 함경감사의 서목
○咸鏡監司 書目 : 德原人方希顔, 會寧人全吾乙味等 渰死, 北靑人宋成業妻, 爲虎覽事. 又書目 : 道內 癘疫人, 方痛九十九名, 向差一百三十三名, 死亡十四名事. 又書目 : **慶源呈, 以九月 二十五日 午時, 城中地震事.**

☐16741029≡-s1119
肅宗 卽位년(1674년) 10월 29일
삼수에 땅이 흔들리다
○己未 / 三水郡 地震.

+

★1674년 甲寅 12月 20日
解怪祭 勿行
—咸鏡監司 呂聖齊 書狀 : 節到付 三水 郡守 沈若淩 牒呈內 節到付 **茄乙波知** 僉使 移文內 10月 29日 申時量 地震之聲起自西北方民家振撓轟轟之聲 移時乃止ᄒᆞ거온 轉報兩營事移文이 두에시여自仁遮外 至

舊茄乙波知四堡은 置茄乙波知 一體 지진이지 以此 緣由 發關힛다오니 同仁遮外 羅暖 舊**茄乙波知**三堡 則別無 地震之事이다 ᄒᆞ오며 其中小農堡 則其일에서 **茄乙波知** 一體 地震이다 ᄒᆞ온ᄃᆞ로 以此 緣由 馳報ᄒᆞ겨과 査問之際日子 遲延 緣由 아오로 牒報ᄒᆞᄂᆞᆫ 事 牒呈이ᄉᆞ와두에시여 同 地震之變 三水, 一境兩鎭샏이다 ᄒᆞᄉᆞ온겨과 事係變異 緣由 馳啓事.

☐16750827≡-s1015(그림 233)
肅宗 1년(1675년) 9월 13일
경상도 선산, 개령, 상주, 예천에 8월 27일 땅이 흔들렸다고 장계를 올리다
○戊戌 / 慶尙道 啓 : "八月 廿七日, 善山, 開寧, 尙州, 醴泉 地震."

=

숙종 원년(1675년) 9월 14일
尙州 등지에 지난 8월 24일에 땅이 흔들렸다는 경상감사의 서목
○慶尙監司 書目 : 尙州等官呈, 以去八月 二十七日 地震, 事係變異事

+

★1675년 乙卯 9月 15日
慶尙 地震
—慶尙監司 鄭重徽 書狀內 : 去8月 27日 戊時量 尙州, 善山, 醴泉, 開寧 等官 移時 地震 緣由事. 據曹 啓目粘連 啓下이ᅀᆞᆸ이 신여 안전 尙州 等 四邑 地震之變 極爲驚駭 解怪祭 香祝 令該司 照例 마련, 急速下送, 中央設壇 隨時 卜日 設行之意 回移 엇더ᄒᆞ닛고? 康熙 十四年 9月 15日 右副承旨 臣 李沃 ᄀᆞᆷ아리. 啓依允.

+

★1675년 乙卯 9月 21日
忠淸 地震
一忠淸監司 趙威明 書狀內：去8月 27日
戌時量 沃川, 文義, 永同, 黃澗, 靑山 等 五
邑 地震事. 據本曹循例回啓解怪祭 香祝下
送事.

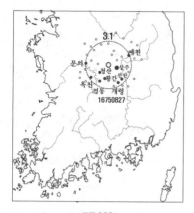

□16750827≡-s1015
진앙：속리산E／규모：3.1／3.6

□16750909≡-s1027(그림 234)
□16750910≡-s1028(그림 234)
★1675년 乙卯 9月 26日
黃海 地震
一黃海監司 崔文湜 書狀內：今月 初9日
戌時 及 初10日 丑時에셔 新溪, 瑞興, 黃
州, 鳳山 等 四邑 地震 而房中所置器皿亦
爲搖動 移時乃止. 變異非常事. 據本曹循例
回啓 解怪祭 香祝下送事.
+
★1675년 乙卯 10月 初2日
平安 地震
一平安監司 閔宗道 書狀內：9月 初9日 戌
時量 祥原, 龍岡 等 兩邑 地震 窓戶柱礎 亦

皆動搖事. 據本曹循例回啓 解怪祭 香祝下
送事.

□16750909≡-s1027
진앙：황주E／규모：3.4／3.7
□16750910≡-s1028
진앙：서흥N／규모：2.8／3.4

□16750927≡-s1115
★1675년 乙卯 10月 12日
黃海 地震
一黃海監司 崔文湜 書狀內：去9月 27日
申時末 天鳴 地震 起自東北間 而轉向西南
方 卽止1月之內 再度 地震 變異非常 緣由
馳啓事.

□16751026≡-s1212
□16751029≡-s1215
肅宗 1년(1675년) 11월 9일
평안도 영변에 천둥이 치고 땅이 흔들
리다
○癸巳／寧邊 前月 二十六日 雷震, 仍爲
地震, 二十九日 地震, 道臣以聞.
=
★1675년 乙卯 11月 11日
平安 地震
一平安監司 閔宗道 書狀內：寧邊 府使 李
泌牒呈內 前月 26日 亥時量 自南方雷動一

聲仍爲 地震 而同月 29日 三更量 又自南
方 地震이다 ㅎ습ᄂᆞᆫ 바, 一朔之內 再度
地震 尤. 係變異事. 據本曹 循例回啓 解怪
祭 香祝 下送事.

□16760325≡-s507 (그림 235)
★1676년 丙辰4月 11日
全羅 忠淸 地震
一全羅監司 朴信圭 書狀: 去3月 25日 寅
時量 地震 如雷起自北方 至于南方, 屋宇皆
動, 良久而止이다. 礪山, 咸悅, 高山, 臨陂,
全州, 龍安, 益山, 金堤, 鎭安 等 九邑 一樣
牒報ᄒᆞᆫ왜시는 바, 事係變異事 及 忠淸
監司 趙威明 書狀: 道內 公州, 林川, 韓山,
鴻山, 尼山, 扶餘, 石城, 舒川, 鎭岑 等邑
去月 25日 寅時量 如雷聲 地震, 屋宇動搖
恩津 縣監 安鍊 牒呈內 25日 卯時 有若放
炮之聲 人皆驚動 仍爲 地震 人家壁土 亦多
墜落이다 牒報ᄒᆞᆫ왜시는 바, 事係變異
事. 據本曹 循例回啓 解怪祭 香祝幣 依前
例 下送.
+
숙종 2년(1676년) 4월 10일
도내의 농사 상황과 公州 등지에 일어
난 지진에 대해 보고하는 충청감사의
서목
○忠淸監司 書目: 道內 農事形止事. 又書
目: 公州等 十邑, 去三月 二十五日 地震,
屋宇動撓 事係變異事.

肅宗 2년(1676년) 4월 10일 (그림 236)
평안도 용강, 삼화, 함종에 땅이 흔들리
고, 평양에는 화재로 민가가 소실되다
○龍岡, 三和, 咸從 等地 地震. 平壤城中失

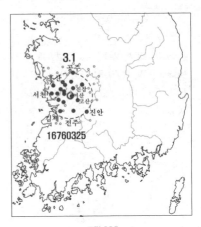

그림 235
□16760325≡-s507
진앙: 여산; 규모: 3.1 / 3.6

火, 延燒十三家. 雨雹于碧潼, 霜降于理山.
=
숙종 2년(1676년) 4월 27일
龍崗 등지에 지진과 화재 등이 있었다
는 평안감사의 서목
○平安監司 書目: 龍崗, 三和, 咸從呈, 以
本月 初十日 戌時 地震, 係是變異事. 又書
目: 平壤城中出火, 延燒十三家, 而人物一
名燒死, 二名爛傷, 驚慘事. 又書目: 碧潼
雨雪交下, 理山霜降, 平壤, 中和 等邑, 本
月 初六日, 雨雹交下, 俱係非常事.

□16760519≡-s0629
肅宗 2년(1676년) 5월 19일
충청도에 땅이 흔들리다
○忠淸道 地震.
=
숙종 2년(1676년) 6월 10일
땅이 흔들렸다는 충청감사의 서목
○忠淸監司 書目: 五月 十九日 寅時量 地

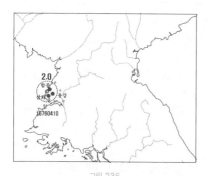

그림 236
□16760410≡-s0522
진앙 : 함종; 규모 : 2.0 / 3.1

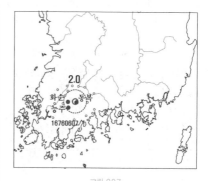

그림 237
□16760607 진앙 : 동복; 규모 : 2.0 / 3.1

震 事係變異事.

□16760607≡-s0717(그림 237)
肅宗 2년(1676년) 6월 7일
전라도 동복, 화순, 능주에 땅이 흔들
리다
○戊午 / 全羅道 同福, 和順, 綾州 等 三邑
地震, 屋宇掀動.
=

★1676년 丙辰 7월 初2日
全羅 地震
一全羅監司 朴信圭 書狀內: 去月 初7日 戊
時量 地震 如雷起自西方 至于東方, 屋宇掀
動, 暫時而止이다. 同福, 和順 綾州 等 三邑
一樣牒報ᄒᆞ옵시는 바, 事係變異事. 據本
曹 依例回啓 解怪祭 香祝幣 下送事.
□16770716≡-s0814(그림 239)
□16770720≡-s0818(그림 239)
★1677년 丁巳 7월 29日(그림 238)
平安 地震
一平安監司 李宇鼎 書狀內: 龍川府使 李
弘祖 牒呈內 本月 16日 午時量 自西南間
地震 連二度ᄒᆞ온듸 一度 則家內 仰土自落

그림 238
『해괴제등록』의 평안도 지진기록

窓戶 環鐵 亦爲自鳴이다 ᄒᆞ옵시며 義州
府 尹尹以濟 牒呈內 16日 午時 大雨雷聲繼
作 地震 二度, 20日 卯時量 또흔 地震이
다 ᄒᆞ옵시며 鉄山 府使 鄭敏 牒呈內
20日 寅時量 雷聲起 自坤方仍爲 地震 事
係變異事. 據本曹 依前例 回啓 解怪祭 香

祝下送事.

+

숙종 3년(1677년) 8월 1일
의주 등에 땅이 흔들렸다는 평안감사
의 서목
○平安監司 書目 : 義州, 鐵山等官呈, 以今
月 十六日, 二十日 地震, 事係變異事.

□16770716≡-s0814 진앙 : 의주; 규모 : ?
□16770720≡-s0818 진앙 : 철산; 규모 : ?

□16770823≡-s0919
★1677년 丁巳 9月 20日
全羅 地震 勿行祭
─全羅監司 朴信圭 書狀 : 去8月 23日 戌
時量 地震 如雷起自南方 至于北方, 屋宇掀
動, 移時而止이다 茂朱, 錦山 等 兩邑 一樣
牒報ᄒᆞᆺ왜시는 바, 事係變異이ᄉᆞ온ᄃᆡ
로 緣由 馳啓事.(不爲回啓)

=

숙종 3년(1677년) 9月 21일
茂朱의 珍山에 땅이 흔들렸다고 아뢰는
전라감사의 서목
○全羅監司 書目 : 茂朱, 珍山, 本官呈, 以
去八月 (二)十三日 戌時量 地震事.

□16780120≡-s0211 (그림 240)
★1678년 戊午 2月 初8日
平安 地震
─平安監司 李宇鼎 書狀內 節該 道內 三和
中和, 平壤 等 本月 20日 未時量 地震 而起
自西方 止於東方 係是變異事. 據曹 啓目粘
連啓下이습이신여 안젼 三和 等 三邑 地
震之變 極爲驚駭 解怪祭 香祝弊幣 令該司
照例 마련, 急速下送, 中央設壇 隨時 卜日
設行之意 回移 엇더ᄒᆞ닛고? 康熙 十八年
2月 初8日 同副承旨 臣 尹以濟 ᄀ음아리.
啓依允.

+

肅宗 4년(1678 戊午 17년) 1月 20일
평양과 해주 등에 땅이 흔들리다
○壬辰 / 平壤 等 三邑, 海州 等 六邑 地震.

=

★1678년 戊午 2月 13日
黃海 地震
─黃海監司 丁昌燾 書狀內 節該 道內 海
州, 瑞興, 黃州, 遂安, 平山, 康翎 等官 去
正月 20日 午時量 自西方微有雷動之聲 而
仍爲 地震, 移時乃止事. 據曹 依前例 回啓
解怪祭 香祝下送事.

□16780121≡-s0212 (그림 240)
★1678년 戊午 2月 12日
全羅 地震
─全羅監司 朴信圭 書狀內 節該 今月 21
日 未時量 全州, 鎭安, 谷城, 南原, 求禮,
順天 等官 地震 家屋搖動 移時而止事 係變
異事. 據曹 啓目粘連 啓下이습이신여 안
젼 全州 等 六邑 地震之變 極爲驚駭 解怪
祭 香祝幣 令該司 照例 마련, 急速下送, 中

바람에도 흔들리는 땅

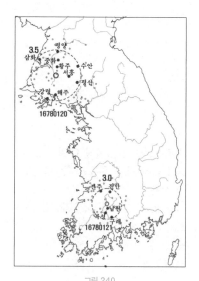

그림 240
□ 16780120≡-s0211
진앙 : 사리원 ; 규모 : 3.5 / 3.8
□ 16780121≡-s0212
진앙 : 남원 ; 규모 : 3.0 / 3.5

央設壇 隨時 卜日 設行之意 回移 엇더ᄒ
닛고? 康熙 十七年 2月 12日 右承旨 臣
柳椐 ᄀ옴아리. 啓依允.

□ 16780327≡-s0418
肅宗 4년(1678 戊午年) 3월 27일 (그림 241)
호남 8읍에 땅이 흔들리다

○ 湖南 八邑 地震.

=

숙종 4년(1678년) 윤3월 10일
全州 등지의 지진을 보고하고 崔楄의
罷黜을 청하는 전라감사의 서목

○ 全羅監司 書目 : 全州, 益山, 臨陂, 扶安,
古阜, 金堤, 沃溝, 萬項 等邑, 去三月 二十
七日 午時 地震事. 又書目 : 海南 縣監 崔楄
罷黜事.

+

★ 1678년 戊午 閏3月 初9日
全羅 地震

― 全羅監司 朴信圭 書狀內 節該 全州, 益
山, 臨陂, 古阜, 金堤, 沃溝, 萬項 扶安 等
官 去月 27日 午時量 地震 大作自北 至南
而止事係變異事. 據曹 依前例 回啓 解怪祭
香祝下送事.

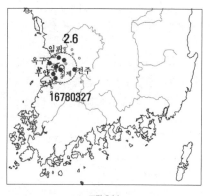

그림 241
□ 16780327≡-s0418
진앙 : 김제 ; 규모 : 2.6 / 3.3

□ 16780529≡-s0717
肅宗 4년(1678 戊午 17년) 5월 29일
춘천, 강릉, 평창 등에 땅이 흔들리다

○ 戊辰 / 春川, 江陵, 平昌, 三陟, 襄陽 等
邑 地震.

=

숙종 4년(1678년) 6월 22일
襄陽의 지진과 橫城의 우박 소식을 보
고하는 강원감사의 서목

○ 江原監司 書目 : 襄陽呈, 以去月 二十九
日 巳時, 量地震事. 又書目 : 橫城呈, 以今
月 十二日, 雨雹交下, 大者如鳥卵, 百穀損
傷事.

=
★1678년 戊午 6月 14日
江原 地震
━江原監司 崔文湜 書狀內 節該 去5月 29日 巳時量 春川, 江陵, 三陟, 平昌 等官 地震 家舍振搖事係變異事. 據曹 依前例 回啓 解怪祭 香祝下送事.

□16780529≡−s0717
진앙 : 김제 ; 규모 : 2.6 / 3.3

肅宗 4년(1678 戊午 17년) 11월 19일
진안, 장수에 땅이 흔들리다
○丙辰 / 鎭安, 長水 地震.

□16781202≡1679s0113
★1678년 戊午 12月 19日
忠淸 地震
━忠淸監司 慶㝡 書狀內 節 到付 懷仁 縣監 黃震耆 牒呈內 今月 初2日 戌時量 地震 起自西方 至艮方 移時乃止이다 ᄒᄉ왜시며 報恩 縣監 嚴纘 牒呈內 今月 初2日 戌時量 地震 起自北方 至南方 移時乃止이다 ᄒᄉ왜시며 沃川 兼任 報恩 縣監 嚴纘 牒呈內 同郡은 置今月 初2日 戌時 地震 起自坤方 至西方 移時乃止이다 ᄒᄃᆞᆯ다 牒報ᄒᄉ왜시ᄂ 바, 係是變異事. 據曹 啓目粘連 啓下이ᅌᅵᆸ이신여 안젼 懷仁 等 三邑 地震之變 極爲驚駭 解怪祭 香祝幣 令該司 照例 마련, 急速下送, 中央設壇 隨時 卜日 設行之意 回移 엇더ᄒᄒ닛고? 康熙 十七年 12月 17日 左承旨 臣 申厚載 ᄀᆞ 옵아리. 啓依允.

□16790326≡−s0506(그림 242)
숙종 5년(1679년) 4월 9일
咸悅에 땅이 흔들렸다는 전라감사의 서목
○全羅監司 書目 : 咸悅呈, 以三月 二十六日 巳時地震事.

+

숙종 5년(1679년) 4월 12일
林川 등에 땅이 흔들렸다는 충청감사의 서목
○忠淸監司 書目 : 林川, 恩津, 尼山等 三邑, 三月 二十六日 地震事

+

★1679년 己未 4月 11日
全羅 地震
━全羅監司 柳命賢 書狀內 節 到付 龍安 縣監 宋道興 牒呈內 3月 26日 巳時量 地震 起自南方轉 至北方其來甚疾, 頃刻乃止. 而其聲轟轟, 人家皆掀. 益山 郡守 郭世楗, 礪山 郡守 沈榗 牒呈內 3月 26日 巳時量 地震 而起自東北向西南 稍久而止動人搖屋有若車轉之響이온ᄃᆞ로 緣由 牒報ᄒᄒᄂ 事 ᄒᄃᆞᆯ다 牒呈이ᄉ와두에시여 今此三邑 地震 事係變異事ᅀᆞ죠 書狀內 : 龍安, 益山, 礪山 等邑 3月 26日 地震 緣由 纔已 馳啓 ᄒᄉ왜시다오니 節到付 咸悅 縣監 李震徵 牒呈內 3月 26日 巳時量 地動起自南方 至北方 頃刻而止聲如微雷, 屋宇皆搖 緣由 馳報ᄒᄒᄂ 바 牒呈이ᅌᅵᆸ이신여 同縣 地震 與 龍安 等邑 一樣이ᄉ온ᄃᆞ로 緣由 馳啓事. 據曹 啓目粘連 啓下이ᅌᅵᆸ이신여 안젼 龍安 等 四邑 地震之變 極爲驚駭 解怪祭 香祝幣 令該司 照例 마련, 急速下送, 中央設壇 隨時 卜日 設行之意 回移 엇더ᄒᄒ닛고?

康熙 十八年 4月 11日 右副承旨 臣 朴廷薛
マ옴아리. 啓依允.

+

★1679년 己未 4月 12日
忠淸 地震
一忠淸監司 慶寂 書狀內: 林川 郡守 韓潒
恩津 縣監 宋道昌 尼山 縣監 尹爾錫 牒呈內
3月 26日 巳時量 地震 初起西方逶迤子地
轉 至卯方 而止變異非常이다 馳報ㅎㅅ왜
시는 바, 事係變異事, 據曹 啓目粘連 啓下
이습이신여 안젼 林川 等三邑 地震之變
極爲驚駭 解怪祭 香祝幣 令該司 照例 마련,
急速下送, 中央設壇 隨時 卜日 設行之意 回
移 엇더ㅎ닛고? 康熙 十八年 4月 12日 左
副承旨 臣 兪夏益 マ옴아리. 啓依允.

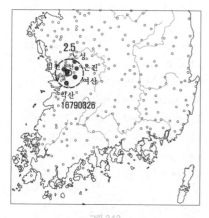

그림 242
□16790326≡-s0506
진앙: 용안; 규모 : 2.5/3.3

□16790522≡-s0629
肅宗 5년(1679 己未 18년) 5월 22일
은진에 땅이 흔들리다
○恩津 地震.

+

肅宗 5년(1679 己未 18년) 6월 4일
공주, 은진 등에 땅이 흔들리다
○丁卯 / 公州 恩津 地震. 命行解怪祭. 楊
州 等 四邑 蝗, 亦行酺祭.

=

숙종 5년(1679) 6월 3일
○忠淸監司 書目: 公州, 恩津 等官呈, 以
今月 二十二日 地震事.

+

★1679년 己未 6월 初4日
忠淸 地震
一忠淸監司 慶寂 書狀內 節 到付 公州 牧
使 孫萬雄 恩津 縣監 宋道昌 牒呈內 今月
22日 亥時量 地震 自西北方始起 至南方
移時乃止 而其聲如雷, 屋宇皆動 變異非常
事 牒報ㅎ는 바 牒呈이ㅅ와두에시여 係
是變異事. 據曹 啓目粘連 啓下이습이신
여 안젼 公州, 恩津 等邑 地震之變 極爲驚
駭 解怪祭 香祝幣 令該司 照例 마련, 急速
下送, 中央設壇 隨時 卜日 設行之意 回移
엇더ㅎ닛고? 康熙 十八年 6月 初4日 左
副承旨 臣 李聃命 マ옴아리. 啓依允.

□16790709 중국지진 소식
肅宗 5年(1679년) 11月 29日 (그림 243)
사은사 낭원군 이간 등이 연경에서 돌
아와 소식을 전하다
○謝恩使朗原君偘, 副使吳斗寅, 書狀官李
華鎭自燕回. 上引見勞勉, 仍問地震之變,
偘對曰: "通州, 薊州 等處, 無一完舍. 通州
物貨所聚, 人物極盛, 而今則城堞城門, 無
一完處, 左右長廊皆頹塌, 崩城破壁, 見之
慘目. 北京則比通州稍完, 而城門女墻 及
城內 外人家, 多崩頹, 殿門一處 及 皇極殿

層樓 及 奉先殿亦頹. 玉河館墻垣 及 諸衙
門, 亦多頹毀, 改造之役, 極其浩大. 自此以
後, 人心洶洶, 不能定矣. 人口壓死者三萬
餘, 蓋白日 交易之際, 猝然頹壓, 故死者如
是云矣.

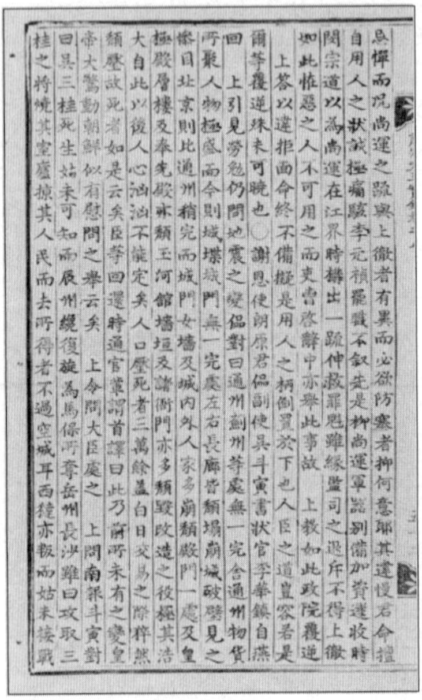

그림 243
『조선왕조실록』

□C16790709≡-s0814 중국지진
清史稿 / 卷44 / 志19 / 災異5
康熙 18년 **7월初9日** 京師地震; **通州**, 三
河, 平穀, 香河, 武清, 永清, 寶坻, 固安 地
大震, 聲響如奔車, 如急雷, 晝晦如夜, 房舍
傾倒, 壓斃男婦無算, 地裂, 湧黑水甚臭.
28日 宣化, 鉅鹿, 武邑, 昌黎, 新城, 唐山,
景州, 沙河, 寧津, 東光, 慶雲, 無極 地震.
8月, 萬全, 保定, 安肅地屢震.
9月, 襄垣, 武鄉, 徐溝地震數次, 民舍盡頹.

10月, 潞安地震.
11月, 遵化州 地震, 有聲如雷.

□C16790728≡-s0902(清 / 三岡識略 卷8)
清 康熙 十八年 七月 庚申(28일)
河北三河平谷(40.0 / °N, 117.0 / °E)
M8(震中烈度XI)
"七月二十八日巳時初刻, 京師地震 (…중
략…) 是夜連震3次, 平地坼開數丈, 得勝
門卜裂一大溝, 水如泉湧. 官民震傷不可勝
計, 至有全家覆沒者. 二十九日午刻又大震,
八月初一日 子時復震如前, 自後時時簌蕩,
十三日震二次."

□16800101≡-s0131
★1680년 庚申 正月 16日
平安 地震
─平安監司 兪夏益 狀內 節到付 **順川, 殷**
山, 慈山 三邑 所報內 本月 初1日 子時 地
震 起自西方轉向東南事係變異事. 據曹 啓
目粘連 啓下이숩이신여 안전 順川等邑
地震之變 極爲驚駭 解怪祭 香祝幣 令該司
照例 마련, 急速下送, 隨時 卜日 設行之意
回移 엇더ᄒᆞ닛고? 康熙 十九年 正月 16
日 右承旨 臣 閔就道 ᄆᆞ옴아리. 啓依允.
+
숙종 6년(1680년) 1월 15일
순천에 땅이 흔들렸다는 평안감사의
서목
○平安監司 書目: 順川等官呈, 以本月 初
一日 子時地震, 事係變異事.
+
肅宗 6년(1680 庚申 19년) 1월 16일
은산 등 세 고을에 땅이 흔들리다

○丙午 / 殷山 等 三邑 地震事狀聞.

□16800115≡-s0214
★1680 正月 21日
忠清 地震
—忠清監司 吳始大 書狀內 節 到付 公州 牧使 孫萬雄 牒呈內 本月 15日 巳時量 地動, 起自西方 至南方而止. 同日 戌時量 雨下如注 天動雷電事 牒呈이숩이신여 首月 望日 天地俱動 事係變異事. 據曹 啓目粘連 啓下이숩이신여 안젼 公州 地震之變 極爲驚駭 解怪祭 香祝幣 令該司 照例 마련, 急速下送, 隨時 卜日 設行之意 回移 엇더ㅎ닛고? 康熙 十九年 正月 21日 同副承旨 臣 申厚命 ㄱ옴아리. 啓依允.

□16800526≡-s0622
★1680년 庚申 6月 12日
忠清 地震 勿行
—忠清監司 尹以濟 書狀 : 清州 牧使 洪世亨 牒呈內 5月 26日 戌時量 自乾方 至巽方 地震이다 ㅎ숩이신ㄷ로 緣由 馳啓ㅎ숩 는 事.
=
肅宗 6년(1680 庚申 19년) 6月 11日
청주에 땅이 흔들리다
○忠清道 清州 地震.

□16801008≡-s1128
★1680년 庚申 10月 14日
慶尙 地震祭不行
—慶尙監司 尹趾完 書狀內 節 到付盈德 縣令 李秖 牒呈內 今月 初8日 申時量 忽然 地震 其聲如雷官舍 及 城外四方閭家盡爲動

搖係是變異이온ᄃ로 緣由 馳報ㅎ는 바 牒呈이 두에시여事係災異 緣由 馳啓ㅎ숩 는 事.

□16801129≡1681s0118
★1680년 12月 13日
全羅 地震 勿回
—全羅監司 任奎 書狀內 節 到付 求禮 縣監 李偶 牒呈內 今11月 29日 卯時量 地震, 良久而止. 谷城 縣監 李萬徵 牒呈內 今11月 29日 卯時量 地震 自東方 至北方, 良久而止이다 ㅎ돌다. 牒呈報ㅎ숩잇오는 바, 事係變異이ᄉ온ᄃ로 緣由 馳啓ㅎ숩 는 事.
=
肅宗 6년(1680 庚申 19년) 12월 13일
전라도 구례, 곡성 등에 땅이 흔들리다
○全羅道 求禮, 谷城 等邑 地震. 道臣狀聞.

□16810226
★1681년 辛酉 4月 初5日
全羅 地震祭趂不報推考
—全羅監司 狀啓 : 今2月 26日 光州, 南平 地震事. 據曹 啓目粘連 啓下이숩이신여 안젼 光州, 南平 有 地震之變 解怪祭 香祝幣 令該司 照例 마련 下送, 中央設壇 隨時 卜日 設行之意 回移ㅎ ᄉ오며 南平縣 地震 至於窓戶動撓 變異非常 而初不報知ㅎ ᄉ왜시다가 及 其查問之後 以其時 忘置不卽 報知爲辭ㅎ ᄉ왜시는 바, 事甚可駁 南平 縣監 李亨稷 從重推考 엇더ㅎ닛고? 康熙 二十年 4月 初5日 同副承旨 臣 洪萬鍾 ㄱ 옴아리. 啓依允.

□ 16810303≡-s0420

★1681년 辛酉 3月 18日

平安 地震祭

─ 平安監司 柳尙運 書狀內 節 到付 **平安** 庶尹 洪有龜 **宣川** 府使 閔涵 **鐵山** 府使 柳 東亨 牒報內 本月 初3日 申時量 地震 自北 而作, 南流而止이다 ᄒᆞᆫ 왜시는 바, 係 是變異 緣由 馳啓事, 據曹 啓目粘連 啓下 이슴이신여 안젼 平安等 三邑 地震之變 極爲驚駭 解怪祭 香祝幣 令該司 照例 마 련, 急速下送, 中央設壇 隨時 卜日 設行之 意 回移 엇더ᄒᆞ닛고? 康熙 二十年 3月 18日 右承旨 臣 崔逸 ᄀᆞ옴아리. 啓依允.

肅宗 7년(1681년) 4월 2일

전라도 광주 남평 등에 땅이 흔들리다

○全羅道 光州, 南平 等地 地震.

□ 16810426≡-s0612 辛酉강릉지진

(그림 244)

肅宗 7年(1681년 辛酉) 4月 26日(己酉)

간방으로부터 곤방까지 지진이 일어 나다

○己酉 / 自艮方至坤方地震. 屋宇掀動, 窓 壁震撼. 行路之人 有所驚驚 逸隆死者.

=

★1681년 辛酉 4月 26日

京中 地震

─ 今4月 26日 自艮方 至坤方 而地震 京中 則前無 解怪祭 設行之規 今無擧行之事矣.

숙종 7년 4월 28일

이무 등이 입시하여 지방에 있는 유현 에게 소미의 대책을 묻는 문제에 대해

논의함

○ 右副承旨 李整所啓 : 卽今亢旱孔棘, 三 農㤼期, 憂遑罔措之際, **昨日地震之變, 尤 極驚慘, 屋宇掀動, 人心喪氣, 實前古所未 有之變也.** 自前遇災之時, 則例有求言之規, 今亦別爲下諭於在外儒賢處, 詢訪消弭之 策, 何如? 上曰 : 依爲之. 以上朝報.

+

肅宗 7년(1681년) 4월 29일

개성부에 땅이 흔들리다

○開城府 地震.

=

★1681년 4月 28日

開城 地震

─ 開城 留守 書狀 : 今月 26日 申時 地震 事. 據曹 啓目粘連 啓下이슴이신여 안젼 開城府 地震之變 極爲驚駭 解怪祭 香祝幣 令該司 照例 마련 下送, 隨時 卜日 設行之 意 回移 엇더ᄒᆞ닛고? 康熙 二十年 4月 28 日 同副承旨 臣 安後泰 ᄀᆞ옴아리. 啓依允.

+

肅宗 7년(1681년) 5월 3일

경기 광주 등에 땅이 흔들리다

○京畿 廣州 等邑 地震.

=

숙종 7년(1681년) 5월 4일

광주 등에 일어난 지진에 대해 보고하 는 경기감사의 서목

○京畿監司 書目 : 廣州等 三十四邑 呈, 以 去四月 二十六日 申時 地震緣由事.

★1681년 5월 初5日

京圻

─ 京圻監司 書狀 : 廣州 等邑 去4月 26日

申時 地震事. 據曹回啓內 안전 廣州 等邑
地震之變 處處如此 極爲驚駭 解怪祭 香祝
幣 令該司 照例 마련, 急速下送, 中央設壇
隨時 卜日 設行之意 回移 엇더ᄒ닛고? 康
熙 二十年 5月 初5日 左承旨 臣 崔逸 ᄀ음
아리. 啓依允.

+

肅宗 7년(1681년) 5월 4일
강화에 땅이 흔들리다
　○江華 地震.
=?

★1681년 4月 28日
江華
―江華 留守 書狀 : 今月 26日 申時 地震
事. 據曹 啓目粘連 啓下이ᄉ이신여 안전
江華府 地震之變 極爲驚駭 解怪祭 香祝幣
令該司 照例 마련 下送, 隨時 卜日 設行之
意 回移 엇더ᄒ닛고? 康熙 二十年 4月
29日 同副承旨 臣 安後泰 ᄀ음아리. 啓依
允.

+

★1681년 辛酉 5月 初9日
各道 地震
―黃海, 江原 兩道 各邑 慶尙道 大丘 等邑
平安道 平壤 等邑 **去4月 26日**, 今月 初2日
地震事. 據曹回啓內 안전 黃海, 江原 兩道
各邑 地震 及 咸鏡道 安邊 等邑, 慶尙道 大
丘 等邑, 平安道 平壤 等邑 地震之變 處處
如此 極爲驚駭 解怪祭 香祝幣 今 令該司 照
例 마련, 急速下送, 亦令各其道, 依例中央
設壇 隨時 卜日 設行之意 回移 엇더ᄒ닛
고? 康熙 二十年 5月 12日 右承旨 臣 崔逸
ᄀ음아리. 啓依允.

+

숙종 7년(1681년) 5월 11일
지진의 피해상황을 보고하는 강원감
사의 서목
　○江原監司 書目 : 四月 二十六日 申時量
地震, 良久乃止, 而**食頃, 又作旋止**. 又於五
月 初二日 寅時 地震, 尤有甚焉. 申時亥時,
又作, 一日之內, 至於三度, 墻壁頹圮, 屋瓦
飛落, 前後地震, 變異非常事.
　▷食頃(식경) : ① 한 끼의 음식을 먹을
만한 시간 ② 얼마 안 되는 동안

+

숙종 7년(1681년) 5월 11일
안변 등지에 일어난 지진 등에 대해 보
고하는 함경감사의 서목
　○咸鏡監司 書目 : 道內 旱乾緣由 及 端川,
四月 十九日 霰雹事. 又書目 : 安邊, 德遠
兩邑, 四月 二十六日 地震事.

+

숙종 7년(1681년) 5월 11일
도내 각읍에 일어난 지진에 대해 보고
하는 황해감사의 서목
　○黃海監司 書目 : 道內 各邑, 四月 二十六
日, 五月 初二日 地震緣由事.

+

肅宗 7년(1681년) 5월 9일
온 충청도에 땅이 흔들리다
　○公洪道 遍道 地震.
=

숙종 7년(1681년) 5월 9일
홍성 등지에 일어난 지진에 대해 보고
하는 충청감사의 서목
　○公淸監司 書目 : 去四月 二十六日, 遍道
內 地震, 屋宇震撼, 窓闥皆鳴, 人物辟易,
草木掀動.

=

숙종 7년(1681년) 5월 9일
홍주 등지에 일어난 지진에 대해 보고
하는 충청감사의 서목
○公淸監司 書目：五月 初二日, 洪州等 十
六邑, 又爲地震, 與二十六日 一樣動搖 事
係變異事.

+

숙종 7년(1681년) 5월 11일
○平安監司 書目：道內 平壤等 三邑段(쫀
=은), 前月 二十六日, 三登縣段(쫀=은), 今
月 初二日, 俱有地震事.

+

숙종 7년(1681년) 5월 12일
지진의 피해에 대해 보고하는 황해감
사의 서목
○黃海監司 書目：平山呈, 以去四月 二十
六日 地震時, 本縣 安城坊 **居民 元田中 地
陷事**.
▷居民(거민)：그 땅에 오래 전부터 사
는 백성；元田(원전)：元帳에 기록된 논
밭；地陷(지함)：①땅이 가라앉아 우묵
함 ②땅굴

+

숙종 7년(1681년) 5월 12일
지진에 대해 보고하는 경상감사의 서목
○慶尙監司 書目：去四月 二十六日, 今月
初二日, 再次地震, 變異非常事.

+

숙종 7년(1681년) 5월 12일
지진에 대해 보고하는 전라감사의 서목
○全羅監司 書目：**靈巖**等 二十四邑 呈, 以
去四月 二十六日 地震事.

+

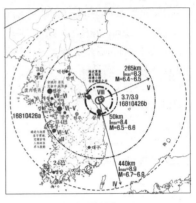

그림 244

□16810426a≡-s0612
진앙：강릉；규모：6.1 / 6.4~6.9
▷심발지진일 경우 규모：7.9~8.4
▷전정수：Mw=5.5；NGDC M=7.5
□16810426b 진앙：강릉E；규모：3.7 / 3.9

숙종 7년(1681년) 5월 25일
江陵 등에 땅이 흔들렸다는 강원감사
의 서목
○江原監司 書目：(五月 初二日, 道內 一
樣地震之後, 江陵, 襄陽, 三陟, 則十一日
二日 間, 連有地震,) 而**去四月 地震時, 襄
陽, 三陟 等邑 海波震蕩, 巖石頹落, 海邊小
縮**, 有若潮退之狀, 係是變異非常事.

□16810502≡-s0617 辛酉강릉지진
(그림 245)
肅宗 7年(1681년 辛酉) 5月 2日(甲寅)
경사에 땅이 흔들리다
○甲寅 / 京師地震.

+

肅宗 7년(1681년) 5월 9일
온 충청도에 땅이 흔들리다
○公洪道 遍道 地震.
▷4월 26일 지진에 대한 설명일 수도(?)

+

숙종 7년(1681년) 5월 9일
홍주 등지에 일어난 지진에 대해 보고
하는 충청감사의 서목
○公淸監司 書目：五月 初二日, 洪州等 十
六邑, 又爲地震, 與二十六日 一樣動搖 事
係變異事.

+

★1681년 辛酉 5月 初9日
京圻 또혼 地震
—京圻監司 狀啓：**廣州, 喬桐等 二十六邑**
今月 初2日 또혼 地震事. 據曹回啓内 觀此
京圻監司 崔寬 狀啓 則 **廣州** 等邑 今月 初2
日 또혼 地震이다 ᄒᆞᄉᆞ왜시되 前因本道
狀啓：地震 解怪祭 香祝纔已 마련, 啓下
ᄒᆞᄉᆞ왰어두 今不可續續 設行以此 回移
엇더ᄒᆞ닛고? 康熙 二十年 5月 初9日 左
承旨 臣 崔逸 ᄀᆞᆷ아리. 啓依允.

+

★1681년 辛酉 5月 初9日
地震祭已行勿爲疊行
—曹 啓目粘連 啓下이ᅀᆞᆸ이신여 觀此 狀
啓 則今月 初2日 또혼 地震이다 ᄒᆞᄉᆞ왜
시되 前因本府 狀啓：地震 解怪祭 香祝纔
已下送, 今不可續續 設行以此 回移 엇더
ᄒᆞ닛고? 康熙 二十年 5月 初5日 左承旨
臣 崔逸 ᄀᆞᆷ아리. 啓依允.

+

★1681년 辛酉 5月 初9日
各道 地震
—黄海, 江原 兩道 各邑, 慶尙道 大丘 等
邑, 平安道 平壤 等邑, 去4月 26日, **今月
初2日** 地震事. 據曹回啓内 안전 黄海, 江
原 兩道各邑 地震 及 咸鏡道 **安邊** 等邑 慶

尙道 **大丘** 等邑, 平安道 **平壤** 等邑 地震之
變 處處如此 極爲驚駭 解怪祭 香祝幣 今 令
該司 照例 마련, 急速下送, 亦令各其道依
例中央設壇 隨時 卜日 設行之意 回移 엇더
ᄒᆞ닛고? 康熙 二十年 5月 12日 右承旨 臣
崔逸 ᄀᆞᆷ아리. 啓依允.

+

숙종 7년(1681년) 5월 11일
○黄海監司 書目：五月 初二日 地震緣由事.
+?
숙종 7년(1681년) 5월 11일
○平安監司 書目：道内 平壤等 三邑段(쓴
=은), 前月 二十六日, 三登縣段(쓴=은), **今
月 初二日**, 俱有地震事.

+

숙종 7년(1681년) 5월 11일
지진의 피해상황을 보고하는 강원감
사의 서목
○江原監司 書目：(四月 二十六日 申時量
地震, 良久乃止, 而食頃, 又作旋止.) 又於
五月 初二日 寅時 地震, 尤有甚焉. 申時亥
時, 又作, 一日之内, 至於三度, **墻壁頹圮,
屋瓦飛落,** 前後地震, 變異非常事.

=

肅宗 7년(1681년 辛酉) 5월 11일(癸亥)
강원도 여러 고을에서 지진이 일어나다
○癸亥／**江原道地震,** 聲如雷, **墻壁頹圮,
屋瓦飄落,** 襄易 海水震蕩, 聲如沸. 雪岳山
神興寺 及 繼祖窟巨巖, 俱崩頹, 三陟府西
頭陀山 層巖, 自古稱以動石者盡崩. 府東
凌波臺水中十餘丈石中折, 海水若潮退之
狀. 平日水滿處, 露出百餘步或五六十步.
平昌, 旌善亦有山岳掀動, 巖石隆落之變.
是後, **江陵, 襄陽,** 三陟, 蔚珍, 平海, 旌善

等邑 地動, 殆十餘次. 是時, 八道皆地震.

강원도에 땅이 흔들렸다. 소리가 우레가 같았고 담벼락이 무너졌으며, 기와가 날아가 떨어졌다. 양양에는 바닷물이 세게 부딪혀震蕩 마치 소리가 물이 끓는 것 같았다. 설악산의 신흥사 및 계조굴의 큰 바위가 모두 무너졌다. 삼척부 서쪽 두타산 층 바위는 예로부터 돌이 움직인다고 하였는데, 모두 붕괴되었다. 그리고 부府의 동쪽 능파대 물속 10여 길 되는 돌이 가운데가 부러지고 조수가 밀려나가는 것과 같았는데, 평일에 물이 찼던 곳이 1백여 보혹은 5, 60보 드러났다. 평창, 정선에도 산악이 크게 흔들려서 암석이 추락하는 변괴가 있었다. 이후 강릉, 양양, 삼척, 울진, 평해, 정선 등 고을에 거의 10여 차례나 땅이 흔들렸으며 **이때 전국 8도 모두에 땅이 흔들렸다.**

▷ 5월 11일자 『승정원일기』에서 위 『조선왕조실록』 기사는 5월 2일 지진 사건의 요약 / 書目으로 등재됨

+

숙종 7년(1681년) 5월 25일
江陵 등에 땅이 흔들렸다는 강원감사의 서목

○江原監司 書目 : **五月 初二日, 道內 一樣 地震**之後, 江陵, 襄陽, 三陟, 則十一日 二日間, 連有地震, 而去四月 地震時, 襄陽, 三陟 等邑 海波震蕩, 巖石頹落, 海邊小縮, 有若潮退之狀, 係是變異非常事.

+

숙종 7년(1681년) 5월 12일
지진에 대해 보고하는 경상감사의 서목

○慶尙監司 書目 : 去四月 二十六日, 今月 初二日, 再次地震, 變異非常事.

+

숙종 7년(1681년) 5월 19일
광주 등에 땅이 흔들렸다고 보고하는 전라감사의 서목

○全羅監司 書目 : 光州等 十九官呈, 以今月 初二日 地震事.

+

★1681년 5월 25일
地震 疊

— 公淸道 公州 等 十六邑 **今月 初2日** 地震. 慶尙道 興海 等邑 11日 地震事. 據曹回啓內 안전 公淸道淸安等邑 及 慶尙道興海等邑 또흔 地震이다 ㅎㅅ왜시되 前因本道 狀啓 : 地震 解怪祭 香祝幣 纔已 마련 下送ㅎㅅ왯어두 今不可續續 設行以此 回移 엇더ㅎ닛고? 康熙 二十年 5月 20日 承旨 臣 ㄱ음아리. 啓依允.

□16810505≡-s0620 서울지진(그림 246)
□16810511≡-s0626 삼척지진(그림 246)

肅宗 7년(1681년) 5월 7일
경기 각 고을에 땅이 흔들리다

○京畿 各邑 地震.

=

숙종 7년(1681년) 5월 7일
광주 등지에 일어난 지진에 대해 보고하는 경기감사의 서목

○京畿監司 書目 : 廣州等 三十五邑, 今月 初五日 地震事.

+

숙종 7년(1681년) 5월 15일

○京畿監司 書目 : **麻田, 漣川, 積城** 等官

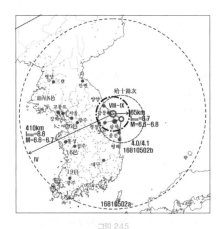

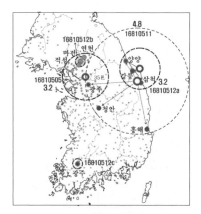

그림 245
□16810502a≡-s0617
진앙 : 강릉; 규모 : 6.0 / 6.6~6.8
▷심발지진일 때 : 8.0~8.5
▷전정수 : Mw=5.7; NGDC M=7.5
□16810502b / 여진 / 진앙 : 삼척E; 규모 : 4.0 / 4 1

그림 246
□16810505≡-s0620
진앙 : 서울E; 규모 : 3.2 / 3.6
□16810511≡-s0626
진앙 : 삼척; 규모 : 4.8 / 4.6
▷16621116, 16810502a, 16811111 참조
▷(전정수 : Mw=6.1)
□16810512a≡-s0627
진앙 : 강릉E; 규모 : 3.2 / 3.7

呈, 以本月 初五日 地震事 及 廣州呈, 以同
月 十一日 地震事.

□16810511
숙종 7년(1681년) 5월 15일
○京畿監司 書目 : 麻田, 漣川, 積城等官
呈, 以本月 初五日 地震事 及 廣州呈, 以同
月 十一日 地震事.
+
★1681년 5월 25일
地震 疊
—公淸道 公州 等 十六邑 今月 初2日 地
震. 慶尙道 興海 等邑 11日 地震事. 據曹回
啓內 안전 公淸道 淸安 等邑 及 慶尙道 興
海 等邑 또흔 地震이다 흐슨왜시듸 前因
本道 狀啓 : 地震 解怪祭 香祝幣 纔已 마련
下送흐슨왯어두 今不可續續 設行以此 回
移 엇더흐닛고? 康熙 二十年 5月 20日

承旨 臣 ᄀᆞᆷ아리. 啓依允.
+
숙종 7년(1681년) 5월 25일
강릉 등에 땅이 흔들렸다는 강원감사
의 서목
○江原監司 書目 : 五月 初二日, 道內 一樣
地震之後, 江陵, 襄陽, 三陟, 則 十一日 二
日 間, 連有地震, 而去四月 地震時, 襄陽,
三陟 等邑 海波震蕩, 巖石頹落, 海邊小縮
有若潮退之狀, 係是變異非常事.
=
★1681년 5월 25일
江監 地震
—江原道 江陵 等邑 初3日, 11日, 12日
地震事. 據曹 回啓內 觀此 江原監司 兪櫶
狀啓 則 江陵 等邑 또흔 地震이다 흐슨왜
시듸 前因本道 狀啓 : 地震 解怪祭 以中央

設壇 設行之意 香祝纔已下送, 今不可續續
設行以此意 回移 엇더ᄒᆞ닛고? 康熙 二十
年 5月 25日 右副承旨 臣 宋昌 ᄀᆞ옴아리.
啓依允.

□16810512
★1681년 辛酉 5月 19日
京圻等 地震 疊行
—京圻 麻田 等邑, 全羅道 光州 等邑 今月
12日, 17日 地震事. 據曹回啓內 안전 京
圻麻田等邑 及 全羅道 光州 等邑 ᄯᅩᄒᆞᆫ 地
震이다 ᄒᆞᆫᄉᆞ왜시디 前因本道 狀啓 : 地震
解怪祭 香祝纔已 마련 下送ᄒᆞᆫᄉᆞ왯어두
今不可續績 設行以此 回移 엇더ᄒᆞ닛고?
康熙 二十年 5月 19日 同副承旨 臣 鄭始成
ᄀᆞ옴아리. 啓依允.

+

★1681년 5月 25日
江監 地震
—江原道 江陵 等邑 初3日, 11日, 12日
地震事. 據曹 回啓內 觀此 江原監司 兪櫶
狀啓則 江陵 等邑 ᄯᅩᄒᆞᆫ 地震이다 ᄒᆞᆫᄉᆞ왜
시디 前因本道 狀啓 : 地震 解怪祭 以中央
設壇 設行之意 香祝纔已下送, 今不可續續
設行以此意 回移 엇더ᄒᆞ닛고? 康熙 二十
年 5月 25日 右副承旨 臣 宋昌 ᄀᆞ옴아리.
啓依允.

=

숙종 7년(1681년) 5월 25일
강릉 등에 땅이 흔들렸다는 강원감사
의 서목
○江原監司 書目 : 五月 初二日, 道內 一樣
地震之後, 江陵, 襄陽, 三陟, 則十一日 二
日 間, 連有地震, 而去四月 地震時, 襄陽,

三陟 等邑 海波震蕩, 巖石頹落, 海邊小縮,
有若潮退之狀, 係是變異非常事.

肅宗 7년(1681년) 5월 22일
천재지변에 따른 수성, 조경의 출향,
붕당의 본의 등에 관한 전 정 이상의
상소
○前正 李翔應 旨陳疏曰 :
臣追思在謫之日, 自東萊, 機張至于寧海,
半海皆赤, 有若血色. 赤波所 及, 鮑魚皆死,
漂出海岸, 人取食之, 不死則傷, 此爲近古
所無之變. 居數歲, 又有 地震山崩之變, 民
情驚駭 及 得京中消息, 則此二變, 皆不入
於道臣啓聞中云, 臣常痛甚. 今年則 地震旱
災, 都下特甚, 無乃上天赫怒於往년諱災之
答, 警之於殿下視聽之所及耶?

★1681년 辛酉 5月 13日
全羅 地震
—全羅監司 狀啓 : 靈岩 等邑 地震事. 據曹
回啓內 觀此 全羅監司 趙世煥 狀啓 則靈岩
等邑 地震之變 處處如此 極爲驚駭 解怪祭
香祝幣 令該司 照例 마련, 急速下送, 中央
設壇 隨時 卜日 設行之意 回移 엇더ᄒᆞᆫᄉᆞ
고? 康熙 二十年 5月 13日 左承旨 臣 崔逸
ᄀᆞ옴아리. 啓依允.

□16810514≡-s0629
□16810520≡-s0705
□16810522≡-s0707
숙종 7년(1681년) 6월 3일
땅이 흔들렸다고 보고하는 강원감사
의 서목
○江原監司 書目 : 平海, 旌善 等邑, 五月 十

四日, 二十日, 二十二日, **又爲地震**, 而三陟,
杆城, 高城, 襄陽 等邑, 蝗蟲, 方爲熾發事.
+

★1681년 6월 初2일
地震 蝗蟲
—江原監司 狀啓 : 平海, 旌善等邑 5월 14
日 또흔 地震호ᄉ오며 三陟 等邑, 蝗蟲方
爲熾發 變異非常事.

☐16810517≡-s0702
★1681년 辛酉 5월 19일
京圻等 地震 / 疊行
—京圻 麻田 等邑 全羅道 光州 等邑 今月
12日, **17日** 地震事. 據曹回啓內 안전 京
圻麻田等邑 及 全羅道 光州 等邑 또흔 地
震이다 호ᄉ왜시ᄃᆡ 前因本道 狀啓 : 地震
解怪祭 香祝纔已 마련 下送호ᄉ왯ᄉ오ᄃᆡ
今不可續續 設行以此 回移 엇더ᄒᆞ닛고?
康熙 二十年 5月 19日 同副承旨 臣 鄭始成
ᄀᆞ음아리. 啓依允.

肅宗 7年(1681년 辛酉) 5월 22일(甲戌)
천재지변에 따른 수성, 조정의 출향,
붕당의 본의 등에 관한 전 정 이상의
상소
○前正李翔應旨陳疏曰 : 臣追思在謫之日,
自東萊, 機張至于寧海, 半海皆赤, 有若血
色. 赤波所 及, 鮑魚皆死, 漂出海岸, 人取
食之, 不死則傷, 此爲近古所無之變. 居數
歲, 又有地震山崩之變, 民情驚駭 及 得京
中消息, 則此二變, 皆不入於道臣啓聞中云,
臣常痛甚. 今年則地震旱災, 都下特甚, 無
乃以上天赫怒於往年諱災之咎, 警之於殿下視
聽之所及耶?

◎ 肅宗 7년(1681년) 5월 25일
이달 5일에 의주에 해일이 일다
○平安道 觀察使以本月 初五日 義州海溢,
理山雨雹聞.

☐16810528≡-s0801 ~ -0605≡-s
(그림 247, 248)

肅宗 7년(1681년) 6월 21일
경상도에 광풍과 폭우가 있고, 지진도
나다
○慶尙道 觀察使申啓言 : "本月 初五日, 狂
風暴雨, 各邑 同然, 而晋州則民家漂沒, 頹
塌者三百餘戶, 公宇毀圮者, 四十餘間. 咸
陽則閭家五十餘戶漂去, 水自西門衝城而
入, 汚溢城內, 廨舍亦多頹傷." 上以事甚驚
慘, 令本道 劃給某樣穀, 各別救濟.
又自**五月** 二十八日 **至六月** 初五日, 榮川,
禮安, 安東, 醴泉, 豊基, 眞寶, 奉化 等邑,
或二三次, 或一次 地震. 道臣以聞.
+

★1681년 6월 21일
地震
—慶尙監司 狀啓 : **榮川郡** : 去5월 28日
巳時, 今月 初1日 巳時, 初5日 寅時 또흔
地震.
禮安縣 : 今月 初1日 午時, 初5日 寅時 地
震. **眞寶** : **今月 初1日 巳時** 地震 **奉化縣** :
今月 **初1日 申時** 또흔 地震 緣由事.

☐16810524≡-s0709 ~
☐16810601≡-s0715 (그림 249)
★1681년 6월 19일 : 地震
—江原監司 狀啓 : 道內
襄陽은 5월 24日 曉頭, 25日 黃昏, 26日

未時, 6月 **初1日 未時** 地震ᄒ스왜시며
江陵은 5月 26日 未時, 29日 未時, 6月
初1日 未時, 蔚珍: 5月 26日 午時, 6月 **初**
1日 巳時, 旌善: 5月 26日 未時, 27日 未
時, 28日 未時, 29日 卯時, 6月 **初1日 午**
時, 平海: 6月 **初1日 午時**, 初2日 丑時 地
震 緣由事.
+

★1681년 6月 21日 : 地震
―**慶尚監司** 狀啓: **榮川郡**: 去5月 28日
巳時, 今月 初1日 巳時, 初5日 寅時 또흔
地震.
禮安縣: 今月 初1日 午時, 初5日 寅時 地
震. **眞寶**: 今月 **初1日 巳時** 地震.
奉化縣: 今月 **初1日 申時** 또흔 地震 緣由事.

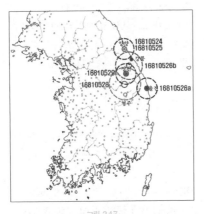

그림 247
□16810524〜-29 여진 발생

□16810605
★1681년 6月 21日
地震
―**公洪監司** 狀啓: **永春縣** 今6月 初5日 丑
時 또흔 地震 緣由事.
+

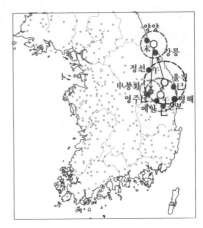

그림 248
□16810601≡-s0715 여진
▷16810502의 여진으로 해석됨

★1681년 辛酉 7月 初7日
地震
―**江原監司** 狀啓: **蔚珍** 去月 初4日, 5日,
平海 初4日, 17日, **平昌 等邑** 17日, **襄陽**,
17日 地震事.

□16810617≡-s0731 (그림 250)
□16810618≡-s0801 (그림 250)
肅宗 7년(1681년) 6월 19일
승정원에 18일 지진을 관측하지 못한
관상감의 관원을 추국하도록 청하다
○庚子 / 承政院啓曰: "今十八日 曉頭, 再
度 地震, 而觀象監不爲書啓, 當該官請令攸
司推治." 允之.
+

肅宗 7년(1681년) 6월 22일
이달 17일, 18일 수원과 음죽에 땅이
흔들리다
○癸卯 / 京畿 觀察使 以水原, 陰竹, 本月

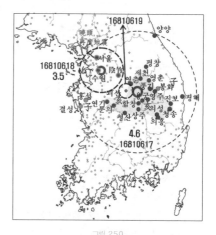

그림 249
『해괴제등록』

十七八日 地震, 啓聞.
=
★1681년 6月 22日
地震
—京圻監司 狀啓: **水原, 陰竹** 等邑 今月 17日, 18日 地震. 家舍掀搖 緣由事.
+
★1681년 6月 22日
地震
—公淸監司 狀啓: **堤川, 靑山, 文義, 燕歧, 忠原, 永春** 等邑은 今月 17日 亥時 地震. **洪州, 結城** 等邑 今月 18日 子時 地震. **槐山** 今月 19日 子時 地震, 屋宇掀動, 牛馬皆驚 事係變異事.
+
★1681년 辛酉 7月 初4日

地震 勿回啓
—慶尙監司 狀啓: **尙州, 咸昌, 龍宮, 醴泉, 豊基, 榮川, 眞寶, 靑松, 義城, 義興** 等邑 今月 17日 亥時 地震ᄒᆞᄉᆞ오며 **奉化**는 17日 子時 또ᄒᆞᆫ 地震事.
+
★1681년 辛酉 7月 初7日
地震
—江原監司 狀啓: **蔚珍** 去月 初4日 5日, **平海** 初4日, 17日, **平昌** 等邑 17日, **襄陽**, 17日 地震事.

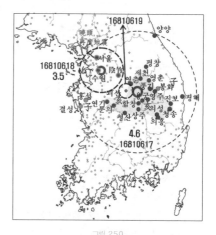

그림 250
□16810617≡-s0731
진앙: 문경: 규모: 4.6/4.4
▷15260922와 비슷한 진앙
□16810618≡-s0801
진앙: 수원: 규모: 3.5/3.8

肅宗 7년(1681년) 8月 27日 (그림 251)
영변에 눈 내리고, 삼척 등에 땅이 흔들리다
○寧邊 雪. **三陟, 安東, 寧海, 淸河** 地震. 道臣以聞.

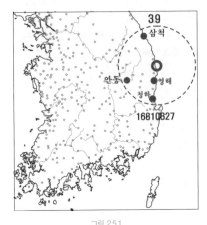

그림 251
□16810827≡-s1008
진앙 : 원남 / 규모 : 3.9 / 4.0

□16811111
肅宗 7년(1681년) 11월 11일(그림 252)
강원도 강릉 등에 여러 날 땅이 흔들리다
○庚申 / 江原道 江陵, 三陟, 蔚珍, 平海, **襄陽** 等地, 連日 地震.

+

★1681년 11월 30日
地震 香祝
—江原監司 狀啓 : **江陵, 蔚珍, 平海**는 今 11月 11日 戌時, 12日 寅時量 連二度 地震, **襄陽**은 置今11月 12日 寅時 地震이다 ᄒᆞᆯ다 牒呈ᄒᆞᆫ스왜시는 바, 近來 地震之變다히 連歲不已 極爲驚怪事. 據曹 啓目粘連 啓下이습이신여 안전 江陵 等邑 地震之變 極爲驚駭 解怪祭 香祝幣 令該司 마련, 急速下送, 中央設壇 隨時 卜日 設行 之意 回移 엇더ᄒᆞ닛고? 康熙 二十年 11 月 30日 右副承旨 臣 李濡 ᄀᆞ음아리. 啓 依允.

+

★1681년 辛酉 12月 初4日
三陟 地震 江陵 一休體行
—江原監司 狀啓 : **三陟** 今11月 11日 戌 時, 12日 寅兩巡 地震, 屋宇墮落, 家舍掀 搖이다 ᄒᆞᆫ스왜시는 바, 各邑 地震之報 連續不已 事係變異事. 據曹 啓目粘連 啓下 이습이신여 觀此 狀啓 則 三陟府 또ᄒᆞ 地 震이다 ᄒᆞᆫ스왜시딕 前因本道 狀啓 : 江陵 等邑 地震 解怪祭 香祝幣 마련 下送, 中央 設壇 隨時 卜日 設行之意 纔已覆啓를 지 즐우 同 香祝時 未下送ᄒᆞᆫ스왯어두 今此 三陟府 解怪祭 別無各設之事一休體 마련 下送之意分付 엇더ᄒᆞ닛고? 康熙 二十年 12月 初4日 右副承旨 臣 李濡 ᄀᆞ음아리. 啓依允.

+

★1681년 12月 初9日
地震 香祝下送.
—慶尙監司 李秀彦 書狀 : 節到付
金海 府使 愼景尹 牒呈內 今月 12日 寅時 量 自戌方 地震 而 至於窓戶掀動.
安東 府使 金載顯 牒呈內 今月 12日 丑時 量 地震, 起自東方 至於西方 門窓掀搖 暫 時卽止. 至日 地震 變異非常.
榮川 郡守 李之雄 牒呈內 今月 12日 寅時 量 連 二度 地震. 14日 未時 또ᄒᆞ 地震.
禮安 縣監 李材吉 牒呈內 **今月 11日** 戌時 量 及 12日 寅時 再次 地震 起自西北方, 屋 瓦墻垣 無不動搖.
醴泉 郡守 任堂 牒呈內 今月 12日 丑時量 地震
靑松 府使 趙益剛 牒呈內 今月 12日 寅時 量 地震 屋壁動搖 移時乃止
眞寶 縣監 李璡 牒呈內 今月 12日 寅時量

바람에도 흔들리는 땅

地震, 屋宇搖動 移時乃止

奉化 縣監 李羽成 牒呈內 今月 12日 亥時 量 有 地震而止. 不至大段 翌日 寅初 又ᄒ 地震 而有加於亥時 前後通計 則一年之間 至於五度一夜之 至於再度變異非常事 ᄒ 들다 牒呈이ᄉ와두에시여 事係變異事. 據曹 啓目粘連 啓下이ᄉᆸ이신여 안젼 金 海 等邑 地震之變 極爲驚駭 解怪祭 香祝幣 令該司 照例 마련, 急速下送, 中央設壇 隨 時 卜日 設行之意 回移 엇더ᄒ닛고? 康熙 二十年 12月 初9日 右承旨 臣 兪橞 ᄀ옴 아리. 啓依允.

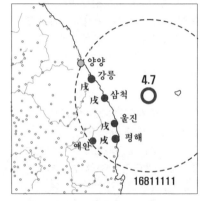

그림 252
□16811111 진앙 : 울릉도W 규모 : 4.7/4.6

▷심발지진인 경우 규모 : 6.4 / 6.8~ 7.0

▷전정수 : Mw=3.8

▷양양 : 『조선왕조실록』엔 봬나 『해 괴제등록』에는 보이지 않음. cf. 16621116, 16810511

□16811112≡−s1221(그림 253)
肅宗 7년(1681년) 11월 12일

경상도 김해, 충청도 홍성 등에 땅이 흔들리다

○慶尙道 金海, 安東 等 八邑, 公洪道 洪 州, 忠州 等邑 地震.

+

★1681년 11월 29일
地震 香祝

—公洪監司 狀啓 : **忠原** : 本月 12日 子時 地震 戶樞磨戞 有聲之寅時 又ᄒ 地震. 至 於窓壁掀動 家舍有若頹()傾者, 食頃乃止. **洪州** : 今月 12日 寅時 地震 家舍單木俱動 이다 ᄒ들다 牒報ᄒᄉ왜시는 바, 兩處 地震 係是 非常之變異事. 據曹 啓目粘連 啓 下이ᄉᆸ이신여 안젼 忠原 等邑 地震之變 極爲驚駭 解怪祭 香祝幣 令該司 照例 마 련, 急速下送, 中央設壇 隨時 卜日 設行之 意 回移 엇더ᄒ닛고? 康熙 二十年 11月 30日 右承旨 臣 李世翊 ᄀ옴아리. 啓依允.

+

★1681년 11월 30일
地震 香祝

—江原監司 狀啓 : **江陵, 蔚珍, 平海**는 今 11月 11日 戌時, **12日** 寅時量 連二度 地 震. **襄陽**은 置 今11月 12日 寅時 地震이 다 ᄒ들다 牒呈ᄒᄉ왜시는 바, 近來 地 震之變 다히 連歲不已 極爲怪事. 據曹 啓 目粘連 啓下이ᄉᆸ이신여 안젼 江陵 等邑 地震之變 極爲驚駭 解怪祭 香祝幣 令該司 마련, 急速下送, 中央設壇 隨時 卜日 設行 之意 回移 엇더ᄒ닛고? 康熙 二十年 11 月 30日 右副承旨 臣 李濡 ᄀ옴아리. 啓 依允.

+

★1681년 辛酉 12月 初4日

三陟 地震 江陵 一休體行

―江原監司 狀啓:三陟 今11月 11日 戊時, **12日 寅兩巡** 地震, 屋宇噴落, 家舍掀搖이다 ᄒᄉ왜시는 바, 各邑 地震之報 連續不已 事係變異事. 據曹 啓目粘連 啓下이ᅌᅵᆸ이신여 觀此 狀啓 則三陟府 **ᅉᅩᄒᆞ** 地震이다 ᄒᄉ왜시디 前因本道 狀啓:江陵 等邑 地震解怪祭 香祝幣 마련 下送, 中央 設壇 隨時 卜日 設行之事 纔已覆啓를 지즐우 同 香祝時 末下送ᄒᆞᄉ왯어두 今此 三陟府 解怪祭 別無各設之事一休體 마련 下送之 意分付 엇더ᄒᆞ닛고? 康熙 二十年 12月 初4日 右副承旨 臣 李濡 ᄀᆞᄋᆞᆷ아리. 啓依允.

+

★1681년 12월 初9일

地震 香祝下送

―慶尙監司 李秀彦 書狀:節到付

金海 府使 愼景尹 牒呈內 今月 12日 寅時 量 自戌方 地震 而 至於窓戶掀動.

安東 府使 金載顯 牒呈內 今月 12日 丑時 量 地震, 起自東方 至於西方 門窓掀搖 暫時卽止. 至日 地震 變異非常.

榮川 郡守 李之雄 牒呈內 今月 12日 寅時 量 連 二度 地震. 14日 未時 **ᅉᅩᄒᆞ** 地震.

禮安 縣監 李材吉 牒呈內 **今月 11日** 戌時 量 及 12日 寅時 再次 地震 起自西北方, 屋瓦墻垣 無不動搖.

醴泉 郡守 任堂 牒呈內 今月 12日 丑時量 地震

靑松 府使 趙益剛 牒呈內 今月 12日 寅時 量 地震 屋壁動搖 移時乃止.

眞寶 縣監 李璡 牒呈內 今月 12日 寅時量 地震, 屋宇搖動 移時乃止

奉化 縣監 李羽成 牒呈內 今月 12日 亥時 量 有 地震而止. 不至大段 翌日 寅初 **ᅉᅩᄒᆞ** 地震 而有加於亥時 前後通計 則一年之間 至於五度一夜之 至於再度變異非常事 ᄒᆞ돌다 牒呈이ᄉ와두에시여 事係變異事. 據曹 啓目粘連 啓下이ᅌᅵᆸ이신여 안전 金海 等邑 地震之變 極爲驚駭 解怪祭 香祝幣 令該司 照例 마련, 急速下送, 中央設壇 隨時 卜日 設行之意 回移 엇더ᄒᆞ닛고? 康熙 二十年 12月 初9日 右承旨 臣 兪櫶 ᄀᆞᄋᆞᆷ아리. 啓依允.

+

숙종 7년(1681년) 12월 21일

홍성 등에 땅이 흔들렸다는 장계를 받고 해괴제 축문을 보냈는데 洪州를 公州로 誤書한 해당 관원의 從重推考와 守僕의 囚禁治罪를 청하는 李濡의 계

○李濡啓曰:公洪監司 尹敬敎, 以忠原, 洪州兩邑 地震解怪祭祝文中, 不書洪州, 而以公州書送, 似是誤書, 姑奉安, 令該曹改書下送事, 馳啓矣. 卽者招致香室下吏問之, 則果爲 誤書云. 當初地震狀啓:該曹依例 以解怪祭缺行之意, 覆啓啓下後, 移送于香室, 使之書送祝文, 則香室, 正書祝文, 考準以送, 而其所謂考準者, 以其地震邑 名書缺于祝文謄錄冊中, 與正書下送者, 相準而已. 臣於其時, 以代房缺去考準, 而書付謄錄 及 正書, 皆以洪州書塡, 香室官員之不能詳審 其原狀啓:而誤爲書出之狀, 殊甚可駭, 請當該官 及 書寫忠義, 從重推考, 守僕囚禁治罪, 原狀啓:之誤爲書出缺非所料, 而臣亦難免不察之責, 不勝惶恐, 敢啓. 傳曰:知道.

=

★ 1681년 辛酉 12月 23日
解怪祭 香祝誤書推考
― 公洪監司 尹敬敎 書狀內 : 忠原, 洪州,
兩邑 去11月 12日 地震 緣由 馳啓ᄒᆞᆫ 왜
시다오니 節 解怪祭 設行次 以香祝幣 下
送ᄒᆞᆺ왓거늘 今月 15日 臣 祗受後卽爲
奉審祝文ᄒᆞ온ᄃᆡ 不書 洪州, 而以公州 書
之ᄒᆞᆺ왜시ᄂᆞᆫ 바, 公州則其日 旣無 地震
之事이온( )ᄉᆞ온ᄃᆞ로 初無 馳啓之擧이
ᄉᆞᆸ다오니 다ᄒᆡ 書送似是誤書이ᄉᆞ온ᄃᆞ
로 同祝文 及 香幣은 姑爲奉安ᄒᆞ옵고 馳
啓ᄒᆞ오니 令該曹改書下送事. 據曹 啓目粘
連 啓下이ᄉᆞᆸ이신여 觀此 狀啓 則忠原, 洪
州等邑 地震 解怪祭 祝文中 洪州, 誤 以公
州 書送이다 ᄒᆞᆺ왜시ᄂᆞᆫ 바, 莫重祝文다
히 誤書殊極駭►◄驚이ᄉᆞ온ᄃᆡ 當該忠義
及 守僕等 旣政院請罪同祝文急速改書下送
ᄒᆞᆺ오며 前祝文을랑 還爲上送燒火事 分
付 엇더ᄒᆞ닛고? 康熙 二十年 12月 23日
同副承旨 臣 宋光淵 ᄀᆞ옴아리. 啓依允.

肅宗 7년(1681년) 11월 20일
강원도 평해 등에 땅이 흔들리다
○江原道 平海, 蔚珍 等邑 地震.

숙종 7년(1681년) 11월 26일
지진을 보고하지 않은 관상감 해당 관
원의 拿問處之 등을 청하는 申曑 등의 계
○獻納申曑, 正言李彦綱啓曰 : "冬至夜地
震之變, 人多傳說, 卿幸中, 亦有親自覺察
而言之者. 地震何等 大異, 而觀象監矇然掩
置, 終無報聞之事? 此而不問, 則將有諱災
之弊, 而其怠慢不職之罪, 有不可不懲. 請
觀象監當該官員, 拿問處之." 答曰 : 不允.

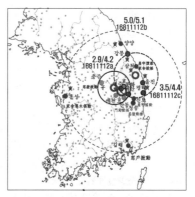

그림 253

□16811112a 진앙 : 월악산 ; 규모 : 2.9 / 3.5
□16811112b 진앙 : 영주 ; 규모 : 5.0 / 4.8
▷전정수 : Mw=5.0
□16811112c 진앙 : 태백E ; 규모 : 3.5 / 3.8

末端事, 依啓.

숙종 7년(1681년) 12월 3일
流星이 나타나고 지진이 남
○夜一更, 流星出天苑星下, 入東方天際,
狀如拳, 尾長三四尺許, 色赤. 二更 地震 自
北向南

肅宗 7년(1681년) 12월 15일
충청도 천안 등에 땅이 흔들리고, 전염
병으로 소 3백여 마리가 죽다
○公洪道 天安 等 五邑 地震, 有聲如雷. 牛
疫致斃三百餘頭. 道臣以聞.

★ 1682년 壬戌正月 20日
黃海 地震
―黃海監司 洪萬鍾 書狀內 : 黃州 判官 李
者晩牒報內 本月 初8日 辰末巳初量 地震
有聲起自東方, 轉向西方, 事係變異事. 據
曹 啓目粘連 啓下이ᄉᆞᆸ이신여 안전 黃州

地震之變 極爲驚駭 解怪祭 香祝幣 令該司
照例 마련, 急速下送, 隨時 卜日 設行之意
回移 엇더ᄒ닛고? 康熙 二十一年 正月
20日 右承旨 臣 宋昌 ᄀ옴아리. 啓依允.
+

肅宗 8년(1682년) 1월 8일
황주에 땅이 흔들리다
○丙辰 / 黃州 地震, 有聲起自東方, 轉向西.

肅宗 8년(1682년) 1월 24일
사은 정사 창성군 이필 등이 돌아와 청
국 사정을 아뢰다
○壬申 / 謝恩正使昌城君佖, 副使尹堦, 書
狀官李三錫歸自淸國. 上引見, 問彼中消息,
堦曰: "其國多變異 地震特甚, 城郭宮室至
於傾圮, 五龍鬪於海中." 上問皇帝容貌, 佖
曰: "皇帝容貌碩大而美, 所服黑狐裘矣."
堦曰: "今年朝賀, 吐魯蕃, 琉球國皆遣使
來. 琉球貢千里馬, 其人狀如倭人, 而但不
落髮, 頭戴如箕者. 卽今天下無阻, 但鄭經
尙保海島. 淸人素憚馬輔, 耿精忠, 王輔臣
三人, 馬輔見執, 死而不屈;耿精忠納賂, 乞
命於索額圖, 得不死, 囚係以待, 旣平, 吳世
璠亦見殺, 王輔臣反覆無常, 見諸叛漸平,
飮藥自盡." 又曰: "卽今蒙古太極㺚子最强
盛難制, 雖云臣服于淸, 其實淸人反事㺚子,
言欲拜陵, 欲會獵, 則淸人恐懼, 多賚金帛,
誘止之云矣.

□16820113≡-s0219
肅宗 8년(1682년) 2월 11일
울진 등에 지진이 나 평창의 땅이 함몰
하다
○江原道 蔚珍, 平海 等地 地震, 平昌地 川

邊地陷.
+

★1682년 2月 12日
江原 地震祭
—江原監司 鄭始成 書狀: 平海 郡守 蔣諒
牒呈內 本郡境內 及 兼 蔚珍縣境內 去正月
13日 申時 地震事 牒呈ᄒ수왜시는 바 地
震之變 尙未寢息 變異非常事. 據曹 啓目粘
連 啓下이습이신여 안젼 平海 等邑 地震
之變 極爲驚駭 解怪祭 香祝幣 令該司 照例
마련, 急速下送, 中央設壇 隨時 卜日 設行
之意 回移 엇더ᄒ닛고? 康熙 二十一年
12日 同副承旨 臣 魚震翼 ᄀ옴아리. 啓依
允.

★1682년 2月 25日 (그림 254)
慶尙 地震祭
—慶尙監司 李秀彦 書狀內: 大丘, 漆谷, 熊
川, 宜寧, 河陽, 慈仁, 草溪, 靈山, 昌寧 等官
今月 初8日 地震 事係變異事. 據曹 啓目粘
連 啓下이습이신여 안젼 大丘 等邑 地震
之變 極爲驚駭 解怪祭 香祝幣 令該司 照例
마련, 急速下送, 中央設壇 隨時 卜日 設行
之意 回移 엇더ᄒ닛고? 康熙 二十一年 3
月 25日 右承旨 臣 宋昌 ᄀ옴아리. 啓依允.

□16820308≡-s0415
★1682년 壬戌 4月 初1日
慶尙 地震 一時 設行
—慶尙監司 李秀彦 書狀: 玄風, 高靈, 義
興 等官 今月 初8日 地震 至於屋宇動搖, 事
係變異事. 據曹 啓目粘連 啓下이습이신
여 觀此慶尙監司 李彦秀(李秀彦) 狀啓 則
玄風 等官 또ᄒ 地震이다 ᄒ온디 前因本

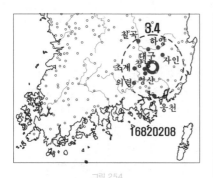

그림 254
□16820208≡-s0316
진앙 : 창녕 / 규모 : 3.4/3.7

道 狀啓 : **大丘** 等官 地震 解怪祭 香祝幣
마련 下送, 中央設壇 隨時 卜日 設行之意
纔已覆 啓未及 下送ᄒᆞᆫ옛어두 안전 玄風
等 解怪祭 別無各設之事同 香祝幣 **體** 미
련 下送, 一時 設行之意分付 엇더ᄒᆞ닛
고? 康熙 二十一年 4月 初1日 右承旨 臣
宋昌 ᄀᆞ음아리. 啓依允.

肅宗 8년(1682년) 3월 24일
대구 등에 땅이 흔들리다
○慶尙道 大丘 等邑 地震.

□16820508≡-s0613
★1682년 壬戌 5月 25日
江原酺祭 解怪祭
━江原監司 鄭始成 書狀內 : 平海, 襄陽,
春川, 楊口, 橫城, 寧越, 原州, 麟蹄, 洪川
等邑, 黃蟲猝發. **金城**은 初8日 **地震** 起自北
方, 家舍搖動. 變異非常事. 據曹 啓目粘連
啓下이습이신여 觀此江原監司 鄭始成 狀
啓則 平海 等邑은 黃蟲猝發, 金城縣은 地
震이다 ᄒᆞᆺ왜시는 바, 蟲災與 地震之變
例有酺祭 及 解怪祭 設行之規 香祝幣 令該

司 照例 마련.

肅宗 8년(1682년) 5월 22일
여러 도에 가뭄이 들고, 강원도에는 지
진이, 평해 등에는 황충이 있다
○己巳 / 諸道 大旱. 江原道 金城縣 地震,
平海 等 九邑 蝗.

□16820602≡-s0706
★1682년 壬戌 6月 19日
公洪 地震祭
━公洪監司 尹敬敎 書狀內 節 到付 恩津
縣監 李台龍 牒呈內 今月 初2日 戌時量 自
北方向南 地震事 牒呈이ᄉᆞ와두에시여 地
震 係是變異事. 據曹 啓目粘連 啓下이습
이신여 안전 恩津縣 地震之變 極爲驚駭
解怪祭 香祝幣 令該司 照例 마련, 急速下
送, 隨時 卜日 設行之意 回移 엇더ᄒᆞ닛
고? 康熙 二十一年 6月 19日 右承旨 臣 安
垕 ᄀᆞ음아리. 啓依允.

□16821029≡-s1127
★1682년 壬戌 11月 初10日
公洪 地震 勿回
━公洪監司 尹嘉績 書狀 : 節到付 **報恩** 縣
監 金萬埈 牒呈內 10月 29日 初更量 自北
方 地震 至南而止. 家舍萬物 無不動撓ᄒᆞ
온ᄃᆞ로 緣由 馳報ᄒᆞ는 바 牒呈이ᄉᆞ와두
에시여 事係變異 緣由 馳啓ᄒᆞᆸ는 事

□16821224≡1683s0121
숙종 9년(1683년) 1월 19일
高山에 우뢰가 치고 龍潭 등에 땅이 흔
들리다고 보고하는 전라감사의 서목

○全羅監司 書目：高山呈, 以去十二月 二十四日 冬雷, 龍潭等官, 十二月 二十四日 地震事.

+

★1683년 癸亥 正月 19日
全羅 地震
─全羅監司 李師命 書狀內：**龍潭** 縣令 李世甲 牒呈內 去12月 24日 卯時 地震 起自東方止於西南 而家舍動搖 鷄犬驚走. **茂朱** 府使 金世鼎 牒呈內 去12月 24日 巳時量 地震 起自東北止於西南 而屋宇皆搖 移時乃止. **錦山** 郡守 李國憲 牒呈內 去12月 24日 巳時量 地震 起自良方止於西方 而別無大段 掀動之事 ᄒ들다 牒呈이습이신여 三邑 地震 係是變異事. 據曹 啓目粘連 啓下이습이신여 안전 龍潭 等邑 地震之變 極爲驚駭 解怪祭 香祝幣 令該司 照例 마련, 急速下送, 中央設壇 隨時 卜日 設行之意 回移 엇더ᄒ닛고? 康熙 二十二年 正月 19日 右承旨 臣 魚震翼 ᄀ옴아리. 啓依允.

□16830115≡-s0210
肅宗 9년(1683년) 1월 15일 (그림 255)
충청도 달천의 상류가 물의 흐름이 끊어지다
○忠淸道 忠原 達川上流, 斷流 二日. 江原道 江陵, 三陟, 平海, 蔚珍, 平昌, 慶尙道 安東, 靑松, 眞寶 等地 地震. 命行解怪祭.

+

★1683년 2月 初3日
慶尙 地震
─慶尙監司 權是經 書狀內：**安東** 府使 兪穖 牒呈內 正月 15日 地震 起自西方 轉向東方 而**窓戶動搖** 小頃而止. **靑松** 府使 趙

益剛 牒呈內 今月 15日 地震 戌亥方 頃刻而止. **屋壁動搖**. **眞寶** 縣監 金錫齡 牒呈內 今月 15日 地震 戌亥方 頃刻而止, 屋壁動搖. **醴泉** 郡守 呂翼齊 牒呈內 今月 15日 暫爲 地震이다 牒呈이ᄉ와두에시여 事係變異事. 據曹 啓目粘連 啓下이습이신여 안전 安東 等邑 地震之變 極爲驚駭 解怪祭 香祝幣 令該司 照例 마련, 急速下送, 中央設壇 隨時 卜日 設行之意 回移 엇더ᄒ닛고? 康熙 二十二年 2月 初3日 同副承旨 臣 李彦綱 ᄀ옴아리. 啓依允.

+

★1683년 癸亥 2月 初7日
江原 地震
─江原監司 宋昌 書狀：節呈 江陵 府使 安如石, 三陟 府使 柳松齊, 平海 郡守 蔣諒, 蔚珍 縣令 任壽昌, 平昌 郡守 崔瑄 牒呈內 去正月 15日 辰時量 地震 良久房壁皆搖이다 ᄒᄉ왜시며 **麟蹄** 縣監 李舜岳 牒呈內 正月 14日 亥時 15日 辰時 雖不至大段 而連日 地動이다 ᄒᄉ왜시는 바, 事係變異事. 據曹 啓目粘連 啓下이습이신여 안전 江陵 等官 地震之變 極爲驚駭 解怪祭 香祝幣 令該司 照例 마련, 急速中央設壇 隨時 卜日 設行之意 回移 엇더ᄒ닛고? 康熙 二十二年 2月 初7日 同副承旨 臣 李彦綱 ᄀ옴아리. 啓依允.

肅宗 9년(1683년) 1월 18일
전라도의 무주, 금산 등에 땅이 흔들리다
○庚申 / 全羅道 茂朱, 錦山, 龍潭 等 三邑 地震. 道臣以聞.

肅宗 9년(1683년) 2월 2일

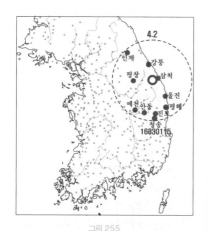

그림 255
□16830115≡-s0210
진앙: 삼척W; 규모: 4.2 / 4.2

경상도 예천군의 돌샘이 흐름을 끊다
○慶尙道 醴泉郡 石泉斷流, 安東, 靑松, 眞
寶 等邑 地震.

□1683L0610≡-s0820
★1683년 癸亥 閏6月 16日
海南地震
─全羅監司 李師命 書狀內: 海南 縣監 崔
容之 牒呈內 今6月 初10日 子時量 地震 而
屋宇掀掀, 宿人皆驚, 暫時而止. 係是變異
事. 據曹 啓目粘連 啓下이습이신여 안전
海南縣 地震之變 極爲驚駭 解怪祭 香祝幣
令該司 照例 마련, 急速下送, 隨時 卜日 設
行之意 回移 엇더ᄒᆞ닛고? 康熙 二十二年
閏6月 16日 右承旨 臣 洪萬鍾 ᄀᆞ음아리.
啓依允.

□16830925≡-s1103
肅宗 9년(1683년) 9월 25일(癸巳)(그림 256)
전주 등 고을에 땅이 흔들리다

○全州 等邑 地震.

+

★1683년 10月 15日
全羅 地震
─全羅監司 李 書狀: 全州 判官 沈相, 咸
悅 縣監 權以經, 盆山 郡守 尹源, 礪山 郡守
李行夏, 金溝 兼任 全州 判官 沈相, 扶安 縣
監 成瑠等 牒呈內 今9月 25日 未時 地震
起自東方, 轉向南方, 暫時而止. 事係變異
事 牒呈이ᄉᆞ와두에시여 地震之變 係是非
常 緣由 馳啓ᄒᆞ습는 事.

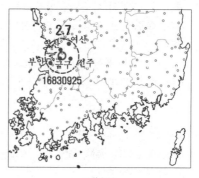

그림 256
□16830925≡-s1103
진앙: 금구; 규모: 2.7 / 3.4

숙종 10년(1684년) 1월 13일
진산 등지의 雷動과 전주 등지에 난 지
진에 대해 보고하는 전라감사의 서목
○全羅監司 書目: 珍山等 十五邑, 十二月
初九日 雷動, 全州等 四邑, 十二月 二十日
地震, 俱係變異事.

□16840304≡-s0418
★1684년 甲子 3月 25日
平安 地震
─平安監司 申翼相 書狀內: 昌城 府使 朴

星錫 牒呈內 今3月 初4日 有 地震之變 而
申時 起自西方酉時 止於東方다히 者三次
聲如擂鼓屋瓦皆動이다 ㅎㅅ오며 朔州 兼
任 同府使 朴星錫 牒呈內 本府 留鎭將告目
內 今3月 初4日 申時 雷聲起於南方止於北
方 而同日 酉時 又有雷聲云雖 不能辨其 地
震 與天動 而想其發動之狀似是 地震이다
ㅎㅅ왜시는 바, 係是變異 緣由 馳啓ㅎ ᄉᆸ
는 事

+

肅宗 10년(1684년) 3월 23일
평안도 창성부와 삭주부에 땅이 흔들
리다. 해주에 두 꼬리 달린 송아지를
낳다
○己丑 / 平安道 昌城府是月 初四日 地震,
聲如擂鼓, 屋瓦皆動, 如是者三, 朔州府亦於
是日 再震. 黃海道 海州民家牛生犢, 兩尾.

=

숙종 10년(1684년) 3월 25일
○平安監司 書目 : 昌城, 朔州 等邑, 今月
初四日 地震係是變異事.

肅宗 10년(1684년) 8월 18일
전라도 영광에 기이한 조수가 일다. 황
해도 금천에 땅이 흔들리다
○辛亥 / 全羅道 靈光郡法聖浦, 潮水泡色,
或靑或赤, 終成黃色, 腥穢之臭, 五日 遍滿
於浦村. 黃海道 金川郡 地震.
전라도 영광군 법성포에 조수의 거품
빛깔이 혹은 푸르기도 하고 혹은 붉기
도 하다가 마침내 누른 빛깔을 이루었
는데, 비린내가 5일 동안 갯마을에 찼
다. 황해도 금천군에 땅이 흔들리다.

□16840810≡-s0918
숙종 10년(1684년) 8월 18일
10일에 땅이 흔들렸다는 황해감사의
서목
○黃海監司 書目 : 金川呈, 以今月 初十日
地震, 事係變異事.

□북경지진
肅宗 11년(1685년) 3월 6일
사은사 남구만이 심양에 장계를 올리다
○丙寅 / 謝恩使南九萬還到瀋陽啓言 : "淸
主好畋獵, 擯斥諫臣, 使北監征薍軍. 鄭錦
已死, 其子克塽已降, 而尙有弘光帝子孫,
深據海島, 出沒剽掠. 大鼻薍勢甚鴟張, 淸
人方添兵戌瀋陽, 期以今春, 大擧以伐. 北
京 地震, 黑氣漫空, 有聲若砲, 掀撼天地."
사은사 남구만이 돌아오는 길에 심양
에 이르러 장계를 올려 이르기를 : "청
나라 임금이 사냥을 좋아하여 이에 충
간忠諫하는 신하들을 물리치고 북감北
監으로 하여금 다대薍旦 군사를 정벌하
게 하였습니다. 鄭錦(정금)이 죽자 그의
아들 鄭克塽(정극상)이 이미 항복하였
는데 아직 홍광제弘光帝의 자손들이 있
어 깊이 바닷속 섬에 웅거하여 출몰하
면서 노략질을 한다 합니다. 大鼻薍(대
비달)은 형세가 매우 강성하기에 청나
라 사람이 바야흐로 군대를 증가시켜
심양을 지키면서 금년 봄에는 기어코
대거 정벌하겠다고 합니다. 북경에 땅
이 흔들렸는데, 검은 기운이 공중에 가
득했으며 대포 쏘는 듯한 소리가 하늘
과 땅을 뒤흔들었다 합니다."

숙종 11년(1685년) 2월 14일
○全羅監司 書目:珍島, 靈巖等官, 上年十二月 二十五日 地震, 事係變異事.

蕭宗 11년(1685년) 3월 12일(그림257)
전라도에 땅이 흔들리다
○壬申 / 全羅道啓:"全州, 盆山, 臨陂 等邑 地震."

蕭宗 11년(1685년) 4월 27일(그림257)
남원, 임실, 정읍, 창평, 옥과 등에 땅이 흔들리다
○丙辰 / 南原, 任實, 井邑, 昌平, 玉果 等邑 地震. 屋宇掀撼, 變異非常, 本道 啓聞.

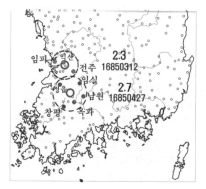

그림 257
□16850312≡-s0415
진앙 : 익산 : 규모 : 2.3 / 3.2
□16850427≡-s0529
진앙 : 금구 : 규모 : 2.7 / 3.4

숙종 11년(1685년) 10월 8일
○夜一更, 月暈, 廻火星, 自乾方至艮方 地震. 二更三更, 月暈, 廻火星, 有霧氣.

□16860312≡-s0404
蕭宗 12년(1686년) 3월 29일

문의 등 16고을에 3월 12일에 지진이 나났다고 관찰사가 계문하다
○癸未 / 文義 等 十六邑, 三月 十二日 地震如雷, 屋宇掀動, 道臣以聞.
=
숙종 12년(1686년) 3월 29일
文義 등에 땅이 흔들렸다는 公洪감사의 서목
○公洪監司 書目:文義等 十六邑, 三月 十二日 亥時地震, 有聲如雷, 屋宇掀動, 事係變異事.

□16860316≡-s0408
숙종 12년(1686년) 4월 4일
○全羅監司 書目:仝州, 礪山, 錦山, 龍潭, 珍山等官呈, 以三月 十六日 亥時量地震, 事係變異事

□16860410≡-s0502(그림258)
蕭宗 12년(1686년) 4월 17일
평안도 강서 등에 땅이 흔들리다
○平安道 江西 等 七邑, 今初十日 地震, 而屋宇掀搖, 人馬辟易.
=
숙종 12년(1686년) 4월 18일
강서 등지에 땅이 흔들리고 희천에 비와 눈이 내린 변이에 대해 보고하는 평안감사의 서목
○平安監司 書目:江西等 七邑, 今月 初十日 地震, 事係變異事. 又書目:熙川呈, 以今月 初三日, 雨雪交下, 事係變異事.
+
★1686년 丙寅 4월 18일
平安 地震祭

一 平安監司 李世白 書狀內：續接 **江西, 龍岡, 咸從, 平壤, 永柔, 順安, 甑山** 等 七邑 所報 則今月 初10日 申時 有 地震之變 而 起自乾方, 止於巽方 或 至於屋宇傾搖, 人馬驚動이다 ᄒᆞᆺ왜시는 바, 係是變異事. 據曹 啓目粘連 啓下이습이신여 안젼 江西 等邑 地震之變 極爲驚駭 解怪祭 香祝幣 令該司 照例 마련, 急速下送, 中央設壇 隨時 卜日 設行之意 回移 엇더ᄒᆞ닛고? 康熙 二十五年 4月 18日 右副承旨 臣 成虎徵 ᄀᆞ옴아리. 依允

+

숙종 12년(1686년) 4월 24일
雲山 등지의 雨雪, 順安 등지의 霜降, 永柔 등지의 雨雹, 肅川府의 地震 등의 變異를 보고하는 평안감사의 서목
○平安監司 書目：雲山等 五邑, 今月 十八日, 雨雪交下, 順安等 五邑, 同日 夜霜降, 永柔 三邑, 雨雹交下, **肅川府**, 今月 初十日 地震, 事係變異事.

+

★1686년 丙寅 4月 24日
平安 地震
一 平安監司 李世白 書狀：道內 雲山 等 五邑 所報連夜霜降之餘 18日, 雨雪交下各穀 多被凍損. 泰川 等 五邑 18日 夜霜降. 永柔 等 三邑 雨雹交下其體如太如豆 而各穀 則不至傷損이다 ᄒᆞᆺ왜시는 바, 此時 霜雪 旣 係變異因此傷穀亦甚, 不幸이ᄉᆞ오며 **江西 等 七邑 今月 初10日 地震** 緣由 前已 馳啓ᄒᆞᆺ왜시다오니 肅川府는 置亦以同 日 地震之意조쵸 牒報ᄒᆞᆸ이신듯로 緣由 아오로 馳啓ᄒᆞᆸ는 事.

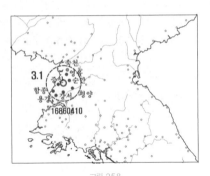

그림 258
□16860410≡-s0502
진앙 : 증산; 규모 : 3.1 / 3.6

□16860416
★1686년 丙寅 5月 初8日
全羅 地震
一 全羅監司 李世華 書狀：節到付 **羅州** 牧使 黃欽, **咸平** 縣監 李后定, **務安** 縣監 金日省, 牒呈內 去4月 16日 巳時量 地震 起自西北間, 轉向東南間而止, 屋宇窓戶 並皆動撓, 事係變異事. 據曹 啓目粘連 啓下이습이신여 안젼 羅州 等 地震之變 極爲驚駭 解怪祭 香祝幣 令該司 照例 마련, 急速下送, 中央設壇 隨時 卜日 設行之意 回移 엇더ᄒᆞ닛고? 康熙 二十五年 5月 初8日 右承旨 臣 洪萬鍾 ᄀᆞ옴아리. 啓依允.

肅宗 12년(1686년) 5월 8일
함열에 땅이 흔들리다
○辛卯 / 咸悅 地震.

肅宗 12年(1686년) 7月 6日(戊子)
부교리 이징명이 재이를 두려워 할 것과 수성에 힘쓸 것을 상소하다
○戊子 / 副校理李徵明疏, 論災異之可畏, 修省之當務, 仍曰："近歲天災時變, 無非可

바람에도 흔들리는 땅

愕可怪, 而地震爲尤怕, 頃歲京師地震, 去年今年, 諸道地震, 臣未知此何兆也.

肅宗 12년(1686년) 8월 25일
진주 등 고을에 눈이 내려 재난을 당했다고 도신이 아뢰다

○晋州 等邑, 今初七日 下雪, 燕雀凍死. 寧海 等 五邑, 初七日 海溢, 海邊漁家, 多數漂去, 且霜雪水風之災, 各穀無不被傷, 一道之民, 群聚號泣, 道臣以聞.

☐16861108≡-s1222
★1686년 11월 初10日
廣州 地震

— **廣州** 留守 尹趾善 書狀：本月 初8日 夜四更量 地震 而方宿之人 因此驚起其掀動 可知變異 緣由 馳啓事.

▷四更：丑時. 새벽 1시에서 3시 사이;
四更量：새벽 2시쯤

+

숙종 12년(1686년) 11월 17일
희정당 주강에 김수항 등이 입시하여 강목의 진강, 지진을 관찰하지 못한 관상감 입직관원 推治 등에 대해 논의

○同日 午時, 上御熙政堂晝講 (…중략…) 壽恒曰：近見諸道狀啓：多有地震之變, 誠可驚懼, 今月 初八日 夜, 城中亦有地震之變, 聞者頗多, 而觀象監, 獨無啓達之擧, 殊涉可駭. 從前地震之時, 雖一城之內, 或有不震之處, 而此則在於觀象監近處者, 亦或有聞之者云, 而觀象監, 其日 入直官員, 難免不察之罪, 令攸司推治, 如何? 上曰：依爲之. 出擧條 壽恒曰：江襄監司 李喜龍, 除拜已久, 疏批再下, 而尙不出肅.

聞者, 以臣頃日 所達物議如何等 語, 有所不安, 引嫌至此云. 臣之伊日 所達, 非有他意, 近來除拜監司之人, 臣等之意則未知其不合, 而輒被物論, 相繼見遞. 李喜龍, 曾任州郡, 皆有治績, 雖委以方面之任, 似無不及於他人, 而未知外議之以爲如何, 遣辭之際, 如是云云矣. 其再疏之批, 聖敎旣已開釋, 別無可嫌之事, 且監司, 雖面看交代, 而已遞之官, 察任不能着實, 此亦可慮, 卽爲牌招赴任, 何如? 上曰：頃日 大臣所達, 非有他意, 近日 除拜監司之人, 連被臺評, 故語次間泛論而已, 昨於再疏之批, 已諭此意, 何可以此, 一向引嫌乎? 卽爲牌招, 使之趁速赴任, 可也.

☐16861109≡-s1223(그림 259)
★1686년 11월 12일
京 地震

—京畿監司 申翼相 書狀：節到付 **水原** 府使 趙亨期 牒呈內 今月 初9日 丑時量 地震 事係變異 緣由 馳報ᄒᆞᆸᄂᆞᆫ 바, 牒呈이ᅀᆞᆸ이신여 事係變異이ᅀᆞ온ᄃᆞ로 緣由 馳啓ᄒᆞᆸᄂᆞᆫ 事

+

★1686년 11월 14일
京 地震

—京監狀節到付 **呂州** 牧使 李宏 牒呈內 今月 初9日 丑時量 本州一境 地震 事係變異이다 牒呈ᄒᆞᆸ이신ᄃᆞ로 緣由 馳啓事.

+

★1686년 丙寅 11월 27일
江襄 地震

—江襄監司 李濡 書狀內 節 呈 **原城** 縣監 金必振 牒呈內 今11월 初9日 丑時量 地震

初起東方 移時乃止 而面面各面任 所報同然
變異非常이다 牒報ᄒᄉ왜시며 **橫城** 縣監
南大夏 牒呈內 今11月 初9日 丑時量 本郡
境內 地震ᄒ온디 不至大段이다 ᄒᄉ왜
시며 **寧越** 郡守 朴世樟 牒呈內 今11月 初
9日 丑時量 有聲如雷, 起自西北方仍爲 地
震, 屋宇皆動 移時而止이다 ᄒᄉ왜시며
三陟 府使 柳之發 牒呈內 今11月 初9日 丑
時量 有若雷聲 自西來仍爲 地震 家舍掀動
事係變異이다 ᄒᄉ왜시며 **旌善** 郡守 李
行運 牒呈內 今11月 初9日 丑時量 地震 **掀
山動石**이다 ᄒᄉ왜시며 **平海** 郡守 崔楊
牒呈內 今11月 初9日 丑時量 地震 家舍掀
動이다 ᄒᄃᆞᆯ다 牒呈이ᄉ와두에시여 臣
於伴日 丑時量 忽覺, 屋宇移時 掀撼有頗之
如雷, 其所地動 實非尋常事, 據曹 啓目粘
連 牒呈이ᄉᆸ이신여 안전 原城 等邑 地震
之變 極爲驚駭 解怪祭 香祝幣 令該司 照例
마련, 急速下送, 中央設壇 隨時 卜日 設行
之意 回移 엇더ᄒᆞ닛고? 康熙 二十五年
11月 27日 右副承旨 臣 申啓華 ᄀ옴아
리. 啓依允.

+

★1686년 丙寅 11月 28日
公洪 慶尙 地震
──公洪監司 宋奎濂 書狀: **淸風, 堤川, 永
春** 等邑 今月 初9日 丑時量 地震. 起自北方
向南而止. 聲若巨鍾, 屋宇掀動이다 牒報
ᄒᄉ왜시는 바, 係是變異 緣由 馳啓事 及
慶尙監司 朴泰遜 書狀: 節到付 **安東** 府使
愼景尹 牒呈內 今月 初9日 丑時量 地震 起
自西方止於東方 而門窓掀戰, 良久乃已이
다 ᄒᄉ왜시며 **寧海** 府使 任元耉 牒呈內
今月 初9日 丑時量 地震 起自北方向南方

霎時 而止大小, 屋宇墻壁 擧皆掀動이다
ᄒᄉ왜시며 **英陽** 縣監 朴崇阜 牒呈內 今
月 初9日 丑時量 小雨ᄒ며 自東 至南 地震
이다 ᄒᄉ왜시며 **禮安** 縣監 李明鎭 牒呈
內 今月 初9日 丑時量 地震 自兒方遍境內
大小, 屋宇無不掀動, 良久而止이다 ᄒᄉ
왜시며 **眞寶** 兼任 英陽 縣監 朴崇阜 牒呈
內 今月 初9日 丑時量 小雨ᄒ며 自東至南
地震이다 ᄒᄉ왜시며 **奉化** 縣監 南宮礎
牒呈內 今月 初9日 丑時量 地震ᄒ온디 自
北向南, 屋宇振動禽獸驚呼이다 ᄒᄉ왜시
며 **靑松** 府使 李世茂 牒呈內 今月 初9日
丑時量 地震 屋壁房堗掀動 頃刻而止이온
디 人皆睡熟不能이知自某方始震이다 ᄒ
ᄉ왜시며 **豐基** 郡守 尹弘离 牒呈內 今月
初9日 丑時末 忽然 地震 初不知於何方
而屋宇搖動, 睡熟之人擧皆驚霎時 乃止이
다 ᄒᄉ왜시며 **榮川** 郡守 申應澄 牒呈內
今月 初9日 丑時末 地震ᄒ온디 屋舍動搖
이다 ᄒᄉ왜시며 **醴泉** 郡守 呂翼齊 牒呈
內 今月 初9日 丑時量 地震之聲, 自南始動,
轉向西北間 乃止 而屋宇掀動이다 ᄒᄃᆞᆯ다
牒呈이ᄉ와두에시여 事係變異事. 據曹
啓目粘連 啓下이ᄉᆸ이신여 안전 公洪道
淸風 等邑 及 慶尙道 安東 等邑 地震之變
極爲驚駭 解怪祭 香祝幣 令該司 照例 마
련, 急速下送, 亦令各其道依例中央設壇 隨
時 卜日 設行之意 回移 엇더ᄒᆞ닛고? 康熙
二十五年 11月 28日 同副承旨 臣 李 ᄀ옴
아리. 啓依允.

+

숙종 12년(1686년) 11월 28일
安東 등지에 이달 9일에 땅이 흔들렸다
는 경상감사의 서목

○慶尚監司 書目：安東等□邑, 今月 初九日 丑時地震, 事係變異事.

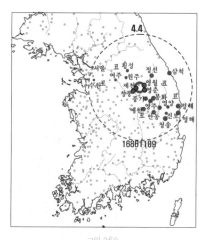

그림 259
□16861109≡-s1223
진앙 : 영월W / 규모 : 4.4 / 4.8

肅宗 13년(1687년) 1월 3일
평안도 선천부에 땅이 흔들리다
○平安道 宣川府 地震.

□16870122≡-s0305(그림 260)
肅宗 13年(1687년) 1月 22日(辛丑)
호남의 전주 등 11 고을에서 크게 땅이 흔들리다
○湖南全 州等 十一邑 地大震.

＝

숙종 13년(1687년) 2월 22일
全州 등에 땅이 흔들렸다는 전라감사의 서목
○全羅監司 書目：全州等官呈, 以正月 廿二日 地震事.

＋

★1687년 2월 18일

全羅 地震祭

一全羅監司 李濡 書狀內 節到付 全州 判官 金世翊 牒呈內 去正月 29日(22日) 戌時量 地震 起自乾方, 止於巽方 而棟宇皆動 事係變異. 金溝 縣令 曹憲周 牒呈內 去正月 22日 戌時量 西北間爲始 地大震 良久至南而止. 家舍搖動 至於器椀相盪 變異非常. 求禮 縣監 李繼榮 牒呈內 去正月 22日 戌時末 地震之變, 良久而止. 事係變異. 錦山 郡守 權持 牒呈內 去正月 22日 戌時量 地震 起自北方 止於南方 而屋宇掀動, 事係變異. 谷城 縣監 張信立 牒呈內 去正月 22日 戌時量 地震 始自西方 少頃而止. 屋宇盡動 變異非常. 古阜 郡守 尹就五 牒呈內 去正月 22日 戌時量 自西方地動 東方乃止. 事係變異. 南原 府使 李義徵 牒呈內 去正月 22日 戌時量 地震 始自西方掀動 少頃而止. 事係變異. 雲峯 縣監 方震說 牒呈內 去正月 22日 戌時量 地震之聲 起自巽方 指向坎方 而有雷鼓, 屋宇振動, 坐席傾側曆間器皿響似金石之相磨. 事係異常. 任實 縣監 李久文 牒呈內 去正月 22日 戌時量 自北方猝起 地震 暫時乃止. 事係非常. 扶安 縣監 鄭翔周 牒呈內 去正月 22日 戌時量 自西方始爲 地震 東方乃止. 事係變異. 金堤 郡守 李志雄 牒呈內 去正月 22日 戌時量 戌亥方 地震, 良久而止. 係是非常. 玉果 縣監 尹普 牒呈內 去正月 22日 戌時量 地震 事係非常 緣由 牒報ㅎ는바 ㅎ옵다 牒呈이ᄉ와두에시여 今此十二邑 地震之變 極爲驚駭 解怪祭 香祝幣 令該司 照例 마련, 急速下送, 中央設壇 隨時卜日 設行之意 回移 엇더ㅎ닛고? 康熙 二十六年 2月 18日 同副承旨 臣 吳道一 ᄀᆞᆷ아리. 啓依允.

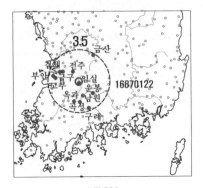

그림 260
□16870122≡-s0305
진앙 : 임실; 규모 : 3.5 / 3.8

肅宗 13년(1687년) 3월 29일
평안도 함종에 땅이 흔들리다
○丁未 / 平安道 咸從縣 地震.

◎肅宗 13년(1687년) 6월 28일
전라도의 흥덕 등 11고을에 해일이 일다
○甲戌 / 全羅道 興德 等 十一邑, 海溢.

肅宗 13년(1687년) 8월 22일
경상도 단성, 창원 등 고을에 땅이 흔
들리다
○戊辰 / 慶尙道 丹城, 昌原 等邑 地震.
=

숙종 13년(1687년) 9월 6일
丹城 등지에 난 地震을 보고하는 경상
감사의 서목
○慶尙監司 書目 : 丹城等官呈, 以八月 卄
三日 地震, 事係變異事

肅宗 13년(1687년) 12월 15일
경상도 청도 등 고을에 땅이 흔들리다
○慶尙道 淸道 等邑 地震, 聲如雷.

□16871204≡1688s0106(그림 261)
★1688년 戊辰 正月 15日
全羅 地震
—全羅監司 李濡 書狀內 節 到付 順天 府
使 李鳳浩海原府使 柳尙輅等 牒呈內 上年
12月 初4日 量 地震, 屋宇掀動, 人皆驚起,
事係變異이다 牒報ᄒᆞᆺ왯거늘 同日 旣已
地震 則隣近各邑 想必同然이ᄉᆞ온ᄃᆞ로 同
震與否 發關查問 於光陽, 興陽, 靈岩 等官
ᄒᆞᆺ왜시다오니 光陽, 興陽, 靈岩 等邑
은 同日 別無 地震之事이다 一樣牒報ᄒᆞ
ᄉᆞ왜시는 바, 兩邑 地震 事係非常 緣由 馳
啓事.
+

숙종 14년(1688년) 1월 16일
순천 등지에 난 지진에 대해 보고하는
전라감사의 서목
○全羅監司 書目 : 順天, 海南 等官呈, 以
去十二月 初四日 地震事.

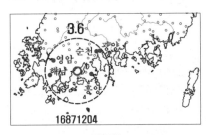

그림 261
□16871204≡1688s0106
진앙 : 회천; 규모 : 3.6 / 3.8

□16871217≡1688s0119
肅宗 13년(1687년) 12월 17일
경상도 상주 등 고을에 땅이 흔들리다
○慶尙道 尙州 等邑 地震.
=

숙종 14년(1688년) 1월 8일
尙州 등 지진 보고하는 경상감사의 서목
○慶尙監司 書目: **尙州, 咸昌**等官呈, 以去
十二月 十七日 地震, 事係變異事.
+
★1688년 戊辰 正月 初7日
慶尙 地震
─慶尙監司 李世華 書狀內 節 到付 **咸昌**
縣監 李始興 牒呈內 去12月 17日 巳時量
地震 頃刻旋止一境之內 同然 緣由 牒呈이
습져. **尙州** 牧使 李光夏 牒呈內 去12月
17日 巳時量 地震호온딕 起自東北向南
而去少頃卽止 緣由 호돌다 牒呈이ㅅ와두
에시여 事係變異이ㅅ온두로 緣由 馳啓
事.(上年 12月 因道 狀啓: 解怪祭 香祝
下送, 故不爲回啓置之)

肅宗 14년(1688년) 2월 8일
경상도 창원 등 고을에 땅이 흔들리다
○慶尙道 昌原 等邑 地震.

肅宗 14년(1688년) 3월 6일 (그림 262)
경상도 동래 등 읍에 땅이 흔들리다
○己卯 / 慶尙道 東萊 等邑 地震.
=
★1688년 3月 26日
慶尙 地震祭
─慶尙監司 李世華 書狀: 節到付 **東萊** 府
使 李德成 牒呈內 本月 初6日 辰時量 地震
而家舍窓戶無不掀動. **昌原** 府使 韓公俊 牒
呈內 今月 初6日 辰時量 自乾方 地震 一次.
熊川 縣監 梁之浹 牒呈內 今月 初6日 辰時
量 自乾方 地震 一次 而家舍暫爲動搖. **機
張** 縣監 成德望 牒呈內 今月 初6日 辰時量

自東方 地震 轉向西方而止이다 ᄒ돌다
牒呈이ㅅ와두에시여 事係變異事. 據曹
啓目粘連 啓下이습이신여 안젼 東萊等邑
地震之變 極爲驚駭 解怪祭 香祝幣 令該司
照例 마련, 急速下送, 中央設壇 隨時 卜日
設行之意 回移 엇더ᄒ닛고? 康熙 二十七
年 3月 26日 同副承旨 臣 姜銀 ᄀ옴아리.
啓允

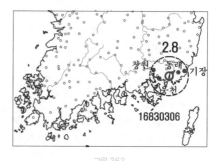

그림 262
□16880306≡-s0406
진앙: 김해; 규모: 2.8/3.4

□16880907≡-s0930
★1688년 9월 23일
京畿 地震
─京畿監司 金德遠 書狀: 節到付 **坡州** 牧
使 朴泰輔, **長湍** 府使 柳重起, **積城** 縣監 金
壽徵 等 牒呈內 今月 初7日 戌時量 地震.
房屋撓動, 俄頃而止事 ᄒ돌다 事係變異事
+
숙종 14년(1688년) 9월 24일
坡州 등에 땅이 흔들렸다는 경기감사
의 서목
○京畿監司 書目: 坡州 等邑 呈, 以今月
初七日 戌時量 地震事

肅宗 14년(1688 戊辰 27년) 12월 1일

함경도 문천에 땅이 흔들리다
○朔庚子 / 咸鏡道 文川郡 地震, 道臣啓聞.
=
숙종 14년(1688년) 12월 15일
○咸鏡監司 書目 : 文川呈, 今十二月 初一
日 地震變異事.

☐16881207≡-s1229
숙종 14년(1688년) 12월 25일
○慶尙監司 書目 : 長鬐等官呈, 以今月 初
七日 地震, 事係變異事
+
★1688년 戊辰 12月 24日
慶尙 地震
一慶尙監司 李世華 書狀內 節 到付 長鬐
縣監 崔天斗 牒呈內 今月 初7日 戌時量 地
震이다 牒呈이솝. 조죠 到付 迎日 縣監
金壽能 牒呈內 今月7日 二更量 地震ᄒ
온디 屋宇掀撓, 庭除震撼 良久乃止이다
ᄒ둘다 牒呈이ᄉ와두에시여 事係變異
이ᄉ온ᄃ로 緣由 馳啓事.

☐16890419≡-s0606(그림 263)
★1689년 己巳 5月 初10日
全羅 地震 勿回
一全羅監司 權是經 書狀內 節 到付 任實
縣監 朴世標 牒呈內 4月 19日 申時量 地震
自東南間猝起 暫動乃止事 牒呈이습져. 雲
峯 縣監 愼惟一 牒呈內 4月 19日 酉時量
地震ᄒ온디 起自東方 至西北方而止事 牒
呈이습져. 求禮 縣監 李世龥 牒呈內 4月
19日 申時量 地震 良允久而止事 牒呈이습
져. 玉果 縣監 尹普 牒呈內 4月 19日 申時
量 自坤方 地震 暫時而止事 牒呈이습져.

谷城 縣監 鄭戱 牒呈內 4月 19日 申時量
自坤申方 地震 暫時而止. 門扃搖動事 牒呈
이습져. 南原 府使 金賓 牒呈內 4月 19日
申時量 地震 起自坤方 移時而止. 事係變異
事 ᄒ둘다 牒呈이ᄉ와두에시여 六邑 地
震 事係異常 緣由 馳啓事.

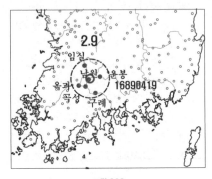
그림 263
☐16890419≡-s0606
진앙 : 남원 / 규모 : 2.9 / 3.5

肅宗 15年(1689년) 6月 1日(丙寅)
지동하다
○朔丙寅 / 地動.

숙종 15년(1689년) 6월 24일
○全羅監司 書目 : 金堤呈, 以今月 初一日
地震事

☐16900121≡-s0301
肅宗 16년(1690년) 1월 21일
충청도 비인에 땅이 흔들리다
○忠淸道 庇仁縣 地震. 道臣以聞.
+
숙종 16년(1690년) 2월 2일
○忠淸監司 書目 : 尼山等官呈, 以正月 二
十一日 地震, 事係變異事.

+

★1690년 庚午 2月 初2日
忠淸 地震 勿回

一忠淸監司 李蓍晩 書狀內 節 到付 尼山
縣監 柳星明, 庇仁 縣監 李相奭 等 牒呈內
今月 21日 酉時量 地震 發於北方向東南間
而止이다 ㅎ돌다 牒呈ㅎ스왜시는 바,
兩邑 地震 事係變異 緣由 馳啓.

□16900426≡-s0603(그림 264)
★1690년 庚午 5月 26日
全羅 地震

一全羅監司 嚴緝 書狀內: 全州 判官 李夏
徵 牒呈內 4月 26日 巳時量 地震 起自艮方
至午方而止. 房舍柱樓無不動撓事係非常
礪山 郡守 李星麟 牒呈內 4月 26日 巳時量
始自東北間 至西北而止. 動聲極壯 有若雷
聲. 古阜 郡守 崔日熙, 扶安 兼任 同 郡守
牒呈內 4月 26日 巳時量 自西北間 地震 至
東北間此 乃非常之變. 金溝 縣令 徐敬祖
牒呈內 4月 26日 巳時量 地震 自東北間 至
東南間而止事係異常. 泰仁 縣監 羅斗三 牒
呈內 4月 26日 巳時量 自西北間 地震 緣由
牒報ㅎ는 바 ㅎ돌다 牒呈이스와두에시
여 今此六邑 地震 事係非常 緣由 馳啓ㅎ
습는 바 事. 據 啓目粘連 啓下이습이신
여 안전 全州 等 六邑 地震之變 極爲驚駭
解怪祭 香祝幣 令該司 照例 마련, 急速下
送, 中央設壇 隨時 卜日 設行之意 回移 엇
더ㅎ닛고? 康熙 二十九年 5月 26日 同副
承旨 臣 李允修 ㄱ옴아리. 啓依允.
+

숙종 16년(1690년) 5월 24일
○全羅監司 書目: 全州等官呈, 以四月 二

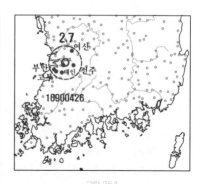

그림 264
□16900426≡-s0603
진앙: 금구; 규모: 2.7/3.4
▷16830925와 같음

十六日 巳時量 地震, 事係變異事.

□16900620≡-s0725
★1690년 庚午7月 初8日
忠淸 地震

一忠淸監司 李蓍晩 書狀內 節 到付 結城
縣監 河世元 牒呈內 本縣 及 兼任 洪州地 6
月 20日 辰時量 地震, 屋宇掀搖, 空壁作聲
ㅎ스왜시는 바, 兩邑 地震 事係變異 緣由
馳啓ㅎ습는 事.

肅宗 16년(1690년) 9월 17일
경상도 지례에 8월에 땅이 흔들리다
○甲辰 / 慶尙道 知禮縣八月 地震. 平安道
龍川府, 雌牛産犢, 項上別生一脚, 道臣以聞
=

숙종 16년(1690년) 9월 17일
○慶尙監司 書目: 知禮呈, 以去八月 二十
一日 巳時地震, 事係變異事.

肅宗 16년(1690년) 11월 10일
전라도 금구에 천둥치다

○丁酉 / 全羅道 金溝縣雷, 任實縣 地震.

□16901223≡1691s0121
★1691년 辛未 正月 25日
全羅 地震祭

一全羅監司 李玄紀 書狀內 節 到付 **古阜**郡守 崔日熙, **高敞** 縣監 沈檣, **扶安** 縣監 金時傑, **興德**縣 崔元緖 牒呈內 去12月 23日 戌時量 地震 移時而止이다 ㅎ들다 牒呈이ᄉ와두에시여 12月 地震 事係變異事, 據曹 啓目粘連 啓下이ᅌᅵᆸ이신여 안젼 古阜等 四邑 地震之變 極爲驚駭 解怪祭 香祝幣 令該司 照例 마련, 急速下送, 中央設壇 隨時 卜日 設行之意 回移 엇더ᄒᆞ닛고? 康熙 三十年 正月 26日 同副承旨臣 沈橃 ᄆᆞ옵아리. 啓依允.

□16910113≡-s0210(그림 265)
★1691년 辛未 2月 初3日
忠淸 地震

一忠淸監司 李麟徵 書狀內 : 續接各邑 所報 則 **忠州** 牧使 李國憲, **槐山** 郡守 辛必馨, **淸州** 牧使 李弘迪, **文義** 縣監 姜世輔, **懷仁** 縣監 李泰祺, **鎭岑** 縣監 吳碩議, **鎭川** 縣監 鄭行百 牒呈內 正月 13日 戌時 地震, 屋宇掀搖, 空壁作聲 移時而止이다 牒報ᄒᆞᄉ왜시며 **靑山** 縣監 沈桐 牒呈內 本縣 及 兼任 **黃澗**縣 同月 13日 戌(時) 地震이다 ㅎ들다 牒報ᄒᆞᄉ왜시는 바, 九邑 地震 事係變異事. 據曹 啓目粘連 啓下이ᅌᅵᆸ이신여 안젼 忠州等 九邑 地震之變 極爲驚駭 解怪祭 香祝幣 令該司 照例 마련, 急速下送, 中央設壇 隨時 卜日 設行之意 回移 엇더ᄒᆞ닛고? 康熙 三十年 2月 初3日 左副承旨 臣 閔昌道 ᄆᆞ옵아리. 啓依允.

+

★1691년 辛未 2月 初4日
江春 地震

一江春監司 朴鎭圭 書狀內 : 今正月 13日 戌時量 地震 大作, 人皆驚遑, 事係變異이다 原城, 平昌, 寧越 等 三邑 一樣 牒呈ᄒᆞ온듸 他邑은 已過累日 尙不報來ᄒᆞ는 바 未知 原城 等 三邑뿐 地震이ᄉ온지 變異 非常事. 據曹 啓目粘連 啓下이ᅌᅵᆸ이신여 안젼 原城 等 三邑 地震之變 極爲驚駭 解怪祭 香祝幣 令該司 照例 마련, 急速下送, 中央設壇 隨時 卜日 設行之意 回移 엇더ᄒᆞ닛고? 康熙 三十年 2月 初4日 同副承旨臣 沈橃 ᄆᆞ옵아리. 啓依允.

+

★1691년 辛未 2月 初10日
慶尙 地震

一慶尙監司 李聃命 書狀內 節 到付 安東府使 李慣 牒呈內 正月 13日 戌時量 地震 起自西北間過去東南. 墻壁, 屋宇無不動搖이다 ㅎᄉ왜시며 新寧 縣監 閔洵 牒呈內 正月 13日 戌時量 地震이다 히시며 善山府使 姜琛 牒呈內 正月 13日 戌時量 地震 有聲如雷, 屋宇掀動이다 ㅎᄉ왜시며 大丘 判官 李栐 牒呈內 正月 13日 地震 起自乾方 至止巽方이다 ㅎᄉ왜시며 金海府使 韓翼世 牒呈內 正月 13日 戌時量 自震方 地震 而暫爲掀動이다 ㅎᄉ왜시며 尙州 牧使 沈枰 牒呈內 正月 13日 戌時量 自東南方 地震, 屋宇皆動 移時乃止이다 ㅎᄉ왜시며 靑松 府使 姜世龜 牒呈內 正月 13日 酉時量 自西南方 地震, 屋宇柱礎皆動이다 ㅎᄉ왜시며 珍寶 縣監 慶雲會 牒

呈內 正月 13日 戌時量 地震 有聲如雷, 自未申間起, 至戌亥間 而乃止 而屋宇掀動이다 ᄒᆞᆫ슨왜시며 龍宮 縣監 韓相皋 牒呈內 正月 13日 戌時量 自西方 地震 過去卯方 而人家動搖히시며 同日 夜連次天動이다 ᄒᆞᆫ슨왜시며 奉化 縣監 李箕錫 牒呈內 正月 13日 戌時量 從西南方 地震 而聲如午鼓 家舍動搖 食頃而止이다 ᄒᆞᆫ슨왜시며 聞慶 縣監 元德夏 牒呈內 正月 13日 戌時量 地震이다 ᄒᆞᆫ슨왜시며 禮安 兼任 奉化 縣監 李箕錫 牒呈內 正月 13日 戌時量 同縣 地震 來自兒方山川, 屋宇無不掀動이다 ᄒᆞᆫ슨왜시며 仁同 府使 楊顯望 牒呈內 正月 13日 初昏量自西北, 有聲如巨轟轟 而來仍爲地震, 屋宇床堗並皆掀動, 籬瓦亦有隆落者이다 ᄒᆞᆫ슨왜시며 醴泉 郡守 李杲 牒呈內 正月 13日 戌時量 地震 轟轟之聲 自南起 至北而止이온딕 屋宇如墻土或起이오며 同夜丑時量 復有雷聲 而家屋 則不動天雷地震 莫得辨知이다 ᄒᆞᆫ슨왜시며 榮川 郡守 李日井 牒呈內 正月 13日 戌時量 地震 自東向西上屋, 亦皆動搖隱隱, 有雷聲, 未及半餉而止이다 牒報ᄒᆞ는 바 ᄒᆞ들다 牒呈이ᄉ와두에시여 事係變異卽當 馳啓事이ᄉ온딕 因各邑 所報不齊, 今姑啓聞事. 據曹 啓目粘連 啓下이ᄉ이신여 안젼 安東 等 十六邑 地震之變 極爲驚駭 解怪祭 香祝幣 令該司 照例 마련, 急速 下送, 中央設壇 隨時 卜日 設行之意 回移 엇더ᄒᆞ닛고? 康熙 三十年 2月 初10日 右承旨 臣 金龜萬 ᄀᆞ음아리. 啓依允.

☐16910408≡-s0505
★1691년 辛未 4月 29日

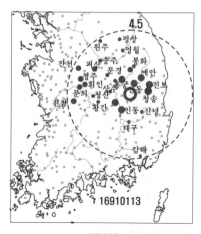

그림 265
☐16910113≡-s0210
진앙 : 일직 : 규모 : 4.5 / 4.4

慶尙 地震 解怪祭

━慶尙監司 李聃命 書狀內 節 到付 **安東** 府使 李慣 牒呈內 今月 初8日 酉時 初 地震起 自西北間過去東南墻壁, 屋宇無不動搖事係 變異이다 ᄒᆞᆫ슨왜시며 **眞寶** 縣監 慶雲會 牒呈內 今月 初8日 申時量 有聲如雷自未申間起暫爲 地震 乃止於丑寅 門ᄒᆞ엿는 바, 事係變異이다 ᄒᆞ들다 牒呈이ᄉ와두에시여 事係變異事. 據曹 啓目粘連 啓下이ᄉ이신여 안젼 安東 等 兩邑 地震之變 極爲驚駭 解怪祭 香祝幣 令該司 照例 마련, 急速 下送, 中央設壇 隨時 卜日 設行之意 回移 엇더ᄒᆞ닛고? 康熙 三十年 4月 29日 同副承旨 臣 金元爕 ᄀᆞ음아리. 啓依允.

☐16910705≡-s0610(그림 266)
★1691년 辛未 7月 15日
忠淸 地震 解怪祭

━忠淸監司 李麟徵 書狀內 : 續接各邑 所報 則 公州, 禮山, 林川, 恩津, 全義, 文義,

韓山, 庇仁, 尼山, 舒川, 扶餘, 定山, 鴻山,
連山, 保寧, 石城, 牙山, 洪州, 天安, 溫陽,
海美, 靑陽 等邑 今月 初5日 辰時量 地震
自北 而南須臾乃止 而聲若雷號, 屋宇掀動
이다 ᄒᆞᆫ 왜시는 바, 事係變異事. 據曹
啓目粘連 啓下이ᄉᆞᆸ이신여 안젼 公州 等
二十二邑之 地震之變 極爲驚駭 解怪祭 香
祝幣 令該司 照例 마련, 急速下送, 中央設
壇 隨時 卜日 設行之意 回移 엇더ᄒᆞ닛고?
康熙三十年 7月 15日 同副承旨 臣 李雲徵
ᄀᆞ음아리. 啓依允.

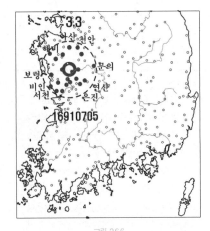

그림 266
□16910705≡-s0610
진앙 : 칠갑산 ; 규모 : 3.3 / 3.7

肅宗 17년(1691년) 7월 21일
호남에 땅이 흔들리다
○甲辰 / 湖南 以 地震聞.
=
숙종 17년(1691년) 7월 21일
○全羅監司 書目 : 今月 初五日 辰時, 全州
等 十七邑 地震, 事係變異事.

肅宗 17년(1691년) 11월 3일
관북에 천둥치고 해일이 일다
○癸丑 / 關北雷動海溢.

□16920218≡-s0404
肅宗 18년(1692년) 2월 18일
호서에 땅이 흔들리다
○湖西 以 地震聞.
+
★1692년 壬申 3月 初3日
忠淸 地震 解怪祭
━忠淸監司 沈橻 書狀內 節 到付 韓山 郡
守 柳星明 林川 郡守 鄭行百等 牒呈內 今月
18日 申時量 地震 始於西北 向東南間 而
止이다 牒報ᄒᆞᆫ 왜시는 바, 兩邑 地震
事係變異事, 據曹 啓目粘連 啓下이ᄉᆞᆸ이신
여 안젼 韓山 等 兩邑 地震之變 極爲驚駭
解怪祭 香祝幣 令該司 照例 마련 下送, 中
央設壇 隨時 卜日 設行之意 回移 엇더ᄒᆞ
닛고? 康熙三十一年 3月 初3日 同副承旨
臣 許頲 ᄀᆞ음아리. 啓依允.

□16920924≡-s1102(그림 267)
肅宗 18年(1692年 壬申) 9月 24日(庚午)
밤 2경에 서울 지역에서 크게 지진이
일다
○夜二更, 京都 地大震, 是日 京畿, 忠淸,
全羅, 慶尙, 江原 等道 俱震, 有聲如雷, 甚
處 屋宇掀簸, 窓戶自闢, 山川草木無不震
動. 至有鳥獸驚散竄迸者, 其震多從西北起,
至東南云.
+
숙종 18년(1692년) 9월 24일
○二更 五點 地震起自艮方, 直去坤方.

숙종 18년(1692년) 10월 2일
○京畿監司書目: 楊州, 坡州, 利川, 砥平, 楊根 等邑 呈, 以九月 二十四日 三更量 地震事.

+

★1692년 壬申10月 初2日
京畿 地震 解怪祭
一京畿監司 禹昌績 書狀內 節 到付 **楊州, 坡州, 利川, 砥平, 楊根** 等邑 牒呈內 去9月 24日 三更量 地震 暫時卽止이다 ᄒᆞᄉᆞ왜시는 바, 係是變異事. 據曹 啓目粘連 啓下이ᄉᆞᆸ이신여 안젼 楊州 等邑 地震之變 極爲驚駭 解怪祭 香祝幣 令該司 照例 마련, 急速下送, 中央設壇 隨時 卜日 設行之意分付 엇더ᄒᆞ닛고? 康熙 三十一年 10月 初2日 右承旨 臣 沈仲良 ᄀᆞ음아리. 啓依允.

+

숙종 18년(1692년) 10월 16일
공주 등에서 땅이 흔들렸다는 충청감사 서목
○ 忠淸監司書目, 公州等官呈, 以去月二十四日地震, 事係變異事.

+

★1692년 壬申 10月 17日
忠淸 地震 解怪祭
一忠淸監司 朴紳 書狀: 節到付 **公州** 牧使 韓命相, **尼山** 縣監 崔寯, **堤川** 縣監 權德昌, **報恩** 縣監 權晛, **全義** 縣監 鄭重泰, **洪州** 兼任 **結城** 縣監 韓以原, **天安** 郡守 朴泰長, **庇仁** 縣監 宋罤, **忠州** 牧使 嚴纘, **永春** 縣監 權斗寅, **丹陽** 郡守 李瀁 牒呈內 9月 24日 **亥時量** 地震 始自西北 至東南 而止이온ᄃᆡ 屋宇窓壁 皆爲掀動이다 ᄒᆞ돌다 牒報ᄒᆞ

ᄉᆞ왜시는 바, 事係變異事. 據曹 啓目粘連 啓下이ᄉᆞᆸ이신여 안젼 公州 等邑 地震之變 極爲驚駭 解怪祭 香祝幣 令該司 照例 마련, 急速下送, 中央設壇 隨時 卜日 設行之意 回移 엇더ᄒᆞ닛고? 康熙 三十一年 10月 17日 左副承旨 臣 沈橃 ᄀᆞ음아리. 啓依允.

+

숙종 18년(1692년) 10월 17일
○全羅監司 書目: 順天, 茂長兩邑 呈, 以九月 二十四日 亥時量 地震, 事係變異事.

+

★1692년 壬申10月 17日
全羅 地震 解怪祭
一全羅監司 李鳳徵 書狀內 節 到付 **順天** 府使 任元耆 牒呈內 今9月 24日 戌時量 地動如雷鳴이오며 亥時量 또ᄒᆞᆫ 地震 房舍 皆掀動搖 變異非常이온ᄃᆞ로 緣由 馳報ᄒᆞ는 바 牒呈이ᄉᆞᆸ져. **茂長** 縣監 李適意 牒呈內 今9月 24日 亥時量 地震ᄒᆞ이신ᄃᆞ로 緣由 馳報ᄒᆞ는 바 牒呈이ᄉᆞ와두에시여 兩邑 地震事 係變異事. 據曹 啓目粘連 啓下이ᄉᆞᆸ이신여 안젼 順天 等邑 地震之變 極爲驚駭 解怪祭 香祝幣 令該司 照例 마련, 急速下送, 中央設壇 隨時 卜日 設行之意 回移 엇더ᄒᆞ닛고? 康熙 三十一年 10月 17日 左副承旨 臣 沈橃 ᄀᆞ음아리. 啓依允.

+

숙종 18년(1692년) 10월 19일
○慶尙監司 書目: 義城 等官 十七邑 呈, 以九月 二十四日 地震 事係變異事.

+

★1692년 壬申10月 24日
慶尙 地震 解怪祭

一 慶尙監司 李玄紀 書狀內 節 到付 **義城** 縣監 黃應一 牒呈內 去月 24日 亥時量 地震 起自西南 移時乃止 空戶掀戰이다 ᄒᆞᆫᆞ 왜시며 **軍威** 縣監 姜栻 牒呈內 去月 24日 亥時量 自西南 地震 頃刻而止이다 ᄒᆞᆫᆞ 왜시며 **禮安** 縣監 李東馣 牒呈內 去月 24日 戌時量 地震 山川, 屋宇大爲掀動, 鳥獸 之類無不驚動亂走이다 ᄒᆞᆫᆞ 왜시며 **安東** 府使 金元燮 牒呈內 去月 24日 亥時量 地震 起自西北方 至于東南 而屋宇掀戰, 空戶 自闢이다 ᄒᆞᆫᆞ 왜시며 **晉州** 兼任 **泗川** 縣監 沈瑞輝 牒呈內 去月 24日 亥時初 地震 移時乃止이다 ᄒᆞᆫᆞ 왜시며 **陜川** 郡守 徐敬祖 牒呈內 去月 24日 三更量 地震 起自東北 至于西方乃止이다 ᄒᆞᆫᆞ 왜시며 **仁同** 府使 李彦瑞 牒呈內 去月 24日 亥時量 自西方 地震, 屋宇掀動, 移時乃止이다 ᄒᆞᆫᆞ 왜시며 **榮川** 郡守 朴世楳 牒呈內 去月 24日 亥時量 地震 移時乃止이다 ᄒᆞᆫᆞ 왜시며 **豊基** 郡守 鄭翶 牒呈內 去月 24日 亥時量 自西南方 地震, 屋宇掀動, 移時乃止이다 ᄒᆞᆫᆞ 왜시며 **寧海** 府使 金聖佐 牒呈內 去月 24日 亥時量 地震 起自東北間 至于西南 移時乃止 而屋宇盡爲掀動이다 ᄒᆞᆫᆞ 왜시며 **尙州** 牧使 金龜萬 牒呈內 去月 24日 亥時量 地震 起自北方 移時乃止이다 ᄒᆞᆫᆞ 왜시며 **醴泉** 郡守 李杲 牒呈內 去月 24日 亥時量 地震 起自南方, 屋宇皆動 移時乃止이다 ᄒᆞᆫᆞ 왜시며 **金海** 府使 李夏禎 牒呈內 去月 24日 二更量 地震 起自西南屋掀動搖 移時乃止이다 ᄒᆞᆫᆞ 왜시며 **淸河** 縣監 鄭岐胤 牒呈內 去月 24日 亥時量 地震 起自南方 至于北方, 屋宇動搖 移時乃止이다 ᄒᆞᆫᆞ 왜시며 **聞慶** 縣監 元德

夏 牒呈內 去月 24日 亥時量 地震 大作, 屋宇無不掀動이다 ᄒᆞᆫᆞ 왜시며 **奉化** 縣監 朴緻 牒呈內 去月 24日 亥時初 地震 移時乃止이다 ᄒᆞᆫᆞ 왜시며 **興海** 郡守 李元虎 牒呈內 去月 24日 亥時末 地震 自南 至北 而屋宇掀撓이다 ᄒᆞᆯ다 牒呈이ᄉᆞ와두 에시여 事係變異事. 據曹 啓目粘連 啓下이ᅀᆞᆸ이신여 안전 義城 等 十七邑 地震之變 極爲驚駭 解怪祭 香祝幣 令該司 照例 마련, 急速下送, 中央設壇 隨時 卜日 設行之意 回移 엇더ᄒᆞ닛고? 康熙 三十一年 10月 20日 左副承旨 臣 沈橃 ᄀᆞᆷ아리. 啓依允.

+

숙종 18년(1692년) 10월 23일
○江原監司 書目 : 江陵等 十一邑, 九月 二十四日 亥時量 地震, 變異非常事.

+

★1692년 壬申10月 24日
江原 地震 解怪
一 江原監司 李雲徵 書狀內 : 9月 25日 **江陵** 府使 徐文重 馳報內 今月 24日 二更量 有聲自東南 而止仍爲 地震, 屋宇掀動, 子時 過去이다 ᄒᆞᆯ고 **蔚珍, 三陟, 寧越, 襄陽, 原州, 平海, 旌善, 麟蹄, 平昌, 高城** 等 十邑 連次 馳報內 同月 24日 亥時量 地震 變異非常事. 據曹 啓目粘連 啓下이ᅀᆞᆸ이신여 안전 江陵 等 十一邑 地震之變 極爲驚駭 解怪祭 香祝幣 令該司 照例 마련, 急速下送, 中央設壇 隨時 卜日 設行之意 回移 엇더ᄒᆞ닛고? 康熙 三十一年 10月 24日 承旨 臣 ( ) ᄀᆞᆷ아리. 啓依允.

☐ 16921023≡-s1130

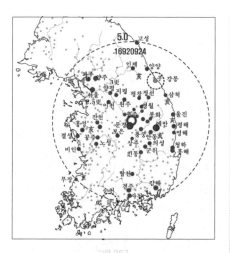

그림 267
□16920924≡-s1102
진앙 : 문경, 규모 : 5.0 / 4.8

肅宗 18년(1692년) 10월 23일
광주에 땅이 흔들리다
○廣州 地震.

=

숙종 18년(1692년) 10월 29일
○京畿監司 書目 : 廣州等 三邑 呈, 以今月
二十三日 地震緣由事.

+

★1692년 壬申10월 30일
京畿 地震 解怪祭
―京畿監司 禹昌績 書狀內 節 到付 廣州,
陽智, 陽城 等邑 牒呈內 今月 23日 申時量
地震, 屋宇皆動이다 牒報ᄒᆞᆻ왜시는 바,
去月 24日 地震之後纙行 解怪祭 ᄒᆞᆻ왜
시다오니 又有此三邑 地震之報 變異非常
事. 據曹 啓目粘連 啓下이솝이신여 안젼
廣州 等邑 地震之變 極爲驚駭 解怪祭 香祝
幣 令該司 照例 마련, 急速下送, 中央設壇
隨時 卜日 設行之意 回移 엇더ᄒᆞ닛고? 康

熙 三十一年 10月 30日 左副承旨 臣 沈檄
ᄀᆞ음아리. 啓依允.

□16921114≡-s1121
肅宗 18년(1692년) 11월 14일
연안 지방에 땅이 흔들리고, 배천에 천
둥치다
○己未 / 延安 地震, 白川雷動, 臣以聞.

=

숙종 18년(1692년) 12월 11일
○黃海監司 書目 : 延安呈, 以去月 十四日
丑時量 地震, 白川呈, 以天動, 俱係變異事.
又書目 : 鳳山, 黃州等官呈, 以去月 二十七
八日, 凍死, 至於二人, 極爲驚慘事. 啓. 傳
曰 : 凍死人等 令本道恤典擧行.

+

★1692년 壬申12월 12일
黃海 地震 解怪祭
―黃海監司 李允修 書狀內 節 呈 延安 府
使 李德龜 牒報內 去11月 14日 丑時量 地
震 移時 家舍門戶 並皆掀動, 有聲如雷, 起
自西北, 終於東南極爲驚駭이다 ᄒᆞᆻ왜시
며 白川 郡守 洪萬紀 牒報內 去11月 14日
子 丑時量 有聲起自北方終於南方이온듸
夜深之故天動 地震 有難分解인겨과 事係
異常이다 ᄒᆞ들다 牒呈이ᄉᆞ와두에시여
白川, 所報 不爲分明을 지즐우 速爲更報
事分付ᄒᆞᆻ왜시다오니 同 郡守 洪萬紀
牒報內 更 爲廣問 則天動始自北方 終於南
方이다 ᄒᆞᆻ왜시는 바, 延安ᄲᅧ 以地震
報來, 白川 則以天動牒報 隣邑之間 天動 地
震. 相殊似不着實 가시아 詳細牒報事을
分付 兩邑 ᄒᆞᆻ왜시다오니 延安 府使 李
德龜所報內 은 去11月 14日 丑時 과연

(果爲) 地震 不但 邑底居人 皆爲聞知 至於 外村兩班 亦多有來言者이다 ᄒᆞᆼᄉᆞ왜시며 白川郡守 洪萬紀 所報內은 多方盤問 則 皆以爲天動의實이다 各各牒報 ᄒᆞᆼᄉᆞ왜시는 바, 兩邑 所報終末歸一이ᄉᆞ온겨과 冬 月 天動 地震 俱係變異 而累次往復査問之 際日子 遲延事. 據曹 啓目粘連 啓下이ᅌᅥ 이신여 안젼 延安府 地震之變 極爲驚駭 解怪祭 香祝幣 令該司 照例 마련, 急速下 送, 隨時 卜日 設行之意 回移 엇더ᄒᆞᆼ닛 고? 康熙 三十一年 12月 12日 左副承旨 臣 李泰龜 ᄆᆞ음아리. 啓依允.

□16921117≡-s1224
숙종 18년(1692년) 12월 5일
○慶尙監司 書目: 晉州等官呈, 以去月 十 七日 亥時量 地震 事係變異事.

+

★1692년 壬申12月 初10日
慶尙 地震 解怪祭
—慶尙監司 李玄紀 書狀內 節 到付 **晉州** 牧使 趙儀徵 牒呈內 11月 17日 亥時量 自 北方有 地震之聲. 始初之時 則連續甚微이 다가 中間其聲甚, 大窓戶搖動 末終 則如初 漸微 移時乃止이다 ᄒᆞ둘다 牒呈이ᄉᆞ와 두에시여 事係變異事. 據曹 啓目粘連 啓 下이ᅌᅥ이신여 안젼 晉州 等邑 地震之變 極爲驚駭 解怪祭 香祝幣 令該司 照例 마 련, 急速下送, 中央設壇 隨時 卜日 設行之 意 回移 엇더ᄒᆞᆼ닛고? 康熙 三十一年 12 月 初10日 右承旨 臣 李壽徵 ᄆᆞ음아리. 啓依允.

□16921212≡1693s0117

★1692년 壬申12月 18日
京畿 地震
—京畿監司 禹昌績 書狀內 節 到付 **高陽** 郡 守 崔錫桓 牒呈內 今月 12日 辰時量 地震 事係變異이다 ᄒᆞᆼᄉᆞ왜시는 바, 入冬以後 諸處 地震 至於如此 變異非常事. 據曹 啓目 粘連 啓下이ᅌᅥ이신여 안젼 高陽郡 地震 之變 極爲驚駭 解怪祭 香祝幣 令該司 照例 마련, 急速下送, 隨時 卜日 設行之意 回移 엇더ᄒᆞᆼ닛고? 康熙 三十一年 12月 18日 右承旨 臣 李壽徵 ᄆᆞ음아리. 啓依允.

□16930104≡-s0208
肅宗 19년(1693년) 1월 4일 (그림 268)
경상도 상주 등 고을에 땅이 흔들리다
○慶尙道 尙州 等邑 地震.

+

★1693년 癸酉 正月 28日
慶尙 地震 解怪祭
—慶尙監司 李玄紀 書狀內 節 到付 **尙州** 前牧使 金龜萬 牒呈內 今月 初4日 寅時量 地震 起自西北方 而屋宇掀動, 移時乃止이 다 ᄒᆞᆼᄉᆞ왜시며 **安東** 府使 金元燮 牒呈內 今月 初4日 寅時量 地震 起自西方, 屋宇掀 戰 至東方 而止이다 ᄒᆞᆼᄉᆞ왜시며 **禮安** 縣 監 黃潤河 牒呈內 今月 初4日 寅時量 地震 起自兌方 至于東方 而屋宇微爲掀動 移時 乃止이다 ᄒᆞᆼᄉᆞ왜시며 **義城** 縣監 黃應一 牒呈內 今月 初4日 寅時量 地震 自卯方 至 酉方 頃刻而止이다 ᄒᆞᆼᄉᆞ왜시며 **仁同** 府 使 李彥瑞 牒呈內 今月 初4日 寅時量 地震 起自西北 而其聲如雷, 屋宇床埃 並皆掀動 移時乃止이다 ᄒᆞᆼᄉᆞ왜시며 **比安** 縣監 兪 命興 牒呈內 今月 初4日 寅時量 地震, 屋宇

掀動, 移時乃止이다 牒呈이ᄉ와두에시여 事係變異事. 據曹 啓目粘連 啓下이ᄉ왜시(여) 안젼 尙州 等邑 地震之變 極爲驚駭 解怪祭 香祝幣 令該司 照例 마련, 急速下送, 隨時 卜日 設行之意 回移 엇더ᄒ닛고? 康熙 三十二年 正月 27日 同副承旨 臣 李宇晉 ᄀ음아리. 啓依允.

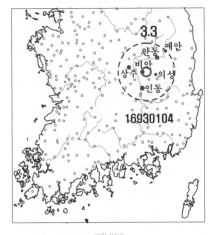

그림 268
□16930104≡-s0208
진앙 : 비안 : 규모 : 3.3 / 3.7

□16930115≡-s0219
★1693년 癸酉 2月 27日
咸鏡 地震 解怪祭
一咸鏡監司 南益熏 書狀內 節 到付 **定平**府使 李漢珪 牒呈內 去月 15日 辰時量 地震, 屋宇掀搖, 轟轟有聲이다 牒報ᄒᄉ와시며 **咸興**府는 置同日 地震 與定平, 一樣이ᄉ오니 所事係變異事. 據 啓目粘連 啓下이ᄉ이신여 안젼 定平 等官 地震之變 極爲驚駭 解怪 香祝幣 令該司 照例 마련, 急速下送, 中央設壇 隨時 卜日 設行之意 回移 엇더ᄒ닛고? 康熙 三十二年 2月

27日 右承旨 臣 嚴緝 ᄀ음아리. 啓依允.
+
肅宗 19년(1693년) 2月 26日
관북에 땅이 흔들리다
○關北 地震屋宇掀搖, 轟轟有聲. 定平, 咸興尤甚.
=
숙종 19년(1693년) 2월 26일
○咸鏡監司 書目 : 定平, 咸興 等邑, 本月十六日 辰時量 地震, 屋宇掀搖, 轟轟有聲, 事係變異事.

肅宗 19년(1693년) 3月 29日
영광 사람이 딸 셋을 한꺼번에 낳았다. 관북, 호남 등에 재난이 있었다
○是月, 靈光人一産三女. 洪川震死者三人. 關北廣疫死者三十餘人, 湖南 八人, 海西二人. 交河海溢. 平山失火, 延燒一百七十戶, 雞犬亦盡.

□16930516≡-s0619
★1693년 癸酉 5月 27日
忠淸 地震 解怪
一忠淸監司 朴紳 書狀內 節 到付 尼山 縣監 崔寯, 鎭岑 縣監 李世瑗, 連山 縣監 李榮鎭 牒呈內 今月 16日 酉時量 地震 起自西北 止於東南 而其聲如雷, 屋宇掀動, 緣由牒報ᄒ는 바 牒呈이ᄉ와두에시여 三邑 地震 事係變異事. 據曹 啓目粘連 啓下이습이신여 안젼 尼山 等邑 地震之變 極爲驚駭 解怪祭 香祝幣 令該司 照例 마련, 急速下送, 隨時 卜日 設行之意 回移 엇더ᄒ닛고? 康熙 三十二年 5月 27日 同副承旨 臣 朴昌漢 ᄀ음아리. 啓依允.

숙종 19년(1693년) 7월 24일
　○忠淸監司 書目：韓山等官呈, 以今月 初
九日 地震, 事係變異事.

蕭宗 19년(1693년) 9월 16일 [그림 269]
함경도의 이성 등에 천둥치듯 지진이
나 해괴제를 지내게 하다
　○咸鏡道 利城, 端川, 甲山, 鏡城 等地, 雷
動 地震, 命行解怪祭.
　▷雷動(뇌동)：① 몹시 흔들려 움지임.
② 천둥이 치듯이 시끄럽게 떠들어 댐.

그림 269
□16930916＝-s0619
진앙 : 길주／규모 : 4.1／4.1

　蕭宗 20년(1694년) 2월 11일
경상도 의령, 합천 등에 땅이 흔들리다
　○慶尙道 宜寧, 陜川 等地 地震, 道臣以聞.
＝
숙종 20년(1694년) 2월 30일
　○慶尙監司 書目：宜寧, 大丘 等官呈, 以
今月 十一日, 十八日 地震, 變異非常事.

蕭宗 20년(1694년) 2월 16일

전라도, 경상도 등에 땅이 흔들리다
　○甲申／全羅, 慶尙 等 道 地震, 道臣以聞.

蕭宗 20년(1694년) 4월 8일
경상도 경주, 언양에 땅이 흔들리다
　○乙亥／慶尙道 慶州, 彦陽 地震, 道臣馳聞.

蕭宗 20년(1694년) 4월 16일
개성부에 땅이 흔들리다
　○癸未／開城府 地震.

蕭宗 20년(1694년) 12월 11일
경기 가평에 땅이 흔들리다
　○甲辰／京畿 加平郡 地震.
＝
숙종 20년(1694년) 12월 18일
　○京畿監司 書目：加平呈, 以本月 十一日
夜三更量 地震, 事係變異事.

蕭宗 21년(1695년) 3월 24일
충청도 결성 지방에 땅이 흔들리다
　○乙酉／忠淸道 結城地 地震.

蕭宗 21년(1695년) 3월 26일
충청도 결성 지방에 땅이 흔들리다
　○忠淸道 結城地 地震.

　蕭宗 21년(1695년) 6월 29일
충청도 당진, 서천 등에 해일이 있다
　○忠淸道 唐津, 舒川 等地海溢.

蕭宗 21年(1695년) 7월 13日 (癸酉)
지동이 있다
　○癸酉／**地動**.

肅宗 21년(1695년) 7월 13일
충청도 서산 등에 땅이 흔들리다
○忠淸道 端山 等地 地震.

肅宗 21년(1695년) 8월 7일
전라도 정읍 등에 땅이 흔들리다
○全羅道 井邑 等 三邑 地震.

肅宗 21년(1695년) 11월 14일
평안도 영변부에 땅이 흔들리다
○壬申 / 平安道 寧邊府 地震.

肅宗 21년(1695년) 12월 29일
경상도 안의과 전라도 함열 등에 땅이
흔들리다
○丁巳 / 慶尙道 安陰, 全羅道 咸悅 等地 地震.

肅宗 22년(1696년) 2월 17일
경상도에 대구 등 아홉 고을에 지진이
나던 일에 관한 계문
○癸卯 / 慶尙道 以大丘 等 九邑 地震事啓聞.
=
숙종 22년(1696년) 3월 1일
○慶尙監司 書目 : 大邱呈, 以二月 十七日
地震, 事係變異事

肅宗 22년(1696년) 2월 20일
공주에 땅이 흔들리다
○公州 地震.
=
숙종 22년(1696년) 2월 29일
○忠淸監司 書目 : 公州呈, 以今月 二十日
酉時量 地震, 事係異常事.

肅宗 22년(1696년) 2월 30일
대구 등 아홉 고을에 땅이 흔들리다
○大丘 等 九邑 地震, 道臣以聞.

肅宗 22년(1696년) 3월 15일
경기 죽산 등 아홉 고을에 땅이 흔들리다
○京畿 竹山等 九邑 地震, 道臣以聞.
=
숙종 22년(1696년) 3월 19일
○京畿監司 書目 : 竹山等官呈, 今月 十五
日 地震事.

肅宗 22년(1696년) 3월 25일
충청도 신창 등 여덟 고을에 땅이 흔들
리다
○辛巳 / 忠淸道 新昌 等 八邑 地震, 道臣以聞.

숙종 22년(1696년) 8월 30일
○全羅監司 書目 : 臨陂等官呈, 以八月 初
五日 辰時量 地震, 極爲驚駭事.

肅宗 23년(1697년) 1월 3일
석성 등 일곱 고을에 땅이 흔들렸다고
본도에 장문하다
○石城 等 七邑, 今月 十九日 地震. 本道
狀聞.
=
숙종 23년(1697년) 1월 4일
○忠淸監司 書目 : 石城等 七邑 呈, 以去月
十九日 地震, 事係變異事.

肅宗 23년(1697년) 3월 4일
홍성목에 땅이 흔들리다
○乙卯 / 洪州牧 地震.

=

숙종 23년(1697) 3월 4일
○忠淸監司 書目 : 洪州呈, 以今月 初四日
地震, 事係變異事

肅宗 23년(1697년) 閏3월 16일
인천, 김포, 부평 등 고을에 땅이 흔들리다
○仁川, 金浦, 富平 等邑 地震.

=

숙종 23년(1697년) 3월 21일
○京畿監司 書目 : **仁川, 富平, 金浦** 等邑
呈, 以本月 十六日 地震緣由事.

◎肅宗 23년(1697년) 8월 19일
경기 여러 고을에 해일로 곡식이 손상
을 입다
○畿內 列邑 連爲海溢, 浦邊各穀, 多被傷
損, 牙山, 唐津 等官, 亦海溢.

肅宗 23년(1697년) 10월 23일
전라도와 경상도에 땅이 흔들리다
○全羅, 慶尙道 地震.

□16971111≡-s1223
肅宗 23년(1697년) 12월 5일
평창에 땅이 흔들리다
○辛亥 / 平昌郡 地震.

=

숙종 23년(1697년) 12월 6일
평창 등에 땅이 흔들렸다고 아뢰는 강
원감사 서목
○江原監司 書目 : 平昌呈, 以十一月 十一
日 地震, 事係變異事.

肅宗 24년(1698 戊寅 37년) 2월 19일
진위 등에 땅이 흔들리다. 소리가 천둥
같다
○甲子 / 振威 等地 地震, 有聲如雷.

肅宗 25년(1699년) 5월 2일
황해도, 강원도, 충청도 등에 해일과
우박, 서리가 내리다
○辛未 / 海州, 開城府潮水漲溢, 江華府大
風, 海溢. 江原道 鐵原, 金城雨雹, 忠淸道
韓山海溢. 平安道 江界下雪, 昌城雨雹, 大
如鷄卵. 黃海道 遂安, 長淵下霜.

숙종 25년(1699년) 6월 29일
○慶尙監司 書目 : 大丘呈, 以今月 二十日,
戌時地震, 事係變異事.

숙종 25년(1699년) 7월 6일
○慶尙監司 書目 : 星州等官呈, 以六月 二
十一日, 三日, 六日 連次地震, 事係變異事.
又書目 : 山陰等官呈, 以人物渰死之數, 至
於三十二名之多, 極爲驚慘事. 啓, 傳曰 :
渰死人等 令本道各別恤典擧行.

숙종 25년(1699년) 7월 19일
○全羅監司 書目 : 順天等 三邑, 去月 二十
六日 地震有聲, 事係變異事.

□17000226≡-s0415(그림 270)
肅宗 26년(1700년) 3월 11일
대구 등에 땅이 흔들리다
○慶尙道 大丘 等 二十四邑 地震, 晋州, 泗
川之間城堞崩頹, 行人顚仆.
=

숙종 26년(1700년) 3월 12일
慶尙監司 書目 : 大丘等 二十四邑, 二月 二
十六, 七日, 連次地震, 事係變異事.
+
숙종 26년(1700년) 3월 13일(병오)
公州 등지에서 지진이 일어난 일에 대
해 보고하는 충청감사의 서목
　○ 忠淸監司書目, 公州等官呈, 以二月二十
六日地震, 事係變異事.
+
숙종 26년(1700년) 3월 19일
　○江原監司 書目 : 江陵 呈, 以二月 二十六
日 地震事.
+
숙종 26년(1700년) 3월 19일
　○慶尙監司 書目 : 聞慶 等官呈, 以二月 二
十六日 地震, 事係變異事.
+
숙종 26년(1700년) 3월 25일
　○全羅監司 書目 : 康津 等 十二邑 呈, 以
去二十六日 地震, 事係變異事.

숙종 26년(1700년) 7월 22일
大丘에 땅이 흔들렸다는 경상감사의
서목
　○慶尙監司 書目 : 大丘, 榮川呈, 以今初七
日 地震, 事係變異事.

肅宗 27년(1701년) 2월 11일
전라도, 충청도 등에 땅이 흔들리다
　○全羅道 全州等地, 忠淸道 永同, 黃澗地震.
=
숙종 27년(1701년) 2월 14일
　○忠淸都事書目 : 永同等官呈, 以今月 初

六日 申時量地震, 事係變異事.

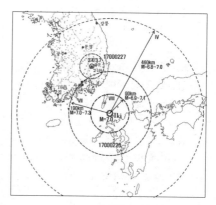

그림 270
□17000226=-s0415
진앙 : 일본 이키 ; 규모 : 6.8~7.1
▷Ishibashi(2004) : M=7.0
□17000227=-s0416
진앙 : 대구 ; 규모 : 3.4 / 3.7

肅宗 27년(1701년) 3월 17일
경상도 현풍에 땅이 흔들리다
　○甲辰 / 慶尙道 玄風縣 地震.

肅宗 27년(1701년) 6월 14일
전라도 김제 등에 5월 19일 땅이 흔들
리다
　○全羅道 金堤 等邑, 以五月 乙巳 地震.

◎肅宗 27년(1701년) 7월 22일
충청도 신창에 해일이 일다
　○丁未 / 忠淸道 新昌縣海溢.

◎肅宗 26년(1700년) 7월 29일
함경도, 황해도 등에 서리가 내리다
　○咸鏡道 三, 甲兩邑, 黃海道 谷山, 鳳山,
下霜; 平安道 慈山蝗; 忠淸道 靑山縣地裂,
內 浦海溢.

肅宗 27년(1701년) 7월 25일
경상도 대구부에 땅이 흔들리다
○庚戌 / 慶尚道 大丘府 地震

肅宗 27년(1701년) 9월 4일
경상도 김해 등에 땅이 흔들리다
○慶尚道 金海 等邑 地震.
=

숙종 27년(1701년) 9월 6일
○慶尚監司 書目 : 金海等官呈, 以八月 十八日 地震, 事係變異事.

肅宗 27년(1701년) 9월 17일
충청도 보은에 땅이 흔들리다
○忠淸道 報恩縣 地震.
=

숙종 27년(1701년) 9월 18일
○忠淸監司 書目 : 報恩等官呈, 以今月 初二日 地震, 事係變異事.

肅宗 27년(1701년) 9월 19일
황해도 황주에 땅이 흔들리다
○癸卯 / 黃海道 黃州 地震若雷, 人家皆震動.

肅宗 27년(1701년) 12월 5일
전라도 순천 등에 지진이, 용담 순창 등에 11월 초10일에 천둥치다
○丁巳 / 全羅道 順天 等 三邑 地震. 龍潭, 淳昌, 金溝 等邑, 十一月 初十日 雷動.
=

숙종 27년(1701년) 12월 6일
○全羅監司 書目 : . 又書目 : 龍潭等官呈, 以去十月 十五日, 二十七日, 十一月 初三日 地震雷動, 事係變異事.

肅宗 27년(1701년) 12월 10일
충청도 옥천 등에 지진이, 연산에는 11월에 천둥치다
○忠淸道 沃川 等邑 地震. 連山縣十一月 雷動.

숙종 27년(1701년) 12월 10일
○忠淸監司 書目 : .. 又書目 : 沃川等官呈, 以去月 二十八日 九日, 連次雷動, 事係變異事. 又書目 : 連山等官呈, 以去月 二十八日 九日, 連次地震, 事係變異事.

◎肅宗 28년(1702년) 5월 16일
평안도 선천 등에 우박이 내리고, 박천 등에 해일이 있었다
○丁酉 / 平安道 宣川 等 十二邑 雨雹, 博川 等 兩邑 海溢, 江界府人畜震死.

◆17020514＝1702s0609
肅宗 28年(1702年) 5月 20日 (5월 14일)
〔그림 271〕

○咸鏡道富寧府, 本月 十四日 午時, 天地忽然晦暝, 時或黃赤, 有同烟焰, 腥臭滿室, 若在洪爐中, 人不堪熏熱, 四更後消止, 而至朝視之, 則遍野雨灰, 恰似焚蛤殼者然. 鏡城府同月 同日 稍晩後, 烟霧之氣, 忽自西北, 天地昏暗, 腥膻之臭, 襲人衣裾, 熏染之氣, 如在洪爐, 人皆去衣, 流汗成漿, 飛灰散落如雪, 至於寸許, 收而視之, 則皆是木皮之餘燼. 江邊諸邑, 亦皆如是, 或有特甚處.

함경도 부령부에는 이달 14일 오시에 천지가 갑자기 어두워지더니, 때때로 혹 황적색의 불꽃 연기와 같으면서 비린내가 방에 가득하여 마치 화로 가운

데 있는 듯하여 사람들이 훈열을 견딜 수가 없었는데, 4경이 지나서야 사라졌다. 아침이 되어 보니 들판 가득히 재가 내려 있었는데, 흡사 조개껍질을 태워 놓은 듯했다. 경성부에도 같은 달 같은 날, 조금 저문 후에 연무의 기운이 갑자기 서북쪽에 몰려오면서 천지가 어두워지더니, 비린내가 옷에 배어 스며드는 기운이 마치 화로 속에 있는 듯해서 사람들이 모두 옷을 벗었으나 흐르는 땀은 끈적이고, 나는 재가 마치 눈처럼 흩어져 내려 한 치 남짓이나 쌓였는데, 주워 보니 모두 나무껍질이 타고 남은 것이었다. 강변의 여러 고을에도 또한 모두 그러했는데, 가혹 특별히 심한 곳도 있었다.

그림 271
◆17020514≡-s0609 백두산 분출

肅宗 28년(1702년) 閏6월 9일
전라도 순천 등에 땅이 흔들리다
○全羅道 順天 等邑 地震.

☐17020704
肅宗 28년(1702년) 7월 4일 (그림 272)
경기, 충청, 강원, 전라, 경상도에 땅이 흔들리다
○京圻, 忠淸, 江原, 全羅, 慶尙五道, 同日 同時 地震.
=
숙종 28년(1702년) 7월 17일
○全羅監司 書目 : 全州等 二十五邑 呈, 以 今月 初四日 午時量 地震, 事係變異.
+?
숙종 28년(1702년) 7월 18일 (정묘)
○慶尙監司 書目 : (…중략…) 又書目 : 大丘 等 四十七官, 今月 十四日(→四日?) 午時 地震, 災異非常事.

+
숙종 28년(1702년) 8월 6일
○全羅監司 書目 : (…중략…) 又書目 : 光山等 十二邑 呈, 以七月 初四日 午時 地震, 事係變異事.

숙종 28년(1702년) 8월 4일
○慶尙監司 書目 : 大丘等 呈, 以今月 二十日 地震, 變異非常事

◎肅宗 28년(1702년) 7월 13일
경기의 광주 등이 바람과 우박의 재해를 입었고, 교동 등에는 해일이 있었다
○壬戌 / 京畿 廣州 等 二十三邑, 慘被風雹之災, 喬桐, 陽城兩邑 海溢, 咸鏡道 鍾城

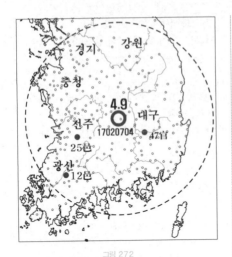

□17020704≡-s0826
진앙 : 김천 : 규모 : 4.9 / 4.7

等邑, 又有雹災.

肅宗 28년(1702년) 8월 4일
경상도 대구 등에 땅이 흔들리다
○慶尙道 大丘 等邑 地震, 咸鏡道 吉州牧,
十月 雨雹.

肅宗 28년(1702년) 8월 6일
전라도의 광산 등에 땅이 흔들리다
○全羅道 光山 等 十一邑 地震.

肅宗 28년(1702년) 8월 18일
경기 수원부에 땅이 흔들리다
○京畿 水原府 地震.

肅宗 28년(1702년) 9월 2일
전라도 전주부에 8월 22일에 땅이 흔
들리다
○庚戌 / 全羅道 全州府, 八月 二十二日 地

震, 他道 亦連續啓聞.

숙종 28년(1702년) 9월 2일
○全羅監司 書目 : 全州呈, 本月 廿六日 地
震, 起自東方, 轉向西方, 而其聲如雷, 屋宇
掀動, 移時乃止, 變異事.

肅宗 29년(1703년) 4월 21일
충청도 충주 등에 지진이 일다
○丙申 / 忠淸道 忠州 等 九邑 地震.

肅宗 28년(1702년) 10월 17일
경기 교동부에 해일이 일다
○甲午 / 京畿 喬桐府 海溢.

肅宗 28년(1702년) 11월 28일
강원도에 해일이 일어 표몰한 인가가
많았다
○江原道 海溢, 人家多漂沒者.

肅宗 29년(1703년) 4월 18일
충청도 보령에 해일이 일다
○癸巳 / 忠淸道 保寧縣, 海溢.
=
○숙종 29년 5월 5일
○忠淸監司 書目 : .. 又書目 : 保寧 等邑,
去月 十八日 海溢事.

肅宗 29년(1703년) 4월 29일
충청도 공주 등에 지진이 일다
○忠淸道 公州 等 八邑 地震.

숙종 29년(1703년) 5월 5일
○忠淸監司 書目 : 燕岐 等邑 呈, 以去月

二十一日 丑時 地震如雷, 二十九日 辰時,
監營下, 又有地震, 變異非常事.

◎ 肅宗 29년(1703년) 6월 16일
평안도 박천, 가산에 해일이 일다
○庚寅 / 平安道 博川, 嘉山, 海溢. 他道 亦
狀聞.

肅宗 29년(1703년) 6월 18일
전주에 지진이 일다
○壬辰 / 全州 地震.

=

숙종 29년(1703년) 7월 2일
○全羅監司 書目 : 全州呈, 以去月 十八日
地震, 事係變異事

肅宗 29년(1703년) 7월 27일
청양, 대흥 등에 땅이 흔들리다
○辛未 / 靑陽, 大興 地震.

=

숙종 29년(1703년) 8월 6일
○忠淸監司 書目 : 靑陽呈, 以本縣 及 大興
郡, 七月 二十七日 地震, 事係變異事.

肅宗 29年(1703년) 11月 2일(癸卯)
경기도 등에 천둥 번개가 치고, 숙천에
지진이, 청천강과 대동강 물이 넘치다
○癸卯 / 夜, 電光, 京畿, 江原, 平安等 道,
大雨雷電, 肅川 地震, 淸川, 大同兩江, 水溢.

◎ 肅宗 29년(1703년) 11월 3일
황해도 연안에 1장 남짓한 해일이 일다
○甲辰 / 黃海道 延安, 海溢丈餘.

□ 일본 지진
■ J17031121 ≡ -s1228 元禄地震
▷ M=8.0; 10~20만 명 희생
▷ 肅宗 31년(1705년) 2월 18일

肅宗 31년(1705년 乙酉) 2월 18일
일본 대마 도주 의진이 죽고 아들 의방
이 작위를 이으니 역관을 보내 위문하다
○日本對馬島主眞死, 其子義方襲爵. 朝
廷遣譯官二人問慰, 以甲申十一月 入往, 至
是始還言 : "癸未十一月 二十一日 丑時, 日
本 東海道 十五州內 武藏, 甲斐, 相摸, 安
房, 上總, 下總 等 六州, 一時 地震, 其中江
戶 武藏州 關白所居之地 及 相摸州 小田原
之地 尤甚, 地拆廣至尺餘, 其深不測, 壓死
陷死者無算. 屋宇傾覆, 因而失火, 而比屋
藏置銃藥, 故一處失火, 遠近齊發. 男女老
少, 各自逃生, 爭道 相殺, 自江戶計其陷死
燒死之類, 多至二十七萬三千餘人云."

Genroku earthquake, 1703
Japan has had two earthquakes with
staggering death tolls of more than
100,000 people. The Genroku earth
quake of 1703 was only a magnitude
8.0, but along with its tsunami it kill
ed more than 108,000 people. Gen
roku refers to the Japanese era spa
nning 1688 to 1704. The quake act
ually struck in Sagami Bay, about 25
miles(40 kilometers) southwest of
Tokyo. It ruptured in the middle of
a tectonic plate, unlike Japan's most
recent quake, which struck where

two plates ram together.
(http://www.livescience.com/30312-japan-earthquakes-top-10-110408.html)

肅宗 29년(1703년) 12월 10일
경상도 대구에 땅이 흔들리다
○慶尙道 大丘 地震.

肅宗 29년(1703년) 12월 12일(그림 273)
경상도 경주, 청송, 청도, 진보, 신녕 등에 땅이 흔들리다
○癸未 / 慶尙道 慶州, 靑松, 淸道, 眞寶, 新寧 地震如雷.

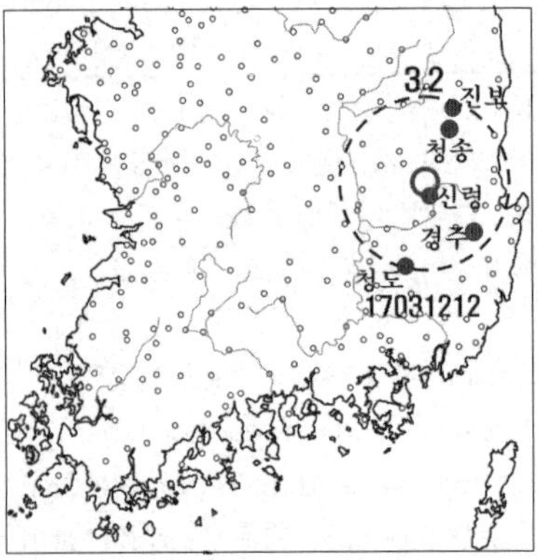

그림 273
□17031212≡1704s0118
진앙 : 신녕; 규모 : 3.2 / 3.6

肅宗 29년(1703년) 12월 17일
경상도 진주 등 8읍에 땅이 흔들리다
○戊子 / 慶尙道 晋州 等 八邑 地震.

肅宗 30년(1704년) 2월 21일
태천에 땅이 흔들리다
○辛卯 / 泰川 地震, 聲如山崩, 道臣以聞.
=
숙종 30년(1704년) 3월 22일
○平安監司 書目 : 泰川呈, 以二十一日 地震, 事係變異事.

肅宗 30년(1704년) 5월 8일
풍기와 순흥에 땅이 흔들리다
○丙午 / 豊基, 順興 地震.
=
숙종 30년(1704년) 5월 29일
○慶尙監司 書目 : 豊基等官呈, 以今月 初八日 地震, 事係非常事.

肅宗 30년(1704년) 8월 12일
강릉, 양양, 비인 등 고을에 땅이 흔들렸음을 두 도의 도신이 계문하다
○己卯 / 江陵, 襄陽, 庇仁, 藍浦 等邑 地震, 兩道 道臣以聞.

肅宗 30년(1704년) 9월 20일
해주에 땅이 흔들리다
○丁巳 / 月 入東井星. 海州 地震, 道臣以聞.

肅宗 30년(1704년) 10월 3일
정산에 땅이 흔들렸음을 도신이 계문하다
○庚午 / 定山 地震, 道臣以聞.
=
숙종 30년 10월 16일
○忠淸監司 書目 : 定山縣段(쪼=은), 初三日 未時量 地震, 俱係變異, 雹災如此, 民事可慮事.

肅宗 30년(1704년) 10월 24일

웅천, 창원 등에 땅이 흔들리다
　○辛卯 / 熊川, 昌原 等邑 地震.

肅宗 30년(1704년) 12월 2일
괴산 등 고을에 땅이 흔들리다
　○戊辰 / 槐山 等邑 地震.
= / =
숙종 30년(1704년) 12월 27일
　○忠淸都事書目：槐山等官呈, 以今月 初
八日 地震事.

肅宗 31년(1705년) 2월 17일
청주 문의에 땅이 흔들리다
　○辛巳 / 淸州文義縣 地震.

☐17050605
숙종 31년(1705년) 6월 22일
　○全羅監司 書目：全州等 十一邑, 今月 初
五日 辰時量地震, 事係變異事.
+
숙종 31년(1705년) 6월 22일
　○慶尙監司 書目：昌原等官呈, 以今月 初
五日 地震, 事係變異事.

◎肅宗 31년(1705년) 6월 19일
영암 등에 16일부터 이날까지 해일이
있다
　○辛亥 / 靈巖 等地, 自十六日, 至是日 海溢.

肅宗 31년(1705년) 7월 15일
공주 등 고을에 땅이 흔들리다
　○是日 公州 等邑 地震.
=
숙종 31년(1705년) 7월 30일

　○忠淸監司 書目：公州等官呈, 以今月 十
五日 戌時量 地震, 至於屋宇掀動, 事係變
異事.

肅宗 31년(1705년) 10월 5일
경상도 대구에 땅이 흔들리다
　○乙未 / 慶尙道 大丘 地震.
=?
숙종 31년(1705년) 10월 27일
　○慶尙監司 書目：大丘等官呈, 以九月 初
五日 地震, 事係變異事.

肅宗 32년(1706년) 1월 4일
전주 등 4읍에 지난 15일에 지진이 나
는데 두신이 장계로 알려오다
　○癸亥 / 全州 等 四邑, 去十二月 十五日
地震, 道臣狀聞.

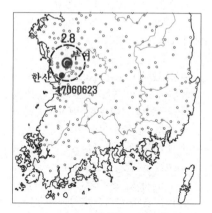

그림 274
☐17060623≡-s0801
진앙 : 부여 ; 규모 : 2.8 / 3.4

肅宗 32년(1706년) 6월 7일(그림 274)
충청도 부여, 한산 등 10고을에 지진
이 나 도신이 장계로 아뢰다

○忠淸道 扶餘, 韓山 等 十邑 地震. 道臣狀聞.
=

숙종 32년(1706년) 6월 23일
○忠淸監司 書目：扶餘等 十邑, 今月 初七
日 卯時量地震, 事係變異事.

□17061130(그림 275)
肅宗 32年(1706년 丙戌) 11月 30日(甲申)
밤에 땅이 흔들리다. 장계가 잇달아 이
르다
○甲申 / 夜, 地震. 諸道以地震事, 狀聞亦
連續來到.
+

숙종 32년 12월 8일
○江華留守書目：本府境內, 去月 三十日
夜, 再次地震, 事係變異事.
+

숙종 32년(1706년) 12월 9일
○京畿監司 書目：喬桐等官呈, 以去月 三
十日 地震, 事係變異事.
+

숙종 32년(1706년) 12월 8일(임진)
지진이 발생한 일을 보고하지 않은 觀
象監의 해당 관원을 攸司에서 推治하게
할 것을 청하는 承政院의 계
　○ 政院啓曰：去十一月三十日三更量, 有
聲如雷, 室屋動搖, 雖瞠時而止, 人多有知
之者, 臣在直廬, 亦覺其然. 翌早聞外言, 果
皆相符, 及見江華留守閔鎭遠啓, 則益驗
其無疑矣. 昨日招問觀象監官員, 則對以不
知, 雖云地震有方所, 闕下咫尺之地, 豈有
異同, 而直候之官, 朦未覺察, 都內有此莫
大之變異, 而不以上聞, 不職甚矣. 不可無
懲警之道, 本監該官, 令攸司推治, 何如?
傳曰: 允.

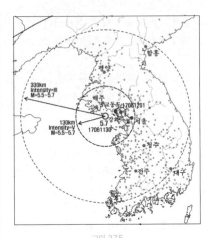

그림 275
□17061130≡-s0103
진앙 : 경기만; 규모 : 5.7 / 5.5~5.7

□17071028 일본 도카이도지진
◎쓰나미로 4,900명 희생

□17070112(그림 276)
숙종 33년(1707년) 2월 2일
○全羅監司 書目：谷城等 二十邑 呈, 以正
月 十二日 地震, 事係變異事.

숙종 33년(1707년) 2월 14일(그림 277)
○忠淸監司 書目：公州等 十三邑, 今月 初
八日 地震, 事係變異事.

숙종 33년(1707년) 3월 3일
○慶尙監司 書目：咸陽等官呈, 以二月 初
一日 地震, 事係變異事.

숙종 33년(1707년) 3월 16일
○慶尙監司 書目：柒谷等官呈, 以二月 三
十日 巳時量 地震, 屋宇掀搖, 事係變異事.

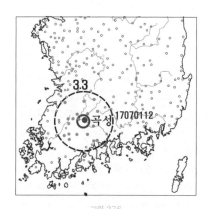

그림 276
□17070112≡-s0204
진앙: 곡성; 규모 : 3.3 / 3.7

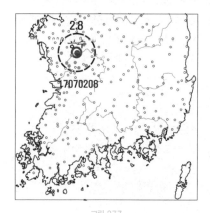

그림 277
□17070208≡-s0311
진앙: 공주; 규모 : 2.8 / 3.4

□J1707s1028 일본기이지진 / 宝永地震
▷M= 8.4~9.3

숙종 33년(1707년) 12월 14일
○京畿監司 書目 : 仁川等官呈, 以本月 初
十日 地震事.

肅宗 34年(1708년) 7月 2日(丙子)

땅이 흔들리다
○丙子 / 地動.

肅宗 35년(1709년) 6월 5일
울진에 여러 날 땅이 흔들리다
○甲辰 / 蔚珍縣連日 地震.
=

숙종 35년(1709년) 6월 25일
蔚珍 등지에 지진이 난 일에 대해 보고
하는 강원감사의 서목
○又書目 : 蔚珍等官呈, 以今月 初五日 申
時及 初六月 卯時, 同日 午時, 連三次地震,
事係變異事

○肅宗 35년(1709년) 7월 28일
충청도 덕산 등 11고을에 해일이 일다
○忠淸道 德山 等 十邑 海溢, 大興 等 三邑
海溢, 黃海道 殷栗 等 三邑 海溢, 蟹損蟲災.

肅宗 35년(1709년) 12월 19일
용천 등 다섯 고을에 땅이 흔들리다
○龍川 等 五邑 地震, 昌城雷動 地震.
=
숙종 36년(1710년) 1월 2일
○平安監司 書目 : 龍川等 四邑 呈, 以十二
月 十九日 辰時量, 始自震方, 連次地震, 乃
止於兌方, 事係變異事.
+
숙종 36년(1710년) 1월 4일
○平安監司 書目 : 昌城呈, 以去月 十九日
寅時量, 始自北方至南方, 雷聲如擂鼓, 移
時地震, 家屋若傾且掀, 變異非常事.

肅宗 36년(1710년) 1월 7일

경상도 영주, 풍기 등 고을에 땅이 흔
들리다
　○癸酉 / 慶尙道 榮川, 豊基 等邑 地震.

肅宗 36년(1710년) 2월 12일
충청도 문의, 연기에 땅이 흔들리다
　○丁未 / 忠淸道 文義, 燕岐 地震, 慶尙道
慶州 等邑 地震.

肅宗 36년(1710년) 2월 22일
평안도 평양에 땅이 흔들리다
　○平安道 平壤 地震.

肅宗 36년(1710년) 5월 3일
경상도 밀양, 청도 등에 땅이 흔들리다
　○丁卯 / 慶尙道 密陽, 淸道 等地 地震.

숙종 36년(1710년) 9월 19일
　○平安監司 書目：德川等 三邑 呈, 以今月
初二日 地震事.

肅宗 36년(1710년) 10월 6일
강원도 안협과 황해도 황주 등 일곱 고
을에 땅이 흔들리다
　○丁卯 / 江原道 安峽縣, 黃海道 黃州 等
七邑 地震.

肅宗 36년(1710년) 10월 7일
평안도 평양 등 13고을에 땅이 흔들리다
　○戊辰 / 平安道 平壤 等 十三邑 地震.
＝
숙종 36년(1710년) 11월 5일
평안도 22읍의 지진해괴제 향축폐를 該
曹에 마련해서 속히 보내주고 전에 내린

축문을 도로 거두어 향실정처에 소화하
게 분부하기를 청하는 예조의 계
　○韓配夏, 以禮曹言啓曰：卽接平安監司
移文, 則因本道狀啓：平壤等 十邑 地震,
解怪祭香燭下來, 而追啓殷山等 十二邑 地
震, 雖有先後之別, 俱是十月 初七日, 則似
不當兩處設行, 而前後啓聞二十二邑, 道里
參酌, 取其中央設祭, 而今此祝帖中, 只書
平壤等 十邑, 追啓殷山等 十二邑, 不入於
祝辭中, 故香祝姑爲奉安矣, 卽速變通回移
云, 當初平壤 等邑 地震解怪祭, 中央設行
事, 香祝旣已磨鍊下送後, 殷山 等邑 地震,
追後 馳啓, 而自前亦不疊設, 故姑爲停止
矣. 本道旣不設行, 如是移文, 前後啓聞二
十二邑 地震解怪祭香祝幣, 令該曹磨鍊, 急
速下送中央設壇, 隨時卜日 設行, 而前下送
祝文, 還爲上送, 令香室淨處燒火之意, 分
付, 何如? 傳曰：允.

肅宗 36년(1710년) 10월 23일
경상도 풍기 등 10여 고을에 땅이 흔
들리다
　○慶尙道 豊基 等 十餘邑 地震.

肅宗 36년(1710년) 10월 24일
경상도 안의에 땅이 흔들리다
　○慶尙道 安陰縣 地震.

□17110303
肅宗 37년(1711년) 3월 3일 _{그림 278}
땅이 흔들리다
　○壬辰 / 乾方至東方 地震, 翌日 又震.
＋
숙종 37년(1711년) 3월 6일

○京畿監司 書目：水原等 三邑 呈, 以本月
初三日 地震, 事係變異事.

+

숙종 37년(1711년) 3월 6일
○江華留守 書目：本月 初三日 午時量 地
震, 震聲殷殷如雷, 屋宇掀動, 暫時而止, 事
係變異事

+

숙종 37년(1711년) 3월 17일
○江原監司 書目：金化等 七邑 呈, 以今月
初三日 地震, 事係變異事.

+

숙종 37년(1711년) 3월 23일
○平安監司 書目：泰川等 五邑 呈, 以今月
初二日 四日, 連次地震, 事係變異事.

+

숙종 37년(1711년) 3월 23일
○咸鏡監司 書目：德源等 七邑 呈, 以今月
初三日 四日, 連二日 地震, 宇舍掀簸, 事係
變異事.

肅宗 37년(1711년) 3월 12일
전라도 용담 등에 땅이 흔들리다
○辛丑 / 全羅道 龍潭 等地 地震.

肅宗 37년(1711년) 3월 16일
전라도 용담과 평안도 강서에 땅이 흔
들리다
○乙巳 / 全羅道 龍潭縣, 平安道 江西縣 地震.
=

숙종 37년(1711년) 4월 6일
○全羅監司 書目：龍潭 等邑 呈, 以三月
十六日 亥時量 地震事.

+

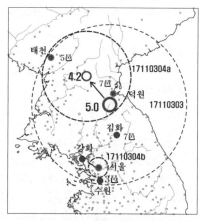

그림 278
□ 17110303 진앙 : 덕원; 규모 : 5.0 / 4.8
□ 17110304a 진앙 : 맹산; 규모 : 4.2 / 4.2

숙종 37년(1711년) 4월 10일
○平安監司 書目：江西, 咸從兩邑, 去三月
十六日, 二十日, 二十一日 地震事.

肅宗 37년(1711년) 3월 20일
평안도 강서에 땅이 흔들리다
○己酉 / 平安道 江西縣 地震.
=

숙종 37년(1711년) 4월 10일
○平安監司 書目：江西, 咸從兩邑, 去三月
十六日, 二十日, 二十一日 地震事.

숙종 37년(1711년) 3월 25일
引見에 徐宗泰 등이 입시하여 지진을
모두 보고하지 않은 觀象監 관원의 推
治, 地震解怪祭의 설행 여부 등에 대해
논의함
○ 巳時, 上御會祥殿, 大臣・備局堂上, 引
見, 入侍, 左議政徐宗泰, 右議政金昌集, 左

參贊李彦綱, 戶曹判書金宇杭, 吏曹判書李
塾, 刑曹判書尹德駿, 禮曹參判金鎭圭, 同
副承旨李鳳祥, 修撰李眞儉, 掌令朴熙晉,
司諫兪命凝, 假注書李必重・柳綖, 記事官
金聖淵・金在魯.

宗泰進曰: "近日聖體調攝若何?"

上曰: "雖非疾痛之症, 快差無期, 是又悶也."

宗泰曰: "藥院之批, 每以一樣爲敎, 卽今受
灸, 未滿壯數, 畢灸後, 當收其效, 而姑無顯
效, 深切伏悶. 王世了, 不平之氣亦如何?"

上曰: "今則快差矣."

宗泰曰: "近來雨澤適中, 牟麥茂盛, 姑無旱
乾之患, 頗爲多幸, 而比者地震之變, 無遠
近皆有之, 其爲變非常矣."

上曰: "平安道前年, 一道同震, 今亦有一道
同震, 缺三行."

昌集曰: "聖敎至此, 尤切感激. 當此艱虞之
日, 才雖魯下, 豈敢言病, 而臣以望七之年,
纔經重病, 餘症尙在, 顔貌雖不甚衰, 精神
筋力已不迷矣. 以臣駑下, 決不可虛縻重任,
只願改卜賢良, 以授隆寄, 故累度請急矣,
終有不敢當之恩禮, 故不敢不冒出矣."

上曰: "大臣, 非責以筋力之任, 更加調攝行
公可也."

昌集曰: "初三日地震, 則臣在家而知之, 四
日地震, 則臣固放過矣. 退後聞人言, 則初
四日, 亦地震云, 而繼觀諸道狀聞, 初三四
日, 連爲地震, 可見京中之亦然, 而觀象監
官員, 初三日則來言, 初四日終不來言, 近
來該監官員, 凡於災變, 率多泛過, 事甚駭
然, 觀象監當該官員, 令攸司推治何如?"

上曰: "推治可也. 出擧行條鎭圭曰: "外方,
地震解怪祭, 率皆行之, 而獨於京師不行,
未知其由. 議于大臣, 一體行之, 何如?"

上曰: "地震過五七邑後, 行解怪祭者, 例
也. 京都則辛酉, 以地震之非常, 禮判, 陳達
行之, 而其前其後, 無行之之事矣."

宗泰曰: "京中設行, 雖非五禮儀所載, 而若
値地震非常, 則曾前已有設行之事, 義起設
行, 恐宜矣."

昌集曰: "外方, 若有行之之禮, 則京師, 亦
當行之矣."

上曰: "此亦祈禳之事矣."

鎭圭曰: "旣行於外方, 則京師, 乃八方之根
本, 而獨不行, 未知其可矣."

上曰: "爲變若係大段, 則臨時稟旨擧行, 可也."

肅宗 37년(1711년) 4월 15일
평안도 강서, 함종 등에 땅이 흔들리고
황해도 평산에 우박이 내리다

○癸酉 / 平安道 江西, 咸從 等地 地震, 黃
海道 平山地, 雨雹.

숙종 37년(1711년) 4월 26일

○平安監司 書目: 又書目: 三登等 七邑
呈, 以今月 十二日 十五日, 連次地震, 事係
變異事.

숙종 37년(1711년) 5월 9일

○夜二更, 自巽方至坤方地震. 已上朝報.

숙종 37년(1711년) 6월 25일

○全羅監司書目: 又書目: 鎭安, 茂朱, 龍
潭等官呈, 以五月 二十四日, 今月 初四日
地震事.

숙종 37년(1711년) 8월 23일

○全羅監司 書目: 又書目: 長城, 高敞 等

邑 못, 以八月 初二日 末時量 地震事.

숙종 38년(1712년) 1월 25일
○平安監司 書目 : 順川等 兩邑 못, 以今正月 十五日 子時量, 自東北方地震, 轉向南方而止, 事係變異事.

肅宗 38年(1712년) 4月 1日(癸丑)
경기 양주 등 고을에 우박이 쏟아지고 영평에 땅이 흔들리다
○朔癸丑 / 京畿楊州 等邑, 雨雹. 永平地震.

肅宗 38년(1712년) 9月 20일
경상도 성주에 땅이 흔들리다
○慶尙道 星州 地震.

肅宗 38年(1712年) 9月 3日
평양 등지에 땅이 흔들리다
○平安道平壤等地 地震.
=

숙종 38년(1712년) 9월 3일
○平安監司 書目 : 平壤等 七邑 못, 以今八月 二十四日 地震, 屋宇掀動, 事係變異事.
以上朝報

◎**肅宗 38년(1712년) 11월 2일**
평안도 함종, 증산 등에 해일이 일다
○平安道 咸從, 甑山 等地, 海溢, 民有溺死者.

肅宗 39년(1713년) 1月 20일
경상도 칠곡에 땅이 흔들리다
○戊戌 / 慶尙道 漆谷 地震, 聲如雷吼.

□17130212(그림 279)

숙종 39년(1713년) 2월 15일
○江華留守書目 : 今月 十二日 寅時量地震, 事係變異事.
+

숙종 39년(1713년) 2월 23일
○京畿監司 書目 : 富平못, 以今月 十二日 地震事.
+

숙종 39년 2월 27일
○又書目 : 海州等 十三邑 못, 以今月 十二日 寅時量 地震起自西北間, 屋宇掀動, 門樞有聲, 轉震南方, 而復作一次, 食頃之間, 再次地震, 係是變異事.
+

숙종 39년(1713년) 3월 2일
○平安監司 書目 : 牛壤等 二十四邑 못, 以二月 十二日 寅時量地震, 事係變異事.

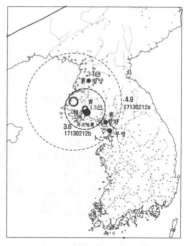

그림 279
□17130212a
진앙 : 송화E ; 규모 : 4.9 / 4.7
▷중국지진 없음
□17130212b
진앙 : 해주N ; 규모 : 3.6 / 3.8 여진

肅宗 39年(1713년) 4月 3日(庚戌)
태백성이 사지(巳地)에 나타나다
○庚戌 / 太白見巳地. 夜, 地動.

肅宗 39년(1713년) 6月 17일
경상도 대구 등에 땅이 흔들리다
○壬辰 / 慶尙道 大丘 等邑 地震.
=
숙종 39년(1713년) 6월 17일
○慶尙監司 書目：大丘呈, 今月 初二日 地震事.

◎肅宗 39년(1713년) 6월 29일
충청도 홍양 등에 해일이 일다
○忠淸道 洪湯 等地, 海溢.

◎肅宗 39년(1713년) 7월 12일
전라도 영광에 해일이 일다
○全羅道 靈光, 海溢.

◎肅宗 39년(1713년) 7월 17일
경기 부평에 해일이 일다
○京畿 富平海溢, 驪州, 陽川, 加平 等地, 有蟲災.

◎肅宗 39년(1713년) 7월 29일
각지에 기상 이변이 나다
○全羅, 京畿 道各邑, 大風, 全羅道 靈光, 咸平 等地, 海溢, 京畿 廣州, 霜降.

□17140122≡-s0307(그림 280)
肅宗 40年(1714년 甲午) 1月 22日(甲子)
지진이 일어나다. 달이 방수 제2성을 범하다

○甲子 / 地震. 月犯房宿第二星.
+
肅宗 40年(1714년) 1月 30日(壬申)
강화, 개성, 평안도 일대에 땅이 흔들리다
○壬申 / 江華, 開城, 平安道 平壤 等 二十邑, 京畿水原, 安城, 黃海道 海州 等地 地震. 此後八道, 竝狀聞.
+
숙종 40년(1714년) 1월 22일
○申時 自艮方至巽方地震. 五更月 犯房宿第二星
+
숙종 40년(1714년) 1월 29일
○平安監司 書目：平壤等 二十邑 呈, 以今月 二十二日 末時申時量 地震連次, 起自西北方, 向東南方而止, 事係變異事.
+
숙종 40년(1714년) 1월 29일
○開城留守 書目：今月 二十二日 申時量地震, 事係變異事.
+
숙종 40년(1714년) 1월 29일
○京畿監司 書目：水原 等官呈, 以今月 二十二日 地震緣由事.
▷+안성
+
숙종 40년(1714년) 2월 1일
○黃海監司 書目：海州等 五邑 呈, 以二月(正月) 二十二日 地震, 事係變異事. 朝報.
+
숙종 40년(1714년) 2월 2일
○江原監司 書目：金化呈, 以正月 二十二日 末時量, 再度地震, 令人撓動, 事係變異事.

+

숙종 40년(1714년) 2월 17일
　○江原監司 書目：淮陽等 三邑, 正月 二十
二日 申時地震.
+

숙종 40년(1714년) 2월 17일
　○咸鏡監司 書目：咸興等 九邑 呈, 以正月
二十二日 申時量地震, 事係變異事.

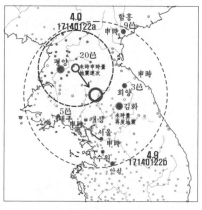

그림 280
□17140122a 진앙 : 강동 ; 규모 : 4.0 / 4.0
□17140122b 진앙 : 이천 ; 규모 : 4.9 / 4.7

숙종 40년(1714년) 2월 17일
　○江原監司 書目：原州, 江陵等 兩邑, 二月
初五日 亥時地震, 屋宇搖動, 事係變異事.

肅宗 40년(1714년) 7월 21일
각지에 천재지변과 괴이한 일들이 나다
　○黃海道 瓮津縣, 忠淸道 燕岐縣, 慶尙道
玄風縣, 有一胎三子之異.
忠淸道 公州 等 九邑, 三月 二十一日 地震.
鴻山 等 七邑 及 全羅道 全州 等 十三邑, 平
安道 定州 等 十二邑, 癘疫太熾. 咸鏡道 高
原, 雨雹, 咸興, 五月 下雪. 黃海道 各邑,

雨水過節, 遂安沙頹, 壓死者二名, 文化有
蟲災. 濟州大饑, 民皆宰食牛馬, 旱災孔酷,
牛馬渴斃.

◎肅宗 40년(1714년) 7월 23일
경기 수원에 해일이 일다
　○京畿 水原地海溢, 喬桐泥蟲熾發.

◎肅宗 40년(1714년) 9월 6일
전라도 무장에 해일이 일다
　○甲辰 / 全羅道 茂長縣, 海溢.

숙종 40년(1714년) 9월 29일
　○平安監司 書目：昌城等 三邑 呈, 以今九
月 初八日, 始自西北間, 雷電地震, 轉向東
方而止, 俱係變異事.

肅宗 40년(1714년) 11월 1일
경상도 대구 등에 땅이 흔들리다
　○朔己亥 / 慶尙道 大丘 等地 地震.
=

숙종 40년(1714년) 11월 1일
　○慶尙監司 書目：大丘呈, 以本月 十二日
連次地震, 事係變異事.

肅宗 40년(1714년) 11월 3일
충청도 괴산 등에 땅이 흔들리다
　○忠淸道 槐山 等地 地震.
=

숙종 40년(1714년) 11월 3일
　○忠淸監司 書目：槐山等 四邑 呈, 以去月
十九日 戌時量地震, 事係變異事.

肅宗 41년(1715년) 3월 18일

경기 이천 등에 땅이 흔들리다
○甲寅 / 京畿 利川 等 六邑 地震.

肅宗 41년(1715년) 4월 14일
충청도 보은에 땅이 흔들리다
○己卯 / 忠淸道 報恩縣 地震.

肅宗 42년(1716년) 1월 1일
장흥 강진 등에 땅이 흔들리다
○全羅道 長興, 康津 等地 地震, 聲如擂鼓.

肅宗 42년(1716년) 3월 7일
평안도 강동에 땅이 흔들리다
○平安道 江東縣 地震.

肅宗 42년(1716년) 4월 7일
삭주부에 서리가 내리고, 개령에 땅이
흔들리다
○丙申 / 平安道 朔州府霜降, 慶尙道 開寧
縣 地震, 金山郡有雷鼓聲, 起自西北.

肅宗 42년(1716년) 10월 20일
9월에 웅천, 김해에 땅이 흔들리고 이
날 용궁에도 땅이 흔들리다
○九月, 熊川, 金海 等地 地震, 是日, 龍宮
地震, 道臣以聞.

숙종 42년(1716년) 1716년 11월 15일
龍宮 등에 지진에 대한 경상감사의 서목
○慶尙監司 書目 : 龍宮 等 三邑 呈, 以 地
震事.
=
숙종 42년(1716년) 11월 15일
○慶尙監司 書目 : 龍宮等 三邑 呈, 以地震事.

숙종 42년(1716년) 11월 15일
○江海監司 書目 : 平海 兼任 蔚珍呈, 以十
月 十二日 戌時量, 先自南方地震, 俄頃乃
止事.

肅宗 43년(1717년) 1월 8일
경상도 청송, 영양, 진보 등에 땅이 흔
들리다
○癸亥 / 慶尙道 靑松, 英陽, 眞寶 等邑, 前
月 十四日(17161214) 地震, 大丘, 慶州, 東
萊, 義城, 前月 二十一日 地震(17161221),
道臣以聞.

肅宗 43년(1717년) 4월 15일
평안도 벽동에 땅이 흔들리다
○己亥 / 平安道 碧潼郡 地震.

肅宗 43년(1717년) 10월 7일
남양 부사 홍호인이 전결의 급재를 상
소하다
○南陽府使洪好人上疏言, 本府海溢滋甚,
年事失稔, 乞加給災結. 又請今春設賑時,
移轉各處米穀, 竝捧留本府, 備局覆奏以爲,
節晩後續續給災, 必有冒濫之弊, 只許南漢
米捧留本府.

肅宗 44년(1718년) 9월 14일 (그림 282)
경상도에 땅이 흔들리고, 충청도에 우
박이, 강원도 영월부에 별이 떨어지다
○江原道 寧越府, 是日 酉時, 火光起自東
方, 星隕有聲.
慶尙道 英陽, 安東, 靑松, 眞寶 等邑 地震.
忠淸道 公州, 稷山, 丹陽, 文義 等邑, 雹.

肅宗 45년(1719년) 2월 11일(그림 282)
충청도 대흥 등에 땅이 흔들리다
○甲寅 / 忠淸道 大興 等 六邑 地震. 道臣以聞.

숙종 46년(1720년) 2월 30일
○觀象監. 未時, 自南方至北方 地震, 啓.

景宗 卽位년(1720 庚子 59년) 9월 13일
고부사 이이명 등이 심양에 다다라 연로의 소문을 치계하다
○丁丑 / 告訃使李頤命 等 抵瀋陽, 以沿路所聞 馳啓曰: "淸主尙在熱河, 太子事, 依舊無他聞. 燕中 地震, 屋宇頹陷, 人多壓死. 西征之兵, 屯戍多년, 西猺遠遁, 不得交戰, 病死相繼云."

경종 원년(1720년) 10월 20일
○平安監司 書目: 平壤等 四邑 呈, 以十五日, 雷動地震, 俱係變異事.

景宗 1年(1721년) 3월 13日(甲戌)
땅이 흔들리다
○甲戌 / 巳時, 自坤方至艮方, 地動.

景宗 1년(1721년) 11월 15일(그림 282)
땅이 흔들리다
○忠淸道 連山, 恩津, 扶餘 等邑 地震. 有聲如雷, 掀動屋宇. 全羅道 珍山 等地, 一日 地震者再, 道臣皆 馳啓.

景宗 2년(1722년) 4월 5일
영남에 충해가 나고 호남에 땅이 흔들리다
○諸道 雨雹, 霜雪, 嶺南蟲災, 湖南 地震.

경종 2년(1722년) 9월 27일
○又讀全羅監司 黃爾章狀啓: 淳昌郡, 今八月 初一日 地震事. 踏啓字.

景宗 2년(1722년) 11월 29일(그림 281)
평안도 중화, 평양, 삼화 등 고을에 땅이 흔들리다
○平安道 中和, 平壤, 三和, 肅川, 咸從, 祥原, 江西, 江東, 三登, 殷山, 順安, 甑山 等十二邑, 同日 地震.

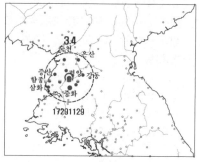

그림 281
□17221129 진앙 : 평양: 규모 : 3.4 / 3.7

景宗 2년(1722년) 12월 18일
충청도 문의, 회인에 천둥과 땅이 흔들리다
○忠淸道 文義縣, 雷動, 懷仁縣 地震.

景宗 2년(1722년) 12월 29일(그림 282)
경상도 김천 등 고을에 땅이 흔들리다
○慶尙道 金山 等 四邑 地震雷動
=
경종 3년(1723년) 1월 20일
○又讀慶尙監司 李廷濟狀啓: 去十二月 二十日 戌時量, 金山, 開寧地, 二十日 戌時, 二十九日 未時量, 善山, 知禮雷動地震, 冬

月 天動地震, 事係變異事. 踏啓字

景宗 3년(1723 癸卯 1년) 12월 19일
황해도 서흥에 땅이 흔들리다
○黃海道 瑞興縣 地震.

景宗 3년(1723년) 5월 13일
전라도 진도군, 경상도 함안군 등에 우
박이 내리다
○八路人旱. 全羅道 珍島 等郡, 雨雹, 人如
鷄卵. 慶尙道 咸安 等郡雹, 牛畜盡斃, 人物
凍死. 善山 等邑, 雨雹, **開寧 等縣 地震, 聲**
如雷. 江原道 平昌 等邑, 雨雹, 大如椀. 道
臣狀聞.

景宗 4년(1724년) 1월 19일
황해도 서흥에 땅이 흔들리다
○甲午 / 黃海道 瑞興縣 地震.

◎景宗 4년(1724년) 5월 2일
강화, 교동에 해일이 있다
○江華喬桐, 海溢.

◎景宗 4년(1724년) 5월 3일
황해도, 평안도에 해일이 있다
○乙巳 / 黃海, 平安道, 海溢.

◎英祖 1년(1725년) 7월 22일
수원에 해일이 일다
○丁巳 / 京畿 水原, 海溢.

英祖 1년(1725년) 10월 5일(그림282)
전주 순창 등에 땅이 흔들리다
○全州, 淳昌 等邑 地震.

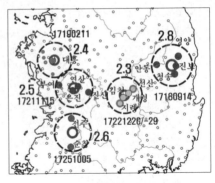

그림 282

□ 17180914 진앙: 진보; 규모: 2.8 / 3.4
□ 17190211 진앙: 대흥; 규모: 2.4 / 3.3
□ 17211115 진앙: 은진; 규모: 2.5 / 3.3
□ 17221229 진앙: 김천; 규모: 2.3 / 3.2
□ 17251005 진앙: 임실; 규모: 2.6 / 3.3

英祖 1년(1725년) 10월 18일
강화부에 지진이 생기다
○壬午 / 江華府 地震.

英祖 1년(1725년) 12월 16일
황해도에 땅이 흔들리다
○黃海道 長淵縣 地震.

英祖 2년(1726년) 3월 15일(그림283)
황주 재령 서흥에 땅이 흔들리다
○黃州, 載寧, 瑞興 地震. 有氣起自東北方,
長十餘丈, 光如虹, 無何消滅.

英祖 2년(1726년) 3월 26일(그림283)
평안도에 땅이 흔들리다
○平安道 七邑 地震.

英祖 2년(1726년) 7월 1일
호서 지방에 땅이 흔들리다
○湖西 地震.

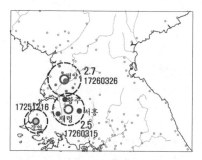

□17231216 진앙 : 장연 ; 규모 : ?
□17260315 진앙 : 사리원 ; 규모 : 2.5 / 3.3
□17260326 진앙 : 평양 ; 규모 : 2.7 / 3.4

◎英祖 2년(1726년) 8월 3일
청주, 직산, 공산, 단양 등에 큰물이 지
고 당진에는 해일이 발생하다
○淸州, 公山, 稷山, 丹陽 等地, 大水, 唐津
海溢.

英祖 2년(1726년) 11월 2일
호서에 땅이 흔들리다
○庚寅 / 湖西 地震.

英祖 2년(1726년) 12월 29일
충청도 제천에 땅이 흔들리다
○忠淸道 堤川縣 地震.

英祖 2년(1726년) 12월 30일
경상도 풍기와 충청도 청풍에 땅이 흔
들리다
○丁亥 / 慶尙道 豊基, 忠淸道 淸風等地地震.

英祖 3년(1727년) 5월 2일(그림 284)
함경도 함흥 등에 땅이 흔들리다
○咸鏡道 咸興 等 七邑 地震, 屋宇, 城堞,
多頹壓.

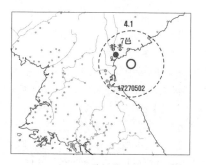

□17270502 진앙 : 함흥 ; 규모 : 4.1 / 4.1

영조 4년(1728년) 12월 15일
○權益淳啓曰 : "卽伏見平安監司 尹游狀啓
則去十一月 十一日 義州府江東縣地震, 十二
日 義州府又震, 去十一月 十四日 三和府雷
震, 而今始登聞, 雖未知各邑 所報遲速之如
何, 而莫重變異, 不卽 馳啓, 不可無警責之
道. 平安監司 尹游推考, 何如? 傳曰 : "允.

英祖 5년(1729년) 3월 22일
경상도 합천에 땅이 흔들리다
○慶尙道 陜川郡 地震.

英祖 6년(1730년) 2월 5일
묘시에 간방에 곤방까지 땅이 흔들리다
○甲辰 / 卯時, 自艮至坤 地震.

□北京地震
英祖 6年(1730년)11月 17日(壬午)
/ 청 옹정(雍正) 8년
부사 윤유가 병이 위중하여 사행의 일
이 낭패함과 북경 지진의 일을 의논함
○領議政洪致中請對奏曰 : "見使臣狀啓 :
副使尹游, 中路病重, 使事狼狽, 請變通." 許
之. 致中請以工曹判書尹淳, 守禦使申思喆,

吏曹判書宋寅明, 差備局有司堂上, 上曰：
"北報如此, 備局之任, 有名無實, 擇其可合
者啓下. 參議李匡德敍用, 差有司之任, 可
也." 上諭致中曰："卿見賚咨官李橔耶？"承
旨鄭羽良曰："自政院招問, 則以爲渠親見地
震. 北京皆用沙器, 自相撞破, 渠出來後 地
震尤甚云矣." 上曰："皇城外亦然云耶？"羽
良曰："城外亦然, 圓明, 敝春等 宮闕, 無數
頹壓, 且關東大雨, 陷沒數千里." 上曰："胡
無百年之運, 災異如此. 我國雖有雪恥之心,
唇亡則齒豈不寒乎？ 淸皇每顧護我國, 我國
玩愒以度矣." 致中曰："大明嚴刻, 未能固
結人心, 故民無思漢之心矣." 上曰："胡運
如此, 而我國如在無事之時. 脫有北憂南警,
將奈之何？"致中曰："聖慮深遠矣."

英祖 6년(1730년) 12월 26일
예천에 이 달 11일에 땅이 흔들리다
○醴川郡, 今月 十一日 地震.

英祖 7년(1731년) 1월 20일
경상도 영양, 상주 등 고을에 땅이 흔
들리다
○甲申 / 慶尙道 英陽, 尙州 等邑 地震.

□1731s1131 북경지진, 10만 희생

英祖 8년(1732년) 2월 15일
강원도 간성에 땅이 흔들리다
○江原道 杆城郡 地震.

英祖 8년(1732년) 2월 25일
경상도 김천에 땅이 흔들리고 각 고을
에 전염병이 치성하여 죽은 자가 많다

○慶尙道 金山郡 地震, 各邑 癘疫熾盛, 民
多死.

英祖 8년(1732년) 閏5월 28일
황해도 해주에 땅이 흔들리다
○黃海道 海州 地震.

◎英祖 8년(1732년) 9월 24일
전라도에 전염병이 크게 번지다. 영광
군에 해일이 일다
○全羅道 癘疫熾盛, 靈光郡海溢.

英祖 8년(1732년) 9월 24일(그림 285)
경상도 풍기, 예천, 용궁, 영주에 땅이
흔들리다
○慶尙道 豊基, 醴泉, 龍宮, 榮川 地震.

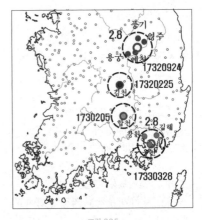

그림 285
□17320924≡-s1111
진앙: 예천; 규모: 2.8/3.4
□17330328≡-s0511
진앙: 웅천; 규모: 2.8/3.4

英祖 9년(1733년) 3월 28일(그림 285)
경상도 웅천, 창원, 김해에 땅이 흔들
리다

바람에도 흔들리는 땅

○己酉 / 慶尙道 熊川, 昌原, 金海 地震.

◎英祖 9년(1733 癸丑 11년) 8월 26일
황해도에 7월 이후로 큰 바람과 폭우
가 장마가 되어 달포가 지나다
　○黃海道 七月 以後, 大風暴雨, 仍成淫霖,
經월末霽, 山崩海溢.

英祖 9년(1733년) 11월 15일(그림 286)
충청도(公洪道) 문의 등 여러 읍에 땅이
흔들리다
　○公洪道 文義, 靑山, 報恩, 燕歧 等 諸邑
地震, 起自東方, 止于西方, 屋宇掀動, 有聲
如雷.

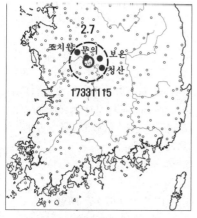

그림 286
□17331115≡-s1220
진앙 : 문의; 규모 : 2.7 / 3.4

英祖 10년(1734년) 3월 13일
평안도 태천에 땅이 흔들리다
　○平安道 泰川 地震.

英祖 10년(1734년) 4월 11일

경상도, 강원도, 평안도에 서리와 우박
이 내리다. 전라도에 우박과 눈이 내리다
　○慶尙道, 江原道, 安安道 霜降雨雹. 全羅
道 雨雹雨雪, 杆城 地震

英祖 10년(1734년) 4월 19일
충청도 온양에 지진이 나 집채들이 흔
들리고 소리가 천둥과 같았다
　○忠淸道 溫陽郡 地震, 屋宇掀動, 有聲如
雷, 移時乃止.

◎英祖 10년(1734년) 6월 29일
충청도 아산에 해일이 있었다
　○忠淸道 牙山縣海溢.

英祖 10년(1734년) 8월 18일
평안도 상원에 땅이 흔들리다
　○辛酉 / 平安道 祥原郡 地震.

◎英祖 11년(1735년) 5월 12일
평안도에 해일이 발생하다
　○平安道 海溢.

◎英祖 11년(1735년) 5월 16일(乙卯)
웅천에 뿔이 다섯 개인 송아지가 태어
나다. 황해도에 해일이 발생하다
　○乙卯 / 熊川有牛生五角. 黃海道 海溢.

◎英祖 11년(1735년) 5월 23일
양서 지방에 해일이 있었고, 전광도에
우박이 떨어지다
　○壬戌 / 兩西海溢, 全光道 雨雹.

◎英祖 11년(1735년) 6월 4일(壬申)

경기에 해일이 발생하다
○壬申 / 京畿 海溢.

◎英祖 11년(1735년) 7월 11일
경기에 해일이 발생하다
○京畿 海溢.

英祖 12년(1736년) 12월 4일
황해도 장연부에 11월 23일 천둥이 치
고, 경기 등에 천둥이 치다
○癸亥 / 黃海道 長淵府十一月 二十三日
大雷, 京畿 富平, 仁川, 金浦, 陽川 等邑, 今
月 初一日 午時, 日 色陰翳, 大雷.
慶尙道 寧海府十月 初五日 夜, 獰風猝起,
怒濤接天, **海邊民村, 多蕩漂** 地震, 大雷霆.
盈德縣十月 初六日, 大雷震, 泗川縣十月
十七日, 大雷雨震, 星山縣十一月 十九日
地震如雷.
▷영해 : 지진해일

英祖 13년(1737년) 2월 1일(그림 287)
경상도의 성산, 대구, 풍기 등에 땅이
흔들리다
○慶尙道 星山, 大丘, 豊基, 咸昌, 金山, 醴
泉, 開寧, 龍宮, 尙州, 聞慶, 順興 等邑 地震.

英祖 13년(1737년) 11월 3일
재변과 백성의 곤핍함을 아뢰고 경계
할 것을 권하는 수찬 이정보의 상소
○修撰李鼎輔上疏言:
臣於今行, 歷遍三南, 湖南 沿海, 二十七載
之間, 十五次設賑, 已極驚慘. 至於嶺南則
東海波赤, 達城 地震之後, 人心洶洶, 莫可
鎭定. 以臣之出自遞班, 擁馬泣訴, 其饑困

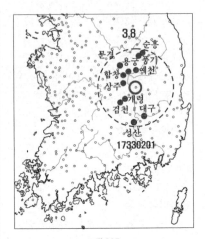

之狀, 吁可憫矣. 兩道 伯之周通諳練者, 六
朔引入, 衆務積滯. 湖西 舊伯之徑遞, 設賑
重任, 遽付生手. 三南國之根本, 而累經大
無, 實非細憂. 及 到洛下, 天變孔酷, 震號
之聲, 洊作於純陰; 金木之孛, 連犯於太陰,
怪風拂地, 赤氣亘天. 此莫非陰盛陽衰之象,
而殿下恐懼修省, 不過數日 減膳, 草草求
言, 此何以消弭災沴耶?
副校理吳遂采亦上疏陳戒, 上竝嘉納.

영조 17년(1741년) 1월 14일
○夜一更, 自艮方至巽方地震

◎英祖 17년(1741년) 7월 18일(庚辰)
충청도의 비인, 평택, 직산, 서천 등 고
을에 해일이 발생하다
○庚辰 / 忠淸道 庇仁, 平澤, 稷山, 舒川 等
四邑 海溢.

◎英祖 17년(1741년) 7월 27일(己丑)
경상도 창원, 김해 등 고을에 해일이
발생하다
○己丑 / 慶尙道 昌原, 金海 等邑 海溢.

◎英祖 17년(1741년) 9월 16일(戊寅)
공홍도 평택 등에 해일이 발생하다
○戊寅 / 海溢于公洪道 平澤 等地, 平地水
深丈餘.

◎英祖 17년(1741년) 9월 18일(庚辰)
천안에 해일이 발생하다
○海溢于天安縣.

◎英祖 17년(1741년) 12월 10일
헌납 유우기가 근래의 재이와 흉년 및
언로가 막히고 권한이 전지에 집중된
폐단에 대해 상소하다
○辛丑 / 獻納兪宇基上疏, 略曰:
近年以來, 災異荐生, 金星犯月, 盛夏飛霜,
京江血赤, 萊海魚爛, 迄于今歲, 七月 風變,
三邊海溢, 冬無點雪, 日 暖如春, 上天之譴
怒極矣, 殿下所以恐懼, 修省者, 不過一時
減膳之敎而已. 兩南民飢死亡十九, 東北凶
荒, 流民相續, 下民之困悴極矣. 國家所以
賑濟安集者

英祖 18년(1742년) 5월 2일
황해도와 평안도에 우박과 지진, 서리
가 내리다
○黃海道 黃州 等 六邑 雨雹, 平安道 殷山
等 五邑 地震, 肅川 等 三邑 霜降.

英祖 18년(1742년) 10월 24일

그림 288
□17430200a 진앙 : 부여; 규모 : 2.9 / 3.5

호서에 땅이 흔들리다
○湖西 地震.

英祖 18년(1742년) 12월 30일
경상도 영주 등에 천둥과 땅이 흔들리다
○慶尙道 榮川 等邑, 雷電 地震.

英祖 19년(1743년) 2월 30일(그림 288)
영남과 호서 등에 땅이 흔들리다
○是月, 嶺南 彦陽, 蔚山 等邑 地震, 湖西
公州, 定山, 扶餘, 禮山 亦地震.

◎英祖 19년(1743년) 6월 11일
평안도에 자연 재해와 병충해가 심하
다고 평안감사가 아뢰다
○平安道 朔州燻乾, 殷山 等三邑 蟲災, 鐵
山海溢, 理山 等 十五邑 雹災, 道臣以聞

英祖 20년(1744년) 7월 29일
경상, 전라, 충청도에는 벼락으로 사람
이 죽고, 면천 등에는 땅이 흔들리다
○慶尙道 善山民母子, 一時震死, 全羅道

順天民夫妻與其孫女六歲兒震死,　公洪道
瑞山民三人, 在田間震死. 沔川, 唐津 地震.

영조 20년(1744년) 4월 27일
○夜三更, 自巽方至乾方 地震.

英祖 20년(1744년) 8월 9일
충청도 연해의 고을에 해일이 일고 노성 등 고을에는 땅이 흔들리다
○海溢于公洪道 沿海邑, 尼山, 連山 等邑
地震, 有聲隱隱, 自東方起, 止於西方.

◎英祖 20년(1744년) 8월 11일
해남 고을에 해일이 일고, 또 충재가 나다
○海溢于海南沿海邑, 又有蟲災.

英祖 20년(1744년) 8월 29일
충청도 노성에 지진이 나서 집채들이 흔들리다
○地震于公洪道 尼山縣, 屋宇掀動.

英祖 20년(1744년) 9월 2일
충청도 청산에 땅이 흔들리다
○丙子 / 地震于公洪道 靑山縣.

英祖 21년(1745년) 10월 2일
경상도 단성에 9월 13일 땅이 흔들리다
○庚子 / 慶尙道 丹城縣, 九月 十三日 地震.

◎英祖 23년(1747년) 12월 7일
전라도의 해일 피해 지역의 신역에 대한 미포의 견감을 비변사에 아뢰다
○癸亥 / 備邊司啓言:"全羅道 尤甚邑 海

溢尤甚面里身米布全減之, 次邑 海溢尤甚
面里, 竝牛減事, 曾已允下知委. 而其中騎
步布落漏者, 道臣以一體蠲減之意, 稟報於
備局. 依他道 例, 尤甚邑 全減之, 次邑 半
減爲宜."允之.

英祖 24年(1748년) 3月 5日(己丑)
주강을 끝내고 나서 시독관 김상철 등이 재변에 대비할 것을 간하다
○己丑 / 行晝講. 講訖, 侍讀官金尙喆曰:
"昨日**地動**之變, 雨雹之災, 遽在於陽和發舒
之節, 天地俱失其常道矣. 吾之氣順則天地
之氣順, 伏願毋或狃安, 以軫消弭之方焉."
檢討官李全采曰:"天道, 君道也; 地道, 臣
道也. 殿下一心無小査滓, 則天道可和, 在
廷諸臣同心和協, 則地道亦可和矣."上曰:
"上, 下番所勉切實, 當留念."引見大臣, 備
堂. 領議政金在魯等以地震引咎, 上曰:"實
由涼德, 卿等過矣."在魯因咸鏡監司李宗城
狀啓:請還上未捧各穀七千一百二十七石,
特許蕩減, 允之. 上曰:"南北生釁, 實多可
憂, 予每於中夜思之, 或恐一朝有事, 而袖
手坐視耳. 得人爲方今之急務, 而得人之道,
在乎朝廷之和協, 卿等勉之."左議政趙顯命
曰:"易知者卽文才, 而文士亦不能登用. 況
其中之不可知者, 何以識得耶? 聖上每勉和
協, 而舊憾乍平, 新怨繼起, 無奈何矣?"上
曰:"黨人之習, 果難矣."顯命又言:"流丐
甚多, 目見稚兒呼號於道上."敎曰:"爲我
赤子, 訴告於道上, 而莫之恤焉, 亦寔予之
過. 其令賑廳, 便宜濟活, 送還本土. 此必外
方流民也. 噫! 百里之任, 付諸元元, 不能撫
恤, 使之號呼於都下, 此奚異若己推而納諸
溝中乎? 其令着意顧恤, 還歸之後, 亦爲濟
活, 期於奠居."

英祖 24년(1748년) 9월 9일(그림 289)
서울에 땅이 흔들리다
○京師 地震. 慶尙道 醴泉 等邑, 江原道 三
陟 等邑 地震.

+

영조 24년(1748년) 9월 9일
○夜一更, 流星, 出虛星下, 入巽方天際, 狀
如拳, 尾長三四尺許, 色赤. 自北方至南方
地震.

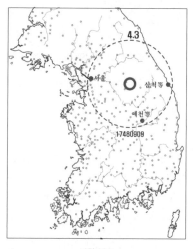

그림 289
□ 17480909≡-s1030
진앙 : 횡성? ; 규모 : 4.3 / 4.3?

英祖 26년(1750년) 1월 4일
황해도에 땅이 흔들리다
○戊申 / 黃海道 地震.

英祖 26년(1750년) 12월 6일
호서에 땅이 흔들리다
○乙亥 / 湖西 地震.

◎ 英祖 27년(1751년) 5월 4일

평안도에 해일이 있다
○庚子 / 平安道 海溢.

영조 28년(1752년) 9월 22일
○巳時, 自巽方至坤方 地震. 午時, 未時,
雷動. 自初昏至三更, 雷動, 電光, 雨雹.

英祖 30年(1754년) 5月 17日(乙未)
땅이 움직이다
○乙未 / 地動.

英祖 30년(1754년) 9월 11일
전라도 부안에 땅이 흔들리다
○全羅道 扶安縣 地震.

英祖 30年(1754년) 9월 19日(乙未)
지진 · 우박 · 천둥이 있다
○乙未 / 地動. 雨雹, 雷動電光

英祖 33년(1757년) 6월 15일(그림 290)
호서 덕산에 지진이 나서 사람이 죽다
○乙亥 / 湖西 德山 地震, **人有死者**.

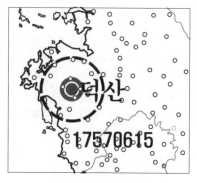

그림 290
□ 17570615 진앙 : 덕산; 규모 : ??

◎英祖 33년(1757년) 6월 24일
해서의 배천 등에 해일이 일다
○甲申 / 海西 白川 等邑 海溢.

◎英祖 33년(1757년) 7월 1일
전라도 해남 등 네 고을에 해일이 나
고, 순천에는 벼락에 맞아 사람이 죽다
○全羅道 海南 等 四邑 海溢, 順天有震死者.

◎英祖 33년(1757년) 7월 9일
광주에 해일이 발생하다
○廣州海溢.

영조 35년(1759년) 1월 6일
○申時 地震. 初昏, 流星出淡雲間, 入坤方
天際, 狀如拳, 尾長二三尺許, 色赤.

英祖 36년(1760년) 2월 21일
전라감사가 장계 : 이달 초엿새 지진이
서쪽에서 나 동쪽으로 가다
○全羅監司 狀啓 : 今月 初六日 地震, 起西
方至東方.

英祖 36년(1760년) 7월 20일 (그림 291)
경상도 비안, 선산 등에 땅이 흔들리
고, 김천, 선산 등에 벼락에 맞아 네 명
이 죽다
●慶尙道 比安, 善山, 星州, 仁同, 金山, 開
寧 等邑 地震, 金山, 善山 等邑, 咸鏡道 文
川郡民震死者, 凡四人.

◎英祖 37년(1761년) 7월 28일
영암 등에 해일, 삼화 등에 우박의 재
해가 발생하다

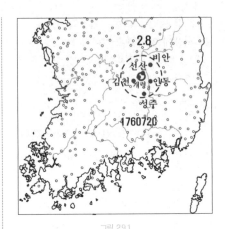

그림 291
□ 17600720 진앙 : 구미 ; 규모 : 2.8 / 3.4

○甲子 / 靈巖 等邑, 海溢蟲蟹爲災, 三和
等邑 雨雹.

英祖 37년(1761년) 12월 27일
경상감사 장계 : 성주 지역의 지진을
아뢰다
○辛卯 / 慶尙監司 狀啓 : "星州地, 今月
初十日 地震, 聲如大砲."

◆1779 말～1780 초 일본 사쿠라지
마 분출

◎正祖 5년(1781년) 11월 29일
만경의 유학 이복성이 유지에 응한 상
소문
○萬頃幼學李復性, 應旨上疏曰 :
萬頃, 湖南 斗小之邑 也. 南西北三面, 濱於
大海, 潮汐之驅, 便同潦水之患. 往往海溢,
浪勢所觸, 醎氣所侵, 仍歸荒廢, 昔之田野,
今作魚蟹之窟, 古之民居, 半入蘆葦之場.
疆土之經界有限, 而海濤之衝壞無窮, 故田

結之損失, 已過半, 而民戶之隨縮, 亦如田結. 以此推之, 卽今餘存之田, 土亦將漸歸於浦落潮生, 而無復有耕播生穀之土矣. 旣無田土, 則民安所食土而資生. 又無居民, 則邑 何以依賴而成樣乎? 況於昨年, 特設彙營將於本邑 地方, 古彙山, 以一島之六百民戶, 全付於僉使. 又於今年, 二次海溢, 彙坪一面百餘民戶, 盡爲漂陷, 而民雖不死, 無地可居. 本邑之殘, 則殆無餘地矣. 然而旣有其邑, 則必有邑 役, 故內而京衙, 各司, 外而諸營, 列鎭, 大小責應, 凡係公用, 皆出於民與田結, 而田結之減縮, 旣如是; 民戶之損失, 又如是. 故環湖南 五十三州民役之煩重, 未有如本縣之甚者也. 粤在萬曆庚申, 以歲飢民散, 革罷本縣, 始附金堤, 後屬全州. 至於萬曆丁丑, 因巡撫使書啓, 始爲復設. 至今數百년來, 其所凋弊, 又有甚於曾前革廢之時. 今若地不加闢, 民不加聚, 而以其煩重之徭役, 一向驅策於餘民, 則將土盡民散, 畢竟無邑 而後已. 念念 及此, 寧不哀痛哉? 惟其變通之道, 必於隣近大邑, 割出數面, 附於本縣, 然後方可爲蘇殘祛瘼之策, 而京畿之陰竹, 邑 力至殘, 故以忠州二面, 移附陰竹, 此則先大王, 因繡衣書啓, 而特爲處分者也. 惟我本縣之殘弊, 有甚於陰竹, 則朝家一視之仁, 何可異同於彼此乎? 隣邑之與本縣接界者, 卽金堤郡也. 金堤之地方, 爲十八面, 而民戶與田結, 幷爲七千有餘, 則雖以一二面割出, 不足爲無於彼郡也. 且其延陽, 馬川二面, 距本縣爲五里十里, 而民戶亦至六百有餘, 則此與古彙山所失之戶數, 相當矣. 今若以延陽, 馬川二面, 劃付於本縣, 則眞所謂: '楚人失之, 楚人得之.' 而顧此垂盡之邑, 可得以成

樣. 玆豈非哀多益寡之政乎?
批曰: "事係邑 弊民瘼, 下廟堂稟處."

正祖 8年(1784 甲辰年) 2月 7日(癸亥)
땅이 흔들리다
○癸亥. 昧爽地震. 敎曰 : "見今饑饉荐臻, 而凋瘵溢目, 予方日夜憧憧, 不知何以濟活, 際又災沴疊見, 前月有星孛之變, 今曉聞地動之響. 噫! 此何等時也? 君臣上下, 政宜抖擻奮勵, 以盡修省之道, 次對明日來會. 噫! 百千病橛, 皆坐言路之不闢, 而間或値求言之會, 未聞鯁直之論, 徒啓訐揚之風, 是求言之害, 殆有甚不不言. 予所欲聞者, 卽寡躬愆尤, 時政疵類也. 三司之臣, 須悉此意, 明日賓筵, 名陳匡求之說, 對揚予求助之至意."

○正祖 14年(1790년 庚戌) 7월 10일(戊子)
교동 수사 남헌철이 해일의 피해 상황을 아뢰다
○海溢. 喬桐水使南憲喆 馳啓言 : "六月十七日 子時始雨, 東南風大作. 適値潮水大漲, 波濤接天, 海邊堰筒, 處處潰決. 毋論洞野, 鹹水濫溢, 百穀狀如沈菹, 民家十戶水沈類壓. 松家島則各穀全然沈水, 已無餘望, 民家六十一戶, 亦皆沈沒. 男兒二口, 女兒三口渰死." 敎曰 : "諸道 年事, 幸有稍熟之望, 而本鬮之濱海之地, 獨被沈墊, 民事極爲可矜. 被水民戶有役者, 蠲公私當년役與稅, 無役者別給恤典, 期於安堵, 鹽盆之均廳稅, 亦爲區別蕩減."

○正祖 14年(1790년 庚戌) 7월 10일(戊子)
경기 관찰사 김사목이 교동, 부평, 인

천 등 해일 피해에 대해 아뢰다

○京畿 觀察使金思穆狀啓 : 言 :

喬桐, 富平, 金浦, 仁川, 安山, 通津, 豊德, 永宗 等 八邑 鎭, 今月 十七日 潮漲之時, 東風驟起, 波濤大至, 海邊堰筒, 無不衝破, 醎水濫溢, 各穀被損, 而喬桐頹壓民家七十一戶. 富平石串面, 毛月串面, 最是濱海, 堰筒潰決, 合爲五十一所, 被傷田爲四十餘石下種之地, 鹽盆破傷爲二十所. 金浦黔丹面築堰諸處被傷田土合爲五十八石下種之地, 民家三戶頹壓, 鹽盆九處破傷. 仁川, 安山, 通津, 豊德, 永宗 等 五邑 鎭, 沿海各面堰筒之潰決, 田土之受傷, 極其夥然. 今此海溢, 挽近所無, 言念民情, 誠甚慘然. 頹壓民家恤典, 區別題給穀物草亂, 使之覓接, 堰筒之潰決, 鹽盆之墊沒, 待水退, 亦卽修築, 別加嚴飭.

敎曰 : "因喬桐水使狀啓 : 才有措辭下敎, 而傍近邑 鹽盆之潰決處, 與喬桐原稅, 往復道臣, 卽爲蕩減, 俾無白地徵稅, 顧恤亦依喬桐例."

◎正祖 14년(1790년 庚戌) 7월 10일(戊子)
충청도 관찰사 정존중이 고을의 피해 상황과 구제한 내용을 아뢰다

○忠淸道 觀察使鄭存中狀啓 : 言 :

去月 十六日 七日, 風雨海溢, 平澤, 稷山, 瑞山, 泰安 等 四邑 稍多, 天安, 洪州, 海美, 結城, 新昌, 沔川, 保寧, 庇仁, 唐津, 藍浦 等 十邑 稍少. 臣謹將傳敎辭意行會後, 被災尤甚民戶, 當年身役徐減, 還穀蠲免, 均廳納稅蕩減, 顧恤安接, 惕念察飭.

◎正祖 14년(1790년 庚戌) 12월 27일

경기도 죄수들을 석방하고, 해일의 피해를 입은 곳에 세금을 미뤄 주게 하다

○癸酉 / 敎曰 : "王畿異於外道. 京中時囚, 已令放釋, 自今日 藏牌, 俾小民得以便意餞迓. 畿甸之民, 合蒙一視之典, 京畿 各邑 在囚, 一倂放釋, 限來初三日, 禁囚治, 如沿邑海溢諸處, 分數停退之類, 歲暮民産, 何以辦納? 特幷停退."

□1792s0210 일본운센화산,
1.5만 명 희생

正祖 16년(1792년) 12월 5일
헌서 재자관 변복규가 보고 들은 바를 올리다

○憲書賚咨官卞復圭聞見事件. 一, 去年十月 間, 摠督福康安往征後藏部落, 道路遼遠, 山川險阻, 兵將皆步行以前. 今年五月, 乘陰雨進兵, 屢戰屢捷, 直擣賊巢, 番酋廓爾咯勢窮請降, 遣頭目堪布 等 進貢樂工一部, 馴象五隻, 番馬五匹, 孔雀三隻, 珊瑚, 犀角, 寶石 等 物. 九月 降表, 捷書先至, 皇帝奬獎福康安之功, 陞爲內 閣太學士云. 一, 八月 臺灣三日 地震, 房屋之頹壓, 人物之死傷者, 至二三萬云. 一, 關外稍登, 關內失稔, 而河南, 眞隸 等地, 夏旱秋蝗歉荒, 皇帝槪念, 自六月 設賑, 至明年三月 而止. 沿道 饑民, 扶老携幼, 就食關東, 絡繹不絶.

◎純祖 7년(1807년) 2월 17일
해일이 발생하여 난 피해의 내용

○大風, 京畿, 海西, 湖西 三道 沿邑 海溢. 通計, 京畿 交河 等 十五邑 鎭, 民家漂頹四百二十戶, 人物渰死十口, 沈墊田畓七千二百七十九石零落, 破傷鹽盆三百七十二坐, 船二十九隻, 漁箭十九處, 湖西 平澤 等 十九邑 鎮, 民家漂頹四千六百九十戶, 人物渰死十三口, 沈墊田畓五千七百三十三石零落, 破傷鹽盆六十八坐, 船四十三隻, 漁箭三十六處, 海西金川 等 四邑, 沈墊田畓六十八石零落, 破傷船六隻, 漁箭五處, 堤堰在在潰決, 不可勝數.

◎純祖 7년(1807년) 3월 13일
선전관 윤수임이 평택 등 고을을 위유한 형지를 치계하다

○乙卯 / 宣傳官尹守任, 以平澤 等邑 慰諭形止 馳啓. 教曰: "沿邊海溢之後, 各道 道臣 及 宣傳官狀啓 : 畢到, 而被災雖有淺深, 當春窮民之失所失業, 極爲矜惻, 顧恤之典, 令廟堂講究, 後日次對, 稟處."

◎純祖 7년(1807년) 3월 13일
비국에 수해를 입은 고을의 이름과 호수를 정확히 진문하라 청하다

○備局啓言 : "卽見公忠監司 趙德潤報本司辭緣, 則以爲 : '被水民戶恤典, 漂失, 頹壓, 漂覆者, 分 等 題給, 自是定式, 而今此海溢諸邑 民家之水沈覆壓, 殆無異於漂頹者, 而以其水沈名色, 未蒙恤典, 失所棲屑, 景色遑急, 今若就水沈中被災最酷者, 依頹壓例, 題給恤典, 則可有安頓之望' 爲辭矣. 所謂水沈戶, 旣曰無異漂壓, 則何不於當初措辭登聞乎? 今其論報中, '某邑 幾戶', 又不別白條列者, 太涉泛忽, 該道臣推考. 朝家旣聞之後, 當付寧失之義, 其中最被災切可矜之類, 一一精抄, 依漂壓例施行, 邑 名 戶數 及 題給穀數, 更爲消詳陳聞事分付."

允之

◎純祖 8년(1808년 戊辰) 9월 19일(壬午)
전라감사가 영광군에 해일이 있었다 아뢰다

○壬午 / 全羅監司 李肇源, 以今月 初二日 靈光郡海溢啓.

□18100116(그림 292, 293)
純祖 10년(1810년) 1월 27일
함경감사 조윤대가 함경도의 지진 참상에 대해 보고함에 잘 위유하도록 하교하다

○壬午 / 咸鏡監司 曹允大啓: "本月 十六日 未時, 明川, 鏡城, 會寧 等地 地震, 屋宇掀撼, 城堞頹圮, 而山麓汰落, 人畜或壓死, 同日 富寧府 地震, 頹戶爲三十八, 人畜亦有壓死, 而自十六日 至二十九日, 無日 不震, 一晝夜之內, 或八, 九次, 或五, 六次, 間有土地之缺陷, 井泉之閉塞云. 富寧之連至十四日 不止云者, 固已可訝, 且其土地缺陷 等 說, 尤極疑晦, 故更令詳細 馳報矣. 該府使更報以爲, '本府靑巖社, 處在海邊, 而其中水南, 水北兩里, 距海尤近, 門墻之外, 卽是大海. 故偏被此災, 而井泉之沙覆閉塞者爲十一處, 土地之坼裂缺陷者爲三處, 而圍深各爲數把許. 濱海山上一大巖石, 汰落中折, 其半則隨入海中. 而至今年正月十二日, 無日 不震, 民皆驚懼, 不得奠居 地震必無多日 不止之理, 似以沿海之故, 或有海雷之災而然.' 大抵昨冬寒威, 卽是挽近所無, 南土旣然, 北塞尤酷, 大海近岸之處, 無不堅氷, 人畜通行, 此乃三, 四十年未有之事. 以是之故, 海沿濕壤, 因其裏面之凍堉

而爲之坼裂, 掀撼地上屋宇, 因其基本之掀
撼, 而爲之傾圮頹壓者, 理勢似然. 而兼以
海水將氷, 波濤涌湧, 大勢所驅, 平地震蕩,
則謂之海雷, 海動, 容或無怪, 而混稱地震,
恐是錯認. 若以爲眞箇地震, 則何故偏在於
海邊, 而亦豈有近一朔不止之理乎? 無知村
民之恐怖不安, 亦甚可悶. 故今方別定親裨,
馳往本邑, 以勿復擾動, 安心奠居之意, 使
之多般慰諭." 敎曰: "海雷地震, 俱係非常
之災, 極爲驚惕. 壓死人, 元恤典外, 各別顧
恤, 身, 還, 雜役, 限今秋蠲減. 令道臣, 分
付守令, 招致被災民人, 另加慰撫, 卽爲鎭
安奠接, 使一夫一婦, 俾無因此驚擾之患.
亦令道臣, 種種關飭, 時時廉探, 亦有實效
事分付."

+

순조 10년(1810년) 1월 27일

○以咸鏡監司 曹允大狀啓: 富寧 等邑 地
震, 民家頹壓, **人物壓死事**, 傳于韓致應曰:
"海雷地震, 俱係非常之災, 極爲驚惕, 壓死
人, 元恤典外, 各別顧恤, 生前身還布, 竝卽
蕩減. 頹壓民戶, 亦爲各別顧恤, 身還雜役,
限今秋蠲減, 令道臣, 分付守令, 招致被災
民人, 另加慰撫, 卽爲鎭安奠接, 使一夫一
婦, 俾無因此驚擾之患, 亦令道臣, 種種關
飭, 時時廉探, 亦有實效事, 分付.

+

純祖 10年(1810年 庚午) 2月 2日(丙戌)
예조의 청에 따라 지진이 일어난 함경
지역에 해괴제를 지내기로 하다

○禮曹啓言: "卽見咸鏡監司曹允大狀啓,
則明川等四邑地震, 極爲驚怪. 四邑以上地
震, 則解怪祭設行, 載在禮典. 解怪祭 **香祝
幣**, 令該司磨鍊下送, 四邑中中央邑, 設壇

卜日設行之意, 請分付." 允之.

=

순조 10년(1810년) 2월 2일

○韓致應, 以禮曹言啓曰: "卽伏見咸鏡監
司 曹允大狀啓: 啓下備局者, 則明川等 四
邑 地震, 極爲驚怪, 三四邑 以上地震, 則解
怪祭設行, 載在禮典, 不可無設祭解怪, 解
怪祭香祝幣, 令該司照例磨鍊, 急速下送,
四邑 中中央邑 設壇, 隨時卜日 設行之意,
分付, 何如? 傳曰: "允."

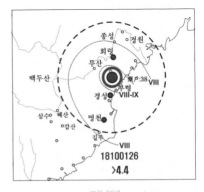

그림 292
□ 18100116≡-s0301
진앙 : 부령; 규모 : > 4.4

純祖 10년(1810년) 2월 20일
함인정의 상참에 재황과 언로개폐 문
제 등을 논하다

○甲辰 / 御涵仁亭, 行常參. 右議政金思穆
啓言: "目下災荒, 民將盡劉, 發帑補賑, 實
出於我聖上如傷若保之盛德至意. 爲方伯,
守令者, 固當盡心對揚, 而以錢作米之際,
排比別巡之時, 果有實惠之下究乎? 且聞兩
湖之間, 多有捐瘠之患云. 饑饉癘疫, 例多
相仍, 今亦安知其必無? 而若或餓莩載路,
闕血失時, 使無告窮民, 塡於溝壑, 則是豈

그림 293

□18100116≡-s0301
진앙: 부령; 규모: 6.4~6.8

반지름 km	I	I_o	M Lee	M 기상청	M G&R
120	VII	8.6	6.8	6.6	6.8
50	VIII	8.4	6.6	6.5	6.6
15	IX	8.5	6.6	6.4	6.6

王政之所可忍乎? 令道臣, 另講還賑之政, 遍察顚連之類, 仰體朝家德意之意, 申飭." 敎曰: "兩湖歉災, 實無前之災. 自昨年以來, 予心憂懼, 一夜驚惕, 今聞卿言, 尤增惻然. 凡所以奠安接濟之方, 依卿所奏, 另加嚴飭, 俾有實效. 如此申飭之後, 爲道伯, 守宰者, 若有一味玩愒, 至於文具之歸, 則實非體朝家分憂之意, 一體知悉事, 分付." 又啓言: "言路開閉, 實關於有國之興替, 而臺閣之寥寥, 未有甚於近日矣. 況災荒溢目, 民生殿屎, 漢南之方春賑政, 關北之屢日地震, 豈無講究消弭之策, 守令之臧否, 時政之得失, 亦豈無隨事可言之端? 而無一事彈論, 無一人登聞者, 此其故何也? 莫非如臣無似, 忝叨具瞻之地, 不能導率之致, 抑恐我殿下來諫之德, 或有所未盡而然也? 今日常參, 乃是歲新後初有之盛擧, 另飭登

筵之儒臣, 臺臣, 各陳昌言, 一一採用, 俾有實效之地宜矣." 敎曰: "言路開閉, 自古觀之, 莫不治世而開, 亂世而閉, 吉凶, 興亡, 消長之憂, 亦關於此. 予以是每念此箇之義, 亦慮近來此弊之在, 卿言又如此, 極爲好矣. 且以今日事言之, 常參命下, 諸官俱整, 而未聞兩司之入參, 末乃屢度催促, 只有一人之入參. 向年常參, 已有處分, 今又如前循避, 國有紀綱, 焉可如是? 此莫非予小子不能廣言路, 納昌言之致. 而卿亦益加董飭, 俾無日後臺閣長鎖, 言路永杜之弊, 宜矣." 副校理鄭元容, 修撰尹日達啓言: "大僚以言路之閉塞, 深致慨惜, 聖批優容, 俾開來諫之路. 而夫言路云者, 非但指袞躬闕失之規諫. 雖於官師僚寀之間, 每事規箴, 有懷無隱, 此固同朝忠厚之風. 而挽近以來, 公車文字, 非不日積, 而言病陳情之外, 言事者絶罕. 雖或有言事之章

□J1828s1228
일본 Echigo지진, 3만 희생
□J1850s0912
중국 Xichang지진, 2만여 희생

憲宗 4年(1838년) 3月 11日(癸未)
밤 1경에 지진 나다
○夜一更, **地動**.

◎憲宗 3년(1837년 丁酉) 4월 20일 경기 수사 구석붕에게 기근과 해일로 인한 조폐함을 무마하도록 하교하다
○丁卯 / 上御熙政堂, 召見三使臣. (奏請正使金賢根, 副使趙秉鉉, 書狀官李源益.) 及 下直閫帥, 辭陛也. 大王大妃敎京畿 水使具錫朋曰: "喬桐不但畿輔之重地, 又有

牧民之責, 而近年以來, 饑饉荐臻, 重之以年前海溢, 凋(弊) (弊) 太甚, 誠極悶然. 卿其往哉撫摩, 俾有實效可也" 又教曰:"水使謂非牧民之官, 多行掊克之政, 년來凋殘, 到處皆然. 軍卒獨非民乎? 且平時不能殫心愛護, 則設有不虞之警, 其何以望其盡力乎? 此予平昔所欲一言者, 而今始發之, 毋以入侍之例談飭教聽之, 銘念奉公, 期有實效可也."

☐J1847-?-?
일본 Zenkoji 지진, 3.4만 희생
☐J1850s1112 중국 Xichang지진,
▷진도 X, 2만여 명 희생
☐J1854s1223 일본 Tokai Ansei 지진
▷0.5~3.1만 희생
☐1855s1111
일본 도쿄지진, 6,757명 희생
☐1857s0321
일본 도쿄지진, 10만 희생

◎高宗 4년(1867년 丁卯) 9월 14일
전라감사 서상정이 수재 현황을 아뢰다
全羅監司 徐相鼎以"興陽 等 六邑 民家漂頹一千八十六戶, 人命壓死四名, 田畓潰決, 各穀慘歉"馳啓. 教曰:"湖南 沿邑之風災, 海溢, 已是萬萬驚悶. 民戶之漂頹, 旣近數千; 人命之被壓, 又至四名. 諸坪混入沈鹹, 各穀未免歉荒, 哀彼許多赤子, 棲遑號呼, 將何聊生? 念之至此, 錦玉靡安. 慰諭之擧, 不容少緩, 而廚傳來往, 徒貽民邑之弊. 其令各該邑 倅, 馳往被災處, 聚會大小民人, 宣此辭教, 面面慰撫. 元恤典 及 營邑 顧助之外, 以京司上納錢中, 量宜劃給. 結構之

方, 掩埋之節, 爛加商確, 另爲顜恤. 凡所安堵之策, 克體若保之意, 而災民遑急之狀, 宜無彼此之殊. 雖未滿五十戶, 亦令一體擧行事, 自廟堂行會."

◎高宗 5년(1868년) 11월 5일(戊寅)
경상도, 평안도, 충청도 등에 세금이 누락되지 않도록 명하다
'其一, 今夏海溢之後, 鹽盆, 船隻, 指徵無處者, 自均廳行關道臣, 從實減數, 待幾년, 隨執充數'事也. 釜, 船之稅, 固當從實定數, 而漏稅之弊, 在在皆然

고종 8년(1871년) 3월 14일
○政院啓曰:"卽見觀象監地震單子, 則地震, 在於去夜五更, 而今始修啓, 萬萬駭然, 當該官員, 令攸司, 從重科治, 何如? 傳曰:"允.

高宗 17년(1880년) 8월 28일
수신사 김홍집을 소견하다
二十八日. 召見回還修信使金弘集. 教曰:"定稅事, 姑未歸正而來耶?"弘集曰:"別單已爲槪達, 而聞其國方有改約之事. 故未可遽定矣."教曰:"開港 等 事, 更先言耶?"弘集曰:"花房義質, 一次私問, 故答以朝議, 與前無異, 則更不發說矣."教曰:"俄羅斯自圖們江, 直向山東云. 若果有事, 當在不久耶?"弘集曰:"彼人所言如此, 而問諸淸使, 則中國事似可善了矣."教曰:"然則當無事云耶?"弘集曰:"崇厚旣已放釋, 而不之罪, 則伊犂似終許之乃已云矣."教曰:"崇厚何爲不之罪乎?"弘集曰:"崇厚擅許土地, 信其罪矣. 中國旣委以專權, 而其所許者, 從以背之, 是失信於隣國, 所以不

得罪之云矣." 敎曰:"我國受害云者, 或非
誘嚇之端乎?" 弘集曰:"彼言以爲此非爲貴
國代謀, 實爲渠國而然矣." 敎曰:"旣云自
爲渠國, 則其言似或然矣." 弘集曰:"問諸
淸使, 亦以爲其實情然矣." 敎曰:"日本廣
設各國語學而敎之, 其學規果何如?" 弘集
曰:"臣未嘗往見其處, 而各國言語, 皆設學
敎之云矣." 敎曰:"如我國譯學乎?" 弘集
曰:"然矣. 其國朝士子弟, 皆令就學矣."
敎曰:"遣人學語, 使之歸告朝廷耶?" 弘集
曰:"此事蓋爲我國而發也. 施行與否, 惟在
朝廷處分. 而不容以歸告爲答矣." 敎曰:
"南島有黑煙云, 然否?" 弘集曰:"其地有
火山, 故地常多震云矣." 敎曰:"地震果頻
而大乎?" 弘集曰:"數月輒有 地震, 間十許
年大震, 則屋舍人物, 多被傷損云矣." 敎曰
:"年前薩摩人, 欲向我國, 而其大臣岩倉具
視抑之, 使不得逞. 此事眞然乎?" 弘集曰:
"此說誠確矣." 敎曰:"問於淸使, 可以詳知
也." 弘集曰:"雖不及問諸淸使, 而見岩倉
具視, 言 及 此事, 則自謂實有是事云矣."
敎曰:"彼人皆以勤幹不怠爲主. 故其事爲
能若是也." 弘集曰:"誠然矣." 敎曰:"彼
國之六十六州, 今皆統合云耶?" 弘集曰:
"廢六十六州, 分爲三十六縣, 縣置合如我國
監司之制矣." 敎曰:"各州世襲之人, 今皆
失位, 得無快快之意乎?" 弘集曰:"其心似
不樂, 然亦皆優其廩而居之都下云矣."

☐J1889s0728 일본 Kumamoto지진
☐J1891s1028
일본 Mino-Owari지진, 7천 희생
☐J1896s0615
일본 Riku-Ugo지진, 2만 희생

◎高宗 35년(1898 / 대한 광무(光武) 2년)
12월 27일(陽曆)
땅이 흔들리다
二十七日. 地震.

◆1898년 백두산 분출(Garin, 1942)

◎高宗 36년(1899 己亥 / 대한 광무(光武)
3년) 2월 23일(陽曆)
해일이 난 지역에 조서를 내리다
詔曰:"自兇逆輩變亂舊章之後, 上下隔絶,
民情莫達. 凡四方水旱之奏, 一切廢止, 每
念窮蔀疾苦, 蚤夜憧憧, 而近聞三南海溢之
災, 無異滄桑. 田疇之潰缺 人命之淹沒, 驚
慘之極, 有不忍言者. 此豈可以尋常恤典施
之哉? 各其道 該觀察使, 分差懸諭使, 馳往
被災沿海各郡, 將此詔勅, 以爲宣諭. 各該
道 度支上納錢中一萬元, 使之取用, 而量其
被災淺深, 自政府分排各該道, 以爲頹壓修
葺潰傷補築之資, 淹死人身布, 竝蕩減, 以
懸朕如傷之念. 自今爲始, 凡係災異, 與生
民之痾瘼, 隨其各該道 報告, 一一稟奏, 分
付內 部, 著爲定式."

◎高宗 36년(1899 己亥 / 대한 광무(光武)
3년) 3월 9일(陽曆)
해일의 피해를 입은 충청남도 지역에
위유사를 파견할 것을 명하다
九日. 內 部署理協辦閔丙漢奏:"卽接
忠淸南道 觀察使鄭周永報告書, 則以爲:
'管下韓山, 舒川 等郡, 陰曆戊戌十二月 初
二日, 東南風大作, 折木揚沙, 海水翻溢, 人
命淹死爲二名, 沿海諸洞低陷處, 一如掃平,
稍高處徒存柱樑. 被鹹田畓爲四百餘石落,

堤堰潰決爲四十餘處. 洪州 等 六郡, 今又
報來, 故開列于左, 未報各郡, 追後更報'云
矣. 全羅南北道 海溢各郡宣諭施恤事, 二月
二十四日 詔勅已降. 而今此忠淸南道 海溢
之災, 亦甚慘酷, 合有恤典, 自臣部不敢擅
便, 伏候聖裁." 制曰:"觀此奏本, 尤極慘
惻. 而旣有前下詔勅, 恤典自當依此擧行.
臘月二日之災, 今始報告, 事係民情, 稽忽
極矣. 該道臣施以一朔減俸, 仍差慰諭使,
使之馳往被災沿海各郡, 將向日詔勅, 以爲
宣諭事, 星火訓飭."

◎高宗 36년(1899 己亥 / 대한 광무(光武)
3년) 3월 26일(陽曆)

해일이 난 남쪽 세 도의 피해지에 구제금 등을 예비금 가운데서 지출하게 하다

議政府因度支部請議, 三南海溢各郡被災處
施恤金一萬元, 前議官李埈鎔兩년學資費
三千五百元, 前駐일公使李夏榮旅費六百
八十五元, 豫備金中支出事, 經議上奏. 制
曰:"可."

◎高宗 36년(1899 己亥 / 대한 광무(光武)
3년) 7월 22일(陽曆)

여러 경비를 예비금 가운데서 지출하도록 하다

議政府因度支部請議, 慶運宮役費增額一萬
五千元, 各道 府郡被燒戶 及 燒死人恤金五
百七十五元, 武官學校費一萬一千元, 表勳
院經費一萬五千三百元, 江陵五臺山救火民
人 及 僧徒賞金六十元, 豫備金中支出事,
忠淸南道, 全羅南道 海溢各郡災結蠲稅漂
戶免布事, 經議上奏. 制曰:"可."

◎高宗 36년(1899 己亥 / 대한 광무(光武)
3년) 8월 25일(陽曆)

여러 경비를 예비금 가운데서 지출하도록 하다

議政府, 因度支部請議, 濬慶, 永慶墓役費
一萬九千七百元, 元帥府經費三萬六千七百
五十五元, 漂民護還費七百十三元, 海州地
方隊營合重建費四千三百七十一元, 沃溝港
監理署新建費 及 租界內 田畓家舍柴場價
與塚墓移葬費二萬六千八十六元, 豫備金中
支出事, 豫備金增額十萬元添算排用事, 全
羅北道 萬項 等 七郡海溢災傷田結限년停
稅事, 經議上奏. 制曰:"可."

◎高宗 37년(1900 庚子 / 대한 광무(光武)
4년) 3월 23일(陽曆)

각 도의 신구 재결을 감할 것을 허락하다

命許減各道 新舊災. (京畿 四百二十結七
十三負三束, 忠南八百一結四十負, 忠北六
百九十四結四十負七束, 全南三千八百四十
九結二十負, 全北一千六百三十九結六十八
負二束, 慶南九百五十二結九十七負二束,
慶北六百二結四十四負六束, 海西一千二百
七結六十三負七束, 平南六十二結三十六負
七束, 平北九十八結四十五負六束, 咸南七
十二結十二負九束, 忠南海溢災一千五百六
十九結十八負二束, 平澤挽浦結八結二十一
負八束)

高宗 38년(1901년 辛丑 / 대한 광무(光武)
5년) 4월 26일(陽曆)

땅이 흔들리다

二十六日. 地震.

高宗 42년(1905년 乙巳 / 대한 광무(光武)
9년) 2월 10일(陽曆)
땅이 흔들리다
十日. 地震.

高宗 42년(1905 乙巳 / 대한 광무(光武) 9년)
8월 30일(陽曆)
땅이 흔들리다
地震.

◆1903년 5월 백두산 분출
(『長白山江崗誌略』)

□미국 샌프란시스코 지진
高宗 43年(1906 丙午 / 光武 10年) 4월 24일
(陽曆)
미국 샌프란시스코 지진에 대해 위문
을 할 것을 명하다
二十四日. 詔曰 : "卽聞美國桑港, 其地大震,
坤軸轟蘯, 邱陵陷裂, 人命之化爲塵沙者,
其數無算. 朕心惻然. 頃刻之間, 慘絶之狀,
如在目前. 而我國民人之羈旅僑寓於該地方
者, 亦多有均被顚躋墊沒之患云. 其在如傷
若保之意, 哀此無辜之遭罹橫扎於重溟之外,
尤爲矜悶. 凡所以愍恤者 及 其妻孥之在本
國而可以賙救之方, 令政府商議措處."

1906, April 18. *San Francisco, California, United States,*
earthquake. Magnitude approximately 8.2. The San Francis-
co earthquake and fire that followed destroyed the city. An
estimated 700 to 2,000 people were killed.

그림 294

□J1923s0901 일본 관동대지진,
M=7.9~8.3, 14만 희생, 화재 동반

◆1925년 백두산 분출(Garin, 1942)

지진사건별
진앙지진도
지진규모
최대지반가속도

Seismic Events and their Epicentral Intensities, Magnitudes and Peak
Ground Accelerations

No	날짜 / date	추정진앙 / epicenter	R km	Δ km	I_o	M Tsuboi	M Lee	M KMA	M G&R	M Av.	PGA g
1	14050203	울진E	125	125.5	4.7	4.4	4.5	4.4	4.1	4.3	0.13
2	14101116	청도E	66	66.6	3.8	3.6	3.9	3.8	3.5	3.8	0.10
3	14120817	김제	32	33.7	3.0	2.7	3.5	3.4	3.0	3.3	0.08
4	14130110	운봉	82	82.2	4.0	3.9	4.1	4.0	3.7	3.9	0.11
5	14160417	예천	59	60.1	3.6	3.5	3.9	3.8	3.4	3.7	0.10
6	14160420	선천	56	56.4	3.6	3.4	3.8	3.7	3.4	3.6	0.09
7	14210913	진성	48	48.8	3.4	3.2	3.7	3.6	3.3	3.5	0.09
8	14220215	임실	50	51.0	3.4	3.3	3.7	3.7	3.3	3.6	0.09
9	14220309	덕유산	57	58.3	3.6	3.4	3.8	3.7	3.4	3.7	0.10
10	14240501	담양	55	55.7	3.5	3.4	3.8	3.7	3.4	3.6	0.09
11	14250102	임피	26	27.7	2.8	2.4	3.4	3.3	2.8	3.2	0.07
12	14250104	다사	50	51.4	3.4	3.3	3.7	3.7	3.3	3.6	0.09
13	14250211	성주	44	45.2	3.3	3.1	3.7	3.6	3.2	3.5	0.09
14	14250217	서산	34	35.2	3.0	2.7	3.5	3.4	3.0	3.3	0.08
15	14270915	**가야산**	143	143.3	4.9	4.6	4.6	4.5	4.3	4.5	0.14
16	14280422	추풍령	27	28.5	2.8	2.4	3.4	3.3	2.9	3.2	0.08
17	14280714	**고령**	155	155.5	5.1	4.7	4.7	4.6	4.4	4.5	0.15
18	14281215	상주	25	26.9	2.7	2.4	3.3	3.3	2.8	3.1	0.07
19	14281005	창원	31	32.5	2.9	2.6	3.5	3.4	3.0	3.3	0.08
20	14290104	안의	51	52.2	3.5	3.3	3.8	3.7	3.3	3.6	0.09
19	14300101	직지사	49	49.9	3.4	3.2	3.7	3.6	3.3	3.5	0.09
20	14300219	양산	28	29.5	2.8	2.5	3.4	3.3	2.9	3.2	0.08
21	14300418	**거제E**	252	252.2	6.1	5.3	5.3	5.2	5.1	5.2	0.21
22	14300905	의령	45	46.0	3.3	3.1	3.7	3.6	3.2	3.5	0.09
23	14300913	건천	79	79.8	4.0	3.8	4.1	4.0	3.7	3.9	0.11
24	14301212	현풍	34	35.8	3.0	2.8	3.5	3.4	3.0	3.3	0.08
25	14310414	주왕산	39	40.3	3.2	2.9	3.6	3.5	3.1	3.4	0.08
26	14350405	정읍	56	57.3	3.6	3.4	3.8	3.7	3.4	3.6	0.10
27	14360129	법전	26	27.6	2.8	2.4	3.4	3.3	2.8	3.2	0.07
28	14360505	**서해**	540	540.1	8.7	6.3	6.8	6.6	6.8	6.7	0.45
29	14370124	**진천**	159	159.2	5.1	4.8	4.7	4.6	4.4	4.6	0.15
30	14381218	임피	21	23.2	2.6	2.1	3.3	3.2	2.7	3.1	0.07
31	14390203	팔공산	29	30.8	2.9	2.6	3.4	3.3	2.9	3.2	0.08
32	14390609	임피	27	29.1	2.8	2.5	3.4	3.3	2.9	3.2	0.08

No	날짜 / date	추정진앙 / epicenter	R km	Δ km	I_o	M Tsuboi	M Lee	M KMA	M G&R	M Av.	PGA g
33	14410912	정산	53	54.3	3.5	3.3	3.8	3.7	3.3	3.6	0.09
34	1441L1110	공주	48	49.4	3.4	3.2	3.7	3.6	3.3	3.5	0.09
35	14420220	계룡산	41	42.0	3.2	3.0	3.6	3.5	3.1	3.4	0.09
36	14420912	홍산	31	32.6	2.9	2.6	3.5	3.4	3.0	3.3	0.08
37	14430120	수주	31	32.4	2.9	2.6	3.5	3.4	3.0	3.3	0.08
38	1444L0715	모동	67	67.9	3.8	3.6	3.9	3.9	3.5	3.8	0.10
39	14450928	문덕	43	43.9	3.3	3.1	3.6	3.6	3.2	3.5	0.09
40	14460110	모악산	16	18.9	2.4	1.8	3.1	3.1	2.6	2.9	0.07
41	14471213	천황산	20	22.4	2.6	2.1	3.2	3.2	2.7	3.0	0.07
42	14470120	서흥	46	47.2	3.3	3.1	3.7	3.6	3.2	3.5	0.09
43	14480218	옥천	19	21.4	2.5	2.0	3.2	3.1	2.7	3.0	0.07
44	14510813	계룡산	19	21.4	2.5	2.0	3.2	3.1	2.7	3.0	0.07
45	14520523	진잠	36	37.4	3.1	2.8	3.5	3.5	3.1	3.3	0.08
46	14521026	대전	28	29.3	2.8	2.5	3.4	3.3	2.9	3.2	0.08
47	14530409	보령	36	37.4	3.1	2.8	3.5	3.5	3.1	3.4	0.08
48	14531209	유성	29	30.4	2.9	2.5	3.4	3.3	2.9	3.2	0.08
49	14531229	덕유산	126	125.9	4.7	4.4	4.5	4.4	4.1	4.3	0.13
50	14540328	숙천	50	51.3	3.4	3.3	3.7	3.7	3.3	3.6	0.09
51	14541228	해남	350	350.1	7.1	5.8	5.9	5.7	5.7	5.8	0.27
		IV	350	350.1	8.1		6.4	6.3	6.4	6.4	0.37
		VI	190	190.3	8.5		6.7	6.5	6.7	6.6	0.42
		VII	100	100.5	8.3		6.6	6.4	6.6	6.5	0.40
52	14550327	주산	21	23.5	2.6	2.1	3.3	3.2	2.7	3.1	0.07
53	14550306	회양	45	46.1	3.3	3.1	3.7	3.6	3.2	3.5	0.09
54	14580215	증산	35	36.0	3.0	2.8	3.5	3.4	3.0	3.3	0.08
55	14580905	노성	18	20.2	2.5	1.9	3.2	3.1	2.6	3.0	0.07
56	14580913	괴산	22	24.4	2.6	2.2	3.3	3.2	2.8	3.1	0.07
57	14590804a	속리산	29	30.3	2.9	2.5	3.4	3.3	2.9	3.2	0.08
58	14590804b	순창	27	28.8	2.8	2.5	3.4	3.3	2.9	3.2	0.08
59	14611229	고성	53	54.4	3.5	3.3	3.8	3.7	3.3	3.6	0.09
60	14621108	선산	21	23.5	2.6	2.1	3.3	3.2	2.7	3.1	0.07
61	14650930	안동	36	36.9	3.1	2.8	3.5	3.4	3.0	3.3	0.08
62	14661118	영천	32	34.0	3.0	2.7	3.5	3.4	3.0	3.3	0.08
63	14870910	전주	19	21.9	2.5	2.0	3.2	3.1	2.7	3.0	0.07

No	날짜 / date	추정진앙/ epicenter	R km	Δ km	I_o	M Tsuboi	M Lee	M KMA	M G&R	M Av.	PGA g
64	14720106	함열	13	16.4	2.3	1.5	3.1	3.0	2.5	2.8	0.06
65	14780222	문경	61	61.4	3.7	3.5	3.9	3.8	3.4	3.7	0.10
66	14780610	봉양	51	52.0	3.5	3.3	3.8	3.7	3.3	3.6	0.09
67	14810707	봉산동	29	30.7	2.9	2.6	3.4	3.3	2.9	3.2	0.08
68	14820701	장유	23	25.3	2.7	2.3	3.3	3.2	2.8	3.1	0.07
69	14890208	속초E	77	78.0	4.0	3.8	4.1	4.0	3.6	3.9	0.11
70	14941227	운산	15	18.4	2.4	1.7	3.1	3.1	2.6	2.9	0.07
71	14950119	홍산	18	20.5	2.5	1.9	3.2	3.1	2.6	3.0	0.07
72	14970714	보은	28	30.0	2.9	2.5	3.4	3.3	2.9	3.2	0.08
73	15000317	서평택	21	23.2	2.6	2.1	3.3	3.2	2.7	3.1	0.07
74	15000728	평양	42	42.9	3.2	3.0	3.6	3.5	3.2	3.4	0.09
75	15020406	영변	31	32.7	2.9	2.6	3.5	3.4	3.0	3.3	0.08
76	15021024	증산	38	39.3	3.1	2.9	3.6	3.5	3.1	3.4	0.08
77	15030612	평택	101	101.8	4.4	4.2	4.3	4.2	3.9	4.1	0.12
78	15020718	서해	325	325.2	6.8	5.7	5.7	5.6	5.6	5.6	0.26
79	15021217	속리산	52	53.3	3.5	3.3	3.8	3.7	3.3	3.6	0.09
80	15021221	벽진	39	40.1	3.2	2.9	3.6	3.5	3.1	3.4	0.08
81	15030212	가야산	48	48.8	3.4	3.2	3.7	3.6	3.3	3.5	0.09
82	15030309	금산	26	28.3	2.8	2.4	3.4	3.3	2.9	3.2	0.08
83	15030823	성거산	117	117.5	4.6	4.4	4.4	4.3	4.1	4.3	0.13
		IV	117	117.5	5.6		5.0	4.9	4.7	4.9	0.17
84	15030824	박천	44	44.7	3.3	3.1	3.7	3.6	3.2	3.5	0.09
85	15030926	신성천	47	48.1	3.4	3.2	3.7	3.6	3.2	3.5	0.09
86	15100427	강령	26	27.9	2.8	2.4	3.4	3.3	2.9	3.2	0.08
87	15091025	매포	23	25.4	2.7	2.3	3.3	3.2	2.8	3.1	0.07
88	15150207	오대산	74	75.0	3.9	3.8	4.0	3.9	3.6	3.9	0.11
89	15110911	음성	43	44.1	3.3	3.1	3.6	3.6	3.2	3.5	0.09
90	15130516a	안성	67	67.9	3.8	3.6	3.9	3.9	3.5	3.8	0.10
91	15130516b	대소	44	45.2	3.3	3.1	3.7	3.6	3.2	3.5	0.09
92	15140129	마로	44	44.6	3.3	3.1	3.7	3.6	3.2	3.5	0.09
93	15140315	달산	40	41.3	3.2	3.0	3.6	3.5	3.1	3.4	0.09
94	15150810	영북	67	67.6	3.8	3.6	3.9	3.8	3.5	3.8	0.10
95	15150921	금촌	27	28.4	2.8	2.4	3.4	3.3	2.9	3.2	0.08
96	15160230	문의	16	19.2	2.4	1.8	3.1	3.1	2.6	2.9	0.07

No	날짜 / date	추정진앙 / epicenter	R km	Δ km	I_o	M Tsuboi	M Lee	M KMA	M G&R	M Av.	PGA g
97	15160315	영덕	28	29.3	2.8	2.5	3.4	3.3	2.9	3.2	0.08
98	15160627	수원	46	46.8	3.3	3.1	3.7	3.6	3.2	3.5	0.09
99	15180515	덕적도	500	500.1	8.4	6.2	6.6	6.4	6.6	6.5	0.41
		IV	500	500.1	9.4	6.2	7.2	7.0	7.3	7.1	0.55
		VIII	85	85.6	9.1		7.0	6.8	7.1	7.0	0.50
		IX	85	85.6	10.1		7.6	7.4	7.7	7.6	0.68
100	15180906	통진	39	40.5	3.2	2.9	3.6	3.5	3.1	3.4	0.08
101	15181010	가산	30	31.8	2.9	2.6	3.4	3.4	2.9	3.2	0.08
102	15181115	의령	55	55.5	3.5	3.4	3.8	3.7	3.4	3.6	0.09
103	15181202	진잠	33	34.0	3.0	2.7	3.5	3.4	3.0	3.3	0.08
104	15181216	진주	40	41.6	3.2	3.0	3.6	3.5	3.1	3.4	0.09
105	15190605	계룡산	28	29.5	2.8	2.5	3.4	3.3	2.9	3.2	0.08
106	15190923	수안보	26	27.9	2.8	2.4	3.4	3.3	2.8	3.2	0.07
107	15191006	안천	28	29.4	2.8	2.5	3.4	3.3	2.9	3.2	0.08
108	15191101	서포	33	34.4	3.0	2.7	3.5	3.4	3.0	3.3	0.08
109	15200317	소연평	116	116.8	4.6	4.3	4.4	4.3	4.0	4.2	0.13
110	15201202a	광주	22	23.9	2.6	2.2	3.3	3.2	2.7	3.1	0.07
111	15201202	다도	49	49.5	3.4	3.2	3.7	3.6	3.3	3.5	0.09
112	15210108	고산	31	32.6	2.9	2.6	3.5	3.4	3.0	3.3	0.08
113	15210421	경산	54	54.5	3.5	3.3	3.8	3.7	3.3	3.6	0.09
114	15120721	합천	34	35.6	3.0	2.8	3.5	3.4	3.0	3.3	0.08
115	15210804	백령도	194	194.3	5.5	5.0	5.0	4.8	4.7	4.8	0.17
116	15210816	은율	39	40.0	3.2	2.9	3.6	3.5	3.1	3.4	0.08
117	15210824	울산E	70	70.7	3.8	3.7	4.0	3.9	3.6	3.8	0.10
118	15200408	자월도	56	57.1	3.6	3.4	3.8	3.7	3.4	3.6	0.10
119	15220326	태안	40	40.8	3.2	2.9	3.6	3.5	3.1	3.4	0.08
120	15220813	신탄진	35	36.2	3.0	2.8	3.5	3.4	3.0	3.3	0.08
121	15230204	연안	131	131.7	4.8	4.5	4.5	4.4	4.2	4.4	0.14
122	15230523	속리산	40	41.0	3.2	3.0	3.6	3.5	3.1	3.4	0.08
123	15231104	울산	58	58.9	3.6	3.4	3.8	3.8	3.4	3.7	0.10
124	15250127	진천	31	32.9	2.9	2.6	3.5	3.4	3.0	3.3	0.08
125	15250315	사량도	46	46.8	3.3	3.1	3.7	3.6	3.2	3.5	0.09
126	15250405	가야산	143	143.6	4.9	4.6	4.6	4.5	4.3	4.5	0.14
127	15250429	서한만	108	108.0	4.4	4.2	4.3	4.2	4.0	4.2	0.12

No	날짜 / date	추정진앙 / epicenter	R km	Δ km	I_o	M Tsuboi	M Lee	M KMA	M G&R	M Av.	PGA g
128	15250505	경기만	107	107.2	4.4	4.2	4.3	4.2	4.0	4.2	0.12
129	15250806	구미	36	37.6	3.1	2.8	3.5	3.5	3.1	3.4	0.08
130	15250825	문경	41	42.0	3.2	3.0	3.6	3.5	3.1	3.4	0.09
131	15250924	영덕	36	37.3	3.1	2.8	3.5	3.5	3.1	3.3	0.08
132	15260807	경주	73	73.5	3.9	3.7	4.0	3.9	3.6	3.8	0.11
133	15260922	월악산	137	136.9	4.8	4.6	4.6	4.4	4.2	4.4	0.14
134	15261211	평양	33	34.2	3.0	2.7	3.5	3.4	3.0	3.3	0.08
135	15271109	영주	39	40.7	3.2	2.9	3.6	3.5	3.1	3.4	0.08
136	15280112	오창	23	25.4	2.7	2.3	3.3	3.2	2.8	3.1	0.07
137	15280215	노성	19	21.9	2.5	2.0	3.2	3.1	2.7	3.0	0.07
138	15281023	부석	27	28.9	2.8	2.5	3.4	3.3	2.9	3.2	0.08
139	15281024	계룡산	28	29.5	2.8	2.5	3.4	3.3	2.9	3.2	0.08
140	15290302	벌교	27	28.5	2.8	2.4	3.4	3.3	2.9	3.2	0.08
141	15300114	순천	35	36.9	3.1	2.8	3.5	3.4	3.0	3.3	0.08
142	15300128	조성	26	28.1	2.8	2.4	3.4	3.3	2.9	3.2	0.08
143	15300321	고부	35	36.7	3.1	2.8	3.5	3.4	3.0	3.3	0.08
144	15300602	문의	19	21.1	2.5	2.0	3.2	3.1	2.7	3.0	0.07
145	15300819	조성	36	37.2	3.1	2.8	3.5	3.5	3.1	3.3	0.08
146	15310827	화악산	133	133.9	4.8	4.5	4.5	4.4	4.2	4.4	0.14
147	15310906	무주	30	31.4	2.9	2.6	3.4	3.4	2.9	3.2	0.08
148	15321004	신불산	57	57.5	3.6	3.4	3.8	3.7	3.4	3.6	0.10
149	15420123	대흥	19	21.3	2.5	2.0	3.2	3.1	2.7	3.0	0.07
150	15420307	영주	30	31.9	2.9	2.6	3.4	3.4	2.9	3.2	0.08
151	15421212	운장산	26	28.2	2.8	2.4	3.4	3.3	2.9	3.2	0.08
152	15421213	순천	48	48.9	3.4	3.2	3.7	3.6	3.3	3.5	0.09
153	15430126	영종W	94	94.1	4.2	4.1	4.2	4.1	3.8	4.0	0.12
154	15430415	옥천	26	27.6	2.8	2.4	3.4	3.3	2.8	3.2	0.07
155	15440203	청산	90	90.8	4.2	4.0	4.2	4.1	3.8	4.0	0.11
156	15440912	유구	57	58.2	3.6	3.4	3.8	3.7	3.4	3.7	0.10
157	15441110	유구	60	60.4	3.6	3.5	3.9	3.8	3.4	3.7	0.10
158	15450917	진주E	74	74.8	3.9	3.8	4.0	3.9	3.6	3.9	0.11
159	15450920	창원	26	28.1	2.8	2.4	3.4	3.3	2.9	3.2	0.08
160	15460522	가산	91	91.9	4.2	4.0	4.2	4.1	3.8	4.0	0.12
161	15460523	순천	340	340.1	7.0	5.7	5.8	5.6	5.7	5.7	0.27

No	날짜 / date	추정진앙 / epicenter	R km	Δ km	I_o	M Tsuboi	M Lee	M KMA	M G&R	M Av.	PGA g
		IV	340	340.1	8.0		6.4	6.2	6.3	6.3	0.36
		V	250	250.2	8.1		6.5	6.3	6.4	6.4	0.37
		VII	100	100.5	8.3		6.6	6.4	6.6	6.5	0.40
162	15460524	강동	25	27.3	2.8	2.4	3.3	3.3	2.8	3.2	0.07
163	15460603	영흥	56	56.6	3.6	3.4	3.8	3.7	3.4	3.6	0.10
164	15461221	순안	42	43.0	3.2	3.0	3.6	3.5	3.2	3.4	0.09
165	15461230	영암	26	27.9	2.8	2.4	3.4	3.3	2.9	3.2	0.08
166	15471004a	청석령	43	44.6	3.3	3.1	3.7	3.6	3.2	3.5	0.09
167	15471004b	남원	16	19.1	2.4	1.8	3.1	3.1	2.6	2.9	0.07
168	15480811	발해	512	512.3	8.5	6.3	6.7	6.5	6.7	6.6	0.42
169	15480821	웅상	27	28.7	2.8	2.5	3.4	3.3	2.9	3.2	0.08
170	15481108	홍산	26	28.3	2.8	2.4	3.4	3.3	2.9	3.2	0.08
171	15500512	정산	29	31.1	2.9	2.6	3.4	3.3	2.9	3.2	0.08
172	15530208	성주	220	220.2	5.8	5.2	5.1	5.0	4.9	5.0	0.19
		V	220	220.2	7.8		6.3	6.1	6.2	6.2	0.34
		VIII	35	36.4	8.1		6.4	6.2	6.4	6.3	0.37
173	15531124	백운산	21	22.9	2.6	2.1	3.2	3.2	2.7	3.0	0.07
174	15531127a	치악산	112	112.5	4.5	4.3	4.4	4.3	4.0	4.2	0.13
175	15531127b	성산	21	23.3	2.6	2.1	3.3	3.2	2.7	3.1	0.07
176	15460524 ~0528	강동	27	28.9	2.8	2.5	3.4	3.3	2.9	3.2	0.08
177	15540118	임천	34	35.4	3.0	2.8	3.5	3.4	3.0	3.3	0.08
178	15540121a	봉천	33	34.3	3.0	2.7	3.5	3.4	3.0	3.3	0.08
179	15540121b	화원	33	34.5	3.0	2.7	3.5	3.4	3.0	3.3	0.08
180	15540822	거제E	68	69.1	3.8	3.7	4.0	3.9	3.5	3.8	0.10
181	15540328	숙천	46	46.7	3.3	3.1	3.7	3.6	3.2	3.5	0.09
182	15550211	성주	60	60.6	3.6	3.5	3.9	3.8	3.4	3.7	0.10
183	15551208	대청도	220	220.4	5.8	5.2	5.1	5.0	4.9	5.0	0.19
184	15560207	금왕	39	40.3	3.2	2.9	3.6	3.5	3.1	3.4	0.08
185	15560209	거제	78	78.2	4.0	3.8	4.1	4.0	3.7	3.9	0.11
186	15560404	경기만	129	129.0	4.7	4.5	4.5	4.4	4.2	4.3	0.14
187	15560704	남포	64	64.9	3.7	3.6	3.9	3.8	3.5	3.7	0.10
188	15561207	목천	34	35.1	3.0	2.7	3.5	3.4	3.0	3.3	0.08
189	15570313	천안	32	33.7	3.0	2.7	3.5	3.4	3.0	3.3	0.08

No	날짜 / date	추정진앙 / epicenter	R km	Δ km	I_o	M Tsuboi	M Lee	M KMA	M G&R	M Av.	PGA g
190	15570401	평해	52	52.8	3.5	3.3	3.8	3.7	3.3	3.6	0.09
191	15570503	대구	84	84.6	4.1	3.9	4.1	4.0	3.7	4.0	0.11
192	1561L0505	영원	199	199.6	5.6	5.0	5.0	4.9	4.7	4.9	0.17
193	15611123	전주	46	46.9	3.3	3.1	3.7	3.6	3.2	3.5	0.09
194	15621102	거창	22	24.5	2.6	2.2	3.3	3.2	2.8	3.1	0.07
195	15650419	상원	176	175.9	5.3	4.9	4.8	4.7	4.5	4.7	0.16
196	15651022	삼랑진	33	34.5	3.0	2.7	3.5	3.4	3.0	3.3	0.08
197	15651123	상원	40	41.5	3.2	3.0	3.6	3.5	3.1	3.4	0.09
198	15660328	임천	36	37.6	3.1	2.8	3.5	3.5	3.1	3.4	0.08
199	15660603	용강	48	48.7	3.4	3.2	3.7	3.6	3.3	3.5	0.09
200	1566L1008	평양S	43	44.2	3.3	3.1	3.6	3.6	3.2	3.5	0.09
201	15810417	남원	29	31.1	2.9	2.6	3.4	3.3	2.9	3.2	0.08
202	15940603	홍성	198	198.0	5.6	5.0	5.0	4.8	4.7	4.8	0.17
203	15960104	공주	21	23.1	2.6	2.1	3.2	3.2	2.7	3.0	0.07
204	15960123	정선	38	39.4	3.1	2.9	3.6	3.5	3.1	3.4	0.08
205	15960213	단양	50	51.0	3.4	3.3	3.7	3.7	3.3	3.6	0.09
206	15961213	영주W	26	27.7	2.8	2.4	3.4	3.3	2.8	3.2	0.07
207	15970913	면천	35	36.6	3.1	2.8	3.5	3.4	3.0	3.3	0.08
208	15971117	금남	54	54.9	3.5	3.4	3.8	3.7	3.3	3.6	0.09
209	16010203a	금구	19	21.2	2.5	2.0	3.2	3.1	2.7	3.0	0.07
210	16010203b	대구	35	36.4	3.1	2.8	3.5	3.4	3.0	3.3	0.08
		V	35	36.4	5.1		4.7	4.6	4.4	4.5	0.15
211	16330602	노성	72	72.8	3.9	3.7	4.0	3.9	3.6	3.8	0.10
212	16391119	평양	57	57.4	3.6	3.4	3.8	3.7	3.4	3.6	0.10
213	16410208	익산	28	29.9	2.8	2.5	3.4	3.3	2.9	3.2	0.08
214	16430413	동래	353	353.6	7.1	5.8	5.9	5.7	5.7	5.8	0.28
		V	365	365.1	9.2		7.1	6.9	7.1	7.0	0.52
		VI	285	285.2	9.5		7.2	7.0	7.3	7.2	0.56
		VIII	100	100.5	9.3		7.2	7.0	7.2	7.1	0.54
215	16430609	울산	330	330.2	6.9	5.7	5.7	5.6	5.6	5.6	0.26
		V	330	330.2	8.9		6.9	6.7	6.9	6.8	0.47
		VII	130	130.4	8.8		6.8	6.6	6.8	6.8	0.45
216	16430610	의성	70	70.9	3.8	3.7	4.0	3.9	3.6	3.8	0.10
217	16571111	의성	59	59.6	3.6	3.5	3.9	3.8	3.4	3.7	0.10

No	날짜 / date	추정진앙 / epicenter	R km	Δ km	I_o	M Tsuboi	M Lee	M KMA	M G&R	M Av.	PGA g
218	16581003	장성	46	47.5	3.4	3.2	3.7	3.6	3.2	3.5	0.09
219	16621116	울릉도N	163	163.8	5.2	4.8	4.8	4.6	4.4	4.6	0.15
		deep		574.0	9.0	6.4	7.0	6.8	7.0	6.9	0.49
220	16640227	고성	48	48.8	3.4	3.2	3.7	3.6	3.3	3.5	0.09
221	16640514	삼화W	87	87.6	4.1	4.0	4.1	4.0	3.8	4.0	0.11
222	16650323	안흥	96	96.7	4.3	4.1	4.2	4.1	3.9	4.1	0.12
223	16651208	왜관	32	33.3	3.0	2.7	3.5	3.4	3.0	3.3	0.08
224	16651223	공주	37	38.7	3.1	2.9	3.6	3.5	3.1	3.4	0.08
225	16670409	부산	102	103.0	4.4	4.2	4.3	4.2	3.9	4.1	0.12
226	16680617	탄청鄄城	840	840.1	11.1	6.9	8.2	8.0	8.4	8.2	0.93
		탄청鄄城	950	950.1	12.0	7.1	8.7	8.4	9.0	8.7	1.20
227	16680618	린이臨沂	630	630.1	9.5	6.5	7.2	7.0	7.3	7.2	0.56
228	16790326	용안	28	29.3	2.8	2.5	3.4	3.3	2.9	3.2	0.08
229	16690808	순안	39	40.2	3.2	2.9	3.6	3.5	3.1	3.4	0.08
230	16700821	광주	230	230.2	5.9	5.2	5.2	5.0	4.9	5.1	0.19
		VI	60	60.8	6.6		5.6	5.5	5.4	5.5	0.24
231	16730103	단천S	191	191.5	5.5	5.0	4.9	4.8	4.7	4.8	0.17
		deep		570.0	9.0	6.4	7.0	6.8	7.0	6.9	0.49
232	16740317	대흥	42	43.4	3.2	3.0	3.6	3.5	3.2	3.5	0.09
233	16750827	속리산	45	46.2	3.3	3.1	3.7	3.6	3.2	3.5	0.09
234	16750909	황주E	54	55.0	3.5	3.4	3.8	3.7	3.3	3.6	0.09
235	16750910	서흥N	36	36.9	3.1	2.8	3.5	3.4	3.0	3.3	0.08
236	16760325	여산	46	46.9	3.3	3.1	3.7	3.6	3.2	3.5	0.09
237	16760410	함종	19	21.2	2.5	2.0	3.2	3.1	2.7	3.0	0.07
238	16760707	동복	20	22.0	2.5	2.0	3.2	3.2	2.7	3.0	0.07
239	16780120	사리원	62	62.9	3.7	3.5	3.9	3.8	3.5	3.7	0.10
240	16780121	남원	41	42.4	3.2	3.0	3.6	3.5	3.1	3.4	0.09
241	16780327	김제	31	32.9	2.9	2.6	3.5	3.4	3.0	3.3	0.08
242	16810426a	강릉	440	440.1	7.9	6.1	6.3	6.1	6.3	6.2	0.35
		IV	440	440.1	8.9		6.9	6.7	6.9	6.8	0.47
		V	265	265.2	8.3		6.5	6.4	6.5	6.5	0.39
		VIII	50	51.0	8.4		6.6	6.5	6.6	6.6	0.41
		deep IV	705	705	11.1	6.7	8.2	7.9	8.4	8.2	0.91
243	16810426b	강릉E	69	70.2	3.8	3.7	4.0	3.9	3.6	3.8	0.10

No	날짜 / date	추정진앙 / epicenter	R km	Δ km	I_o	M Tsuboi	M Lee	M KMA	M G&R	M Av.	PGA g
244	16810502a	강릉	410	410.1	7.6	6.0	6.2	6.0	6.1	6.1	0.32
		Ⅷ	65	65.8	8.7		6.8	6.6	6.8	6.8	0.45
		Ⅳ	410	410.1	8.6		6.7	6.6	6.7	6.7	0.44
		deep Ⅳ	720	720	11.2	6.7	8.2	8.0	8.5	8.2	0.95
245	16810502b	삼척E	88	88.6	4.2	4.0	4.2	4.1	3.8	4.0	0.11
246	16810505	서울E	50	50.7	3.4	3.2	3.7	3.6	3.3	3.6	0.09
247	16810511	삼척E	161	160.9	5.1	4.8	4.7	4.6	4.4	4.6	0.15
248	16810512a	강릉E	50	50.8	3.4	3.2	3.7	3.7	3.3	3.6	0.09
249	16810617	문경	140	140.7	4.9	4.6	4.6	4.5	4.3	4.4	0.14
250	16810618	수원	60	60.6	3.6	3.5	3.9	3.8	3.4	3.7	0.10
251	16810827	원남	84	84.6	4.1	3.9	4.1	4.0	3.7	4.0	0.11
252	16811111	울릉도W	154	154.3	5.1	4.7	4.7	4.6	4.4	4.5	0.15
		deep		571.0	9.0	6.4	7.0	6.8	7.0	6.9	0.49
253	16811112a	월악산	37	38.3	3.1	2.9	3.6	3.5	3.1	3.4	0.08
254	16811112b	영주	194	194.0	5.5	5.0	5.0	4.8	4.7	4.8	0.17
252	16811112c	태백E	62	62.7	3.7	3.5	3.9	3.8	3.5	3.7	0.10
253	16820208	창녕	58	58.9	3.6	3.4	3.8	3.8	3.4	3.7	0.10
254	16830202	임하	20	22.2	2.5	2.1	3.2	3.2	2.7	3.0	0.07
255	16830115	삼척W	107	107.8	4.4	4.2	4.3	4.2	4.0	4.2	0.12
256	16830925	금구	31	32.9	2.9	2.7	3.5	3.4	3.0	3.3	0.08
257	16850312	익산	24	25.9	2.7	2.3	3.3	3.2	2.8	3.1	0.07
258	16850427	내장산	31	32.9	2.9	2.7	3.5	3.4	3.0	3.3	0.08
259	16860410	증산E	46	47.2	3.3	3.1	3.7	3.6	3.2	3.5	0.09
260	16861109	영월W	125	125.3	4.7	4.4	4.5	4.4	4.1	4.3	0.13
261	16870122	임실	59	60.3	3.6	3.5	3.9	3.8	3.4	3.7	0.10
262	16871204	회천	67	67.9	3.8	3.6	3.9	3.9	3.5	3.8	0.10
263	16880306	김해	34	35.8	3.0	2.8	3.5	3.4	3.0	3.3	0.08
264	16890419	남원	37	38.0	3.1	2.9	3.5	3.5	3.1	3.4	0.08
265	16900426	금구	31	32.9	2.9	2.7	3.5	3.4	3.0	3.3	0.08
266	16910113	일직	133	133.4	4.8	4.5	4.5	4.4	4.2	4.4	0.14
267	16910705	칠갑산	52	53.2	3.5	3.3	3.8	3.7	3.3	3.6	0.09
268	16920924	문경	188	188.4	5.5	5.0	4.9	4.8	4.6	4.8	0.17
269	16930104	비안	50	51.3	3.4	3.3	3.7	3.7	3.3	3.6	0.09
270	16930916	길주	98	98.6	4.3	4.1	4.2	4.1	3.9	4.1	0.12

No	날짜 / date	추정진앙 / epicenter	R km	Δ km	I_o	M Tsuboi	M Lee	M KMA	M G&R	M Av.	PGA g
271	17000226	이키島岐	460	460.1	8.1	6.1	6.4	6.2	6.4	6.3	0.37
		VIII	90	90.6	9.2		7.1	6.9	7.1	7.0	0.52
		VII	190	190.3	9.5		7.2	7.0	7.3	7.2	0.57
		IV	460	460.1	9.1		7.0	6.8	7.0	6.9	0.50
272	17000227	대구	57	57.5	3.6	3.4	3.8	3.7	3.4	3.6	0.10
273	17020704	김천	177	176.9	5.3	4.9	4.8	4.7	4.6	4.7	0.16
274	17031212	신녕	47	47.9	3.4	3.2	3.7	3.6	3.2	3.5	0.09
275	17030623	부여	35	36.6	3.1	2.8	3.5	3.4	3.0	3.3	0.08
276	17061130	경기만	330	330.2	6.9	5.7	5.7	5.6	5.6	5.6	0.26
		V	130	130.4	6.8		5.7	5.5	5.5	5.6	0.25
277	17070112	곡성	53	54.2	3.5	3.3	3.8	3.7	3.3	3.6	0.09
278	17070208	공주	35	36.0	3.0	2.8	3.5	3.4	3.0	3.3	0.08
279	17110303	덕원	186	186.6	5.4	5.0	4.9	4.8	4.6	4.8	0.17
280	17110304a	맹산	107	107.5	4.4	4.2	4.3	4.2	4.0	4.2	0.12
281	17130212a	송화E	183	182.9	5.4	4.9	4.9	4.8	4.6	4.7	0.17
282	17130212b	해주N	66	67.1	3.8	3.6	3.9	3.8	3.5	3.8	0.10
283	17140122a	이천	174	174.3	5.3	4.9	4.8	4.7	4.5	4.7	0.16
284	17140122b	강동	87	87.9	4.1	4.0	4.2	4.0	3.8	4.0	0.11
285	17180914	진보	35	36.4	3.1	2.8	3.5	3.4	3.0	3.3	0.08
286	17190211	대흥	25	26.9	2.7	2.4	3.3	3.3	2.8	3.1	0.07
287	17211115	은진	27	29.0	2.8	2.5	3.4	3.3	2.9	3.2	0.08
288	17221229	김천	25	26.5	2.7	2.3	3.3	3.3	2.8	3.1	0.07
289	17251005	임실	30	31.5	2.9	2.6	3.4	3.4	2.9	3.2	0.08
290	17221129	순안	55	55.9	3.5	3.4	3.8	3.7	3.4	3.6	0.09
291	17221129	평양	57	58.3	3.6	3.4	3.8	3.7	3.4	3.7	0.10
292	17260315	사리원	28	29.3	2.8	2.5	3.4	3.3	2.9	3.2	0.08
293	17260326	평양	32	33.8	3.0	2.7	3.5	3.4	3.0	3.3	0.08
294	17260502	함흥E	94	94.7	4.2	4.1	4.2	4.1	3.8	4.1	0.12
295	17320924	예천	34	35.5	3.0	2.8	3.5	3.4	3.0	3.3	0.08
296	17331115	문의	32	33.1	3.0	2.7	3.5	3.4	3.0	3.3	0.08
297	17370201	안계	77	77.5	4.0	3.8	4.0	4.0	3.6	3.9	0.11
298	17430200	부여	38	39.1	3.1	2.9	3.6	3.5	3.1	3.4	0.08
299	17480909	횡성	115	115.0	4.5	4.3	4.4	4.3	4.0	4.2	0.13
300	17600720	개령	36	37.2	3.1	2.8	3.5	3.5	3.1	3.3	0.08

No	날짜 / date	추정진앙 / epicenter	R km	Δ km	I_o	M Tsuboi	M Lee	M KMA	M G&R	M Av.	PGA g
301	18100116	부령	120	120.6	4.6	4.4	4.4	4.3	4.1	4.3	0.13
		VII	120	120.6	8.6		6.8	6.6	6.8	6.7	0.44
		VIII	50	51.0	8.4		6.6	6.5	6.6	6.6	0.41
		IX	15	18.0	8.3		6.6	6.4	6.6	6.5	0.40
		deep VII		607.0	13.3	6.5	9.5	9.2	9.9	9.5	1.77
		VIII		582.0	14.1		9.9	9.6	10.4	10.0	2.25
		IX		580.0	15.1		10.5	10.2	11.0	10.6	3.03
302	15970826	渤海	747	747.1	10.4	6.8	7.8	7.6	7.9	7.8	0.75
303	15970827	廣寧	610	610.1	9.3	6.5	7.1	6.9	7.2	7.1	0.54

날짜 / date : 음력으로 년년년년월월일일/yyyymmdd in lunar calendar.
R: 진앙거리 / Epicentral distance; Δ: 진원거리 / Focal or hypocentral distance;
I_o: 진앙지 진도 / Epicentral intensity; M : 지진규모 / Magnitude;
Tsuboi = Tsuboi(1951); Lee = Lee and Lee(2003); KMA = 기상청 / Korea Meteorological Agency;
G&R = Gutenberg and Richter(1956); Av.= Average;
PGA = 최대 지반가속도 / Peak ground acceleration;
로마숫자Roman number : 신노Intensity
deep :

쓰보이공식 Tsuboi's formula :
$$M = 1.49 \log_{10} (\pi R^2) - 2.55$$

이 책에서 수정 제안된 감쇄공식 /
Attenuation formula suggested in this book :
$$I_o = I - 3.191 + 0.834 \, ln \, \Delta + 0.0068\Delta$$

진도와 규모 사이 경험식 /
Empirical relations between Epicentral Intensity and Magnitude :
$$M = 0.58 \, I_o + 1.75 \text{ (Lee and Lee, 2003)}$$
$$M = 0.56 \, I_o + 1.73 \text{ (KMA)}$$
$$M = \tfrac{2}{3} \, I_o + 1 \text{ (Gutenberg and Richter, 1956)}$$
위 세 지진규모 평균 공식 /
Formula for Average Magnitudes of upper three magnitudes
$$M = 0.6022 \, I_o + 1.4933$$

최대 지반가속도/Peak ground acceleration (Donovan, 1974) :
$$a = 1.080 \, e^{0.5M} / (R + 25)^{1.32}, \text{ where R = 0 at the epicenter}$$

역사지진 기록과 기상청 및 USGS지진자료에서 규모 5.0 이상인 한반도 일대의 지진
Earthquakes of historical records and KMA and USGS data
whose magnitudes are larger than 5.0 around Korean peninsula

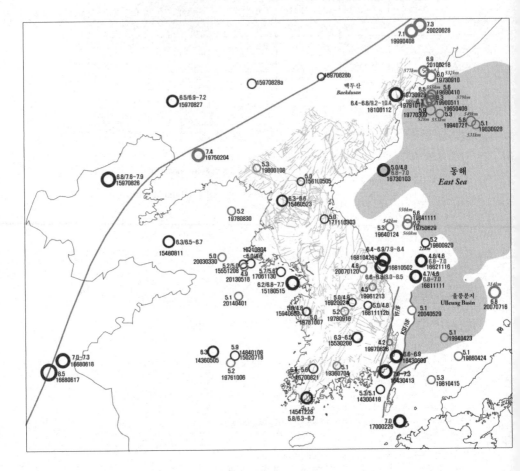

인터넷 문헌자료 주소

구결학회 http://www.kugyol.or.kr.

국립국어원 http://www.korean.go.kr.

규장각한국학연구원 http://kyujanggak.snu.ac.kr.

기상청 http://www.kma.go.kr.

네이버 사전 http://dic.naver.com.

다음 지도 http://map.daum.net.

왕실도서관 장서각 디지털 아카이브 http://yoksa.aks.ac.kr.

위키 낱말 사전 http://www.wiktionary.org.

위키 백과 http://ko.wikipedia.org.

이체자자전 http://140.111.1.40.

존한자사전 http://www.zonmal.com.

한국고전번역원 http://www.minchu.or.kr.

한국사 데이터베이스 http://db.history.go.kr.

한국지질자원연구원 지진연구센터 지진자료실
    https://quake.kigam.re.kr/pds/db/db.html.

한국천문연구원 음양력변환계산
    http://astro.kasi.re.kr/Life/ConvertSolarLunarForm.aspx?MenuID=115.

환경지질연구정보센터 http://environment.yonsei.ac.kr / main.php.

『승정원일기』 http://sjw.history.go.kr.

『조선왕조실록』 http://sillok.history.go.kr.

百度詞典 http://dict.baidu.com.

漢典 http://www.zdic.net.

維基百科 https://zh.wikipedia.org.

ウィキペディア https://ja.wikipedia.org.

日本 地震調査研究推進本部 http://www.jishin.go.jp.

NGDC http://earthquakes.findthedata.com.

논문 및 단행본

최범영, 「광개토대왕릉 비문의 지명 연구-광개토대왕의 남정과정 복원시도」, 『역사21』 1, 2003.

경재복·박홍갑 감수, 『한반도 역사지진 기록(2년~1904년)』, 기상청, 2012.

국립문화재연구소, 『국역 해괴제등록』(한국민속문헌자료집성), 국립문화재연구소, 2005.

남광우, 『補訂 고어사전』, 일조각, 1984.

남풍현, 『차자표기법연구』(학술총서 제6집), 단대출판부, 1981.

배대온, 『歷代 이두사전』, 형설출판사, 2003.

최범영, 『말의 무늬』, 종려나무, 2010.

和田雄治, 「朝鮮古今地震考」, 朝鮮總督府 觀測所 學術報文 第2卷, 1912.

邱云飞·孙良玉, 袁祖亮 主編, 『中国灾害通史·明代卷』, 郑州大学出版社, 2009.

吳戈, 『黃海及其周圍地區歷史地震』, 地震出版社, 1995.

朱凤祥, 袁祖亮 主編, 『中国灾害通史·清代卷』, 郑州大学出版社, 2009.

尾池和夫, 『日本地震列島』, 朝日新聞社 朝日文庫, 1992.

Anderson, E.M., "The dynamics of faulting", Oliver and Boyd, Edinburgh, 1942.

Angelier, J., "Analyse chronologique matricielle et succession régionale des événements tectoniques", *Comptes Rendus de l'Académie des Sciences de Paris*, 312, 1991.

_____, "Determination of the mean principal directions of stresses for a given ault population", *Tectonophysics*, 56, 1979.

_____, "Inversion of field data in fault tectonics to obtain the regional stress—III : A new rapid direct inversion method by analytical means", *Geophysical Journal International*, 103, 1990.

_____, "Tectonic analysis of fault-slip data sets", *Journal of Geophysical Research*, 89, 1984.

Choi, P. Y., Lee, H.K. and Chwae, U., "Tectonic 'aggression and retreat' in the Quaternary tectonics of southeastern Korea", *Journal of the Geological Society of Korea*, 43,

2007.

_____, "Aspects of stress inversion methods in fault tectonic analysis", *Annales Tectonicae*, 9, 1995.

_____, "Depth dependency of stress ratios during the sedimentation of NW Gyeong-sang Basin(Cretaceous), southeast Korea : Estimate of stress parameters and timing of tectonic episodes", *Journal of Asian Earth Sciences*, 74, 2013.

_____, "Geometric analysis of the Quaternary Eupchon Fault : an interpretation of trench sections(in Korean with English abstract)", *Journal of the Geological Society of Korea*, 41, 2005.

_____, "Method for determining the stress tensor using fault-slip data", *Journal of the Geological Society of Korea*, 27, 1991.

_____, Angelier, J. and Souffaché. B., "Distribution of angular misfits in fault-slip data", *Journal of Structural Geology*, 18, 1996.

_____, Cadet, J.-P., Hwang, J.H., Sunwoo, C., "Change of stress magni-tudes during the polyphase tectonic history of the Cretaceous Gyeongsang Basin, southeast Korea", *Bulletin de la Société Géologique de France*, 184, 2013.

_____, Hwang, J.H. et al., "From shear structures to friction law : Simila-rity of natural stress tensor in brittle tectonics(in French with an abridged English version)", *Comptes Rendus de l'Académie des Sciences de Paris*, 322, 1996.

_____, C. R. Ryoo, S. K. Kwon, U. Chwae, J. H. Hwang, S. R. Lee, and B. J. Lee, "Fault tectonic analysis of the Pohang—Ulsan area, SE Korea : Implications for active tectonics", *Journal of Geological Society of Korea*, 38, 2002.

_____, Hwang, J.H., Bae, H., Lee, H.K. and Kyung, J.B., "Kinematics and ESR Ages for Fault Gouges of the Quaternary Jingwan Fault, Dangjin, western Korea", *Journal of the Korean Earth Science Society*, 36, 2015.

_____, Kwon, S. K., Hwang, J. H., Lee, S. R., Angelier, J. and An, G.O., "Late Meso-zoic—Cenozoic tectonic sequence of Southeast Korea", In Jin M. S., Reedman A. J., Lee S. R. et al.(eds.), *Mesozoic Sedimentation, Igneous Activity and Mineralization in South Korea*, 2002, The 1st and 2nd Symposiums on the Geology of Korea, Special Publication 1, Korea Institute of Geoscience and Mineral Resources, Daejeon.

_____and An, G.O., "Paleostress analysis of the Pohang—Ulsan area, Southeast Korea : Tectonic sequence and timing of block rotation", *Geosciences Journal*, 5, 2001.

_____, Angelier, J. and An, G.O., "Late Mesozoic —Cenozoic tectonic sequence of Southeast Korea", In : M.S. Jin, A. J. Reedman, S. R. Lee, H. I. Choi, K. H. Park, S. M. Koh and D. L. Cho (eds.), *Mesozoic sedimentation, igneous activity and mineralization in South Korea*, 2002, The 1st and 2nd Symposiums on the Geology of Korea, Special Publication 1, KIGAM, Daejeon.

_____, Lee, C. B., Ryoo, C, R., Choi, Y. S., Kim, J. Y. Hyun, H. J., Kim, Y. S., Kim, J. Y. and Chwae, U., "Geometric analysis of the Quaternary Malbang Fault:Interpretation of borehole and surface data(in Korean with English abstract)", *Journal of Geological Society of Korea*, 38, 2002.

_____, Nakae, S. and Kim, H., "Fault tectonic analysis of Kii peninsula, Southwest Japan : Preliminary approach to Neogene paleostress sequence near the Nankai subduction zone", *Island Arc*, 20, 2011.

_____, Park, K. H., Park, K. S., Hwang, J. H. and Kwon, S. K., "Quaternary tectonic characteristics of Southeast Korea(in Korean with English abstract)", *Geology of Korea Special Publication*, 3, 2007, KIGAM, Daejeon.

_____, *Reconstitutions des Paléocontraintes en Tectonique Cassante : Méthodes et Application aux Domaines Continentaux Déformés(Corée, Jura)*, Ph. D. Thesis of Université P. and M. Curie, Paris, 1996.

Choi, S. J, Song, K. Y., Kim, H. C., Kim, Y. H., Choi, P. Y., Chwae, U., Han, J. K., Ryoo, C. R., Sun, C. G., Jun, M. S., Kim, G. Y., Kim, Y. B., Lee, H. J. Shin, J. S., Lee, Y. S. and Kee, W. S., *Active fault map and seismic hazard map*, National Emergency Management Agency / KIGAM, 2012.

Cui, Z. X., Liu, J. Q. and Han, C. L., "Historical records on 1199~1201's eruption of the Changbai volcano(in Chinese)", *Geological Review*, 54, 2008.

_____, Wei, H. Q. and Liu, R.X., "The historical record of Changbaishan Tianchi volcano eruption(in Chinese)", In : Liu R.(ed). *Volcanism and Human Environment*, Beijing : Seismological Press, 1995.

E, S. and Lee, K., "Approach to the earthquake prediction by analyzing foreshocks of large Korean historical earthquakes", *Journal of the Korean Geophysical Society*, 8, 2005.

Garin, N. G., "From diaries round the world travel over Korea, Manchuria, Liaotung peninsula(in Russian)", Moscow Geografgiz, *Chapter 3 : Studies at Pektusan volcano*, 1949.

Gutenberg, B. and Richter, C. F., "Earthquake magnitude, intensity, energy and acceleration", *Bulletin of the Seismological Society of America*, 78, 1956.

Hayakawa, Y. and Koyama, M., "Dates of Two Major Eruptions from Towada and Baitoushan in the 10th Century(in Japanese)", *Kazan*, 43, 1998.

Hayata, K., "Report of Ssanggyesa strong earthquake on the southern foot of Jirisan Mountain(in Japanese)", *Bulletin of the Meteorological Observatory of the Government General of Korea*, 1, 1940.

Hirano, M., "Paleostress II(in Japanese)", In Huzita K.(ed.) *The Mobile Zone of Asia Between the Himalaya and Japan Trench*(English translation from original in Japanese), 313-25, Kaibundo Publishers, Tokyo, 1984.

Hong T. K. and Choi, H., "Seismological constraints on the collision belt between the North and South China blocks in the Yellow Sea", *Tectonophysics*, 2012.

Howell, B. F. and Schultz, T. R., "Attenuation of Modified Mercalli Intensity with distance from the epicenter", *Bulletin of the Seismological Society of America*, 65, 1975.

Ishibashi, K, "Status of historical seismology in Japan", *Annals of Geophysics*, 47, 2004.

Jun, M. S., "Body-wave analysis for shallow intraplate earthquakes in the Korean Peninsula and Yellow Sea", *Tectonophysics*, 192, 1991.

_____. and Jeon, J. S., "Early Instrumental Earthquake Data(1905~1942) in Korea", *Economical and Environmental Geology*, 34, 2001.

Jung, M. K. and Kyung, J. B., "Source Characteristics of the Recent Earthquakes for Seven Years in the Southwestern Region of the Korean Peninsula", *Journal of the Korean Earth Science Society*, 34, 2013.

Kang, T. S., Park, C. E., Chu, G. S. and Shin, J. S., "Characteristics of volcanic earthquake of Mt. Baekdusan in 1597(in Korean)", *Abstract of 2007 Joint Conference of the Geological Science and Technology of Korea*, 2010.

Katsumata, A., "Comparison of magnitudes estimated by the Japan Meteorological Agency with moment magnitudes for intermediate and deep earthquakes", *Bulletin of the*

Seismological Society of America, 86, 1996.

Kim, S. G. and Li, Q., "3-D Crustal velocity tomography in the central Korean peninsula", *Economical and Environmental Geology*, 31, 1998.

Kim, S. K., Jun, M. S. and Jeon, J. S., "Recent Research for the Seismic Activities and Crustal Velocity Structure", *Econ. Environ. Geol.*, 39, 2006.

Kim, Y. S. and Sanderson, D. J., "The relationship between displacement and length of a fault : a review", *Earth-Science Review*, 68, 2005.

Kyung, J. B. and Lee, K., "A statistical approach to the incomplete historic earthquake data of Korea", *Journal of the Geological Society of Korea*, 24, 1998.

_____, "Paleoseismology of the Yangsan Fault, southeastern part of the Korean Peninsula", *Annals of Geophysics*, 46, 2003.

_____, Huh, S. Y., Do, J. Y. and Cho, D, "Relation of Intensity, Fault Plane Solutions and Fault of the January 20, 2007 Odaesan Earthquake(ML=4.8)", *Journal of the Korean Earth Science Society*, 28, 2007.

_____, Oike, K. and Hori, T. "Temporal variations in seismic and volcanic activity and relationship with stress fields in East Asia", *Tectonophysics*, 267, 1996.

Lee, D. K., Li, Y., Yang, J. M. and Youn, Y. H., "Analysis study on the earthquakes occurred at June 12, 17, 26, 1681 in the offshore between the Yangyang and Samcheok Counties, Gangwon Province, Korea", *Journal of Geophysical Society of Korea*, 7, 2004.

Lee, K. and Lee, J. H., "Short note : Magnitude−intensity relation of earthquakes in the Sino−Korean Craton", *Seismological Research Letters*, 74, 2003.

_____, "A study on intensity attenuation in the Korean peninsula", *Journal of the Geological Society of Korea*, 20, 1984.

_____, "Comments on Seismicity and Crustal Structure of the Korean Peninsula" *Jigu−Mulli−ua−Mulli−Tamsa*, 13, 2010.

_____, "Historical earthquake data of Korean peninsula" *Journal of the Korea Geophysical Society*, 1, 1998.

Lee, S. H. and Yun, S. H., "Impact of meteorological wind fields average on predicting volcanic tephra dispersion of Mt. Baekdu(in Korean)", *Journal of Korean Earth Science Society*, 32, 2011.

_____, Jang, E. S. and Lee, H. M., "A Case Analysis of Volcanic Ash Dispersion under

Various Volcanic Explosivity Index of the Mt. Baegdu(in Korean)", *Journal of Korean Earth Science Society*, 33, 2012.

Li, J., Cao, H., Cui, Z. and Zhao, Q., "Seismic fault of the 1668 Tancheng earthquake (M=8.5) and its fracture mechanism(Chinese with English abstract)", *Seismology and Geology*, 16, 1994.

Machida, H. and Arai, F., "Extensive ash falls in and around the Sea of Japan from Late Quaternary eruptions", *Journal of Volcanology and Geothermal Research*, 18, 1983.

Mei, S., "The seismic activity of China", *Izv. Geophysics*, 121, 1960.

Nuttli, O. W. and Herman, R. B., "Consequences of earthquakes in the Missippi valley", *ASCE Preprint*, 1981.

_____, "Seismic wave attenuation and magnitude relations for eastern North America", *Journal of Geophysical Research*, 78, 1973.

Okada, A., "Yangsan and Ulsan (active) fault systems in the southeastern part of Korean Peninsula", Proceedings Korea Japan / Japan Korea Geomorphological Confer-ence, Chonju, Korea, 1999.

Park, J. C., Kim W., Chung T. W., Bag C. E. and Ree J. H., "Focal mechanisms of recent earthquakes in the southern Korean peninsula", *Geophysical Journal International*, 169, 2007.

Richter, C. F., *Elementary seismology*. W. H. Freeman, San Francisco, 1958.

Tsuboi, C., "Determination of the Gutenberg-Richter's instrumental magnitude of earth-quakes occurring in and near Japan(in Japanese)", Zisin, 7, 1954.

_____, "Determination of the Richter-Gutenberg's instrumental magnitudes of ear-thquakes occurring in and near Japan", *Geophysical Notes*, Geophysical Institute, Tokyo University, 4, 1951.

Wang, Y., Li, C., Wei, H., Shan X., "Late Pliocene—recent tectonic setting for the Tianchi volcanic zone, Changbai Mountains, northeast China", *Journal of Asian Earth Sciences*, 21, 2003.

Wei, H., Sparks, R. S. J., Liu, R., Fan, Q., Wang, Y., Hong, H., Zhang, H., Chen, H., Jiang, C., Dong, J., Zheng, Y. and Pan Y., "Three active volcanoes in China and their hazards", *Journal of Asian Earth Sciences*, 21, 2003.

Yun, S. H., "Volcanological interpretation of historical eruptions of Mt. Baekdusan Volcano", *Journal of the Korean Earth Science Society*, 34, 2013.

Zhao, D., Tian, Y., Lei, J., Liu, L. and Zheng S., "Seismic image and origin of the Changbai intraplate volcano in East Asia : Role of big mantle wedge above the stagnant Pacific slab", *Physics of the Earth and Planetary Interiors*, 173, 2009.